해양생명공학

김세권 지음

# 해양생명공학

인 쇄 | 2013년 6월 20일
발 행 | 2013년 6월 30일

저 자 | 김세권
발 행 인 | 박선진
발 행 처 | (주)도서출판 월드사이언스

주 소 | 서울특별시 서초구 방배4동 864-31 월드빌딩 1층
등록일자 | 1988년 2월 12일
등록번호 | 제 16-1601호

대표전화 | (02) 581-5811~3
팩 스 | (02) 521-6418
E-mail | worldscience@hanmail.net
U R L | http://www.worldscience.co.kr

정 가 | **29,000원**
I S B N | 978-89-5881-220-3



이 도서의 국립중앙도서관 출판시도서목록(CIP)은 서지정보유통지원시스템 홈페이지(http://seoji.nl.go.kr)와 국가자료공동목록시스템(http://www.nl.go.kr/kolisnet)에서 이용하실 수 있습니다. (CIP제어번호 : CIP2013009287)

# 머리말

해양은 지구표면의 71%를 점유하고 있으며, 해양생물은 그 종류가 풍부하여 지구상 전 동물 종의 약 80%(30문 50만종)가 해양에 서식하고 있는 것으로 알려져 있다.

이들 수계(水界)에 서식하고 있는 3만종 이상의 어류를 포함한 해양생물자원은 인류의 단백질 공급원 및 공업원료로서 인간과 직간접적으로 밀접한 관련을 가지고 있다.

삼면이 바다로 둘러싸인 우리나라는 육지면적의 4.5배에 달하는 해양관할권을 보유하고 비교적 해양생물자원이 풍부한 입지조건을 갖추고 있음에도 불구하고 아직까지 해양생물자원을 단순히 식량자원으로만 이용할 뿐 생명공학기법(Biotechnology)을 이용하여 다방면으로 활용하기 위한 체계적인 연구는 미흡한 실정이다.

최근에 와서는 유전자 재조합, 세포 융합, 한외여과막 효소반응기의 이용 등 새로운 기술을 구사한 생명공학기술들이 발전되고 있다. 사용하는 재료도 종래에는 효모나 그 외 미생물이 주로 이용되었으나 최근에는 식물과 동물을 비롯해 다양한 해양생물들이 주목 받게 되었다.

바다는 생명의 탄생장소로서, 30억년의 생물진화 역사 중 바다에서 육지로 생명이 상륙하게 된 것은 겨우 수억 년 전의 일이다. 또한 상륙한 생물들도 해양생물의 극히 일부분에 지나지 않아 아직 바다 속에서 독자적으로 진화하고 있는 생물들이 무수히 많이 존재한다.

따라서 해양생물에는 육상생물이 생산할 수 없는 물질 및 새로운 기능을 갖는 물질이 존재하리라고 기대하는 것은 당연하다고 볼 수 있다.

해양생물의 다양성은 생물의 진화역사 정도뿐만 아니라, 바다 환경의 다양성에서도 얼마든지 기대할 수 있다. 바다는 평균압력이 380기압인 고압력의 세계이므로, 이런 바다에 서식하는 생물은 독특한 고압내성기구를 가지고 있음에 틀림없다. 또한 해수의 평균온도는 1~4°C로 바다는 호냉생물을 탐색할 수 있는 최적의 장소이다. 이러한 해양생물들로부터의 미래 해양생명공학기술에 대한 응용 가능성은 대단히 높다.

한편 초고온생물로서 최고기록을 가지고 있는 세균도 해저에서 발견되고 있어 그 이용성은 더욱 증대되고 있다. 이는 300°C 이상의 고온수를 분출하는 열수광상이 해저에 존재하기 때문이다.

지각운동의 해저활동이 활발히 일어나는 전 세계의 심해에서는 광합성에 의하지 않고도 서식이 가능한 생물체의 존재도 이미 확인되었다. 이들에 관한 연구로부터 암흑과 같은 해저에서 광합성과 무관한, 육상생물과는 다른 먹이사슬계가 존재한다는 사실이 주목 받고 있다.

이와 같이 해양생명공학(Marine biotechnology)에 기대되는 것은 실로 크지만 이 분야의 발전은 이학, 공학, 수산학 등이 복합적으로 발전해야 비로소 가능하게 될 것이다. 이러한 사실은 이제는 연구용 선박이 해상의 위치결정을 인공위성의 힘에 의존하는 것이나, 심해에서의 생물탐색과 육상에서의 고압배양과 같은 새로운 기술을 이용하지 않고서는 해양생물공학의 발전을 기대할 수 없기 때문에 더욱 그러할 것이다.

우리나라는 2004년 『해양생명공학육성법』이 공포된 이래, 정부의 관련 R&D의 대폭적인 투자로 인해 관련 연구가 매우 활성화되었으며 국내대학에 해양생명공학분야의 학과도 10개 이상이 설치되었고, 관련 연구 인프라도 구축되어 가고 있다.

그러나 관련학부의 교과과정에 해양생물공학이라는 과목이 개설되어 있음에도 불구하고 아직까지 교재가 없는 안타까운 실정이다. 이에 저자가 퇴임을 앞두고 가장 해야 할 일을 곰곰이 생각하던 차에 앞으로 해양생명공학 분야를 더욱 발전시켜야 할 지금의 대학생들이나 연구자들에게 조금이라도 도움을 주고자 이 책을 저술하기로 결심하게 되었다.

그러나 해조 및 어류의 일부가 우리나라에 없는 것이 있고 새로 제정된 전문 학술 용어의 우리말 표현이 아직 없거나 부족하여 의미가 분명하게 전달될지 걱정이 된다.

앞으로 표기의 미숙한 점이나 용어의 적정한 표현 등은 최선을 다해서 바로 잡을 것을 약속하면서 이에 대한 독자 제위의 충고와 협조를 바라 마지않는다.

최근의 해양생명공학은 유전학, 분자생물학, 기초유전학, 어류의 유전자, 조류의 바이오테크놀로지, 미생물학, 천연물학의 비중이 점차 높아지고 있어 이를 이해하는데 도움이 될 수 있도록 유전자 클로닝, 해양신소재, 해양바이오에너지, 해양천연물, 해양미생물 등에 대하여 기본적인 개념을 파악할 수 있도록 노력하였다. 또 학생들이 해양생명공학을 공부하는데 있어서 생소한 용어의 개념파악에 어려움이 많을 것으로 판단되어 용어해설을 부록으로 취급하였으므로 이를 활용하기 바란다.

끝으로 이 책의 집필 시 교정에 도움을 준 제주대 전유진 교수와 부경대 해양바이오프로세스 연구단 강경화 박사 그리고 조교 이재란 양에게 감사드리며, 이 책이 저술되기까지 저술 업무를 지원해준 한국생물공학회 및 월드 사이언스 박선진 사장과 편집부 여러분께 깊이 감사드리는 바이다.

지은이 김세권

# 저자 소개

김세권

김세권 교수는 부경대학교(구 부산수산대학교) 식품공학과를 졸업한 후 동대학원에서 석·박사학위를 받았다. 1981년 부경대학교 화학과에 부임하여 미국 일리노이대학교 및 캐나다 메모리얼대학교 객원교수를 지냈으며 현재 해양수산부 지정 해양생명공학사업 해양바이오프로세스연구단 단장직을 겸하고 있다. 김교수는 해양생물을 이용한 생리활성 물질의 탐색 및 개발에 대한 연구를 수행하며 관련 논문『1-(3′,5′-dihydroxyphenoxy)-7-(2′′,4′′,6-trihydroxyphenoxy)-2,4,9-trihydroxydibenzo-1,4-dioxin inhibits adipocyte differentiation of 3T3-L1 fibroblasts, Marine Biotechnology, 12, 299-307, 2010』외 530여 편 (SCI 350여 편 포함), 특허『Novel use of *L.undulata* extract as therapeutics for allergic diseases』외 125건을 발표하였고, 저서 50여 편(국외: 30, 국내: 20)을 출판하였으며, 8건의 연구결과를 기업에 기술이전 하였다. 뿐만 아니라 해양바이오분야 연구 업적 및 산업화 공로를 인정받아 정부로부터 과학기술 포장, 미국유화학회로부터 최우수논문상, 한국수산학회 학술상, 산학협동상 대상(산학협동재단), 해양과학기술상[(사)한국해양산업협회], 목운생명과학상(한국과학기술 한림원), 동명대상(동명재단) 등을 수상하였고, 한국키틴키토산학회와 한국해양바이오학회를 창립하여 초대회장을 역임하였다. 해양생물을 이용한 생리활성 물질의 개발에 대한 독보적인 연구 능력을 인정받아 국제저널(Asian Chitin Journal, Journal of Functional Foods)의 편집위원 및 국제학회(International Society for Marine Biotechnology, International Society for Nutraceuticals and Functional Foods)의 이사로 선정되어 활발한 활동을 하고 있다.

대표저서

Marine Proteins and Peptides : Biological Activities and Application (출판사 : Wiley-Blackwell, ISBN : 978-1-1183-7506-8, 2013년)

Marine Microbiology : Bioactive Compounds and Biotechnological Applications (출판사 : Wiley-VCH, ISBN : 978-3-527-33327-1, 2013년)

Marine Nutraceuticals : Prospects and Perspectives (출판사 : CRC Press, ISBN : 978-1-4665-1351-8, 2013년)

Marine Biomaterial : Characterization, Isolation and Application (출판사 : CRC Press,

ISBN : 981-1-4665-0564-3, 2013년)

Marine Pharmacognosy : Trends and Applications (출판사 : CRC Press, ISBN : 978-1-4398-9229-9, 2012년)

Advance in Food and Nutrition Research, Volume 65 : Marine Medicinal Foods: Implications and Applications: Animals and Microbes (출판사 : Academic Press, ISBN : 978-0-12-416003-3, 2012년)

Handbook of Marine Macroalgae : Biotechnology and Applied Phycology (출판사 : Wiley-Blackwell, ISBN : 978-0-470-97918-1, 2011년)

Advance in Food and Nutrition Research, Volume 64 : Marine Medicinal Food: Implications and Applications, Macro and Microalgae (출판사 : Academic Press, ISBN : 978-0-12-387669-0, 2011년)

Marine Cosmeceuticals : Trends and Prospects (출판사 : CRC Press, ISBN : 978-1-4398-6028-1, 2011년)

Chitin, Chitosan, Oligosaccharides and Their Derivatives : Biological Activities and Applications (출판사 : CRC Press, ISBN : 978-1-4398-1603-5, 2010년)

생화학 (출판사 : 청문각, 1995)

미래가 보이는 해양의학과 과학 (출판사 : 양서각, 2000)

키토산 올리고당이 당신을 살린다 (출판사 : 태일출판사, 2001)

# 목차

Chapter 01

# 해양생명공학이란?

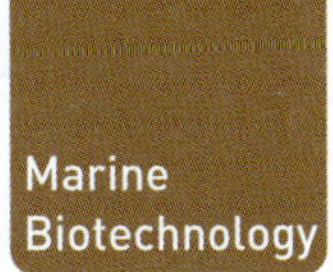

Marine Biotechnology

## 1.1 해양생명공학의 정의 및 범위

최근 신문이나 텔레비전에서는 '바이오'나 '바이오테크' 등과 같은 말이 자주 등장한다. 두말할 것 없이 이것은 '바이오테크놀로지(biotechnology)'의 줄임 말이고 생명 또는 생물을 의미하는 '바이오'와 기술을 의미하는 '테크놀로지'의 합성어이다. 생물공학 또는 생명공학이라고 번역되고 있다.

바이오테크놀로지의 정의가 반드시 정해져 있는 것은 아니지만 보통은 '생물체나 그 기능을 직접 또는 모방해서 유용물질을 생산하는 기술'이라고 이해되고 있다. 그렇기 때문에 동물, 식물, 미생물 등의 생물자체를 개량하는 기술이나 그 생물을 대상으로 증식시키는 기술도 포함된다. 더 쉽게 말하면 '생물의 기능을 더 유효하게 이용하는 기술'이다. 우리나라에서 예부터 전승되어 온 음식인 된장, 간장, 술, 식초 등 미생물을 이용한 양조기술도 바이오테크놀로지이다. 최근의 바이오테크놀로지는 제2차 세계대전 이후 급속히 발전한 생물학 분야의 최신 지식이나 실험기술, 특히 1970년대에 시작한 유전자 조작기술이 배경이 되고 있다.

해양생명공학은 생명공학의 한 부문으로 최근 매우 주목받고 있는 분야이다. 해양에서 기인하는 자원이나 신물질들을 생명공학의 대상으로 삼고 있으므로 이 점에 있어 무엇보다도 기존의 유상자원을 대상으로 한 분야들에 비해 무한한 가능성을 갖고 있기 때문이다.

해양생명공학의 정의 및 개요를 살펴보면, 해양생명공학이란 '해양생물이나 그들의 구성성분, 시스템공정, 생명 기능 등을 연구하여 궁극적으로 인류 복지를 위한 상품과 서비스를 제공하는 학문 혹은 산업'을 총칭한다.

이를 위해서는 해양생물의 보존 및 이용기술, 해양생물 기능조절 기술 등 다양한 기본기술이 개발되어야 한다. 해양생명공학은 다학제적 특성을 지니고 있어 다양한 해양학 분야, 즉, 해양생물학, 해양화학, 수산학 등의 전통적 학문에 바탕을 두고 분자생물학, 면역학, 생화학, 약학, 생물공학 등의 생물학적 탐구가 수반되어야 하며, 최근에는 유전체학(Genomics), 단백질체학(Proteomics), 대사체학(Metabolomics), 생물정보학(Bioinformatics) 등 다양한 첨단 기법이 해양생명공학분야에 활용되고 있다.

지구 전체 표면적 중 70.8%를 차지하고 있는 해양은 1차 생산 또한 전체 생산의 30%를 맡고 있다. 하지만 인간은 그 생산량의 극히 일부에 해당하는 양만 활용하는 수준에 그치고 있다. 그러므로 해양생명자원과 생명공학기술을 더욱 발전시킨다면 개발되지 않은 해양자원의 활용도를 높일 수 있을 것이다.

## 1.2 해양생명공학의 과거와 현재

현재까지는 천연물로부터 인체에 대한 안전성이 높고 효능이 우수한 생물소재 및 의약소재 등이 다수 개발되어 왔으나 대부분 육상의 동·식물체, 곰팡이와 박테리아(bacteria) 등의 미생물을 대상으로 이루어져 왔다. 그 결과 육상생물자원에서의 신소재/신물질 개발은 그 대상이 점차 줄어들어 한계에 도달하였다. 따라서 최근 선진국들을 비롯하여 바다와 인접한 해양국가들은 생물소재의 개발 대상을 육상생물자원에서 해양생물자원으로 점차 이전하는 추세에 있다.

해양생물은 육상동물과 서식환경이 전혀 다르므로 생리적 대사과정 또한 육상생물과는 서로 다른 점이 많다. 그러므로 이들이 생산하는 대사산물(metabolite)에는 새로운 물질이 많을 것으로 기대되고 있다. 특히 해양생물은 그 종류가 다양하여 지구 상의 전체 동물 중의 약 80%(30만 종)가 바다에 서식하고 있는 것으로 알려져 육상생물자원의 대체자원으로 해양생물자원이 주목받고 있다. 그러나 이러한 해양생물의 대사산물은 양이 매우 적으므로 그 자체의 생리활성 및 구조를 밝히기가 쉽지 않지만 최근 들어 구조분석기술의 발전과 아울러 생물학적 분석법(Biological-assay)의 개발이 폭넓어지면서 해양생물 유래 유효성분들의 기능성이 차츰 밝혀지기 시작했다.

따라서 해양생물은 이제 단순한 식량자원으로써 이용되는 차원을 넘어 막대한 고부가가치를 창출해내는 해양생물산업으로 발전시켜 나갈 수 있게 되었다.

해양생명공학의 역사는 그리 길지 않다. 1950년대 캐리비안의 해면동물(*Tethya crypta*)에서 특이한 당(arabinose)이 포함된 핵산물질(Ara-A, Ara-C가 항암제 및 항바이러스제로 지금도 임상에서 사용)이 확인된 이래 바다에 묻혀있는 해양생물의 잠재력이 평가받기 시작했다. 1967년 미국에서 '바다로부터 의약품 개발, Drugs from the Sea'이라는 심포지엄이 처음으로 개최되어 해양생물 유래의 의약품 개발 연구가 주목을 끌었고 이를 통해 해양천연물학 연구분야가 생겼다.

해양천연물 연구와 아울러 조금 더 확대된 내용을 포함하는 해양생명공학 연구는 1980년대에 이루어졌으며 1989년 일본에서 제1회 국제해양생명공학회의(IMBC)가 개최되면서 이후 본격적으로 해양생명공학용어가 등장하였다.

해양생명공학 연구개발의 성공적인 모델은 1965년에 시작되어 40년의 역사를 가진 미국의 씨그랜트(Sea Grant) 프로그램이다. 이는 미국 국립해양대기청이 연안생태계를 개발하고 동시에 보존하기 위해 연안에 위치한 약 32개의 지역대학이 참여한 연구, 교육, 훈련의 네트워크 프로그램으로 적은 투자에도 불구하고 성공적인 성과를 낸 것으로 평가받고 있다. 결론적으로 주요 연구 내용은 분자생물학 및 유전공학 등의 현대 생명공학기술들을 해양생물에 적용하는 것이 핵심이었다.

이 사업을 모델로 2000년부터 우리나라도 씨그랜트 사업을 진행하고 있으며 대학 컨소시엄(consotium)이 중심이 되어 지역별 특성에 맞도록 네트워크형 씨그랜트 사업단이 발족되었고 이들은 해양을 건강하게 지속적으로 활용하자는 목표를 가지고 있다. 2004년 해양수산부가 추진한 해양생명공학사업이 우리나라의 해양생명공학이 본격적으로 발전하기 시작한 기틀이다.

미국의 씨그랜트 사업의 해양생명공학 연구내용과 유럽에서 제안한 해양생명공학의 전략을 살펴봄으로써 앞으로 해양생명공학분야에서 한정된 재원과 자원으로 어떻게 효율적인 연구를 진행할 수 있을까에 대한 답을 찾고 우리나라 현실에서는 어떤 분야에서 어떻게 해양생물을 대상으로 생명공학에 접목시킬 수 있을지 참고로 삼을 수 있다(표 1.1, 표 1.2).

해양생명공학은 해양생물 원천 기반기술, 해양 식량 및 식품자원 개발기술, 해양 신소재 개발기술, 해양 생태 환경 보존기술 등 크게 4가지 기술로 분류된다.

이와 같이 해양생명공학은 세계의 주요기업들이 우선적으로 투자하고자 하는 미래지향적인 지식기반산업이며, 친환경적 및 에너지절약 산업으로 산업구조의 고도화에 최적인 산업이다. 이런 해양생명공학을 미래 발전 가능성이 높은 첨단기술분야이자 21세기 전략산업으로 육성하기 위해서는 장기적이고, 집중적인 사업의 유치와 정책 수립이 필요하다.

표 1.1 해양생명공학기술 분류(과학기술부 2007 생명공학백서)

| | 중분류 | 내용 |
|---|---|---|
| 해양생명공학기술 | 해양생물 원천 기반기술 | 해양생물 자원관리 및 활용기반기술<br>바이오 해양생명체 활용기술<br>헤양생물 생명현상 및 생리적 기능 규명기술<br>해양유전자 발굴 및 규명기술<br>해양생명체 오믹(omic) 분석기술 |
| | 해양식량 및 식품자원 개발기술 | 해양생물 신품종 육종개발기술<br>질병제어 및 모니터링 기술<br>첨단양식 및 대량 생산기술<br>바이오 안전성 평가기술 |
| | 해양 신소재 개발기술 | 산업용 신소재 개발기술<br>신의약 소재 개발기술<br>신기능성 식품소재 개발기술<br>재생 가능한 바이오 에너지 개발 |
| | 해양생태환경 및 보존기술 | 생물다양성 확보기술<br>환경변화 감시 및 예측기술<br>해양오염 제어 및 정화기술 |

## 1.3 해양 바이오 산업의 현황과 전망

최근 들어 급격한 기후변화와 이산화탄소 저감 문제로 해양에 대한 관심이 고조되면서 해양의 역할에 대해 이해하려는 경향이 있다. 특히 해양미생물을 비롯한 해양생물들이 지구의 산소 순환에 매우 중요한 역할을 하고 있다는 사실이 밝혀지고 있다. 그동안 해양미생물의 1%만이 현재의 기술로 배양이 가능하여 99%를 이해하지 못하였는데 최근 해양미생물 유전체 기술의 급속한 발전으로 해양생물의 이해와 이들의 산업적 활용이 시도되고 있다.

흔히 "21세기는 바이오시대"라고 말하고 있다. 바이오를 기반으로 하는 생명공학 기술의 응용분야는 매우 넓어서 의약, 재료, 환경, 에너지 등 인류의 생존에 필요한 대부분의 역할을 포함하고 있다. 이러한 생명공학의 응용영역에 해당하는 모든 분야에서 해양생물들의 역할이 점차 중요해지고 있어 이제는 "21세기는 해양 바이오시대"라고 불리게 될 것으로 예견되고 있다. 이러한 변화의 가장 큰 요인은 그동안 베일에 싸여 있던 해양생물들에 대한 지식의 폭이 확대되어 가고 있고 산업 바이오 기술이 급속히 발전되고 있기 때문이다.

해양 바이오 산업의 세계시장은 연간 30억 달러 수준이지만, 매년 수배씩 증가하고 있으며, 해양소재에서 제품화 성공률은 1/6,000로, 육상 생물 소재의 1/13,000보다 두 배나 높으므로 연구의 효율성이 높음을 알 수 있다. 최근 선진국에서는 생물자원을 이용한 화학, 신소재, 에너지 제품 생산에 막대한 투자를 하고 있다. 그러나 우리나라에서는 생물자원의 부족으로 이 분야의 연구 개발 및 산업화가 이루어지지 못하고 있는 실정이다.

따라서 점차 심각해지고 있는 우리나라의 자원 및 에너지 고갈문제 해법은 바로 해양에 있다. 육지면적보다 4배나 넓은 바다에서 막대한 양의 해양생물자원을 얻을 수 있으며, 이러한 해양생물자원의 효율적 이용기술 개발은 해양 바이오시대를 여는 중요한 전기가 될 것이다.

해양 바이오시대가 본격화될 것으로 전망되는 가장 큰 이유 중의 하나는 해양자원을 이용한 새로운 기술이 앞으로 기존의 화학공업을 대체하거나 새롭게 변모시킬 수 있을 것으로 전망되기 때문이다. 현재의 화학공업은 석유를 기반으로 하여 수많은 종류의 화학제품과 수송용 연료들을 생산해 내고 있다. 그러나 석유자원의 고갈과 이산화탄소 배출 규제 등 여러 가지 여건의 변화로 인해 기존 화학산업의 혁신적인 변화가 요구되고 있다. 세계적 기반을 가지고 있는 화학산업과 우리나라의 독자적 기반으로 빠르게 성장하고 있는 해양 바이오기술을 접목하면 세계적 경쟁력을 가진 해양 바이오 산업을 일구어 낼 수 있을 것으로 생각된다.

해양 바이오 산업 중 가장 규모가 큰 분야가 조류 산업(algae industry)이다. 인류는 역사적으로도 오래전부터 해조류를 식용이나 산업용으로 다양하게 이용하여 왔다. 아시아에서는 오랫동안 음식으로만 사용하였고 서양에서는 귀중한 화학재료를 제조하기 위해 해조류를 사용하여 왔으며, 이에 대한 연구도 많이 진행되었다. 해조류를 구성하고 있는 주요 성분은 다당류(polysaccharide)이며 이들 다당류는 음식, 화장품, 의학 및 재료공업의 원료 등으로 이용되어 왔으며 최근에는 생체 조절기능을 갖는 다기능성 올리고당(oligosaccharide)의 소재로 각광받고 있다. 바다에는 육상생물과는 조금 다른 생리활성물질을 함유한 해조류가 대단히 많기 때문에 새로운 다당류를 포함한 생리활성물질의 보고라고 할 수 있다. 이와 같은 이유로 많은 연구자들이 새로운 생리활성물질들을 얻고자 해조류 연구에 힘을 쏟고 있다.

해조류로부터 유래하는 한천, 알긴산(alginic acid), 카라기닌(carragenin), 푸코이단(fucoidan) 등 여러 다당류는 오래전부터 인류생활에 이용되어 왔다. 이러한 생체고분자(biopolymer)의 부가가치는 다양한데 식품용 한천은 kg당 1.5달러이나 시약용, 전기이동용 고품질 아가로오스(agarose)는 kg당 100~200달러 수준이다. 알긴산의 경우 매년 상업적으로 3만여 톤이 생산되는데 염료 고정제, 제제 첨가제, 응집제 등 일반 상용화 제품의 판매가격은 kg당 5~20달러 이지만 면역촉진제나 세포 고정화용 등의 의약품용 고순도 알긴산의 경우는 kg당 40,000달러가 되는 고부가가치를 지니고 있다. 이와 같이 해조류로부터의 고부가가치 고분자물질의 생산과 인간생활의 질적 향상을 위한 자원의 하나로서 해조 다당류에 관심이 집중되고 있다.

전 세계적으로 해조 다당류를 활용한 연구 및 신기술은 지속적으로 발전해 왔으며 그에 따른 산업시장은 확대될 전망이다. 국내에서는 해조 다당류를 기반으로 하는 산업개발이 부족한 상황이며, 앞으로 선진국 수준의 연구기반조성 및 산업인프라 구축이 필요하다.

현재 해양 신소재 관련 산업의 추세 및 연구 동향을 살펴보면, 해양 신소재 산업은 지속적으로 발전될 가능성이 높다고 본다. 해양 바이오 기반 중합체(polymer), 자동차 내장 해조소재, 해조 섬유소재, 나노복합소재 이외에도 해양유래 신소재로 사용하여 개척할 수 있는 분야는 무궁무진하다. 하지만 우리나라는 아직까지 해양 바이오를 기반으로 하는 신소재 개발에 대한 연구는 부족한 상태이다. 해양 신소재의 시장확대에 대응하기 위해서는 기본적으로 새로운 해양 신소재의 보유 및 기술개발이 절실하게 필요하다. 체계적이고 과학적으로 해양 신소재 원료를 발견하고, 생산량을 증대시키며 이들의 활용을 위한 원천기술을 확보하여 해양 신소재산업을 위한 원료 보급률을 증대시킴으로써 기존의 신소재 화학산업분야에 활기를 불어넣는 동시에 새로운 가치 창출을 기대할 수 있을 것이다.

최근 전세계적으로 석유 및 석탄에너지의 고갈로 인하여 신재생 에너지의 개발과 연구가 활발히 진행되고 있는 가운데 2011년도 신재생에너지 중 바이오에너지가 차지하는 비중은 11%이다. 이산화탄소의 발생, 저감과 친환경적인 에너지원으로 이용할 수 있는 바이오에너지는 보통 육상자원으로부터 얻는 연구가 먼저 진행되었는데 육상자원의 한계점이 드러나기 시작하면서 해양산업과 접목시켜 해양자원으로부터 연료를 얻고자 하는 정책과 연구들이 전 세계적으로 시작되고 있다. 이에 해조류 및 미세조류를 이용한 바이오연료 생산에 많은 투자가 이루어지고 있으며, 해양 바이오 산업분야에서 가장 시장규모가 커질 수 있는 분야가 바로 해양 바이오연료 산업이라고 판단된다.

해양선진국을 중심으로 해양에 대한 인식이 하루가 다르게 변모하고 있다. 특히 에너지를 포함한 대부분이 석유기반의 산업분야에 이용되고 있는 육상자원의 고갈이 가속화되면서 기존에 이용하지 않던 자원과 해양자원의 중요성은 점차 커져만 가고 있다. 2011년 현재 세계인구는 약 70억 명으로 2050년에는 94억 명까지 증가할 것으로 예측되고 있으며 개발도상국들의 빠른 경제성장은 앞으로 인류가 필요로 할 자원과 에너지가 기하급수적으로 늘어날 것을 시사하고 있다. 이미 2000년대 이후 원유를 비롯한 육상자원가격이 가파르게 상승하고 있어 그러한 예상들은 점차 현실이 되어가고 있다. 이러한 상황에서 대체자원개발에 대한 사회적 산업적 요구가 대단히 커지고 있으며 이를 충족시키기 위해 그 동안 미개척 분야였던 해양생물자원에서 그 해결책을 찾으려는 노력이 계속되고 있다.

해양생물자원들의 생물학적 특수성은 육상생물 자원활용에 사용되던 기술과는 다른 새로운 기술들이 요구되고 있어 앞으로 해양생명공학기술의 발전에는 수산학, 생화학, 유전학, 생물공학 등 관련과학자들의 역할이 매우 중요한 시점이라 할 수 있다.

## 1.4 미래가 보이는 해양생명공학

1999년 3월 타임지는 “21세기에는 정보통신과 융합된 생명공학이 인류의 생존을 결정지을 것”이라고 내다 보았다. 미국의 실리콘 밸리 인근에 자리잡은 바이오테크 베이, 바이오 비치 등에는 1,000여 개의 생명공학 벤처기업이 이러한 꿈을 키우고 있다.

미국은 21세기 주요과학 기술로 정보통신기술, 생명공학, 마이크로테크놀로지(microtechnology) 등 3개 분야를 선정하여 집중 투자를 하고 있으며, 그 중에서도 생명공학, 특히 해양생명공학을 활용한 해양 천연물 유래의 미래형 의약품 개발에 미국 암 연구소(NCI)와 스크립스(Scripps) 해양연구소를 비롯한 세계 우수한 연구소들이 활발한 연구를 진행시키고 있다. 이 중 미국 암 연구소는 세계 여러 연구기관에 위탁하여 많은 해양생물을 채취하고 탐색한 후 여기서 활성물질을 분리하여 그 구조를 결정하고, 결정된 구조와 활성과의 상관관계를 검토하고 있을 뿐만 아니라 활성평가, 전임상시험,

임상시험 등 항암제 개발을 향한 일련의 연구를 자체에서 추진할 뿐만 아니라 외부의 연구기관과도 공동으로 추진하고 있으며, 여기에 막대한 연구비를 투자하고 있다.

일본에서는 1988년에 정부와 산·학·연의 협력체제 하에 해양생명공학 연구회를 설립하였으며, 1989년에는 제1회 해양생명공학 국제회의(IMBC)를 동경에서 개최한 바 있다. 또 1992년 일본에서 제1회 해양생명공학 연구발표회를 시작으로 학술지(Journal of Marine Biotechnology)도 발행하여 이 방면에서 연구 논문을 발표할 수 있는 계기를 마련하였을 뿐만 아니라 현재 이 분야에서 세계를 이끌어가고 있는 위치에 있다.

일본이 해양생명공학 분야에 많은 관심을 갖는 원인 중의 하나는 그 나라의 특수성에 있다고 볼 수 있다. 일본은 섬나라로 육지면적은 세계의 0.25%에 불과하며 그것도 대부분이 경작할 수 없는 산악지대이다. 그러나 일본은 긴 해안선과 200해리 경제해역을 가짐으로써 그 범위는 거의 미국의 절반 정도에 해당된다. 따라서 일본은 여느 선진국보다도 최대한 해양을 이용하려는 노력을 기울이고 있다.

이에 비해 우리나라의 형편은 어떠한가? 우리나라는 일본 보다 산악지대가 더 많고 부존자원이 없는 나라이지만, 삼면이 바다로 둘러싸여 있어 풍부한 해양생물자원을 갖고 있다. 그러나 이에 걸맞지 않게 해양 분야에 대한 인식이 부족하고, 관련연구를 할 수 있는 인력자원이 제대로 확보되어 있지 않으며, 과감한 투자가 이루어지지 않고 있어 가장 낙후되어 있는 분야라고 할 수 있다.

그렇다면 왜 세계 선진국들이 해양생명공학에 그렇게 각별한 관심을 기울이는지 한번 생각해 보기로 하자.

### 1.4.1 해양생물자원의 무한한 가능성

무한한 가능성을 기진 해양을 조사할 때에는 우리가 일반적으로 생각하듯이 바다와 해양생물을 조사하는 것만으로 한정 지어서는 안되며, 가능하면 쉽게 부가가치가 높은 쪽으로 해양생물을 활용하려는 연구가 무엇보다도 중요하다.

먼저 해양생물들이 가지고 있는 기본적인 작용기구(mechanism)와 생리적인 특징을 파악하여 많은 정보를 얻은 다음, 이를 종합적으로 파악하여 해양생명공학이라는 영역에 도달시켜야 할 것이다. 다시 말해 해양생명공학은 해양생물들을 더욱 가치 있게 이용하려는 연구를 하는 분야다. 바다에서 잡은 생선을 우리들이 먹는 것도 해양생물의 이용이다. 그러나 해양생명공학은 이러한 단순한 이용 수단만이 아니다. 자연과학으로서 해양생명공학은 우리들의 생활에 응용할 수 있는 실마리를 많이 제공한다. 예를 들어 생선을 한가지 방법으로만 잡을 수 있는 특정한 장소에서 사육하는 경우, 우리가 원하는 것은 작은 생선보다는 큰 생선이기 때문에 빨리 성장시킬 수 있는 방법이라던가, 간단하게 잡을 수 있도록 생선의 습성을 이용한 포획장치를 개발한다던가, 그리고 이들이 바다의 환경을 파괴하지 않도록 하는 연구 등이 여기에 해당된다. 즉, 이러한 발상으로 생겨난 수많은 기술개발들을 해양생명공학의 영역으로 보는 것이 더 타당할 것이다.

해양생명공학을 대상으로 한 연구는 육상생물을 대상으로 한 연구에 비해 전반적으로 역사가 짧기 때문에 우리들이 생각할 수 없는 것들이 아직 많이 있다고 예상된다. 우리가 바다 속에서 미지의 가능성을 찾아내기 위해서 무작정 삽으로 파헤친다면 그 가능성을 효율적으로 찾아내기란 어려울 것이다. 그러므로 지금까지 얻어진 정보를 최대한 활용하여 현명하게 찾아내려는 감각이 우리들에게 요구되는 것이다. 만일 어떤 해양생물이 높은 가치를 갖고 있다 하여도 우리들이 그냥 간과해 버린다면 무슨 의미가 있겠는가?

흥미 있는 생물을 찾아내어 그 생물의 생리적 특성을 파악하여 그 생물에 함유되어 있는 생리활성물질을 탐색하고 유전자를 조사해 내는 일은 대단히 많은 시간이 걸리고 지루한 작업일 지도 모른다. 단편적으로 기존의 실험방법을 통한 맹목적인 조사방법은 실질적인 응용에 이르기까지 많은 시간이 소요되므로 중도에 포기하게 되는 경우가 허다하다. 그러므로 탐구한 생물이 갖는 가능성에 대해서는 재빨리 착안한 후 현명한 방법을 찾아내려는 적극적인 연구자세가 중요하다.

또 해양생명공학을 능률적으로 수행하기 위해서는 해양생명공학에 관련된 특유한 기술뿐만 아니라 타분야의 기술도입도 필요하다. 원래 해양 바이오테크놀로지란 해양생물을 대상으로 하는 기술이기 때문에 생물학뿐만 아니라 화학, 물리학, 그리고 공학적 수법도 필요하다. 해양생명공학은 현실적으로 생물학이 기초가 되기 때문에 생물학적 측면에서 파고 들어가는 예를 많이 볼 수 있지만, 그러한 이면에는 지원 기술로서 공학적 견지에서의 기술개발이 필수적이다.

예를 들어 해양의 생산량을 조사하기 위해 인공위성을 쏘아 올리는 것은 생물학자들만으로는 아무리 머리를 짜내어도 쉽게 할 수 있는 일이 아니므로, 여기에는 공학기술자의 협력이 필요한 것이다. 즉 지구전체에 펼쳐져 있는 바다를 이용하는 해양생명공학은 결코 단일한 기술이나 학문 형태가 아니라, 여러 분야의 연구개발을 초석으로 발전시켜야 하는 포괄적인 새로운 연구분야라 할 수 있다.

### 1.4.2 생물부착방지에 이용

바다에는 주로 부유생활을 하는 생물이 많지만 수중(水中)에서 어떤 물질에 부착하여 살아가는 생물도 있다. 해안의 경우 큰 바위에 패류, 따개비류, 해조류 등 많은 생물이 붙어 살아가는 풍경을 볼 수 있다. 양식이 되고 있는 굴이나 진주조개도 부착생활을 하는 생물이지만, 이들은 오히려 우리가 적극적으로 부착하기 쉬운 환경을 만들어 주어 번식시키고 있다. 이들 부착생물이 해안의 바위나 콘크리트 호안용 블록(tetrapod)에 부착한 경우는 문제가 되지 않는다. 그러나 이들이 선박 밑이나 어망에 부착한다면 여러 가지 피해를 유발하게 된다.

예를 들어 선박 밑에 작은 패류가 한두 개 붙어 있다면 대단한 일로 생각하는 사람은 거의 없을 것이다. 그렇지만 수천 또는 수만 개 이상이 붙어 성장하게 되면 선박 밑은 완전히 패류로 둘러싸여 물의 저항을 크게 받아 속도의 감속으로 인한 연료비의 상승을 초래할 것이다. 또한 배에 칠한 도료가 벗겨지는 문제도 발생하게 된다. 고정그물(정치망)이나 양식어류를 가두어 두기 위해 설치한 어망에 부착생물이 붙게 되면 물의 흐름을 막게 되고, 부착생물 자체가 배출하는 노폐물이나 이산화탄소 등에 의해 수질이 크게 악화될 것이다. 따라서 바다에서 활동하는 사람들이 곤란해하는 장소에 부착생물이 서식한다면 이를 제거할 대책을 강구해야 될 것이다. 예를 들어 선박 밑에 생물이 부착하여 서식하지 못하게 하는 어떤 방법이 있을까? 선박 밑을 생물이 부착할 수 없도록 만들면 되지 않을까? 등의 생각으로 지금까지는 선박 밑에 유기 주석 화합물(organotin compound)이 혼합되어 있는 도료를 발라 생물이 부착하는 것을 방지할 수 있었다.

부착생물은 한 종류가 아니라 해조류와 패류, 따개비류 등 상당히 다채로운 종류가 있다. 이들 다양한 생물의 부착을 막기 위해 유기 주석 화합물이 처음 실용화되었을 때에는 비용은 줄이고 약물의 효과는 높이기 위해 많은 약품을 이용하여 부착생물을 제거할 수 있었지만 여기에는 우리가 몰랐던 큰 함정이 있었다. 배의 밑 부분에 유기 주석 화합물을 도포하면 부착생물이 기생하는 것은 확실히 막을 수 있는 반면 배에 도포된 유기 주석 화합물이 해수에 용해되어 심각한 해양오염을 일으키게 된다. 다시 말해 배에 도포된 유기 주석 화합물은 생체 내 잔류성이 높으므로 어류나 해조류의 체내에 고농도로 축적이 되는데, 이것은 결국 인간에게 돌아오는 것을 의미한다. 유기 주석 화합물은 인간을 포함한 모든 생물에 대해 독성을 갖고 있다. 이 같은 독성화합물을 사용하여 우리들의 중요한 자원인 바다를 오염시켜서 되겠는가? 이러한 유기 주석 화합물에 대한 문제가 제기 됨으로써 인류는 이를 대신할 수 있는 새로운 부착기피물질을 찾아내야 하는 과제를 안게 되었다. 그것은 더 저렴하고 효력이 우수한 물질이면서 생물에 악영향을 미치지 않는 새로운 물질을 개발해야 한다는 것을 의미한다.

부착기피물질의 탐색을 위한 연구의 방향은 여러 가지가 제시되고 있으며, 그 중의 하나가 생물유래의 천연물로부터 부착기피물질을 탐색하는 것이다. 해양생물은 체내에서 매우 다양한 물질을 합성하기 때문에 이들이 만들어 내는 천연물로부터 부착기피물질을 찾아내려는 연구가 활발히 이루어지고 있다. 실제 부착생물을 이용하여 그 유효성을 확인하는 연구에서 가장 널리 사용되는 부착생물은 진주담치이다.

진주담치는 우리나라 연안에서 자주 볼 수 있는 대표적인 부착생물로, 이들을 이용하여 부착기피물질을 조사하기 위해서는 먼저 두께 1mm 정도의 물에 강한 종이 위에 직경 4cm의 원을 그리고, 그 주위에 크기 20~25mm의 진주담치를 고정시키는데 고정법은 다음과 같다. 패각에 5mm 정도의 고무조각을 접착제로 붙인 다음 그 고무조각을 종이에 접착시킨다. 이렇게 되면 진주담치는 이동할 수 없지만 신체내부에는 어떠한 영향도 받지 않게 된다. 이어서 조사하고 싶은 부착기피물질을 물이나 에탄올에 용해시켜 4cm 원안에 도포한 후 건조시킨다. 그리고 종이를 해수에 담그어 어두운 곳에 두면 진주담치는 각속에서 족(足)을 연장시켜 원 가운데를 더듬어 부착위치를 찾다가 부착장소로 적합하면 족사(足絲)라는 단백질로 된 가는 실을 몇 가닥 내어 자기몸인 패각을 고정시킨다.

**사진 1.1** 진주담치의 족사 분비.

그러나 이때 원 가운데 도포된 물질을 진주담치가 싫어하면 족사를 내지 않는다. 진주담치의 족사를 신장하지 못하게 하는 물질이 바로 부착기피물질이다. 이러한 방법을 이용하여 부착기피물질을 탐색한 결과 상당히 다양한 구조의 화합물들이 부착기피물질로 밝혀졌다.

또 부착생물 중에서도 더욱 피해가 큰 따개비류에 대해 효과적인 부착기피물질을 찾아내기 위해서는 피검물질로서 따개비를 사용할 필요가 있다. 진주담치는 바다에서 채집하여 실험에 사용하고 있지만 따개비는 진주담치와는 달리 유생(larva)의 단계에서 부착하여 일생을 같은 장소에서 지내기 때문에 따개비의 유생을 실험에 사용해야 한다. 따개비류는 패류와 같은 형을 하고 있지만 새우나 게의 무리인 갑각류에 속한다. 부화된 후 노플리우스(Nauplius) 유생, 키프리스(Cypris) 유생을 거쳐 성체로 된다.

따개비류는 키프리스 유생시에 부착을 시작한다. 따개비류를 실험실에서 부화시켜 성체로까지 사육하는 일은 매우 까다로워 거의 실패로 끝났지만, 일본 해양생명공학

**사진 1.2** 모자반이끼벌레(*Zoobotryon verticillatum*).

연구소에서 따개비류의 사육방법을 개발하여 실험에 사용할 수 있는 유생을 공급하는 데 성공하였다. 이들은 해양생물에 함유되어 있는 부착기피물질이 유생에 미치는 효과를 검토한 결과, 절구류(節句類)인 *Zoobotryon pellucidium*에 함유되어 있는 2,5,6-트리브로모-1-메틸굴라민(2,5,6-tribromo-1-methylgulamine)이라는 화합물이 강한 활성이 있는 것을 밝혔다.

모자반이끼벌레(*Zoobotryon verticillatum*)는 메밀국수 정도의 굵기의 촉수를 가진 동물이다(**사진 1.2**). 주로 암벽에 부착하여 생활하고 우리나라 바다에도 서식하고 있다. 2,5,6-트리브로모-1-메틸굴라민은 어느 곳이든 생존하고 있는 모자반이끼벌레에 함유되어 있는 것이 밝혀졌다. 또한 유사한 관련 화합물에 대하여 활성을 조사한 결과, 많은 화합물에서 활성이 나타나 현재 이 결과를 바탕으로 일본에서는 실용화 단계에 들어갔다.

### 1.4.3 미생물을 이용하여 해양에 유출된 석유를 분해

현재 지구상에서 사용되고 있는 에너지의 대부분은 화석연료로부터 만들어진 에너지이며 거의 대부분이 석유연료이다. 정제되기 전의 석유를 원유라 부르며, 이 원유를 생산하는 산유국은 상당히 한정되어 있다. 또한 산유국으로부터 비산유국으로의 원유수송은 유조선을 이용하고 있는데, 이 수송과정에서 때때로 유조선이 좌초되거나 충돌사고가 발생하여 다량의 원유가 유출되는 사태가 발생된다. 또 석유 종합단지(konbinat)나 유전에서도 해상유출사고가 종종 발생된다.

실제로 우리나라의 경우 환경부에 따르면 2006년부터 2011년까지 6년간 국내에서 모두 1,798건의 해양오염사고가 발생한 것으로 집계되었다. 또 이 기간에 유출된 기름의 양은 총 4,892㎘으로 2007년 12월 태안 허베이 스피리트호의 오염사고로 유출된 12,437㎘까지 더하면 총 17,329㎘가 유출되었다.

지난 2011년에는 모두 287건의 해양오염사고가 일어나 369㎘의 기름이 유출되었고, 94년부터 98년까지 계속해서 증가하던 기름 유출 오염사고는 최근 5년 동안에 감소를 보이고 있으나 여전히 사고 발생 건수가 생겨나고 있다. 선박별 유출량을 보면, 전체 유출량의 62%(3,046㎘)를 차지한 기타 선에 의한 것이 가장 많았으며, 다음은 유조선(549.7㎘), 화물선(354.6㎘), 어선(253㎘) 등의 순이었다.

이들 사고의 대부분이 유류의 물동량이 많은 울산, 여수, 부산, 인천해역에서 발생되어 이들 해역주변의 양식장과 연안어장의 생태계 파괴에 따른 피해가 막대하였다. 이렇게 해상에서 유출사고가 발생하였을 때 오일 펜스(oil fence) 등으로 기름확산을 막는 물리적 회수방법이 취해지고 있지만 해상에 유출된 석유 전부를 이러한 방법으로 회수하는 것은 불가능하다. 평균적으로 계산하면 유출된 석유의 3분의 1은 회수가 가능하고, 3분의 1은 휘발하며, 남아 있는 3분의 1은 표착물(漂着物)로 되어 해양오염의 원흉이 되고 있다.

바다에 남아 있는 석유의 일부는 오일-볼(oil-ball)이라는 형태로 물결 사이를 표류하다가 어느 정도로 무게가 무거워지면 가라앉아 해저에 부착한다.

언젠가 기름투성이가 된 바다새의 비참한 영상은 이러한 석유유출에 의한 자연파괴 현상을 인식시켜 주는 데 충분했다고 본다.

2007년 12월 충남 태안 앞바다에서 정박 중인 15만톤급 홍콩 유조선 '허베이 스피릿 호'와 삼성중공업 소속 해상크레인이 충돌한 사고가 발생했다. 이 사고로 유조선

**사진 1.3** 2007년 충남 태안 앞바다 원유 유출 사고.

탱크에 있던 총 12,547kℓ의 원유가 바다로 흘러 들어, 서산 가로림만에서 태안 안면도까지 167km의 해안선이 기름에 오염되어 인근 양식장(5,000여 ha)의 어패류가 대량 폐사했다. 또한 어장이 황폐해지면서 해당 지역의 생업에 영향을 미쳐 지역 경제에까지 영향을 미쳤다. 하루 평균 1만여 명이 방제작업을 벌였지만 이 지역 해양생태계가 완전 복구되기까지 최소 50년 이상의 시간이 소요될 것이라는 예상이 나오고 있다.

1989년 3월 알래스카의 프린스 윌리엄(Prince William)의 강입구에서 엑손사(Exxon Co.)의 유조선이 좌초하는 사고가 발생했다. 이때 약 4천만 리터의 기름이 유출되어 8,800km$^2$의 해안을 뒤덮는 바람에 수많은 바다새와 해양생물이 떼 죽음을 당했으며, 해안은 새까맣게 변해버렸다. 이때 물리적 세척(physical washing)이라는 따뜻한 해수를 고압으로 세차게 내뿜는 방법으로 해안에 단단히 달라붙은 기름을 벗겨낼 수는 있었지만 모든 기름을 제거할 수 없어 검게 오염된 해안으로 남아 있었다. 물리적으로 세정되지 않은 해안의 기름처리는 바다 속에 있는 석유성분을 분해할 수 있는 미생물의 힘을 빌려야만 했다.

**사진 1.4** 1989년 알래스카에서의 석유 유출 사고.

석유성분을 분해할 수 있는 미생물은 해양에 상당히 많이 존재하는 것으로 알려져 있다. 즉 어떤 특수한 환경에서는 석유분해능을 나타내지 않으나 잠재적으로 분해능을 가진 미생물이 많이 있다.

알래스카 해안에도 석유분해 미생물은 존재하고 있었으나, 사람의 눈으로 볼 수 없는 미미한 속도로 석유성분을 분해시키고 있었던 것이다. 이와 같이 자연의 자정정화 작용에만 맡긴다면 해안의 기름을 제거하는 데는 오랜 세월이 걸리게 될 것이다. 따라서 사고 발생시에는 미생물의 증식을 촉진하는 비료를 해안에 살포하는 방식이 취해졌다. 이 비료는 미생물에 필요한 질소와 인과 같은 영양소를 함유하였을 뿐만 아니라 바다표면에 떠 있는 기름을 해수에 용해시킬 수 있는 작용을 하는 계면활성제(surfactant)도 들어 있었다.

**사진 1.5** 석유 유출로 인한 피해 사진들.

1990년 미국의 환경보호국(Environmental Protection Agency)에서 행한 현장실사에서는 비료를 살포한 해구에서는 살포하지 않은 해구에 비해 3~5배 빠른 속도로 석유성분이 분해되었다고 보고하였다. 이 수치를 생각하지 않더라도 시각적으로 비료를 살포한 해안은 거의 원래의 색으로 되돌아와 미생물의 위력을 이용한 생구제책(bioremediation) 기술의 유용성이 재인식 되었다.

미국의 알래스카 석유 유출 사건은 마침 사고현장에 있던 석유분해 미생물을 잘 이용한 예이지만 인위적으로 석유분해 미생물을 바다에 직접 뿌려 오염된 석유를 분해시켜 제거하는 방법도 검토되고 있다. 이를 위해서는 석유를 높은 효율로 분해시킬 수 있는 미생물을 찾아낼 필요가 있다. 특히 오염의 원인이 되는 원유의 조성은 일 만가지 정도의 성분으로 이루어진 복잡한 혼합물이다. 석유성분 중에 있는 사슬 형태의 탄소화합물인 파라핀계 화합물(paraffin compound), 벤젠핵을 기본골격으로 하는 방향족 화합물, 또한 복잡한 구조의 수지(resin)나, 아스팔텐(asphaltene) 등은 특히 탄소수가 많은 화합물이기 때문에 상당히 분해가 어려운 성분들로 알려져 있다.

실제로 원유 중 휘발유, 등유, 경유 등 비점이 낮은 성분은 해양에 유출되어도 휘발되어 버리기 때문에 거의 문제가 되지 않는다. 문제가 되는 것은 중질유(重質油)라는 휘발되기 어려운 성분이며, 이러한 성분을 분해할 수 있는 분해능력이 아주 우수한 미생물을 찾아내려 하고 있다. 그러나 미생물학적 상식으로 볼 때 복잡한 석유성분을 완전히 분해할 수 있는 만능의 미생물이 존재한다고 생각할 수 없다. 때문에 혼합물인 석유를 분해시키기 위해서는 몇 종류의 미생물을 혼합하여 사용할 필요가 있다.

천연에서 혼합 균총(colony)을 얻기 위해서는 해수와 바다모래에 원유를 뿌린 후 일개월 정도 지나면 해수 중의 미생물에 의해 약 20% 정도의 원유가 분해되고, 이 미생물과 석유와의 혼합물을 일부 취해 멸균된 해수(미생물이 존재 하지 않음)와 원유를 가해야 한다. 이와 같은 과정을 반복시킴으로써 원유분해를 잘하는 미생물을 선택해낼 수 있다.

일본에서는 이 방법에 의해 바다모래에서 SM8이라는 천연 균총(colony)을 분리해냈다. SM8은 원유성분 중 파라핀 화합물의 30%, 방향족 화합물의 20%를 분해할 수 있었다. 지금까지 한 종의 미생물로는 기껏해야 파라핀 화합물의 15%, 방향족 화합물의 5% 정도 밖에 분해할 수 없었던 것으로 볼 때, SM8은 상당히 우수한 균총임을 알 수 있다.

또 천연 균총에 없는 본래의 성질로 알려진 미생물을 몇종류 혼합하여 인공적인 균총을 만들어 낸 경우도 있다. 예를 들면 4종류의 미생물을 혼합한 M4라는 인공균총은 파라핀 화합물의 50%, 방향족 화합물의 30%를 분해시킬 수 있었다. 천연균총에는 4종류 이상의 미생물이 함유되어 있다. 그러나 단지 4종류의 미생물로 천연균총에 버금갈 정도의 효율로 원유를 분해할 수 있다는 결과는 앞으로 석유분해 기술의 확립을 위해 상당히 중요한 지식이 될 것이다.

한편 석유분해 미생물의 유전자 연구도 병행하여 이루어지고 있는데, 일반적으로 석유분해에 관여하는 효소의 유전자를 조사하여 효과적으로 분해시킬 수 있도록 유전자를 개량하려는 시도도 진행되고 있다.

또 실제로 환경수복(修復)에 적응할 수 있는 기술개발은 시험관 수준의 결과만으로는 예측할 수 없는 사태에 직면하는 경우도 있을 수 있다. 미생물을 사용한 환경수복 실험은 한가지 실험을 하는 데 오랜 시간이 걸리기 때문에 모든 것을 검증하는 것은 대단히 어렵다. 때문에 유출된 기름의 바다에서의 거동을 예측할 수 있는 숫자 모델계로부터 전체를 고려할 수 있는 기술개발도 이루어져야 할 것으로 본다.

우리는 그 동안 기름유출사고 발생시 너무 안이한 방식으로 대처하여 왔다고 볼 수 있다. 단지 오일펜스를 쳐서 기름확산을 막거나 계면활성제를 뿌리는 것이 고작이었으며 더욱이 계면활성제의 품질이 좋지 않아 제대로 기능을 발휘하지 못해 오히려 계면활성제에 기름이 흡착되어 해저에 부착됨으로써 해저생태계를 파괴하는 경우가 많았다. 이제 21세기가 도래하였다. 환경보존에 기여할 수 있는 시대에 맞는 새로운 유류오염 방지기술 개발도 시급히 해결해야 될 중요한 과제라 생각된다.

## 1.5 해양 바이오 신소재 산업 개발

해양 바이오시대의 도래를 예측하는 가장 큰 이유 중 하나는 해양생물자원에서 유래한 신규 소재들이 기존의 화학산업을 대체하거나 새롭게 변모시킬 수 있을 것이라는 전망 때문이다. 신소재 개발을 위한 생물재료로서 지구상에는 헤아릴 수 없는 생물종이 존재한다. 지금까지 인류의 필요한 소재들을 모두 생물종으로부터 직접 이용하여 왔으며, 생물소재 개발에 사용된 생물종은 미생물, 식물, 동물, 해양생물, 곤충 등 매우 다양하고 방대하다. 육상유래 소재의 경우 식량자원을 활용해야 하는 등의 문제점이 많아 해양유래 신소재 산업의 성장 잠재력이 상대적으로 매우 우수할 것으로 예상되나, 아직까지 구체적인 해양생물 유래의 신소재 개발 사례는 많지 않다. 향후 극한 환경에 적응하여 서식하고 있는 해양생물로부터 얻어지는 신소재 활용도가 점차 높아지리라 예상된다.

이러한 해양 신소재는 질병치료 및 예방을 위한 의약품 원료, 생분해성 고분자, 기능성 다당류, 효소 저해제, 연구용 시약, 향료, 기능성 색소, 화장품 원료 등 고부가가치 소재로서 활용도가 높으며, 이들 중 의약품 소재를 연구 개발하기 위해서는 다음과 같은 연구단계가 필요하다(표 1.2).

### 1.5.1 대상생물의 수집과 추출물 조제

생물소재 탐색은 사람의 경험을 통한 대상 생물종의 수집에서 시작되었다. 먼저 탐색하고자 하는 생리활성 물질을 선택하고 민간요법이나 문헌에 의해 후보 생물종을 선정한다. 문헌에 의한 탐색은 국내·외 문헌의 자료와 관련 학회지를 참조하면 더욱 효율적이다. 생리활성 측정 전 단계로 유기용매를 이용한 추출과정은 다음과 같다. 용매로는 메탄올이나 에탄올을 주로 사용하며, 극성이 높은 생리활성 물질을 탐색하기 위해서는 물을 사용한다. 생물체에 존재하는 생리활성물질은 온도나 빛에 민감하므로 40°C 미만의 온도를 유지하여 암실에서 추출해야 한다.

표 1.2 해양 신소재 개발 중 의약품 소재 개발에 관한 연구단계의 예

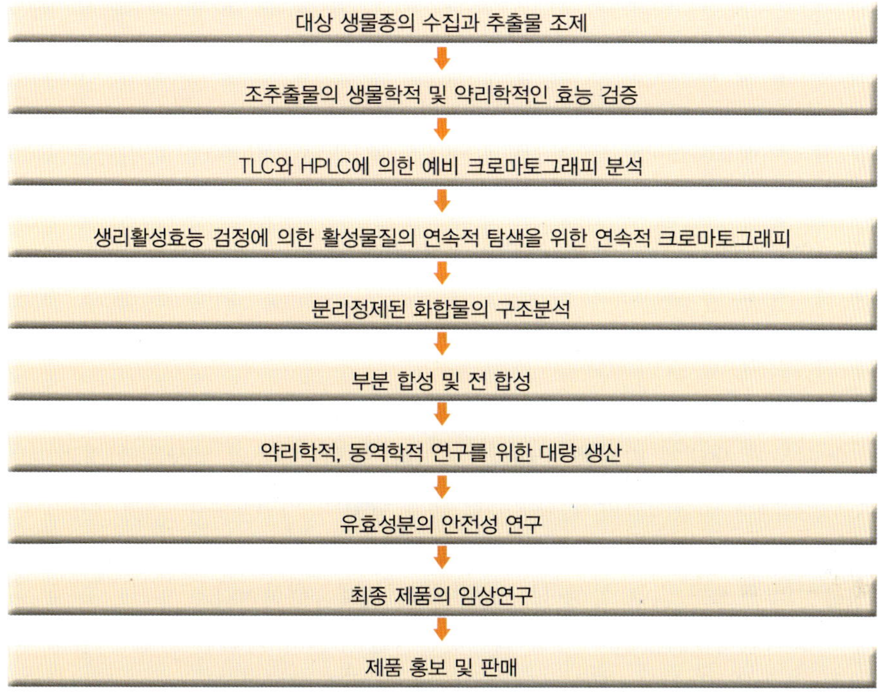


### 1.5.2 조추출물의 생물학적 및 약리학적 탐색

생물체로부터 추출한 조추출물에 대한 생리활성을 측정한다. 조추출물에는 수많은 화합물들이 존재하지만 실제로 생리활성이 있는 물질의 함량은 매우 낮다. 따라서 생리활성 측정법은 매우 민감하게 해야 한다. 생물체의 생리활성물질의 탐색은 비용과 시간을 절약하고, 정확성과 신속한 방법을 통해 전 생물자원을 대상으로 1차 탐색하고, 개발가능성이 인정되면, 2차, 3차 등 순차적으로 탐색을 시도하는 것이다. 특히, 1차 탐색은 효능의 유무판정에 주안점을 두는 정성적 실험방식이고, 2차 탐색은 효능 정도에 주안점을 두는 정량적 실험방식이다. 그리고 3차 탐색, 즉 동물실험을 포함한 최종 탐색으로 개발 유무를 정확히 결정 내릴 수 있는 방식으로 진행시키는 것이 바람직하다.

### 1.5.3 활성물질 분리 및 동정방법

생리활성이 확인된 조추출물로부터 활성물질의 분리정제과정은 화학적 방법과 다양한 기기를 이용하는 방법이 있다. 기기분석법이 발달하기 전에는 원소분석이 주로 이루어졌으나 현재는 혁신적인 크로마토그래피에 의해 물질을 분리 및 분석하고 있다. 그

러나 아무리 기기분석법이 발달되었다 하더라고 화학적 방법이 경시되어서는 안 되며 상호 보완하여야 한다.

현재 생리활성 물질의 분리분석 및 구조동정을 위해 사용되고 있는 기기는 고성능 액체 크로마토그래피(high performance liquid chromatography, HPLC), 가스 크로마토그래피(gas chromatography, GC), UV 분광광도계(UV spectroscopy), 질량분석계(mass spectrometry, MS), 적외선 분광광도계(infrared spectroscopy), 핵자기 공명(nuclear magnetic resonance, NMR) 분광기 등이 있다.

### 1.5.4 생물소재의 합성

생물체에는 유용 생리활성 물질이 소량 함유되어 있고, 무엇보다도 생물체를 수집하여 추출하기 때문에 생태계 파괴를 초래할 수 있다. 특히, 식물의 성장은 환경과 매우 밀접한 관련이 있어 대량생산하여 일정기간 내에 공급이 어려우므로 제약시장이나 기능성 소재로 활용하는 데 어려움이 많다. 이를 극복하기 위해 사용되고 있는 것이 추출된 활성물질의 구조를 밝혀 합성하는 방법에 의한 제품생산이다.

가장 이상적인 단계는 모두 합성하는 것이지만 구조가 복잡한 물질은 합성이 용이하지 않고 수율이 떨어지는 등의 문제점이 있다. 최근 이러한 문제점을 해결하기 위해서 전구체 등으로 유효성분이 분리되면 정확한 약리, 약효 등의 효능을 평가하여 신규 의약품 또는 기능성 소재로서의 개발가능성에 대한 판정을 한다.

### 1.5.5 생물소재의 안전성

최종 유효성분의 유효성이 확보되면 임상시험을 위한 제품의 제조승인을 신청하기 위해 안전성(독성시험 및 약리시험)을 실시하여 안전성 여부를 판정하게 된다. 통상적으로 일반 연구자들은 자가시험으로 일반 약리시험과 급성 독성시험을 실시하여 가능성이 인정되면 공신력이 있는 기관에 독성시험 및 약리시험을 의뢰하고 있다.

유전공학적으로 개발된 인슐린, 성장 호르몬, 인터페론(interferon)과 같은 소재는 보다 명확한 안전성 검정이 요구되며, 천연추출물의 경우도 그것의 유래가 매우 중요하다. 또한 대장균과 같은 발효산물의 경우에도 다른 미생물 및 외부 독성물질의 존재 유무를 검증해야 한다.

### 1.5.6 생물소재의 제제화

최종 유효성분의 유효성과 안전성이 확보되면 제제화를 시도하게 된다. 제제설계에 있어서 무엇보다도 중요한 단계는 유효성분의 물성(물리적인 성질, 화학적인 성질, 생물학적인 성질 등)을 평가하는 일이다. 생물학적 성질에서 약리, 약효, 작용부위, 투여량, 혈중농도, 흡수분포, 흡수부위, 흡수속도, 대사배설, 생물학적 반감기(biological half-life), 부작용 등이 검토되며, 물리적 성질로 용해성, 안전성 등이 검토된다. 제제가 만들어지면 제제의 특성을 평가하게 된다. 제제의 특성평가에 있어서 생물학적 특성(흡수, 배설), 관능적 특성(맛, 냄새, 색), 물리화학적 특성, 경시적 안전성 및 이물(foreign matter)과 미생물 오염 여부를 평가하게 된다. 제제의 특성평가가 이루어지면 제제공정으로 들어가 임상용 제품을 포함한 시제품을 생산하여 최종 평가를 내리게 된다.

### 1.5.7 최종 제품의 임상시험

독성시험 및 약리시험 등의 전임상시험을 거쳐 보건복지부 장관의 승인을 받으면 임상시험을 위한 제품 제조승인을 얻어 임상용 제품을 제조한다. 임상시험은 임상시험 지침에 따라 이루어 진다. 임상시험은 전임상 시험을 통하여 안전성이 입증되고 임상 유효성이 기대되는 시험약을 이용하여 제I상, 제II상, 제III상 순으로 진행한다.

제I상 시험은 전임상시험의 성적을 토대로 시험약을 사람에게 처음 적용하여 검토하는 단계이다. 건강한 지원자를 대상으로 시험약의 안전성을 확인하고, 안전용량과 최대 허용량을 추정하여 제II상 시험에 필요한 자료를 제공한다. 또한 약물 동태연구를 실시하여 약물의 흡수, 대사, 배설에 대한 기초 자료를 수집한다.

제II상 시험은 시험약을 처음으로 환자에게 적용하여 시험약의 유효성 및 안전성을 확인하고 약물동태를 검토하여 제III상 시험에서 실시할 투여 용량, 투여 간격 및 투여 기간을 정한다.

제III상 시험은 제II상 시험에서 얻어진 시험약의 유효성 및 안전성 결과 시행된 용량, 용법에 대한 성적을 토대로 임상시험의 대상을 확대하여 시험약의 효과 및 안전성을 재확인하고 빈도가 낮은 부작용에 대해서도 검색하는 단계이다.

최종목적은 시험약의 유효성과 안전성을 감안하여 효능, 효과, 용법, 용량 및 사용상의 주의를 설정하는 데 있다.

Chapter 02

# 유전학 개요

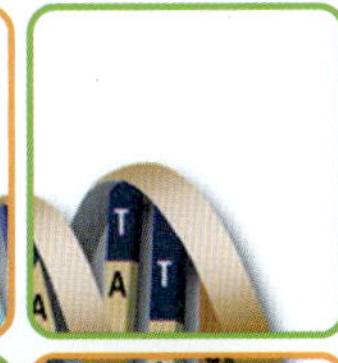

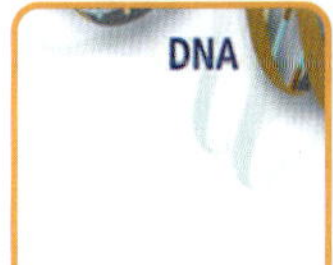


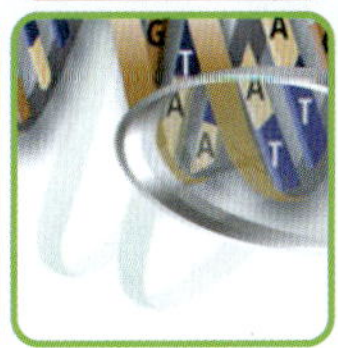

해양생명공학을 알기 위해서는 각각의 생물이 나타내는 고유 모양이나 기능을 결정짓는 유전자에 대한 이해가 필요하다. 우선 생명공학의 직접적인 배경이 된 유전학에 대하여 간단히 설명하고 이어서 유전학이 생명공학에서 어떻게 응용되고 있는지에 대하여 설명한다.

## 2.1 유전자란?

멘델이 유전자의 개념을 수립하기 이전에는 형질의 유전은 융합유전(blending inheritance), 즉 정자와 난자에 있는 유전질이 서로 혼합되어 자손에게 전해진다고 믿고 있었다. 그러나 그 전달 방법에 있어 어떤 규칙성이 있고 어떤 기전(mechanism)으로 전달되는지에 대해서는 오랫동안 알려져 있지 않았다.

19세기 중엽 멘델은 오스트리아의 브룬(Brünn, 현재는 체코 Brno)에 있는 수도원의 정원에서 완두콩을 가지고 교배실험을 수행하였으며, 형질의 분리에 관한 관찰결과를 확률적으로 분석함으로써 유전자의 개념에 입각한 유전양식을 규명하였다. 멘델이 실험재료로 사용한 완두(*Pisum sativum*)는 암꽃술이 한 꽃 안에 있는 수꽃술의 꽃가루를 받는 자가수정(self fertilization)을 하기 때문에 몇 세대 번식을 하면 유전적으로 고정된 개체를 얻을 수 있으며 자연교잡이 거의 안되므로 순수한 계통을 유지하기가 용이하다. 또한 완두는 재배가 쉽고 생장기간이 짧으며 결실이 잘 될 뿐만 아니라 인공교배가 용이한 장점을 가지고 있다.

특히 멘델이 연구대상으로 한 7가지 유전 형질은 모두 서로 다른 염색체에 있는 단순 유전자에 의해 지배되는 형질로서 교배 후대에서의 유전 분리가 분명하므로 유전 법칙을 발견하기에 아주 적합하였다고 할 수 있다. 이로써 그때까지의 융합유전을 부정하고 형질은 인자(유전자)에 의해 지배된다는 사실을 입증하였다. 멘델은 잡종 제1대에서 나타나는 형질을 우성(dominance)이라 하고, 나타나지 않는 형질을 열성(recessive)이라고 하였다. 이와 같은 현상에 대하여 잡종 제1대에서는 우성형질만 나타난다고 하여 우성의 법칙(law of dominance)이라고 한다.

멘델은 완두콩을 사용해서 유전양식에 대한 연구를 했는데 한 쌍의 대립하는 형질, 예를 들면, 동그란 종자를 만드는 그루와 주름이 있는 종자를 만드는 그루를 교배시키니 잡종 제1대($F_1$)의 종자는 모두 동그란 모양이었다. 다음은 이 종자를 뿌려서 키우고 암꽃술이 한 꽃 안에 있는 수꽃술의 꽃가루를 받는 자가수정으로 만들어진 잡종 제2대($F_2$) 7,324개 종자를 조사한 결과, 그 중 5,474개는 동그랗고 1,850개는 주름이 있었다. 그 비율은 2.96:1이 된다. 똑같이 떡잎 색깔이 노란색인 것과 녹색인 것을 양친으로 해서 교배실험을 하면 $F_1$은 모두 노란색 떡잎이 되었고 $F_2$ 8,023개에서는 노란색과 녹색이 6,022과 2,001, 그 비율은 3.01:1이 되었다(그림 2.1). 이렇게 해서 그는 7쌍

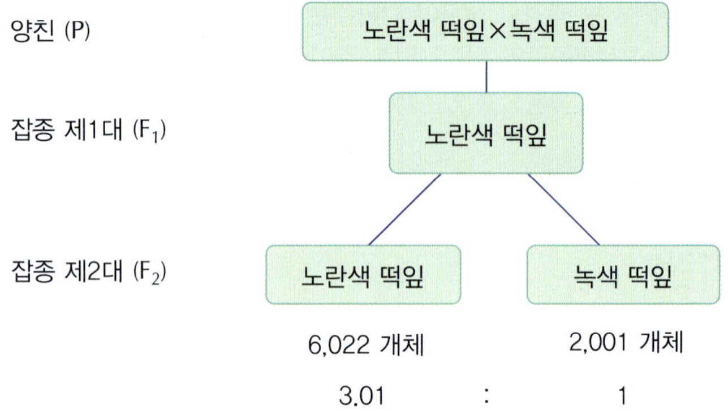


**그림 2.1** 완두떡잎의 색이 노란색주와 녹색주의 교배실험에 의한 유전양식.

의 대립형질에 대해서 교배실험을 한 결과 언제나 $F_2$에는 각 양친의 형질이 거의 3:1 비율로 나타나는 것을 확인했다.

멘델은 이들 실험결과로부터 잡종 제1대에서는 양친 중의 어느 한쪽 형질만 나타나고 다른 한쪽 성질은 전혀 나타나지 않는다는 것을 발견하고, 발현하는 형질을 우성, 나타나지 않는 형질을 열성 형질이라고 했다. 그리고 양친으로부터 자식으로 전해져 형질발현의 원인이 되는 '유전인자'(후에 유전자라 불림)를 가정하여 그것을 기호로 나타냈다. 예를 들면 대립형질 중 우성 형질을 발현시키는 유전인자를 A, 열성인 유전인자를 a로 했다.

**그림 2.2**에 보여준 것처럼 각 형질을 나타내는 유전자는 양친의 체세포에는 두 개씩

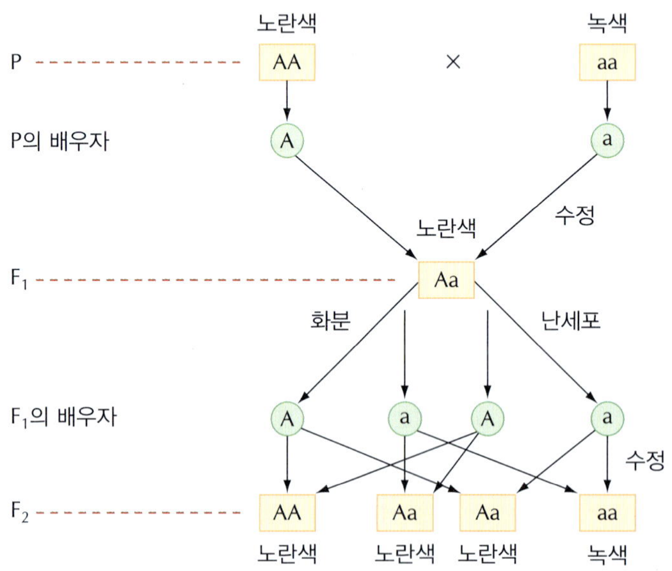


**그림 2.2** 유전자에 의한 그림 2.1의 실험결과 설명도.

존재하지만 꽃가루나 난세포 등 수컷이랑 암컷의 배우자(gamete)가 만들어질 때는 이들은 하나씩 분리되어서 각 배우자로 분배된다. 자웅배우자 합체로 생긴 수정란, 즉 자식의 체세포에는 수컷이랑 암컷의 부모로부터 하나씩 받은 2개의 유전자가 존재한다. 유전자를 조합시키면 $F_1$에서는 모두 Aa가 되고, 모든 개체는 우성형질인 A 형질을 나타낸다. 다음에 $F_2$에서 나타나는 유전자 쌍과 그 비율은 AA : Aa : aa = 1 : 2 : 1이 된다. 그러나 우성형질인 노란색 개체와 열성형질인 녹색 개체비율은 3대 1이 된다는 사실을 밝혔다.

멘델은 1865년에 『식물 잡종에 관한 연구』라는 제목으로 연구결과를 발표하였으나 당시의 생물학자들은 이 위대한 논문의 진가를 인정하지 못하였다. 멘델의 논문이 발표된지 35년 후인 1900년에 네덜란드의 더프리스(de Vries), 독일의 코렌스(Correns), 오스트리아의 체르마크(Tshermark) 등 세 사람에 의해 각각 독립적으로 멘델의 법칙이 재발견 되었다.

생물이 가지는 복잡한 형질을 부모로부터 자식한테 전하는 것을 유전자라 설명하였고, 게다가 그것을 추상적인 기호로 나타낸다는 생각은 아주 독창적이었기 때문에 그 당시 사람들은 쉽게 이해할 수 없었을지도 모른다. 그러나 유전자가 완전히 인식되기 위해서는 그것이 단순한 기호가 아니라 실체(実体)로 이해 가능한 물질임을 증명해야 한다. 그러기 위해서는 ① 유전자는 세포 내 어디에 존재하고 ② 어떻게 형질을 발현하고 ③ 또 어떤 화학물질인지 등의 문제가 해명되어야 했다.

## 2.2 유전자는 세포의 어디에 존재하는가?

모든 생물체가 세포라고 하는 미소(微小)한 자루모양으로 이루어져 있는 것을 멘델이 소년일 때 알게 되었다. 그 후 세포는 분열을 통해 늘어나는 것도 밝혀졌지만 멘델이 완두콩 교배실험을 하고 있었을 때는 세포분열의 연구는 아직 시작한지 얼마 되지 않았을 때다. 유전자가 세포 어디에 존재하는지에 대한 문제를 이해하기 위해서는 세포나 세포분열에 관한 지식이 필요하다.

막으로 둘러싸인 대부분의 생물 세포는 유전자 등을 함유하고 있는 핵과 미토콘드리아, 소포체, 엽록체(식물 세포) 등의 미소기관을 함유하는 젤리상의 세포질로 구성되어 있고, 그 주변을 아주 얇은 세포막이 둘러싸고 있다. 식물 세포에는 세포막의 바깥쪽에 셀룰로오스로 이루어진 세포벽이 있다(그림 2.3). 세포가 분열할 때에는 우선 핵이 먼저 분열하여 두 개로 되고 다음으로 세포도 두 개로 나누어진다.

분열을 하기 전 핵(정지핵)은 현미경으로 보면 그물눈상 또는 미립상으로 보이지만

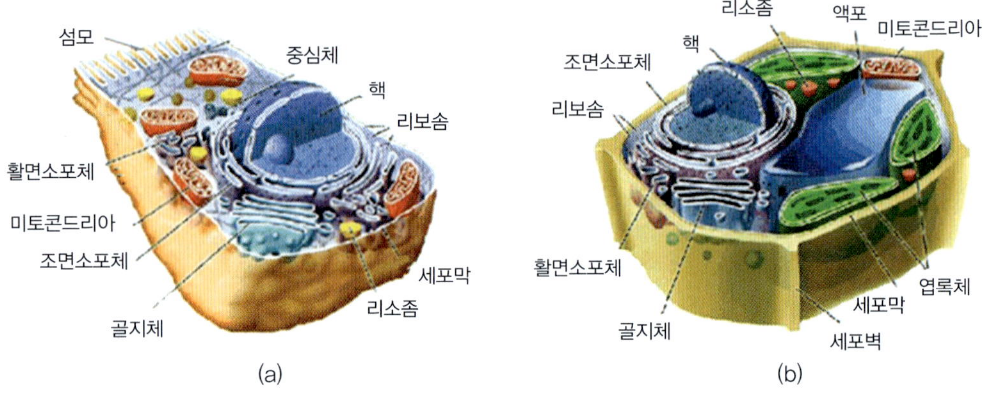


그림 2.3 동물세포(a)와 식물세포(b)의 모식도.

분열을 시작하면 핵 자체가 가늘고 긴 실 모양의 염색체로 변한다. 염색체는 DNA와 단백질의 복합체인 염색사(chromonema)라는 물질로 구성되어 있다. 단백질은 염색사의 형태를 유지하고 유전자의 활동을 조정하는 데 필요하다.

염색체수는 예를 들면 사람은 46개, 완두콩은 14개 등 생물의 종류마다 정해져 있다. 그리고 고등동물의 각 체세포는 한 벌의 염색체를 모친(암컷)으로부터 또 한 벌은 부친(수컷)으로부터 물려받게 되는데, 양친에서 유래한 염색체에서 한쌍씩의 짝을 상동염색체(homologous chromosome)라 한다. 이와 같이 2벌로 된 염색체수를 2배체(diploid, 2n)수라 하며, 성세포 혹은 배우자(gamete)는 체세포 염색체수의 반을 가지게 되므로 반수체(haploid, n)라고 한다. 몸을 만드는 세포(체세포)가 세포분열을 할 때에는 우선 각 염색체는 세로로 2개로 나누어지고 각각이 새로운 2개의 세포로 분배되므로 어떤 세포도 동일한 수, 동형(同形)의 염색체를 포함하게 된다(그림 2.4a). 난세포, 꽃가루, 정자 등 자웅 배우자(gamete)가 생길 때는 이것과는 약간 다른 분열이 일어난다(그림 2.4b).

배우자의 기원인 난세포의 핵이 염색체로 변할 때는 우선 상동염색체끼리 붙어서 겉보기에는 하나의 염색체가 된다. 일단 붙은 상동염색체는 다시 분리해서 각각이 따로 핵을 만들어서 세포는 2개로 나누어진다. 모세포(mother cell)의 염색체수는 2n이라서 첫 번째 세포분열로 만들어진 2개의 세포 염색체 수는 모세포의 반, 즉 “n”이 된다. 그 후 계속해서 다시 한번 분열하고, 결국 하나의 난세포로부터 n개의 염색체를 가지는 4개의 배우자가 만들어진다. 이렇게 배우자가 형성될 때에는 염색체 수가 반감하기 때문에 그 분열을 감수분열(meiosis)이라고 한다.

동물이든 식물이든 수정할 때는 반수의 염색체(n)를 가지는 수컷이랑 암컷 배우자가 합체하기 때문에 수정란 염색체수는 다시 배수, 또는 전수(全數)(2n)가 된다. 따라서 수정란으로부터 성숙된 개체의 체세포는 2n개의 염색체를 가지고 그 반은 부친으로부

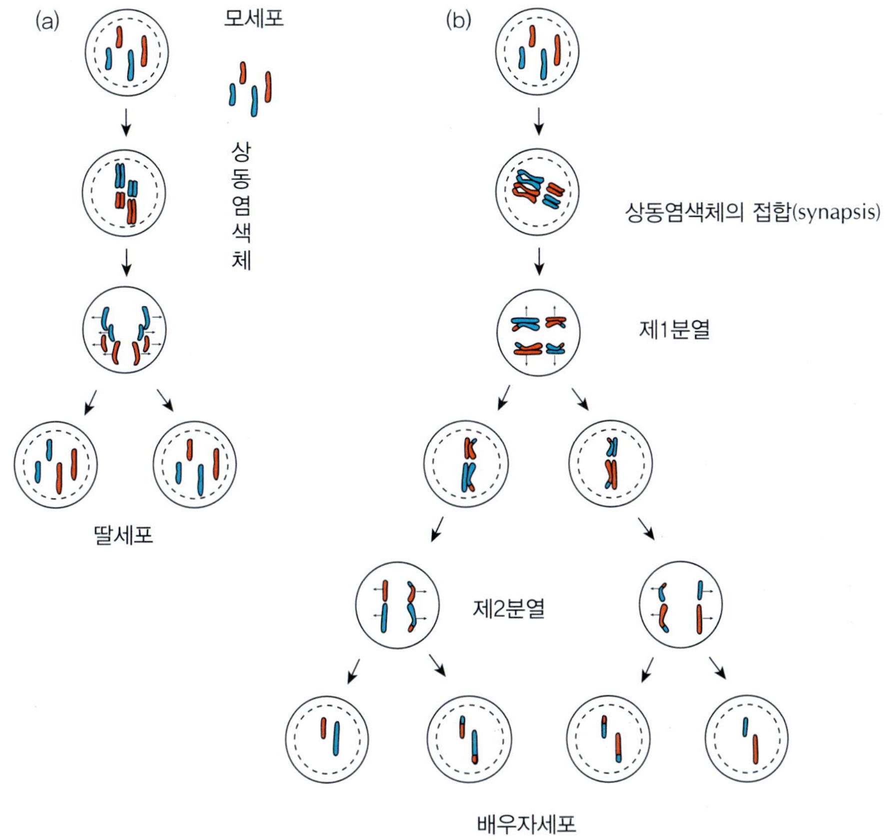


그림 2.4 체세포 분열(a)과 감수분열(b). 2n = 4 예시.

터 나머지 반은 모친으로부터 받은 것이 된다. 즉 상동염색체의 한 쪽 세트는 부친에서 유래되었고 한 쪽은 모진에서 유래된 것이다.

그런데 멘델이 생각한 유전자 행동은 감수분열에 있어서 염색체 행동과 완전히 일치하는 것을 알 수 있다. 그림 2.5처럼 염색체 위에 유전자를 겹쳐도 유전 설명에 전혀 모순이 없다. 그렇기 때문에 금세기 초부터 유전자는 염색체 위에 존재한다고 생각하기 시작했다. 그 후 1930년대에는 미국 유전학자 모건(Morgan)은 초파리를 사용해서 눈 색깔을 나타내는 유전자를 비롯하여 많은 유전자가 각각 4개(n) 염색체의 어디에 위치하는지를 해명하였고, 즉 유전자 염색체지도를 만들었다. 이런 연구에 의해 유전자는 염색체상의 일정한 위치에 존재하는 것이 밝혀졌다.

염색체 지도(Chromosome map)는 옥수수나 사람 등 여러 생물에서 연구되고 있다. 그리고 이들의 연구에 있어서 인위돌연변이가 중요한 역할을 했다. 예를 들면 초파리 눈 색깔유전자를 조사했을 때 야생 초파리는 거의 모두 빨간 색깔이기 때문에 이들을 교배할 수는 없다. 그러나 만약 하얀색 눈의 돌연변이체가 얻어지고 게다가 그 변이가

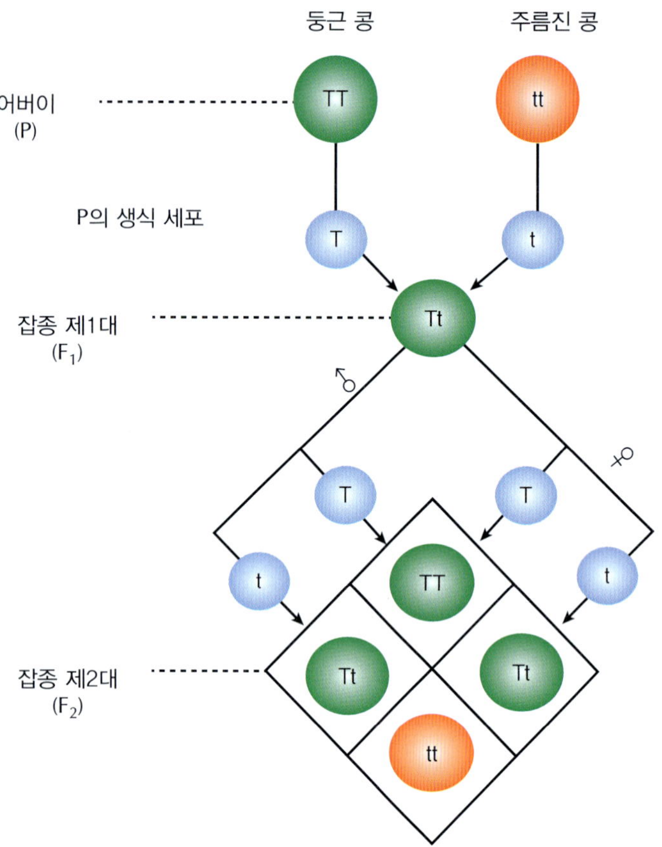


**그림 2.5** 유전자는 염색체 위에 있다고 가정한 멘델의 교배실험 설명도 편의상 염색체수는 2n = 2 (완두콩은 2n = 14)로 한다. (그림 2.2 참조할 것)

단순히 그 개체 일대(一代)뿐만이 아니라 몇 세대나 이어지는 유전적으로 안정한 변이였으면 대립유전자(allele)로써 교배에 의한 연구가 가능해진다. 돌연변이는 눈 색깔뿐만 아니라 눈 모양이나 날개 모양 등 여러 형질에서 일어나지만 자연계에서는 극히 드물다. 그러나 X선이나 자외선 등의 방사선을 적당량 이용하여 인위적인 돌연변이 발생률을 수 백배까지 높일 수 있다. 이 방법은 현재 미생물을 포함해서 각 방면의 연구에 사용되고 있다.

## 2.3 유전자와 형질발현

위에서 기술한 유전학은 주로 교배나 세포학적 방법으로 여러 형질 유전에 대해서 유전자가 염색체상에서 차지하는 위치에 대해서 연구해 온 것이다. 그러나 유전자가 실제로 어떻게 작용해서 형질을 발현시키는지는 어려운 문제였다. 그 돌파구는 1940년대에 빵곰팡이(*Neurospora crassa*)를 사용한 비들(Biddle)과 타툼(Tatum)의 연구에 의해 열렸다.

빵곰팡이의 야생주(parent strain)는 무기염, 당, 비타민 등이 함유된 최소배지에서 자라지만 그 인위 돌연변이주의 일종인 아르기닌(아미노산의 일종) 요구주는 최소배지에 아르기닌을 가해주지 않으면 생육하지 않는다. 즉 야생주는 아미노산 합성에 필요한 모든 효소를 가지고 있기 때문에 공급된 최소배지 물질을 흡수해서 어떤 아미노산이라도 합성할 수 있다. 그러나 아르기닌 요구주는 아르기닌 합성경로에 관여하는 효소가 없어서 자기 힘으로 합성할 수 없으므로 아르기닌을 공급받지 않으면 자라지 않는다.

그런데 배지에서 흡수된 무기염이나 당은 바로 아르기닌으로 변하는 게 아니라 먼저 원료물질인 글루타민산을 직접 만들고 여기서 열거된 7종류의 중간물질을 경유해서 최종적으로 아르기닌이 합성된다. 이 경로는 너무 복잡해서 아래에 표시한 것처럼 간략화해서 설명한다.

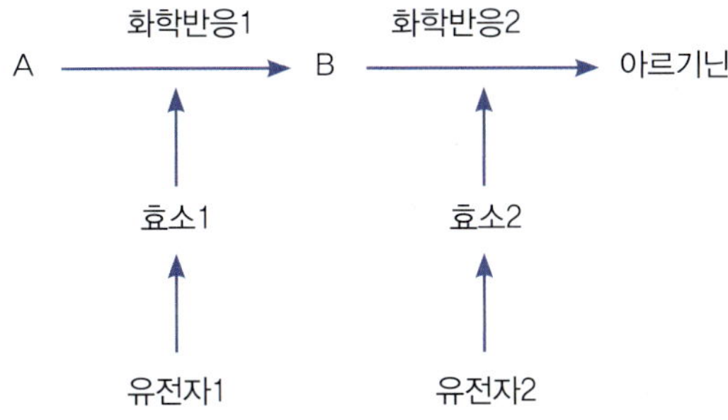


A라는 원료물질은 화학반응1에 의해 B로 변하고 다음에 B는 화학반응2를 통해서 아르기닌이 된다고 한다. 2개의 반응을 각각 촉진시키는 효소1이나 혹은 효소2가 없으면 최종적으로 아르기닌이 생성 되지 않는다. 그런데 아르기닌 요구변이주에는 최소배지에 중간물질B를 보충해주면 아르기닌을 가하지 않아도 자라는 변이주I과 B에서는 자라지 못하고 아르기닌을 필요로 하는 변이주II가 있다. 이 차이는 다음과 같이 설명된다. 즉 변이주I은 효소1이 없고 화학반응1이 진행되지 않기 때문에 B가 합성되지 않는다. 그러나 효소2를 가지고 있어서 최소배지에 B를 가해주면 화학반응2는 진행되어 아르기닌이 합성되고 생육할 수 있다.

한편, 변이주II는 효소2가 없어서 B를 가해줘도 아르기닌은 합성되지 않는다. 그리고 양자는 각각 유전적으로 안정하기 때문에 변이주I에서는 효소I의 형성을 지배하는 유전자1에 변이가 일어나 효소1이 합성되지 않는 것에 반해 변이주II에서는 효소2 형성을 지배하는 유전자2에 변이가 일어나 효소2가 합성되지 않는 것이다. 이렇게 각 화오티드이다. 이렇게 핵산의 화학구조는 어느 정도 이해되었지만 이 물질이 어떤 기능을 하고 있는지 또는 유전과 어떤 관계가 있는지 등은 해결해야 할 문제였다.

## 2.5 유전자 본체

핵산이 유전정보를 저장하고 있다는 것을 증명하는 계기가 된 것은 1928년 그리피스(F. Griffith)의 형질전환 실험이다. 그는 쥐에 폐렴을 일으키는 병원성 폐렴쌍구균을 열처리하여 사멸시킨 후 그것을 비병원성 폐렴쌍구균에 섞어 두었더니 비병원성이 병원성으로 변하는 것을 발견하였다. 그는 병원성 폐렴쌍구균에는 형질 전환 인자가 존재하고 이것이 비병원성 안으로 들어가 성질이 변한 것이라고 결론지었다. 그 후 오랫동안 이 형질 전환 인자의 실체는 잘 알려지지 않았지만 1944년에 아버리(O.T. Avery)와 그의 공동연구자는 열처리한 병원성 폐렴쌍구균에서 형질 전환 인자를 정제하고 그것을 DNA(deoxyribonucleic acid)라 했다(표 2.2).

아버리(Avery)의 실험 이후 DNA가 보편적인 유전물질일까 아닐까? 단백질은 유전정보를 떠맡을 수는 없는 것인가? 하는 것이 문제가 되었다. 이 문제를 해결한 사람이 허쉬(A.H Hershey)와 체이스(M. Chases)이다. 1952년 이들은 대장균에 감염되는 바이러스 T2 파지를 이용해 그것의 DNA를 $^{32}$P로, 단백질을 $^{35}$S로 동위원소에 의해 표지해서 세균에 감염시키는 실험을 하였다(그림 2.6). 이 실험에서 T2파지의 $^{32}$P로 표지된 DNA만을 대장균에 주입하고 단백질을 균내에 주입시키지 않았을 때 약 20분 후에 균내에 들어간 DNA 유전정보에 의해 많은 수의 자(子)파지가 만들어져 방출되는 것을 알게 되었다. 이 결과로 미루어 볼 때 유전정보를 떠 맡고 있는 것은 DNA이고 단백질이 아니라는 사실이 밝혀졌다.

그 이후 원핵생물 뿐만 아니라 진핵생물에서도 DNA가 유전정보라는 것이 증명되었고 최근에는 화학적으로 합성한 DNA를 세포에 주입하여 이에 상응하는 유전자 산물을 만들어 내는 것도 일반적으로 행해지고 있다.

표 2.2 아버리(Avery)의 실험 결과

| 배지에 이식한 균 | 생긴 콜로니의 모양과 비율 |
|---|---|
| 살아있는 R형 균 | R형 : S형 : 100만 : 1※ |
| 살균된 S형 균 | O |
| 살아있는 R형 균과 살균된 S형 균의 혼합 | R형 : S형 = 100 : 1 |

※ S형 균은 R형 균의 돌연변이로 생겼다고 생각됨.

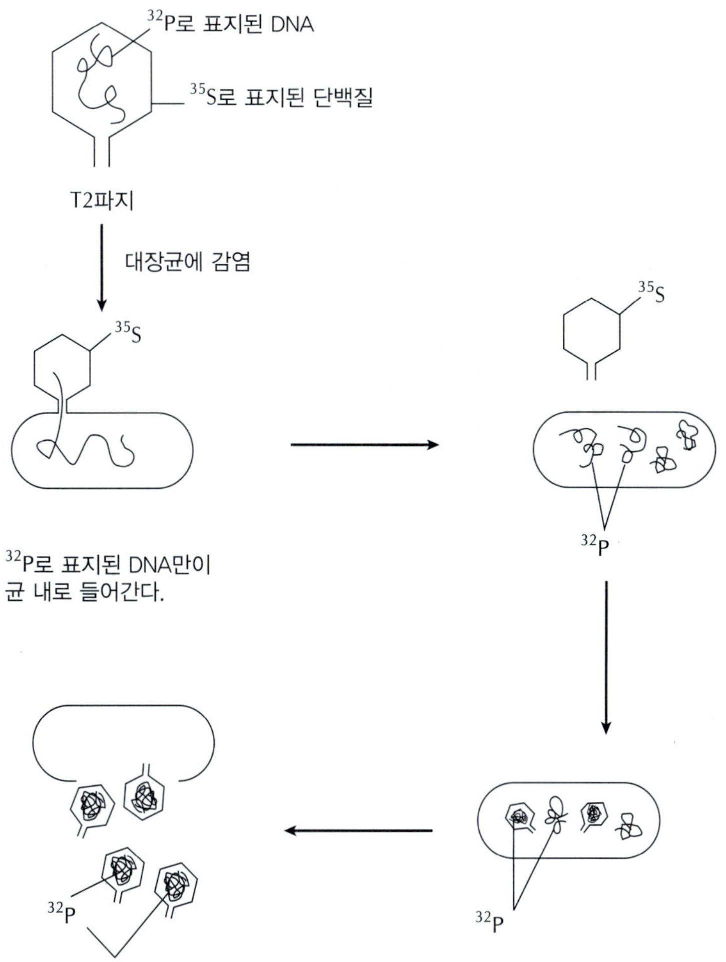


그림 2.6 허쉬(A. H. Hershey)와 체이스(M. Chase)의 실험. DNA를 $^{32}P$로, 단백질을 $^{35}S$로 표시한 T2 파지를 대장균에 감염시키면 $^{32}P$로 표시한 DNA만이 균 내에 들어가지만 $^{35}S$로 표시한 단백질은 들어가지 않는다.

## 2.6 DNA 2중 나선구조

유전자 본체가 DNA인 것이 밝혀진 후 DNA 분자구조 해석을 위한 연구가 세계 각지에서 경쟁적으로 실행되었다. 샤가프(E. Chargaff)는 1950년 여러 가지 생물의 DNA 염기조성을 분석하여 염기조성은 생물종에 따라 다르지만 아데닌의 양은 티민의 양과 같고 구아닌의 양은 시토신의 양과 같다는 것을 알게 되었다. 또 같은 무렵에 윌킨스(Wilkins)는 여러 생물에서 추출한 DNA의 X선 회절상이 닮았고 DNA는 아주 가늘고 긴 사상의 분자이며 나선으로 말려 있는 것을 알게 되었으며, 모든 DNA 분자가 직경 약 2nm의 막대상 구조이며, 그 구조 중에 염기쌍 간의 거리는 0.34nm이며 나선 한 바퀴의 거리는 3.4nm인 반복단위를 가지고 있다는 것을 발견했다.

이들 지식을 근거로 1953년 윗슨(Watson)과 크리크(Crick)는 샤가프가 관찰한 결과와 X선 회절 데이터를 기초로 해서 DNA의 2중 나선구조 모델을 제시했다. 그 특징은 다음과 같다.

❶ 2가닥의 폴리뉴클레오티드 사슬이 서로 역방향으로 나열되어 있다. 즉, 한쪽 가닥이 5′→3′라면 다른 쪽 가닥은 3′→5′이다.

❷ 2가닥 사슬은 아데닌과 티민 사이, 구아닌과 시토신 사이의 수소결합으로 유지되어 있다. 그림 2.7에 나타낸 바와 같이 A와 T사이에는 2개의 수소결합이, C와 G 사이에는 3개의 수소결합이 형성되어 있다. A와 T의 염기쌍은 C와 G의 염기쌍과 거의 같은 크기로 되어 있기 때문에 2중 나선의 직경은 일정하게 유지 되어 있다. 이 이외의 염기쌍(C-G, A-T 이외의 염기쌍)의 조합방법은 2중 나선구조가 형성되는 데 적합하지 않다. 즉 A와 G는 둘 다 푸린 염기로 크기가 너무 커서 A-G염기쌍은 나선의 안쪽에 들어가지 않게 되고 C-T 염기쌍은 나선 안에서 이탈되기 쉬워서 안정한 수소결합이 이루어지지 않는다. 또 A-T 및 C-G 염기쌍만이 존재한다는 사실은 샤가프가 아데닌과 티민의 함량 또는 시토신과 구아닌의 함량이 동등하게 존재한다고 한 사실과 일치하고 있다. 쌍을 만드는 2개 염기는 서로 상보적이라고 말하고 이중나선을 구성하는 2개 폴리뉴클레오티드 사슬도 상보적이다.

❸ 2가닥의 폴리뉴클레오티드 사슬은 동일 축을 중심으로 해서 오른쪽으로 감겨져 있다.

❹ 나선의 직경은 2nm이고 염기쌍 간에 거리는 0.34nm로 X선의 연구에서 관찰한 결과와 일치한다. 나선 한 바퀴의 거리는 3.4nm이며 10개의 뉴클레오티드로 되어있다.

❺ DNA가 2중 나선구조를 가지고 있다는 것은 그 후 많은 실험에 의해 확실시 되었다. 2중 나선구조 모델의 정확성이 일단 인정되자 DNA의 복제 기구가 추정되고 유전암호가 DNA의 뉴클레오티드 배열에 따라 결정되지는 것이 명백하게 되었다 (그림 2.8, 2.9).

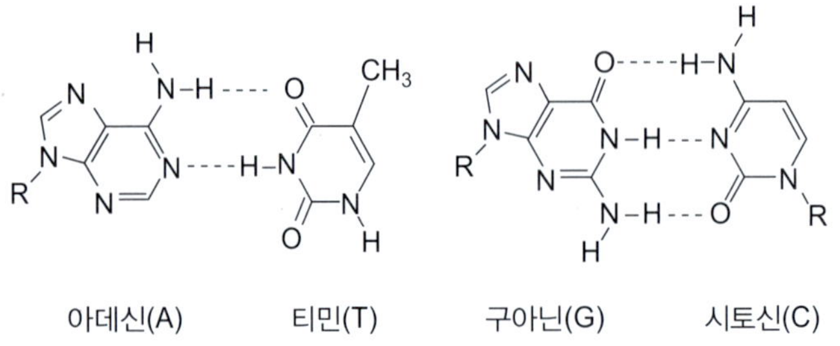

그림 2.7 DNA 염기간 수소결합.

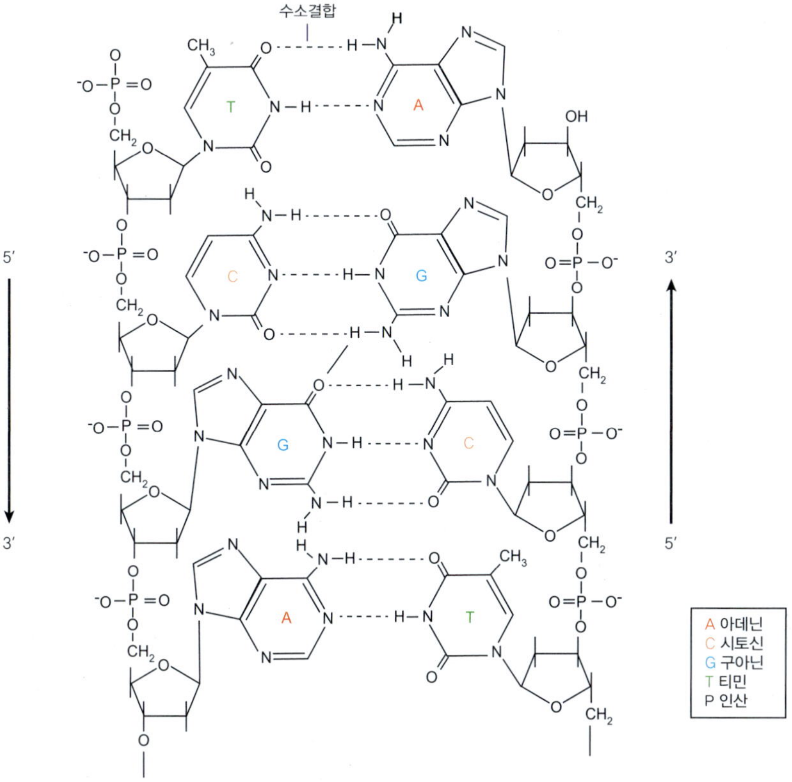

수소결합

5′

3′

A 아데닌
C 시토신
G 구아닌
T 티민
P 인산

그림 2.8 DNA의 2가닥 폴리뉴클레오티드 사슬의 염기쌍.

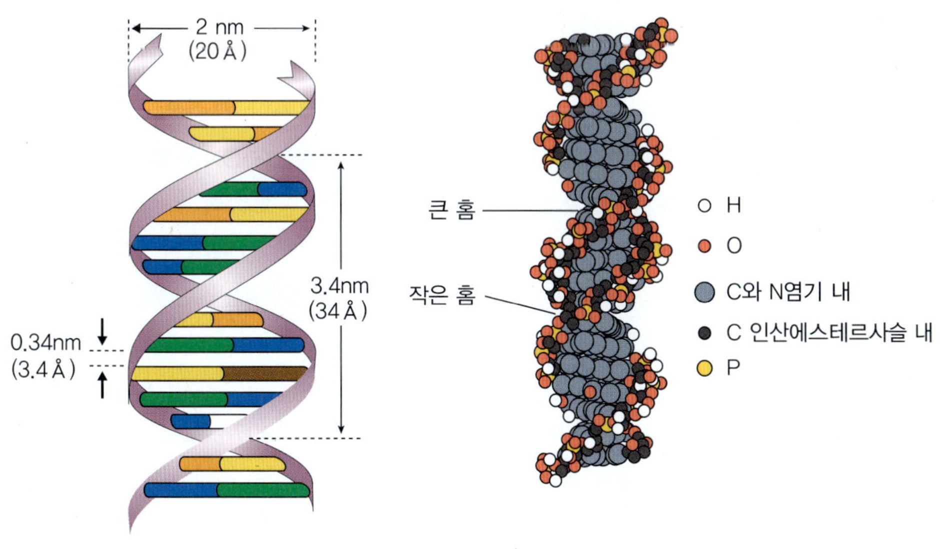


그림 2.9 DNA 2중 나선구조 모식도.

## 2.7 DNA 자가복제

세포는 분열하기에 앞서 완전히 같은 DNA가 복제된 후에 분열하여 2개의 같은 딸 세포(세포분열로 생성된 세포를 말함)가 만들어 진다. 만약 같은 DNA가 복제되지 않는다면 다른 종류의 세포가 만들어져 버릴 것이다. 폴링(L. Pauling)과 델부뤽(M. Delbrück)은 1940년에 유전물질의 표면이 주형으로 되어 있고 이 주형과 상보적인 형의 분자를 만들며, 만들어진 상보적인 형의 분자가 이번에는 주형이 되어 처음과 똑같은 물질이 만들어 질 것이라고 생각했다. 이러한 배경이 있은 후 1953년에 왓슨(Watson)과 크릭(Crick)이 DNA의 2중 나선 모델을 제시하게 되자 곧 이어 이 모델로부터 DNA 복제기구가 추정되었다.

DNA는 유전자이므로 세포핵에 함유되어 있고 또 그것이 염색체 성분이다. 염색체는 세포 분열할 때 균등하게 나누어져 2개의 세포로 분배되므로 어떤 세포도 양적으로나 질적으로 모두 같은 DNA를 가지고 있어야 한다. 그러기 위해서는 분열에 앞서 DNA가 정확히 복제되어 똑같은 2분자의 복제가 만들어져야 된다. 이것을 DNA 자가복제(autoreproduction)라고 하고 이중 나선은 DNA 자가복제가 가능한 구조다(그림 2.10).

자가복제가 개시될 때에는 우선 헬리케이스(helicase)에 의해 염기 사이에 수소결합이 끊어지고 2가닥의 주사슬은 거기서 서로 떨어진다. 분리된 틈에는 DNA 구성성분인 4종류의 뉴클레오티드가 모여 분리된 각각의 주사슬의 염기와 상보성으로 쌍을 만들어 수소결합으로 연결된다. 이어서 각 뉴클레오티드 당 부분이 인산을 통해서 계속해서 연결되고 사슬상으로 길게 늘어난다. 이들 일련의 합성과정에 있어서 DNA 합성효소를 비롯해서 여러 효소가 관여하는 것은 말할 것도 없다.

이렇게 해서 원래 DNA 2가닥 사슬의 전체 길이에 따라 상보적으로 새로운 폴리뉴클레오티드 사슬이 합성되기 때문에 최종적으로는 똑같은 염기 배열로 되는 2개의 DNA 분자가 형성되게 된다. 다시 말하면 기존 DNA의 2가닥 사슬은 새로운 사슬이 합성될 때 주형으로서 기능을 한다. 따라서 새롭게 합성된 2개 DNA 분자에는 주형이 된 기존 DNA 사슬이 한 가닥씩 포함되기 때문에 이것을 반보존적 복제라고 한다. 이렇게 왓슨(Watson) 등의 이중나사선 구조는 DNA에 대해서 그때까지 연구되어 왔던 여러 성질이나 기능을 모순 없이 설명할 수 있어서 바로 일반적인 이론으로 인정받게 되었다.

대장균 DNA는 약 420만의 뉴클레오티드 쌍으로 되어 있고, 길이 약 1.4mm이고 양끝이 연결된 고리(원형)로 되어 있다. 이것은 폭이 약 0.0007mm, 길이 약 0.001~0.004mm의 세포 내에 촘촘하게 들어가 있다. 다만 이것을 둘러싸는 핵막은 없다. 이렇게 DNA가 있어도 세포핵이 없는 생물을 원핵생물이라고 하고 세균류와 남조류가 여기에 속한다. 그 외에 생물에서는 DNA 분자에 히스톤(histone) 등의 단백질이 결합

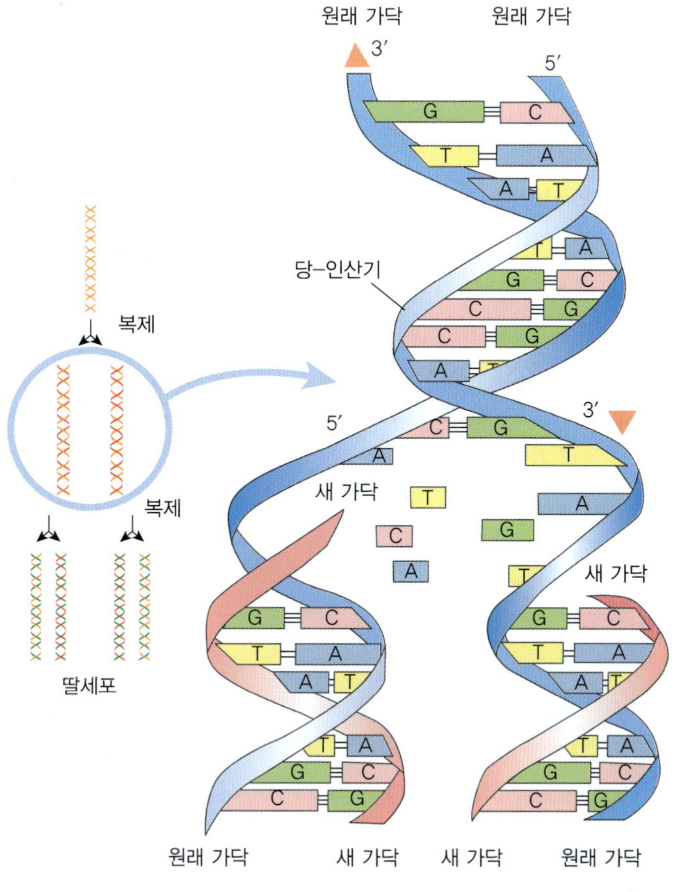


**그림 2.10** DNA 자가복제의 모식도.

하고, 어떤 정해진 수로 분단되며, 분열 시에는 각각 응축하여 굵고 짧은 염색체를 형성한다. 또 분열하지 않을 때에는 전체가 핵막으로 둘러싸여서 세포핵이 되고 있으므로 이를 진핵생물이라고 한다. 사람의 염색체를 구성하는 뉴클레오티드 쌍의 총수는 약 30억 쌍인 것으로 알려져 있다.

## 2.8 핵외유전자

대장균의 세포에는 모든 형질을 지닌 유전자인 DNA(이것을 세균 염색체라고 할 때도 있다) 이외에 그것과는 별도로 약 백분의 일 정도로 훨씬 작은 DNA가 몇 개 함유되어 있다. 내장균의 성을 결정하는 유전자나 항생물질에 대한 내성 유전자 등은 아주 작은 미니 유전자이며, 환상의 DNA이지만 주(主)DNA와는 독립적으로 자기 복제해서 늘어나고 세포 분열할 때 함께 자손으로 전해진다. 세포생존에 필수불가결인 것은 아니지만 주DNA하고는 다른 종류의 형질을 지배하고 있다. 이런 유전자를 핵외유전자라고 한다.

진핵생물의 미토콘드리아나 엽록체(그림 2.3)에도 몇 개의 환상 미니 DNA가 존재한다. 이런 DNA는 미토콘드리아나 엽록체를 구성하는 단백질 정보 이외에 잎의 얼룩점이나 꽃에 꽃가루가 생기지 않는 웅성 불임에 관한 정보도 가지고 있는 것으로 밝혀졌다. 난세포에는 미토콘드리아나 엽록체(식물의 경우)가 함유되어 있고 수정할 때에는 수컷의 배우자로부터 핵만을 받기 때문에 수정란 및 그것으로부터 발달한 체세포에 함유되는 이들 소기관의 DNA는 모두 암컷유래인 것으로 생각되고 있다. 따라서 이들 핵외유전자에 의한 형질은 암컷부터 전해지게 되어 멘델 법칙에는 맞지 않는다. 이것을 세포질 유전, 또는 모성유전이라고 한다.

## 2.9 유전정보란?

DNA가 유전정보로서 가지고 있는 단백질 설계도라는 것은 도대체 무엇일까? 이 문제를 생각하기 전에 우선 단백질에 대하여 알 필요가 있다.

단백질은 아미노산으로부터 물 분자가 빠져나가서 아미노산끼리 펩타이드 결합이 이루어져 사슬상으로 연결된 고분자 화합물(이것을 폴리펩타이드라고도 한다)이며 구성되어 있는 아미노산 수는 보통 100개 이상이다(그림 2.11, 2.12). 단백질의 형상에는 머리털의 케라틴(keratin)이나 비단실의 피브로인(fibroin)처럼 펩타이드 사슬이 몇 개나 S-S결합 또는 수소결합에 의해 결합되어 일정한 방향으로 규칙적으로 배열됨으로써 긴 사슬을 이룬 섬유상 단백질(fibrous protein)과 효소 단백질처럼 펩타이드 사슬이 구부러지고 겹쳐져서 전체로는 둥근 모양을 한 구형 단백질(globular protein)이 있다.

단백질을 구성하는 아미노산은 20종류가 있으며 같은 아미노산이 몇 번이나 반복해서 사용되지만 이들 아미노산 결합순서는 단백질에 따라 다르다. 이 아미노산 배열 순서를 단백질의 일차구조라고 한다.

천연단백질은 그 구성 아미노산들이 제1차적인 결합인 펩타이드 결합 이외에도 단백질 분자 내에 존재하는 수많은 유리 아미노기 또는 유리 카르복실기에 의해서 분자간에 이온결합, 수소결합, S-S결합 등의 제2차적인 결합에 의해 그 고유의 형태가 유지된다. 그러나 제2차적인 결합은 가열, 동결, 고압, 자외선 조사 등 물리적 작용 또는 산, 알칼리, 유기용매와 같은 화학적 작용에 의해 영향을 받아 그 고유의 입체구조가 변형되는 경우가 많다. 이와 같은 천연물질의 구조변형을 변성(denaturation)이라 한다.

대부분의 구형의 형태를 가진 천연 구상 단백질(nature globular protein)이 변성되면

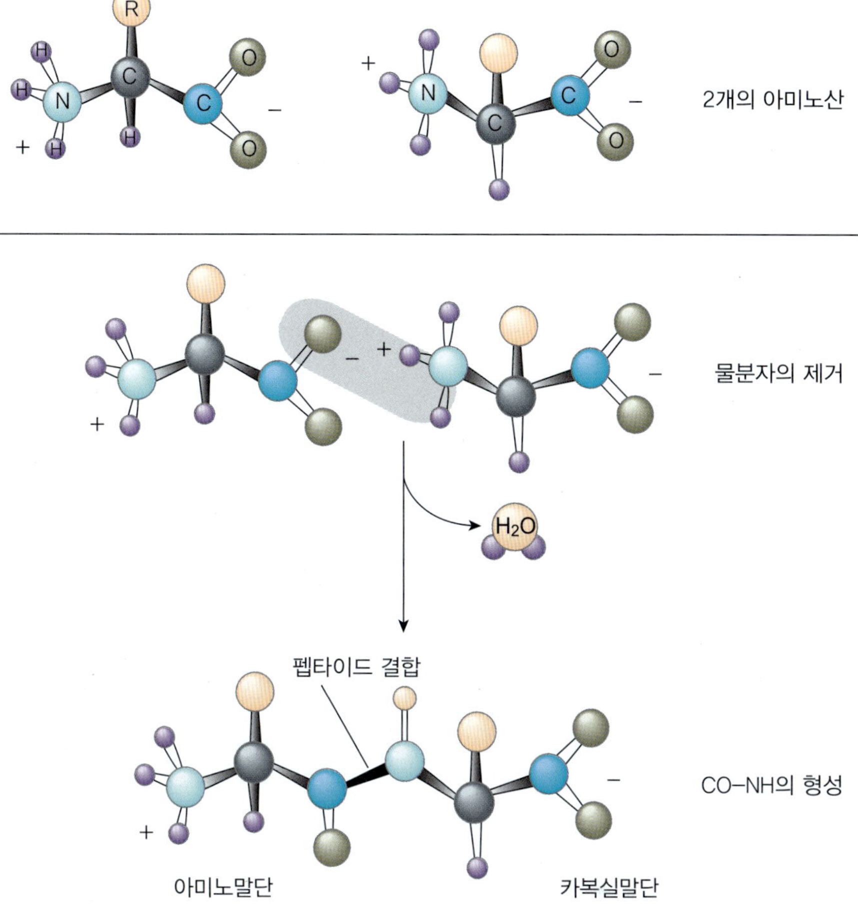


**그림 2.11** 펩타이드 결합 형성

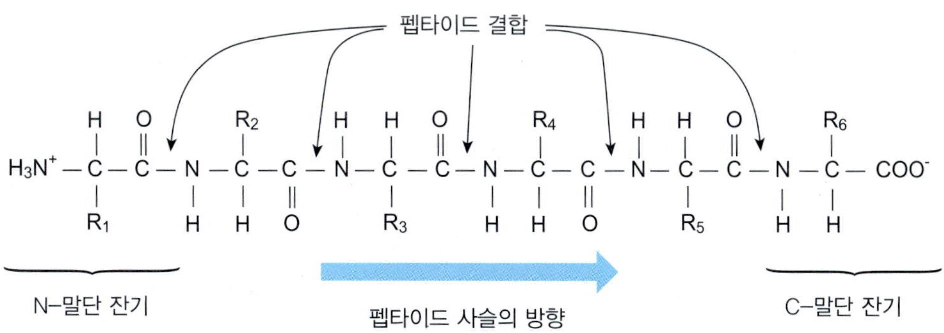


**그림 2.12** 펩타이드 사슬의 방향을 나타내고 있는 작은 펩타이드.

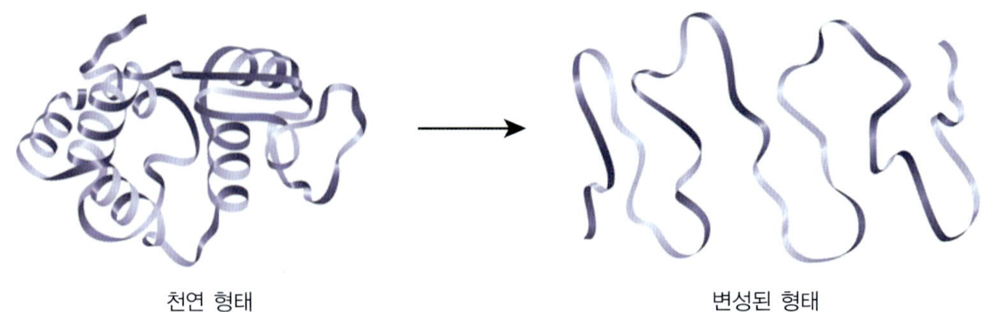


**그림 2.13 단백질 변성.** 변성 조건이 제거되면 천연형 입체 구조가 회복되는 경우도 있다.

그 형태가 풀어져서(unfolding) 원래의 천연 단백질에서 나타나지 않았던 활성 설프히드릴기(sulfhydryl group), 아미노기 또는 카르복실기의 수가 급격히 증가하였다가 다시 이들 활성기 사이에 제2차적인 결합에 의해서 불용성 단백질을 형성한다. 효소, 호르몬 등과 같은 단백질의 생화학적 활성은 단백질의 3차원적 입체구조에 의해 좌우되므로 입체구조의 변화는 생화학적 활성을 잃게 만드는 경우가 많다.

중요한 것은 단백질의 일차구조가 주어지게 되면 자동적으로 분자의 입체구조나 기능을 갖게 되어 그 단백질 종류가 특별히 지정되는 것이다. DNA가 가지고 있는 설계도라는 것은 바로 단백질의 일차구조인 아미노산의 결합순서를 말한다. 그런데 DNA는 전적으로 세포핵 내에 존재하는 것에 비해 단백질 합성은 세포질에 함유된 리보솜(ribosome)에서 실행되기 때문에 DNA가 갖고 있는 설계도를 핵 내에서 정확히 전사하여 그것을 리보솜으로 운반할 필요가 있게 된다. 그 역할을 하는 것이 핵산 RNA이다.

전사기구(mechanism)는 DNA의 자가복제와 원리적으로는 똑같다. 유전정보는 DNA에서 직접 단백질로 전사되지 않고 일단 mRNA로 전사된다. 이 때 DNA의 한쪽 가닥의 사슬이 정보사슬이 되고 그 사슬의 염기 배열에 상보적으로 mRNA가 만들어진다. 이 반응을 촉매 하는 효소는 DNA 의존성 RNA 중합효소(RNA polymerase)이다. mRNA 합성 시 DNA의 아데닌(A)에 대응되는 mRNA 쪽 염기는 티민(T)이 아니라 우라실(U)이다. 필요한 정보의 전사가 끝나면 mRNA는 세포핵에서 세포질로 이동하고 DNA는 원래대로 이중나선이 된다. 이렇게 단백질 설계도를 운반하는 RNA를 전령 RNA(mRNA)라고 한다. 이외에도 RNA에는 단백질의 원료물질인 아미노산을 세포질에서 리보솜으로 운반해주는 전이 RNA(tRNA)와 리보솜 구성 성분인 리보솜 RNA(rRNA)가 있다. 모두 폴리뉴클레오티드의 한 가닥 사슬이며 DNA를 주형으로 하여 만들어진다.

DNA 분자로 아미노산 결합순서가 어떻게 이루어지는지는 아주 흥미로운 문제다. 아미노산의 이름이 개별적으로 순서대로 쓰여져 있는 것이 아니기 때문에 어떠한 암

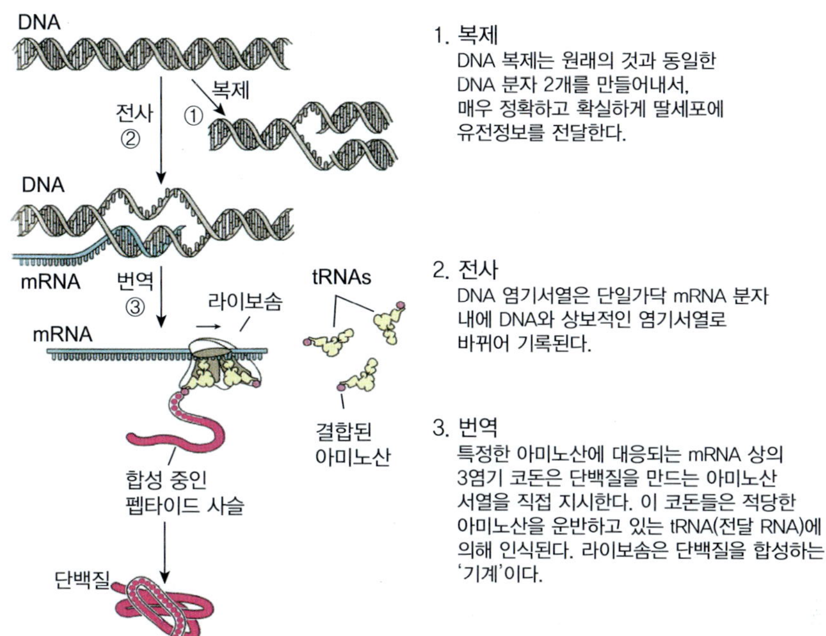


**그림 2.14** 유전정보의 복제, 전사 및 번역. 원핵생물도 진핵생물도 전반적인 개요는 모두 같다.

호 형태로 되어 있을 가능성이 높다. 1954년에 가모프는 DNA를 구성하는 염기는 4종류에서 3개의 염기 배열순서가 하나의 아미노산에 대응한다는 사실을 밝혔다. 만약 한 종류의 염기가 1종류의 아미노산 암호로 된다고 한다면 4종류의 아미노산 밖에 지정할 수 없다. 2개의 염기가 한 종류의 아미노산 암호로 된다면 $4 \times 4 = 16$가지가 되어 20종류의 아미노산을 다 지정할 수 없다. 3종류의 염기가 1종류의 아미노산 암호로 된다면 $4 \times 4 \times 4 = 64$가지가 되어 1종류의 아미노산을 지정하는 암호가 몇 가지 된다고 해도 이것으로 충분하다. 유전학실험 결과에서도 코돈(codon)은 3개의 염기조합으로 되어있고 이것이 각 아미노산을 지정하는 것으로 밝혀졌다. 이렇게 염기 3개로 된 한 쌍의 암호(codon)를 트리플렛(triplet) 암호라고 한다.

암호가 해독된 제1호의 아미노산은 페닐알라닌이며 그 암호 DNA에서는 3개의 연속된 아데닌(AAA)이나, 그것이 전사된 전령 RNA에서는 3개가 연속된 우라실(UUU)이다. 64종류의 암호가 전부 해독되어 확인된 것은 1966년경으로 멘델 이후 100년이 지나서였다. 보통 유전 암호는 전령 RNA에 전사된 염기 트리플렛을 말한다. DNA의 염기배열과 그로부터 만들어진 단백질의 아미노산 배열을 서로 비교하는 방법으로 표 2.3에 전체 유전자 암호를 나타내었다.

이 표 중에서 UAG, UAA 및 UGA는 어떤 아미노산도 지정하지 않고 이들 암호단위가 나오면 단백질 합성의 종료를 의미한다. 또 AUG는 암호를 읽기 시작하는 암호

표 2.3 유전암호

| 제1염기 \ 제2염기 | U | C | A | G |
|---|---|---|---|---|
| U | UUU, UUC Phe<br>UUA, UUG Leu | UCU, UCC, UCA, UCG Ser | UAU, UAC Tyr<br>UAA 종결<br>UAG 종결 | UGU, UGC Cys<br>UGA 종결<br>UGG Trp |
| C | CUU, CUC, CUA, CUG Leu | CCU, CCC, CCA, CCG Pro | CAU, CAC His<br>CAA, CAG Gln | CGU, CGC, CGA, CGG Arg |
| A | AUU, AUC, AUA Ile<br>AUG* Met | ACU, ACC, ACA, ACG Thr | AAU, AAC Asn<br>AAA, AAG Lys | AGU, AGC Ser<br>AGA, AGG Arg |
| G | GUU, GUC, GUA, GUG Val | GCU, GCC, GCA, GCG Ala | GAU, GAC Asp<br>GAA, GAG Glu | GGU, GGC, GGA, GGG Gly |

단위(개시코돈)이지만 읽기 시작한 후에 나오면 메티오닌의 코돈이 된다. 유전암호 표에서 알 수 있듯이 거의 모든 아미노산은 복수의 코돈과 대응하고 있다. 이것을 암호가 축퇴(degeneracy)되어 있다고 한다. 코돈수는 그 아미노산이 단백질 중에 나타나는 빈도와 일치하고 있다.

그렇다면 어떻게 해서 전령 RNA에 들어있는 정보대로 단백질이 합성되는 것일까? 리보솜에서 mRNA의 정보에 따라 단백질이 합성되는 기구는 대개 대장균을 대상으로 해명된 것이다. 여기서도 대장균의 경우에 대해 설명한다. 합성과정은 개시(initiation), 펩티드사슬의 연장(elongation) 및 종료(termination)로 나뉜다(그림 2.15).

❶ 개시 : 단백질 합성이 시작되기 전에 리보솜은 소단위체(subunit)로 해리된다(a). 해리된 작은 소단위체는 mRNA의 개시 코돈인 AUG 가까이에 결합한다(b)(그림 2.15 참조). 이어서 개시 코돈 AUG에 역코돈(anticodon)을 CAU로 하는 포르밀메티오닐-tRNA(formylmethionyl-tRNA, fMet-tRNA)가 결합하여 개시 복합체를 형성한다(c). 다음에 개시 복합체는 큰 소단위체와 회합해서 완전한 리보솜이 된다(d). 포르밀메티오닐-tRNA가 리보솜상에 결합하고 있는 부위를 P부위(peptidyl site, P site)라 한다.

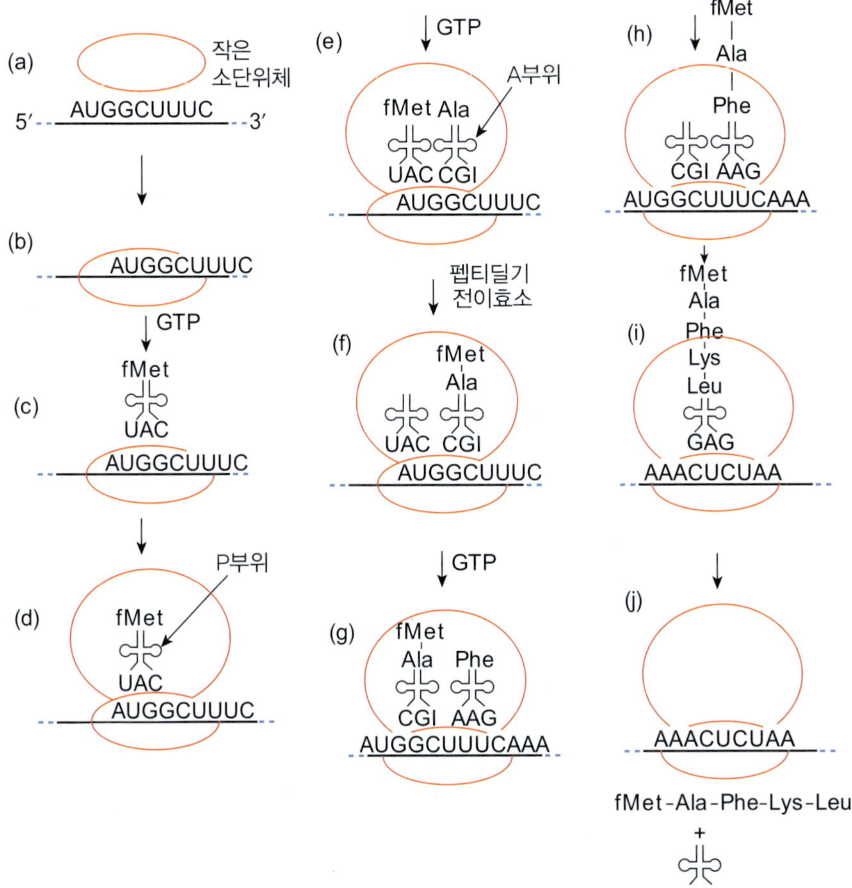


**그림 2.15** 단백질 합성의 개시 (a~d), 신장 (e~h) 및 정지 (i~j). 개시에는 개시인자, 신장에는 신장인자, 정지에는 유리인자 등이 있지만, 생략함.

❷ **연장** : mRNA 중의 다음 코돈(그림에서는 GCU)에 제2의 아미노아실-tRNA(이 경우는 IGC를 대응 암호단위로 가진 aminoacyl-tRNA)가 결합한다(e). 주의해야 할 것은 mRNA에 아미노산이 직접 결합하는 것이 아니라 tRNA를 연결기(adaptor)로 해서 결합한다. 각 아미노산을 그것에 특이적인 tRNA에 결합시키는 것은 아미노아실-tRNA 합성효소이다. 아미노아실-tRNA가 결합하는 부위를 A부위(aminoacyl site, A site)라 한다. 이어서 포르밀메티오닐(fMet)과 알라닌 사이에 펩티딜기 전이효소(peptidyl transferase)에 의해 펩티드 결합이 생긴다(f). 이 상태에서는 빈 tRNA가 P부위에, 포르밀메티오닐알라닌-tRNA가 A부위에서 P부위로 옮겨가고, 리보솜이 mRNA 사슬을 따라서 코돈 1개분 만큼 이동한다. 그래서 다음 코돈(이 경우 UCC)에 제3의 아미노아실-tRNA(이 경우 페닐알라닌-tRNA)가 결합하고(g), 위와 같은 과정(e-g)이 반복되어 펩티드 사슬이 점점 길어진다(h).

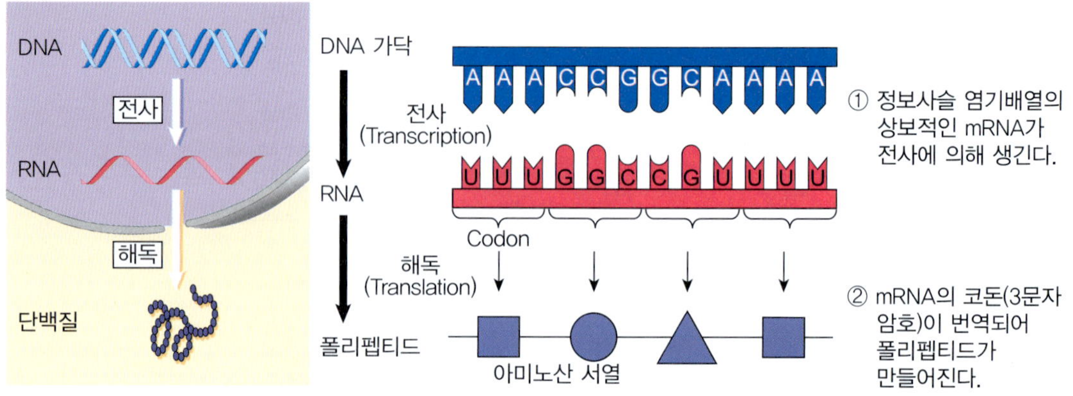


**그림 2.16** DNA의 정보사슬, mRNA 및 코돈의 관계.

❸ **정지** : 정지신호(UAA, UGA, UAG)와 마주치면 이들에 상보적인 대응 코돈을 가진 tRNA가 없기 때문에 펩티드 사슬의 합성이 정지된다(i). 이어서 이들 정지신호를 인식하는 방출인자(releasing factor)가 작동해서 완성된 펩티드 사슬은 리보솜을 빠져 나간다(j). (j)단계 이후 포르밀기(-CHO)는 특이적인 효소에 의해 제거된다. 대부분의 경우 말단의 메티오닌도 제거된다.

합성된 단백질의 사슬은 리보솜에서 떨어지고 자동적으로 구부러져 고유한 입체구조를 구축한다. 역할을 마친 전령RNA는 바로 분해된다. 생체 중에 있는 리보솜은 한 분자의 mRNA에 여러 개 결합해서 효율적으로 단백질을 합성하고 있다. mRNA에 결합한 리보솜군을 폴리솜(polysome)이라 한다. 단백질 합성속도는 100개의 잔기로 이루어진 폴리펩티드라도 5초면 충분하다. DNA에 들어있는 유전정보의 흐름방향을 모식적으로 나타내면 그림 2.16과 같다.

유전정보는 DNA의 염기배열에 따라 결정되고 그 정보와 똑같이 만들어진 것이 복제이다. 유전정보는 DNA에서 직접 단백질로 전달되지 않고 일단 mRNA로 전사된다. 이 때 DNA의 한쪽 가닥의 사슬이 정보사슬이 되고 그 사슬에 상보적인 mRNA가 만들어진다.

mRNA 중 3개의 염기배열 방식이 특정 아미노산의 암호가 되고 그 정보가 번역되어 폴리펩타이드가 만들어진다. 이처럼 단백질이 만들어지는 개요는 원핵생물이나 진핵생물이나 똑같다. 왓슨(Watson)은 이것을 중심원리(central dogma)라고 했다. 그 후 RNA를 유전자로 가지는 바이러스가 발견되고 그 유전정보는 역전사효소(reverse transcriptase)로 DNA로 전사되는 사실이 밝혀짐으로써 지금은 RNA에서 DNA가 합성되는 역방향의 화살표도 덧붙이게 되었다.

이와 같이 DNA에는 그 세포나 생물이 합성할 수 있는 모든 단백질의 설계도가 포함되어 있다. 대장균의 세포 내에는 약 3,000종류의 단백질이 함유되어 있으므로 DNA는 이들 모든 단백질에 관한 정보를 가지고 있다. 세포는 이들 단백질들이 필요할 때 이 정보에 따라 합성하지만 DNA에 정보로서 함유되어 있지 않는 단백질을 합성할 수는 없다. 또 DNA는 세포분열에 앞서서 정확히 복제되어(그림 2.10 참조), 2개의 딸 세포로 균등하게 배분되기 때문에 다세포생물일 경우에 몸의 어떤 부분에 존재하는 세포라도 같은 정보를 가지고 있게 된다. 그리고 이 정보는 정자나 난세포 등의 배우자에 의해 자손으로 전해진다. 이상과 같은 유전자의 기능이나 유전암호는 기본적으로는 모든 생물에 공통으로 적용된다.

## 2.10 DNA가 우라실 대신 티민을 갖는 이유는?

DNA에 우라실(uracil)은 없고 대신 티민(thymine)이 있는 이유는 오랫동안 불가사의로 알려져 왔는데, 최근에 DNA에 우라실이 존재하지 않는 것이 이점이 되는 이유가 알려졌다. DNA에 있는 시토신(cytosine)은 자연적으로 탈아미노반응(deamination)을 일으켜 우라실로 되는데 이 결과 우라실이 아데닌(adenine)과 쌍을 이루어 원래의 GC쌍 대신에 AU염기쌍을 만들어 돌연변이를 일으킨다. 이때 DNA에 원래 존재하지 않는 우라실은 DNA 보수기구에 의해 인지되어 시토신의 탈아미노 반응에 의한 돌연변이는 원상으로 보수될 수 있다(그림 2.17).

처음 우라실-DNA 글리코시드가수분해효소(uracil-DNA glycosidase)가 시토신의 탈아미노기 반응에 의해 생성된 우라실과 데옥시리보오스(deoxyribose) 사이의 배당체 결합을 가수분해한다. 이때 DNA골격은 건전하나 한 염기, 즉 우라실이 없어지는데,

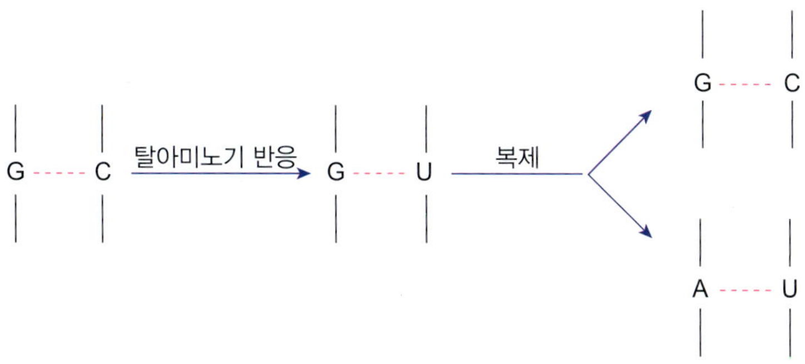


그림 2.17 GU염기쌍의 보수. DNA의 우라실기는 제거되며 이 부위는 결국 시토신에 의해 메꾸어 진다.

K주에 감염시키면 효율 좋은 용균반을 형성한다. 이 λ·K를 C주에서 증식시켜 K주에 감염시키면 다시 용균반 형성 효율은 2/10,000로 되므로 λ·K 파지의 숙주범위(host range)가 돌연변이에 의한 것이 아니라는 사실이 밝혀졌다. 1960년대에 아버(Arber)는 이 현상에는 DNA 절단을 수반하는 점과 절단되지 않은 DNA는 메틸화에 의한 변형을 받고 있는 점을 들어, 이를 제한변형(restriction modification)이라 하여 제한에 관여하는 DNA 분해효소의 존재를 예측하였다.

제한효소의 절단양식은 어느 것이나 4~6 염기배열을 인식하여 포스포디에스테르결합(phosphodiester bond)을 가수분해하지만 여기에는 다음과 같이 2가지 경우가 있다(그림 2.20).

제한효소 *Hind* II는 인식부위(화살표 방향)의 중앙에서 2개의 사슬을 동일한 위치로 동시에 절단하여 가지런한 말단을 갖는 DNA 단편을 생성시킨다. 이와 같은 말단을 평활말단(flush end, blunt end)이라 한다. 그러나 *Eco* RI는 DNA 종류에 관계없이 두 가닥 사슬 DNA의 회문배열(palindrome) 부위를 인식하여 절단한다. 이 때 생긴 DNA 단편의 말단은 서로 상보적인 뉴클레오티드 배열을 가진 한 가닥 사슬 부분이 노출되어 DNA 연결효소에 의해 쉽게 연결할 수 있다. 이 때문에 이와 같이 절단된 말단을

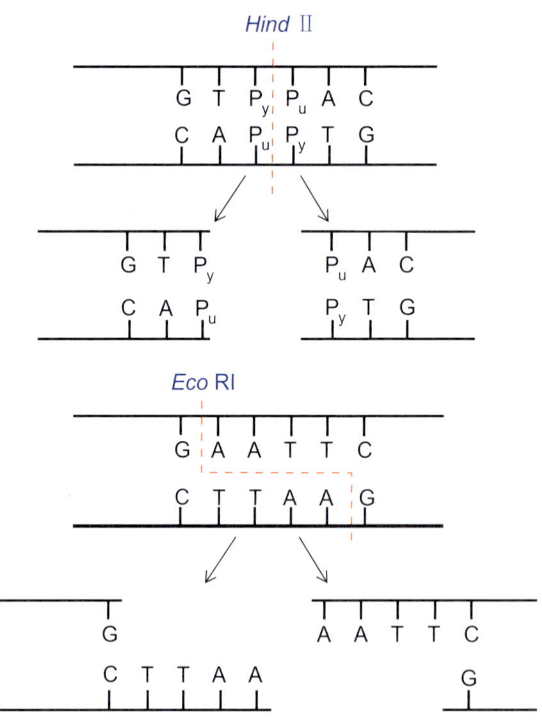


**그림 2.20** 제한효소 *Hind* II와 *Eco* RI의 DNA 절단 양식.

접착말단(cohesive end, sticky end)이라 한다. 이종(異種) DNA와 쉽게 연결할 수 있는 절단 말단을 생기게 하는 점은 제한효소가 갖는 중요한 특징이다.

제한효소는 그 성질에 따라 I형, II형, III형의 3가지로 분류된다.

❶ I형 제한효소는 여러 종의 소단위체(subunit)로 이루어진 분자량 30~40만인 효소이며, 핵산내부가수분해효소(endonuclease) 활성 이외에 변형 메틸화효소(modification methylase)와 아데노신삼인산 포스파타아제(ATPase) 활성을 갖고 있다. 이 효소는 반응시에 $Mg^{2+}$, ATP, S-아데노실 메티오닌을 필요로 하며, 인식하는 염기배열과 절단부위가 다르고 또 절단부위도 일정하지 않다.

❷ II형 제한효소는 활성발현에 $Mg^{2+}$는 요구되지만 ATP와 S-아데노실 메티오닌은 필요하지 않다. 분자량도 2~10만으로 I형 효소보다 훨씬 작다. II형 효소는 각각 DNA 중 특정 염기배열을 인식하여 정해진 장소를 절단한다. 예를 들면, II형 효소의 대표적인 *Eco* RI은 5′-G↓AATTC-3′의 6염기배열을 인식하여 ↓부분을 절단한다. 이와 같은 인식배열은 제한효소마다 다르지만, Pst I이나 Sal I과 같은 효소들은 서로 다른 종류의 균에서 얻어지는 데도 불구하고 완전히 같은 배열을 인식하여 같은 곳을 절단한다. 이와 같은 효소를 동일전달제한효소(isoschizomer)라 부른다. II형 효소가 인식하는 배열은 2중 사슬 DNA 중의 특정 염기배열이며, 2회전 대칭성의 배열 즉 회문 배열 구조를 취하는 배열이 많다. II형 제한효소는 2중 사슬 DNA의 양쪽 같은 부위를 절단하여 일치된 말단 즉 평활 말단(flush end)을 생성하는 것과 절단위치가 양 사슬 사이에 있고 5′ 말단 또는 3′ 말단이 돌출한 접착말단을 생기게 하는 것이 있다. 어느 쪽의 경우도 절단된 말단은 3′ 말단에 OH기를, 5′ 말단에 인산기를 갖고 있기 때문에 DNA 연결효소로 다시 연결할 수가 있다.

❸ III형 제한효소는 핵산내부가수분해효소(endonuclease) 활성과 메틸화효소(methylase) 활성을 갖고 있으며 DNA 절단에는 $Mg^{2+}$와 ATP가 필요하다. ATP와 S-아데노실 메티오닌이 있으면 DNA 메틸화도 이루어진다. 더욱이 III형 제한효소는 DNA 분자 내의 특정 염기배열을 인식하지만 II형과의 차이는 그 배열에서 상당히 떨어진 부위에서 DNA를 절단한다는 것이다.

## 2.12 단일클론 항체란 무엇인가?

정자와 난자가 수정하는 유성생식의 경우에는 부와 모의 염색체 재조합이 일어나기 때문에 양친쌍방의 싱질이 섞여서 양친과 동일하지 않는 2세가 생긴다. 이에 반해 무성생식에서는 같은 염색체가 복제되어 그것이 2개의 세포로 동등하게 분배되기 때문에 유전적으로 동일한 세포가 생긴다. 즉, 1개의 세포가 분열을 반복해서 완전히 같은 세포의 집단이 된다. 이처럼 1개의 세포나 개체에서 무성생식으로 발생한 세포군이나 개체군을 클론(clone)이라 하고 그 조작을 클로닝(cloning)이라 한다. 이 외에도 유전자 공학에서는 동일한 두 유전자를 분리하는 것도 클로닝이라 한다.

동물의 클론화 실험은 처음에 개구리알을 이용해 이루어졌다. 개구리알에서 핵을 제거하고 대신에 올챙이 소장의 핵을 삽입하면 완전히 같은 개구리 집단(clone)이 생긴다. 그후 생쥐를 클론화하는 실험이 행해졌다. 만화에는 클론인간이 등장하지만 이것은 말장난에 불과하고 그 같은 것을 만들 필요도 없거니와 실제로 만들려는 실험도 이루어지지 않고 있다.

단일클론 세포(Monoclonal cell)의 좋은 점은 세포를 만들어 세계 어느 곳에서나 언제나 같은 조건하에서 연구할 수 있게 해준다는 것이다. 예를 들면, HeLa세포라는 사람의 세포는 1951년에 미국의 자궁암환자(Henrietta Lacke)에서 떼내어 클로화한 세포로서 세계 각처의 암 연구소에서 이 세포를 증식시키고 있다. 이처럼 유용한 물질을 생산하는 어떤 세포를 클론화한다면 세계 어느 곳에서도 같은 물질을 대량 조제할 수 있게 된다. 그 하나의 예가 단일클론 항체이다.

동물의 체내에서 박테리아나 바이러스 등의 이물질(항원)이 침입했을 때 그 항원과 결합해서 그것을 배제하는 역할을 하는 항체가 있다. 이 항체는 임파구(상세히 말하면 B임파구)에서 분화된 플라즈마 세포(plasma cell)에서 생산된 면역글로블린(immunoglobulin)이라는 단백질이다. 사람 체내에는 100만 종이나 되는 임파구의 클론이 있지만 각각의 임파구 클론은 한 종류의 항원에만 반응한다. 항원이 침입했을 때에 그것에 대응하는 항체를 표면에 가지고 있는 임파구 중의 하나의 클론이 증식, 분화되어 플라즈마 세포로 되고 그것이 다량의 항체를 생산한다. 체내에서는 이미 많은 클론이 각각 다른 항체를 생산하고 있기 때문에 혈액에서 얻은 항체는 이미 수 종의 항체를 포함하고 있다. 이것을 다클론성 항체(polyclonal antibody)라 한다.

여기에 대해 단일클론 항체라는 것은 하나의 임파구 클론이 생산하는 1종류의 항체(자세히 말하면 단일 항원 결정기하고만 반응하는 항체)이다. 1975년 밀스테인(C. Milstein)과 쾰러(G. Köhler)는 단일클론 항체의 제작법을 개발하였다. 이 방법은 그림 2.21과 같이 쥐를 우선 항원으로 면역을 갖게 한다. 쥐가 두 항원에 대한 항체를 다량으로 생산하게 한 후 임파구가 있는 비장을 떼어 낸다. 이어서 비장 중의 임파구를 골수세포의 암화된 골수종(myeloma) 세포와 융합한다. 2종류의 세포를 융합시키는 데는 폴리에틸렌글리콜을 가해 형질막을 일부 파괴해서 융합시키는 방법과 전기자극을 주어 융합시키는 방법이 있다.

임파구와 골수종 세포가 융합된 세포(hybridoma : hybrid는 잡종, 혼성물이라는 의

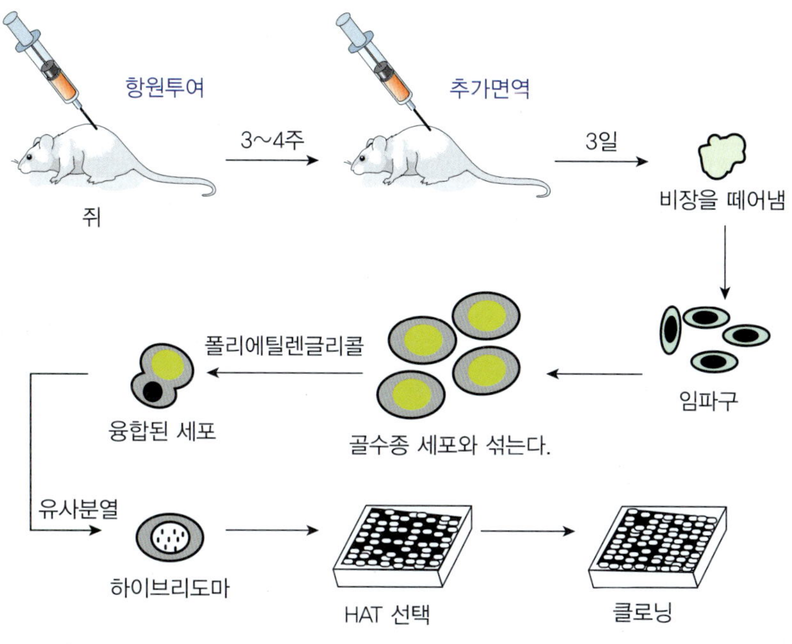


**그림 2.21** 단일클론 항체의 제작법.

미)는 항체를 생산하는 임파구의 성질과 무한정으로 증식하는 세포의 성질을 다같이 가지고 있다. 어떤 항원에 대해 항체를 생산하는 하이브리도마(hybridoma)를 클론화한다면 그 세포는 단일클론 항체 밖에 만들지 않는다. 단일클론 항체의 장점은 세계 어느 곳에서도 동일한 하이브리도마로부터 동일하게 만들어질 수 있다는 것과 단일항체이기 때문에 작용의 해석이 용이하다는 것이다. 현재 단일클론 항체는 자가 임신 검사에 유용하게 사용되는데 즉 임신한 여자의 소변에 존재하는 사람 융모성 성선자극호르몬(human chorionic gonadotrophin; hCG)이라고 하는 호르몬을 검사하는 것이다. 검사 스트립(strip)을 소변 속에 넣으면 스트립에 붙여 놓은 단일클론 항체가 소변에 존재하는 호르몬과 결합하여 스트립의 색깔을 변하게 한다. 또 암을 검출하는 키트(kit)라든지 알레르기 진단용 키트를 비롯해 여러 가지 임상 진단약으로 사용되고 있다.

## 2.13 맺음말

해양생명공학에는 수많은 생소한 용어들과 해양생물의 학명이 등장하며, 해조류 및 어류가 우리나라에 없는 것도 있다. 게다가 새로 제정된 전문학술용어의 우리말 표현이 아직 없거나 부족한 경우도 많아 학생들이 이를 이해하는 데 어려움이 많을 것이다.

이러한 종합과학적인 해양생명공학을 공부하기 위해서는 무엇보다도 생물학, 유전학, 생화학, 미생물학, 유기화학, 수산학 등의 기초과목에 대한 이해가 필요하다.

본장에서는 해양생명공학을 이해하는 데 도움을 주기 위해 유전학을 포함한 관련분야의 다양한 기초분야를 취급하려 했으나 지면관계상 어려움이 있어 관련용어해설을 부록으로 취급하였으므로 이를 참고하기 바란다.

Chapter 03

# 어류의 유전자

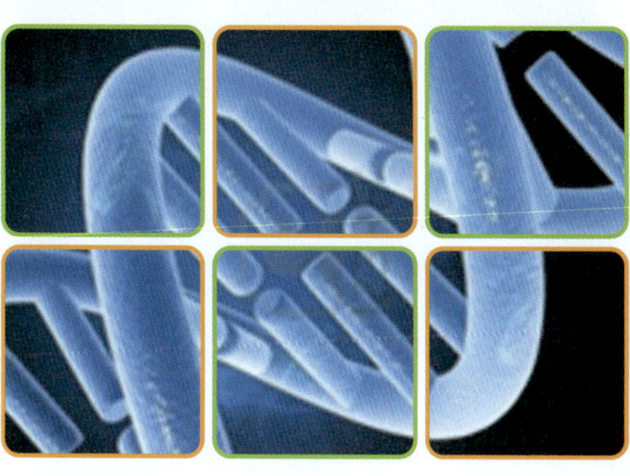

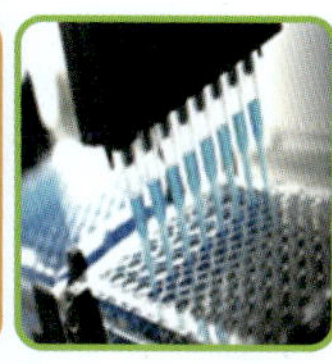

## 3.1 어류를 포함한 진핵생물의 유전자 발현

세포들은 각각의 기능을 담당하기에 적당한 독특한 구조를 가지고 있다. 예를 들면 정자세포는 여자의 생식기 통로를 헤엄쳐서 난자와 만날 수 있도록 힘이 센 편모(flagella)를 가지고 있으며 신경세포는 넓게 퍼져있는 신체의 부분들 간에 신경신호를 전달하기 위해 길쭉한 형태를 하고 있다. 이처럼 사람의 다양한 세포들은 전체적으로 사람을 살아서 활동 할 수 있게 해주고 있다.

무엇이 이런 세포의 다양성을 만들었을까? 그 세포들은 서로 다른 유전자를 가지고 있는 것일까? 우리 몸의 모든 체세포(생식세포를 제외한 모든 세포)는 수정란에서 시작한 반복된 체세포 분열(somatic cell division)에 의해 생겨난다. 체세포 분열은 유전체(genome)를 정확하게 복제하기 때문에 우리 몸의 많은 세포는 수정란과 같은 유전체를 갖는다. 그렇다면 세포는 어떻게 서로 다를 수 있을까? 같은 유전정보를 가진 세포가 다른 구조와 다른 기능을 가진 세포로 발전하는 유일한 방법은 유전자 활성을 조절하는 것이다.

세포는 조절기원이 어떤 방법으로든 일정유전자를 활성화시키기도 하고 일정유전자를 불활성화 상태로 놔두기도 한다. 달리 말하면 각 세포들은 세포 분화현상(cellular differentiation, 세포가 구조나 기능면에서 특성화되는 것)을 겪어야 한다. 이와 같은 특성화 과정을 이끄는 것이 유전자 조절이다.

어떤 유전자들이 활성화 또는 불활성화하는 것은 실제로 무슨 의미인가? 유전자는 특정 전령 RNA(mRNA)의 염기서열을 결정하고 그 mRNA는 단백질의 아미노산 서열을 결정한다. 활성화된 유전자는 RNA로 전사(transcription)되고 그 메시지가 특정 단백질로 번역(translation)되는 것이다. 유전자에서 단백질로 연결되는 유전정보의 흐름 전체과정을 유전자 발현(gene expression)이라고 한나.

진핵생물은 세균이나 남조류와 같은 단순한 단세포 생물과는 달리 핵막이 존재하는 핵을 가지는 세포로 구성되어 있고 필수 기능을 수행하는 소기관(organelle)으로 분화되어 있다.

진핵생물의 유전자에는 세포의 일반적인 기능에 필요한 단백질을 암호화하는 유전자로 항상 구조적으로 발현되는 항존 유전자(housekeeping gene)가 있고, 분화를 달리한 어떠한 세포에서도 어느 정도는 항상 발현되어 있는, 예를 들면 헤모글로빈(hemoglobin)이나 면역글로빈(immuneglobin)과 같이 특별히 어떤 유도로 분화한 세포에서 특이적으로 발현하는 사치 유전자(luxury gene)가 있다.

진핵생물의 대부분의 유전자는 발현부위(exon)와 비발현부위(intron)로 구별되어 있으며, 유전자가 형질발현(phenotypic expression) 할 때는 보통 비발현부위도 인접하는 발현부위와 연속하여 RNA로 전사(transcription)되나 전사 후 핵에서의 RNA 가공

(processing) 과정에서 이 RNA 분자 중에 발현부위가 원래 유전자의 배열과 동일한 순서와 방향성을 가지고 이어져서 비발현부위는 올가미형 RNA가 되어 제거된다. 일반적으로 비발현부위의 5′말단은 GU, 3′말단은 AG이며 참본(Chambon)의 규칙이라고 한다. 이를 포함해 발현부위와 비발현부위의 경계부위인 이어맞추기(splicing) 부위에는 mRNA 전구체에 대해서 비교적 공통된 염기순서가 있다.

RNA 이어맞추기 기구는 RNA(전구체)에 함유되어 있는 비발현부위의 종류에 따라 다르다. 진핵생물의 핵에 의하여 암호화되는 mRNA 전구체의 이어맞추기에 대해서는 우선 mRNA 전구체와 소형 핵 RNA(small nuclear RNA, SnRNA) 등에 의해 이어맞추기 복합체가 형성된다. 그리고 발현부위-비발현부위 경계(5′ 이어맞추기 부위)의 절단과 만들어진 비발현부위의 5′-인산말단과 비발현부위 내부의 분자자리에 있는 아데노신 리보오스-2′-OH의 사이에서 2′-5′ 결합에 의해 올가미형 비발현부위-발현부위 RNA 중간체가 동시에 생성된다(제1단계). 이어서 두 발현부위의 결합과 올가미형 비발현부위의 생성이 동시에 일어난다(제2단계). 두 단계 모두 2′-OH(제1단계) 또는 절단된 발현부위 말단의 3′-OH(제2단계)에 의해 일어나는 인산에스테르의 교환반응이다(그림 3.1).

발현부위만으로 구성된 mRNA의 5′말단에 7-메틸구아노신(7-methylguanosine, cap)이 결합하고 3′-말단에 폴리 A 배열 사슬이 부가되면서 성숙 mRNA가 형성된다. 이 성숙 mRNA는 세포질(핵외)로 이동하고 mRNA의 3개 뉴클레오티드 배열이 1개의 아미노산을 지정하므로 리보솜상에서 tRNA의 도움을 받아 단백질이 합성된다.

유전자의 선택적 발현은 최근 개발된 DNA 마이크로어레이(DNA microarray)라는

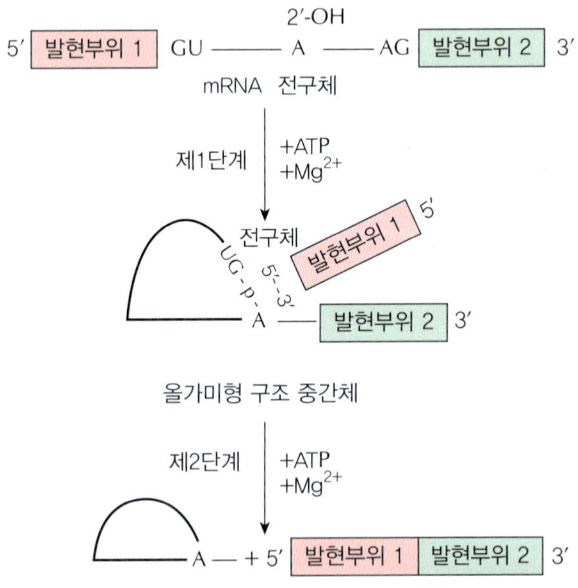


그림 3.1 핵의 mRNA 전구체 이어맞추기 반응경로.

기술에 의해 시각화될 수 있다(그림 3.2a). DNA 마이크로어레이는 어레이(격자)에 배열된 수천 종류 이상의 단일가닥 DNA 조각을 집적(localization)시킨 유리 슬라이드다. 각 DNA 조각은 특정 유전자로부터 얻는다. 그래서 하나의 마이크로어레이는 수천 개의 유전자 DNA를 갖게 된다.

마이크로어레이를 사용하기 위해서 ① 연구자들은 특정세포에서 발현된 모든 mRNA를 모은다. 이 mRNA를 바이러스 효소인 역전사효소(reverse transcriptase)와 섞으면 ② 각 mRNA에 상보적인 DNA가 합성된다. 이런 상보적 DNA(complementary,

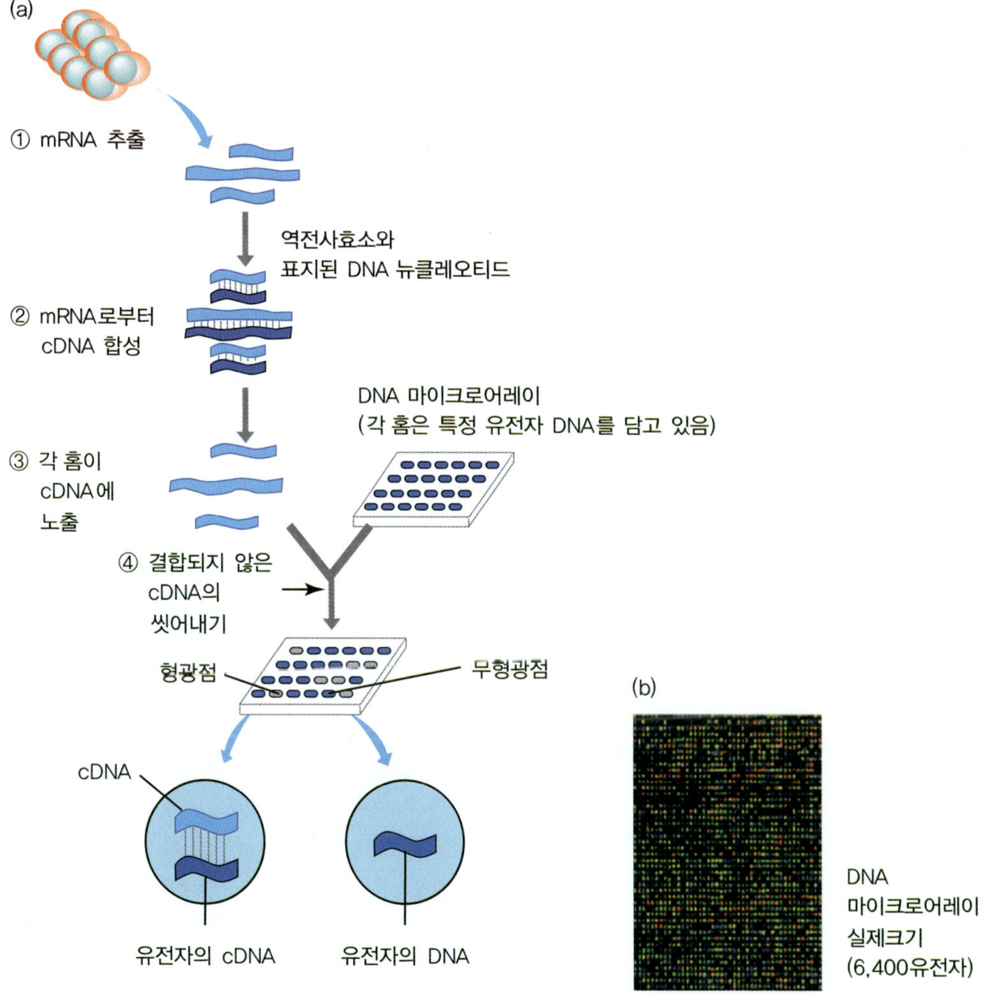


그림 3.2 DNA 마이크로어레이(DNA microarray). (a) 유전자 발현 정도를 시각화하려고 연구자들은 한세포 형태로부터 mRNA를 모아 형광으로 표지된 cDNA를 만든다. 이 cDNA를 가지고 많은 종류의 유전자 DNA 조각이 고정된 DNA 마이크로어레이에 적용한다. 결합하지 못한 cDNA를 씻어버리면 남아있는 형광점은 사용한 세포에서 발현되고 있는 유전자에 해당한다. (b) 마이크로어레이는 한 번에 많은 유전자 활성을 분석할 때 사용된다.

cDNA)는 형광체로 표지된 뉴클레오티드(nucleotide)를 가지고 합성된다. ③ 그렇게 형광으로 표지된 cDNA 혼합물 소량을 마이크로어레이의 수천 종 단일가닥 DNA와 섞는다. cDNA 혼합물에서 한 분자가 특정위치의 마이크로어레이의 DNA 조각과 상보적이라면 그 cDNA 분자는 상대 DNA 조각과 결합하고 그 자리에 고정되어 남게 된다. ④ 결합하지 못한 cDNA 분자들을 씻어내고 나면 마이크로어레이에 남아 있던 cDNA 분자는 형광을 띠게 된다(그림 3.2b). 형광을 띠는 점들의 패턴을 보면 연구자들은 어떤 유전자가 세포에서 켜지고 꺼졌는지를 알 수 있다.

연구자들은 다른 조직 또는 다른 건강상태를 가진 각 사람의 조직 간에 어떤 유전자 발현이 다르게 나타나는지 마이크로어레이 실험을 통하여 알 수 있다. 이처럼 강력한 새로운 기술이 유전자 조절 연구에 새로운 지평을 열어 주었다.

## 3.2 재조합 DNA 기술

1946년 미국의 유전학자인 레더버그(J. Lederberg)와 타툼(E. Tatum)은 대장균(*E. coli*) 실험을 통해 각각 다른 박테리아에서 기원한 두 유전자가 결합할 수 있음을 발견하였다. 이전엔 이런 현상이 진핵생물의 유성생식 과정에서만 나타난다고 생각하고 있었다. 이로 인해 두 사람은 박테리아 유전학 분야를 개척하였고 이 분야에서 대장균은 분자수준으로서 가장 잘 알려진 생물체가 되었다. 1970년대에 대장균은 유전자 재조합 기술(recombinant DNA technology: 서로 다른 개체로부터 기원한 유전자를 조합하는 기술)의 발달을 가져오게 하였다.

현재 유전자 재조합 기술은 실용적인 목적을 위해 여러 세포의 DNA를 변형시키는 데 널리 이용되고 있다. 과학자들은 박테리아에서 유전자 조작에 의해 항암제를 비롯한 살충제까지 유용한 물질을 대량 생산하게 만들었다. 게다가 유전자는 박테리아에서 식물 또는 동물로의 전달도 가능하게 되었다. 이러한 적용은 생물개체를 이용하는 실용적 목적을 위한 생명공학기술(biotechnology)의 발전을 가져왔다.

2가닥 사슬의 DNA를 절단하는 제한효소(restriction enzyme)가 발견됨에 따라 재조합 DNA 기술은 급속히 발전하였다. 재조합 DNA를 만드는 데 가위역할을 하는 것은 제한효소라는 박테리아 효소이다. 대부분의 제한효소들은 DNA의 3~8 뉴클레오티드로 구성된 특정 염기서열을 인식하고 그 부분을 자른다. 절단면에는 가위로 한 번에 자른 것처럼 단일가닥이 꼬리를 갖지 않도록 절단된 평활말단과 5′ 또는 3′에 상보적 뉴클레오티드 배열을 가진 한 가닥 사슬이 노출된 접착성 말단이 있다. 현재까지 300종 이상의 제한효소가 시판되고 있다(그림 3.3).

제한효소로 절단된 2중 나선 DNA는 연결효소(ligase)로 연결할 수 있다. 제한효소

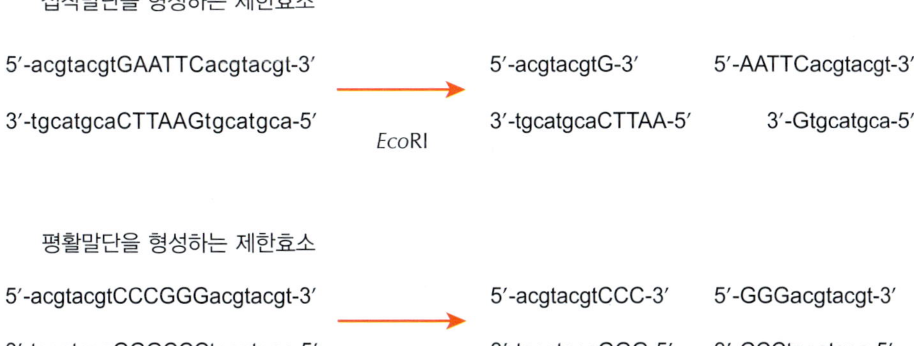


**그림 3.3** DNA를 절단하는 제한효소 및 그 절단부위.

와 연결효소를 사용함으로써 유래가 전혀 다른 유전자를 연결할 수 있게 되었다. 1973년 스탠포드 대학 코헨(S.N. Cohen)과 캘리포니아 대학 보이어(H.W. Boyer)는 세포질성 인자 원형 DNA(plasmid)를 사용해서 외래성 DNA를 삽입하고 이를 숙주세포 중에서 증폭시킬 수 있는 벡터(vector)를 개발하여 유전자 조작기술을 완성했다. 지금은 대장균, 고초균(*Bacillus subtilis*), 효모 등 각종 벡터가 개발되고 있다.

벡터에는 외래유전자 삽입부위가 있고 숙주세포 내에서 자기 복제하는 기능(복제개시점)을 가지고 있다. 또 벡터를 보유하는 숙주세포와 다른 세포를 식별할 수 있는 선택지표(약재내성 선택지표 또는 lacZ′ 유전자)를 가지고 있다. 이 기술의 확립으로 특정한 DNA 단편을 많이 증폭할 수 있게 되었다. 원형 DNA(plasmid) 벡터를 사용한 클로닝(cloning) 예를 **그림 3.4**에 나타내었다. 게놈(genome) DNA를 제한효소(*Eco* RI)로 부분절단하고 동일한 제한효소를 사용해서 벡터 DNA($pBR_{322}$)를 절단하여 연결효소로 연결한다. 재조합 DNA를 대장균을 이용하여 형질전환시켜 약재내성 콜로니(colony)를 선택한다.

## 3.3 목적 유전자의 클로닝 방법

무성생식적인 증식에 의해 생긴 개체와 동일한 유전자 구성을 갖는 개체의 집단을 클론(clone)이라 하며 클로닝(cloning)이란 이와 같은 유전적 구성이 균일한 개체의 집단을 만드는 것을 말한다. 다시 말하면 유전자 클로닝(gene cloning)이라 함은 특정한 유전자를 분리하여 단일 유전자를 원핵세포 또는 진핵세포에 넣어 증가시키는 현상을 말한다. 이와 같이 어떤 목적에 맞는 유전자를 함유하고 있는 세포를 사용하여 그 유

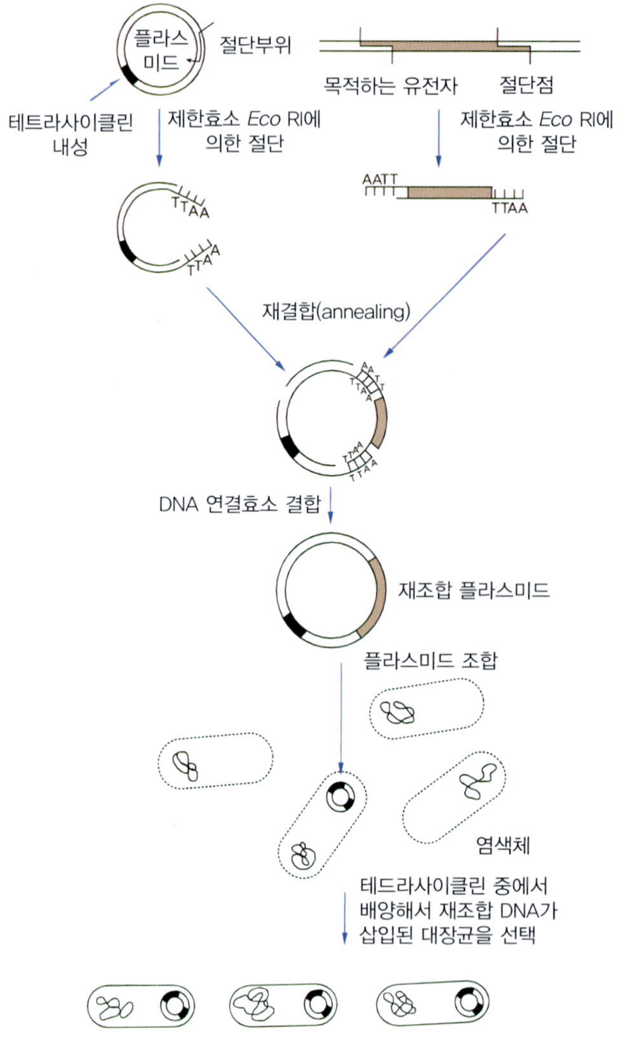


**그림 3.4** 유전자 공학에 의한 DNA 클로닝(cloning).

전자에 의해 암호화되는 단백질을 대량으로 만들거나 그 유전자 자신을 순수하게 대량으로 만들 수 있다.

유전자의 클로닝 방법은 여러 가지가 있다. 먼저 어떤 생물에 있는 게놈의 DNA를 제한 핵산내부가수분해효소(restriction endonuclease)로 유전자 정도의 길이에 맞게 절단한다. 그 DNA 단편을 벡터에 연결하여 만든 재조합 DNA를 대장균과 같은 숙주세포에 도입시켜 게놈 라이브러리를 작성하거나 또는 공여체로부터 mRNA를 추출한 다음 역전사효소를 사용해서 cDNA(상보 DNA)를 합성하여 cDNA 라이브러리를 만든다. 그러고 나서 특이적 DNA 탐침(probe)을 사용해서 교잡법(hybridization)으로 게놈 라이브러리 또는 cDNA에 의해 목적 유전자를 가진 세포를 선택하여 분리한다. 또는 항체를 사용하여 목적 cDNA를 스크리닝(screening)할 수 있다.

최근에는 어류 이외의 생물로부터 목적유전자가 클로닝 되어 있기 때문에 이들 중 가장 잘 보존되어 있는 영역의 염기 배열을 참고하여 프라이머(primer)를 만들고 cDNA 라이브러리 또는 게놈 라이브러리로부터 중합효소 연쇄반응법(polymerase chain reaction)을 사용해서 cDNA 또는 유전자 DNA의 일부 또는 전 영역을 증폭시킨다.

목적유전자가 생산하는 단백질의 아미노산 배열이 일부라도 결정되어 있는 경우는 그 아미노산 배열을 참고로 하여 다중 프라이머(multi primer)를 만들어 PCR법으로 유전자를 증폭시킬 수 있다. 1986년 캐리 뮬리스(Kary Mullis)에 의해 발견된 PCR법은 DNA 조각이 증폭되는 기술을 말한다. PCR의 원리는 간단하다. PCR에는 뜨거운 온천물에서 사는 원핵생물로부터 얻는 특이한 DNA 중합효소가 필요하다. 다른 단백질

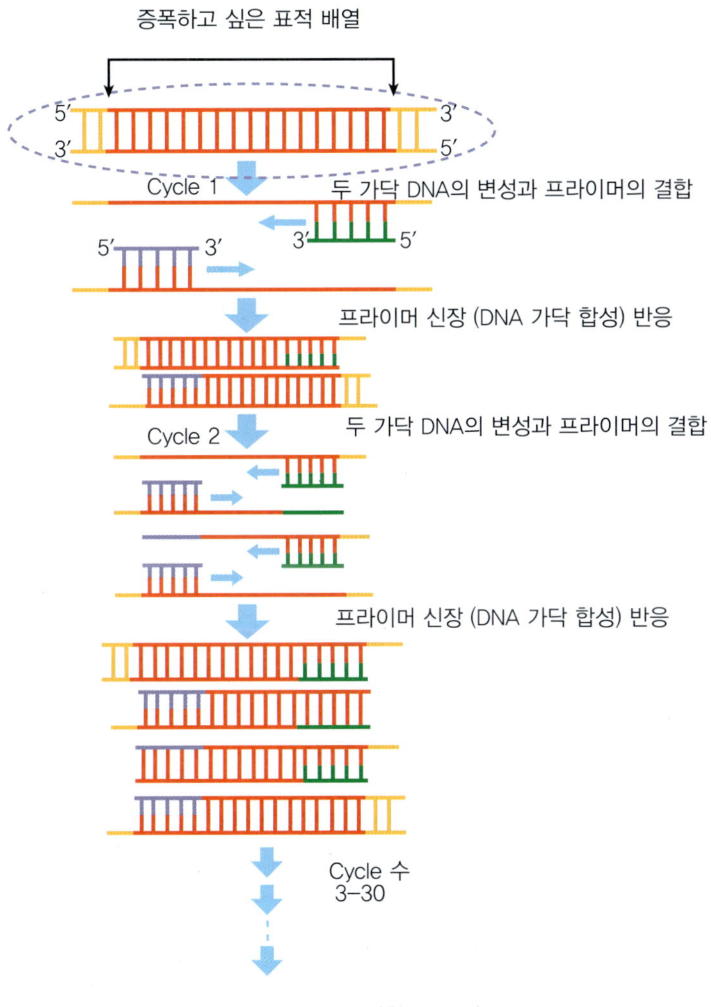


그림 3.5 PCR법에 의한 DNA의 증폭.

과 달리 이 효소는 PCR 과정 중에서 DNA 가닥의 분리를 위한 고온 처리 과정을 견뎌낸다. 증폭할 DNA 시료를 이 특이한 중합효소와 뉴클레오타이드 단량체(monomer), 그리고 DNA 복제 시 프라이머로 작용하는 작은 조각의 DNA와 섞어서 열처리하면 DNA가 복제되고 2개의 새로운 DNA 가닥이 생기게 되며 이 새로운 DNA는 열에 의해 다시 분리 복제가 일어나고 이런 일련의 과정이 계속적으로 반복된다. 이로 인해 같은 염기배열을 가지는 DNA 단편으로 짧은 시간 안에 수많은 DNA 분자를 얻을 수 있어 유전자 클로닝은 매우 간편해졌다(그림 3.5).

PCR은 현재 널리 사용되고 있고 유전자 클로닝 뿐만 아니라 어류의 진단, 종(species) 또는 속(genus)의 동정, 미생물의 감염증 진단 등에도 널리 사용되고 있다.

위에서 설명한 각종 유전자 클로닝법을 그림 3.6에 나타냈다. 유전자 조작의 진보는 가속적이며 이 분야는 눈부신 발전이 계속해서 이루어지고 있다. 실험의 재현성과 효율화가 이루어지면서 실험방법도 키트화되어 상품으로 판매되고 있다.

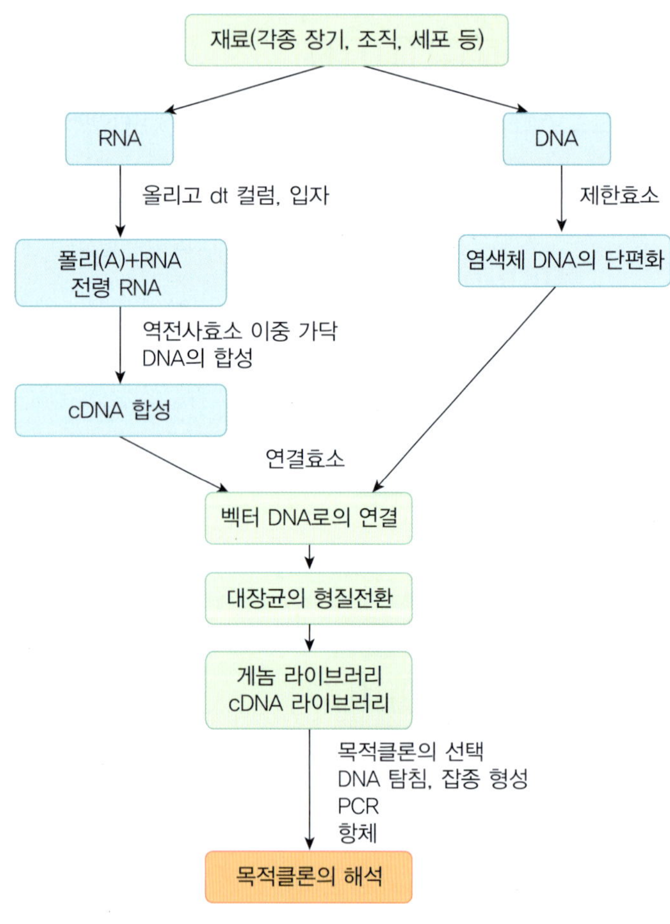


그림 3.6 유전자의 클로닝 조작.

## 3.4 어류의 유전자

어류에서 생리활성물질 생산유전자뿐만이 아니라 각종 유전자가 클로닝 되면서 그 유전자의 구조, 추정 아미노산부터의 기능 추정, 유전자의 기능들이 밝혀지고 있다. 2013년 1월 1일까지 유전자 은행(Gene Bank)의 데이터베이스(data base)에 기록된 어류의 염기배열수를 표 3.1에 나타냈는데 그중에서 얼룩 메기(*Ictalurus punctatus*)가 가장 많고, 그다음은 무지개송어(*Oncorhynchus mykiss*), 제브라피쉬(*Danio rerio*), 대구(*Gadus morhua*) 순이다. 능동적 염기배열 꼬리표(expressed sequence tag, EST) 해석으로 인해 많은 어류의 유전자가 해명되고 있다. EST 해석이라는 것은 cDNA 라이브러리에서 무작위적으로 클론을 선택하여 3′ 또는 5′말단 측부터 염기배열을 결정하고 그 염기배열과 추정되는 아미노산배열을 등록된 데이터베이스의 배열과 비교하는 것이다.

EST 해석은 새로운 유전자를 발견하게 되고 또 각 조직(장기)에서 특이적으로 발현하는 유전자 해석에도 도움을 주게 된다. 신체 지도작성(body mapping)은 유전자를 발현하고 있는 장기와 조직별로 분류한 자료로서 하나의 장기와 조직에서의 mRNA 종류, 발현빈도를 해석하며 그 자료를 다른 장기, 조직과 비교함으로써 그 유전자가 많은 장기에서 발현하고 있는 보조관리 유전자(housekeeping gene) 인가 또는 장기 특이적 유전자 인가를 추측하는 것을 가능하게 해준다. 이것을 이용하여 유전자 발현빈도 정보를 포함한 인간 cDNA 데이터베이스 'LIFESED'의 구축이 이루어졌고 데이터베이스에 접근권을 공유하는 등 유전체 정보의 상업화도 고려되고 있다.

표 3.1 등록된 DNA 유전자 수

| 생물종 | 등록수 (2013년 1월 1일) | 생물종 | 등록수 (2013년 1월 1일) |
|---|---|---|---|
| 제브라피쉬 (*Danio rerio*) | 53,558 | 무지개송어 (*Oncorhynchus mykiss*) | 117,120 |
| 킬리피쉬 (*Fundulus heteroclitus*) | 5,440 | 나일틸라피아 (*Oreochromis niloticus*) | 17,426 |
| 대구(*Gadus morhua*) | 41,275 | 송사리 (*Oryzias latipes*) | 21,803 |
| 큰가시고기 (*Gasterosteus aculeatus*) | 16,728 | 피라미 (*Pimephales promelas*) | 20,664 |
| 푸른 메기 (*Ictalurus furcatus*) | 17,357 | 연어 (*Salmo salar*) | 29,820 |
| 얼룩 메기 (*Ictalurus punctatus*) | 187,480 | 복어 (*Takifugu rubripes*) | 3,800 |

표 3.2 EST 해석으로 등록된 클론 수

| 생물종 | 등록수(2013년 1월1일) |
|---|---|
| 총 등록수 | 74,186,692 |
| 호모사피엔스(*Homo sapiens*) | 8,704,790 |
| 마우스 + 닭(*Mus musculus + domesticus*) | 4,853,570 |
| 제브러피시(*Danio rerio*) | 1,488,275 |
| 재배 벼(*Oryza sativa*) | 1,253,557 |
| 래트류(*Rattus norvegicus* sp.) | 1,162,136 |
| 초파리(*Drosophila melanogaster*) | 821,005 |
| 송사리(*Oryzias latipes*) | 666,891 |
| 선충(*Caenorhabditis elegans*) | 396,687 |
| 얼룩메기(*Ictalurus punctatus*) | 354,516 |
| 무지개송어(*Oncorhynchus mykiss*) | 287,564 |
| 나일틸라피아(*Oreochromis niloticus*) | 120,991 |
| 비단잉어(*Cyprinus carpio*) | 34,316 |
| 대서양 가자미(*Hippoglossus hippoglossus*) | 20,836 |
| 넙치(*Paralichthys olivaceus*) | 15,234 |
| 아메리카 가자미류(*Pleuronecte americanus*) | 1,483 |

2013년 1월 1일까지 어류의 EST 해석으로 입력된 클론 수는 제브라피쉬가 가장 많고 그 다음에는 송사리이다(표 3.2).

어류의 게놈해석은 사람, 벼 등의 게놈해석에 비교할 만큼 진행되고 있지 않지만 1999년부터 미국을 중심으로 제브러피시의 게놈해석 혹은 EST 해석이 본격적으로 시작되어 우리 식량 자원인 어류를 상대로 유전자 해석을 하고 있는 사람들한테는 좋은 소식이라 할 수 있다. 게놈해석으로 어류를 이해하고 어류를 개량하는 응용연구가 발전될 것이기에 우리나라 고유 어류 종의 게놈해석도 이루어져야 할 것이다.

이미 송사리, 뱀장어와 넙치의 EST 해석으로 많은 클론의 해석이 이루어졌다. 넙치 간장, 비장, 및 백혈구(leukocyte)의 EST 해석에서 얻어진 클론에 대해서 소개한다.

넙치의 간장에는 350 클론, 비장에서는 41 클론, 그리고 백혈구에는 983 클론이 있어 이들 총 1,374 클론을, 평균 700 염기의 배열을 3′ 또는 5′의 말단부터 결정하여 데이터베이스 배열과 상동성을 구한 결과, 이들 1,374 클론 중 이미 등록되어 있는 유전자와 상동성을 나타낸 것은 787 클론이었으며 나머지 587 클론은 지금까지 알려지지 않은 유전자였다(표 3.3).

표 3.3 EST 해석에 의한 광어의 백혈구, 간장 및 비장에서 발현되는 유전자 수

| | |
|---|---|
| 해석 클론 수 | 1,374 클론 |
| 백혈구 | 983 클론 |
| 간장 | 350 클론 |
| 비장 | 41 클론 |
| 해석 EST 수 | 1,792 염기배열 |
| 백혈구 | 1,242 ESTs |
| 간장 | 493 ESTs |
| 비장 | 57 ESTs |
| 상동성으로 볼 수 있는 클론 수 | 787 (57.3%) |
| 상동성으로 볼 수 없는 클론 수 | 587 (42.7%) |
| 상동성으로 볼 수 있는 것 중 다른 클론 수 | 416 클론 |
| 백혈구 | 313 클론 |
| 간장 | 86 클론 |
| 비장 | 17 클론 |
| 총 해석 염기수 | 1,254,858 염기쌍(bp) |
| 1 EST당 평균 결정 염기수 | 700 염기쌍(bp) |

등록되어 있는 유전자 배열과 상동성이 있는 787 클론 중 동일한 염기배열을 나타낸 클론이 있었고 최종적으로 간장에서 86 클론, 비장에서 17 클론 그리고 백혈구에서 313 클론 등 총 416 클론이 동정되었다. 이들 유전자는 세포 분열, 세포 간 정보 및 신호전달 인자, 세포 골격 및 세포 운동, 세포 및 생체방어 인자, 유전자 및 단백질 발현, 에너지 대사 등에 관여하는 유전자로 분류되었다(표 3.4). 특히 흥미로운 유전자로

표 3.4 EST 해석에 의한 광어의 백혈구, 간장 및 비장에서 발현되는 유전자의 수

| 세포기능 | 백혈구 | 간장 | 비장 |
|---|---|---|---|
| 세포분열 | 8 | 3 | 1 |
| 세포간 정보 · 신호전달인자 | 46 | 2 | 0 |
| 세포골격 · 세포운동 | 28 | 3 | 2 |
| 세포 · 생체방어인자 | 21 | 8 | 2 |
| 유전자 · 단백질 발현 | 83 | 27 | 7 |
| 에너지 대사 | 33 | 9 | 1 |
| 기타 | 94 | 34 | 4 |
| 합계 | 313 | 86 | 17 |

서 생체방어 및 면역관련 유전자가 많이 발견되었다. 그리고 상동성이 있는 클론뿐만 아니라 상동성이 없는 클론 염기배열도 유전자 은행의 데이터베이스에 등록되어 있기 때문에 언제나 이들을 데이터베이스에서 검색할 수 있다.

이번에는 cDNA 라이브러리를 작성할 때 균일화를 하지 않았기 때문에 백혈구(leukocyte)에서 젤라티나제 b(gelatinase-b), 리보솜 단백질 L23(ribosomal protein L23), 콜라겐 가수분해효소(collagenase), 베타 액틴(β-actin), 뇌 미오신 II 이소포롬(brain myosine II isoform), 파골세포 자극인자(osteoclast-activating factor)가 다수 검출되었다. 이들 유전자는 넙치 백혈구에서 가장 많이 발현하는 유전자라고 할 수 있다. 간장에서는 아포지방단백질(apolipoprotein), 보체 C3(complement C3), 그다음에 시스타틴(cystatin)이 많이 검출되었다.

## 3.5 어류의 유전자 구조

어류 유전자 중 해석이 진행되고 있는 글로빈(globin) 유전자, 호르몬 유전자 및 트렌스페린(transferrin) 유전자에 대해서 소개한다.

### 3.5.1 글로빈 유전자

어류의 혈액 중에 함유되어 있는 헤모글로빈(hemoglobin)은 호흡 생리상 아주 중요한 역할을 하고 있다. 헤모글로빈은 2개의 α 글로빈 사슬과 2개의 β 글로빈 사슬이 합하여 4개의 글로빈에 각각 1개씩의 헴이 결합한 복합단백질이다. 잉어, 금붕어, 무지개송어 등의 α 글로빈과 β 글로빈의 아미노산 배열은 이미 해석되어 있었지만, 1984년에 다케시타(Takeshita) 등이 잉어 혈액에서 mRNA를 추출하고 역전사효소를 사용해서 cDNA 라이브러리를 만들어 클론 중에서 α 글로빈 cDNA를 검출했다. 이를 계기로 잉어의 글로빈 유전자 연구가 이루어져, α 글로빈 및 β 글로빈의 유전자가 3개의 발현부위와 2개의 비발현부위로 구성되어 있다는 것을 알게 되었다. 또 모든 α, β 글로빈 유전자에 있어서 글로빈 유전자의 5′ 상류영역에는 −100 영역, ATA 박스(box), 및 CCAAT 박스가 있고 유전자 DNA 가운데 RNA 중합효소가 결합하여 전사를 시작하기 위해 필요한 부분인 촉진유전자(promoter) 영역이 존재하며 3′하류영역에는 폴리A(poly A) 부가 시그널이 존재하는 것이 확인되었다.

동일개체의 잉어에서 염기배열이 다른 α 글로빈 유전자가 8개, β 글로빈 유전자 9개가 클로닝되었고, 아미노산을 암호화하는 3개의 개방형 해독구조(open reading frame, ORF)의 전체 길이는 α 글로빈의 경우는 429 염기쌍(bp)이었고, β 글로빈의 경우는 444 (441)염기쌍(bp)이었다(표 3.5, 표 3.6).

잉어 글로빈 유전자는 사람의 글로빈 유전자와 같이 다중의 유전자군(family)을 형성하는 것으로 시사되었다. 포유동물의 α, β 글로빈 유전자는 서로 다른 염색체에서 암호화되는데 사람의 경우, α 글로빈 유전자군은 14번 염색체에, β 글로빈 유전자군은 11번째 염색체에 존재한다.

어류의 경우, α, β 글로빈 유전자는 동일한 염색체상에 암호화되어 있으며, α 글로빈 유전자는 β 글로빈 유전자와 상류영역을 마주보면서 역방향으로 암호화되어 있다

표 3.5 동일개체의 잉어에서 나온 α 글로빈 유전자 수

| | ORF[*1]1 | IVS[*2]1 | ORF2 | IVS2 | ORF3 | ORF 길이 |
|---|---|---|---|---|---|---|
| No.1 α | 95bp | 428bp | 208bp | 96bp | 126bp | 429bp |
| No.2 α | 95bp | 96bp | 208bp | 112bp | 126bp | 429bp |
| No.3 α | 95bp | 152bp | 208bp | 96bp | 126bp | 429bp |
| No.4 α | 95bp | 183bp | 208bp | 107bp | 126bp | 429bp |
| No.5 α | 95bp | 159bp | 208bp | 385bp | 126bp | 429bp |
| No.6 α | 95bp | 172bp | 208bp | 99bp | 126bp | 429bp |
| No.7 α | 95bp | 152bp | 208bp | 92bp | 126bp | 429bp |
| No.8 α | | | 208bp | 96bp | 126bp | |

*1 단백질 번역영역
*2 개재배열(intervening sequence)

표 3.6 동일개체의 잉어에서 나온 β 글로빈 유전자 수

| | ORF[*1]1 | IVS[*2]1 | ORF2 | IVS2 | ORF3 | ORF 길이 |
|---|---|---|---|---|---|---|
| No.1 β | 92bp | 102bp | 223bp | 120bp | 129bp | 444bp |
| No.2 β | 92bp | 133bp | 223bp | 109bp | 126bp | 441bp |
| No.3 β | 92bp | 101bp | 223bp | 112bp | 129bp | 444bp |
| No.4 β | 92bp | 106bp | 223bp | 122bp | 129bp | 444bp |
| No.5 β | 92bp | 98bp | 223bp | 121bp | 129bp | 444bp |
| No.6 β | 92bp | 101bp | 223bp | 121bp | 129bp | 444bp |
| No.7 β | 92bp | 100bp | 223bp | 121bp | 129bp | 444bp |
| No.8 β | 92bp | 154bp | 223bp | 114bp | 129bp | 441bp |
| No.9 β | 92bp | 94bp | 223bp | 121bp | 129bp | 444bp |

*1 단백질 번역영역
*2 게재배열

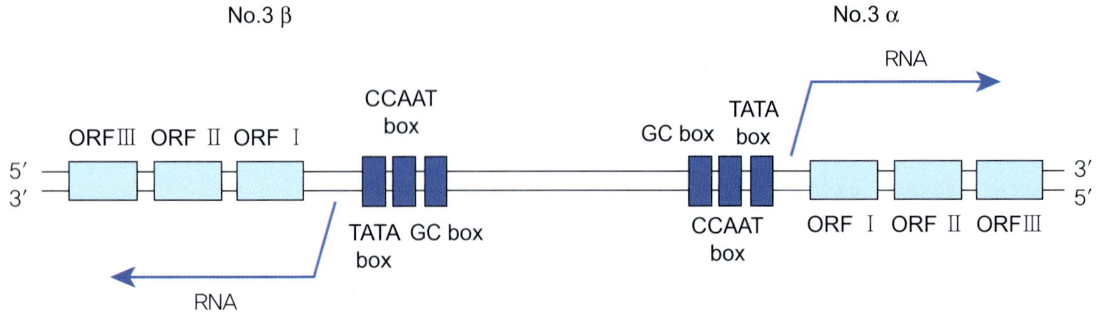


**그림 3.7** 잉어의 α 글로빈 유전자와 β 글로빈 유전자의 구조.

(**그림 3.7**). 사람의 헤모글로빈 단백질은 배(embryo), 태아, 성인 간 글로빈 단백질의 구성이 다르고, α 및 β 글로빈 유전자군의 상류에 있는 각 유전자부터 순차적으로 발현되는 것이 밝혀졌다. 어류의 경우는 이미 클론화된 α, β 글로빈 유전자를 3개의 그룹으로 나눌 수 있다. 이들 3개 그룹의 유전자가 배, 치어와 성어에서 각각 발현되는 것이 확인되었다. 즉 어류에 있어서도 발육에 따라 α 및 β 글로빈 유전자가 전환된다.

### 3.5.2 성장호르몬 유전자

성장호르몬은 뇌하수체에 미량으로 함유되어 있기 때문에 개체에서는 대량으로 생산하는 것이 매우 어려운 물질이었다. 그러나 최근에 유전자공학 기법이 개발되면서 대량생산이 현실화되어 연어의 성장호르몬 유전자가 클로닝 되고 그 재조합 유전자를 대장균에 도입함으로써 대장균에서 연어의 성장호르몬을 대량으로 만들 수 있게 됨에 따라 최근 들어 각종 어류에서 성장 호르몬 유전자가 클로닝되어 그 유전자 구조가 밝혀지고 있다.

성장호르몬은 뇌하수체에서 만들어져 간장에서 작용하며 인슐린 유사 성장인자 I(insunlin-like growth factor-1, IGF-I)의 합성 및 분비를 촉진시킨다. 그리고 IGF-I은 성장을 촉진시키는 작용을 한다. IGF-I는 인슐린과 구조가 비슷한 분자량 7,500의 폴리펩티드로 이루어진 성장인자이며 혈청 내에서 인슐린과 유사한 작용을 하지만 인슐린 항체로 억제되지 않는 물질이다. 연골세포의 증식이나 단백질 생합성에서 성장호르몬의 작용을 매개하는 것 외에 인슐린과 유사한 생리작용을 한다. 혈장 내에 고농도로 존재하지만 대부분 결합단백질과 결합하여 불활성화된다.

연어과 어류에서는 성장호르몬은 간장뿐만 아니라 아가미에도 작용하여 해수 적응능을 증가시키는 삼투압 조절에 관여한다. 포유동물, 조류 및 잉어의 성장호르몬 유전자는 발현부위 5개와 비발현부위 4개로 구성되어 있지만 무지개송어, 마래미, 넙치 그리고 틸라피아는 발현부위 6개와 비발현부위 5개로 구성되어 있다(**그림 3.8**). 어종에

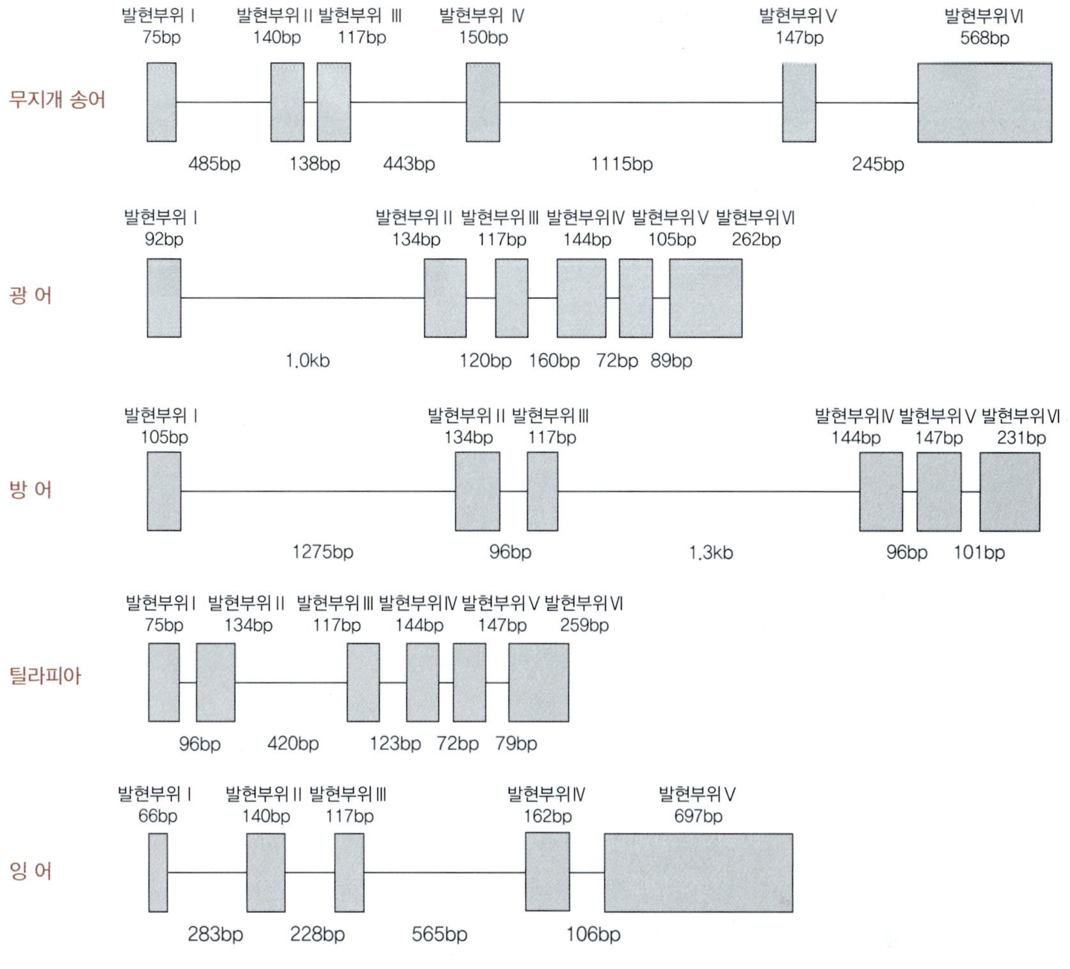


**그림 3.8** 어류 성장호르몬 유전자의 구조.

따라 성장호르몬의 유전자 길이는 다르며 틸라피아는 약 1.7Kb로 사람의 것과 비슷하나, 대서양 잉어, 무지개송어 및 마래미의 성장호르몬 유전자는 개시코돈에서 종말코돈까지 약 3.9Kb로 포유동물에 비해서 길다.

성장호르몬 유전자는 젖분비호르몬(prolactin) 유전자 및 소마토락틴(somatolactin) 유전자의 발현부위 수도 똑같으며, 발현부위 I에 있어서는 상동부분(homologue)이 보이지 않지만 특히 발현부위 II~V까지는 아미노산배열의 상동성이 나타났고 발현부위 I의 상류영역의 전사 조절영역도 발견되어 공통의 조상에서 유래된 것으로 생각된다.

가와구치(Kawauchi) 등은 실제로 성장호르몬 유전자를 어류 또는 전복에 도입시켜 성장촉진 효과가 나타났다고 밝혔으며, 이 성장호르몬 유전자를 수정란에다 주입시킴으로써 짧은 시간 내에 크게 성장하는 슈퍼연어를, 그리고 우리나라 부경대학교 김동

**사진 3.1** 성장호르몬 유전자를 이용하여 만든 슈퍼연어(좌)와 슈퍼미꾸라지(우).

수 교수팀이 슈퍼미꾸라지를 만들었다(**사진 3.1**).

### 3.5.3 트랜스페린(transferrin) 유전자

트랜스페린은 분자량이 약 75,000이며 β 글로빈의 일종으로 혈청 속에 흡수된 2분자의 3가 철 이온과 결합하여 세포증식이나 헤모글로빈 생산에 필요한 철을 트랜스페린 수용체를 매개로 하여 세포 내로 공급하는 철 운반 당단백질이다. 혈청 속의 철 99% 이상은 트랜스페린과 결합한다. 정상적으로는 트랜스페린의 약 1/3이 철과 결합하는데 그 외의 철과 결합하지 않는 트렌스페린 양을 불포화 철 결합능이라 한다.

트랜스페린은 동물 세포의 배양에서 인슐린, 아셀렌산(selenious acid)과 함께 혈청 배지의 3대 필수 첨가물 중의 하나이고 골격절분화의 촉진인자로서도 중요한 활성물질이다. 트랜스페린과 구조가 유사한 락토페린(lactoferin)은 면역기능 조절작용을 가지고 있고 사이토카인(cytokine)의 분비조절, 림프구의 분화·증식을 조절하고 있다. 그리고 무지개송어에다 투여하면 대식세포 또는 호산구(eosinophilic leukocyte) 수용체를 통해서 식균작용(phagocytosis) 및 화학 발광능이 높아지는 것으로 밝혀졌다.

은연어 트랜스페린을 동위효소 다형으로 해석한 결과, 3가지 형태(A, B, C)가 존재하며 이 3가지 형태 중 C를 호모로 갖고 있는 은연어는 세균성 신장병에 대해 저항성이 큰 것으로 밝혀졌다. 트랜스페린이 직접 병원세균에 대해 작용하든지 아니면 C형태를 가지는 계통의 게놈 상 세균성 신장병 병원균(*Renibacterium salmoninarum*)에 대해 저항성을 나타내는 유전자가 존재하는지는 알려져 있지 않다. 그러나 종래의 교잡육종 선발법 대신에 유전공학 방법을 사용한 감염증에 대한 내병성 어류를 새로 만들 필요가 있다. 따라서 다카시마는 송사리, 연어과 어류, 넙치 등의 트랜스페린 유전자를 클론화하여 해석한 결과, 어류의 트랜스페린 단백질을 암호화하는 단백질 번역영역(ORF)의 길이는 어류에 따라 약간 차이가 있지만 2,061~2,073bp(687~691 아미노산 배열)을 이루고 있다는 것을 발견했다. 이들 트랜스페린 군 구조는 펩타이드 사슬 앞

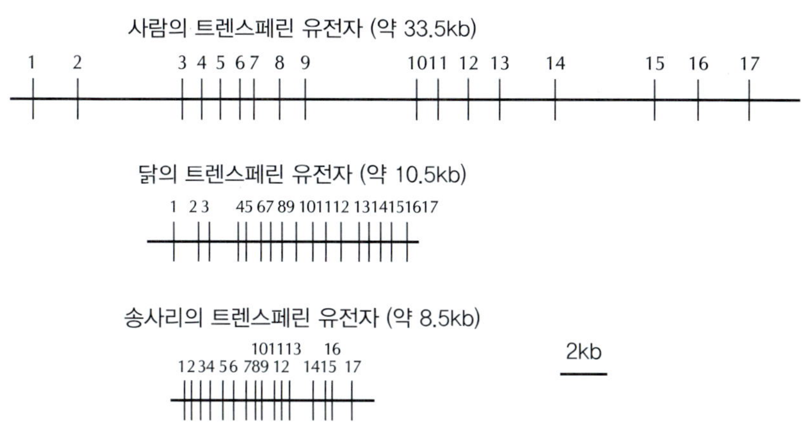


그림 3.9 송사리, 닭, 사람의 트렌스페린 유전자의 길이.

부분(N 로브)과 뒷부분(C 로브)에 유사한 구조를 가지고 있으며 유전자 중복으로 인해 만들어진 것으로 알려져 있다.

송사리 트랜스페린 유전자는 사람의 트랜스페린과 같이 17개의 발현부위와 16개의 비발현부위로 구성되어 있다. 각 발현부위의 길이는 사람과 차이는 없지만 각 비발현부위의 길이는 아주 짧은 것이 특징이다. 단백질 번역영역에는 철의 결합에 필요한 아미노산 그리고 다이설피드 결합(disulfide bond)에 필요한 시스테인(cysteine)이 정 위치에 보존되어 있다. 5′ 상류영역에서는 촉진유전자(promoter) 영역 부근에 전사인자 결합영역 및 증폭제(enhancer) 영역이 존재한다(그림 3.9).

연어과 어류(*Oncorhynchus*, *Salverinus*, *Salmo*) 10종류의 트랜스페린의 아미노산 배열을 분석한 결과, 84% 이상의 높은 상동성(homology)이 보였고, 동일한 속간에서는 90% 이상의 상동성이 나타났으며 속 특이적인 아미노산 배열을 확인할 수 있었다. 이들 아미노산은 속이 분기된 후 치환이 이루어진 것으로 생각된다. 아미노산 배열을 근거로 만들어진 계통수(dendrogram)는 종래의 어류 분류법에 따라 만든 계통수와 유사했기 때문에 트랜스페린의 아미노산 배열을 지표로 한 계통분류는 유효한 것으로 밝혀졌다.

## 3.6 어류 유전체의 새로운 해석

### 3.6.1 어류 유전체 해석의 중요성

유전체(genome)는 유전자와 염색체를 합성한 단어로서 생명체를 구성하는 모든 생명현상을 조절하는 유전물질(혹은 유전정보)을 통합해서 부르는 명칭이다. 유전체 연구는 모든 생명체가 근본적으로 기능을 하는 데 필요한 정보가 담겨 있는 세포 내 DNA의 전체 염기서열과 이 속에 담겨있는 유전자들을 총체적으로 분석하여 생명현상 연구에 활용하는 것이다. 2001년도 인간 유전체가 해독됨으로써 모든 생명체의 설계도를 밝힐 수 있는 첫걸음을 제시하였고, 유전체를 구성하는 DNA의 배열 순서를 밝힘으로써 특정 부위의 역할을 규명하고 염기배열로 구성된 유전자의 기능을 분석할 수 있게 되었다. 또한 유전체 연구를 통해서 수많은 유전자들의 변화 및 상호관계를 이해할 수 있고 유전체를 해석함으로써 특정한 생명현상의 이해도 가능하게 되었다.

어류 유전체 연구는 복어(*Fugu rubripes*) 유전체를 시작으로 모델 어류인 지브라피시(Zebrafish)와 메다카(Medaka)의 유전체가 완성됨으로써, 인간 유전자의 기능을 규명하기 위한 인간유전체 연구도 시도되었다. 최근에는 각국에서 경제적, 산업적 가치가 높은 어종에 대한 유전체 연구를 수행하여 이들을 육종하거나 산업적으로 활용하고 있다. 예를 들면, 중국에서는 박대(*Cynoglossus semilaevis*) 유전체의 해석이 2010년에 완성되어, 성결정 유전자를 탐색하여 성장이 빠른 박대를 개발하는 데 활용하였다. 일본은 참다랑어(*Thunnus thynnus*) 유전체의 해석이 2011년에 완성됨으로써 성장, 사료효율, 육질과 내병성 등이 뛰어난 양식 품종 개발, 정확한 원산지의 판별 등 참치의 자원 관리를 위한 응용, 어장으로부터 식탁에 오르기까지의 원산지 이력제의 확립, DHA 축적과 같은 특수한 기능을 갖는 기능성 식품이나 의약품 개발에 활용하고 있다.

우리나라는 국민이 횟감으로 가장 선호하는 넙치(*Paralichthys olivaceus*)의 유전체를 2012년도에 국립수산과학원 김우진 박사 연구팀에서 최초로 해독함으로써 내병성, 맛, 육질, 성결정 등의 연구에 활용할 수 있게 되었다. 또한 유전체 연구는 생명현상을 규명하기 위해서도 수행되고 있으며, 노르웨이의 연구진이 주축을 이루어 2011년 대구(*Gadus morhua*) 유전체의 해석을 완성하여, 대구의 독특한 면역시스템이 큰 온도편차에서 생존할 수 있는 유전적 원인임을 밝혔다. 이와 같이 유전체 연구는 생명현상의 규명, 품종개량 연구, 바이오 소재의 개발 등에 광범위하게 활용될 수 있다.

### 3.6.2 유전체 분석의 신기술 경향

1950년대에 DNA 이중 나선 구조가 처음 밝혀지고, 1970년대에 생거(Frederick Sanger)와 길버트(Walter Gilbert)에 의해 염기서열 분석 기술이 최초로 개발되었고, 1980년대에 PCR이라는 중합효소 연쇄반응이 개발되면서 유전자 분석 기술이 크게 발전하였다. 이러한 생거법을 기반으로 인간 유전체 서열이 2000년대 초반에 최초로 밝혀졌다. 2007년 이후부터 기존의 생거법과 차별화되는 새로운 염기서열 분석기술이 개발

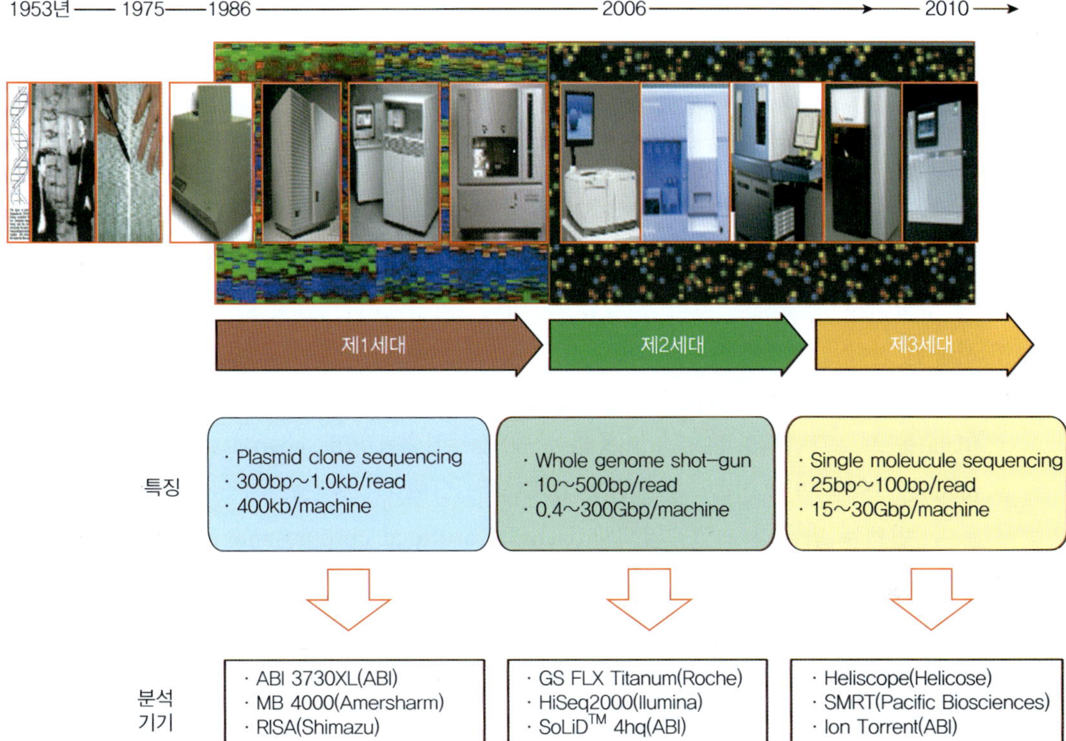


**그림 3.10** 염기서열 분석 기술의 진화.

되어 차세대 염기서열분석(Next Generation Sequencing, NGS)이라는 용어를 사용하기 시작하였고, 현재는 2세대와 3세대에 해당하는 NGS 기술이 개발되어 활발히 활용되고 있다. 차세대 염기서열 분석 기술은 염기서열을 대량으로 읽어내면서도 기존의 방법보다 시간과 비용 면에서 혁신적인 변화를 가져올 수 있는 기술이다.

2세대 분석기술에는 로슈(Roche)의 GS FLX, 일루미나(Ilumina)의 Solexa와 Hiseq 2000, ABI의 SOLID 등이 있다. 3세대 염기서열 분석기술은 차세대 염기서열 분석기술의 단점을 극복하기 위한 새로운 패러다임을 제시하였다. 2세대 NGS와 비교하였을 때 가장 큰 차이점은 단분자(single molecule)를 이용한 염기서열 분석방법이라는 것으로, DNA를 증폭하는 과정을 생략함으로써 비용과 시간을 절약할 수 있다.

대표적인 3세대 분석기술은 퍼시픽 바이오사이언스(Pacific Biosciences)의 SMRT, ABI의 ION Torrent 기술이다. 이런 기술들은 한 번의 실험(reaction)으로 인간 유전체 크기(30억 염기서열)의 7배에 해당하는 200억 염기서열 이상을 읽을 수 있다. 따라서 유전체 분석기술의 급속한 발전이 유전체 염기서열 정보의 기하급수적 증가 추세의 원동력이 되고 있고, 대량분석법의 대두, 즉 대량분석(highthrough-put) 기술의 발전이

전체 유전체 서열 분석을 가능하게 하고 또한 방대한 생물정보를 해독할 수 있는 다양한 생물정보 처리기술이 유전체 서열 정보의 분석과 해독을 가능케 하였다.

### 3.6.3 유전체 해독 과정

유전체 정보가 전혀 없는 생물의 유전체를 해독하는 과정을 표준 유전체(reference genome) 해독이라고 한다(*de novo* sequencing). 표준 유전체를 해독하는 과정은 분석하고자 하는 생물이나 연구자에 따라 달라질 수 있다. 여기에서는 넙치 유전체 해독 과정에서 사용된 전략을 설명하고자 한다.

첫 번째는 차세대 염기서열분석기(NGS)를 이용하여 분석된 대용량 염기서열 데이터(data)를 프로그램(Newbler)을 이용하여 데노보 어셈블링(de novo assembling)하여 콘틱(contig, 중복되면서 연속하는 클론화 DNA의 집합체)과 스캐폴드(scaffold)를 만든다.

두 번째는 박테리아 인공염색체(bacterial artificial chromosome, BAC) 라이브러리를 이용하여 박테리아 인공염색체 말단 염기배열 데이터[BAC end sequencing(BES) data]를 만들어 첫 번째 데이터와 통합하여 새로운 콘틱과 스캐폴드를 만든다. 만들어진 스캐폴드를 유전자 연관지도(genetic linkage map)에 사용된 분자 마커와 접합(matching)시킨 후 스캐폴드를 염색체별로 정렬하여 순서대로 나열한 다음 스캐폴드

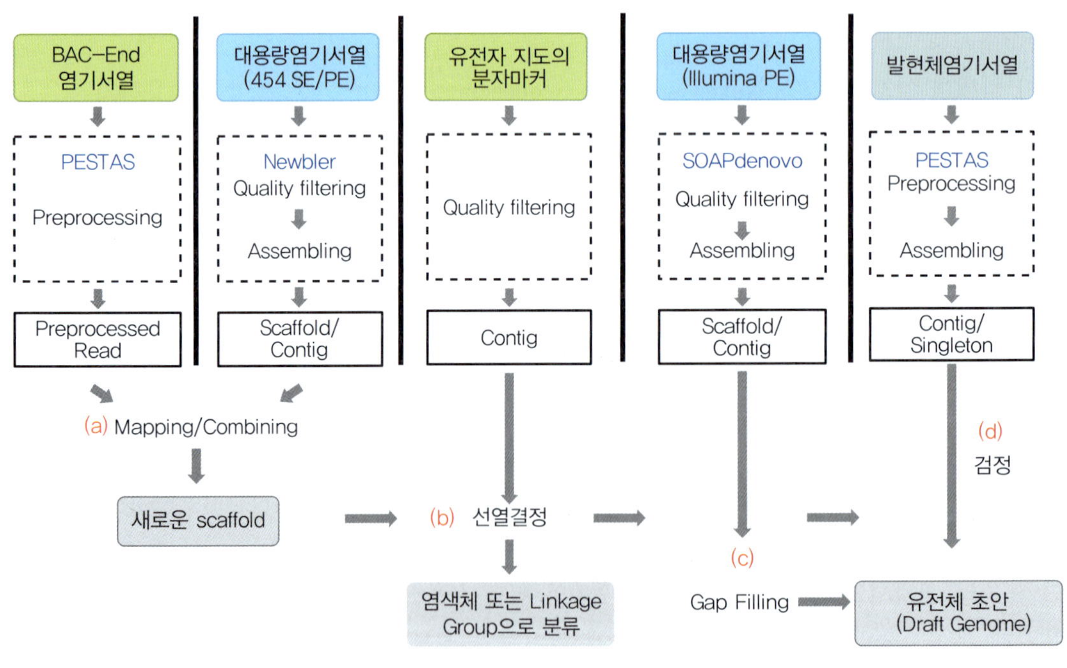


그림 3.11 유전체 해독 과정.

내 간극 필링(gap filling)과 스캐폴드 간의 연결을 대용량 염기서열 분석 또는 BAC 클론의 3D 자료통합(3D pooling) 시스템을 이용하여 수행한다. 지금까지 만들어진 유전 정보를 발현유전자 단편(expressed sequence taq, EST)을 이용하여 검정한 후 드래프트 게놈(draft genome)을 완성한다. 유전체에 존재하는 유전자를 예측하기 위해서는 예측 프로그램과 DNA 염기배열 및 EST 데이터를 이용하여 주석(annotation)한다.

### 3.6.4 어류 유전체 과학의 미래

최근에는 대용량 염기서열 분석 기술들이 개발되어 경제적 및 학문적으로 중요한 어류의 유전체 해독 작업이 진행 중이다. 수산업에서 어류 유전체 해독 연구는 3가지 측면에서 매우 중요하다. 첫째는 어류의 생명현상을 규명하는 것이고, 둘째는 유전체 정보의 선발육종에의 활용이고, 셋째는 생물자원의 효율적인 분류이다.

대량분석 기술의 발달로 대량으로 유전자의 기능을 규명하는 기능 유전체 기술들이 다양하게 발전함에 따라 기능유전체 기술과 유전체 정보를 통합해서 다양한 생명 현상을 규명하는 기회가 커지고, 특히 산업적으로 활용 가능성이 큰 유용 유전자의 기능을 효율적으로 밝힐 수 있게 되었다. 그리고 특히 생명 현상은 개별 유전자에 의해 조절된다기보다는 유전자 간의 네트워크에 의해 시스템적으로 조절되므로, 이러한 유전자 간의 네트워크를 이해하는 데 유전체 정보와 기능유전체 기술이 효율적으로 활용될 수 있을 것이다.

전통적인 육종 방법은 시간과 비용이 많이 드는 단점이 있어, 이러한 단점을 극복하기 위해서 분자생물학적인 방법이 개발되어 형질에 연관된 DNA 염기서열의 차이로 판별하는 분자육종 선발 기술이 최근 각광을 받고 있다. 하지만 분자마커 개발에는 많은 비용이 투입되고, 특히 육종 계통 간에 유전적 다형성이 부족할 때에는 분자마커 개발이 어렵다는 단점이 상존한다. 따라서 유전체 정보를 활용하면 손쉽게 분자마커를 개발할 수 있을 뿐만 아니라, 분자마커의 효율성을 능가할 새로운 분자생물학적인 기술을 유전체 정보에 기반하여 개발할 수도 있을 것이다.

예를 들면 유전체 정보 자체가 기존의 분자마커 혹은 유전자 지도를 대체해서 사용될 수 있고, 이러한 개념적인 접근법을 최근에는 유전체 육종이라 부르며, 이는 향후 분자육종의 핵심 기술로 자리매김할 것이다. 생물자원의 중요성이 점차 커지는 추세에 발맞추어서 선진 각국은 대규모로 생물자원을 수집, 보존, 증식, 이용하는 데 총력을 집중하는 추세이다. 따라서 대규모 유전체 염기서열 분석을 통해 유전자원 분류나 유용 유전자원 선발에 활용할 분자마커를 개발하거나 유전체 서열 정보 자체를 활용한 유전체 기반 유전자원 분류 및 선발법의 개발도 가능할 것으로 생각된다.

이상에서 살펴본 것처럼 유전체 정보는 수산 부분의 핵심 필수 요소 기술인 생물자원의 분류, 선발, 개량에 이르는 일련의 과정이 현재 직면한 한계점을 돌파할 첨단 기술로 부상할 뿐만 아니라 유전체에 기반을 둔 다양한 파생 기술 개발을 통해 수산업 연구 분야에 새로운 패러다임을 제시하고 수산업 발전의 새로운 장을 열게 해줄 것으로 전망된다.

## 3.7 맺음말

과학잡지 『Nature』지는 최근호에서 "세계적으로 해양 생태계 파괴가 심화하고 있으며 지난 50년 간 대형 어종의 90%가 바다에서 사라졌다"는 충격적인 발표를 했다. 수산시장의 넘치는 생선과 하루가 다르게 늘어나는 횟집을 보면 바다에는 아직도 물고기가 풍부한 것 같지만 세계 각국에서는 1990년대 이후 어류자원 고갈이 심각함을 경고하고 있다.

세계자연모니터링센터(WEMC) 자료에 따르면 지구 온난화 현상에 따른 수온 상승과 어획기술의 발달, 대규모 남획으로 다랑어, 상어, 황새치 등 대형 어류들의 약 3분의 1이 사라졌으며, 어획량도 10분의 1로 줄었다는 것이다. 현재와 같은 멸종을 방치할 경우, 2048년경에는 해양 어종의 대부분이 사라질 것이라는 예측도 나오고 있다.

우리 인류가 필요한 동물 단백질의 16%를 해양수산물로 충당하고 있고 수산물 중에서 어류가 차지하는 비중이 80% 이상이라는 것을 감안한다면 이는 큰 문제가 아닐 수 없다. 이러한 범세계적 추세와 국민적인 요구를 충족시키기 위해서는 집약적 첨단 기술 개발에 의한 생산성 향상의 극대화와 양식 생산량의 증대가 절실히 요구되고 있다.

최근 들어 단기간의 단위 노력당 생산성을 극대화하기 위해 유전공학 기법을 이용한 고부가가치의 우량품종을 생산하고자 하는 노력이 전 세계적으로 이루어지고 있으며, 특히 수산물 중 가장 경제적 가치가 높은 어류에 많은 연구들이 집중되고 있다. 이미 선진국들은 전세계 수·해양 유전자 자원과 생명공학 기술의 무한경쟁시대에 돌입한 상태이다.

이미 어류의 cDNA 라이브러리(library)를 이용한 EST(expressed sequence tags) 기술과 cDNA chip 기술 활용을 통해 어류의 유전적 구조 해석, 돌연변이 추적, 유전자 표식 및 다양한 생물종 보존을 통한 생태계 복원 등에 활용되고 있다.

따라서 빠르게 발전하고 있는 유전자 재조합 어류는 양식업에 큰 혁명을 일으킬 것이며, 이와 함께 중장기적으로는 유전자 변형기술을 이용하여 수산물의 경제적 부가가치를 높이는 방향으로 활용할 수 있을 것으로 전망된다.

Chapter 04

# 어류의 육종과 생명공학기술

Marine Biotechnology

## 4.1 세계 식량 부족과 유전자 공학

1990년 10월 12일 보스니아 사라예보의 한 병원에서 '코피아난' 유엔사무총장은 60억 명째 인류의 탄생을 선언했었다. 세계 인구가 50억 명에서 60억으로 늘어나는 데 걸리는 시간은 12년, 과거 40억 명에서 50억 명으로 늘어나는 데는 13년이 걸렸다. 이는 인구가 10억 명 증가하는 데 1년이 단축될 만큼 인구 증가 속도가 빨라졌다는 사실을 보여준다. 인구의 증가에 필수적으로 따르는 것은 식량생산문제인데 지금까지는 식량 증산을 위하여 경지면적 확대, 화학비료와 농약사용 및 다수확 품종의 재배법 등을 이용해 왔다. 그러나 우리가 이용할 수 있는 육상 면적은 한정되어 있으며, 화학비료나 농약사용 또한 안전성에 문제가 있어 이러한 방법에 따른 식량증산은 한계를 드러내었다. 이에 육종학자들은 새로운 품종을 효율적으로 생산하기 위하여 유전자 공학기법을 이용하게 되었다.

유전공학은 1953년 왓슨과 크릭이 유전자를 구성하고 있는 DNA의 비밀을 풀어낸 이후 눈부신 발전을 거듭하여 1996년에 만들어진 '돌리'라는 복제 양과 같이 인위적으로 복제된 개체가 만들어졌고 이후 원숭이(97년), 젖소(98년)가 복제되었으며, 국내에서도 1999년 초 한우의 복제에 성공하였다. 유전공학은 크게 보면 '생물의 기능을 이용하는 기술'로 유전자 조작 기술을 포함하여 세포 융합기술, 세포대량 배양기술, 생물반응기(bioreactor) 기술 등이 생명공학의 핵심기술이다. 유전공학은 의학과 생물학을 발전시켜 인류복지에 크게 이바지하고 있는데 노화, 발암과 면역, 성장 호르몬과 무공해 살충제 등의 대량 생산, 농약이 필요 없는 농작물 등과 같이 기초학문 분야, 산업 분야, 농축산업 측면에서 널리 활용되고 있다.

미생물을 중심으로 발전하여 온 유전공학 관련 기술이 발전됨에 따라 그 적용 범위가 식물과 동물에게까지 점차 확대되었으며 유전공학의 대상은 인류의 미개척 분야인 해양으로 확대되어 '해양생명공학'이라는 새로운 분야를 만들어 내었다. 해양생명공학은 해양 생물과 생태계를 대상으로 다른 첨단 기술을 접목시킨 종합 생물공학 기술이며, 이는 간단하게 말해 해양생물을 대상으로 한 세포조직 배양, 세포 조작, 유전자 재조합 및 생물 공학 등에 관한 연구이다.

해양동물을 이용한 유전공학 분야의 연구는 최근에 매우 각광받고 있는 분야로 특히 어류의 염색체를 조작하는 방법 및 유전자 조작을 통한 형질 전환 어류(transgenic fish)의 제작이 가장 활발히 진행되고 있다. 현재는 자외선 처리된 정자로 수정시킨 수정란에 가압처리를 하여 암컷만을 발생시키는 기술도 가능하게 되었는데 이와 같이 암컷 발생기술의 개발은 연어 알이나 청어 알의 대량 생산과 같이 양식산업에서의 부가가치를 높이는 데 큰 도움을 주고 있다. 또는 3배체(triploid)의 슈퍼 미꾸라지와 같이 어류의 대형화에 한몫을 하고 있는 3배체 및 4배체(tetraploid) 어류의 제작기술 또한 양식산업에 있어 유망한 것으로 알려져 있다.

육종(breeding: 교잡으로 우수한 품종 및 개량종을 만듦)이라는 것은 인류한테 바람직한 유전형질을 가지는 생물집단을 만들고 그것을 유지 또는 번식시키는 것이고 보통은 양식집단을 대상으로 한다. 농작물이나 축산물의 육종은 비교적 진행되고 있어 개량된 품종들이 시판되고 있다. 그러나 수산물의 주제인 어패류의 육종은 늦어져 현재는 거의 야생종을 먹고 있다.

일반적으로 물속에서 살아가는 어패류는 사육, 번식이 어렵고 계대 사육이나 선발, 육종의 상투적인 수단을 사용하기에 어려움이 있으며 원래 종류가 풍부하고 다획되어서 육종 자체에 대한 관심도 적었다. 그러나 근년 200해리 문제 등으로 어획이 감소하고 자원고갈로 인해 양식에 대한 기대가 높아지고 있어 점점 향상되는 양식기술의 효율화가 시급한 과제가 되었다. 또한 최근 들어 건강식품, 고급 기호품으로 어패류의 잠재적인 수요가 높아지고 있다. 이런 배경에서 우수한 경제 형질을 가지는 획기적인 양식 품종의 생산이 기대되고 있다.

한편 아프리카, 아시아를 보면 동물성 단백질 자원이 아직 압도적으로 부족한 실정에 있다. 이들 지역에서는 광대한 내수면이나 해면을 가지고 있는 데도 불구하고 거의 활용하지 않고 있다. 즉, 식량자급력의 비약적인 증가는 어패류 양식의 발전에 달려 있다고 해도 과언은 아니다. 이를 해결하는 방법의 하나로, 현지에서의 수온, 염분 농도, 수질 등 특수한 환경조건에 견딜 수 있고 쉽게 양식될 수 있는 품종을 육성하는 것이다.

이런 의미에서 수산 육종의 일반적인 관심은 높아지며 구체적인 육종목표, 즉 육종의 대상이나 목표는 시대와 더불어 변한다. 예를 들면 원래는 성장이 빠른 계통이 좋다고 생각하고 있었지만 최근에는 비단잉어나 고래 등에서는 반대로 성장하지 않는 왜소형 계통이 요구되고 있다. 또 맛이 좋은 생선을 만든다고 해도 어떻게 먹는지에 따라 생선에 요구되는 유전적 특성도 달라진다.

따라서 어류 육종을 다루는 연구자는 바이오테크놀로지를 적극 활용하여 육종법에 박차를 가할 필요가 있다.

## 4.2 염색체 조작

염색체 조작 기술은 원래 농업분야에서는 천연적으로 또는 인위적으로 염색체 수를 변이시킨 주를 육종에 이용한 것으로부터 시작되었다. 일반적으로 유성생식(암컷과 수컷으로 성이 분화된 생물의 생식 방법)을 하는 생물은 2배체(2n), 즉 동일한 한 쌍의 염색체를 가지고 있으며, 사람의 경우에는 46개(2n = 46), 다시 말해 23쌍의 염색체를 가지고 있다. 이 중 한 개는 난자를 통하여 모계로부터, 다른 한 개는 정자를 통하여 부계로부터 가지고 온 것이다. 그러나 염색체의 개수를 변화시키게 되면 기존의 개체에서 볼 수 없었던 새로운 개체들이 만들어지는데, 이처럼 염색체를 조작하여 새로운 개체를 만드는 것을 염색체 개수 조작(chromosome set manipulation)이라 한다. 염색체 수를 조작하는 기술은 간편한 방법으로 가능할 뿐만 아니라 특별한 고가의 기기를 필요로 하지 않는다는 장점이 있기 때문에 현재 많이 이용되고 있다.

보통 염색체 조작 기술에 의한 품종개량에는 배수체(polyploid)들이 사용된다. 앞에서도 얘기했듯이 생물의 염색체는 부모로부터 한 개(n)씩의 유전자를 받아서 2개인 2배체(2n)의 형태로 된다. 그런데 생물 중에는 염색체 수가 2배 및 3배로 증가한 4배체(4n) 및 6배체(6n)가 존재하는 반면, 염색체 수가 절반밖에 되지 않는 반수체(n)도 있다. 이와 같이 염색체 수가 배수되어 있는 것을 배수체라 하고, 배수체가 있는 상태를 배수성(polyploidy)이라 한다. 이 중 같은 게놈(genome, 염색체 쌍)을 3개 이상 가지는 생물을 동질배수체(autopolyploid)라고 한다. 또한 2n+1, 2n−1과 같이 염색체 중의 일부가 결손 된 경우를 이수성(aneuploidy)이라고 한다.

일반적으로 정수배(整數倍)의 게놈을 가지는 개체를 배수체라고 부르고 게놈 수에 따라 1배체(반수체, N), 2배체(2N), 3배체(3N) …라고 한다(그림 4.1). 따라서 대부분 어패류는 2배체이다.

그럼 왜 이들이 육종에 이용될까? 이들 배수체는 2배체보다 염색체 및 유전자의 수가 많으므로 유전자의 산물도 더 많아 큰 개체가 만들어진다. 홀수 배수체의 경우에는 배우자 형성을 할 수 없으므로 생존 수단으로 영양번식이 발달한 것으로 보인다. 이러한 것들의 대표적인 예로 3배체인 씨 없는 수박이 있다. 보통의 수박은 2배체인데

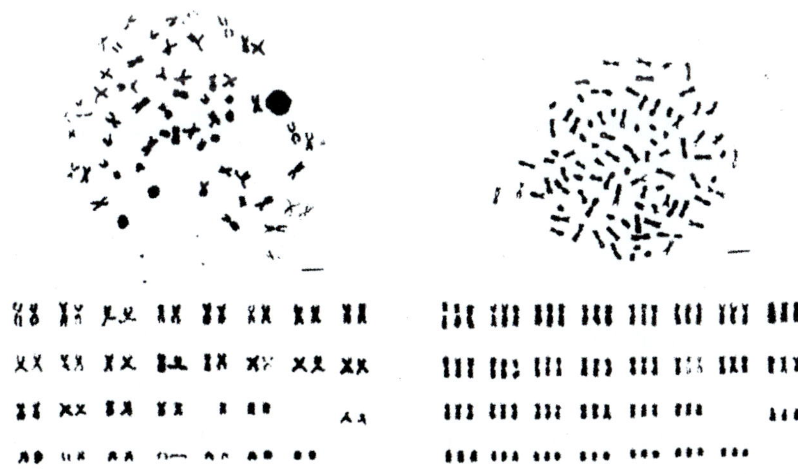

**그림 4.1** 무지개송어 2베체(왼쪽) 및 3배제(오른쪽) 염색체 구성. 같은 형인 염색체(상동염색체)가 2개(왼쪽) 또는 3개(오른쪽)씩 각 30조(n = 30)가 보인다.

감수분열 시(난자와 정자, 즉 생식세포를 만드는 특이적인 세포분열) 방추사(미세소관)의 형성을 억제하는 콜치신(cholchicin)으로 처리를 하면 염색체가 반감되지 않은 2n의 생식세포를 형성한다. 이어서 배수체의 생식세포(2n)와 2배체의 생식세포(n)를 가루받이(pollination)시키면 3배체(3n)가 만들어지게 된다. 홀수 배수체는 감수분열을 하는 동안에 염색체가 짝을 지을 수 없어 정상적인 세포를 형성하지 못하기 때문에 불임이 되어 씨가 없는 수박이 만들어진다.

4배체의 경우는 특별히 꽃이나 과실이 커서 수확량이 많은 경우가 있다. 1936년 블레이크슬리와 애버리는 백합과의 다년생 식물인 콜치큼(colchicum)에 함유된 알칼로이드의 일종인 콜치신 수용액을 종자 싹에 처리하면 염색체 수가 배가 되어 대부분이 4배체로 된다. 이를 응용하여 열매가 큰 호박, 뿌리가 큰 무, 섬유가 긴 목화, 수량이 많은 잎담배, 비타민 함량이 높은 토마토, 꽃이 큰 수박 풀 등도 만들 수 있어 육종학상 큰 의미를 가지고 있다. 또 굴참나무 등의 삼림식물의 4배체도 얻을 수 있다.

이외에 우리가 알고 있는 작물 중에서 배수체를 이용하는 것으로는 바나나(3배체), 땅콩과 감자(4배체), 고구마(6배체) 등이 대표적인 예이다. 이러한 것들은 체세포 분열과정에서 복제된 염색체가 분리되지 않아서 2배체에 비하여 형태가 크다.

농업분야에서 배수체를 이용한 육종이 활발하게 진행되었던 것과는 달리 해양생물에 대한 염색체 조작기술의 도입은 매우 늦어져서, 본격적으로 적용되기 시작한 것은 1980년대 이후였으며, 그 역사는 비교적 짧다.

해양 생물에 있어서의 염색체 조작기술의 연구개발 현황을 보면, 해양 미세조류에서 염색체 조작기술의 활용은 거의 없으며, 해양식물에서는 다시마 류의 배양세포를 이용하여 무포자 생식(apospory) 및 무배생식(apogamy)에 의한 염색체수 조작이 시도되고 있다. 해양동물에서는 연어 및 광어류의 몇 가지 어종과 굴, 전복, 진주조개 등의 몇 가지 패류에 대해 염색체 조작기술이 확립되어 있으며, 현재 암컷 어류만을 생산한다든지, 3배체 패류와 같은 성장이 우수한 주(strain)가 실용화 되고 있다.

염색체 조작에는 다음과 같은 4개의 기본 기술이 있고 이들을 조합해서 응용한 예에서 보여준 유전적 변이체를 얻을 수 있다.

### 4.2.1 기본 기술

#### 가. 배수화(multiplication)

세포분열에 앞서서 DNA(염색체) 복제가 일어나기 때문에 분열을 인위적으로 막을 수 있으면 세포 DNA량(염색체 수)은 두 배가 된다. 보통은 방란(芳蘭)·수정에 이어서 일어나는 난의 성숙분열과정, 즉 어류에서는 제2성숙 분열을, 패류 및 갑각류에서는 제1 또는 제2분열을 억제해서 2게놈을 가지는 난을 만든다. 분열 시 딸세포의 한

쪽(극체)이 아주 작고 다른 쪽에서 방출되는 것처럼 보이기 때문에 분열저지를 극체(polar body) 방출저지라고도 한다. 또 이어서 일어나는 제1난할(체세포 분열)을 막아도 배가(doubling)할 수 있지만 성공률은 낮다. 배가처리에는 화학적 수법(cholchicin, cytochalasin B용액에의 침지 등), 물리적 수법(가온, 냉각, 가압 등), 생물학적 수법(특정한 조합의 교잡 등) 등이 있다.

### 나. 단위 발생

한쪽 배우자 핵을 자외선 또는 γ선 같은 방사선이나 톨루이딘 블루(toluidine blue)와 같은 약품으로 처리해서 수정시키면 무처리 배우자 핵에서만 발생이 진행된다. 난핵에서만 발생하는 것을 자성발생(gynogenesis), 정자 핵에서만 발생하는 것이 웅성발생(androgenesis)이라 하고 둘 다 인위적인 수정을 필요로 한다. 배제된 핵의 유전형질은 당연히 전해지지 않는다.

정자에 이와 같은 처리를 하면 왜 자성발생이 일어나는지는 자세히 조사되어 있고 실은 2가지 방법이 있는 것으로 추정되고 있다.

### 다. 이수화(Heteromerous flower)

염색체 수가 게놈의 정수배가 되지 않는 개체를 이수체(aneuploid)라고 한다. 인위적으로 이수체를 만들기 위해서는 단위 발생법에 따라 하지만 적어도 일부의 염색체가 파괴되지 않고 남은 약한 조건으로 처리한 배우자와 수정시키거나 3배체 수컷에서 얻어지는 이수성(aneuploid) 정자로 인위적으로 수정시킨다. 과숙란(postmature egg)은 일부 염색체를 잃어서 인위적으로 수정시키면 이수성(aneuploidy)의 배(embryo)를 얻을 수 있다.

### 라. 잡종화(Hybridization)

각각 게놈을 A, B라고 할 때 부모의 체세포 핵형은 2A, 2B에서와 같이 서로 다른 종에서 얻은 난자(A)와 정자(B)를 수정시키면 새로운 핵형(A+B)을 가지는 잡종이 생긴다. 정역(正逆)으로 해도 핵형은 변하지 않지만 세포질 내에 있는 약간의 유전자가 달라진다. 너무 먼 종끼리는 할 수 없다. 잡종 제1대가 부모보다 우수한 성질을 나타내는 잡종강세(heterosis)를 보이는 경우가 있지만 그 이유는 잘 알려지지 않았다. 어떤 조합에 의해 잡종강세가 나타나는지는 만들어 봐야 알 수 있다. 이상을 그림 4.2에 나타내었다.

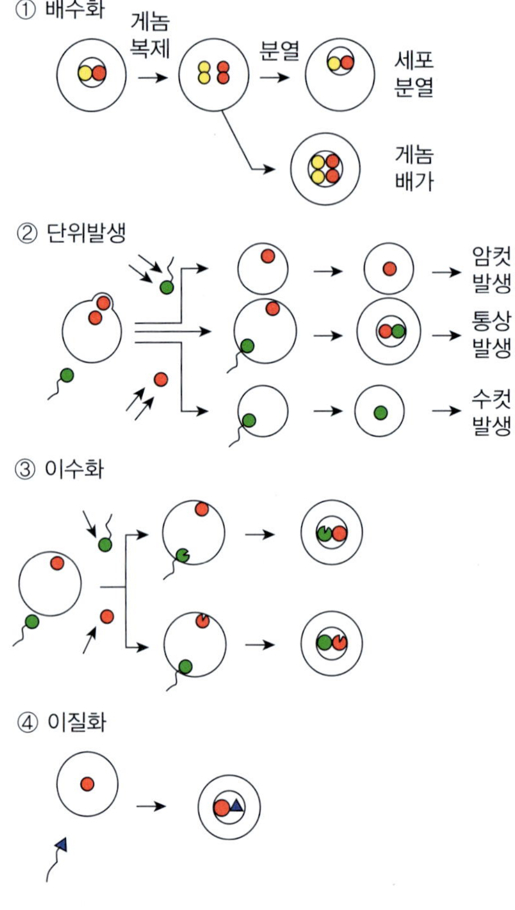


**그림 4.2** 염색체 조작의 기본 기술.

### 4.2.2 응용 예

#### 가. 게놈 단위

##### (1) 단위발생 2배체: ②+①

난 또는 정자핵은 1게놈 밖에 가지지 않아서 단위발생이 성공해도 배는 반수체가 된다. 반수체는 심한 기형이 되어서 생존할 수 없으므로 발생 초기에 배수화 처리를 하여 2배체로 만든다.

##### (2) 자성발생 2배체

어류의 배(복부)를 가볍게 누르고 알을 짜낸다. 알은 제2성숙분열의 중기에서 정지하고 있다. 인공적으로 수정시키면 분열을 다시 시작하고 제2극체를 방출한다. 자외선

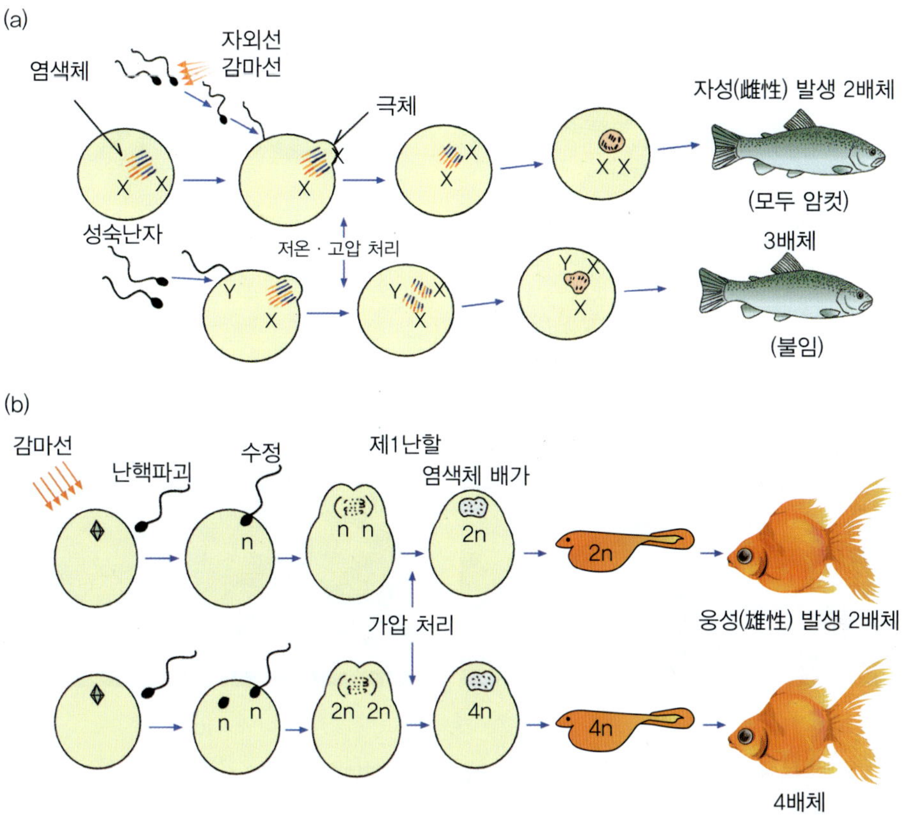


**그림 4.3** 염색체 조작 기술을 이용한 어류의 육종. (a) 자성(female) 발생 2배체 및 3배체를 만드는 방법, (b) 웅성(male) 발생 2배체 및 4배체를 만드는 방법.

을 조사한 정자로 수정하고 저온, 고온, 또는 고압처리로 제2극체 방출을 막는다(**그림 4.3**). 암컷만의 유전형질을 이어받은 자식이 생긴다. 패류, 갑각류 등에서는 자생발생법이 확립되어 있지 않다.

자외선 조사가 불충분해서 정자핵이 파괴되지 않아 보통과 같은 수정·발생이 일어날 수도 있어서 암성 발생어인지 아닌지의 확인이 중요하다. 그러기 위해서는 미리 양친을 잘 조사해 놓는다. 수정하지만 생긴 배에 생존성이 없는 이종의 정자를 사용하거나 겉으로 판별하기 쉬운 형질을 지배하는 우성 유전자를 호모로 가지는 수컷 정자를 그것과 대립하는 열성 유전자를 호모로 가지는 암컷 알에다가 수정시킨다.

금붕어 알에다가 미꾸라지 정자를 뿌려서 생긴 배는 모두 이상하게 쉽게 사망한다. 자외선 조사한 미꾸라지 정자로 매정(impregnation)하면 금붕어 반수체가 되고 반수체 특유의 기형(반수체 증후군)을 나타내어 생존할 수 없다. 배가 처리를 해서 2배체로 하면 암컷을 닮은 아름다운 금붕어가 된다(**사진 4.1**).

어류에서는 사람이나 곤충과 같이 암컷 호모형(X, Y를 성염색체 또는 성 결정 유전

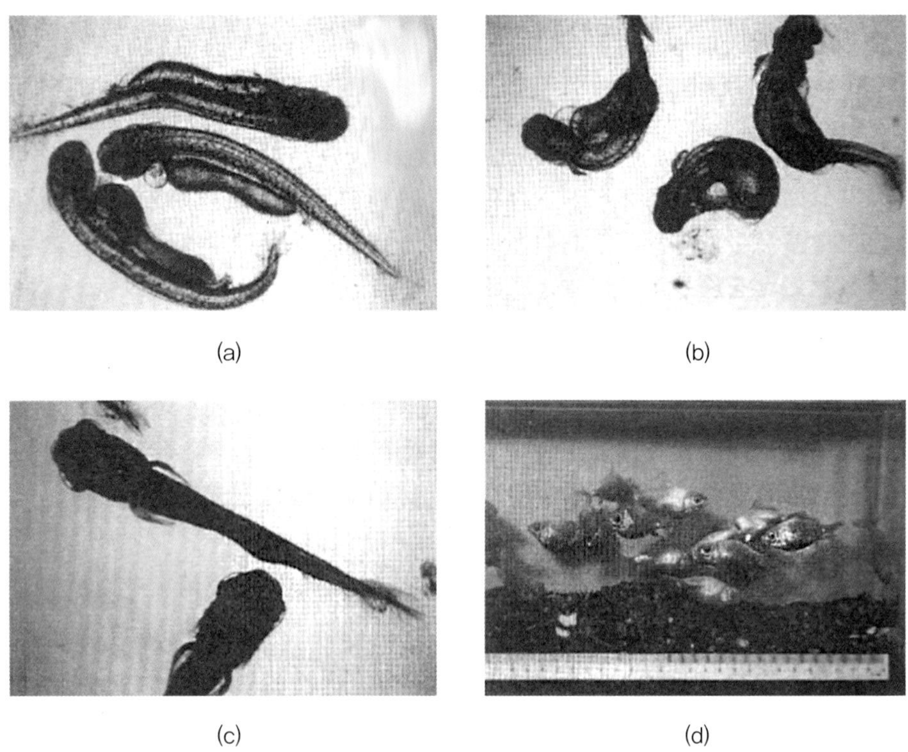

**사진 4.1** 금붕어 암컷 X 미꾸라지 수컷. (a) 잡종, (b) 암컷발생 반수체, (c) 암컷발생 2배체의 치어, (d) 암컷발생 2배체 성어.

자라고 하면 암컷은 XX, 수컷은 XY)의 성 결정 기구를 가지는 종이 많다고 생각된다. X 또는 Y를 가지는 2종류 정자가 생기고 Y정자와 수정한 경우만 수컷이 된다. 암성 발생한 자식은 모친만의 유전형질을 이어받기 때문에 바로 모두 암컷이 될 것으로 기대된다. 식용으로서는 암컷이 수컷보다 더 경제가치가 높은 경우가 많다.

우리나라에서는 연어 알, 대구 알과 같은 어류 알이나 난소를 좋아하고 넙치 같은 일부 어류에서는 암컷의 성장이 보통 수컷보다 좋다. 연어, 송어류는 2차 성징(sexual character)으로 몸이 흙색으로 된 수컷의 상품가치는 현저하게 떨어진다. 관상어에서는 살이 찌고 배가 뚱뚱한 암컷 체형을 좋아한다. 종묘생산에서는 수컷이 암컷보다 훨씬 적어도 괜찮지만 암컷이 부족하기 일쑤이다.

어류의 성을 조절하는 방법은 몇 개 있지만 자성 발생법은 수정 직후 단 한 번의 조작으로 끝낼 수 있기 때문에 여러 어류에 응용되고 있다. 다만 자성 발생 종묘에서는 근친교배와 같이 근교(inbreeding)도가 높아지거나 처리가 주는 영향으로 인해 생존율이 낮고 여러 기형이 나타나기 쉬워서 그대로는 산업적으로 이용할 수 없다. 그래서 생후 얼마 안 되는 암컷, 수컷이 불분명한 시기에 암성 발생어를 호르몬으로 처리하여

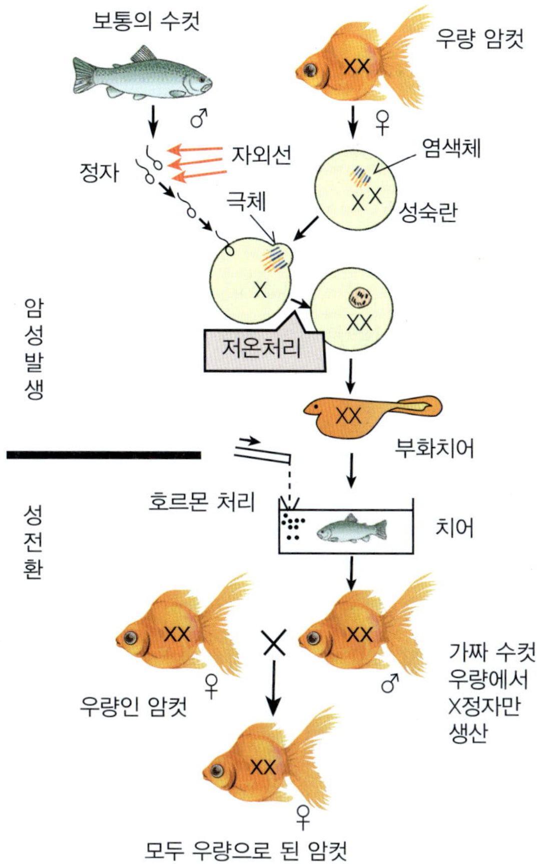


**그림 4.4** 자성발생법을 이용한 우량가계 육성방법.

기능적으로 수컷으로 변화시킨다. 이들은 유전적으로 모두 암컷이고 X정자만을 산출한다. 이 수컷과 암컷을 정상적으로 교배시키면 전부 암컷인 종묘를 얻을 수 있어 이 방법이 앞으로 가장 활발히 활용될 것이다.

지금부터는 암성 발생에 의하지 않지만 전부 암컷인 종묘에서 계속 가짜 수컷을 만들어서 계통을 유지한다. 그리고 암컷은 항상 유전적으로 우수한 것을 선택하여 우량 가계의 육성을 시도한다(**그림 4.4**).

그런데 실제로 암성 발생어의 성비를 조사해 보면 기대한 대로 모두 암컷이 되는 무지개송어, 은연어, 백련어, 초어, 잉어, 미꾸라지 등의 어종, 자웅이 거의 반반이 되거나 반대로 수컷이 되는 쪽이 많은 넙치, 가자미 등, 동일한 종 중에서 수컷이 일정한 비율로 나타나거나 전혀 나타나지 않는 지브라, 금붕어 등 이렇게 3가지 경우로 나누어 진다.

2배체 생물에서는 쌍을 만드는 염색체(그림 4.1)의 같은 위치(자리)를 특정한 형질에 관여하는 하나 또는 다른 2개의 유전자가 차지하고 있다. 전자를 호모접합(homozygosity), 후자를 헤테로 접합이라고 한다. 그런데 공통의 선조로부터 유래하는 개체끼리는 같은 유전자를 이어받을 확률이 높고 근친교배를 반복하면 모두 유전자 위치가 동형접합이 된 개체(동형접합체, homozygosity)와 가까워진다. 또 동시에 어떤 개체도 거의 유전학적으로 균일한 집단(클론)이 된다. 동형접합체 클론을 순계(pure line)라고 한다. 암성 발생을 몇 대 반복하면 근친교배보다 빠른 세대에서의 순계가 확립될 것으로 기대되었다. 지금 성숙분열로 접합(synapsis)한 상동염색체 간에 전혀 교차가 일어나지 않는다면 제2극체 방출을 억제해서 자성발생 2배체를 만들면 헤테로 접합(heterosynapsis) 유전자 위치도 동형접합으로 바뀌고 모든 유전자 위치에 대해서 동형접합의 개체(동형 접합체)가 된다.

이것을 암컷 어버이로 한 암성 발생 제2대에서는 같은 유전자 위치에 항상 같은 유전자가 존재하는 동형접합체의 집단(클론)이 생긴다. 실제로 상동염색체 간에서는 교차가 일어나고 그 부위에 있었던 헤테로 유전자 위치는 호모가 되지 않는다. 교차율은 부위마다 다르고 거의 일정하기 때문에 암성 발생의 결과, 헤테로 유전자 위치가 호모로 바뀌는 확률은 그 자리에 따라 크게 다르다. 따라서 유전형질에 따라서 그것을 담당하는 유전자를 호모로 지닌 개체는 암성 발생으로는 오히려 얻기 어려운 경우가 있다.

## 4.3 세포 조작

세포는 지구 상 거의 모든 생명체의 구조 및 기능상의 단위이며, 생물개체는 말하자면 세포사회이다. 세포는 일반적으로 10~30μ 크기이며 막으로 둘러싸여 있고 1개의 핵과 세포질로 구성되어 있다(그림 4.5). 생명현상을 세포를 기반으로 해명하자는 입장, 즉 세포학은 19세기 전반부터 성립되었고 이후 그 발전과 더불어 작은 세포를 직접 취하기 위한 고도의 기술이 여러 가지 개발되어 왔다. 이들 기술의 일부는 그대로 바이오테크놀로지 육종에도 응용할 수 있을 것이다.

사실 앞 절 염색체 조작도 배우자라는 세포를 다룬다는 점에서는 세포조작이라고 할 수 있다. 그러나 학문적인 배경이 약간 다르고 또 실제로는 큰 어류를 겨드랑이에 끼거나 맨손으로 잡거나 해서 알이나 정자를 짜는 개체 수준의 조작이나 직경 1mm 또는 그 이상의 알을 수십에서 수 천개 단위로 취급하며 정액 수cc 단위의 정자를 처리하는 것이 중심이 된다. 따라서 아래에 기술한 세포조작 일반의 정교한 고도의 기술은 필요로 하지 않기 때문에 일단 다른 범주로 나누었다.

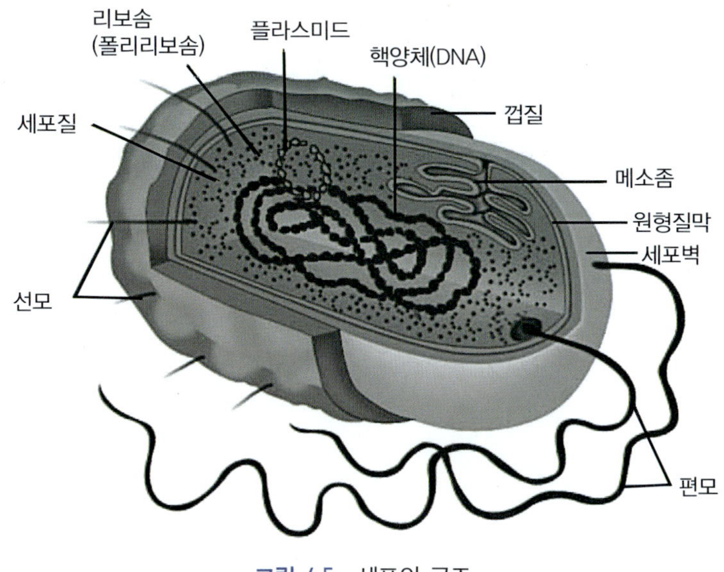


**그림 4.5** 세포의 구조.

## 4.3.1 기본 기술(기능)

세포생물학의 역사와 더불어 발달해 온 세포조작기술에는 다종다양한 것이 있지만 기본적으로는 다음 4개를 목적으로 한 것이 육종에 이용될 수 있을 것이다(**그림 4.6**). 어느 것이나 세포라는 생명단위가 나타내는 특유한 성상(character)에 밀착한 것이고 각 기술의 습득에는 세포를 잘 알고 완전히 세포 자체로 될 수 있는 일종의 직업인 기질이 필요하다.

그러나 현재는 각각의 목적에 따라 특수한 장치가 개발되어 비전문가라도 비교적 쉽게 조작할 수 있게 되었다.

### 가. 배양

적당한 배양액 중에서 세포를 '증식시키거나' 또는 그 기능을 유지시킨 배양액 중에는 삼투압을 조절하는 염류(salt)나 영양물질인 아미노산, 비타민 등 이외에 세포증식인자나 성장인자 등을 첨가할 때도 있다. 최근 대장균에서는 만들 수 없는 유용물질(생식선 자극 호르몬 등 복합 단백질류나 단일클론 항체 등)에 대해서 동물 세포를 대량 배양해 생산시키는 방법이 실행되고 있다(**사진 4.2**).

### 나. 분리 · 분할

세포를 분리하는 기술로써, 몇 종류의 부유 세포 혼합액이 있을 때 크기(메시법), 밀도(원심 분리법), 표면전하(무담체 전기이동법), 내용물 · 염색성(cell sorting 법) 등의 미

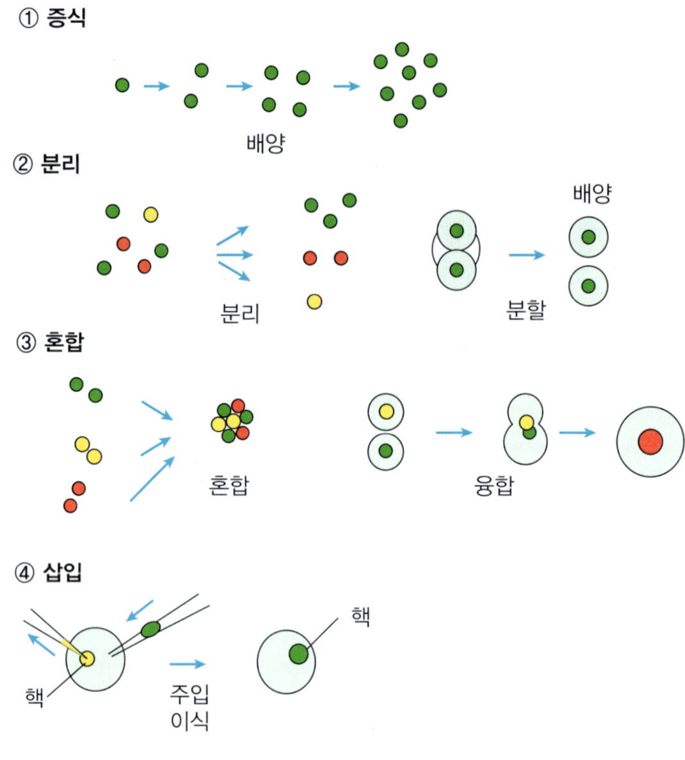


**그림 4.6** 세포 조작의 기본 기술.

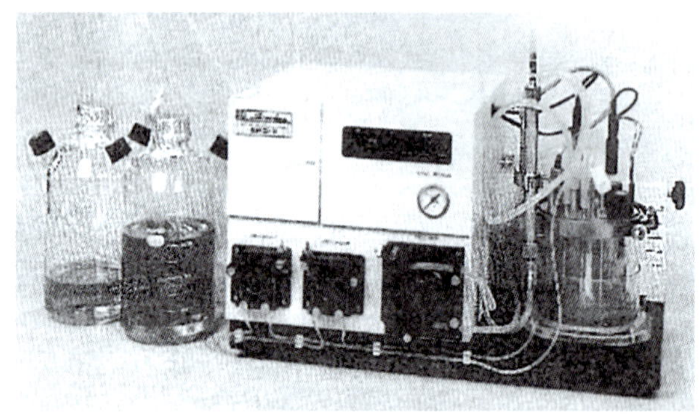

**사진 4.2** 어류세포의 고밀도 배양장치. 복잡한 구조를 가진 생리활성 물질도 대량으로 생산이 가능하다.

세한 차이를 이용해서 특정세포를 선별하는 특수한 장치가 있다.

수정란의 세포질 전역에 걸쳐서 난할(cleavage)이 진행하는 전할란(holoblastic cleavage)에서는 2~4세포기에는 각각 할구(blastomere)에서 1개체가 발생할 수도 있어서 유전적으로 동일한 일란성 쌍둥이나 4쌍둥이 제작도 가능하다. 육상동물에서는 포유류

(가축)에서 이미 성공한 예가 있다.

수산동물에서는 패류, 갑각류, 성게류 등이 전할란이다. 그러나 실험은 거의 실행되지 않고 있다. 어란 등은 부분할(meroblastic cleavage)이고 한 개의 할구에서 1개체는 생기지 않으나 분리된 할구는 다음 '다'절의 기술을 가미하여 키메라 제작에 이용될 수 있다.

### 다. 혼합 · 융합

세포를 혼합하는 기술을 말하며 다른 세포끼리 경계를 유지한 채로 혼합된 상태를 만들어내는 것은 비교적 쉽고 일반적으로 별로 의미가 없다. 그러나 발생 초기에 다른 수정란에서 유래한 유전적으로 다른 할구끼리를 혼합시키면 키메라를 제작할 수 있다.

한편, 세포 간 접착, 막의 융합, 세포질의 혼합, 핵의 합체를 유도해서 새로운 잡종세포를 만들 수도 있다. 이것을 세포 융합이라 하고 보통 폴리에틸렌글리콜 등의 약품이나 전기적 충격을 세포에 작용시켜서 유도한다.

### 라. 이식 · 주입

세포 안에 무엇인가를 넣거나 빼내는 기술을 말한다. 마이크로 피펫을 사용하여 핵과 같은 비교적 큰 세포소기관을 뽑아내고 다른 세포의 핵을 삽입(이식)하거나 여러 물질을 세포 내에 아주 미량 주입하는 것이다.

## 4.3.2 응용 예

다음은 이들 기본 기술에 대한 육종에의 응용 예를 몇 가지 들어보겠다.

### 가. 배우자의 선택 · 개량

세포를 나누는 기술을 응용하여 수컷 헤테로형의 동물에 2종류가 있는 것으로 생각되는 정자를 분리하고 각각 수정시키면 자웅을 구별해서 낳을 수 있다.

성염색체의 크기가 현저하게 다른 경우, X염색체를 가지는 X정자와 Y염색체를 가지는 Y정자의 무게(밀도)가 다르기 때문에 원심 분리법으로 이들을 분리할 수 있다. 오시로 다카시는 정자표면의 전하 차이를 이용, 무담체 전기이동장치를 사용해서 미꾸라지 X정자와 Y정자를 분리하여 모두 암컷인 종묘나 모두 수컷인 종묘를 얻을 수 있었다. 2종류의 정자를 산 채로 염색할 수 있는 염색법이 발견되면 세포 분별기에 의한 분리도 가능하다. 또 성에 특이적인 항원을 정제해서 그 항체를 만들고 항원을 가지는 쪽의 정자, 알 또는 배아만을 죽이고 다른 쪽 성을 선별하는 방법도 있다.

2개 이상의 정자를 세포 융합시킨 후 수정시키면 여러 배수체를 만들 수 있다. 정자에 전기천공법(electroporation)으로 유전자를 주입한 후 수정시키면 배의 핵 내 DNA 안에 비교적 쉽게 넣을 수 있다.

### 나. 클론(헤테로) 만들기

이미 기술한 바와 같이 근친교배나 자성발생을 계속하면 아무리 클론이 얻어져도 이들은 처음 부모가 된 개체의 유전적 복제가 되는 것이 아니다. 그리고 유전자 자리의 대부분이 동형접합(homozygosis)이 되기 때문에 부모가 가지고 있던 열성 유전자 중 새로운 작용을 나타내는 것도 많다. 그런 경우 바람직한 형질뿐만이 아니라 바람직하지 않는 형질도 나타날 가능성이 높다. 지금 유전적으로 우량한 개체가 있고 그것과 아주 똑같은 유전자 구성을 가진 개체 즉, 유전적 복제를 만들고 싶은 경우 현재 단계에서는 핵 이식 밖에 없다(**그림 4.7**).

또 하나는 암컷 복제에 한정되지만 그 개체의 생식선의 난세포에 어떤 종의 인위적 조작을 하여 상동염색체의 대합(synapsis, 세포가 감수분열할 때 서로 같은 염색체끼리 접합하는 현상), 교차(crossing over, 감수분열 시 일어나는 상동염색체 사이의 부분적인 교환)를 포함하는 제1분열을 완전히 뺀 성숙분열을 하게 하여 알을 형성시키고 그것을 단성발생(parthenogenesis)시키는 방법이 있다. 현재 난세포의 성숙분열을 제어하는 여러 인자에 대한 해석이 이루어져 그 응용도 가능하게 되었다.

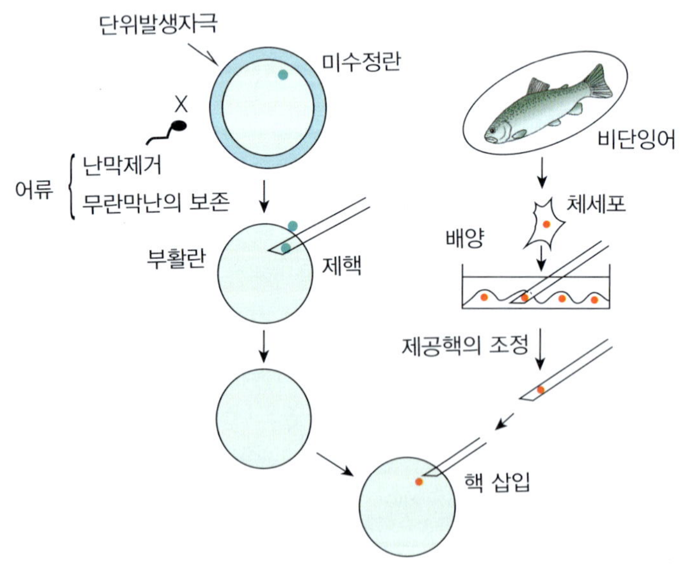


**그림 4.7** 핵 이식에 의한 클로닝.

### 다. 핵-세포질의 잡종 만들기

'핵 이식'으로 만들어지는 것은 클론집단이 아니라 정확히는 핵-세포질 잡종이라고 볼 수 있다. 1950~60년대에 영국에서 양서류의 핵 이식이, 1980년대 초에는 중국에서 어류의 핵 이식에 성공하였다. 어류에 대한 일련의 핵 이식 실험 중 핵을 빼내고 이종의 체세포 핵을 이식시킨 알에서 발생한 개체는 핵을 제공한 종의 형질뿐만 아니라 알을 제공한 종의 형질도 일부 발현했다. 이 결과의 해석으로 핵 이외에 미토콘드리아 등에 있는 세포질 속의 유전자 발현, 즉 세포질 유전의 관여도 생각되지만 반면, 마이크로피펫에 의한 핵의 제거가 불완전하여 난핵 염색체 일부가 잔존하는 경우도 있다. 그러나 중국에서는 핵과 세포질의 상호작용에 의한 잡종강세(heterosis, 다른 종과의 교잡으로 생긴 잡종 1대가 양친보다 잘 크고 대형으로 자라는 현상) 효과를 강조하여 얻어진 개체를 핵-세포질 잡종이라고 하였다.

### 라. 키메라(chimera)

배세포(Blast)를 혼합시킴으로써 키메라를 만들 수 있다(**그림 4.8**). 키메라라는 것은 사자의 머리, 염소의 몸, 용의 꼬리를 가지는 괴물이며 고대 사람의 상상 산물이다. 이외에도 다른 종에서 각각 몸의 우수한 부분을 선택하고 연결한 괴물이 주로 신화의 세계에서 많이 만들어졌다(스핑크스, 세이렌, 머메이드, 켄타우로스 등). 일반적으로 2가

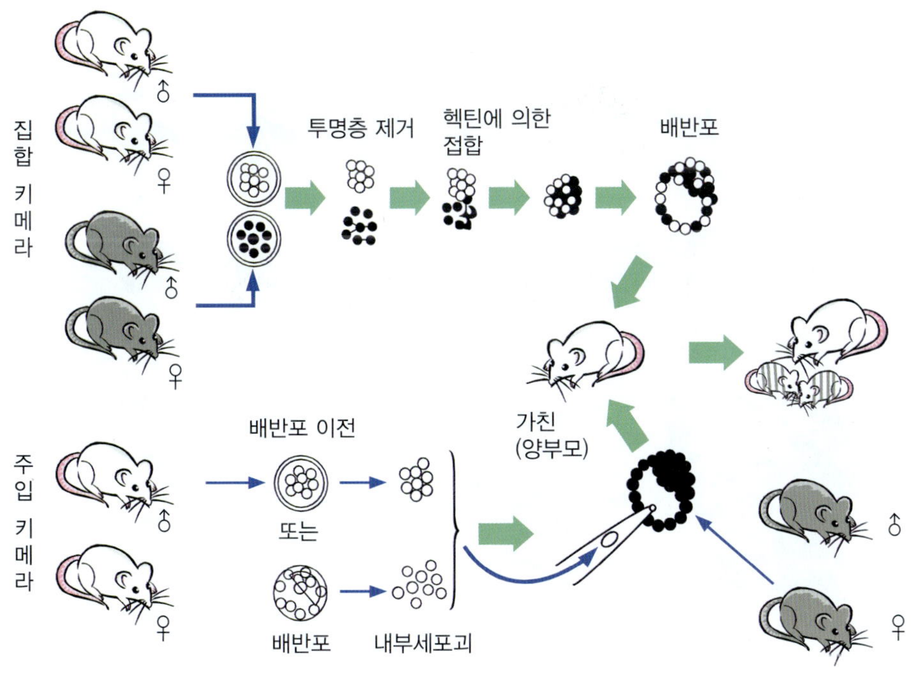


**그림 4.8** 집합 키메라와 세포주입 키메라의 제작법.

지 이상의 유전적으로 다른 세포로 구성되어 있는 개체를 키메라라 하고 다른 세포가 모자이크식으로 혼합하는 경우와 동종끼리 모여 몸의 특정한 부분을 구성하는 경우가 있다.

식물의 육종에는 삽목(cutting)과 같이 이미 널리 사용되고 있는 것도 있지만 최근 동물에서도 발생 중인 알이나 배에 현미경 하에서 미소(micro) 수술을 해서 만들 수 있게 되었다. 육종학적인 가치로서는 우리의 선조가 기대했던 대로 여러 동물의 우수한 기능을 몸에 모이게 할 수 있다. 기대에 반해서 각각 몸의 뒤떨어진 부분만이 연결될 가능성도 있는 것은 잡종강세 육종의 경우와 같다. 어류에 대해서는 예를 들면 몸의 왼쪽 부분이 넙치이고 오른쪽 부분이 가자미인 '1마리로 두 가지 맛있는' 생선, 정소와 난소를 가지고 있어 '한 마리로 증식하는' 암수한몸(hermaphrodite)인 생선도 만들 수 있지 않을까(그림 4.9).

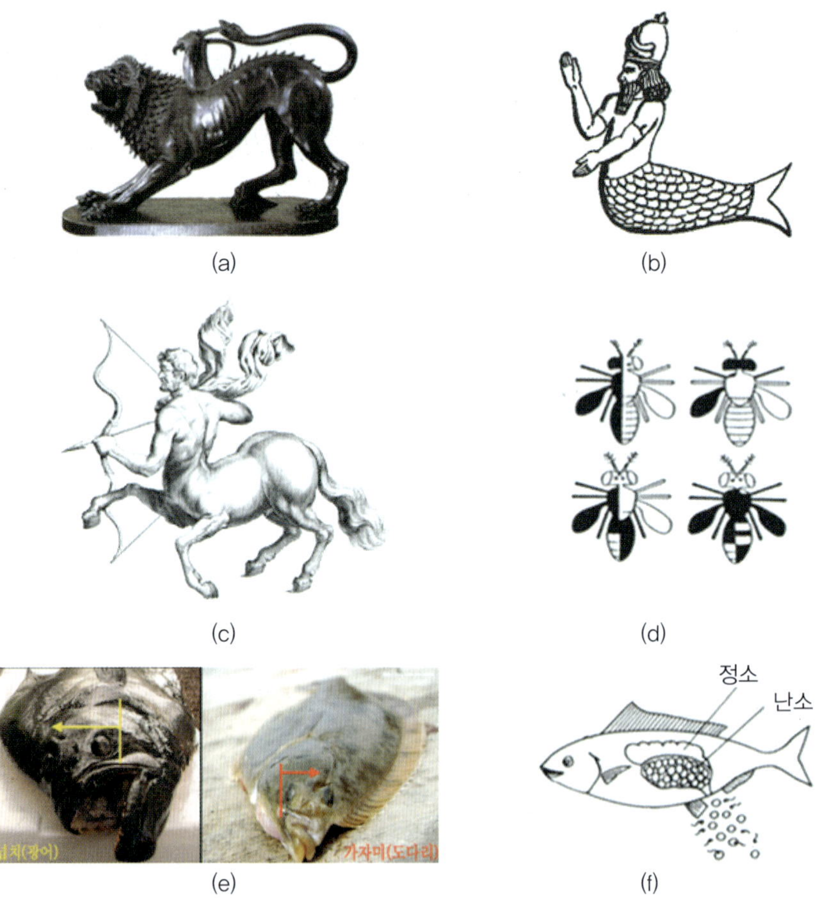


**그림 4.9 키메라 응용 예.** (a) 키마이라, (b) 아시리아의 반어신(半漁神), (c) 켄타우로스, (d) 초파리의 자웅 모자이크, (e) 왼쪽 넙치와 오른쪽 가자미, (f) 자웅동체어.

### 마. 형질전환체 만들기

우선 '세포 융합'으로 새로운 게놈을 가지는 생물을 만든다. 키메라와 달리 개체를 구성하는 모든 세포가 같은 유전자로 구성될 수 있다. 종이 다른 양쪽의 배우자를 동시에 얻을 수 없는 경우, 또는 한쪽의 정자가 다른 쪽 난문(micropyle)을 통과되지 못하여 물리적으로 수정이 성립되지 않는 경우는 두 종의 체세포끼리를 융합시켜서 배양하여 안정핵(게놈)을 가지는 잡종세포를 선택한다. 그런데 식물에서는 1세포에서도 개체를 재생시킬 수 있지만 동물(어패류)에서는 일반적으로 불가능하다. 그래서 미리 핵을 제거한 알에 이 잡종 세포핵을 '이식'하고 단위 발생자극을 가하여 개체로 발생시킨다.

**그림 4.10**에는 높은 수온을 좋아하고 병에도 강한 열대어의 세포와 낮은 수온을 좋아하고 회유성이 있는 연어 세포를 융합시켜 그 핵을 언제나 쉽게 얻을 수 있는 미꾸라지 알에 이식해서 발생시킨 경우를 예로 나타냈다. 그 결과 러시아에서 어획되는 어류처럼 북쪽의 저수온의 바다를 좋아해서 회유하는 어류가 아니라 남쪽 고온수의 바다를 회유하며 성장하고 일본으로 돌아오는 병에 강한 새로운 대형어를 만들 수 있을지도 모른다.

다른 응용 예로서 어류의 아직 분화되지 않은 모든 능력이 갖추어진 배세포를 배양하면서 여러 유전자를 도입시키고 나서 키메라 제작법으로 개체의 배세포 안에 도입

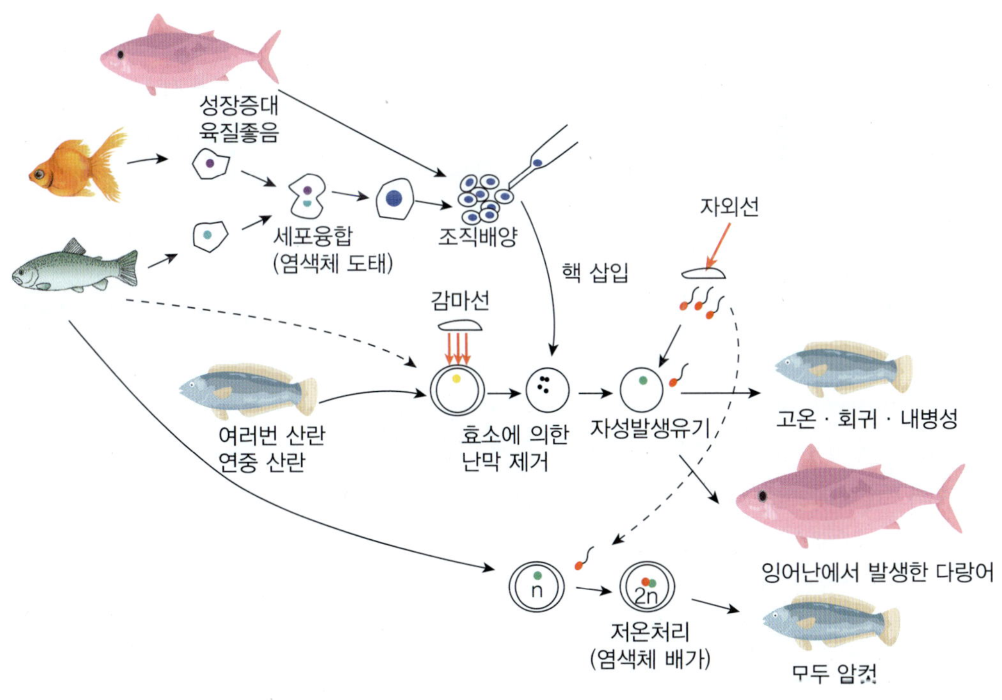


**그림 4.10** 세포융합 · 핵이식 · 자성발생에 의한 새로운 생물자원 만들기.

시키면 적어도 일부는 생식세포로 분화한다. 이렇게 유전자를 도입시킨 생식세포로 유래하는 개체는 다음 세대에서는 형질 전환체가 된다.

### 바. 유용 물질 생산(세포 육종)

어패류의 어느 정도 분화된 세포를 배양해서 유용물질을 얻은 예로서는 진주조개의 외투막 세포에서의 진주층 분비, 불가사리 난소 여포 세포(follicle cell)에서의 성숙 유도물질의 생산과 같은 예가 있다. 어류에서는 뇌하수체선 세포(pituitary gland cell)의 배양에 의한 펩티드 호르몬 생산실험이 있다. 그 외에도 아직 가능한 것도 있을 것이다. 또 이들 분화가 진행된 분비세포를 그대로 이용하는 게 아니라 골수종과 같은 종양세포와 융합시켜서 증식능력이 있는 잡종세포를 만들고 난 뒤 배양하여 효율적으로 유용물질을 생산할 수 있는 방법의 개발이 바람직하다. 마우스 림프구 유래의 잡종세포(hybridoma)를 사용하여 어류의 특정한 항원 단백질에 대한 단일클론 항체(monoclonal antibody)를 만들어 임상검사나 연구에 이용하는 길도 열리고 있다.

## 4.4 유전자 조작

육종이라는 것은 결국 사람한테 바람직한 유전자를 특정한 개체나 집단에 모으는 것이다. 종래의 선발·교잡법, 또는 지금까지 기술한 염색체 조작법이나 세포 조작법은 목적으로 하는 유전자가 모인 염색체(카세트 테이프) 또는 염색체 세트(OX 카세트 전집)를 그대로 모으는 대략적인 육종법이다. 이들 방법에서는 좋아하는 곡 뿐만 아니라 불필요한 곡 그리고 싫어하는 곡까지 수집품(collection) 곡에 넣어버린다. 한편, 원하는 유전자만을 직접 꺼내어 육종개량하고 싶은 어류의 게놈에 도입시키는 유전자 조작법은 말하자면 좋아하는 곡을 선택하여 마스터 테이프(master tape)에 복제하거나 연결하는 테이프 편집기술에 해당한다. 이런 경우 유전자가 도입된 어류를 유전자 형질 전환어(transgenic fish), 또는 단순히 숙주라고 부른다.

자연계에서는 하나하나의 유전자 수준에서 그 발현조절[초파리 타액 염색체에 보이는 퍼프(puff), 퍼프는 다사 염색체(polytene chromosome)의 특정부위에서 볼 수 있는 불연속적으로 부푼 구조임], 증폭(어류·양서류의 알 형성 시의 리보솜 RNA 유전자 등), 재조합(림프구에 있어서 항체 유전자 재구성 등), 편입(transposon, 전이인자 등)이 자주 이루어져 생명의 존속에 불가결한 것이 되는 경우도 적지 않다.

한편, 인위적인 유전자 조작은 1944년 아버리(Avery) 등이 S형 병원성 폐렴상구균에서 추출한 DNA를 R형 무독성 균의 배양을 통해서 S형균으로 형질전환시킨 것이 시작이다. 이런 DNA 단편(유전자)의 도입에 의한 형질전환은 고등동식물을 포함한 여러 종에서 이미 성공하고 있다. 생물계 전체에 걸쳐 이후 더 다종다양한 유전자 발견을 위한 연구가 이루어질 것이며, 이들 다양한 유전자는 종의 벽을 넘어 육종에 응용될 것이다.

### 4.4.1 기본 기술

유전자는 유전의 현상과 그 법칙을 설명하기 위해 멘델이 1865년에 제안한 가상적인 입자였지만 분자유전학, 발생공학 등이 급속히 발전한 지금, 우리는 실제로 그들을 얻어 자유롭게 개량해서 이용할 수 있게 되었다.

이미 기술한 것처럼 유전자는 DNA라는 이중나선의 거대분자이며 모두 체세포 핵에 똑같이 존재한다. 하나의 유전자는 이것을 구성하는 염기 배열에 의해 세포가 만드는 특정한 단백질 또는 RNA 구조를 지정할 수 있는 설계도를 가지고 있다는 것 등은 주지의 사실이다.

유전자는 염색체 DNA 상에서 일정한 간격(spacer)을 취하면서 위치한다. 마치 철로의 역이나 사막의 오아시스라고 할까? 유전자 내부도 복잡한 구조를 가지고 있고 최종적으로 단백질로 번역되는 부분은 흩어져서 존재하고 발현부위(구조배열)라고 불린다. 발현부위 간의 번역되지 않는 부분을 비발현부위(개재 배열)라고 한다. 핵 내에서는 처음에 양자를 포함하는 모든 정보가 RNA로 전사되고 비발현부위를 제외한 발현부위만이 연결되고(스플라이싱), 전령 RNA(mRNA)가 된다. 이것이 세포질로 수송되어 단백질로 번역된다. 1개의 완전한 유전자에는 그 외에도 실제로 전사되어 기능을 발휘(발현)하는 데 필요한 촉진유전자, 발현을 촉진시키는 증폭자(enhancer)라고 하는 부분이 존재한다(그림 4.11).

어류의 육종은 보통, 도입되는 유전자의 조정과 난세포(egg cell)로의 유전자 도입의 2단계로 나눠서 생각할 수 있다. 다음은 각각 단계에 필요한 기본 기술에 대해서 설명하도록 한다.

#### 가. 외래유전자 조정에 관한 것

(1) 분리

핵산(DNA 및 RNA)은 조직의 추출액에서 효소와 페놀로 단백질을 제거한 후 알코올을 가해서 침전시킨다. 그리고 RNA를 효소로 제거하면 DNA를 얻을 수 있다. mRNA는 말단의 특이배열(폴리 A)로 크로마토그래피로 분리할 수 있다.

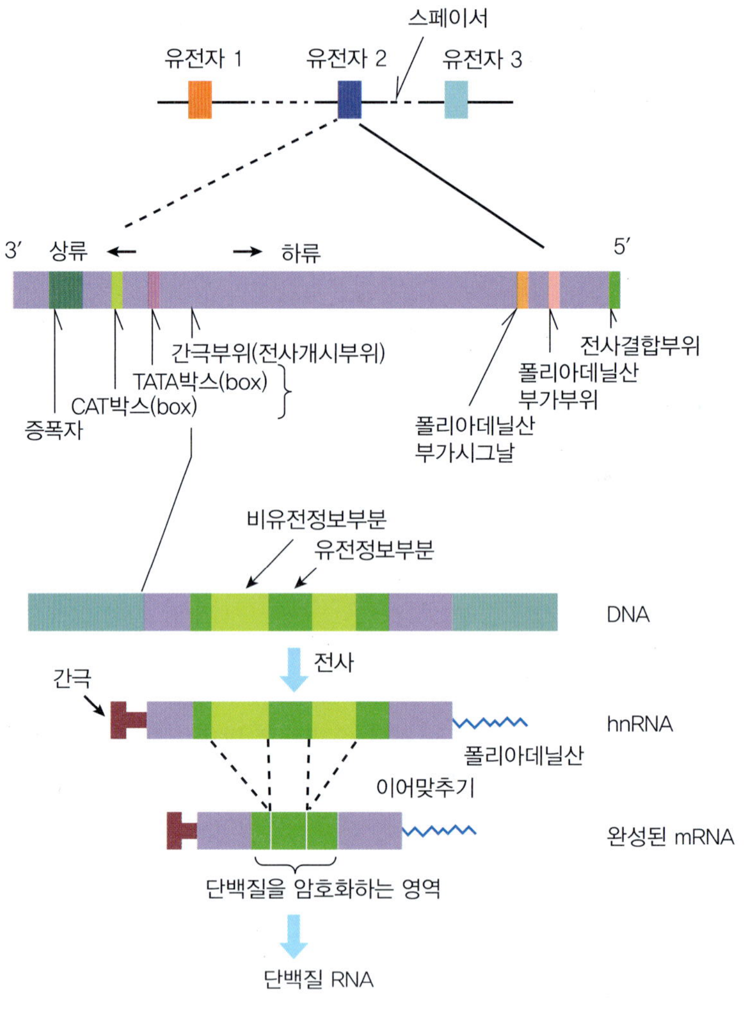


**그림 4.11** 유전자의 구조.

### (2) 해리 및 절단

DNA 2중사슬 간의 해리나 재결합은 알칼리나 산 처리로 쉽게 할 수 있다. 핵산의 사슬 자체를 자르는 '가위'로서는 여러 효소가 사용된다. 효소로서는 DNA(또는 RNA)를 닥치는 대로 자르는 DNA 분해효소(RNA 분해효소)와 4개 또는 6개의 특정 염기배열을 인식하여 그 부위만을 자르는 다수의 제한효소가 있다(**그림 4.12**). 제한효소에는 DNA의 2가닥 사슬의 절단면을 평행하게 자르는 것과 교차하게 자르는 것이 있다. 후자는 DNA 접착 시에 접착면이 생긴다. 제한효소를 목적으로 하는 유전자나 그 일부를 게놈에서 잘라낸다.

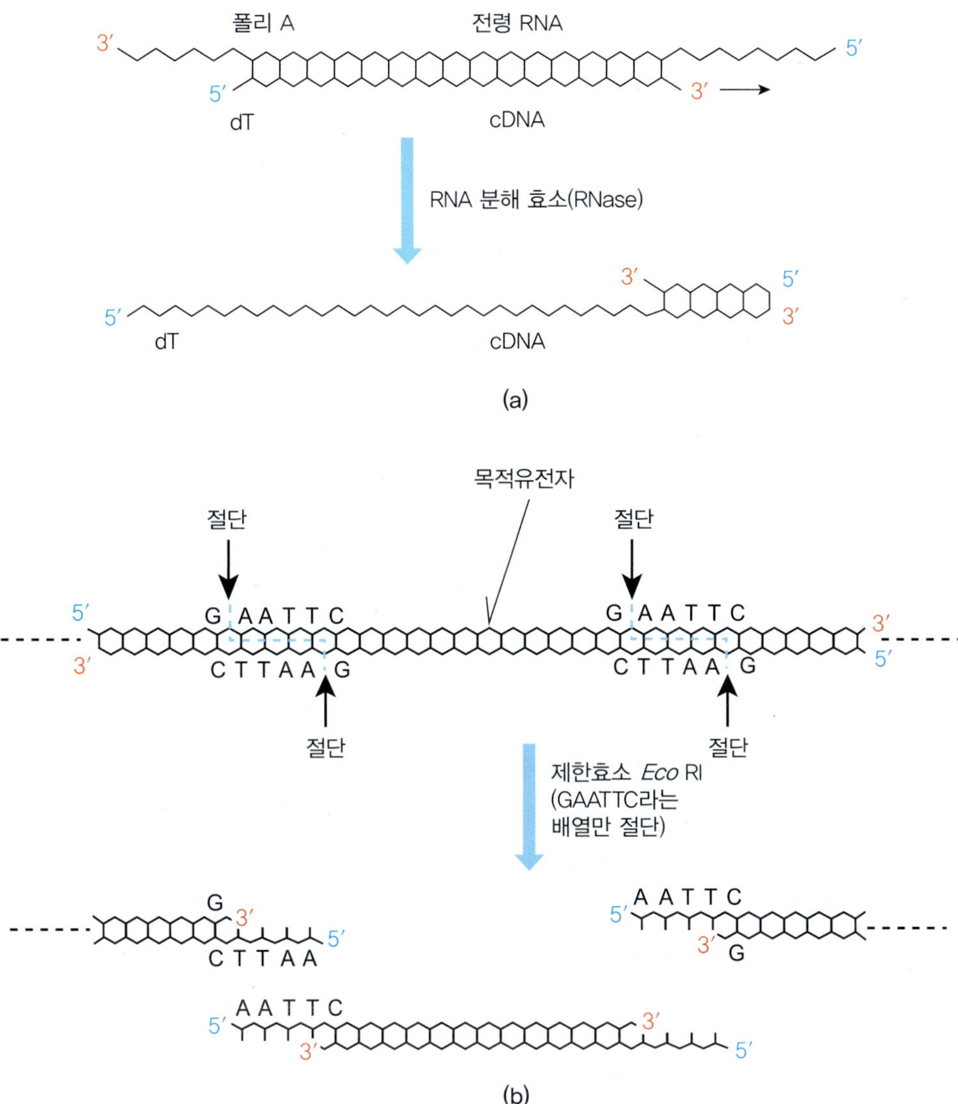


**그림 4.12** 유전자조작의 기본기술(1) "가위로 자른다" (a) 어떤 배열도 닥치는 대로 절단하는 DNA 분해효소(DNase), RNA 분해효소(RNase), (b) 정해진 배열만을 자르는 제한효소.

### (3) 접착

다음은 핵산을 연결하는 '접착제'도 필요하다. 접착면을 사용해서 DNA를 연결시키는 DNA 연결효소, RNA를 연결시키는 RNA 연결효소 등이 사용된다. 전자(2)에 의해 잘라낸 유전자나 그 일부를 숙주유전자 또는 벡터(vector)에 연결시킨다(**그림 4.13**).

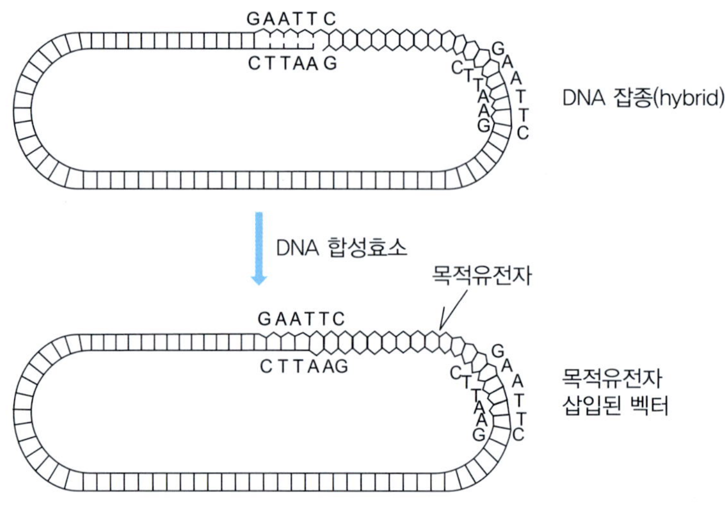


**그림 4.13** 유전자조작의 기본기술(2) "접착제로 접착한다."

### (4) 전사 및 클로닝

DNA에서 DNA로(DNA polymerase), RNA에서 RNA로(RNA replicase), DNA에서 RNA로(RNA polymerase), RNA에서 DNA로(역전사효소), 이렇게 핵산이 가지는 정보를 자유자재로 '복제'하는 조작도 중요하다(**그림 4.14**). 특히 역전사효소는 전령 RNA(mRNA)가 가지는 정보가 전사된 상보성 DNA(cDNA)를 만들 때 불가결한 요소이다. 보통 DNA 복제는 바이러스나 플라스미드 등의 벡터에 장착시켜서 대장균에 도입시키고 생체 내에서 실행시킨다.

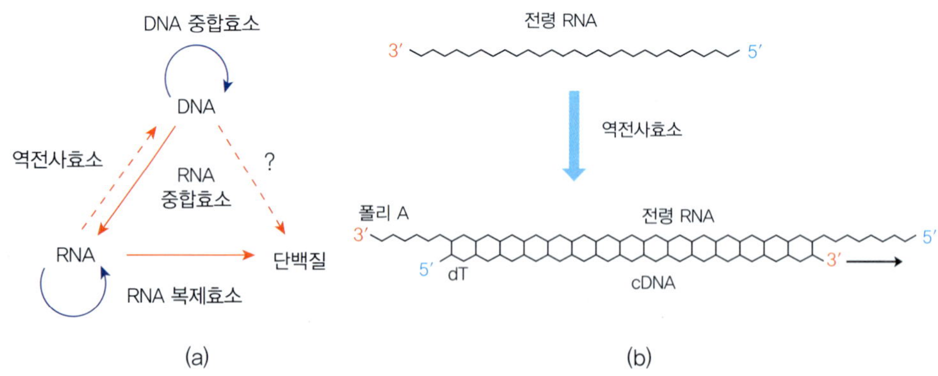


**그림 4.14** 유전자 조작의 기본기술(3) "복제(클로닝)로 늘림". (a) 유전정보의 전달방향과 관여하는 효소, (b) 역전사효소, 유전자 공학에서 특히 중요.

이상과 같이 전해야 하는 유전정보의 정리와 편집에는 뮤직 테이프나 비디오 테이프의 경우와 같이 마땅한 접착제 '가위'와 '복제기기'기 최소한 필요하게 된다.

### (5) 잡종 분자형성(hybridization)

DNA 이중사슬은 정해진 염기쌍으로 연결되어 있고 한쪽 사슬이 어떤 배열을 가지게 되면 이것과 연결되는 다른 쪽 배열도 결정돼 버린다. 또 이 이중사슬의 해리, 결합은 쉽게 할 수 있다. 이 성질을 이용해서 어떤 특정한 DNA 배열(유전자)을 탐색하기 위해서는 이미 알고 있는 단일사슬 DNA를 방사선 동위원소로 표지하고 그것을 탐침(probe)으로서 단일사슬인 미지의 DNA 사슬 중에서 결합하는 것을 선택하면 된다.

## 나. 도입에 관여하는 것들

### (1) 편입

난세포 내로 유전자를 도입시키기 위해서는 인산칼슘법, 현미경 주사(microinjection, 미세주입법)법, 세포 키메라법, 세포 융합법, 전기천공법(**사진 4.3**) 등 여러 가지 방법이 있다. 세포 내에 도입된 유전자 일부는 게놈 내에 우연히 편입되어 세포분열 시에 게놈과 같이 복제되고 온몸 세포로 분배된다. 지금까지는 미세주입법으로 수정 직후 알의 핵 가까이에 고농도의 유전자 용액을 주입하는 경우가 가장 확실하게 게놈에 편입되는 것 같다.

예전에는 외래유전자를 알 게놈에 편입시키는 효율을 높이기 위해서는 바이러스, 플라스미드, 전이인자(transposon) 등의 벡터에 장착할 필요가 있다고 볼 수 있었지만 유전자 단독으로도 잘 편입이 된다. 그리고 도입된 DNA 단편은 환상보다 직선형 사슬상이 더 좋은 것으로 알려져 있다.

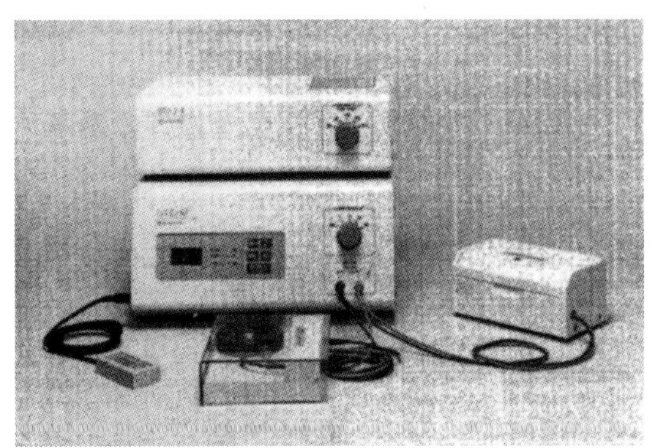

**사진 4.3** 전압 펄스에 의해 세포 내로 유전자를 도입하는 장치.

그리고 외래유전자 편입의 성패는 발생 치어의 전체 DNA를 분리하고 그 유전자나 주된 배열을 탐침으로 하여 교배육종법(hybridization)으로 조사한다.

### (2) 발현의 촉진

다음은 어류(숙주)의 게놈에 편입된 유전자가 실제로 발현하는 것, 즉 mRNA로 전사되어 리보솜에서 특정 단백질로 번역되고 그 결과 숙주의 형질이 전환되는 것이 중요하다. 발현되었는지 조사하는 데는 보통 그 산물인 mRNA나 단백질을 검출하는 방법이 이용된다. 그리고 적당한 시기에 숙주 몸의 적당한 부위(조직)에서 발현시킬 필요가 있다. 그리고 외부에서 어떤 종류의 시그널(발현자극)을 보냈을 때만 발현하게 하면 유전자의 활동을 사람이 조절할 수 있게 된다. 그러기 위해서는 도입 유전자를 어떻게 가공하는가가 문제가 된다. 발현을 촉진시키거나 조절하거나 할 때는 적당한 촉진유전자(promoter)와의 접속이 불가결하다. 촉진유전자로서는 그 유전자가 가지고 있는 것을 그대로 사용할 때도 있다.

시기와 장소를 선택하지 않고 강력하게 발현시키기 위해서는 원숭이에서 분리한 DNA 종양 바이러스(Simian Virus 40, SV40), 호흡기 세포융합 바이러스(Respiratory Syscytial Virus, RSV) 등의 바이러스가 좋다. 강력한데다 발현을 조절할 수 있는 것으로서는 메탈로티오네인(metallothionein) 유전자나 열 충격 단백질(heat shock protein) 유전자의 촉진유전자를 이용할 수 있다.

### (3) 자손으로의 전달(transgenic 계통의 확립)

한번 숙주의 게놈에 편입된 유전자는 알이나 정자를 통해서 다음 세대로 전달된다. 그러나 모든 자식이 그 유전자를 가지지는 않는다. 외래유전자는 2개의 상동염색체의 같은 위치에 동시에 편입되지 않고 감수분열 후 그 유전자를 가진 배우자와 가지지 않은 배우자가 생기기 때문이다. 그리고 수정란에다가 미세 주입된 유전자가 게놈에 편입되는 것은 대부분은 2세포기 이후이며 감수분열 전의 생식세포를 포함해서 부모의 체내에서 그 유전자를 가지는 세포와 가지지 않는 세포로 나눠지고 이들이 모자이크상 처럼 되는 것도 많다.

외래유전자가 끊임없이 모든 자손으로 전해지는 계통을 확립하기 위해서는 그 유전자가 염색체 위에서 호모 접합이 된 개체를 우선 만들 필요가 있다. 이들은 처음의 유전자 전환어인 암컷에서 자성발생법으로, 그리고 똑같이 수컷에서 웅성발생법으로 얻을 수 있다.

## 4.4.2 응용 예

이상, 어류 육종에 필요한 기본 기술을 순서대로 설명했다. 염색체조작, 세포조작의 경우와 달리 이들 기본 기술도 단독으로는 전혀 의미가 없고 유일한 최대 응용 예인 유전자 전환어를 만들기라는 기술 시스템의 구성요소일 뿐이다.

따라서 응용의 예로 무지개송어에다가 참치의 성장 호르몬 유전자를 도입하는 경우에 대해서 설명하고자 한다(**그림 4.15**, **사진 4.4**). 이 연구의 목적은 무지개송어의 성장을 비약적으로 촉진시켜 바다 양식에서 참치처럼 거대하고 맛있는 횟감의 물고기로

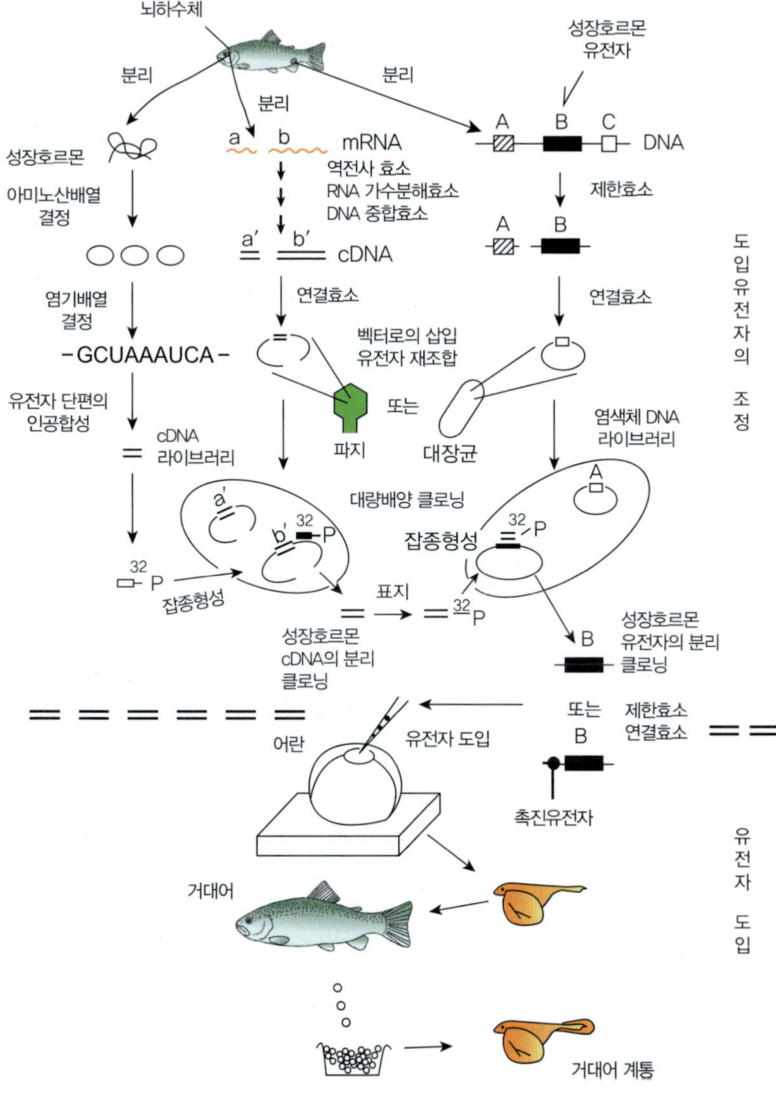


**그림 4.15** 유용외래유전자의 어란에의 도입.

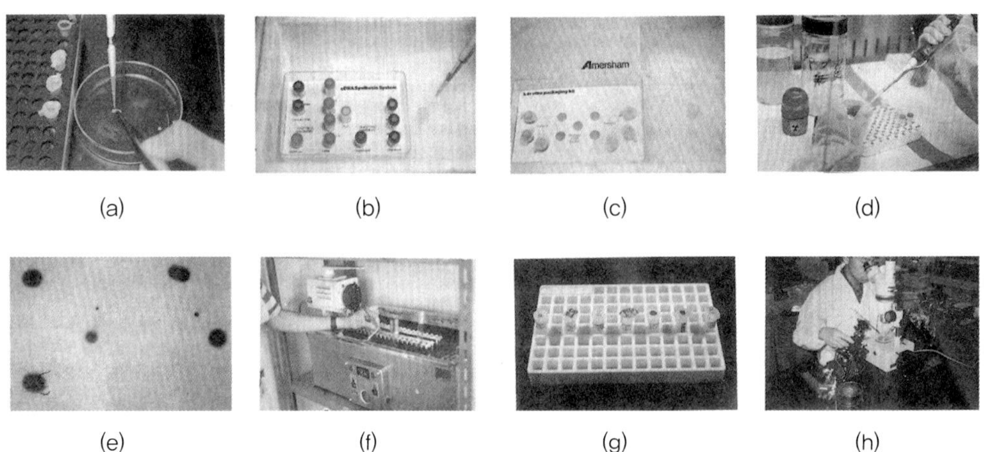


(a) (b) (c) (d)

(e) (f) (g) (h)

**사진 4.4** 형질 전환어(transgenic fish) 제작법. (a) mRNA분리, (b) cDNA합성, (c) 파지로의 충진(packing), (d) 탐침(probe)의 표지화, (e) 목적 유전자가 편입된 대장균의 콜로니의 검출, (f) 유전자의 대량 클로닝, (g) 유전자 라이브러리(library), (h) 미세조작(micromanipulation)에 의한 어란에의 도입.

이용하는 데에 있다.

시스템의 전반은 성장호르몬 유전자 조정이다. 이것은 3가지 단계로 구성되어있다.

첫째는 성장호르몬 유전자에 특정 염기배열을 찾아내어 그것과 상보적인 올리고뉴클레오티드(수십 염기의 DNA 단편)의 탐침(probe)을 제작한다. 그러기 위해서는 단백질 분자인 성장호르몬을 참치의 뇌하수체(호르몬 생산기관)에서 추출, 정제하고 그 아미노산 배열을 분석한다. 유전 암호표에서 대응하는 DNA 염기배열을 추정하면 참치 성장호르몬 유전자의 주요한 배열을 알 수 있다. 그중에서 아주 특정적인 배열을 선택하고 20~50염기의 DNA 단편을 합성기(synthesizer)로 인공 합성한다. $^{32}$P로 표지(labeled)하면 탐침이 된다.

둘째는 성장호르몬 유전자인 상보적 DNA(cDNA)를 만든다. 성장호르몬을 번성하게 산출·분비하고 있는 참치 뇌하수체에서 mRNA를 분리하고 효소반응을 사용하여 그 정보를 복제한 DNA(상보적 DNA, cDNA)를 만든다. 이것은 각 유전자의 정보부분만을 연결시킨 것에 해당하고 천연에는 존재하지 않는다. cDNA를 플라스미드와 같은 백터에 장착하고 파지 또는 대장균에 도입시켜 대량으로 배양하고 클로닝한다. 얻어진 cDNA 복제는 보존할 수 있고 또 mRNA 추출 시 뇌하수체에서 활동하고 있던 여러 유전자에 유래하므로 cDNA 라이브러리(library)라고 부른다. 이 중에서 합성탐침에 의해 성장호르몬 cDNA만을 선택하여 이것을 클로닝한다.

셋째로 성장호르몬 유전자 자체를 뽑아낸다. 난세포에서는 비정보부분이 없는 cDNA가 아니라 유전자 전체를 도입시킨 것이 발현할 확률이 높다. 우선 혈구, 근육 등과 같은 체조직에서 게놈 DNA전체를 고분자 인체로 추출하고 제한효소로 여러 단편으로 나누고 각각을 대장균 또는 파지에 재조합시켜 클로닝한다. 이것은 염색체상 모든 유전자를 포함하고 있다고 생각되이 염색체 DNA 라이브러리라고 불린다. 이 중에서 성장호르몬 유전자를 선별하기 위해서는 전체 정보부분과 상보적인 배열을 가지는 cDNA를 탐침으로 하면 더 엄밀해진다. 클로닝 된 성장호르몬 유전자는 그대로 또는 적당한 촉진유전자(promoter)와 접속해서 미세주입법(microingection)으로 난세포에 도입시킨다. 숙주 무지개송어의 게놈으로 유전자의 도입, 발현, 자손으로 전달의 확인이 각각 필요하다.

다음은 어떤 유전자를 도입시키고 어떤 물고기를 만들면 되는지에 대해서 생각해보도록 한다. 교배에 의한 종래의 육종법에서 이용할 수 있는 유전자는 결국 동종 내, 또는 근친종 내의 것에 한정되어 있었다. 그러나 유전자 도입법에서는 어떤 생물종의 어떠한 유전자도 일정한 수법에 따라 도입 가능해진다. 따라서 약 2만 종이라는 모든 어류, 나아가서는 현재 지구 상에 서식하는 수백만 종에 이르는 모든 생물이 가지는 유전자 자원을 모두 이용할 수 있게 된다.

일반적으로 이미 어류가 가지는 유전자나 그것과 유사한 것을 도입시켜 그 작용을 증폭시키고 특정의 유리한 형질, 경제 형질을 강조하는 경우(예, 성장호르몬 유전자)와 전혀 새로운 유전자를 도입시켜서 어떤 어류만이 가지는 우수한 능력을 그대로 다른 어류에다가 옮기는 경우(예, 넙치 부동화 단백질 유전자, 잉어 α 글로빈 유전자)가 있고 어느 것이나 모두 육종에 중요하다.

성장호르몬 유전자 도입은 1982년, 미국 팔미터 등이 마우스 수정란에 래트(rat)의 성장호르몬 유전자를 도입시켜서 몸무게가 보통 마우스보다 2배 가까운 '슈퍼마우스'를 만든 연구에 의해 촉발되었다. 이미 클로닝 된 포유류의 유전자 대신에 앞으로는 어류자체의 유전자가 사용될 것이다. 이렇게 하는 것이 숙주에 있어서의 유전자 발현 조절이나 최종산물인 펩타이드 호르몬의 생리활성 면에서 유리하다.

넙치류는 혈중의 부동화 단백질에 의해 혈액도 어는 북극해에서도 서식 가능하므로 그 유전자를 연어에 도입시켜 양식할 수 있는 지역의 확대를 시도하고 있다.

연어·송어류는 산소결핍에 약하지만 잉어류는 강하다. 그 차이는 혈중 산소운반 단백질인 헤모글로빈, 그리고 그 소단위체(subunit)인 글로빈 분자구조의 차이에 기인한다. 그래서 잉어의 글로빈 유전자를 무지개송어에 도입시킴으로써 그 호흡능력을 비약적으로 높여 흐르지 않는 물속에서도 키울 수 있고, 운반이 쉬운 무지개송어를 만들 수가 있다.

지금까지 유전자의 게놈에 도입시켜 다음 세대로 전달되는 것이 확인되었으며, 유전자의 발현도 볼 수 있다(**사진 4.5**).

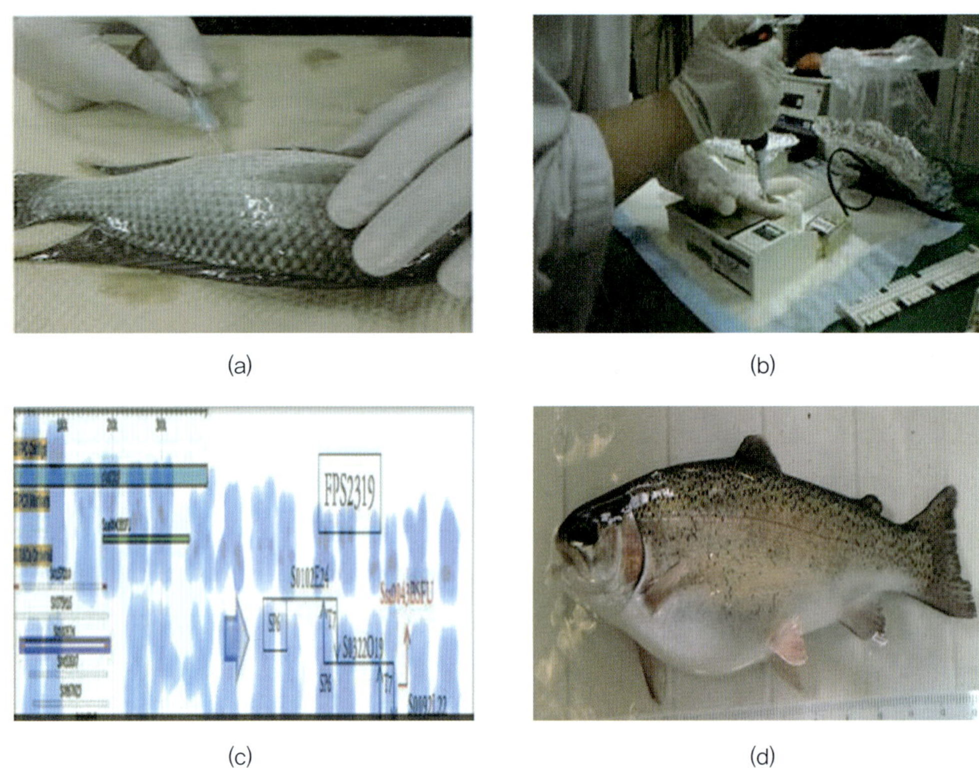


**사진 4.5** 형질전환어 만들기 예. 무지개송어 호흡능력의 비약적인 향상을 목적으로 해서 (a) 잉어의 적혈구에서 a-글로빈 유전자를 꺼낸다. (b) 유전자 주입난에서 부화한 무지개송어 치어의 전체 DNA를 해석한다. (c) 잉어 유전자는 무지개송어 게놈 안으로 높은 확률로 도입되었다. (d) 잉어 유전자를 가지는 트랜스제닉 · 무지개송어, 획기적인 신품종 탄생.

육종을 위해 어류에 도입해야 하는 유전자에 대해서 보도록 한다.

❶ **생리활성 펩타이드 유전자 :** 여러 호르몬, 그 분비를 촉진 또는 억제하는 시상하부(hypothalamus) 물질, 호르몬 작용을 직접 담당하는 고분자 인자 등의 유전자.

❷ **대사계 효소 유전자 :** 엠던-마이어호프(Embden-Meyerhof) 경로에서 바아부르크-디켄스(Warburg-Dickens) 경로로, 또는 프로게스틴(progestin) 생산경로에서 부신겉질 호르몬(corticoid) 생산 경로와 대사계를 전환하기 위한 Q-효소(Q-enzyme : $\alpha$-1,4 글리칸 사슬의 일부를 6자리로 전이시키는 효소)의 유전자 등.

❸ **타고난 천성 행동지배 유전자 :** 회유, 유인성, 식성, 산란 등을 지배하는 유전자.

❹ **비대합 유전자 :** 보통의 체세포 분열로 알이 형성되고 암성 발생에 의해 부모의 복제가 생긴다.

❺ 기타 : 바이러스나 세균증식을 억제하고 내병성(disease tolerance)을 부가하는 유전자 등.

그런데 유전자 도입법이 장래 육종의 주류가 되기 위해서는 여러 유전형질이나 그것을 지배하는 유전자에 대해서 풍부한 지식을 모아두는 것이 불가결하다. 어류에서는 아직 이 방면의 기초 연구가 아주 적다. 앞으로 이 분야의 발전이 기대된다.

## 4.5 맺음말

해양은 고급 단백질원 제공과 인류 최후의 식량보고라는 측면에서 그 중요성이 점차 증대되고 있으나 최근 들어 어업여건의 국제적 악화 및 연안의 오염과 매립 등 환경오염으로 인해 그 수급에 있어 큰 차질이 예상되고 있으며, 이미 잡는 어업만으로는 수산물의 수요충족에 한계를 나타내고 있다. 더욱이 최근 WTO 체제의 출범으로 인한 본격적인 농수산물의 국제화, 개방화 시대로의 돌입과 동시에 무한 경쟁 체제하에 놓이게 되었다. 이에 수산업의 국제 경쟁력 확보 및 국가 복지 증진의 요구 수렴, 국가 식량문제에 기여할 수 있는 기술의 전략적 개발과 세계시장의 진출을 통한 수산물 산업의 수출전략이 매우 중요시되고 있다.

이러한 범세계적 추세와 국민적인 요구를 충족시키기 위해서는 집약적 첨단 기술개발에 의한 생산성 향상의 극대화와 양식 생산량증대가 절실히 요구되고 있다. 양식 생산을 위한 기본 요건 중 종묘(치어)의 생산은 생산물의 원료 확보라는 측면에서 가장 중요시되며, 더욱이 우량종묘의 생산은 양식 생산성 향상의 극대화를 꾀할 수 있는 첩경으로 여겨지고 있다.

최근 들어 단기간의 단위 노력당 생산성을 극대화하기 위해 유전공학 기법을 이용하여 고부가가치의 우량품종을 생산하고자 하는 노력이 전 세계적으로 이루어지고 있으며 특히, 수산물 중 가장 경제적 가치가 높은 어류에 많은 연구들이 집중되고 있다. 이뿐만 아니라 최근 여러 선진국의 연구실에서 몇몇 양식어종의 외래 유전자 삽입이 확인되고 유전자 발현 및 다음 세대로의 전달이 조사되고 있다.

따라서 앞으로 이 분야는 급속히 발전하는 분자생물학 및 유전공학 분야의 도움을 받을 것이 예상되므로 많은 발전이 기대된다.

Chapter 05

# 어류의 유전적 다양성과 DNA 표지자

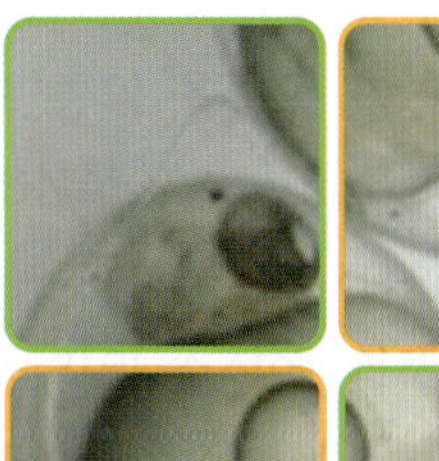
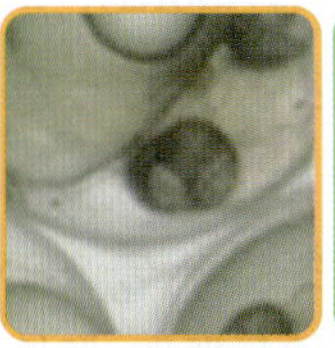

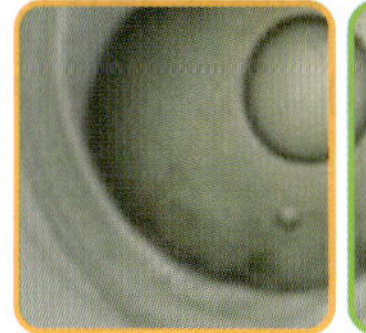
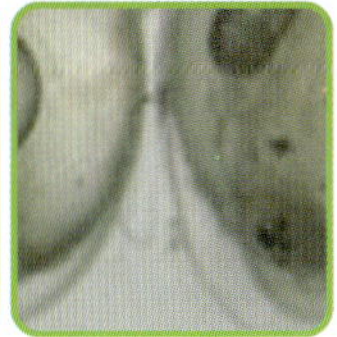
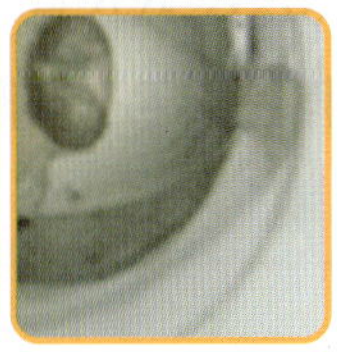

Marine Biotechnology

유전적 유동의 감소로 유전적 다양성이 감소하게 된다. 일반적 연구 결과에 의하면 한 개체군이 장기간 보존력을 보이기 위해서는 100,000 개체가 존재해야 한다고 한다. 보통 한 개체군 내에서 동등한 가능성으로 다음 세대에 배우자를 생산할 수 있는 개체수를 유효 개체군 크기($N_e$)라고 하는데, $N_e$는 절대 개체군 크기(N) 보다 항상 작다. $N_e = 4(N_mN_f) / (N_m + N_f)$로 계산된다($N_m$은 수컷의 수, $N_f$는 암컷의 수).

유효 집단의 크기는 한 세대에서 다음 세대로의 절대 개체군 크기 변동에 의해서도 영향을 받는다.

멸종 위험 종에서 살아남은 개체들은 포획-번식 프로그램을 통해 개체군을 확보하게 된다. 병목현상(bottle-neck, 일시적 개체군 크기의 감소)과 창시자 원리(founder principle, 소수 개체의 이주에 의한 새로운 개체군의 등장)에 의해 유전적 다양성은 감소하게 된다. 그뿐만 아니라 작고 고립된 개체군(생태통로의 연결)에서 유전적 영향은 더 심각하다. 작은 유효집단의 크기를 가진 개체군에서 일어난 유전적 부동은 심각한 유전 다양성의 소실을 가져온다. 유전적 부동은 무작위적이며 유전자의 선택적 생존은 기대할 수 없다. 더구나 작은 개체군 집단에서는 근친교배가 높게 일어나게 되며 집단 내 동형 접합체(homozygote)의 비율이 증가한다. 근친교배 상수 F는 [$F = (2pq - H)/2pq$ : H는 집단 내 이형 접합체의 실제 빈도] 식에서 보면 유전적 부동이 일어날 정도로 크기가 줄어드는 집단에서 H는 세대에 따라 감소하고, 유효집단의 크기가 작아질수록 감소한다. 그 결과 결국 F는 증가하게 된다.

근친교배는 개체군의 장기적 생존에 어떠한 영향을 미칠까? 자가수분(self fertilization) 식물의 경우 한 집단에서 높은 수준의 동형접합성에 상대적으로 낮은 유전적 변이를 보이지만 집단 간에는 상당한 변이를 보인다. 근친교배 결과 태어난 자손들이 근친교배를 하지 않은 종들보다 적응도와 생존율이 낮아지는데 이러한 현상을 근교약세(inbreeding depression)라고 한다.

이유는 해로운 유전자의 동형접합성이 증가하기 때문이다. 한 개체군 내에서 해로운 대립유전자(allele) 수를 유전적 하중(genetic load)이라고 한다. 따라서 근친교배 이후에 표현형적으로 출현된 해로운 유전자가 부적응이나 낮은 생존력 때문에 제거될 수 있으며, 개체군의 고립이나 단편화는 유전자 흐름을 감소시켜 유전적 다양성을 감소시킨다.

## 5.2 유전적 다양성과 해양생물자원

양식어업에서는 작은 수의 친어로 차세대 생산을 하기 때문에 근친교배나 병목현상효과(bottle-neck effect)로 인한 유전자 구성 변화와 변이성의 감퇴가 자주 관찰되고 있다. 최근에는 해산어 종묘 생산장에서 이를 방지하기 위한 대책을 취하고 있지만, 생각대로 되지 않는 경우가 있다. 따라서 인공 종묘 집단에서 일어나는 이런 무의식적인(의도하지 않은) 유전적 변화는 신분증과 같은 유전자 표지자로 모니터해 놓아야 한다.

양식어업용 종묘가 야생집단(wild type)에 유전적 악영향을 미쳤다는 사례나 증거는 없다. 이것은 단지 악영향을 모니터하는 방법이 없어서 그럴 수도 있다. 수산업이 생산기반을 야생집단에 의존하고 있는 이상, 야생집단의 유전적 보전을 생각한 시책이 요구되기 때문에 인공 종묘의 유전적 변화 및 방류집단의 추적조사의 대상이 되는 어종에게 이용할 수 있는 고감도 DNA 표지자 개발을 서두르고 있다.

생물의 다양성 보전의 입장에서 보면 한가지 종내의 지방집단(local group) 또는 계통군(clade)도 보전의 대상이 된다. 다른 계통군을 도입하여 방류하였을 때 재래집단(native group)과의 교잡이 일어나 재래집단이 소실되는 것도 우려되는 부분이다.

최신 DNA 다형(복수의 대립유전자를 함유하고 있는 것) 표지자(marker)를 활용하여 지금까지 알려지지 않았던 해산 어패류의 지방계통군의 검출과 동정에 관여하는 조사연구가 가능해졌다. 자원관리는 지방집단 또는 계통군이 대상이 되기 때문에 유전표지자로 인한 이들 집단의 모니터 체제를 조절하여 친어 확보, 종묘생산 및 종묘방류를 실시해야 한다.

어업과 달리 양식어업에서는 대상 생물을 인위적으로 관리하기 때문에 농업과 같이 생산자나 소비자의 여러 욕구에 대응하는 육종목표에 따른 유전적 개량이 실시되고 있다. 이런 개량품종 유전특성의 해명 그리고 신품종의 보존과 관리는 이 분야에 있어서 중요한 과제이다. 새로운 품종이 개발되면 계통을 보존하고 관리하기 위한 공간, 노동력, 경비가 늘어나고 비용도 상당히 높아질 수 있다. 하지만 이들 개량품종이나 계통에서 유전 표지자의 도입으로 인해 혼성사육이 가능해진다면 친어의 유지관리와 계통보존을 위한 유지경비 및 노동력은 앞으로 크게 줄어들 수 있다.

## 5.3 유전 표지자란

유전 표지자는 그 유전자 표현형을 쉽게 식별할 수 있고 그 표현형으로 그것을 보유하는 개체 또는 세포를 판별할 수 있는 경우를 일컫는다. 유전 표지자는 핵, 염색체, 또는 유전자 자리(위치)를 식별하기 위한 탐침(probe)으로서 이용할 수 있다. 이런 유전 표지자는 예전부터 현안이 되었던 어패류 집단의 유전적 다양성의 파악이나 종내(intraspecific)의 지리적 집단을 식별하기 위한 지표로써 이용할 수 있다. 즉, 유전적 정보를 직접적으로 관찰할 수 있게 해주며 개체들 시이의 유전적 연관성(gcnctic relationship)을 추정할 수 있게 해준다.

집단 유전학(population genetics)에서 많이 사용된 표지자는 몸의 색채, 모양, 특수한 형태적 특징, 혈액형, 단백질(동위효소 등), DNA의 일정영역 등이고 어느 것이나 대립 유전자로 인한 다형이 인지되고 있다. 표지자로서의 성능은 다형성의 정도에 따라 다르다.

유전 표지자로써 지금까지 오랜 세월을 통해서 중요한 역할을 달성해 온 동위효소(isozyme)의 다형은 DNA 상의 구조영역에 존재한다. 그리고 이것이 생물적 기능을 하는 부분이기 때문에 단일형 유전자 자리가 많고 만약 다형의 유전자 자리라고 해도 변이성이 약간 부족하다. 그래서 서식환경의 격리 후의 시간이 짧은 지역집단 간 차이를 검출하는 데는 한계가 있다. 집단 유전학적 연구에 있어서 유전 표지자의 양과 질(감도)이 유전학적 정보량을 결정하기 때문에 동위효소보다 더 감도가 높은 유전표지의 개발을 원하는 것은 당연한 것이고 최근에는 고변이성 영역을 포함하는 DNA 염기배열의 다형을 이용한 연구가 급속히 진전되고 있다.

근래, DNA 염기배열 중에서도 변이성이 높은 비유전자 영역, 예를 들면 미토콘드리아 DNA의 치환고리(displacement loop) 영역, 핵 DNA의 미니사텔리트(minisatellite: 비유전 영역에서 반복내열 단위 수가 많은 부위) 부위(DNA 지문), 그리고 미소부수체(microsatellite: 비유전 영역에서 반복배열 단위 수가 적은 부위)부위 등이 표지자로써 많이 이용되고 있다. 이들 부위에는 실제로 유전적 다형이 아주 많이 축적되어 있어서 이들을 표지자로써 이용하면 원래 검출되지 못했던 분화수준의 아주 낮은 지방집단(계통군)의 식별, 유전적 변이성의 평가, 인위적으로 만들어 낸 선택집단이나 유전적 조작집단의 유전적 다양성의 변화, 그리고 근교계수의 상승 등을 확실하게 포착할 수 있다.

예를 들면, 어류의 DNA를 구성하는 염기 수는 1게놈 당 수억에서 수십억이 된다. 이런 염기배열에는 여러 가지 유전적 개체 변이가 포함되어 있다. DNA 상의 유전적 개체 변이는 유전자 영역(exon)보다 비유전자 영역(intron)에 더 많이 축적되어 있다. 비유전자 영역에는 염기 수가 몇 개부터 수십 개를 기본단위로 하는 반복배열의 영역이 있어 반복배열 단위 수가 많은 부위는 미니사텔리트(minisatellite), 기본수가 적은 부위는 미소부수체(microsatellite)라고 한다(그림 5.1). 핵외유전자인 미토콘드리아 DNA에도 유전자 영역과 비유전자 영역이 있고 유전적 개체 변이가 많이 축적되어 있다.

DNA 다형 표지자는 검출하는 DNA 영역에 따라 그 명칭이나 특성이 다양하다. DNA 다형성 검출법은 다형의 원인이 염기 치환으로 인한 것(RFLP: Restriction Fragment Length Polymorphism)과 단위 배열의 반복 수의 차이로 인한 것(VNTR: Variable Number Tandem Repeats)으로 나눌 수 있다. 또 중합효소 연쇄반응(polymerase chain reaction)을 이용하는가에 따라서도 나눌 수 있다(표 5.1).

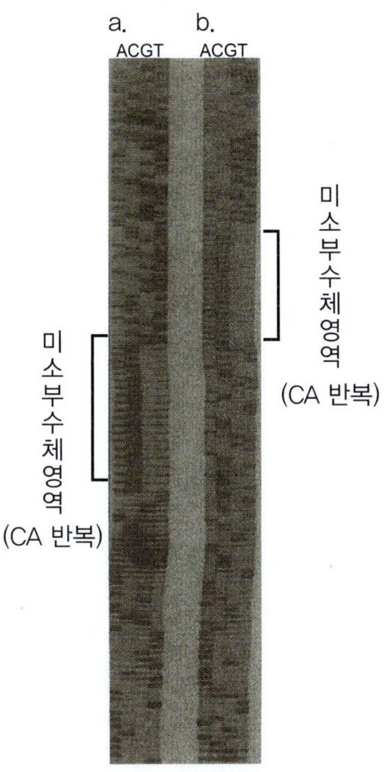


**그림 5.1** **참돔 핵의 DNA 염기배열 사다리.** 뚜렷이 CA 반복 배열(미소부수체 영역)이 보인다. CA 반복 배열 양 사이드 염기서열 정보에 바탕을 두고 이 영역을 증폭하기 위한 PCR용 시발체를 설계한다. 왼쪽 그림 (a)에서 Pma 1, 오른쪽 그림 (b)에서 Pma 2를 검출하기 위한 시발체가 설계되었다.

보통 염색체 DNA가 생물종마다 고유의 염기 순서를 갖는데 자세히 관찰하면 동일 종 내 개체 간에도 근소한 차이가 있어서 이를 DNA 다형이라 하며, 이 DNA 다형이 제한효소에 출현할 때 이때에는 제한효소에 의한 절단 단편의 길이 차이 때문에 서던 흡입법(Southern blotting)으로 쉽게 검출할 수 있으며 이를 제한효소 단편길이 다형성이라고 한다. RFLP는 염색체 DNA 전역에 무작위로 출현하며 멘델식으로 유전되기 때문에 몇 개의 RFLP의 출현패턴을 조합함으로써 개체, 가계, 계통집단이나 종의 식별이 가능하다.

동물 DNA 중에는 반복하여 빈도가 변하기 쉬운 직렬형 반복순서가 존재한다. 이 순서를 포함하는 제한효소 단편은 반복하는 순서의 반복횟수의 차이에 따라 제한효소 단편길이의 다형을 나타낸다. 이러한 형을 염기쌍 나열 반복변수라고 한다.

RFLP는 보통 어떤 유전자 자리에서 동일한 순서를 나타내는 10~20 염기쌍이 반복 배열해서 각기 다른 여러 형의 변이를 이루며 개체마다 다른 반복횟수를 나타낸다.

다형성(polymorphism)은 동일 종의 생물이면서 형태나 성질이 다양하게 나다나는 특성을 말한다.

## 5.4 DNA 다형 검출법

DNA 다형의 주요한 검출법(표 5.1)을 간략하게 설명하면 다음과 같다.

(1) DNA의 추출

DNA 다형의 검출법 중 PCR을 사용하지 않는 VNTR(DNA 지문 등)에는 다량의 고순도 DNA가 필요하다. 이 경우 혈액을 시료로 하는 경우가 많고 페놀로 추출하여 정제하고 에탄올로 침전시키는 등의 조작을 거쳐 혈구핵의 DNA를 추출한다.

그 외의 DNA 다형의 검출법은 조작과정에서 PCR에 의해 DNA를 증폭하기 때문에 소량의 DNA가 있으면 충분하다. 그래서 DNA 검출법은 더욱 간편해져 다수 개체의 추출처리가 가능해졌다.

표 5.1 어류의 DNA 다형 표지자의 다형성 및 응용성

| DNA 다형 검출법 | 다형성의 지표 | | 변이성 및 응용성 |
|---|---|---|---|
| | 변이 수준 | 집단 간 분화 | |
| 제한효소 단편길이 다형 (RFLP법) | | | |
| 핵 DNA | 밴드 공유도 | 밴드 공유도 | 저변이성: 계통분류 |
| 미토콘드리아 DNA | 단상형 유전자 다양도 | 염기 치환율 | 고변이성: 계통분류 |
| 증폭 제한효소 길이 다형 (PCR-RFLP법) | | | |
| 핵 DNA(AFLP법) | 밴드 공유도 | 밴드 공유도 | 중변이성: 계통분류, 가계분석 |
| 미토콘드리아 DNA (D-루프영역) | 단상형 유전자 다양도 | 염기 치환율 | 고변이성: 계통분류, 가계분석 |
| 반복배열수 다형(VNTR법) | | | |
| 미니사텔리트 DNA 다중 유전자 자리법 | 밴드 공유도 | 밴드 공유도 | 고변이성: 변이수준의 정량, 클론성 증명 |
| 미니사텔리트 DNA 단일 유전자 자리법 | 대립 유전자 수 | 이형 접합체율 | 고변이성: 계군해석, 집단의 혼합률, 근교도 정량 |
| 미소부수체 DNA 단일 유전자 자리법 | 대립 유전자 수 | 이형 접합체율 | 고변이성: 계군해석, 집단의 혼합율, 근교도 정량 |
| RAPD법 | 밴드 공유도 | 밴드 공유도 | 저-고변이성: 가계분석, 종의 판별 |
| PCR/염기 배열법 | 염기 치환율 | 염기 치환율 | 저-고변이성: 변이수준의 정량, 계통분류 |

(2) VNTR법

- **미니사텔리트 영역 다형**(그림 5.2) : 사용하는 탐침(probe)에 따라 다중 유전자 자리법과 단일 유전자 자리법으로 나눌 수 있다. 미니사텔리트 영역 다형의 검출에 이용하는 탐침으로서는 M13 파아지(phage) DNA(GAGGGTGGNGGNTCT)나 사람 유래의 미니사텔리트 33.15(AGAGGTGGGCAGGTGG) 등이 있다.

이 방법은 시료로서 고순도의 DNA를 다량 필요로 하며 제한효소로 절단한 후 60시간 정도의 전기이동을 한다. 또 전기이동 후는 서던 흡입(southern blotting), 방사선 동위원소로 표지한 탐침으로 잡종교배(hybridization), 방사선 자동 사진법(autoradiography)에 의한 밴드의 검출 등의 조작을 한다. 이 방법은 조작순서가 약간 복잡하고 분석법이 번거롭기 때문에 전체 공정에 7일 정도의 시일이 소요되는 단점이 있다(그림 5.2). 단일 유전자 자리법에 대해서는 탐침을 PCR로 증폭하기 위한 시발체 세트(primer set)가 개발되어 시간의 단축과 실험조작의 간략화가 실현되고 있다.

- **미소부수체 영역 다형** : 2염기 단위 반복배열법에서는 GT 또는 CA 반복배열이 한가운데로 들어가도록 설계된 시발체 세트를 이용해서 PCR에 의해 미소부수체 부위를 증폭시킨다. PCR을 하기 때문에 DNA 시료는 소량으로 충분하다. 따라서 DNA 추출용 조직으로 지느러미의 조각을 채집하면 되고 어린 물고기의 시료에도 응용할 수 있으며 실험에 사용된 어류를 죽일 필요가 없다. 단일 유전자 자리법에서 각 유전자 자리의 대립유전자는 분자 표지자에 의해 정확하면서도 쉽게 판별되기 때문에 필름 간의 비교도 가능하여 집단해석용 표지자로는 최적이라 할 수 있다.

하나의 연구 대상어종에 대해 시발체(primer)를 개발하면 그것과 같은 속의 근연종에는 이 시발체를 이용할 수 있다. 그러나 근연 관계가 먼 어종에는 응용할 수 없기 때문에 결국 대상 어종별로 시발체의 개발이 필요하게 된다. 미소부수체·단일 유전자 자리법의 경우는 시발체를 개발할 필요가 있으며 다른 방법에 비해 약간 복잡하고 특별한 시설이나 설비 그리고 비품 및 기술이 필요하다(그림 5.3).

- **시발체의 설계** : 미소부수체 영역 다형의 검출에는 CA 또는 GT 반복배열을 포함한 DNA 배열을 PCR 하기 위한 시발체가 필요하다.

시험생선의 게놈 DNA를 제한효소로 절단하여 CA 또는 GT 반복배열을 포함한 DNA 배열을 플라스미드로 클로닝 한다(그림 5.3). 시퀀서(Sequencer)로 읽어 낸 DNA 배열 중에서 CA 또는 GT 반복배열을 확인하여 그 부분이 한가운데로 가도록 시발체를 설계한다.

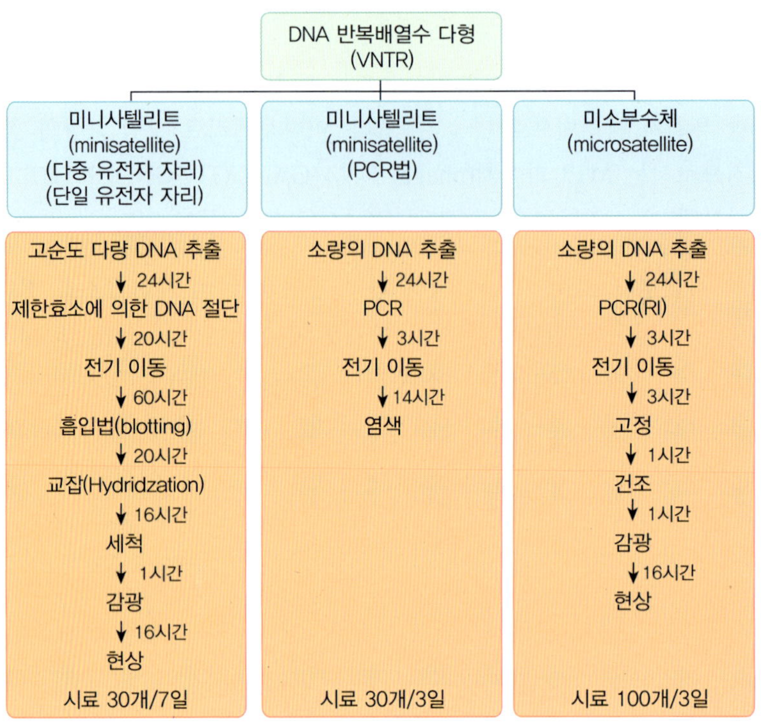


**그림 5.2** VNTR 검출법의 흐름도.

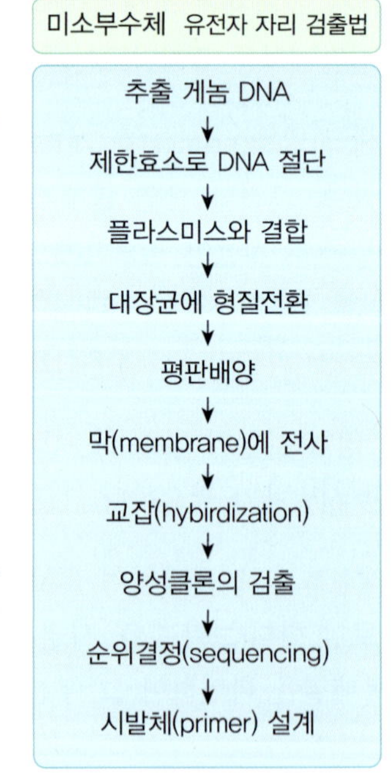


**그림 5.3** 미소부수체 유전자 자리 검출법의 흐름도.

(3) RFLP법

- **미토콘드리아 DNA의 치환고리**(D-loop) **영역 다형**(그림 5.4) : 미토콘드리아 DNA를 포함한 전 DNA를 추출하여 PCR(polymerase chain reaction)법에 의해 목적 영역을 증폭시켜 제한효소로 절단한 후 DNA 절단편을 전기이동으로 분리하고 에티디움 브로마이드(ethidium bromide)로 염색하여 자외선을 조사(transilluminator 사용)해서 폴라로이드 카메라 등으로 기록한다. 이 방법은 PCR법을 이용하여 방사선 동위원소가 필요 없기 때문에 특별한 설비나 비품을 사용하지 않고 통상의 생물 실험실에서 간단하게 다형을 검출할 수 있다(그림 5.4).

PCR용 시발체로서 치환고리 영역 사이에 박히듯이 설계된 염기배열이 사용된다.

- AFLP : 소량의 핵 DNA를 제한효소로 절단하여 단편의 끝에 시발체가 되는 어댑터(adapter) 배열을 접속한 후 제한효소의 인식배열을 포함한 시발체를 이용하여 PCR로 처리한다. 증폭단편이 너무 많기 때문에 임의의 염기를 더한 시발체를 이용해서

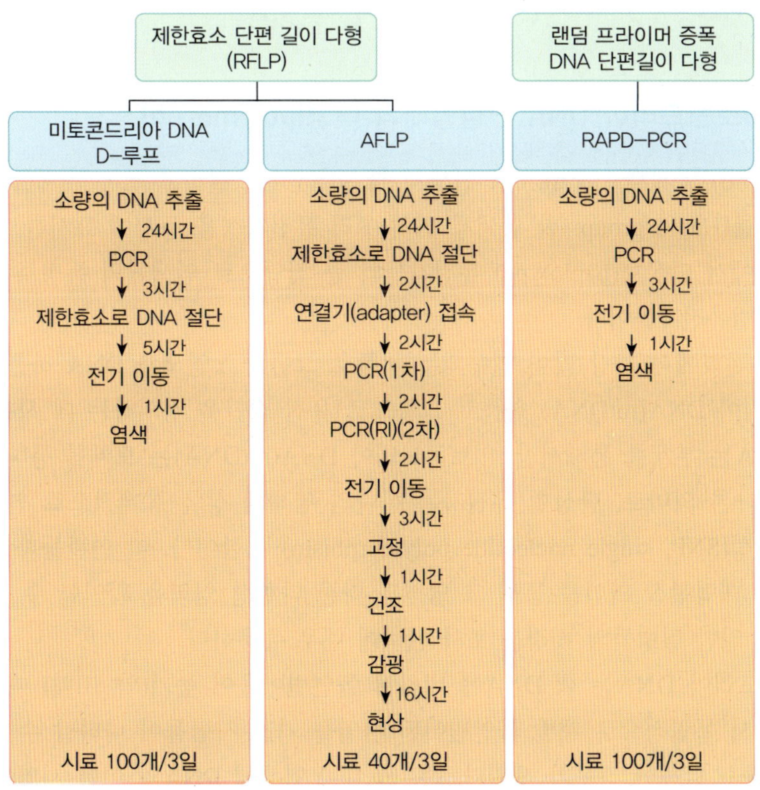


그림 5.4 RFLP 및 RAPD 검출법의 흐름도.

2회 PCR을 한다. 전기이동을 할 때 양 끝의 DNA 사이즈 표지자(size marker)를 넣어두면 출현 밴드를 동정하기가 쉬워 서로 다른 필름 간에도 비교할 수 있다. 이 기술은 RFLP의 재현성과 PCR의 간편성을 합하여 다수의 시료처리를 가능하게 하는 뛰어난 기술이다.

(4) RAPD법

RAPD법은 랜덤 시발체와 PCR을 이용한 변이의 검출법으로 이 방법은 시험생선에서 채집하는 DNA의 양이 아주 소량이라도 변이의 검출이 가능하다. 다수의 시발체 중에서 다형 검출에 이용할 수 있는 시발체를 검색하여 유전 변이 수준을 밴드 공유도(BSI)를 사용하여 정량한다. 이 방법은 RI를 사용하지 않기 때문에 실험실에서 간단하게 검출할 수 있는 편리함은 있지만, DNA의 변이가 많은 부위를 특별히 골라서 증폭한 것이 아니기 때문에 변이성이 결여된 경우가 많다. 또 결과가 PCR 반응 조건에 좌우되기 쉬운 단점이 있다.

## 5.5 DNA 표지자로 인한 유전학적 해석법

### 5.5.1 미토콘드리아 DNA 단상형태의 다형(polymorph)

하플로(haplo)는 체세포에 표시된 염색체 쌍 중 하나를 결하고 있는 개체를 가리킨다. 하플로 그룹(Haplo group: 한 염색체 위의 여러 유전자형을 동시에 표시한 것)은 분자 진화 연구에서 단상형(haplotype) 유전자들의 큰 집단으로 염색체의 특정 위치에 있는 일련의 대립유전자들이다.

인류 유전학에서 가장 많이 연구되는 하플로 그룹은 Y염색체 DNA 하플로 그룹과 미토콘드리아 DNA(mtDNA) 하플로 그룹으로 유전 집단을 정의하는 데 사용될 수 있다. Y-DNA는 부계를 통해서만, 미토콘드리아 DNA(mtDNA)는 모계를 통해서만 전달된다. 또 다른 의미로, 단상형 유전자는 하나의 염색체 상에 통계적으로 연관된 단일 염기 다형성(SNP, single nucleotide polymorphism) 집합이다. 이 연관들과 하플로 그룹 블록의 대립형질 확인을 통해 그 영역의 다른 다형성 영역을 확인할 수 있으며, 이들 정보는 일반 질병들의 배경을 조사하는 데 매우 유용하다.

미토콘드리아 DNA는 핵 DNA에 비하여 돌연변이율이 높기(약 10배) 때문에 동일한 부위에서 독립적으로 재발 돌연변이된 서열을 가진 사람들이 나타날 수 있어 해석하는 데 다소 난해한 경우가 생긴다. 즉, 핵 내 Y염색체 DNA의 어떤 서열에서 한 염기가 돌연변이 될 확률이 약 10만 년에 한 번 일어날 수 있다면, 미토콘드리아 DNA

는 약 1만 년에 한 번 꼴로 생길 수 있기 때문에 지난 몇만 년 동안 여러 대륙에서 독립적으로 같은 미토콘드리아 DNA 염기 위치에서 재발 돌연변이 형이 다수 생겼을 수 있다. 그럼에도 미토콘드리아 DNA는 Y염색체처럼 교차가 일어나지 않기 때문에 단상형 유전자별로 계통 분석을 하면 오래된 서열별로 분류할 수 있다.

중합효소 연쇄 반응(polymerase chain reaction)으로 증폭한 미토콘드리아 DNA 치환영역의 제한효소 절단편 길이 다형의 정도는 핵입자(nucleon) 다양도로, 그리고 복수의 제한효소 단편길이 다형(RFLP) 조합수의 정도는 단상형의 다양도로 다음 식으로 구할 수 있다. $h = 2n(1 - \Sigma X_i^2)/(2n - 1)$, 단 $X_i$는 핵입자 또는 단상형 표본 중의 빈도, n은 표본 중의 개체 수를 말한다.

염기치환 수 및 순 염기치환 수 : 집단 간의 유전적 분화의 지표가 되는 염기치환 수 그리고 순 염기치환 수도 다음 식으로 구할 수 있다. 같은 집단 내의 2개의 단상형 사이에 염기치환 수는 $d_x = (n_x/\ n_x - 1)\Sigma X_i X_j d_{ij}$이다. 여기서 $n_x$은 표본 수이고, $d_{ij}$는 단상형 i와 j 간의 부위당 염기치환 수를 말한다. 집단 X와 Y의 각각에서 얻어진 DNA 단상형과 Y의 DNA 단상형 간에서 일어난 염기치환 수와 평균값은 $d_{xy} = \Sigma X_{i\ yj\ dij}$이다. 여기서 $d_{ij}$는 집단 X에서 취한 단상형 i와 집단 Y에서 취한 단상형 j 간의 염기치환 수를 말한다.

두 집단 간의 순 염기치환 수는 $d_A = d_{xy} - (d_x + d_y)/2$로 추정할 수 있다. 두 집단의 분기 후 시간은 $d_A = 2\lambda T$를 $d_A = d_{xy} - (d_x + d_y)/2$에 대입하면 구할 수 있다.

### 5.5.2 DNA 지문(Fingerprint, FP)

개체 간 DNA 단편(밴드) 공유도(Band Shair Index, BSI): DNA 지문검색(DNA · FP)법에서 각 밴드(대립 유전자)는 한 쌍의 대립유전자의 양자가 그 이형의 개체에서 완전히 발현되는 공동우성(codominance) 유전양식에 따른다. 그리고 복수의 유전자 위치의(Loci) 대립 유전자(Alleles)가 동일한 이동상 내에서 발현하기 때문에 각 유전자 위치 유전자형을 결정할 수가 없다(그림 5.5). 그래서 집단 분석에 있어서 필요한 대립 유전자 빈도나 잡종형성율을 추정할 수 없다.

따라서 이 방법에서는 비교할 2개체가 공유하는 밴드 수가 전체 밴드 수를 차지하는 비율을 가지고 밴드 공유도(BSI)로 하고 이것을 개체 간의 유전적 유사도의 지표로 한다. 또 공유도의 평균값은 집단 변이성이나 집단 간의 유연성의 지표로 한다. 여기서는 개체 간의 DNA 단편(밴드) 공유도(BSI)를 다음 식으로 계산한다.

$$BSI = 2 \times N_{ab}/(N_a + N_b)$$

$N_{ab}$: 개체 a 및 b에 공통인 DNA 단편(밴드) 수 , $N_a$, $N_b$: 개체 a 및 b에 나타난 DNA 단편(밴드) 수

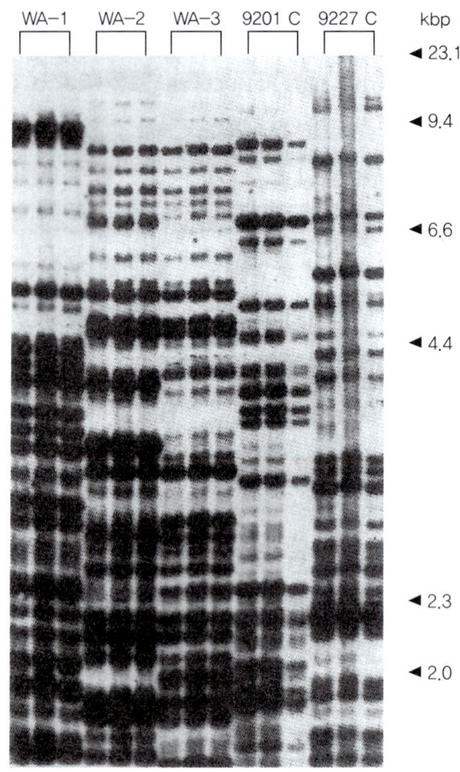


**그림 5.5** 은어 5개의 인위적 클론계 DNA 지문(미소부수체 DNA 다형). DNA 단편의 크기가 아주 큰 것이 특징이다. 이 표지자로 인해 클론성 증명과 클론의 식별이 가능해진다.

집단 내 평균 및 집단 간 평균 BSI: 일반적으로 집단 내 개체의 모든 조합에 대해서 BSI를 계산하고 집단 내 평균 BSI와 집단 간 평균 BSI를 얻는다. 집단 내 평균 BSI는 유연관계가 가까운 개체로 구성되는 집단에서는 높고, 반대인 경우는 낮아진다. 근친교배계수가 F = 1인 집단에서는 당연히 집단 내 평균 BSI는 최댓값이 1이 된다. 한편, 야생집단에서는 낮은 값을 나타낸다.

집단 간 평균 BSI는 집단 간의 유전적 유연성의 지표가 된다. 일반적으로는 동일한 방사선 자동 사진법(autoradiography) 내에서 집단 간의 모든 조합에 대해서 BSI를 계산하고, 집단 간 평균 BSI를 얻는다. 종내의 다양도가 아주 높은 야생집단에 있어서는 집단 내 평균 BSI와 집단 간 평균 BSI의 수준에서 큰 차이가 없는 경우도 있다.

BSI 장점과 문제점: BSI는 DNA · FP(미니사텔리트: minisatellite)의 경우 단편의 크기가 크기 때문에 밴드가 서로 다르거나 같은 것을 판정하는 것이 어려운 경우가 있으며, 주관적 판단이 들어갈 가능성을 배제할 수가 없다. 또 DNA · FP 검출 과정의 기술적 요인으로 인해 출현 밴드 수가 다소 변화하는 것을 피할 수 없다. 따라서 BSI는 동일한 방사선 자동사진법 내에서 계산하여 데이터를 비교하는 것이 원칙이고 다른 필름 간에서는 데이터를 비교할 수 없는 것이 기술적 제약이 되고 있다.

### 5.5.3 유전자 증폭산물 길이 다형성 지문(A mplified fragment length polymorphism, AFLP) 및 지문(FP)

대립 유전자 빈도와 헤테로 접합체율 근삿값: 핵 DNA AFLP 지문(AFLP · FP)의 경우는 단편의 크기가 작고 크기 표지자로 밴드를 확정할 수 있기 때문에 다른 필름 데이터를 비교할 수 있다. AFLP는 밴드 검출의 재현성이 높아서 유전자 지도의 표지자로 써도 이용되고 있다.

집단구조 분석에 이용할 경우는 특정 밴드가 양성(positive)이면 그 해당 유전자 호모형 아니면 이형이라고 판단하고, 음성(negative)이면 그 해당 대립 유전자 이외의 접합형이라고 판독하는 방법으로 그 유전자의 유전자 빈도 및 그 유전자와의 이형 접합체율을 구할 수 있다. 따라서 AFLP법은 집단의 유전적 다양성의 평가법 및 밴드검출의 재현성에 관해서는 미소부수체 DNA 다형의 BSI보다 더 우수한 평가법이라고 생각된다. 그러나 이 방법에서는 다형적 유전자 위치율이나 이형 접합체율이 과대하게 평가될 수도 있다는 문제점이 있다. 한편, 출현 밴드 일부가 미토콘드리아 DNA 단편일 가능성을 배제할 수는 없지만 핵 게놈에 비교하면 그 비율은 무시할 수 있는 정도라고 생각된다.

### 5.5.4 미소부수체 DNA 다형

유전자 위치와 대립유전자 : 비 유전자 영역에서 염기 수 반복 배열의 영역에 있어 반복 배열의 단위 수가 적은 부위인 미소부수체(microsatellite) DNA와 많은 부위인 미니사텔리트(minisatellite) DNA 경우는 DNA 단편을 유전자 위치와 대립 유전자라고 부른다. 이들 단편의 유전양식은 검출되는 부위의 유전자로서의 기능 유무에 상관없이 멘델법칙에 따르기 때문에(그림 5.6, 5.7) 편의적으로 유전자 위치와 대립 유전자라고 부르는 것이다. 따라서 변이 수준이나 집단 간 분화의 지표는 동위효소의 경우와 같다.

- **집단 내의 유전적 변이성** : 1 유전자 위치당 대립 유전자 수의 평균, 다형적 유전자 위치율 및 평균 이형 접합체율 등으로 평가한다. 저 빈도 대립 유전자가 많은 미소부수체(microsatellite) DNA 다형에 있어서는 1 유전자 위치당 유효 대립 유전자 수 (effective number of alleles = $1/(1 - H_e)$를 사용한다.
- **하디-바인베르크**(Hardy-Weinberg) **평형의 검정** : 미소부수체(Microsatellite) DNA 다형에서는 대립 유전자 수가 많아서 마르코브니코프(Markovnikoff) 연쇄법에 의한

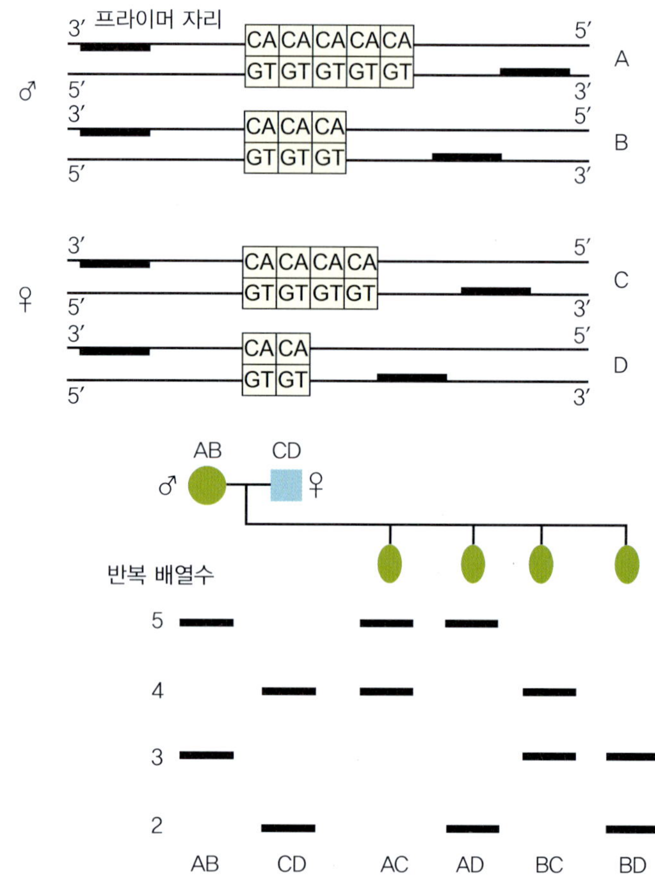


그림 5.6 참돔의 미소부수체 DNA 다형의 유전양식을 나타내는 모식도. 상단은 CA 반복배열 수가 서로 다른 친어의 상동 염색체와 시발체(primer) 위치를 나타내고 있고, 하단은 이들 친어에서 나온 새끼 PCR 단편의 이동 패턴을 나타내고 있다.

검정이 사용된다. 이 경우 컴퓨터 소프트웨어(예를 들면 Arlequine)의 사용은 필수이고, 하나의 집단에 대해서 유전자 위치마다 검정을 하거나 복수의 유전자 위치에 대해서 한 번에 검정을 해서 멘델집단에 유래하는 시료인지 아닌지를 판단할 수 있다.

그리고 몇 개의 주요 대립 유전자(major allele)를 선택하고 유전자형 관찰 수와 최대값 차이의 우위성에 대해서 카이제곱 검정(Chi-squared test)을 하는 계산도 할 수 있다.

- **집단 간 유전적 분화 및 집단 간 분기도 작성** : 집단 간 유전적 분화는 유전자 분화지수(Gst), 집단 간 유전적 거리(D) 등을 사용해서 그 정도를 평가한다. 유전적 거리의 계산 및 분기도의 작성에는 컴퓨터 소프트웨어(PHYLIP : Phylogeny Inference Package)가 사용된다.

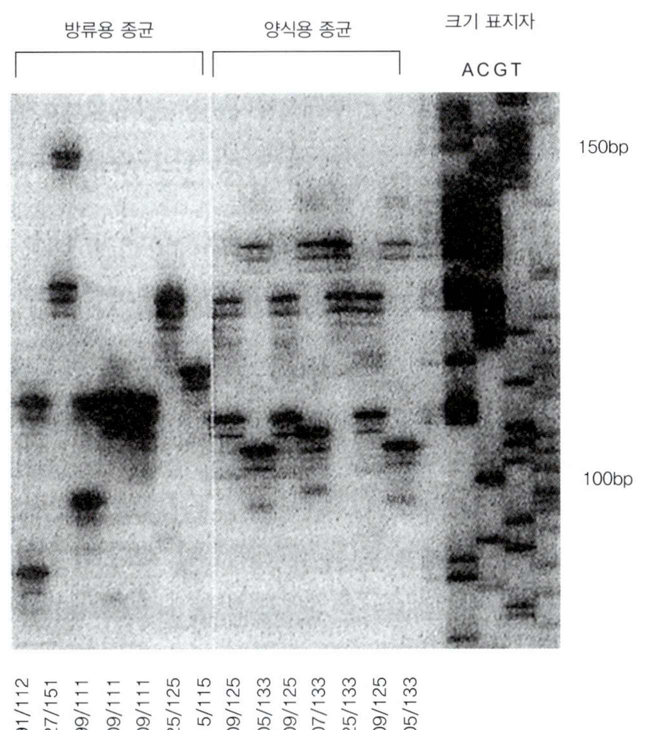


**그림 5.7** 참돔의 미소부수체 DNA 다형. 방류용 인공 종묘의 패턴과 양식용 인공 종묘의 패턴을 비교한 것이다. 오른쪽 4개는 크기 표지자이다.

- **다른 집단의 단순한 혼합, 유전자 침투 및 근친교배** : 하디-바인베르크(Hardy – Weinberg) 평형에서 많이 벗어날 경우는 다른 집단 간의 혼합이나 근친 교잡, 그리고 서로 다른 집단 간의 교잡을 가정할 필요가 있다. 이들은 이종 접합체율의 실측값($H_0$)과 기댓값($H_e$) 간의 비율은 고정지수($F = 1 - H_0 / H_e$) 등으로 평가한다.
- **장점과 문제점** : 단일 유전자 위치(Single locus)법(단일탐침: 게놈의 한 자리에만 보합하는 탐침)은 이런 집단 유전학적 파라미터를 추정할 수 있고 어류 계통군 분석이나 인공 종묘 집단의 유전적 변화의 모니터에 있어서 감도가 좋은 표지자 유전자로서 높은 평가를 받고 있다. 미소부수체(Microsatellite) DNA 경우는 다형성이 아주 높지만 이들의 표지자 유전자를 유효하게 이용하기 위해서는 한 개의 시료군당 다수의 시료(80~100개체)가 필요하다. 또 유전자 위치에 따라서는 대립 유전자 중에 시발체(primer) 부분의 변이로 인해 PCR 산물이 생기지 않는 소위 널(null alleles) 유전자가 존재하므로 분석할 때는 주의해야 한다.

멘델 집단의 조건을 모두 만족하는 집단이 없어 자연 상태에서 하디-바인베르크 평

미 시발체가 개발되었고 이들 중 대서양 연어, 송어, 참돔 등에 있어서는 집단 분석의 연구도 이루어졌다. 또 은어, 잉어, 흑다랑어, 쟀방어, 넙치 등의 수산업이나 양식어업의 중요 어종이 계속 개발되고 데이터 해석이 진행되고 있다.

### 5.6.3 양식 집단의 변이성과 계통간 분화

- **미토콘드리아 DNA 단상형의 감소** : 참돔의 양식집단에서는 계대 7세대째 단상형 수가 야생의 평균 27과 비교했을 때 평균 11로 뚜렷한 감소를 했다.

  한편, 단상형의 다양도는 0.905에서 0.791로 저하되지만 계대교배의 반복에도 불구하고 여전히 높은 변이성이 유지되고 있어서 근교계수는 낮게 유지되고 있는 것이 추측되었다. 이 결과는 미소부수체 DNA 다형에서 얻어진 결과와 일치하여 유전적 다양성 변화를 예민하게 검출하는 능력을 증명하고 있다.

- **평균 대립 유전자 수 저하** : 양식용 및 방류용의 인공채묘는 여러 어종에서 시도되고 있는데 창시자 효과나 병목현상 효과로 인해 인공 종묘 집단의 유전자 구성이나 유전변이 보유 수준에서 급격한 변화가 일어날 것이 예측되고 있다.

  참돔 양식 집단에서는 미소부수체의 1유전자 위치당 대립 유전자 수의 급격한 감소(그림 5.8)와 이형 접합체율의 완만한 저하가 확인되었다(그림 5.9). 1유전자 위치당 대립 유전자 수의 급격한 감소는 참돔의 양식용 종묘 생산에 있어서 병목현상

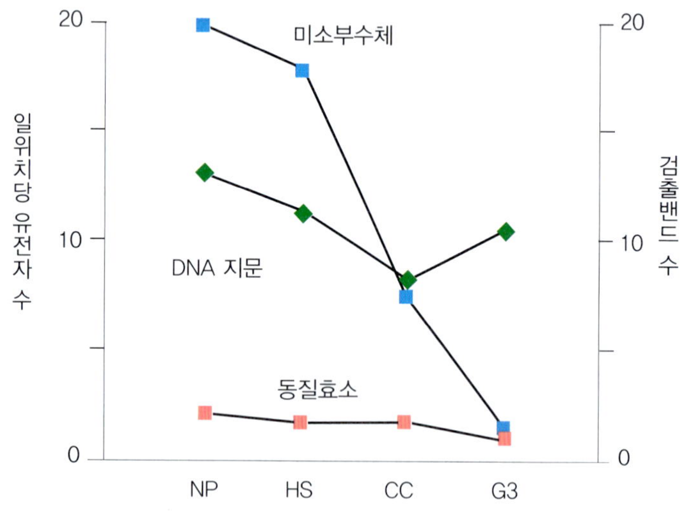


그림 5.8 참돔의 미소부수체, DNA 지문 및 동위효소의 유전적 다양성 비교. NP는 야생집단, HS는 방류용 종묘, CC는 양식용 종묘, G3는 극체 방출 저지형 자생 발생 3세대를 말한다. 미소부수체 및 동위효소는 1유전자당의 평균 대립 유전자 수로 평가하고 DNA 지문은 출현한 밴드 수로 평가한다.

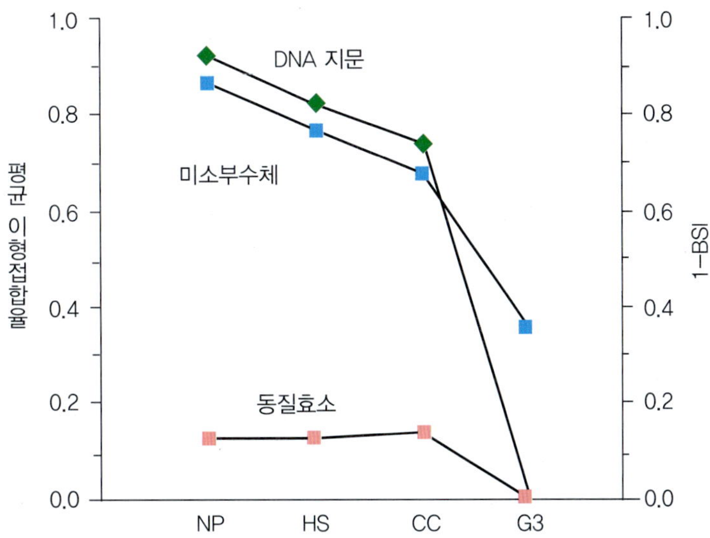


**그림 5.9** 참돔 미소부수체, DNA 지문 및 동위효소를 지표로 한 유전적 다양성 비교. NP는 야생집단, HS는 방류용 종묘, CC는 양식용 종묘, G3는 극체 방출 저지형 자성 발생 3세대를 말한다. 미소부수체 및 동위효소는 평균 이형 접합율로 평가하고 DNA 지문은 밴드 공유도(BSI)로 평가한다.

효과가 작용한 것으로 볼 수 있다. 한편, 이형 접합체율의 완만한 저하는 다른 접합체율이 여전히 높은 것을 의미하고 있고 계대교배의 반복에도 불구하고 근교계수가 낮게 유지되고 있는 것을 나타내고 있다. 이 사례는 참돔의 양식용 종묘 생산장에서 급격한 근교계수의 상승을 방지할 수 있는 최저한도의 친어수가 확보되어 있는 것을 시사하고 있다.

### 5.6.4 염색체 조작 어류의 유전적 다양성

- **인위 자생발생 2배체** : 은어의 정상 2배체, 난할 저지형 자생발생 2배체 및 클론(2세대)의 BSI를 동일한 필름 내에서 비교했을 때 클론의 BSI는 1이라는 최곳값을 보여주고, 정상 2배체의 BSI는 0.527로 작은 수치를 보여줬다. 난할 저지형 자생발생 2배체의 BSI는 0.314와 같이 더 작은 수치를 보여줬다. 근교계수는 난할 저지형 자생발생 2배체에서 F = 1, 극체 방출 저지형 자생 발생 2배체에서 F = 0.5 정도지만 난할 저지형에서는 유전자형이 분리되기 때문에 개체 차이가 더 뚜렷해진다. 더욱이 같은 조의 접합화로 인해 출현 밴드 수가 감소한다. 이 같은 이론적 예측은 집단 내 평균 BSI 및 검출된 밴드 수로 검증되었다.

미소부수체 DNA 다형에 있어서 난할 저지형 자생발생 2배체의 이형 접합체율은 0이고 극체 방출 저지형 자생발생 2배체는 표지자 유전자와 동원체 간의 거리에 따라 0~1.0 사이의 수치인 것으로 알려져 있다. 이런 특성이 감수분열 시 상동염색체 간의 교차로 인해 일어나는 것을 이용해서 G-C 간 거리를 추정할 수 있다.

- **클론성의 증명** : DNA · FP가 기술이나 다른 요인으로 인해 변하는지 아닌지는 매우 궁금한 일이다. 인공적으로 만든 클론 집단(은어, 넙치)이나 같은 배에서 나온 붕어는 동일한 패턴을 나타냈다(그림 5.5). 동일한 필름 내에서 개체 간을 비교하는 한 개체 간 차이에 유전 이외의 요인이 관여할 가능성은 전혀 없는 것으로 밝혀졌다.
- **복수의 클론계 혼합사육에 의한 유전분산과 환경분산의 분리** : 분산분석에 의한 양적 형질의 유전분산과 환경분산의 추정을 정확히 하기 위해서는 만들어낸 복수의 가계를 동일한 환경에서 사육할 필요가 있다. DNA 표지자를 가계 식별 표지자로서 이용해서 유전분산(dielectric dispersion)과 환경분산(environment dispersion)보다 더 정확히 추정하는 것이 시도되고 있다.

### 5.6.5 절멸위기종의 유전적 다양성의 평가

참돔이나 은어의 야생집단의 변이성 지표(1-BSI)는 0.7~0.9로 아주 높다. 그러나 절멸위기종(endangered species)인 류큐은어는 변이성의 지표(1-BSI)가 0.5 정도까지 저하되었고 유전적 균질화가 시사되었다. 이런 유전적 다양성의 저하 현상은 미소부수체 DNA 표지자를 이용함으로써 더 분명히 알 수가 있다(그림 5.10).

### 5.6.6 근교계수의 추정

근친교배를 하는 집단에서는 이형 접합체 빈도가 저하된다. 야생집단의 임의교배 조건에서의 이형 접합체율을 $H_o$로 하고 인공 종묘 생산을 t세대를 통해서 실행했을 경우의 근교계수를 $F_t$로 하면 t 세대 후의 이형 접합체율은 $H_t = H_o \cdot (1 - F_t)$가 된다.

DNA 지문에서 유전자 위치를 측정할 수는 없지만 각 밴드가 멘델의 유전양식에 따라 출현하기 때문에 근교 집단에서는 이형 빈도 감소로 인해 평균 출현 밴드 수는 감소한다. 실제로 은어 DNA 지문에서 막(membrane)의 어떤 구간에 출현하는 밴드 수를 확인해 보면 난할 저지형 자생 발생 2배체(F = 1)나 클론 집단에 있어서 밴드 수가 확실히 감소하는 것이 밝혀졌다.

한편, 미소부수체 DNA 다형에서는 유전자 위치마다 이형 접합체율을 추측할 수 있기 때문에 야생집단과 인공 종묘 집단의 이형 접합체율을 다음 식 $F_t = (H_o - H_t) / H_o$에 대입해서 t 세대째의 근교계수(F)를 추정할 수 있다.

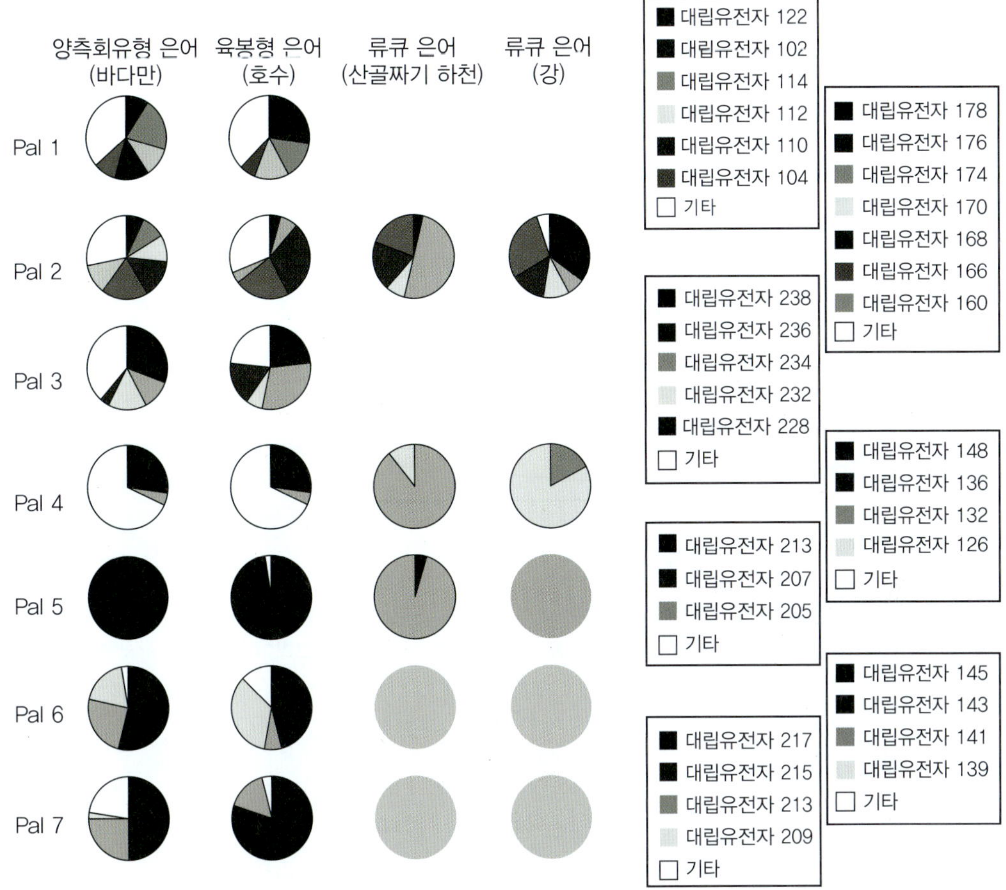


**그림 5.10** 은어의 미소부수체 DNA 다형. Pal 7 유전자 위치. 은어가 다형적인 것에 비해 류큐은어는 유전적 다양성이 없어진 것을 알 수 있다.

## 5.6.7 친자감정과 인공 종묘 집단의 유효한 크기 추정

미소부수체 DNA 다형에서는 친어 유전자형을 결정한 단계에서 자동적으로 인공 종묘의 모든 개체가 표지되었다(**그림 5.11**) 또 부모(친어)와 새끼(치어) 유전자형을 유전자 자리마다 비교할 수 있다(**그림 5.12**). 따라서 인공 종묘 생산에 있어서 재생산에 직접 관여한 친어의 특정(**그림 5.13**) 개체 수, 여러 형질 친자의 상관관계, 종묘의 방류후 추적조사 등에 응용할 수 있다.

이것으로 인공 종묘 집단에서는 집단의 유효한 크기가 어느 정도 수치로 나타나는지가 실제로 측정되고 있다. 250마리 친어를 사용한 참돔의 인공 종묘 생산에 있어서(**그림 5.11**) 재생산에 직접 관여한 친어 수가 87마리인 것으로 나타났다. 자웅비율 및 1 쌍당 산자수(litter size)의 불균형으로 인한 편차를 보정하면 집단의 유효한 크기($N_e$)

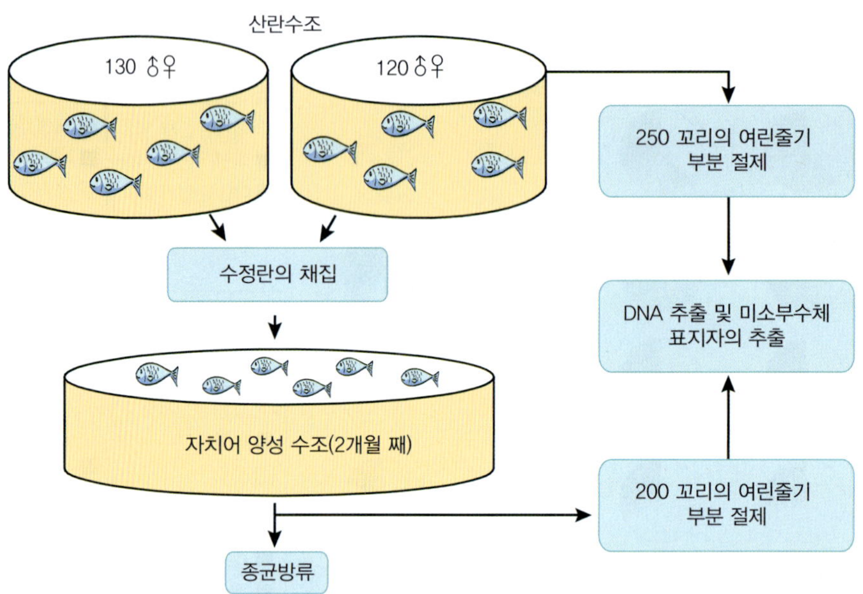


**그림 5.11** DNA 표지자로 인한 인공 종묘 표지의 흐름. 산란기가 끝나고 나서 친어 지느러미 일부를 잘라서 DNA를 추출한다. 치어는 방류 직전(부화 후 2개월)에 채집하고 지느러미 일부를 잘라서 DNA를 추출한다.

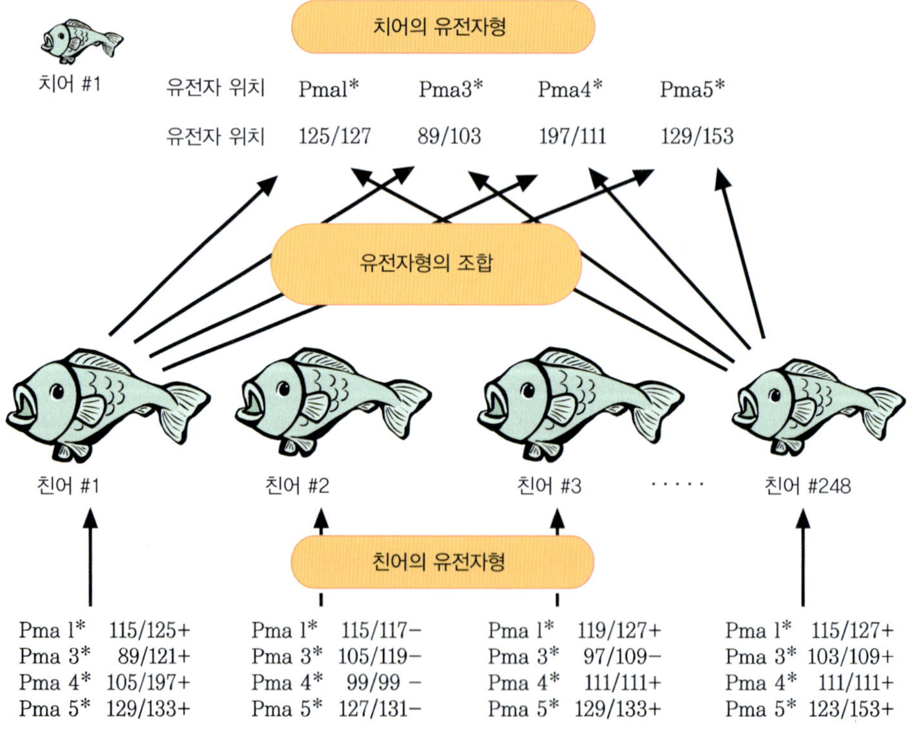


**그림 5.12** 친어와 치어의 DNA 다형을 검출해서 유전자형을 결정한 후 컴퓨터로 친자판별을 한다. 상단 치어 유전자가 친어#1과 #248에 유래하는 것을 알 수 있다.

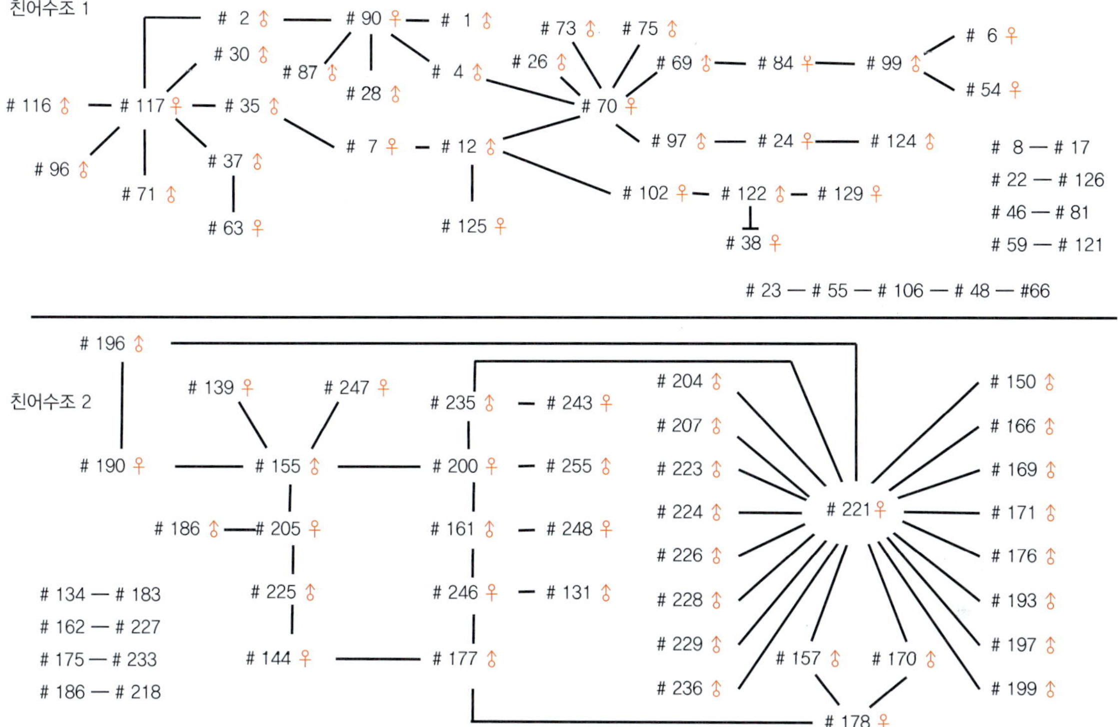


**그림 5.13** 친자감정 결과에 따라 작성한 교배 모델. 1마리의 암컷이랑 복수의 수컷이 교배하는 경우가 많고 이것은 실제로 관찰되는 산란 행동과 잘 일치한다.

는 63.7인 것으로 추측되고 FAO가 제안한 $N_e$ 기준보다 약간 큰 것으로 밝혀졌다.

### 5.6.8 방류어류의 추적조사

미소부수체(microsatellite) DNA 다형에서는 대립 유전자 수가 많아서 1유전자 위치 내 유전자형의 수는 대단히 많게 된다. 복수의 유전자 위치를 조합하면 게놈형의 빈도는 아주 작고 동일한 형태가 2개체 발현할 확률은 $I = \Sigma_i p_i^4 + \Sigma_i \Sigma_j > i(2p_i\ p_j)^2$으로 계산할 수 있다. 단, $p_i$ 및 $p_j$는 i번째 j번째의 대립 유전자 빈도를 말한다. 참돔의 인공 종묘 생산에 있어서 5개의 유전자 위치의 대립 유전자 실측값으로 추정된 I값은 $3.31 \times 10^{-9} \sim 5.76 \times 10^{-9}$이였다. 이것은 임의의 2개체의 게놈형이 동일할 확률이 1억7,500만 마리에 한 번인 것을 나타내고 있다.

따라서 인공 종묘 생산된 참돔은 이들 생산에 사용된 친어 유전자형을 판정하면 개체 식별이 가능해지기 때문에 이것을 천연수역으로 방류한다. 일정 기간 후에 야생어류를 채집하고 이들 중에 인공 종묘에 유래할 것 같은 게놈형의 개체가 발견되면 확률적으로 보아 이것은 방류어류라고 판단할 수 있다. 이런 방류어류의 추적 조사법은 양식어업의 방류효과 판정을 위한 유용한 정보를 제공할 수 있다.

### 5.6.9 앞으로의 과제

환경 파괴와 남획으로 인해 천연 어업 자원이 매년 저하되는 상황과 반대로 단백질 공급원으로서 어업 생산에 대한 기대는 커지고 있다. 이런 상황에서 유전적 다양성 보전의 필요성은 더욱 높아질 거라고 생각된다. 따라서 하천이나 호수의 생태계, 기수, 조간대, 천해, 심해 등 여러 해양 생태계 집단에 대해서 이후의 야생집단보전 기준이 되는 데이터를 신속하게 만들어낼 필요가 있다.

양식에서는 개량한 우량계통을 보전 관리하기 위해서, 그리고 양식어업에서는 인공종묘 생산과정에서 일어나는 우연한 유전적 변화를 방지하기 위해서 유전 표지자로 인한 모니터 체제를 실행할 필요가 있다.

희소종이나 절멸 위기종이 늘어나고 있다. 현재 이들의 유전적 다양성 상태를 파악하기 위해서 어류를 채집하고 죽인다면 절멸을 촉진할 수도 있다. 어류를 희생하지 않기 위해서는 미량의 시료로 유전 표지를 검출해야 한다.

일단 절멸해버린 집단에 대해서는 지방집단의 재생을 위해 어떤 잔존집단에서 어느 정도의 개체를 이식하면 되는지 창시집단의 설계방침을 작성하는 것도 생각해야 한다. 앞으로 이런 환경(생태계)을 수복하기 위한 유전학적 조사연구의 필요성이 높아질 것으로 생각된다.

이들 어떤 과제에 있어서도 DNA 다형을 비롯한 유전 표지자 없이는 이 같은 일들이 진행되지 않을 것이다. 유전적 표지자 검출기술의 개발과 간편화에 관한 조사연구는 앞으로도 계속 진행될 필요가 있다.

## 5.7 DNA 표지자를 이용한 새로운 수산육종

사람을 비롯한 많은 생물에서 게놈 정보에 관한 연구가 급속히 진전되면서 분자 수준의 게놈 구조와 기능, 즉 유전정보에 관한 새로운 지식이 축적되고 있다.

수산 양식기술의 발달은 연어, 송어, 넙치, 참돔, 보리새우 등 다수 수산생물의 양적 생산을 가능하게 했다. 양적 생산기술에 의한 대량생산이 가능하게 됨에 따라 이제는 내병성(disease resistance), 고성장(high growth), 육질 등에 대한 질적인 개량 즉, 경제형질에 대한 개량을 추구하고 있다. 소, 말, 돼지, 닭 등에서는 육종이 성행하여 예로부터 다수 품종이 개발되었으나, 비교적 최근에 대량생산이 가능하게 된 양식어류에서의 품종개량에 대한 성공 예는 드물다. 그 이유로는 수산생물은 양식에 의한 대량생산이 가능하게 된 역사가 짧고 지금까지 안정적인 양적 생산의 확보에 전력을 다하였기 때문이다. 현재 소비자들은 안정적인 대량생산이 가능한 양식어류를 안진하고 더 맛있는 음식으로 식탁에서 만날 수 있기를 바라면서 양식어류의 질적인 개량을 요구하고 있다.

질적 개량은 '육종(품종개량)'에 의해 이루어지게 되고 육종은 '유전형질'의 이해로 가능해진다. 앞부분에서 기술한 바와 같이 분자수준에서의 게놈(genome) 연구는 유전정보에 대한 많은 성과를 가져오고 있다. 그 중에서도 'QLT 해석'이라고 불리는 방법은 표현형을 지배하는 혹은 표현형과 관계하는 미지의 유전자 위치를 DNA 표지자를 사용하여 탐색할 수 있다는 점에서 획기적이라 할 수 있다. QLT 해석에서 최종적으로는 위치추적 클로닝(positional cloning)에 의해 원인 유전자를 찾아내는 것이지만, 표현형과 연관하는 DNA 표지자를 발견하면 그 DNA 표지자를 육종에 활용하는 것이 가능하다.

이 방법은 종래의 표현형에만 의지했던 육종에서는 상상하지 못할 정도로 육종 효율을 높일 수 있으며, 현대 과학에서는 이를 '표지자 선발육종(marker assisted selection, MAS)'이라고 하는 새로운 육종법으로 부르며 관심을 가지고 있다. 유전정보의 이용이란 측면에서 2가지 방법이 있다. 하나는 적극적으로 유전자 조작을 해서 생명개조를 하여 생산이나 치료에 이용하려고 하는 유용물질을 인위적으로 생산하게 하는 하드 패스(hard path)가 있고, 또 하나는 유전정보를 이용하면서 유전자 조작을 하지 않고 생물체의 유전능력을 최대한 활용하는 소프트 패스(soft path)가 있다. 유전자 표지자에 의한 선발육종은 여기에 해당한다. 즉, 어류의 유전자 정보를 친어 선발 시 이용하여 유전자 재조합에 의한 선발이 이루어질 수 있으므로 표현형에 대한 정보로 친어를 선발했던 기존의 선발육종의 효율을 높일 수 있다. MAS는 육종방법에 있어서는 기존의 통계를 기본으로 하는 선발육종과 다르지 않고 다만 경제 형질에 관여하는 유전자 정보에 의해 정확하게 유전적으로 우수한 개체를 선발할 수 있는 수단이 될 수 있다.

### 5.7.1 수산분야에서 유전자 표지자 선발육종이 필요한 배경

앞에서 서술한 바와 같이 양식어류의 안정된 양적 생산이 가능하게 되어 양식어류가 대중화된 현재, 소비자들은 '안전하고 맛있는 생선'을 원하고 있다. 또한 양식어 생산자도 이러한 소비자의 요구에 합당한 품종을 만들기를 원하고 있다. 질병에 강한 어종 및 온도변화에 적응력이 강한 생선은 어병 발생을 감소시킬 수 있어 약재 및 항생제 등을 사용하지 않고 양식을 가능하게 하기 때문에 안전한 식품으로서 소비자의 요구에 부합될 수 있을 것이다. 게다가 육질이 좋은 생선은 소비자의 욕구를 충족시켜 줄 수 있고 성장이 좋은 생선은 생산 비용을 절감시킬 수 있어 결과적으로 시장가격에 반영되기 때문에 소비자들을 만족하게 할 수 있다.

전통적인 육종에 이용한 도구는 어류의 표현형을 육안으로 관찰하는 표현형 기록이었으며, 이러한 표현형 기록에 근거하여 통계적 기술에 의해 유전능력을 평가하였다. 그러나 이러한 표현형 기록에 근거한 유전 능력평가의 이론적 배경에는 특정형질에 관여하는 유전자로 수없이 많은 유전자가 관여하며, 관여하는 개개의 유전자는 동일한 효과를 가지고 있다는 이론에 근거한 것이다. 따라서 전통적인 육종의 유전능력 평가는 실제 표현형에 작용하는 유전자 집단의 블랙박스(Black box)에 대한 정보를 알지 못한 채 표현형 정보에만 근거하여 유전능력을 평가하는 것이다.

최근에 급속도로 발전한 DNA 기술에 의하여 주요 경제형질에 작용하는 주요 유전자에 대한 정보를 밝혀내게 되었다. DNA 기술에 의한 여러 유전자 표지자들이 실제 표현형에 관여하는 유전자일 수도 있지만 주로 그 표지자와 연관되어 있는 QTL이 관여한다고 할 수 있다. QTL 분석을 위한 유전자 지도가 작성되고 지도상의 QTL을 확인하기 위해 기준가계집단에서 형질과의 연관성을 조사하게 된다.

이러한 방법으로 유전자 표지자를 지표로 하여 원하는 유전형질을 선택함으로써 유전적 다양성을 유지하면서 목적으로 하는 유전자만을 고정할 수 있기 때문에 품종의 실용화를 기대할 수 있다. 전통적인 표현형 기록에 DNA 표지자의 정보를 추가하여 유전능력 평가의 정확도를 높여서 유전적 개량의 효율성을 높이는 것이 바로 DNA 표지자를 이용한 선발육종이다.

## 5.7.2 유전자 표지자 선발육종의 개요

DNA 표지자를 분리하여 축적함과 동시에 연쇄분석[둘 이상의 대립형질이 아울러 유전하는 일. 대립유전자(대립형질을 지배하는 유전자)가 동일한 염색체 위에 있기 때문에 일어나며 유전할 때 멘델의 독립법칙에 따르지 않음]에 의한 가계 해석을 통하여 유용 유전형질과 연쇄된 DNA 표지자를 탐색한다. 유용 유전형질과 연쇄된 DNA 표지자를 발견한다면 유전형질을 표현형이 아닌 유전자 DNA 표지자를 이용한 유전자형으로 구별할 수 있기 때문에 그 개체가 그 형질을 갖는지 판별할 수 있다.

### 가. DNA 표지자와 유전자 지도

유전형질이 게놈 상의 어디에 있는지를 알아내는 전략은 퍼즐을 연상하면 이해하기 쉽다. 퍼즐의 한 조각은 DNA 단편에 해당하고 유전자 DNA 표지자는 퍼즐의 한 조각의 특징을 보여주는 표지에 해당한다(그림 5.14). 퍼즐 조각에는 고성장을 결정하는 특징 혹은 내병성에 관한 특징 등 수산육종에서 유용한 유전형질이 숨어있다. 그러나 유용 유전형질을 결정하는 단백질 혹은 유전자를 퍼즐의 조각처럼 나누지 않고 직접적으로 그 기능을 찾는 것은 거의 불가능하다. 게놈을 퍼즐 조각과 같이 세분화하여 분

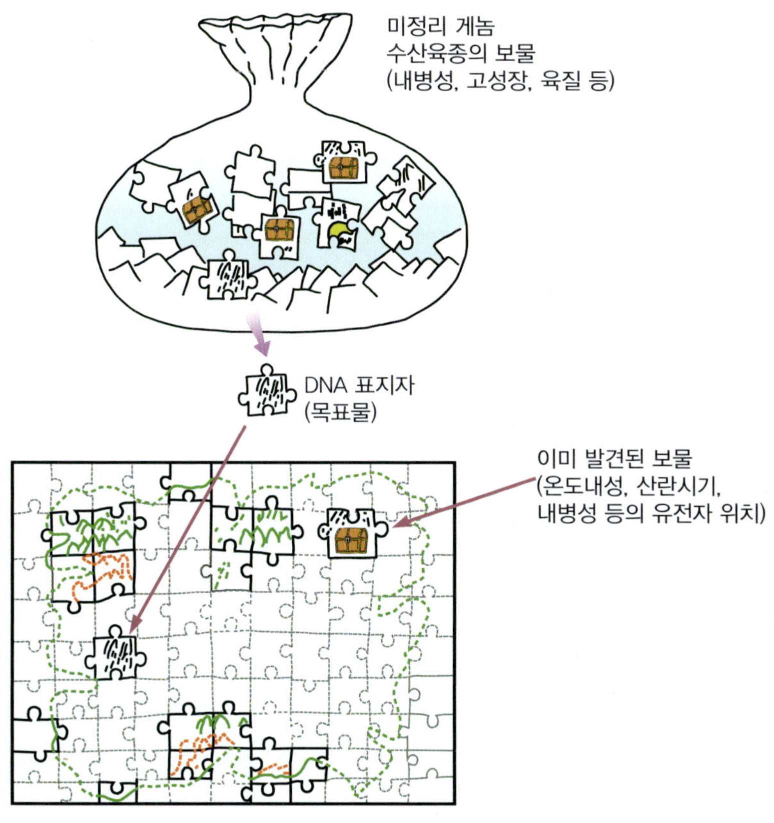


**그림 5.14** 위치추적 클로닝(positional cloning)법의 개략도(퍼즐 조각을 이미지 한 설명).

석하여도 그 조각에는 각각의 특징이 있기 때문에 조각이 맞춰져 그림이 완성된다.

DNA 표지자를 사용한 유전자 지도를 작성하는 것은 퍼즐의 조각을 끼워 맞추는 것과 같은 이미지를 연상할 수 있다. 이렇게 하여 작성된 유전자 표지자 간 유전자 지도 즉, 가상 염색체(framework) 지도는 유용형질과 연쇄되는 유전자 표지자를 효율적으로 찾아 줄 수 있는 도구가 된다. 왜냐하면 하나의 염색체에는 복수의 유전자 표지자가 표시되어 있기 때문에 만약 각각의 다른 염색체를 대표하는 유전자 표지자를 사용하여 조사할 때 그중에 어떤 한 개의 유전자 표지자가 유용형질과 연쇄되어 있다면 집중적으로 그 표지자와 같은 염색체상에 있는 표지자를 조사함으로 유용형질과 가장 강하게 연쇄된 유전자 표지자를 찾을 수 있다.

만약 유전자 지도가 없다면 사용할 수 있는 유전자 표지자 전부를 사용하여 조사할 수밖에 없고 유용형질과 가장 잘 연쇄하는 표지자를 얻기 위해서는 전체 게놈을 대상으로 해야 하기 때문에 엄청난 수의 표지자를 사용해야 하며 원하는 유전자를 찾아낼 확률 또한 희박하다.

### 나. 기준 가계에서의 연쇄분석

유전자 표지자는 게놈의 어떤 영역에서의 부계(male) 유전자 위치와 모계(female) 유전자 위치를 시각적으로 구별하여 표시할 수 있다. 이는 만약 이 유전자 DNA 표지자 자신 혹은 그 DNA 표지자 근처에 예를 들어 내병성을 결정하는 유전자 위치가 있어 부계 혹은 모계의 어느 한 쪽의 염색체에 내병성의 유전자가 존재한다면 그 내병성 어류와 감수성 어류를 교배시켜 그 자손에서 내병성 어류 유래 유전자와 감수성 어류 유래의 유전자가 조합된 유전자를 가진 4가지 형태의 어류가 나타나는데 이들 중 내병성 친어에서 유래된 내병성 유전자 위치를 가진 개체만 내병성을 나타낸다(그림 5.15). 하나하나의 DNA 표지자는 고유의 전기이동 패턴(genotype)을 가지고 있기 때문에 그 DNA 표지자의 유전자형과 내병성의 유전성이 부모와 자손 간에 일치하는 것을 기준 가계에서 찾아내야 한다.

유전자형과 내병성의 유전자와의 사이에 대응관계가 확인된다면 그 DNA 표지자는 내병성 형질과 연쇄한다고 할 수 있다. 즉, 내병성 형질을 검출할 수 있는 DNA 표지자를 찾았다고 할 수 있다(그림 5.15). 그러나 DNA 표지자와 내병성 형질이 연쇄하는 것을 찾기는 쉽지 않다. 실제로는 목적 형질과 DNA 표지자가 다른 염색체상에 있는 경우도 많고 그런 경우에는 절대로 연쇄하지 않는다. 연쇄한다는 것은 적어도 동일한 염색체상에 목적 형질과 DNA 표지자가 있어야 하며 이 경우에는 양자의 거리가 떨어져 있을수록 감수분열 시 유전자 교차(cross-over)의 영향을 받고 재조합 빈도(recombinated rate)가 높아진다.

이러한 결과를 이용하여 목적형질에 보다 가까운 DNA 표지자를 찾아내어 최종적으로는 강하게 연쇄하는 DNA 표지자를 알아낸다. 이 과정에서 도움이 되는 것은 앞에서 기술한 DNA 표지자 간의 관계를 나타내는 유전자 지도다. 이미 기술했지만 만약 하나라도 목적형질과 연쇄하는 DNA 표지자를 발견하면 동일한 염색체상에 있는

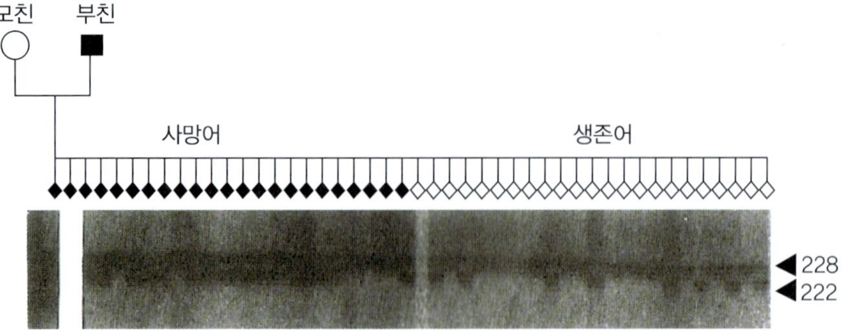


그림 5.15 무지개송어 바이러스 병에 의한 내병성/감수성의 연쇄분석 실제 예. 부계 유래의 대립 유전자 위치(아래 밴드: 크기 222)를 가지는 새끼 집단이 많이 죽은 것을 알 수 있다.

다른 DNA 표지자에 한해서 연쇄관계가 보다 강한 DNA 표지자를 찾으면 된다. 유전자 지도가 없으면 닥치는 대로 DNA 표지자를 가계에 대응시켜야 하므로 효율이 좋지 않다. 이미 DNA 표지자에서 기술했지만 표지자 간 위치관계를 나타내는 가상 염색체(framework) 지도의 구축이 중요하다.

### 5.7.3 수산분야에서 표지자 선발육종을 목표로 하는 연구현황

DNA 표지자에 의한 수산육종을 목표로 하는 연구에 대해서 그리고 아직은 그 대부분이 자원해석을 위해 사용되고 있지만 앞으로 수산육종을 위해 사용할 수도 있는 미소부수체 표지자(그림 5.16)의 분리가 실시되고 있는 어종에 대해서 소개한다.

우선 수산육종을 목표로 하는 연구에 대해서 소개한다. 연어과 어류에 대해서는 양적형질(quantitative trait · QT)인 육질, 내병성, 성장 등의 향상을 목표로 하고 유럽주 5개국(노르웨이, 아일랜드, 영국, 덴마크, 프랑스)과 캐나다 연구자가 『SALMAP』라고

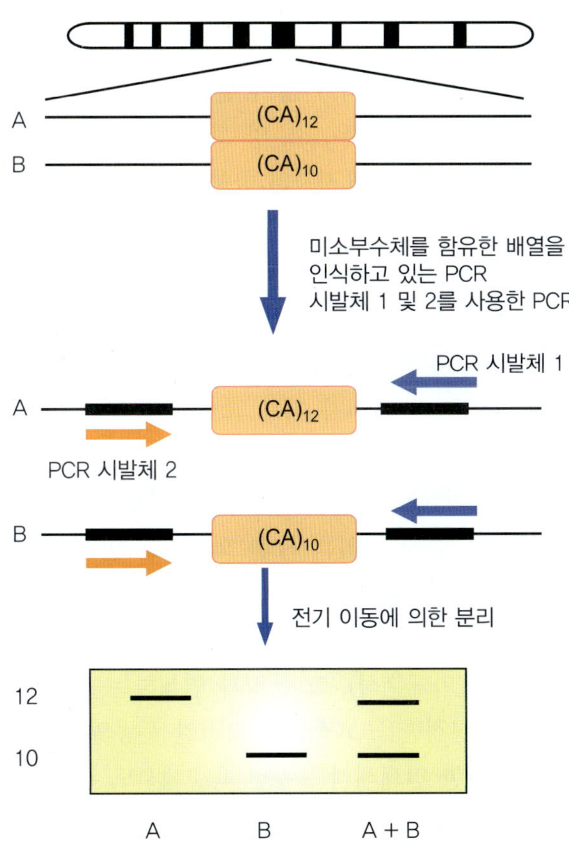


그림 5.16 미소부수체 표지자 검출 방법 원리. 미소부수체를 포함하는 배열을 인식하는 PCR 시발체 1 및 2를 사용한 PCR; 전기이동으로 인한 분리.

하는 프로젝트를 개시했고 무지개송어, 대서양 연어, 브라운 송어 3가지 어종에서는 각 300개 미소부수체 표지자의 분리와 이들을 사용한 유전자 지도 작성 및 가계분석에 의한 양적 형질 유전자 위치(quantitative trait loci · QLTs)의 탐색을 하고 있다. 스페인과 미국 연구자도 연어과 어류에 대해서 독자적 연구를 하고 있다. 얼룩메기, 줄무늬농어(미국), 잉어(네덜란드), 넙치(일본)에 대해서도 품종개량을 목표로 하고 DNA 표지자의 분리가 실시되고 있다.

보리새우(호주, 태국)에서는 미소부수체 표지자의 분리가 어렵다. 그래서 육종을 목표로 할 경우는 미소부수체 표지자와 비교하면 범용성이 떨어지지만 유전자 증폭산물 길이 다형성 표지자를 사용한 유전자 지도를 작성하고 육종에 응용하려고 하고 있다.

다음은 현재 직접 육종을 목표로 하지는 않지만 미소부수체 표지자를 사용하는 점에서 앞으로 그들을 육종으로 전용할 수 있는 어류에 대해서 소개한다.

틸라피아에 대해서는 키크리류 어류의 분리 · 분화의 해명을 목표로 하는 미국 연구자가 약 60개의 미소부수체 표지자를 분리하여 보고하였고, 유전자 지도의 작성도 진행되고 있다. 유럽산 가자미(스페인), 굴(호주), 인도산 잉어(Indian carp, 인도), 참돔(일본), 은어(일본) 등에서도 미소부수체 표지자가 분리되었다.

그러나 유전자 지도작성에는 연구비가 많이 필요하여 모든 어종에 대해서 지도를 작성하는 것은 어렵다. 가축동물의 경우, 소, 양 그리고 산양은 표지자와 공통성이 있기 때문에 어류에 있어서도 어종 간 표지자의 공통성을 조사하여 효율적으로 지도 작성을 진행할 필요가 있다.

현재 연쇄분석에 의한 가계분석에서 유용 유전자 위치를 수산육종의 분야에서 발견했다는 보고는 학술잡지에서는 거의 없다. 물론 사람을 포함한 다른 분야에서는 이런 성과는 화제가 되고 있어서 수산육종 분야에서도 기대가 크다.

앞으로 표지자의 분리 · 축적과 유전자 지도 작성은 급속히 진행될 것이다. 그리고 무지개송어 등 연어과 어류의 게놈해석 준비는 착실하게 되고 있다. 지연되고 있는 것은 오히려 '소비자나 생산자가 생선에게 원하는 성질은 무엇인가 그리고 그것을 보유하는 어류는 어디에 있는가(사육하고 있는가)'를 확인하는 일일 것이다. 다행히 일본에서는 많은 연구기관 등에서 무지개송어나 넙치 등의 클론 계통을 만들고 있고 수산육종이 진행되고 있다. 이들이 가지는 어류의 특징을 폭넓게 조사하고 확인해서 클론 간 형질평가의 연쇄해석을 통해(가계분석), 그 특징과 연쇄하는 표지자를 발견하면 그 표지자를 사용해서 목적하는 형질만을 고정한 실용적인 품종의 실현이 빠른 시기에 가능해진다. DNA 표지자에 의한 연쇄해석은 수산 육종에서도 확실히 성과를 내고 있다. 그리고 그 성과의 경제적 가치의 크기나 DNA 표지자 특허문제를 포함한 세계 규모의 교감(consensus)이 필요할 것이다.

### 5.7.4 수산유용 어종의 미지의 원인 유전자 위치의 해석

수산 유용어종 중에서 가장 해석이 잘되고 있는 것은 연어과 어류인데, 이들은 세계적으로도 인기 있는 어종이기 때문에 앞으로도 유전자 위치의 해석을 선도할 것이다.

무지개송어에는 우성 유전하는 알비노가 있는데 (우성 유전하는 알비노는 생물 전체에 있어서도 드물다) 그 원인 유전자의 유전자 위치(유전자가 존재하는 장소)가 밝혀졌다. 이것은 원인 유전자 위치가 존재하는 장소를 알 수 있는 DNA 표지자를 발견했다는 것을 의미한다. 또 해석이 어려운 양적 형질(복수의 유전자로 표현형이 복잡하게 지배되고 있는 형질)에 있어서도 온도 내성에 관련하는 유전자 위치, 산란시기에 관련하는 유전자 위치, 전염성 췌장괴사증(IPN)에 관련하는 내병성/감수성의 유전자자리의 위치가 밝혀졌다.

이러한 성과를 얻을 수 있게 된 것도 아직 충분하지 않지만 무지개송어의 유전자 지도 완성으로 인한 부분이 크다. 이러한 성과는 DNA 표지자와 연쇄해석의 유효성을 나타내고 있어서 유용형질과 연쇄하는 DNA 표지자를 사용한 '표지자 선발육종'의 기대가 커지고 있다. 앞으로 DNA 표지자의 축적으로 인해 더 많은 경제 형질에 대한 해석이 진행되고 이들 형질과 연쇄하는 DNA 표지자의 발견 그리고 이 DNA 표지자를 사용한 표지자 선발육종이 조만간 실행될 것이다,

### 5.7.5 DNA 표지자를 사용해서 발견된 사람과 다른 생물의 원인 유전자 위치

DNA 표지자를 사용해서 사람에 있어서 원인 유전자가 분리·동정된 유전병은 뒤셴형 근 위축증을 비롯해 가족성 대장폴립(FAP), 헌팅톤무도병(Huntington's chorea), 가족성 알츠하이머병, 망막아세포종(retinoblastoma), 낭포성 섬유성 골염(osteitis fibrosa cystica), 바이러스 종양, 제1형 당뇨병, 강직성 척추염, 젊은이 유방암, 비만 등 셀 수 없을 만큼 있다. 이들 중에는 멘델 유전하는 것, 소유전자(polygene) 이론으로 설명되는 것부터 안 되는 것까지 포함되어 있어 그 성과는 끊임없다.

사람 이외의 생물에서는 소, 양, 돼지, 닭 등의 가축동물이나 벼, 소맥 등의 곡물 식물이 있고 이들 대부분은 산업 또는 상업을 목적으로 한 게놈해석이 실행되고 있으며 그 대상이 되는 미지의 원인 유전자는 '경제형질'을 지배하는 유전자로 얻어진 유전정보를 육종에 이용하는 노력을 하고 있다.

소에서는 우유 생산량이나 유지방량을 지배하는 유전자 그리고 육질(차돌박이육)에 관한 유전자, 돼지에 있어서는 육질 저하(돼지고기 산성화), 탄력성이 없는 고기, 병원성 대장균 저항성, 척추골수, 성장에 관한 유전자, 닭에 있어서는 마렉병 바이러스(Marek's disease virus) 저항성에 관한 유전자, 벼에 있어서는 도열병 저항성 유전자나

Chapter 06

# 해조의 바이오테크놀로지

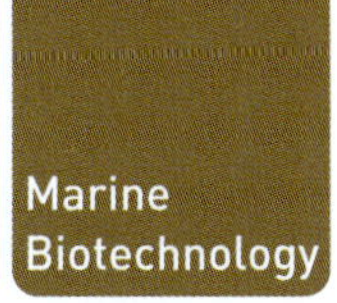

## 6.1 머리말

해조라는 것은 일반적으로 해수 속에서 생육하며 꽃이 피지 않는 은화식물(cryptogam) 중 육안으로 볼 수 있고 다른 물체에 달라붙어서 사는 녹조류, 갈조류, 홍조류를 가리킨다.

수계(水界)를 주요한 생육장소로 하기 때문에 생육 온도나 광합성을 위한 빛 성질이 육상하고는 크게 다르고 같은 식물에 속하더라도 생체성분이나 대사도 해조에는 특유한 경우가 많다. 해조는 플랑크톤과 함께 미래의 식량문제를 해결하는 중요한 열쇠 중 하나로 에너지 자원 또는 생리활성물질 자원으로도 유망하며, 최근에는 현저하게 발전한 해양생명과학기술을 해조에 적용해서 유용한 조류 종자를 개발하거나 유용물질을 생산하는 연구도 시도되고 있다. 그러나 어떤 문제를 해결하려고 해도 녹조류, 갈조류, 홍조류는 각각 진화상 다른 계통 군이기 때문에 생화학적 특징이 다르고 지금까지의 육상식물의 지식으로는 해결할 수 없는 문제가 많이 있다.

최근 미생물 분야에서 눈부신 발전을 이루고 있는 바이오테크놀로지 기술은 동물에서 고등식물까지 그 대상생물을 넓혀 이에 대한 많은 성과들이 달성되고 있다. 제조분야에서는 1950년대 초기에 해조의 조직 배양이 시도되었다. 처음에는 알코올이나 차아염소산나트륨(sodium hypochlorite) 용액을 사용해서 무균조직을 얻기 위한 여러 가지 시도가 있었지만, 눈부신 성과를 거두진 못했다. 그 후 항생물질의 등장과 기술적 개량으로 1980년대에 들어서 일본, 미국, 중국 등에서 많은 바이오테크놀로지 관련 첨단연구가 실행됨으로써 발전을 이루게 되었다.

해조 바이오테크놀로지는 조직 배양(tissue culture), 캘러스 유도(callus induction), 원형질체(protoplast)의 생산과 재생, 세포 융합(cell fusion), 유전자 조작(gene manipulation) 등 여러 분야를 포함하고 있지만, 아직 사용하는 용어도 완전히 통일되어 있지 않은 점 등 해결되어야 할 과제도 많다. 그러나 이 기술은 해조를 단순한 식량자원으로 이용하는 것뿐만이 아니라 유용물질의 대량생산이나 생리활성물질 또는 바이오에너지원으로써 이용하기 위한 가능성을 여는 데 매우 중요한 기술이며 앞으로 그 발전이 기대된다.

해조류는 옛날부터 우리나라에서 김, 미역, 다시마, 파래, 톳, 모자반 등과 같이 식품으로 직접 이용해 온 역사가 있으며, 이들 해조류 양식도 활발하게 이루어지고 있다. 유럽에서 해조는 옛날부터 비료, 유리제조에 필요한 소다재(soda ash) 원료나 요오드(iodine)의 원료로 이용되었다.

현재에는 해조는 식품으로 직접 이용되는 것 이외에 한천, 알긴산, 카라기난(carrageenan)과 같은 유용물질을 추출하기 위한 원조(original algae)로 세계적으로 널리 이용되고 있다. 한천의 경우 우뭇가사리, 꼬시래기 등의 홍조류가 주원료로 이용되고 있다. 또한 안정제, 증점제, 효모로서 식품공업이나 화장품 산업 분야에서 널리 이용되고 있는 알긴산과 카라기난에 대해서 보면 알긴산의 경우는 다시마, 자이언트 켈프, 대황, 감태 등의 갈조류가 이용되며, 카라기난의 경우에는 풀가사리, 진두발, 돌가사리 등의 홍조류가 원조로 사용되고 있다.

최근에는 석유의 대체 바이오에너지원인 메탄 또는 알코올을 얻기 위한 원료로 자이언트 켈프와 같은 대형 해조류가 이용되고 있다. 또한, 소라, 성게, 전복 등의 유용한 수산 동물의 사료로써 해조류의 이용도 매우 중요하다.

## 6.2 해조류의 대량생산

앞에서 기술한 여러 목적에 알맞게 이용되는 해조류는 처음에는 바다에서 자생하는 것을 주로 채취하였으나 수요의 증가를 충족시키기 위해 안정적인 대량생산 수단인 '양식기술'이 점차 발달했다. 전형적인 예로, 우리나라에서 하고 있는 김, 미역, 다시마 등의 양식이다. 이들 식용 해조류의 양식은 현재 중국이나 일본에서도 하고 있다. 최근에는 미국, 캐나다, 뉴질랜드에서도 김 양식이 시도되고 있으며, 미국에서는 식용을 목적으로 사용하고 있진 않지만 자이언트 켈프의 양식이 이루어져 알긴산 원조로서 또는 메탄발효를 위한 원료로 사용되고 있다. 그리고 필리핀에서는 꼬시래기(*Gracilaria verrucosa*)가 양식되어 카라기난의 원조로 수출하고 있다.

최근 들어 대체 바이오 에너지를 개발할 목적으로 메탄발효의 원료가 되는 해조를 연속적으로 대량생산하려는 시도가 이미 미국에서 자이언트 켈프를 대상으로 이뤄지고 있고, 일본에서는 다시마나 기타 생산성이 높은 대형 갈조류를 대상으로 연속적인 대량생산을 위한 해양농장의 형태가 검토되고 있다. 이것은 연안에 대규모 해양농장을 설치하여 메탄발효의 원료가 되는 해조를 연간 내내 생산하여 공급하고자 하는 것이다.

일본에서 시도하고 있는 해조양식를 위한 시설면적은 $8.05\text{km} \times 5.12\text{km} = 41.216\text{km}^2$이고, 그 안에 양식시설(단위농장, $850 \times 980\text{m}$) 28개가 설치되어 다시마나 대형 갈조류가 단독 또는 조합으로 재배된다.

각 단위농장에서는 시기를 옮기면서 육상의 종묘생산 시점에서 키운 해조의 모종(seedling)을 이식하여 적당한 기간 동안 양식한 다음 크게 성장한 것을 수확선에 의해 자동적으로 수확한다. 자동적인 수확을 위해서 수확선이 필요한데 수확선이 그 기능을 충분히 발휘하기 위해서는 이것에 효율적으로 대응할 수 있는 구조를 가진 양식시설이 만들어져야 한다.

수확한 해조는 메탄발효 시설로 운반되어 발효기질로 사용되지만 경제성을 고려하여 발효하기 전에 해조에 함유되어 있는 유용성분을 추출한다. 유용성분으로는 색소류, 알긴산, 수용성 알긴산, 여러 가지 항임제 및 항균성 물질 등이 있다. 또 메탄발효의 잔사에서 유용성분을 회수하는 것도 고려된다. 이 같은 성분으로서 요오드, 비타민류, 에이코사펜타엔산(EPA: eicosapentaenoic acid) 등이 있다. 비타민 $B_{12}$나 EPA는 모두 어류의 치어에게는 각별한 생리학적 영양학적 의의가 있는 것으로 알려져 있고, 양식어류의 사료용 첨가물로 이용 가능하다.

## 6.3 조직 배양

유용해조를 대량생산하기 위해서 여러 방법이 고려되고 있으며, 그 중 하나가 바로 조직 배양 기술을 응용한 종묘의 대량생산이다. 이를 위해서는 우선 해조조직의 일부를 무균화시켜서 조직 배양에 성공할 필요가 있다. 그러나 해조의 표면은 점질물이 풍부하고 특히, 천연에서 생육하는 해조류에는 다량의 미세한 동식물이 그 표면에 부착되어 있거나 표면 근처인 세포층까지 들어가서 기생하기 때문에 무균조직을 얻는 것은 그렇게 쉬운 일이 아니다. 처음부터 무균화법으로써 사용되어 온 것은 피펫 세정법(주로 유주자나 포자와 같은 단세포를 대상으로 한다), 한천플레이트 세척법, 자외선 조사법, 초음파 처리법, 항생물질 처리법, 알코올 요오드 또는 염소용액에 의한 살균법 등이며 이들은 각각 단독으로 사용하는 게 아니라 여러 방법을 조합해서 사용하고 있다.

예를 들면 해양에서 채집해온 해조는 우선 육안으로 볼 수 있는 부착생물을 제거한 후 초음파 처리로 더 미세한 부착물을 제거한다. 다음으로 여러 가지 항생물질의 혼합액 안에서 이틀간 배양하고 최종적으로 요오드 또는 염소로 살균하는 방법 등이 유효하다. 그러나 이들 방법은 많은 숙련을 필요로 하기 때문에 유감스럽게도 누구나 무균화를 쉽게 할 수 있는 것은 아니다. 유주자를 방출하는 해조에 대해서는 그림 6.1에 나타낸 "일 단계 선택법"이 비교적 간단하고 재현성도 좋아 이 방법을 통한 무균화율은 90% 이상의 효율을 얻을 수 있다.

다시마목 해조를 대상으로 한 경우의 "일 단계 선택법" 순서 개요는 다음과 같다.

❶ 성숙한 해조(포자체)를 가제로 닦고 멸균된 해수로 몇 번 씻고 약 1cm 크기의 절편으로 만든다.

❷ 이 절편 10개를 100ml의 항생물질 혼합액이 들어있는 플라스크에 넣어 냉장고에 이틀간 보존한다.

❸ 이 절편 1개를 멸균된 인공해수로 씻고, 멸균된 인공해수가 들어있는 샬레 안에 넣는다. 10분 정도 지나면 많은 유주자가 방출된다.

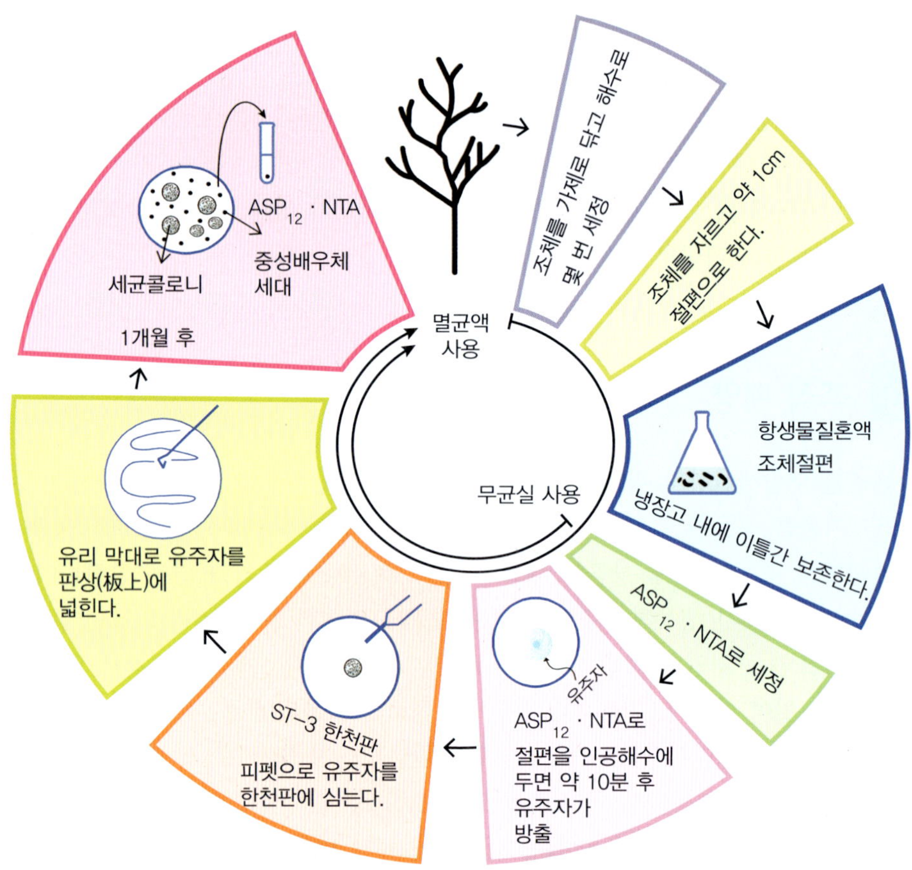


**그림 6.1** 간단한 조류주(algae strain) 무균화의 방법 "일 단계 선택법"

❹ 마이크로피펫으로 유주자를 빨아 올리고 $ST_3$ 한천배지상에서 2~3방울을 떨어뜨리고 유리막대로 퍼지게 한다.

❺ 한달 후 발아체는 직경 약 1mm의 분지(branching) 사상체의 덩어리가 되고 혼입된 세균은 3~5mm의 콜로니가 된다. 세균에 오염되지 않은 조체를 10ml의 $ASP_{12}NTA$배지를 넣은 시험관에 이식한다.

❻ 이들 조체는 한달 후에 직경 약 3mm의 마이크로캘러스(microcallus)가 된다. 이렇게 해서 만들어진 마이크로캘러스의 배양은 $ST_3$, ASP-B1, 기타 검색용 배지를 사용해서 무균화 되었는지를 확인한다.

이미 "일 단계 선택법"으로 90% 이상의 효율로 무균화에 성공했다는 연구보고가 있다.

해조의 조직 배양에 성공하기 위해서는 사용하는 배지가 매우 중요하다. 해조배양을 위한 배지에는 천연해수를 기본으로 하여 영양염 기타 필수 영양소를 가한 영양강

표 6.1 주요한 해조용 영양강화 해수원액의 조성

| | ES[*1] | PES[*2] | PESI[*2] | ESS[*3] |
|---|---|---|---|---|
| 증류수 | – | 100ml | 100ml | 60ml |
| 해수 | 100ml | – | – | – |
| 질산나트륨($NaNO_3$) | 10mg | 350mg | 350mg | 600mg |
| $Na_2$ · 글리세롤인산 | – | 50mg | 50mg | 80mg |
| 제2인산나트륨($Na_2HPO_4 \cdot 12H_2O$) | 2mg | – | – | – |
| 철(as EDTA, 몰비 1:1) | – | 2.5mg | 2.5mg | – |
| 철 · 세키스트렌 | – | – | - | 40mg |
| 금속혼합용액PII[*4] | – | 25ml | 25ml | 40ml |
| 비타민 $B_{12}$ | – | 10μg | – | – |
| 티아민 | – | 0.5mg | – | – |
| 비오틴 | – | 5μg | – | – |
| ESS용 비타민 혼합용액[*5] | – | – | – | 1ml |
| 토양추출물 | 5ml | – | – | – |
| 트리스(Tris) | – | 500mg | 500mg | – |
| HEPES | – | – | – | 1g |
| 요오드화칼륨(KI) | – | – | 100μg | – |
| pH | – | 7.8 | 7.8 | 7.8 |

*1 ES용액은 멸균 후, 희석하여 사용한다.
*2 PES, PESI 원액을 여과한 해수 100ml에 대해서 2ml 첨가하여 사용한다.
*3 ESS원액을 여과한 해수 100ml에 대해서 1ml 첨가하여 사용한다.
*4 표 6.2의 주를 참조
*5 ESS용 비타민 혼합액의 조성(1ml 중) : 비타민 $B_{12}$ 10μg, 비오틴 10μg, 티아민 염산염 1mg, 니코틴산 1mg, 판토텐산 칼슘 1mg, p-아미노안식향산 100μg, 이노시톨 10mg, 티민 1mg

화 배지와 화학 약품만을 사용해서 조제한 인공해수에 영양염 기타 필수영양소를 가한 합성배지가 있다(표 6.1).

대표적인 영양강화 배지로는 해조의 배양에 오래전부터 사용되어 온 Erd-schreiber (ES)배지가 있고, 최근 들어 녹조류나 홍조류 배양에 자주 사용되고 있는 PES배지, 갈조류 배양에 자주 사용되고 있는 PESI배지, 해태(김)류, 다시마류, 파래류 등의 유용해조류의 종묘(seed) 생산용으로 개발된 ESS배지 등이 있다. 또 대표적인 합성배지로는 미국의 프라바솔리(Provasoli) 등에 의해 만들어진 ASP배지가 있고, 녹조류에는 $ASP_1$이나 $ASP_7$이, 홍조류에는 $ASP_2$나 $ASP_6$가, 갈조류에는 $ASP_{12}$가 자주 사용되고 있다. 그리고 해조류의 조직 배양을 위한 기본 배지로서 $ASS_1$배지가 개발되어 녹조류, 홍조류, 갈조류 등 전반에 걸쳐서 좋은 결과를 얻을 수 있고, 무균주의 보존용 배지로서도 사용되고 있다(표 6.2 및 표 6.3).

표 6.2 주요 해조용 합성배지의 조성(100ml 중에서)

| | $ASP_1$ | $ASP_2$ | $ASP_6$ | $ASP_7$ | $ASP_{12}$ | KDX | $ASS_1$ |
|---|---|---|---|---|---|---|---|
| 염화나트륨(NaCl) | 2.4g | 1.8g | 2.4g | 2.5g | 2.8g | 1.9g | 2.5g |
| 황산나트륨($Na_2SO_4$) | – | – | – | – | – | 0.32g | – |
| 황상마그네슘($MgSO_4 \cdot 7H_2O$) | 0.6g | 0.5g | 0.8g | 0.9g | 0.7g | – | 1.0g |
| 염화마그네슘($MgCl_2 \cdot 6H_2O$) | 0.45g | – | – | – | 0.4g | 0.87g | – |
| 염화칼륨(KCl) | 60mg | 60mg | 70mg | 70mg | 70mg | – | 70mg |
| 칼슘[Ca(as $Cl^-$)] | 40mg | 10mg | 15mg | 30mg | 40mg | 50mg | 30mg |
| 질산나트륨($NaNO_3$) | 10mg | 5mg | 30mg | 5mg | 10mg | 8.5mg | 10mg |
| 황산암모늄[$(NH_4)_2SO_4$] | – | – | – | – | – | 0.66mg | – |
| 제2인산칼륨($K_2HPO_4$) | 2mg | 0.5mg | – | – | – | – | – |
| 제3인산칼륨($K_3PO_4$) | – | – | – | – | 1mg | – | – |
| 제1인산나트륨($NaH_2PO_4 \cdot H_2O$) | – | – | – | – | – | 0.7g | – |
| 규산나트륨($Na_2SiO_3 \cdot 9H_2O$) | 2.5mg | 15mg | 7mg | 7mg | 15mg | – | – |
| 탄산나트륨($NaCO_3 \cdot H_2O$) | – | 3mg | – | – | – | – | – |
| 탄산수소나트륨($NaHCO_3$) | – | – | – | – | – | 8.8mg | 10mg |
| 글리세롤인산나트륨 | – | – | 10mg | 2mg | 1mg | 0.14mg | 2mg |
| 철[Fe(as $C^-$)] | – | 50µg | – | - | - | – | – |
| 금속혼합액 P II[*1] | 1ml | 3ml | – | 3ml | 1ml | – | – |
| 금속혼합액 S II[*2] | – | – | – | – | 1ml | – | – |
| 금속혼합액 P8[*3] | – | – | 1ml | – | – | – | – |
| 금속혼합액(ASS용)[*4] | – | – | – | – | – | – | 1ml |
| 비타민 $B_{12}$ | 0.02µg | 0.2µg | 0.05µg | 0.1µg | 0.02µg | – | – |
| 비오틴 | – | – | – | – | 0.1µg | – | – |
| 티아민 염산염 | – | – | – | – | 10µg | – | – |
| 비타민혼합액 S3[*5] | – | 1ml | – | 1ml | – | – | – |
| 비타민혼합액 8A[*6] | 0.05ml | – | 0.1ml | – | – | – | – |
| 비타민혼합액(ASS용)[*7] | – | – | – | – | – | – | 0.1ml |
| KDS용액[*8] | – | – | – | – | – | 1ml | – |
| KDTM용액[*9] | – | – | – | – | – | 1ml | – |
| 트리스아미노메탄 | 0.1g | 0.1g | 0.1g | 0.1g | 0.1g | – | – |
| 글리실글리신 | – | – | – | – | – | 75mg | – |
| HEPES[*10] | – | – | – | – | – | – | 100mg |
| pH | 7.6 | 7.8 | 7.6 | 7.8~8.0 | 7.8~8.0 | 8.3~8.4 | 8.0 |

[*1] 금속혼합액 P II의 조성(1ml 중에서) : $Na_2 \cdot$ EDTA 1mg, Fe(as $Cl^-$) 0.01mg, B(as $H_3BO_3$) 0.2mg, Mn(as $Cl^-$) 0.04mg, Zn(as $Cl^-$) 0.005mg, Co(as $Cl^-$) 0.001mg.

[*2] 금속혼합액 S II의 조성(1ml 중에서) : Br(as $Na^+$) 1mg, Sr(as $Cl^-$) 0.2mg, Rb(as $Cl^-$) 0.02mg, Li(as $Cl^-$) 0.02mg, Mo(as $Na^+$) 0.05mg, I(as $K^+$) 0.001mg.

[*3] 금속혼합액 P8의 조성(1ml 중에서) : Na3-versenol 3mg, Fe(as $Cl^-$) 0.2mg, B(as $H_3BO_3$) 0.2mg, Mn(as $Cl^-$) 0.1mg, Zn(as $Cl^-$) 0.05mg, Co(as $Cl^-$) 0.01mg, Mo(as $Na^+$) 0.05mg, Cu(as $Cl^-$) 0.002mg.

[*4] 금속혼합액(ASS용)의 조성(1ml 중에서) : Fe(as Fe-세키스트렌) 100µg, B(as $H_3BO_3$) 100µg, Mn(as $Cl^-$) 100µg, Zn(as $Cl^-$) 10µg, Co(as $Cl^-$) 1µg, Mo(as Na2MoO4) 10µg, Cu(as $Cl^-$) 1µg, Br(as $K^+$) 1mg, Sr(as $Cl^-$) 100µg, Rb(as $Cl^-$) 10µg, Li(as $Cl^-$) 10µg, I(as $K^+$) 1µg.

[*5] 비타민 혼합액 S3의 조성(1ml 중에서) : 티아민 염산염 0.05mg, 니코틴산 0.01mg, 판도텐산-칼슘 0.01mg, ρ-아미노안식향산 1µg, 비오틴 0.1µg, 이노시톨 0.5mg, 엽산 0.2µg, 티민 0.3mg.

[*6] 비타민혼합액 8A의 조성(1ml 중에서) : 티아민 염산염 0.2mg, 니코틴산 0.1mg, 프트렛신-2HCl 0.04mg, 판토텐산-칼슘

0.1mg, 리보플라빈 5μg, 피리독신-2HCl 0.04mg, 피리독사민-2HCl 0.02mg, ρ-아미노안식향산 0.01mg, 비오틴 0.5μg, 구연산콜린 0.5mg, 이노시톨 1mg, 티민 0.8mg, 오르틴산 0.26mg, 비타민 B12 0.05μg, 호리닌산 0.2μg, 엽산 2.5μg.

[*7] 비타민 혼합액(ASS용)의 조성(1ml 중에서) : 디아민 염산염 100μg, 니코틴산 100μg, 프트렛신-2HCl 10μg, 판토텐산-칼슘 100μg, 리보플라빈 10μg, 피리독신-2HCl 10μg, 피리독사민-2HCl 10μg, ρ-아미노안식향산 10μg, 비오틴 1μg, 이노시톨 1mg, 구연산콜린 100μg, 티민 100μg, 오로틴산 100μg, 시아노코발아민 1μg, 엽산 1μg, 호리닌산 0.1μg.

[*8] KDS용액의 조성(1ml 중에서) : KBr 7.84mg, KCl 54.2mg, $SrCl_2 \cdot 6H_2O$ 1.95mg, 시아노코발아민 0.01μg, 비오틴 0.05μg, 티아민 염산염 10.0μg.

[*9] KDTM용액의 조성(1ml 중에서) : H · EDTA 668.4μg, $H_3BO_4$ 1.14mg, $FeSO_4 \cdot 7H_2O$ 199.0μg, $CuSO_4 \cdot 5H_2O$ 3.9μg, $Na_2MoO_4 \cdot 2H_2O$ 12.6μg, $MnCl_2 \cdot 4H_2O$ 36.0μg, $ZnSO_4 \cdot 7H_2O$ 44.0μg, $CoCl_2 \cdot 6H_2O$ 4.0μg, $NH_4VO_3$ 2.3μg, KI 3.9μg.

[*10] HEPES버퍼용액: 4-(2-hydroxyethyl)-1-piperazineethanesulfonic acid

**표 6.3** 주요 해조용 무균검색 배지의 조성

| | STP | $ST_3$ | $ESS_{B1}$ |
|---|---|---|---|
| 해수 | 750ml | 700ml | 900ml |
| 증류수 | 200ml | 250ml | 70ml |
| ESS원액[*1] | – | – | 10ml |
| 토양추출물 | 50ml | 50ml | 25ml |
| 질산나트륨($NaNO_3$) | 200mg | 50mg | – |
| 제2인산칼륨($K_2HPO_4$) | 10mg | – | – |
| Na2-글리세롤인산 | – | 10mg | – |
| 박토펩톤 | – | – | 5mg |
| Hy-case(Scheffielde Chemical) | 200mg | 20mg | |
| 카제인 분해물 | – | – | 5mg |
| Yeast rate(Difco) | 200mg | – | – |
| 효모 추출물 | – | 10mg | 5mg |
| 맥아 분해물 | – | – | 5mg |
| 간(Oxo L25, Oxo Ltd) | – | 20mg | – |
| 쇠고기 육 추출물 | – | – | 5mg |
| 비타민 $B_{12}$ | – | 0.1μg | – |
| 비타민 혼합액 8A[*2] | 1ml | 1ml | – |
| 슈크로오스 | 1g | – | – |
| 글루코오스 | 2g | – | – |
| 탄소원 혼합액 II[*3] | – | 20ml | 5ml |
| Na H-글루탐산 | 0.5g | – | – |
| D, L-알라닌 | 100mg | – | – |
| 글리신 | 100mg | – | – |
| 글리실글리신 | – | 400mg | – |
| 한천 | (4g) | (4g) | (10g) |
| pH | 7.5~7.6 | 7.9 | 7.8 |

[*1] 표 6.1 참조

[*2] 비타민혼합액 8A의 조성(1ml 중에서) : 티아민 염산염 0.2mg, 니코틴산 0.1mg, 프트렛신-2HCl 0.04mg, 판토텐산-칼슘 0.1mg, 리보플라빈 5μg, 피리독신-2HCl 0.04mg, 피리독사민-2HCl 0.02mg, ρ-아미노안식향산 0.01mg, 비오틴 0.5μg, 구연산콜린 0.5mg, 이노시톨 1mg, 티민 0.8mg, 오르틴산 0.26mg, 비타민 $B_{12}$ 0.05μg, 호리닌산 0.2μg, 엽산 2.5μg.

[*3] 1ml 중에 글리신 1mg, D,L-알라닌 1mg, L-아스파라진 1mg, 초산나트륨 2mg, 글루코오스 2mg, L-글루탐산 2mg을 포함한다.

그러나 이들 배지는 생활주기(life cycle)를 완결시키거나 형태형성을 순조롭게 완성시키기 위해서 아직 불충분한 경우가 있어 더 개량되어야 할 여지가 남아있다.

대형 해조의 조직 배양이 성공한 것은, 1978년 캐나다 켐(Chem) 등이 홍조류인 진두발류, *chondrus crispus*의 중심부에서 잘라낸 수 mm의 조직 편을 배양하여 3개월 후에 수 cm의 조류까지 생육시킨 것이 있고, 같은 해에 일본의 세가(Sega) 등이 다시마, *Laminaria angustata*를 사용해서 조직 배양을 하고, 캘러스(Callus) 조직에서 분리한 세포에서 클론 다시마를 만드는 데 성공한 것이 있다.

조직 배양은 이미 기술한 방법을 통해 무균화된 조체로부터 실행되지만 모두 한천배지에 심음으로써 캘러스를 얻어서 그에 유래된 세포를 얻을 수 있다. 캘러스는 모체 일부를 절제해서 배양했을 때 생기는 무정형 세포 덩어리이며 일정조건 하에서는 분화능을 가지지 않는다.

일반적으로 캘러스는 상처를 받은 조직을 한천, 카라기난, 축축해진 여과지 등의 고형물과 해수 증기가 포화한 공기 사이에 두었을 때 유도되며, 많은 해조에서 캘러스 유도에 성공하였다. 현재까지 보고된 홍조류, 갈조류, 녹조류 중 해조류의 조직 배양이 진행된 것 중에서 중요한 것을 표 6.4에 나타냈다.

대형 갈조류를 사용한 조직 배양의 예를 들어 설명한다. 세가(Sega) 등은 다시마류, *Laminaria angustata*를 재료로 하여 다음 순서로 조직 배양을 한다.

표 6.4 조직 배양이 시행되고 있는 해조류

| 녹조류 | 갈조류 | 홍조류 |
|---|---|---|
| 참깃털말(*Bryopsis plumose*) | 바위수염(*Dictyosiphon foeniculaceus*) | 오호츠크김(*Porphyra ochotensis*) |
| 잎파래(*Ulva linza*) | 곰피(*Ecklonia stolonifera*) | 방사무늬김(*Porphyra yezoensis*) |
| 창자파래(*Ulva intestinalis*) | 다시마류 Laminariaceae | 미끌바늘(*Agardhiella subulata*) |
| 홑파래사촌(*Kornmannia leptoderma*) | ┌다시마(*Laminaria japonica*) | 주름진두발(*Chondrus crspus*) |
| 샷갓홑파래(*Monostroma angicava*) | ┤일본다시마(*Laminaria angustata*) | 우뭇가사리(*Gelidiaceae*) |
| 댕기갈파래(*Ulva taniata*) | └애기다시마(*Laminaria saccharina*) | ┌우뭇가사리(*Gelidium amansii*) |
| | 자이언트 켈프(*Macrocystis pyrifera*) | ┤개우무(*Pterocladiella capillacea*) |
| | 미역(*Undaria pinnatifida*) | └애기우뭇가사리(*Gelidium divaricatum*) |
| | 짝잎 모자반(*Sargassum heterophyllum*) | 돌가사리(*Gigartina exasperata*) |
| | 돌가사리(*Chondracanthus tenellus*) | 꼬시래기류 Gigartinaceae |
| | | ┌꼬시래기(*Gracilaria deblis*) |
| | | ┤큰꼬시래기(*Gracilaria epihippisora*) |
| | | └잎꼬시래기(*Gracilaria tikvahiae*) |

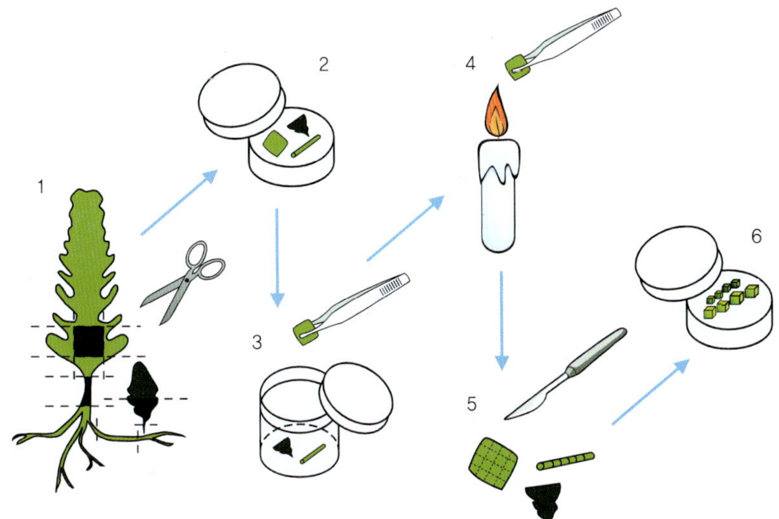


**그림 6.2** 곰피 조직 배양의 순서. 1. 조직편을 잘라낸다. 2. 페이퍼 타월로 닦고 표면부분을 제거한다. 3. 100% 에탄올에 1~2초간 담근다. 4. 버너로 표면을 굽는다. 5. 3~4mm 크기로 절단한다. 6. 한천배지 위에 놓는다.

❶ 해조 줄기 부분의 절편된 양 끝을 충분히 세척하고 약 5cm 길이로 자른다.

❷ 이 절편된 양 끝을 100% 에탄올에 담근 후 알코올 램프에서 약간 불에 달구어 5mm씩 잘라낸다.

❸ 코르크보러(직경 약 4mm)로 떼어 낸 후 약 2mm 두께로 자른다.

❹ 이렇게 해서 얻어진 원반(disk) 모양의 절편을 $ASP_{12}NTA$한천배지(50ml)에 심는다.

이 결과 얻어진 원반모양의 조직편은 거의 100% 무균화 되어 있고 1~2개월 지나면 절편에 캘러스가 생기게 된다. 갈조류인 곰피(다시마 목)의 조직 배양 방법을 그림 6.2에 나타냈다.

조직 배양에는 배지 조성이 가장 중요하지만 최근 빛의 조건, 삼투압, 한천농도 등의 물리적 조건도 검토되어 홍조류인 서실, *Laurencia*과 참지누아리 속에서는 한천농도가 0.3~1.5%로 가까워지면 캘러스 유도가 촉진된다. 1990년대 후반 들어 처음으로 온도나 광량이 크게 영향을 주는 것이 밝혀졌다(표 6.5).

일반적으로 캘러스 세포는 비교적 낮은 온도나 광량하에서 증식하지만 비교적 높은 온도나 광량하에서 포자체로 분화하는 것이 다시마 조체의 유엽상체 조직을 사용한 배양결과에서 밝혀졌다. 이것은 나중에 세포 내 색소증의 증가 또는 축소와 관련이 있는 것으로 밝혀졌다(사진 6.1).

그리고 식물 성장조절 물질인 옥신(auxin)류와 사이토카인(cytokine)류를 해조의 조직 배양에 사용하는 것도 주목을 받고 있어서 녹조류인 갈파래 속에서는 인돌 초산

표 6.5 다시마목 식물의 어린 포자체(gonidium) 조직에서 캘러스의 증식 및 포자체 분화에 잘 맞는 온도 및 광량

| 학명 (종명) | 캘러스 세포의 증식 | 엽상체 세포의 분화 |
|---|---|---|
| 구멍쇠미역(*Agarum cribrosum*) | 10°C, 10-80μ mol $m^{-2}s^{-1}$ | - |
| 쇠미역(*Costaria costata*) | 15°C, 10-40μ mol $m^{-2}s^{-1}$ | 15°C, 80μ mol $m^{-2}s^{-1}$ |
| | | 20°C, 40-80μ mol $m^{-2}s^{-1}$ |
| | 15°C, 10-20μ mol $m^{-2}s^{-1}$ | 10°C, 80μ mol $m^{-2}s^{-1}$ |
| | | 15°C, 40-80μ mol $m^{-2}s^{-1}$ |
| | | 20°C, 10-80μ mol $m^{-2}s^{-1}$ |
| 감태(*Ecklonia cava*) | 15°C, 30-32μ mol $m^{-2}s^{-1}$ | 15°C, 30-32μ mol $m^{-2}s^{-1}$ |
| | 20°C, 10-20μ mol $m^{-2}s^{-1}$ | 15°C, 40-80μ mol $m^{-2}s^{-1}$ |
| | | 20°C, 40-80μ mol $m^{-2}s^{-1}$ |
| | | 25°C, 10-80μ mol $m^{-2}s^{-1}$ |
| 곰피(*Ecklonia stolonifera*) | 15°C, 10-20μ mol $m^{-2}s^{-1}$ | 20°C, 80μ mol $m^{-2}s^{-1}$ |
| | | 20°C, 10-80μ mol $m^{-2}s^{-1}$ |
| 감태 이명(*Eckloniopsis radicosa*) | 10°C, 10-40μ mol $m^{-2}s^{-1}$ | 15°C, 80μ mol $m^{-2}s^{-1}$ |
| | 15°C, 10-40μ mol $m^{-2}s^{-1}$ | 20°C, 20-80μ mol $m^{-2}s^{-1}$ |
| | | 25°C, 10-40μ mol $m^{-2}s^{-1}$ |
| 대황(*Eisenia bicyclis*) | 20°C, 10μ mol $m^{-2}s^{-1}$ | 15°C, 20-80μ mol $m^{-2}s^{-1}$ |
| | | 20°C, 20-80μ mol $m^{-2}s^{-1}$ |
| | | 25°C, 10-80μ mol $m^{-2}s^{-1}$ |
| | 20°C, 10μ mol $m^{-2}s^{-1}$ | 10°C, 40-80μ mol $m^{-2}s^{-1}$ |
| | | 15°C, 40-80μ mol $m^{-2}s^{-1}$ |
| | | 20°C, 20-80μ mol $m^{-2}s^{-1}$ |
| | | 25°C, 20-80μ mol $m^{-2}s^{-1}$ |
| 개다시마(*Kjellmaniella crassifolia*) | 10°C, 10μ mol $m^{-2}s^{-1}$ | 10°C, 80μ mol $m^{-2}s^{-1}$ |
| 미역(*Undaria pinnatifida*) | 15°C, 10μ mol $m^{-2}s^{-1}$ | 10°C, 80μ mol $m^{-2}s^{-1}$ |
| | | 15°C, 20-80μ mol $m^{-2}s^{-1}$ |
| | | 20°C, 20-40μ mol $m^{-2}s^{-1}$ |
| | 15°C, 10μ mol $m^{-2}s^{-1}$ | 10°C, 80μ mol $m^{-2}s^{-1}$ |
| | | 15°C, 80μ mol $m^{-2}s^{-1}$ |
| | | 20°C, 40μ mol $m^{-2}s^{-1}$ |

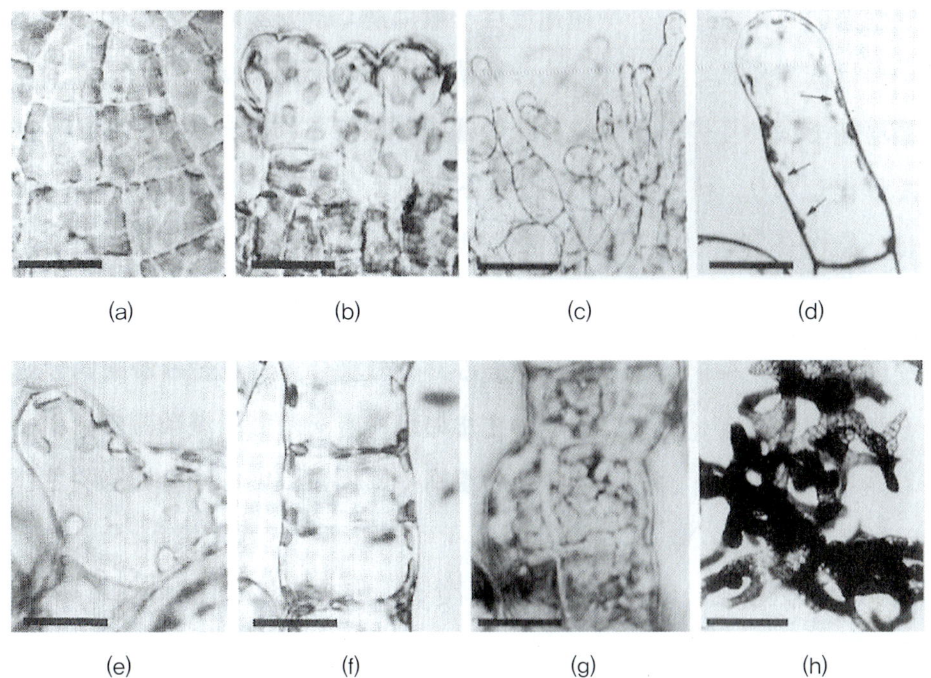

**사진 6.1** 감태(*Eckloniopsis radicosa*) 엽상체 세포에서 캘러스 세포로의 분화 및 엽상체 세포로의 재분화 과정. (a) 엽상체 세포, (b) 캘러스로의 탈분화, (c) 저온도, 저광량하에서 사상의 캘러스 세포가 발달, (d) 캘러스 세포 내 색소체는 퇴화해서 축소(화살표), (e) 고광량하로 이동함으로써 색소체가 증대, (f) 색소체가 더 증대하여 세포벽에 붙는다, (g) 세포분열이 시작되고 엽상체 세포로 재분화, (h) 엽상체가 되어 성장.

(indole acetic acid)과 키네틴(kinetine)을 조합시킨다든지, 홍조류인 아가르디엘라(*Agardhiella*)에서는 페닐 아세트산(phenyl acetic acid)과 제아틴(zeatin), 2,4,5-트리클로로페녹시 초산(2,4,5-trichlorophenoxy acetic acid)과 6-벤질 아미노푸린(6-benzyl aminopurine), 인돌 초산과 키네틴을 조합하여 사용했을 때 효과가 좋다. 식물 성장조절 물질의 활용에 관한 연구는 아직 산발적으로 이루어지고 있지만 앞으로 이를 활용한 발전이 더 기대된다.

조직 배양에서는 몇 개의 세포분화 양식이 보고되고 있고 때로는 시대를 넘어서 분화하거나 핵상을 변화시키는 여러 양식이 있다(**그림 6.3**). 예를 들면, 포자체 세포는 단상의 2n 세대이지만 이 조직에서 분화하는 조류가 배우체의 n 세대를 만드는 경우가 있다. 이 경우 외견만이 생식세포 모양의 형태를 하고 핵상은 변하지 않고 복상인 경우도 있고, 감수해서 단상이 되는 경우도 있다. 그러나 현재 이 분화기구나 원인에 대해서는 전혀 밝혀지지 않고 있다.

해조의 조직 배양에는 해양생물 자원의 활용에 있어서 중요한 해조의 육종을 직접 목적으로 한 예가 많다. 예를 들면 한천의 원조인 홍조류의 개우무에서 캘러스를 유도

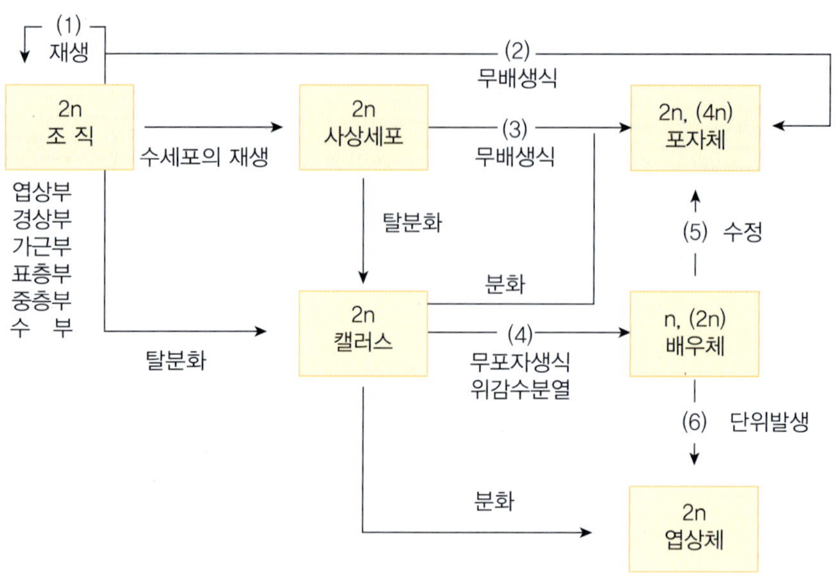


**그림 6.3** 조직 배양의 여러 세포분화 양식. (1) 조직의 재생(세대, 핵상 변화 없음) (2) 4배체 포자체부터 2배체 포자체로 감수(subtrahend)(핵상은 변화, 세대 변화 없음) (3) 사상 캘러스 세포로부터 포자체로 분화(핵상 변화 없음, 또는 있음, 세대 변화 없음) (4) 캘러스 세포부터 배우체로 분화(핵상 변화 있음, 또는 없음, 세대 변화 있음) (5) 수정에 의해 핵상이 배화(세대 변화) (6) 단위발생(세대 변화).

하여 그것에서 다당을 추출하여 분리한 결과, 다당은 한천의 주 다당인 전형적인 아가로오스(agarose)였지만 황산과 메틸기 함량이 천연의 것보다 약간 감소하였다는 보고가 있다. 한천 원조로 가장 중요한 우뭇가사리의 품종 개량을 목표로 조직 배양기술을 이용한 여러 가지 자가불임성(self-sterility) 변이주의 개발도 진행되고 있다. 조직 배양의 이점은 조직 배양으로 만든 캘러스나 캘러스에서 분리한 세포를 사용함으로써 소위 영양번식을 위해 다른 곳에서 유전정보가 들어가지 않는 부모와 똑같은 형질의 복제가 많이 만들어지고, 특정의 우수한 친 주(parent strain)로부터 다수의 종묘를 확보하는 데 있다.

## 6.4 해조 세포의 원형질체의 생산

생물집단의 여러 개체 중 어떤 것은 남고 어떤 것은 제거되는 현상이 있는 이 같은 선발(도태)이나 인위적 교배(인위교잡)는 농작물이나 가축의 육종분야에서 아주 오래 전부터 시행해 왔다. 지금까지 인위적 교배나 선발법에서는 불가능한 잡종이나 신품종을 만들고 싶은 강한 희망이 있어 최근 급속히 발전하고 있는 유전자 공학이나 세포공학의 기술이 주목을 받고 있다. 체세포 잡종을 만들거나 첨단기술로서의 유전자 조작에 의한 육종을 목표로 하기 위해서는 식물세포에서 세포벽을 제거시킨 원형질체(protoplast)가 반드시 필요하다.

식물의 조직이나 캘러스에서 효소로 세포벽을 제거해서 얻어진 세포막이나 원형질막으로 둘러싸인 세포의 원형질 및 비원형질을 총칭하여 원형질체(protoplast)라고 한다.

해조류의 종류에 따라 물리적으로 원형질체를 얻을 수도 있다. 원형질체는 세포 융합이나 유전자 조작에 의한 육종에서 없어서는 안 되는 것이고 또 세포벽 생성 매커니즘의 해명, 세포분화, 영양연구를 연구할 때 중요한 재료가 될 수 있다.

해조의 원형질체는 1979년 녹조류인 창자파래에서 처음으로 얻어졌다. 이것을 계기로 많은 녹조류에서의 원형질체 생산이 육상식물에서 사용한 효소를 사용해서 성공한 바 있다. 이에 반해 갈조류나 홍조류의 원형질체 개발 생산은 약간 늦었다. 그 원인은 모든 육상식물이 모두가 섬유소(cellulose)를 주체로 하는 세포벽을 구성하고 있는 다당이나 세포 사이에 존재하는 점질다당이 다르다는 점이다.

예를 들면 갈조류에서는 알긴산이나 푸코이단(fucoidan), 홍조류인 김에서는 해조다당류인 포르피란(porphyran), 크실란(xylan), 만난(mannan) 등을 분해해서 원형질체를 처음으로 얻었다. 세포벽을 용해하는 효소로서는 해조를 먹이로 하는 전복, 성게, 군소 등 해상 동물의 소화관에서 얻어지는 효소, 해조를 분해시키는 능력이 있는 곰팡이나 세균이 분배하는 효소들이 있다. 이들 효소는 각각 특징이 있어 단독으로 사용하는 경우도 있지만 몇 가지 효소를 조합해서 사용하는 경우가 많다.

한 예로서 홍조류인 방사무늬김(*Porphyra yezoensis*)에서 원형질체의 분리 방법에 대해 살펴보겠다. 항생물질과 요오드 용액으로 무균화 처리된 조체를 단백질분해효소(protease)로 10분간 처리하여 세포벽 표면의 단백질을 분해시킨 후 2~3mm 길이의 절편으로 만든다. 이 절편의 약 0.5~1g을 세포벽 분해효소 용액 2% 전복 중장선(midgut gland)을 아세톤으로 처리한 분말, 2% 마세로딤, 0.3% 만니톨(mannital), 0.5M 덱스트란, 황산칼륨 등을 해수(pH 6.0, 20~22°C)에 넣어 2~4시간 진탕한다. 유리된 원형질체는 20μm 나일론체(nylon mesh)로 여과한 다음 원심분리(1,000rpm, 5분)하여 효소액을 제거한다.

세포벽 분해효소 용액으로 갈조류에는 섬유소가수분해효소(cellulase), 펙틴 가수분해 효소(pectinase), 돌리셀라아제(dolicellase)를 첨가한다. 녹조류 세포벽 분해효소 용액으로는 시판되고 있는 섬유소 가수분해효소만으로 충분한 경우가 많다. 지금까지 보고된 원형질체 중 중요한 것을 표 6.6에 나타냈다. 그림 6.4에 녹조류인 띠갈파래의 원형질체를 나타냈다. 대부분은 체세포에서 유래된 것이지만 히바마다 속에서는 암술의 배우자가 합체하여 생긴 이배성 세포인 접합체(zygote)에서 원형질체를 95% 이상의 높은 수량으로 얻을 수 있어 세포벽 생합성 연구에 사용되고 있다.

방사무늬김 원형질체는 PES배지 중 19.5μE$^{-1}$m$^{-2}$의 광강도(photo sensitivity)에서

표 6.6 원형질체(protoplast)가 분리된 해조류

| 녹조류 | 갈조류 | 홍조류 |
|---|---|---|
| 창자파래(*Ulva intestinalis*) | 다시마(*Laminara japonica*) | 김류 Bangiaceae |
| 풀가사리(*Gloiopeltis tenas*) | 미역(*Undaria pinatipida*) | - 갈래잎돌김(*Porphyra lacerata*) |
| 잎파래(*Ulva linza*) | 자이언트 켈프 (*Macrocystis pyrifera*) | - 참김(*Porphyra tenera*) |
| 납작파래(*Enteromorpha compressa*) | 그물바탕말류 Dictyotaceae | - 둥근돌김 (*Porphyra suborbiculata*) |
| 가시파래(*Enteromorpha prolifera*) | - 가시뼈대그물말 (*Dictyopteris prolifera*) | - 방사무늬김(*Porphyra yezoensis*) |
| 삿갓홑파래(*Monostroma angicava*) | - 그물바탕말(*Dictyota dichotoma*) | - 오호프크김 (*Porphyra ochotensis*) |
| 홑파래(*Monostroma nitidum*) | 잘록이고리매 (*Scytosiphon lomentaria*) | 갈래곰보(*Meristotheca papulosa*) |
| 홑파래사촌 (*Kornmannia leptoderma*) | 긴불래기말(*Colpomenia bullosa*) | 미끌도박(*Gratelopia turuturu*) |
| 갈파래류 Ulvaceae | 톳(*Hizikia fusiformis*) | 참지누아리(*Grateloupia filicina*) |
| - 참갈파래(*Ulva lactuca*) | 모자반류 Sargassaceae | 칼리메니아 (*Kallymenia crassiuscula*) |
| - 구멍갈파래(*Ulva pertusa*) | - 고사리모자반 (*Sargassum filicinum*) | 꼬시래기류 Gigartinacea |
| - 띠갈파래(*Ulva fasciata*) | - 짝잎모자반 (*Sargassum hemiphyllum*) | - 잎꼬시래기(*Gracilaria tikva-hiae*) |
| - 모란갈파래(*Ulva conglobata*) | - 몽당잎모자반 (*Sargassum muticum*) | - 꼬불꼬시래기 (*Gracilaria incurvata*) |
| - 댕기갈파래(*Ulva taeniata*) | | 우뭇가사리류(Gelidiaceae) |
| 참깃털말(*Bryopsis plumose*) | | - 개우무 (*Pterocladiella capillacea*) |
| 왕깃털말(*Bryopsis maxima*) | | - 애기우뭇가사리 (*Gelidium divaricatum*) |
| 초록엉킨실(*Derbesia marina*) | | 돌가사리(*Chondracanthus tenellus*) |

10시간, 그리고 어두운 암실에서 14시간 배양하면 세포벽이 재생되고 반복적으로 세포분열이 이루어져 캘러스 같은 조직에서 정상인 엽체(leaf body)로 성장한다. 그러나 이 이외의 다른 홍조류는 재생이 어렵다. 녹조류의 원형질체는 재생이 비교적 쉽고 정상개체로 성장하지만 갈조류의 경우는 매우 어렵다.

방사무늬김은 제1단계에서 단백질 분해효소의 처리조건에 따라서 외관적으로는 정상인 원형질체가 얻어졌다 해도 단백질이 변성되어서 원형질체가 재생되지 않는 경우

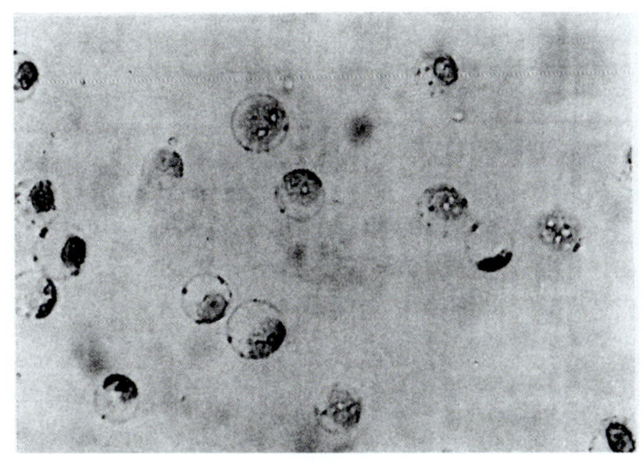

그림 6.4 띠갈파래의 원형질체.

도 있다.

그러므로 원형질체를 만드는 데 사용되는 효소는 사전에 검토 과정이 꼭 필요하다. 이런 과정을 통해 얻어진 원형질체를 사용해서 다시마(*Laminaria japonica*)에서 캘러스를 유도하고 그 캘러스에서 분리된 세포의 현탁 배양이 시도되고 있다. 그리고 김이나 파래의 원형질체를 알긴산, 아가로오스(agarose) 등의 다당으로 만든 구슬(beads)에 고정화시켜 구슬 안에 캘러스를 유도하여 구슬표면에 엽상체를 성장시키는 것도 가능해졌다.

홍조류인 방사무늬김 엽상체에서도 원형질체 분리를 시도하였다. 전복 또는 군소의 소화효소를 사용한 경우, 또는 군소의 소화효소와 돌리셀라아제를 같이 사용한 경우에는 원형질체 화는 할 수 없었지만 김의 부패 부분에서 분리한 세균의 균체 외 효소를 사용해서 효율적으로 원형질체를 분리할 수 있다. 즉, 그 순서는 다음과 같다(그림 6.5).

❶ 방사무늬김 엽상체를 초음파 처리해서 표면의 부착물을 제거한다.

❷ 2% 파파인(papain)을 함유한 해수(pH 6.0)에 엽상체를 옮기고 실온에서 1시간 진탕 처리한다.

❸ 나일론 메시(90μm)로 여과하고 남은 조직편을 0.5M 솔비톨을 함유한 해수로 세척한다.

❹ 세균 유래 효소(또는 여기에 전복·아세톤 분말을 가한 것) 용액(pH 6.0 또는 7.0)에 옮기고 실온에서 3시간 진탕 처리한다.

❺ 40μm 나일론 메시로 여과하고 여과액을 원심분리(1,500rpm, 2분간)하여 원형질체를 회수한다.

❻ 회수된 원형질체를 0.5M 솔비톨 해수로 재현탁·원심분리하여 세척한다.

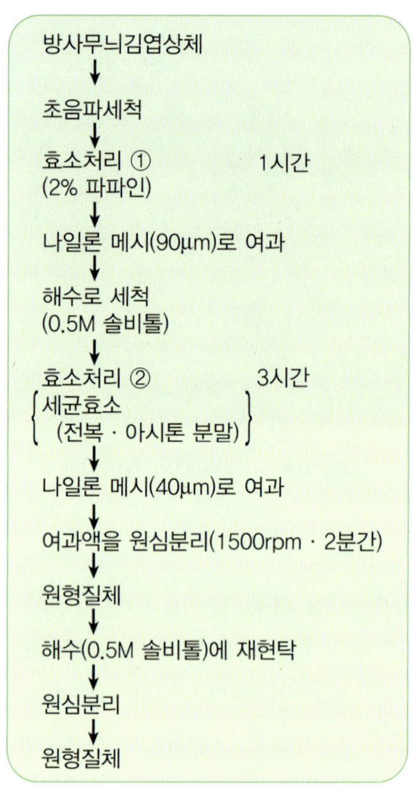


**그림 6.5** 방사무늬김의 원형질체화의 순서.

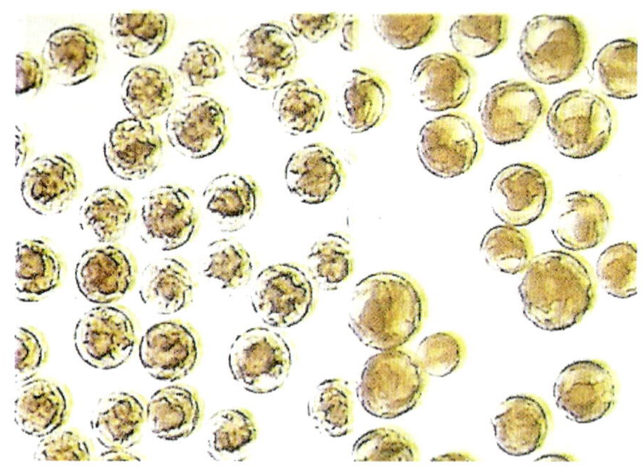

**그림 6.6** 방사무늬김의 원형질체.

이렇게 해서 방사무늬김 엽상체 1g(생무게)에서 105~106개의 원형질체가 얻어진다(그림 6.6).

상기한 방법으로 얻어진 원형질체가 매우 신선하게 얻어졌다면 최적 조건 하에서 배양으로 재생이 가능할 것이다. 일반적으로 녹조류의 원형질체는 잘 재생하고 세포벽 형성이나 세포분열을 하여 정상적인 개체로 발생하는 것으로 알려졌다. 그러나 홍조류인 김 종류의 일부를 제외하면 현재는 홍조류나 갈조류에서는 재생이 아주 어려운 것 같다. 따라서 생존율이 더 높은 원형질체화 방법이나 원형질체 배양법의 개량이 기대되고 있다. 또 파래, 참다시마, 김 등의 원형질체를 사용해서 단백질 성장을 조사한 결과, 세포벽에 존재하는 단백질은 아주 적은 것으로 밝혀졌다.

원형질체는 해조 다당체의 생합성이나 구조를 알아내거나 향기성분의 생성에 관한 연구에도 사용되고 있다. 앞으로 조직 배양에서 해결해야 할 문제점으로는 해조의 성장 및 분화인자의 동정과 분리, 더 정밀한 세포벽의 성분과 구조의 해명, 세포벽을 효소분해시킬 수 있는 표준화법의 개발 등이 있다.

## 6.5 세포 융합

세포 융합은 교배가 곤란하거나 불가능한 해조 사이에서 품종개량을 하는 데 매우 유용한 기술이다. 고등식물의 원형질체 세포 융합에 관해서는 지금까지 질산나트륨($NaNO_3$)법, 고pH-고칼슘법, 폴리에틸렌글리콜(PEG: polyethylene glycol)법, 덱스트란(dextran)법, 전기펄스(pulse)법, 원심력에 의한 방법 등이 행해졌지만 재현성이 있는 방법은 고pH-고칼슘법, PEG법 및 전기펄스법이다. 최근에는 전기적 자극에 의한 방법(전기펄스법)이 사용되어서 전기적인 '세포 융합장치'가 보급되고 있다. 감자의 원형질체와 토마토의 원형질체를 융합시켜서 만든 포마토는 고등식물 세포 융합의 가장 잘 알려진 예이며, 최근 가지과의 식물을 중심으로 세포 융합에 의한 잡종이 많이 만들어지고 있다.

그러나 조류에서는 이를 활용한 예가 아주 적고 약간의 담수 조류에 대해서 연구 보고된 것이 있을 뿐이다. 해조류에서 최근에 재현성이 있게 성공한 예는 PEG법과 전기 융합법에 의해 만들어진 융합체에서 얻을 수 있었다. 하지만 같은 종 사이 같은 속 사이의 해조 세포의 융합을 비롯한 다른 속(species)이나 과(family) 사이에서도 완전한 융합이 이루어졌는지 아닌지를 판정하기 어렵고 융합결과로 생긴 새로운 세포가 새로운 해조 개체로 발달할 수 있는지 없는지도 문제가 될 수 있다. 융합체(잡종) 배양법이나 선발법과 같은 기술적인 개발이 앞으로 중요한 과제가 될 수 있다.

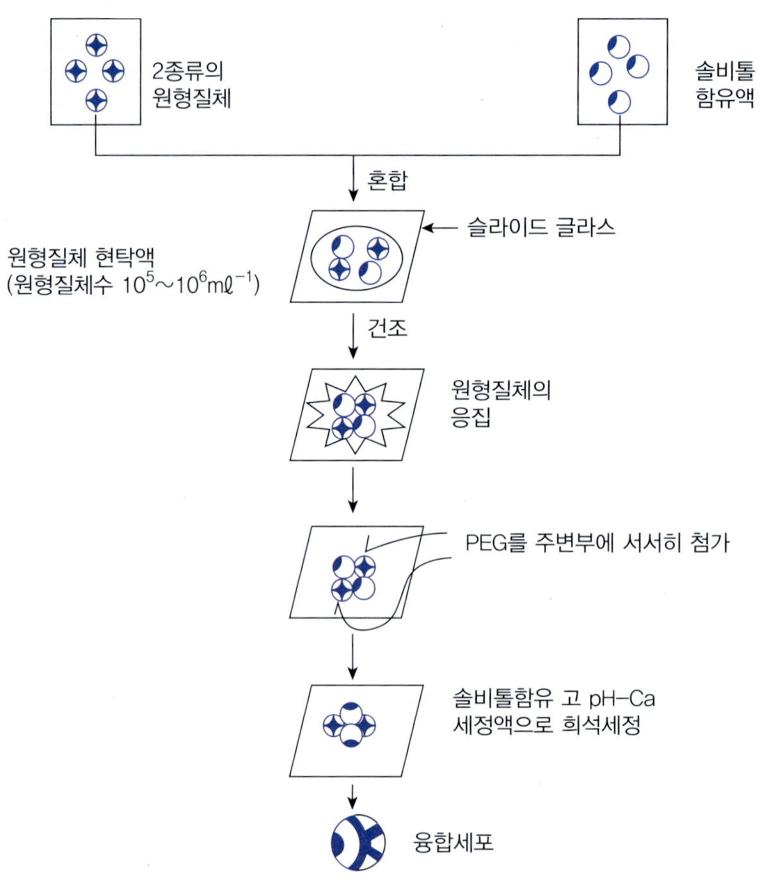


**그림 6.7** 폴리에틸렌글리콜(PEG법)에 의한 세포 융합법.

원형질체를 사용한 해조의 세포 융합에 대한 실제 예를 들어보자. 그림 6.7에 PEG법에 의한 세포 융합의 원리를 나타냈다. 어떤 융합방법을 사용해도 세포 융합은 랜덤(random)하게 일어나며, 다른 종의 세포가 서로 1:1로 융합하는 것은 아니다. 융합률은 동종 사이에는 10%, 이종 간에는 1% 전후지만 동종끼리 또는 2개 이상의 세포로 융합하기 때문에 이들 중에서 목적 세포를 선발하여 배양해야 한다. 또 융합 세포에서는 양쪽의 형질이 발현하지 않거나 목적으로 하는 형질이 나타나지 않는 경우도 있다. 융합 세포의 선발이나 그 후의 배양에 의한 재생에는 여전히 해결해야 할 문제가 많아 연구가 계속된다면 앞으로 기능 향상이 기대된다.

PEG법에 의한 예로 홍조류인 김과 녹조류인 파래의 세포 융합은 다음 순서와 같이 진행된다(그림 6.7).

❶ 홍조류인 김과 녹조류의 파래에서 원형질체를 분리한다.

❷ 각각의 원형질체를 트리스-솔비톨(Tris-sorbitol) 완충액 중에서 10개/ml가 되도록

조정하고 1:1 비율로 혼합한다.

❸ 이 혼합액 2~3방울을 한천으로 코팅한 슬라이드(유리) 위에 옮기고 수분간 자연 건조한다.

❹ 건조에 의해 원형질체가 서로 응집된 것을 확인 후 PEG 0.1ml을 천천히 첨가한다. [(PEG액 조성: 25% 폴리에틸렌글리콜(PEG) 6000, 0.7M 솔비톨, 0.1M 염화칼슘($CaCl_2$), 0.1M 트리스(Tris), pH 10.0)]

❺ 트리스-솔비톨 완충액으로 천천히 세척한다.

이 경우 함유색소의 차이로 인해 홍조류인 김의 원형질체는 붉은색을 띠고 있고 녹조류인 파래의 원형질체는 녹색을 띠고 있어서 원형질체의 융합 유무를 현미경으로 확인하는 것은 쉽다. 홍조류와 녹조류는 계통적으로 많이 떨어진 종간의 조합이기 때문에 원형질의 완전한 융합은 쉽게 행해지지는 않을 것이다. 또 어떤 결과도 "융합이 이루어졌다"고 판단하는 것이 쉽지 않은 문제이다.

## 6.6 유전자 조작

고등식물의 바이오테크놀로지에서 원형질체의 생산, 조직 배양, 세포 융합은 이미 실용화 단계에 있고 유전자조작을 통해 대량생산이 진행되고 있다. 이에 반해 조류의 유전자 조작은 담수산 단세포성 녹조류인 클라미도모나스(*Chlamydomonas*)를 효모 유래의 플라스미드를 벡터로 이용하여 형질전환할 수 있을 정도이며 해조류에서는 아직 수행되지 못하고 있는 분야이다. 그렇지만 유전자 조작에서 뺄 수 없는 기술로 핵산분리나 염기배열의 해석이 급속히 진행 중에 있어 앞으로 발전 가능성이 높다.

DNA나 RNA의 분리에 대해서는 갈조류인 방사무늬김류의 정자 DNA, 갈조류인 마크로시스티스(Macrocystis)의 엽록체 DNA가 분리되었고, 홍조류인 김류, 녹조류인 창자파래(*Ulva intestinalis*)에서 다당류와 폴리페놀을 제거하고 mRNA를 분리하는 방법이 확립되었다. 그리고 녹조류인 참깃털말류, 갈조의 다시마류, 홍조류의 방사무늬김에서 엽록체 DNA를 제한효소로 절단한 절편(fragment)을 분석하여 이들 해조류의 계통 분류에 활용하고 있다. 홍조류인 4종의 김 종류에서는 리보솜 RNA의 전체 염기배열이 결정되었다.

앞으로 기타 유용 해조류의 핵산 염기배열 순서도 밝혀질 것이다. 유전자 조작에는 이외에도 외래 유전자를 목적에 맞는 해조에 도입하기 위해 DNA를 운반하는 벡터개발이 필요하다. 보통 벡터는 바이러스 DNA나 플라스미드이다.

DNA실험의 성패는 좋은 벡터를 발견할 수 있는지 없는지에 달려 있다고 볼 수 있다. 현재 끈말류 같은 2~3종의 갈조류에 바이러스가 존재한다고 보고되고 있지만, 다른 해조류 34종에서는 이미 박테리아, 곰팡이 등에 의해 종양과 같은 세포증식이 일어나는 것으로 알려져 있다. 고등식물의 벡터와 마찬가지로 박테리아의 플라스미드나 바이러스가 해조류의 벡터로서 개발될 가능성이 있기 때문에 유전자 재조합 기술 도입에 의한 신품종의 생산도 기대된다.

세포 융합이나 유전자 재조합으로 형질전환을 하여 실용화된 신품종의 해조는 아직 없다. 해조류를 많이 이용하고 있는 나라에서는 가까운 미래에 유용 해조류에서 바이오테크놀로지 기술에 의한 신품종이 출현할 가능성이 높다. 이 같은 신품종을 천연해역에서 양식하는 것이 생태계에 어떤 영향을 미칠지에 대해서는 사전에 충분한 검토가 이루어져야 한다.

## 6.7 앞으로의 과제

해조에서 원형질체의 생산과 세포 융합에 관련된 연구가 최근에 대단히 활발하게 이루어지고 있지만 단순히 원형질체의 생산과 세포 융합 실험을 하는 게 아니라 어떤 성질과 어떤 다른 성질을 조합해서 어떤 새로운 해조를 만들어 낼 것인가를 목표로 설정하고 연구를 진행하는 것이 앞으로의 발전을 위해서 필요할 것이다.

2종류(A, B)의 해조에서 원형질체를 분리하고 이들을 융합시켜 융합 세포로부터 직접 또는 간접적으로(캘러스) 재생시켜 만들어진 잡종해조 중에서 목적에 맞는 주를 신품종으로써 선택하는 순서를 그림 6.8에 나타냈다.

그 순서는 아주 간단하지만 원형질체의 분리, 원형질체의 융합, 융합 세포의 재생 등 각각의 단계에서 해결해야 할 기술적인 문제가 아직 많이 남아 있다. 해조의 경우 생활주기가 복잡한 것이 많고 엽상체의 핵상이 단상인 것과 복상인 것이 존재한다. 핵상이 단상인 해조에서 얻은 원형질체는 단상(n)이고 복상의 해조에서 얻은 원형질체는 복상(2n)이어서 어떤 조합으로 융합해야 할지는 세포 융합실험을 하기 전에 미리 검토해야 한다. 또 세포질만 융합되었는지 아니면 핵도 융합되었는 지도 문제가 될 수 있으며 이들이 융합했는지 안 했는지를 판정하는 것도 쉽지 않은 문제이다.

해조의 세포 융합은 목표를 분명히 해야 하고 그 발전을 기대하기 위해서는 해조의 유전에 관한 지식이 필요하다. 그러나 현재 해조의 유전에 관한 지식은 매우 부족하여 앞으로 이 분야에서 기초적 연구의 발전이 이루어져야 한다.

최근 미생물을 이용한 연구분야를 중심으로 유전자 조작 기술이 발전해 왔다. 이

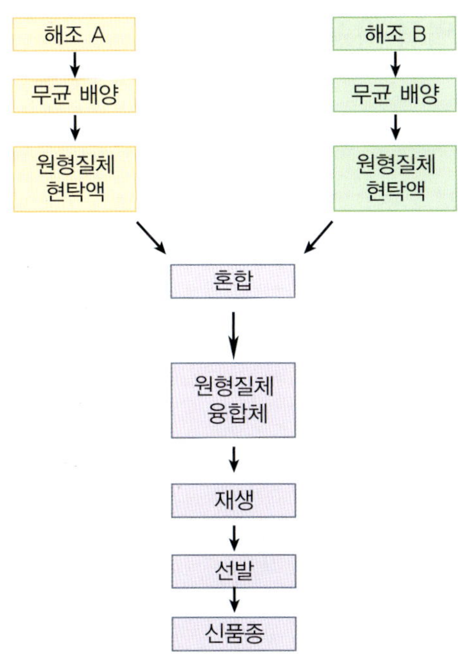


**그림 6.8** 세포 융합에 의한 신품종의 개발과정.

로 인하여 유전자 조작에 의한 육종이 고등식물을 대상으로 검토되기 시작하였다. 숙주·벡터계의 개발이나 형질 전환계의 확립 등 앞으로 해결해야 할 문제가 아직 많다.

그러나 미생물이나 고등식물을 이용한 관련 분야 연구가 나날이 진전되는 데 비해 조류를 대상으로 한 연구는 현저히 늦어지고 있는 실정이다.

유전자 기술을 이용한 해조의 육종에 대해서 무균 배양한 해조 조직에서 원형질체를 분리하여 적당한 벡터를 사용해서 형질전환하는 것도 고려되고 있지만 유전자 조작의 기초가 되는 DNA를 다루는 기술은 물론 숙주, 벡터계, 벡터 도입법, 형질전환 세포의 선별법, 형질전환 후의 세포관리법과 같은 주변기술이 빨리 개발되어야 한다.

바이오테크놀로지를 이용해 유용한 해조류의 유전적 성질을 원하는 방향으로 개량하여 식용으로 할 수 있는 양식기술의 발전, 해조의 바이오매스를 이용한 에너지나 유용물질의 생산에 관한 연구의 발전, 즉 '해양목장'을 위한 조장조성(artificial formation of seaweed bed)의 연구발전이 기대된다. 앞으로 생산성이 높은 해조류, 병해에 대한 저항성이 강한 해조류, 특정한 유용물질의 생산성이 높은 해조류를 세포 융합이나 유전자 조작으로 인위적으로 만들어 내어 인류 복지에 유용하게 활용할 수 있도록 기초부터 응용연구에 이르기까지 광범위한 연구가 추진되어야 한다.

## 6.8 해조류의 산업적 응용

### 6.8.1 해조류의 일반성분

대표적인 녹조류, 갈조류, 홍조류의 일반성분조성을 표 6.7에 나타낸 바와 같이 수분은

표 6.7 조류의 일반조성 (무수물중 %)

| 종 류 | 단백질 | 지 질 | 탄수화물 | | 회 분 |
|---|---|---|---|---|---|
| | | | 당 질++ | 섬 유 | |
| 녹조류 | | | | | |
| 갈파래+ | 11.7 | 0.1 | 64.3 | 11.2 | 12.7 |
| 갈파래+ | 24.8 | 0.1 | 51.4 | 7.6 | 16.1 |
| 구멍갈파래 | 5.8 | 0.1 | 74.3 | 6.2 | 13.6 |
| 파래 | 5.8 | 0.1 | 71.3 | 5.9 | 16.9 |
| 청각+ | 13.3 | 0.5 | 60.2 | 16.8 | 9.2 |
| 청각+ | 13.8 | 0.3 | 43.5 | 9.8 | 32.6 |
| 민물파래 | 31.3 | 0.1 | 57.9 | 5.5 | 5.2 |
| 갈조류 | | | | | |
| 다시마+ | 8.9 | 1.3 | 57.9 | 9.1 | 22.8 |
| 다시마+ | 12.6 | 0.8 | 39.3 | 10.6 | 36.7 |
| 쇠미역 | 15.1 | 2.1 | 38.5 | 14.1 | 30.2 |
| 미역+ | 13.6 | 2.2 | 31.1 | 15.2 | 37.9 |
| 미역+ | 14.3 | 1.9 | 40.0 | 8.5 | 35.3 |
| 대황+ | 12.2 | 1.3 | 62.6 | 7.1 | 16.8 |
| 대황+ | 3.7 | 2.0 | 72.7 | 7.2 | 14.4 |
| 외톨개 모자반 | 7.9 | 1.2 | 43.6 | 16.0 | 31.3 |
| 톳+ | 10.1 | 0.8 | 32.6 | 17.2 | 39.3 |
| 톳+ | 6.0 | 1.5 | 30.2 | 23.9 | 38.4 |
| 꽈배기 모자반 | 11.8 | 9.6 | 34.6 | 21.2 | 22.8 |
| 지충이 | 8.2 | 1.0 | 20.7 | 39.0 | 31.1 |
| 홍조류 | | | | | |
| 새발 | 16.5 | 0.4 | 64.1 | 11.6 | 7.4 |
| 진두발 | 19.1 | 0.2 | 51.3 | 1.3 | 28.1 |
| 부챗살 | 27.2 | 0.2 | 48.9 | 3.3 | 20.4 |
| 꼬시래기+ | 17.2 | + | 63.2 | 14.4 | 5.2 |
| 꼬시래기+ | 24.9 | 0.1 | 61.8 | 6.7 | 6.5 |
| 비단풀 | 7.2 | 0.1 | 72.2 | 6.2 | 14.3 |
| 불등가사리 | 19.5 | 0.2 | 49.9 | 0.9 | 29.5 |
| 방사무늬김 | 41.6 | 0.5 | 40.0 | 6.1 | 11.8 |

+ 동일종이지만 서식장소가 달라 일반성분의 차이가 있음.
++ 당질은 100에서 다른 성분값을 뺀 수치임. +: 0.05% 이하

대개 60~90% 정도이고, 수분을 뺀 나머지 성분 중에서는 탄수화물이 가장 많으며, 특히 당질은 가장 중요한 성분으로 대부분 건물량 기준으로 50% 이상이다.

탄수화물에 이어서 회분이 많아 40%나 되는 것도 있으며 종류에 따라 심한 차이를 보인다. 단백질은 대체로 적은 편이며 건물량으로 15% 이하이지만, 녹조류나 홍조류 중에는 20%를 넘는 것도 있다. 특히 담수산 녹조류인 *Prasiola japonica*(31%)나 홍조류인 방사무늬돌김(40% 전후)은 비교적 단백질이 많다. 지질은 아주 적고, 녹조류나 홍조류에는 1% 이하인 것도 많은 데 비해 갈조류는 녹조류나 홍조류보다 약간 많다.

해조류의 일반성분은 수온이나 영양염과 같은 환경수의 물리화학적 요인은 물론 일조량, 계절, 생육장소, 조체부위 등 여러 가지 요인에 따라 크게 영향을 받는다.

조류는 물속에서 자라기 때문에 물에 녹아 있는 각종 용존 물질을 흡수해서 체내에 축적하기도 하고, 축적한 물질을 이용해서 필요한 조체성분을 합성하기도 하므로 환경수의 물리화학적 성질에 따라 영향을 받는다. 더욱이 조류의 기본대사 작용은 광합성이므로 일조량에 의해서도 크게 영향을 받는다.

해조류의 일반성분조성의 계절적인 변화는 환경수의 계절변동에 의해 영향을 받을 뿐만 아니라, 조체 성장이나 생식 사이클에 의한 내적 요인과도 크게 관련이 있다.

예를 들어 미역의 잎 부분과 줄기 부분의 일반성분조성을 표 6.8에 나타낸 바와 같이 잎 부분의 지질함량은 5월 상순부터 6월 상순까지 증가하다가 그 이후에는 감소한

표 6.8 미역의 일반성분조성의 계절변화 (건조중량 %)

| 채집시기 | 부위 | 단백질 | 지질 | 탄수화물 | | 회분 |
|---|---|---|---|---|---|---|
| | | | | 알긴산 | 섬유 | |
| 4월 10일 | 잎 | 21.6 | 1.7 | – | 1.6 | 36.5 |
| | 줄기 | 15.1 | 1.2 | – | 4.2 | 38.6 |
| 4월 25일 | 잎 | 21.1 | 1.6 | 24.4 | 1.2 | 34.1 |
| | 줄기 | 11.6 | 0.8 | 20.7 | 4.9 | 40.9 |
| 5월 10일 | 잎 | 29.6 | 1.9 | 24.7 | – | 40.0 |
| | 줄기 | 7.0 | 1.4 | 24.0 | – | 43.9 |
| 5월 24일 | 잎 | 11.3 | 2.3 | 27.9 | 2.4 | 36.2 |
| | 줄기 | – | 1.2 | 22.9 | 5.8 | 43.0 |
| 6월 9일 | 잎 | 11.8 | 2.5 | 30.7 | 3.6 | 32.5 |
| | 줄기 | 3.9 | 1.2 | 25.9 | 6.3 | 38.1 |
| 6월 26일 | 잎 | 10.9 | 2.1 | 26.9 | 3.0 | 36.6 |
| | 줄기 | 4.6 | 1.0 | 25.3 | 6.6 | 49.0 |
| 7월 10일 | 잎 | 8.4 | 1.1 | 28.9 | 3.3 | 34.6 |
| | 줄기 | 4.9 | 1.1 | 27.5 | – | 42.4 |

다. 단백질은 4월부터 5월 상순까지 증가하다가 5월 하순부터는 급격하게 감소하여 천연 미역의 성장이 끝나는 7월에는 단백질 조성이 최고일 때에 비해 $\frac{1}{3}$로 감소하였다. 섬유(fiber)는 생식기간에 비례해서 증가하는 경향을 보인다. 알긴산(alginic acid)의 함량은 5월 하순부터 증가하기 시작하여 6월 하순에는 최고가 된다. 회분은 일정하게 변동하지 않으며 시기에 따른 차이도 크지 않다. 줄기 부위는 잎 부위에 비해서 지질, 단백질, 알긴산이 적으며 회분과 섬유는 많지만 그 계절변화가 잎 부위와 반드시 일치하지는 않는다.

### 6.8.2 해조의 다당류

해조류의 일반성분 중 수분을 뺀 나머지 성분 중에서는 다당류(polysaccharide)가 주요성분이다. 다당류를 조체 내 분포위치에 따라 나누면 가장 바깥층의 미세한 섬유상 결정구조를 한 세포벽 다당류(cell wall polysaccharide), 이것을 덮고 있는 무정형 겔상태의 점질다당류(glycosaminoglycan), 세포 안에 들어 있는 저장다당류(storage polysaccaharide)의 3가지로 나눌 수 있다.

해조류는 염류농도가 짙고 유속이 빠른 해수 속에서 산다. 이런 생육환경에 적응하기 위해 서는 다당류의 역할이 크다. 예를 들어 다당류로 구성된 해조류의 세포벽은 육상식물보다 두껍지만 유연하면서도 탄성이 좋다. 더욱이 해조류는 육상식물이 갖고 있지 않은 세포 간 다당류(점질다당류)도 갖고 있는데, 이들의 구성당 중에는 카르복실기(carboxyl group)나 황산기를 지닌 당성분이 들어 있다. 이들의 역할은 해수 중에서 이온을 선택적으로 흡수 또는 교환하여 수분을 일정하게 유지시키는 것이다.

이처럼 해조류는 육상식물에 없는 점질다당류를 가지고 있으며, 저장다당류 중에서 해조류에만 있는 것이 있다. 구성당은 D-글루코오스(D-glucose), D-갈락토오스(D-galactose), D-크실로오스(D-xylose), L-람노오스(L-rhamnose), L-아라비노오스(L-arabinose), D-글루쿠론산(D-glucuronic acid), D-갈락투론산(D-galacturonic acid) 외에 L-푸코오스(L-fucose), D-, L-,3,6-무수갈락토오스(3,6-anhydrogalactose), 6-O-메틸-D-갈락토오스(6-O-methyl-D-galactose)나 D-만누론산(D-mannuronic acid), L-글루쿠론산(L-glucuronic acid)과 같은 우론산(uronic acid)도 들어있다.

구성당만 다른 게 아니라 해조 다당류의 물리·화학적 성질이나 구조도 육상식물에 비해 복잡하다.

해조류는 계통적인 위치가 먼 것이 많아 해조류의 분류나 계통상의 위치, 형태나 생활양식의 차이와 다당류의 성상 간에 어떤 연관성이 있을 가능성이 있을 것이다. 이는 해조류의 분류나 계통의 지표로서 색소들의 차이가 있는 것을 이용하는 것과 비슷하다고 할 수 있다.

표 6.9 해조류가 생산하는 다당류

| 해조류 | 세포벽 골격다당류 | 세포간 점질다당류 | 저장 다당류 |
|---|---|---|---|
| 녹조류 | 셀룰로오스 I(벌로니어, Valonia과)<br>셀룰로오스 II(갈파래속)<br>β-1,3-크실란[옥덩굴과(Caulerpaceae), 깃털말과(Bryopsidaceae), 큰날개매미충과(Ricaniidae), Ostreobiaceae]<br>β-1,4-만난[청각과(Codiaceae), Polyphysaceae] | 함황산크실로아라비노갈락탄 [Cladophora, 염주말속(Chaetomorpha), 옥덩굴(Caulerpa), 청각속(Codium)]<br>함황glucuronoxylorhamnan (갈파래 속, 파래속)<br>함황산glucuronoxylorhamnogalactan (Acetabularia) | 아밀로오스<br>아밀로펙틴 |
| 갈조류 | 셀룰로오스 II<br>헤미셀룰로오스 | 알긴산(미역속, 다시마속, 대황속, 감태속, 마코로시스틴(macrocystin)속<br>푸코이당[모자반속(Fucus)] | 라미나란 |
| 홍조류 | 셀룰로오스 II<br>헤미셀룰로오스<br>β-1,3-만난[포르피라(porphyra)]<br>β-1,4-크실란[포르피라(porphyra)] | 한천[우뭇가사리목, 돌가사리목, 비단풀목(Ceramiales)]<br>카라게난[돌가사리과, 끈적살과(Solieriaceae), Phyllophoraceae]<br>포피란(porphyran) (포르피라) | 홍조 전분 |

넓은 의미로 해조는 13종의 문(Phylum)에 속하는 집단이지만, 그중에서 양도 가장 많고 잘 이용되는 해조류는 주로 녹조류, 갈조류, 홍조류의 3조문이다.

해조다당류는 골격다당류(skeletal polysaccharide), 점성다당류 및 저장다당류로 나뉜다.

## 가. 골격다당류

조체 골격을 만드는 다당류는 주로 섬유소(cellulose)이지만 해조 종류에 따라 그 성분은 다르다. 해조류는 해수 중에 생육하므로 심한 파도와 같은 물결 등에 버틸 수 있도록 유연성이나 탄성이 필요하다.

### (1) 녹조류

녹조류 중의 골격다당류는 다음 3개로 나눠진다.

❶ 갈파래속의 *Ulva* sp., 파래속의 *Enteromorpha* sp., 발로니아속(Valonia) *Valoniapsis* sp.와 같이 주요 구성물질은 X선 해석 상으로 진성 셀룰로오스이다.

❷ 클라도포라목(Cladophorales)이나 시포노클라두스목(Siphonocladales)에서 볼 수 있듯이 글루칸이 평행하게 배열하고 X선 회절상이 선명한 염주말속

(Chaetomorpha)의 셀룰로오스 I과 갈파래, 홑파래속(Monostroma)과 같이 일부의 글루칸분자가 반대 방향으로 존재하여 회절상이 불선명한 셀룰로오스 II이다.

③ 회절상이 불명한 셀룰로오스 대신에 청각과 우산파래(*Acetabularia ryukyuensis*)는 β-1,4-만난(β-1,4-mannan)을, 옥덩굴(*Caulerpa okamurai*), 참깃털말(*Bryopsis plumosa*)은 β-1,3-크실란(β-1,3-xylan) 등의 헤미셀룰로오스로 구성되어 있다.

우산파래 옥덩굴 참깃털말

(2) 갈조류와 홍조류

셀룰로오스 II와 헤미셀룰로오스를 골격으로 하고 있다. 포르피라속(Porphyra)에서는 약간 다르다. 원생홍조강을 제외한 진성홍조강 중에는 건조 중량으로 1~9% 정도의 셀룰로오스가 존재한다.

포피라 움빌리칼리스(*Porphyra umblicalis*)나 미역(*Laurencia pinnatifida*), 팔손이풀(*Rhodymenia palmata*)의 조체를 염산과 황산으로 처리하면 크실란(xylan)이 얻어진다. 구조적으로는 육상식물의 크실란과 녹조 크실란과의 중간적 구조이다. 원생 홍조강은 셀룰로오스 대신에 크실란과 만난(mannan)이 골격을 형성하고 있다.

포피라 움빌리칼리스 미역 팔손이풀

## 나. 점질 다당류

세포와 세포 사이를 충전히는 점질다딩류도 해조류의 종류에 따라 다르다.

### (1) 녹조류

녹조에 함유되어 있는 점질다당류는 반드시 에스테르황산을 함유한다. 구성당에 따라 아래 3개로 나눠진다.

❶ 참갈파래(*Ulva lactaca*)나 납작파래(*Entermorpha compressa*)에 존재하는 황산 글루쿠루로크실로람난(sulfated glucuronoxylorhamnan)

❷ 청각이나 옥덩굴속에 존재하는 황산 크실로아라비노갈락탄(sulfated xyloarabinogalactan)

❸ 삿갓 말속(Acetabularia), 황산 글루쿠로노크실로람오갈락탄(sulfated glucuronoxylorhamn ogalactan)

### (2) 갈조류

해조류에만 존재하는 특유한 다당류이며 이용 범위도 아주 넓다.

❶ **알긴산** : 미역, 다시마, 모자반, 대황, 감태 등에 함유되는 산성 다당류이며 β-D-만우론산(β-D-mannuroric acid), α-L-글루론산(α-L-guluronic acid)인 우론산(uronic acid)으로 구성되는 공중합 다당. 알긴산은 해조류에만 존재한다고 하지만 *Azotobacter uinelandii*나 *Pseudmonas aeruginosa*와 같은 어떤 종의 균은 20% 정도 아세틸화된 알긴산과 유사한 점질다당류를 생산하는 것도 있다.

❷ **푸코이단** : 푸코스(Fucus)속, 다시마속, 미역속 등에 존재하고 L-푸코오스(L-fucose)와 에스테르 황산이 주성분이다.

❸ **사가산**(Sargassan) : 모자반(*Sargassum limifolium*)에 함유되어 있으며 푸코이단과 아주 비슷한 황산다당이지만 만노오스를 함유하는 것이 푸코이단과 다르다.

### (3) 홍조류

유용한 다당류가 많고 산업적으로 활용도가 매우 높다.

❶ **한천** : 우뭇가사리류나 강리류에 함유되어 있고 아가로오스(agarose), 아가로펙틴(agaropectin)으로 구성되어 있다. 아가로오스(Agarose)는 D-갈락토오스와 3,6-안히드로-L-갈락토오스로 구성되는 2종류 아가로비오스가 α-1,3결합으로 직쇄상으로 연결되어 있다.

❷ **카라기난** : Eucheuma나 진두발류에 존재하며 무수갈락토오스 등 D형 황산기가 한천보다 많다. D-만누론산(D-mannuronic acid)과 L-글루카르산(L-glucaric acid)으로 구성되어 있다.

❸ **알긴산** : 홍조류인 *Serraticardia Maxima*에 2% 정도 존재하는 것으로 알려져 있고 갈조류에 존재하지 않는 것으로 알려진 알긴산이 홍조류에서 처음으로 발견된 사례도 있다.

❹ **푸노란**(Funoran) : 불등풀가사리(*Gloiopeltisfurcata*)로부터 추출되고 D-갈락토오스와 3,6-무수갈락토오스가 번갈아 연결된 것이며 아가로오스에 가까운 구조를 가진다.

❺ **포피란** : 참김(*Porphyratenera*) 등에서 볼 수 있고 한천이나 카라기난을 합친 것 같은 구조를 가진다.

### 다. 저장다당류

#### (1) 녹조류

육상식물에 존재하는 전분과 유사하며, 그 중 아밀로오스가 16~27%를 차지하고 나머지가 아밀로펙틴이다.

#### (2) 갈조류

라미나란(laminaran)이 대표적인 것이고 열수 가용성인 β-글루칸이다. 다시마속 중에는 그 함량이 25%에 이르는 것도 있다. 라미나란은 광합성 산물인 만니톨로부터 생합성되는 것으로 밝혀져 있다. 대황의 라미나란은 β-D-글루코피라노오스의 1,3와 1,6 결합을 함유하는 분자사슬구조로 되어 있다.

#### (3) 홍조류

홍조 전분이라고 하며 Gelidiopsis인 *Furcedaria fastigiata*, Constantinea인 *Constantinea sabutinea* 등으로부터 분리되고, 물리화학적인 특성으로부터 고등식물의 전분 중의 아밀로펙틴과 동물의 글리코겐의 중간적인 것으로 추정된다. 물가의 암석에 조류가 고사해 석회조류가 무성한 상태의 지대에 번무하는 *Serraticardia Maxima*로부터 정제해서 순수한 홍조류 전분을 얻고 있다. 홍조류 전분의 생합성 기구는 최근 화제가 되고 있는 트레할로오스(trehalose)나 플로리시드, 이소플로리시드와 같은 저분자 화합물이 전구체가 되는 것으로 알려졌다.

## 6.8.3 알긴산

알긴산은 갈조류에 함유되는 다당류이고 알가(alga)는 라틴어로 [조]라는 뜻이라, 그 물질을 알긴산이라고 명명했다. 알긴산은 스코틀랜드의 스탄포드가 1884년에 갈조류

표 6.10 갈조류의 알긴산 함유량(건조물에 대한 %)

| 종류 | 알긴산(%) | 종류 | 알긴산(%) |
|---|---|---|---|
| 참다시마* | 17.05 | 미역* | 27.06 |
| 참다시마* | 22.54 | 미역* | 28.76 |
| 리시리다시마* | 25.43 | 대황 | 17.87 |
| 리시리다시마* | 22.00 | 톳* | 20.48 |
| 토로로다시마* | 30.17 | 톳* | 20.15 |

* 동일종이지만 서식장소가 다름.

인 아스코필룸(Ascophyllum)의 화학성분을 연구하던 중 발견한 것이다. 갈조류를 묽은 염산으로 전처리하고 나서 탄산나트륨이나 수산화나트륨과 같은 알칼리약품의 수용액으로 추출한 점성이 있는 용액에 염산을 가해서 산성으로 만들면 하얀 섬유상의 침전이 생긴다. 이것을 건조시키면 알긴산의 알칼리염이 얻어진다. 알긴산은 하얀색이고, 무취이며 유리 카르복실기를 가지기 때문에 산성을 나타낸다. 특히 용도가 넓은 알긴산나트륨을 알긴산이라고 부른다.

알긴산은 양적으로는 달라도 모든 갈조류에 함유되어 있다. 그러나 상업적으로 알긴산 원료가 될 수 있는 것은 함유량이 많은 것, 대량으로 군락을 형성하는 것, 채취하기 쉬운 곳에 생육하는 것, 해중림으로서의 기능을 저하시키지 않는 것 등과 같은 조건이 필요하다.

이러한 관점에서 분류학적으로 보면 갈조류 10목 중 2목 정도가 가능하고 실제로 사용되는 것으로서는 10종류 정도이다.

갈조류 중에 함유되는 알긴산은 표 6.10과 같이 건조중량에 대해서 많으면 30% 전후이지만 갈조류의 종류나 채취시기 등에 따라서도 크게 달라진다. 알긴산을 다량 함유하는 갈조류는 특이적으로 알긴산 분해효소(alginase)를 치패(juvenile shell) 때부터 내장 중에 가지는 전복같은 조식동물이 가장 좋아하는 먹이였다.

### 가. 알긴산의 화학구조와 이화학적 성상 및 생산

알긴산은 그림 6.9에 나타낸 바와 같이 D-만누론산 잔기(M)로 구성되는 M 블록과 L-글루론산 잔기(G)로 구성되는 G블록, 양쪽 잔기가 번갈아 섞인 MMG, MGG 블록으로 구성되어 있는데 이들 비율은 갈조류 종류, 조체 부위나 계절 등에 따라 변동한다. M와 G 비율이 1.5~2.5인 것에 대해 다른 금속과 만들어지는 겔 강도를 비교하면 그 강도는 다음과 같다.

납 > 구리 > 카드뮴 > 바륨 > 스트론튬=칼슘 > 코발트 > 니켈 > 아연 > 망간

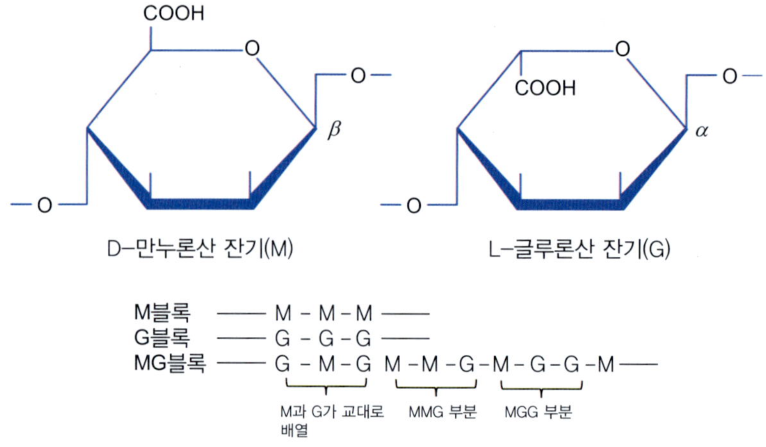


**그림 6.9** 알긴산의 블록구조의 모식도.

이들 겔 강도의 차이는 이용가치와도 밀접한 관계가 있다.

이렇게 알긴산은 고분자 전해질이면서도 약산성 양이온 교환체이고 특히 3가 철이나 2가 구리에 대해서 선택적인 교환성이 있다. 수은 이외의 2가 이상의 금속하고는 불용염을, 기타 금속하고는 수용성염을 생성하여 끈적끈적한 용액이 된다. 분자량은 그 해조류의 종류나 채취시기 등에 따라 다르지만 20~200만 정도이며, 조리 시 식초나 열에 의해서도 저분자화가 일어난다. 알긴산을 식품소재로서 널리 가공식품에다 사용하기 위해서는 천연 알긴산을 저분자화해서 점성을 저하시키고 용해성을 높일 필요가 있다. 그렇기 때문에 알긴산을 가수분해해서 평균 분자량을 50,000±10,000 정도로 작게 만들어 용해성을 높인 것이 시판되고 있다. 또 프로필렌 글리콜기(propylene glycol group)를 도입한 알긴산프로필렌글리콜에스테르나 기타 유도체도 이용되고 있다.

조체 중에서는 칼슘이나 마그네슘과 같은 불용성 염으로써 존재하지만, 알칼리처리에 의해 나트륨이나 칼륨으로 치환되어서 수용화 된다.

알긴산은 1926년 미국에서 처음으로 상업적 생산이 이루어져 그 이후 영국, 노르웨이, 프랑스 등의 대규모 공장에서 생산되기 시작했으며, 일본에서는 1928년경부터 기초연구가 시작되어 이를 바탕으로 1938년부터 상업적 생산에 들어갔다. 현재는 영국, 미국, 노르웨이, 칠레 각국에 각각 1회사가, 프랑스, 일본에 2회사가, 중국에는 큰 것과 작은 것 등을 합쳐 15개 정도의 공장이 가동하고 있고 세계 전체로 약 3.5만 톤의 알긴산이 제조되고 있다.

현재 국내 알긴산 시장은 연간 약 3,500톤 규모를 보이고 있는 가운데 나염용으로 연간 약 3,300톤가량, 식품용이 100톤, 기계공업용이 60톤가량 사용되는 것으로 알려졌으며, 1회사에서 유일하게 생산되고 있다.

**표 6.11** 알긴산류의 주요한 용도

알긴산나트륨

- **식품용 용도**
  - 증점(增粘) 안정제 (아아스크림, 필링(filling), 토핑 등)
  - 전분 조직 안정 노화방지
  - 겔(gel)화제 [과일젤리, 구형젤리, 상어 지느러미 같은 식품, 양파 링(onion ring) 성형기제, 어란(漁卵) 같은 식품]
  - 건강식품
- **의약용 용도**
  - X선 조영제용 안정제, 치과 인상제 기제, 파스 기제, 소화관 점막 보호제
- **사료용 용도**
  - 사료 점결제, 애완동물 사료용 점결제
- **화장품 용도**
  - 화장품 원료 기준 기제품
- **공업용 용도**
  - 섬유용 날염풀제, 용접봉 첨가제, 토목용 오니 응집제
  - 물처리용 고분자 응집침강제
  - 제지용 사이징(sizing)제 (감압지, 지력증강)
  - 농약(담배 모자이크병약), 마이크로캡슐기제
  - 인공종자, 액체비료

알긴산

- **식품용 용도**
  - 면질 개량제
  - 증점안정제, 겔(gel)화제, 증점제 (알칼리염과 병용)
  - 건강식품
- **의약용 용도**
  - 정제붕괴제

알긴산 프로필렌 글리콜 에스테르

- **식품용 용도**
  - 증점 안정제(아이스크림, 셔벳, 오렌지 드링크, 시럽)
  - 증점제(잼, 스프, 케첩, 소스, 양념장)
  - 유화 안정제(유산균 음료, 드링크 요구르트, 드레싱, 마요네즈, 마가린, 치즈)
  - 맥주용 거품 안정제
  - 면질 안정제(면, 파스타)
- **의약용 용도**
  - X선 조영제용 안정제
- **화장품 용도**
  - 화장품 원료 기준 기재품

### 나. 알긴산의 용도

식품관련 분야의 응용 : 미국에서 알긴산은 식품의약품국(Food and drug administration, FDA)에서 일반용인 안전성 식품으로 인정되었고, 우리나라에서도 이것이 적용되고 있다.

알긴산을 식품에 이용하는 것은 보수성, 겔화성, 증점안정성 등과 같은 특성을 가지고 있기 때문이다. 이런 특성을 살린 식품에의 이용은 표 6.12에 나타낸 바와 같이 용도는 아주 넓고 알긴산 프로필렌글리콜에스테르나 알긴산 나트륨염, 알긴산 등과 같은

표 6. 12 식품분야에 있어서의 최근의 알긴산류 이용 예

| 이용되고 있는 성질 | 주 용도 | 주 사용종 |
|---|---|---|
| 노화방지 및 면질개량 | 밀가루에 첨가해서 면이 안 끊어지게 함, 면발 강화, 빵 조직개량, 인스턴트 라면의 식감 개량·면발 강화·기름빼기 개량 | 알긴산나트륨, 알긴산 |
| 보수성 | 고당도 식품의 이수방지, 잼이나 케첩류의 이수방지 | 알긴산프로필렌글리콜에스테르, 알긴산나트륨, 알긴산 |
| 증점성 | 면스프 끈끈함 부여, 양념장이나 잼의 고형성분의 분산안정제, 연제품을 탄력있게 함, 푸딩·젤리 등에의 찰기 부여에 의한 식감 개량, 유제품의 증점·보형 | 알긴산프로필렌글리콜에스테르, 알긴산나트륨, 알긴산 |
| 내산성 | 유산균 음료의 유단백 침전방지, 진한 주스류의 고형물 분산제 | 알긴산프로필렌글리콜에스테르 |
| 내염성 | 간장, 소스의 증점·분산제 | 알긴산프로필렌글리콜에스테르 |
| 유화 안전성 | 아이스크림, 셔벗의 오버런(overrun) 유지, 마요네즈, 드레싱류의 유화 상태 유지 | 알긴산프로필렌글리콜에스테르, 알긴산나트륨 |
| 기포 안정성 | 맥주 거품의 안정화 | 알긴산프로필렌글리콜에스테르 |
| 응집성 | 양조제조의 찌꺼기 제거, 미생물의 제거 | 알긴산나트륨 |
| 필름 형성성 | 식품표면 코팅에 의한 수분 증발방지, 수분량이 많아지는 2종류 식품 결착시 수분 이행방지, 면류 표면처리에 의한 보존성 개선, 윤기 내기, 수산물의 동결처리 전 코팅 | 알긴산나트륨 |
| 내열성 | 한천의 내열성 개선, 유제품의 겔화 정형, 내열성 부여, 젤리 내용물의 고정화 | 알긴산나트륨 |
| 겔화성 | 어란, 상어지느러미, 트뤼프(송로버섯), 치즈 등의 복제상품, 축육·어육 등의 재구성육의 결착제, 조미료의 고정, 구형젤리, 한천의 모양 변함 방지 | 알긴산나트륨 |

형태가 사용되고 있다. 이 표에는 없지만 인공연어알의 막에도 이용되고 있다. 이것은 알긴산소다 적액에 피포괄물질을 현탁시키고 직당한 높이에서 응고액 중에 낙하시킴으로써 만든다. 섬유상 단백질의 제조에도 사용되어 알긴산의 섬유형성성을 이용해서 단백질과 혼합 방사함으로써 섬유상 단백질 제품도 만들고 있다. 예를 들면 정어리, 크릴새우, 혈장, 카세인 등의 단백질과 혼합한 섬유상 인공육 고기 같은 것이 만들어진다.

### (2) 의료관련 분야의 응용

❶ **치형 틀 제작** : 알긴산은 표 6.13에 나타낸 바와 같이 틀니의 치형을 만들 때 이용된다. 이 치형에 사용하는 인상제는 홍조류로부터 추출되는 다당류인 한천도 사용된다. 각각의 인상제 조성은 표 6.13과 같다. 이들 인상제는 연합인상제라고 불리고 치형 안쪽에는 한천 인상제를, 바깥쪽에는 알긴산 인상제를 사용하는 경우가 많지만 단독으로 사용할 때도 있다.

❷ **약품의 피막제** : 식도, 위, 십이지장 등의 궤양을 치료할 때의 피막제나 지혈제로서도 이용되고 있다.

❸ **수술용 실** : 수술 후에 사용되는 실에도 이용되는데 이것을 사용하면 실을 뽑을 필요가 없으며, 정제성분의 분산제로도 사용되고 있다.

표 6.13 한천 인상제 및 알긴산 인상제의 조성

한천 인상제 조성

| 명칭 | 비율(%) |
|---|---|
| 한천 | 12.5 |
| 붕산 | 0.2 |
| 황산칼륨 | 1.7 |
| 알킬안식향산 | 0.1 |
| 물 | 85 |

알긴산 인상제 조성

| 명칭 | 비율(%) |
|---|---|
| 알긴산칼륨 | 18 |
| 황산칼륨 | 14 |
| 인산나트륨 | 2 |
| 첨가제 아연산화물<br>플루오르화물<br>규산염<br>붕산염 | 10 |
| 부형제 규조토 | 6 |
| 물 | 50 |

### (3) 섬유공업관련 분야의 응용

섬유를 염색할 때 호료(gelling agent)가 섬유와 반응해서 색깔이 변하는 경우가 있는데, 알긴산계 호료는 그런 경우가 거의 없다. 알긴산나트륨 페이스트는 염료의 프린트 페이스트로서 이상적인 것으로 ① 날염인쇄(textile printing)에 적당하다. ② 화학반응성이 현저하게 낮다. ③ 공정 중에 신뢰되는 점성을 유지한다. ④ 모든 염료 색깔에 대해서 안정적이다. ⑤ 씻기가 쉽다. ⑥ 긁혀진 흠으로부터 고가의 스크린(screen)을 보호하거나 얼룩의 정착을 방지한다는 등의 장점이 있다.

### (4) 공업용 관련 분야의 응용

알긴산은 철이온과 선택적으로 결합하기 때문에 종래부터 보일러 관리의 하나로서 침전물 제거, 부착물 제거 등에 사용되고 있는데, 알긴산나트륨의 사용농도는 1~3ppm 정도이다. 그러나 최근에 들어서 계면활성제를 포함한 우수한 킬레이트화제(chelating agent)의 출현으로 알긴산염의 이용이 위협받고 있다.

### (5) 생물반응기 고정화제

세포 포괄제로의 기능을 이용해서 생물반응기 고정화제(immobilized agent)로써 이용되고 있다. 알긴산나트륨 용액에 세포를 현탁시키고 그것을 다가 금속이온 수용액에 적하함으로써 비드상으로 만든다. 이러한 방법으로 에틸알코올의 제조나 식초 생산 등에 대해서 연구보고가 있다. 그들의 사례를 표 6.14에 나타냈다.

표 6.14 알긴산을 고정화한 세포 이용 예

| 세포 | 생성물/목적 |
|---|---|
| 박테리아 | |
| *Erwinia rhapontici* | 이소말토오스(isomaltose) |
| *Pseudomonas denitrificans* | 음료수 |
| *Zymomonas mobilis* | 에탄올 |
| 남조류 | |
| *Anabena* sp. | 암모니아 |
| 사상균 | |
| *Kluyveromyces bulgaricus* | 유청(whey)의 가수분해 |
| *Saccharomyces cerevisiae* | 에탄올 |
| *Saccharomyces bajanus* | 샴페인 |
| 녹조류 | |
| *Botryococcus braunii* | 탄화수소 |
| 식물세포 | |
| *Chatharanthus roseus* | 알칼로이드 |
| *Daucus carota* | 알칼로이드 |
| 여러 식물 | 인공종자 |
| 식물 원형질체 | 세포처리/현미경 |
| 포유류 세포 | |
| 혼성세포(hybridoma) | 단일클론 항체 |
| 랑게르한스섬(Langerhans islands) | 인슐린/이식 |
| 섬유모세포 | 인터페론-α |
| 임파종 | 인터페론-β |

(6) 인공 종자에의 이용

조직 배양에 의해 증식시킨 부정배(adventives embryo)나 부정아(adventitious bud)를 캡슐에 포매(embedding)하여 종자 기능을 가지게 한 후, 밭에 직접 뿌리는 것이며 이 캡슐의 포매용으로 알긴산이 사용된다.

## 다. 알긴산의 생리작용

(1) 콜레스테롤 저하작용

사람이 섭취한 것 중에 함유되는 콜레스테롤을 알긴산나트륨의 분자 망에 둘러싸서 그대로 몸 밖으로 내보냄으로써 장에서의 콜레스테롤 흡수를 막아 혈액 중 콜레스테롤을 낮추게 한다. 콜레스테롤 1%와 담즙산 0.25%를 함유하는 고콜레스테롤증을 일으키는 먹이에 5% 알긴산나트륨을 첨가해서 하얀 쥐를 사육하여 혈청 콜레스테롤, 간장 중 콜레스테롤, 총지질 및 총지방산 농도의 상승을 억제하는 효과를 확인한 연구 보고가 있고, 알긴산 프로필렌글리콜에스테르가 혈청 콜레스테롤 상승을 억제하는 효과가 있지만 프로필렌글리콜 자체에는 억제 효과가 없는 것도 확인되었다. 그리고 콜레스테롤을 사료에 혼합시켜서 래트에 주면 단기간에 콜레스테롤이 상승하지만 알긴산나트륨을 5% 혼합시키면 그 상승 정도는 곤약만난(koniac mannan)이나 펙틴보다는 다소 약하지만 억제되는 것으로 보고되어 있다.

고점도, 저점도와 같이 점도가 다른 알긴산나트륨이 장내 플로라(flora) 및 혈청지질에 미치는 영향을 검토하기 위해 각각 알긴산염 2%를 함유하는 먹이를 수컷 래트에게 7일 간 준 결과, 고점도식에서는 유의적인 영향을 확인 못했지만 저점도식에서는 맹장 내 pH를 현저하게 저하시키고 혈청 중 트리글리세라이드와 콜레스테롤 값도 저하시켰

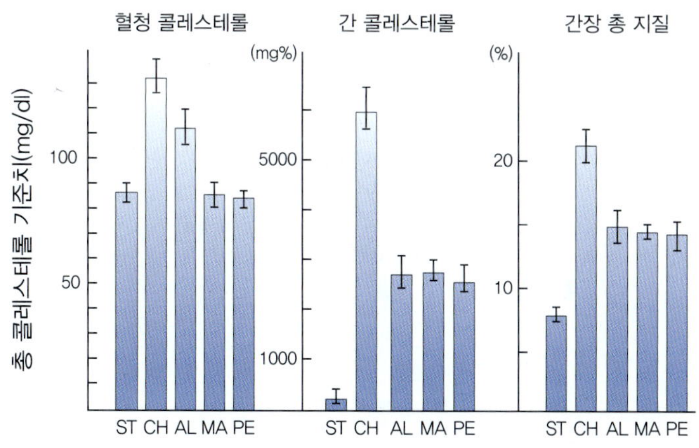


**그림 6.10** 일긴산나트륨, 쿠틴, 곤약만난의 혈청 및 간 콜레스테롤 양의 상승 억제 효과. ST: 무콜레스테롤 사료, CH: 콜레스테롤 사료 AL: 5% 알긴산나트륨, MA: 5% 곤약만난 PE: 5% 쿠틴.

다(그림 6.10). 이러한 결과로 점도가 다른 알긴산나트륨을 함유하는 사료는 장내 플로라 및 혈청 지질레벨에 다르게 영향을 주는 것이 시사되었다.

### (2) 고혈압 저하작용

식염을 지나치게 섭취하면 고혈압이 생긴다고 알려졌다. 이것은 흡수된 식염 중의 나트륨이온과 칼륨이온 간의 균형이 무너지고 혈관을 수축시키기 때문이다. 그래서 알긴산칼륨을 식염을 함유하는 음식물과 같이 몸속으로 흡수하게 되면 알긴산염은 위 안에서 위액의 산으로 인해 칼륨을 떼어 버린다. 그것이 장으로 이행되면 소장은 미알칼리성이라서 알긴산은 같이 섭취한 나트륨이온의 일부와 결합하여 체외로 배설해 버린다. 이 사실이 일어나는 것은 알긴산의 화학적 특징의 하나인 이온교환반응이 소화관 안에서 행해지기 때문이다. 한편, 알긴산에서 떨어진 칼륨이온은 장에서 흡수되어 혈중 나트륨을 쫓아낸다. 이렇게 알긴산염은 이중의 작용으로 혈압을 낮춘다. 본태성 고혈압(essential hypertension) 모델동물로서 식염을 좋아하고 혈압을 상승시키는 유전자를 가진 고혈압 자연발증 래트(SHR)가 개발되어 있어 이 래트에 알긴산칼륨을 섭취시키면 식염 섭취와 상관없이 혈압상승을 억제하는 것이 밝혀졌다(그림 6.11).

그것은 그림 6.12와 같이 소화관내 pH 변동으로 이온교환반응이 생기고 알긴산과 결합한 양이온은 위 안이 산성이기 때문에 유리되고 소장에서는 미알칼리성이기 때문에 양이온과 재결합한다. 이때 과잉으로 나트륨이 존재하면 칼륨보다는 나트륨이 더 결합하기 쉬워서 나트륨 흡수를 저해해 대변으로 배출을 촉진한다. 한편, 위 안에서 유리한 칼륨은 소장에서 흡수되어서 혈압 저하에 기여한다.

### (3) 효소 활성화

알긴산나트륨을 식물과 같이 섭취하면 장내 아밀라아제(amylase)나 프로테아제

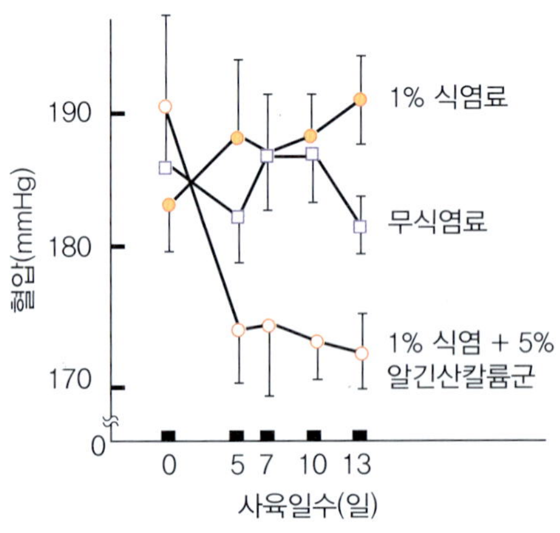


그림 6.11 고혈압 래트의 혈압 변화.

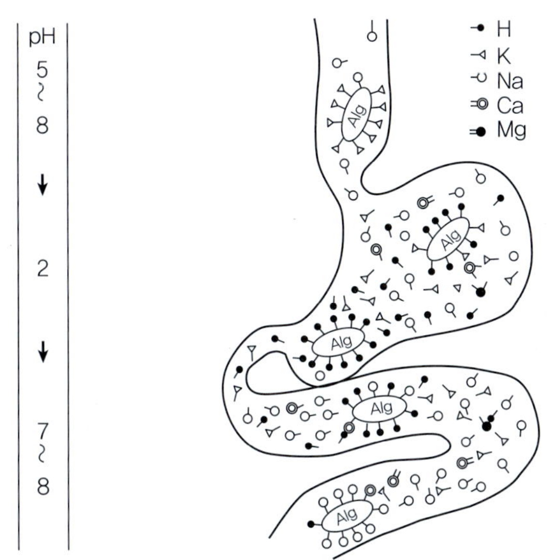


**그림 6.12** 소화관 내에 있어서의 알긴산 음이온결합의 변화.

(protease) 활성이 높아진다는 보고가 있다.

### (4) 정장작용

알긴산은 아주 큰 수화성, 보수성, 윤활성 그리고 성형성 등으로 인해 정장작용이 우수한 것으로 확인되고 있다.

### (5) 암세포의 증식억제효과

다당류의 항암성에 대해서는 1891년에 화농성 연쇄상구균(*Streptococcus*)과 영균(*Serratia marcescens*)의 배양 여과액에서 조정한 독소(toxin)를 수술 불가능한 암환자 치료에 사용해서 현저한 효과가 있었던 사례나 1936년에 그 유효성분은 세균 속에 함유되는 다당인 것이 발표되면서 암 연구자의 주목을 끌기 시작했다. 해조류의 항암성 다당류에 대해서는 1959년에 여러 해조류 유래 다당류의 항암활성 스크리닝 테스트에서 알긴산(다시마 유래의 조제 알긴산)과 메소글로이아(*Mesogloia divaricate* 유래의 다당)를 암이 걸린 마우스(sarcoma 37 복수형 종양세포를 복강 내에 이식한 마우스)의 복강 내에 투여했더니 현저한 효과를 얻었다는 보고가 발표되면서다.

암세포 하나인 육종(sarcoma 180) 고형종양세포를 심은 마우스 복강에 모자반으로부터 추출하여 정제한 알긴산을 주사하면 이 암세포의 성장이 50%나 저지된다. 또 시약용으로 시판되어 있는 알긴산을 복강 내에 투여했을 때도 육종고형종양세포 증식이 저지된 것이 확인되었다.

### 라. 알긴산올리고당의 기능성

알긴산올리고당의 원료가 되는 알긴산다당은 다시마, 미역, 톳으로 대표되는 갈조류에 특유한 분자량 270만의 천연산성 다당이며, 조체 내에서는 조직 세포 간에서 대부분이 칼슘염 형태로 조체를 유연하고 강인하게 유지하고 있다. 조체에 있어서의 알긴산 다당 함유율은 건조조체의 20~50%이며 β-1.4결합한 D-만누론산(D-mannuronic acid 이하 M)과 α-1.4 결합한 L-글루론산(L-guluronic acid 이하 G)과 같은 2종류의 우론산(uronic acid)으로 구성되는 직쇄형 폴리머이다.

지금까지 식품에 사용된 알긴산다당의 용도는 알긴산다당이 나트륨염 형태로 이용된 증점제, 겔화제, 안정제 등으로서 빵, 면류, 마요네즈 등에 사용되어 왔지만 최근에는 상어 지느러미나 캐비어 등과 같은 복제식품이나 맥주 거품 향상제 등으로도 이용되고 있다. 그러나 증점제 등으로 사용되는 것을 봐도 알 수 있듯이 알긴산다당은 매우 점성이 높고 물에 녹이기 어려운 성질을 가지기 때문에 식품 소재로서 응용하기에 상당한 제한이 있었다.

최근 알긴산다당을 가압상태로 분자량 50,000±10,000까지 가열가수분해 한 알긴산(이하 저분자화 알긴산)이 개발·출시되고 콜레스테롤 저하작용, 정장작용을 강조한 특정보건용 식품을 볼 수 있게 되었다. 알긴산올리고당은 알긴산다당을 가압 가열하는 게 아니라, 자연계 미생물이 만들어 내는 효소로 알긴산다당을 분자량 1,000 이하까지 분해시킨 것으로, 여기서는 알긴산올리고당의 특성 및 생리 기능성에 대하여 기술한다.

#### (1) 알긴산 분해효소 생산균

알긴산다당을 분해하는 효소 생산균에 대해서는 1930년대 왁스먼(Waksman)의 보고 이후, 연체동물, 해수, 해수어의 장내용물, 육상생물, 부패한 갈조 등 여러 장소에서 효소 생산균이 분리되어 연구가 진행되고 있다. 본 장에서는 해양성 세균으로부터 얻어진 효소를 사용해서 알긴산올리고당의 제조 및 특성에 대하여 살펴보고자 한다.

#### (2) 알긴산올리고당의 특성

❶ **구조** : 알긴산 올리고당을 DEAE-HPLC(COSMOGEL DEAE GLASS 8×75 mm)에 걸면 8종류 피크가 출현(그림 6.13 참고, 용출 순으로 P1, P2, P3, P4, P5, P6, P7, P8로 했다)하고 각각의 피크에 대해서 MS 및 NMR 분석을 한 결과 그림 6.14와 같이 동정할 수 있다.

❷ **영양성분 분석값** : 알긴산올리고당의 영양성분 분석값에 대해서 원료인 알긴산다당 나트륨염(이하 알긴산다당)과 비교하면 알긴산다당을 효소로 분해한 단순한 반응이었기 때문에 반응 전 후에 있어서 분석값에 거의 변화가 없는 것을 확인할 수 있다(표 6.15).

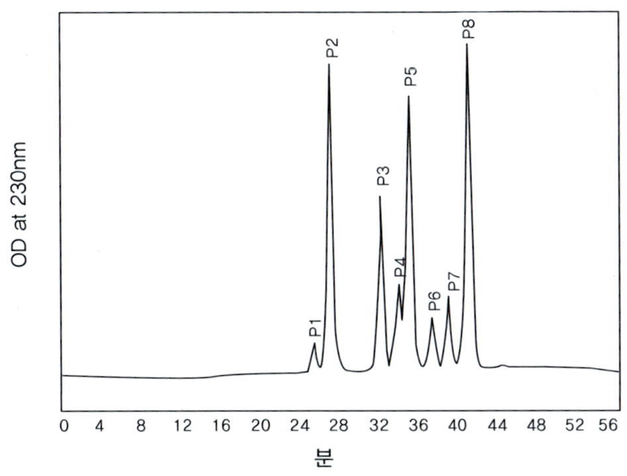


P1 : △ – G, P2 : △ – M, P3 : △ – G – G, P4 : △ – M – G, P5 : △ – M – M,
P6 : △ – G – G – G, P7 : △ – M – G – G, P8 : △ – M – G – M

**그림 6.13** 알긴산올리고당의 HPLC 패턴.

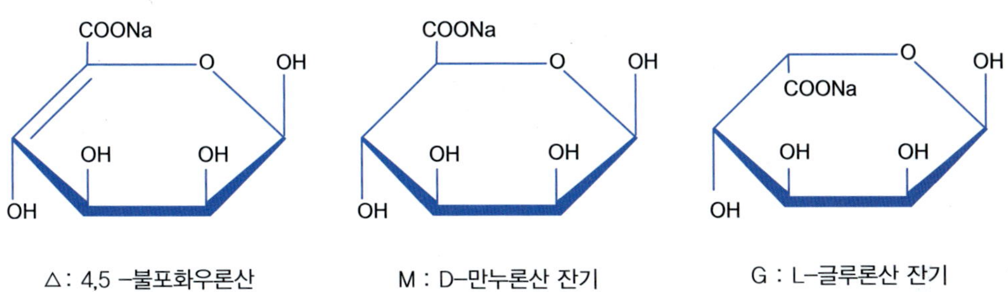


**그림 6.14** 알긴산올리고당의 구조.

**표 6.15** 알긴산다당 및 알긴산올리고당 영양성분 분석값(100g당)

| | 알긴산올리고당 | 알긴산다당 | | 알긴산올리고당 | 알긴산다당 |
|---|---|---|---|---|---|
| 수분(g) | 3.6 | 11.6 | 염분(g) | 0.8 | - |
| 단백질(g) | 0.6 | 0.3 | 나트륨(g) | 10.7 | - |
| 탄수화물(g) | 69.8 | 64.3* | 칼륨(g) | 0.2 | - |
| 지질(g) | 0 | 0 | 칼슘(g) | 0.06 | - |
| 회분(g) | 24.7 | 23.8 | | | |

- 미분석
* 식물섬유 포함

**표 6.16** 물리화학적성질

| | 알긴산올리고당 | 알긴산다당 |
|---|---|---|
| 형상 | 분말 | 분말 |
| 색 | 흰색 | 흰색~담황색 |
| 착색도 | 0.14(30% 수용액, OD420nm) | 0.26(2% 수용액, OD420nm) |
| 탁도 | 0.02(30% 수용액, OD660nm) | 013(2% 수용액, OD660nm) |
| 맛 | 없음 | 없음 |
| 냄새 | 없음 | 없음 |
| pH | 7.0(2% 수용액, 실온) | 7.2(2% 수용액, 실온) |
| 점도(mPa · s) | 55(75% 수용액, 25°C) | 810(2% 수용액, 25°C) |

❷ **물리화학적 성질** : 알긴산올리고당의 물리화학적 성질에 대해서 표 6.16에 나타냈다. 알긴산올리고당은 알긴산다당과 비교해서 맛, 냄새, pH 등에서는 큰 차이를 보이지 않았으나 점도 및 착색도는 크게 저하하는 것이 확인되었다. 특히 점도에 있어서는 알긴산다당은 2% 수용액에서 810mPa · s(25°C)인 데 비해서 알긴산올리고당은 75% 수용액에서 55mPa · s로 크게 저하되었다. 이것은 75% 자당 수용액(sucrose solution)의 41mPa · s와 거의 동일한 값으로, 알긴산올리고당이 영양성분은 변하지 않으면서 물에 대한 용해성 및 점도만 저하된 식품소재가 된 것을 나타낸다.

### (3) 생리기능

알긴산올리고당의 원료인 알긴산다당의 생리기능에 대해서는 지금까지 콜레스테롤 저하작용, 혈압상승 억제작용 등이 보고되고 있다. 한편, 알긴산올리고당에 대해서는 비피더스균(Bifidobacterium) 증식작용, 보리(대맥) 싹의 생육촉진, 어류 근원섬유 단백질의 용해성 및 안정성 개선, 감마 인터페론(IFN-γ) 생산증강, 면역글로빈 E(IgE) 생산 억제, 젤라틴 기능개선 등 폭넓은 연구 보고를 볼 수 있다. 그래서 지금까지 확인된 알긴산올리고당의 생리기능에 대해서 소개한다.

#### ❶ 혈압상승 억제작용

알긴산올리고당의 혈압에 대한 작용을 7주령 수컷 자연발증 고혈압 쥐(SHR)를 사용해서 시험군에는 4.0% 알긴산올리고당을, 대조군에는 나트륨양을 동일하게하기 위해 1.2% 염화나트륨을 사료에 혼합시킨 것을 자유롭게 섭취할 수 있게 하고, 사육환경은 실온 23±3°C, 습도 30~60%, 명암 각 12시간, 수돗물 자유 섭취로 해서 혈압을 1주일마다 비관혈적으로 측정한 결과, 시험군에서는 섭취를 시작한 지 4주

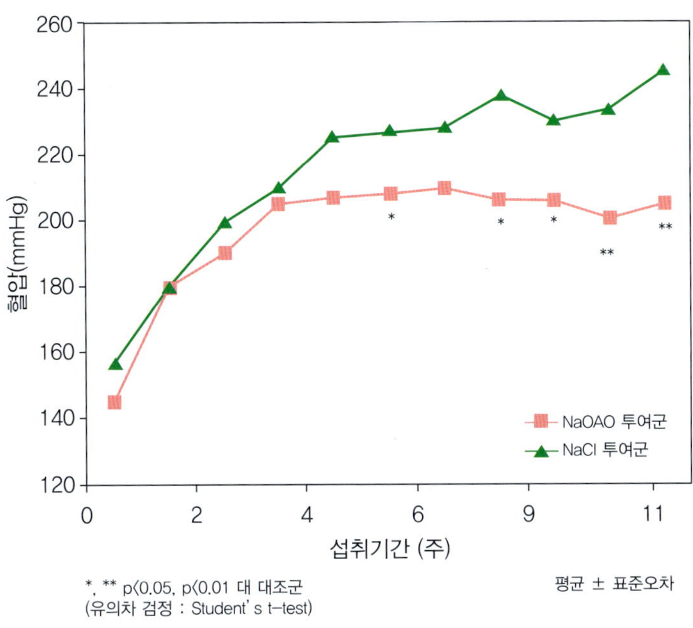


**그림 6.15** 알긴산올리고당의 혈압상승억제작용.

째부터 혈압상승 억제작용이 확인되었으며, 섭취 시작 8주째 이후에는 유의적으로 지속적인 혈압상승 억제작용이 나타나는 것이 밝혀졌다(**그림 6.15**).

이외에도 알긴산올리고당칼륨염, 염화칼륨을 사용한 혈압상승 억제작용 시험을 실시해서 알긴산올리고당 나트륨염과 마찬가지로 알긴산올리고당 칼륨염도 혈압상승억제 작용을 가지는 것이 확인되었다. 이들 결과는 혈압상승억제작용이 나트륨, 칼륨 등과 같은 금속이온에 의한 것이 아니라 당부분과 관련 있다는 것을 나타내는 것이다.

### ❷ 사람의 혈압에 미치는 영향

동물시험에 있어서 혈압상승억제작용이 확인되었기 때문에 사람에도 혈압강하작용이 있는지 알아보기 위해 우선, 예비적인 시험으로서 의약품을 복용하지 않았던 경증고혈압환자 15명(남성 14명, 여성 1명)을 시험군 10명, 플라시보군 5명으로 나누고 8주간 알긴산올리고당을 하루당 10g이 되도록 음료 형태로 섭취하게 하는 이중맹검법시험을 실시 한 결과, 시험군에서는 수축기에 153.5±6.7mmHg였던 혈압 수치가 6주 후에는 137.4±11.7mmHg로 크게 저하되었고 플라시보군 간에서 유의적 차이가 확인되었으며, 이후 지속적으로 혈압이 저하되는 것을 볼 수 있었다(**그림 6.16**). 이 결과로부터 알긴산올리고당은 사람의 혈압저하에도 작용을 하며, 10g의

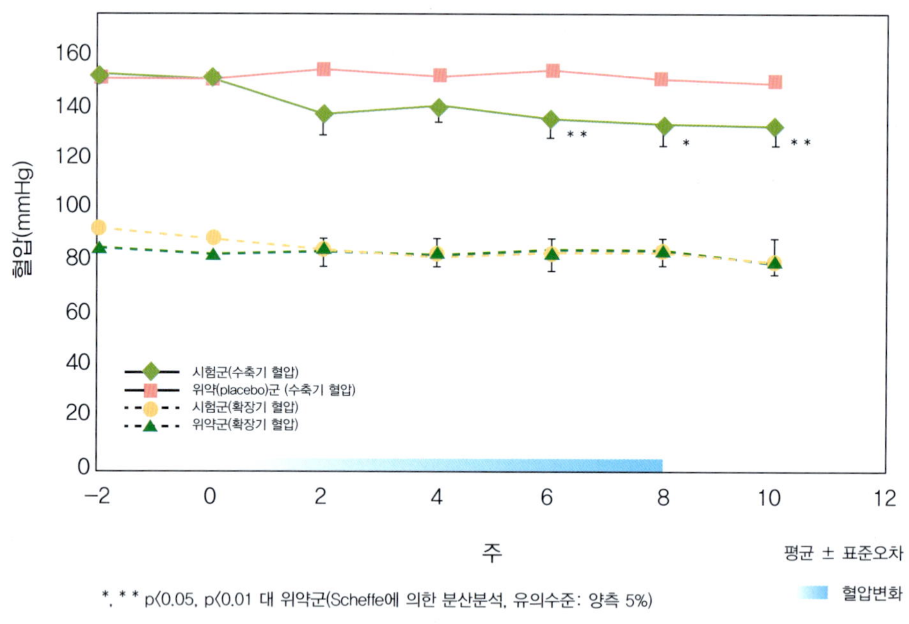


**그림 6.16** 알긴산올리고당 섭취시의 혈압변화.

용량으로도 효과가 있는 것이 밝혀졌다.

이후 최적용량을 확인하기 위해 수축기 혈압(SBP) 130~159mmHg, 확장기 혈압(DBP) 85~99mmHg를 나타내고 혈압에 영향을 미치는 의약품을 복용하지 않는 피험자 48명에 대한 효과가 검토되었다. 알긴산올리고당 2.5g/하루 군(NaAO 2.5g군), 알긴산올리고당 5.0g/하루 군(NaAO 5.0g군), 알긴산올리고당 10g/하루 군(NaAO 10g군) 및 플라시보군(NaAO 0g군) 용량에 대해서 1군 12명이 되도록 4군으로 나누고 이중맹검법에 의해 3개월 간 비교시험을 실시한 결과, 사람 수가 12명으로 적기 때문에 오차가 크고 용량 의존성은 불분명했지만 알긴산올리고당을 섭취한 모든 군에서 혈압강하 작용 또는 저하경향이 확인되었다.

### ❸ 콜레스테롤 저하작용

알긴산올리고당을 동물에게 투여하여 지질대사의 개선작용을 ❷에서 기술한 사람혈압 예비시험의 시험군 10명 중 6명이 콜레스테롤 기준치(220mg/dl)를 넘었던 것을 이용해 알긴산올리고당 섭취에 의해 콜레스테롤 값의 개선작용이 있는지 확인한 결과, 섭취 개시일에 258.5±24.1(mg/dl) 였던 수치가 섭취 개시 8주째에는 232.8±15.2(mg/dl)로 25(mg/dl) 정도로 저하되는 것이 확인되었고 동물시험과 마찬가지로 사람에 있어서도 콜레스테롤치 개선작용을 가지는 것이 시사되었다(그림 6.17).

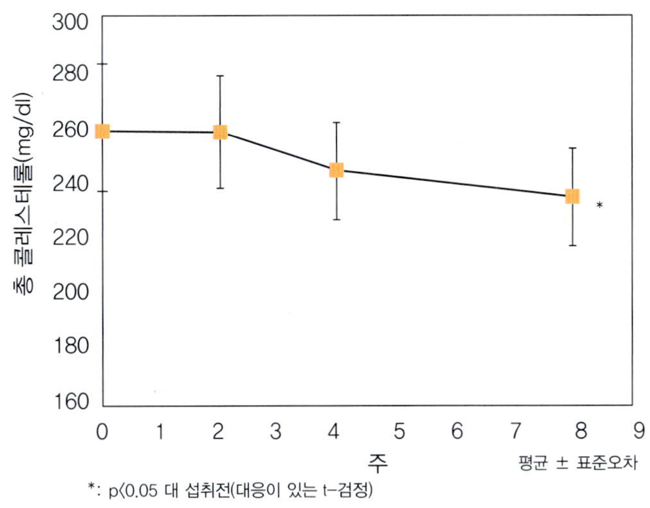


**그림 6.17** 알긴산올리고당이 총콜레스테롤에 미치는 영향.

#### ❹ 기타 작용

알긴산올리고당의 생리기능으로서는 상기한 것 이외에도 표피성장인자(epidermal growth factor, EGF) 의존성 커래터너사이트(keratinocyte) 증식 촉진작용, 또한 정맥내피세포 성장인자(vein endothelial growth factor, VEGF) 사람혈관 내피세포 증식 촉진작용 등 피부에 대한 작용 등이 밝혀졌다.

## 6.8.4 푸코이단(Fucoidan)의 기능성과 건강식품에의 응용

### 가. 푸코이단이란?

푸코이단은 갈조류에 속하는 해조에 함유되어 있는 황산화다당의 총칭이며, 그들의 구성당에는 황산화 푸코오스(L-fucose)가 함유되어 있다. 보통 모든 갈조류에는 푸코이단이 함유되어 있지만 같은 해조라도 생육장소나 생육 정도에 따라 푸코이단의 함유율이 변화한다. 또 한 종의 해조에 각각 여러 종류의 화학구조가 다른 푸코이단이 함유되어 있고, 해조의 종류에 따라 푸코이단의 함유율이 현저히 다른 것으로 알려져 있다. 즉 푸코이단의 분자 중에는 L-푸코오스 결합양식의 차이를 비롯하여 구성당, 황산화도, 분자량 등이 서로 다른 많은 종류의 분자종이 있다. 그럼에도 불구하고 이들 다당류인 푸코이단을 동일한 물질로 취급하는 경우가 많다.

푸코이단의 구조와 생리활성에 대하여 논할 때에는 적어도 원료해조의 명칭을 표시하지 않으면 서로 다른 구조가 횡행한다든지 그 해조류의 푸코이단에는 있는지 없는지 알 수 없는 생리활성이 있다고 믿게 되어 결과적으로 푸코이단 업계의 건전한 발전을 방해하게 된다.

## 다. 푸코이단의 제조방법

푸코이단은 갈조류에 속하는 해조류로부터 정제되지만 식품소재로서 제조된 푸코이단에는 여러 가지 제한이 있기 때문에 대부분이 해조에서의 추출공정과 간편한 분획공정을 거쳐 제조된다. 일반적으로 푸코이단의 원료가 되는 해조에는 건조중량의 2~50% 정도의 푸코이단이 함유되어 있기 때문에 비교적 간단한 공정에 의해 순도가 높은 푸코이단을 제조할 수 있다.

단 그 추출공정에 있어서 강산성으로 하면 푸코이단의 화학구조가 파괴된다. 또 알칼리성에서는 황산기가 가수분해된다고 알려져 있다.

가고메로부터 식품소재용 푸코이단을 제조할 때의 공정을 **그림 6.20**에 나타냈다.

이중 한외여과공정에 있어서 비소, 요오드, 나트륨 등 과다섭취가 건강상 좋지 않은 물질들이 제거된다.

이 공정은 식품으로서 푸코이단을 제조할 경우 대단히 중요한 공정이다.

## 라. 푸코이단의 생리활성

푸코이단은 다양한 생리활성을 가진 물질이기 때문에 그 연구보고는 상당히 많다. 그러나 연구용도로 판매되고 있는 푸코이단이 거의 *Fucus vesiculosus* 유래의 것으로 한정되어 있어 현재 건강식품소재로 시판되고 있는 푸코이단의 생리활성에 관한 보고는 적다.

특히 푸코이단을 경구 투여한 경우의 생리활성에 대해서는 그다지 조사되어 있지 않다. 건강식품소재로서의 유용성을 증명하기 위해서는 경구 투여한 경우의 생리활성을 조사하는 것이 불가결하다.

여기서는 가고메 유래의 푸코이단을 중심으로 경구 투여한 경우의 생리활성에 대하

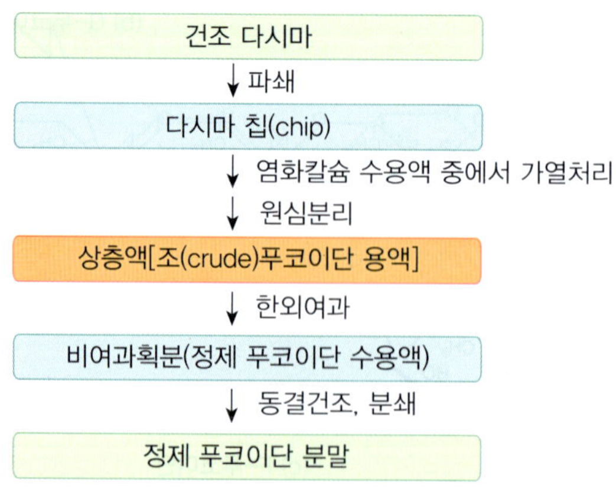


**그림 6.20** 식품소재로서 다시마로부터 푸코이단 제조공정.

여 기술한다.

또 푸코이단은 유래되는 해조가 다르면 그 당사슬 구조나 황산기의 함유율을 비롯한 화학구조가 현저히 다르고 개개의 해조가 갖고 있는 성분까지 다르기 때문에 서로 다른 해조유래의 푸코이단이 같은 활성을 갖는다는 것은 한정할 수 없다. 이 때문에 어떤 해조 유래의 푸코이단이 어떤 생리활성을 나타내는지를 파악하는 것은 푸코이단을 이용한 건강식품을 설계하는 데 있어서 대단히 중요한 것이다.

#### (1) 종양증식 억제작용 및 쓸개암 동물의 연명작용

흑색종(Sarcoma) 180이라는 육종을 이식한 마우스에 푸코이단 0.7% 첨가한 사료를 4주간 주면 첨가하지 않은 사료를 준 마우스의 경우에 비해 그 기간의 종양증식이 54% 억제되었다. 또 아족시 메탄(azoxy methane)의 연속 피하투여에 의해 화학 발암시킨 쥐(rat)에 가고메 푸코이단 0.4% 첨가한 물을 52주간 자유로 마시게 하면 52일째 생존율은 첨가군에서는 79%인 것에 비해 무첨가군에서는 47%였다.

메트-A(Meth-A)라는 육종세포를 마우스에 접종하여 그 비장임파구를 분리하여 그 임파구를 배양하고 있는 배지에 Meth-A 항원과 함께 가고메 푸코이단을 첨가하면 용량의존적으로 인터페론 γ 및 인터루킨 12(interleukine 12)의 생산이 증강되었다.

즉, 이들 사이토카인이 쓸개암 동물의 생체 내에서 생산되면 세포독성 T세포(cytotoxic T cell), 자연살생세포(natural killer 세포), 대식세포 등을 활성화하여 암세포를 죽일 수 있다.

#### (2) 알러지 반응 억제작용

난백알부민을 항원으로 한 '부신피질 아나필락시스(anaphylaxis) 모델 쥐(rat)'를 사용하여 가고메 푸코이단의 알러지 반응 억제작용을 평가한 결과, 항원인 난백알부민을 쥐의 복강에 투여하기 7일 전부터 1% 푸코이단 수용액을 섭취시켜 예방효과를 조사 한 계와 최초로 난백알부민을 투여한 19일후부터 푸코이단을 상기와 같은 조건에서 섭취시켜 치료효과를 조사한 양쪽에 있어서 알레르기 반응의 방아쇠가 되는 혈중 면역글로불린 E(IgE)의 생산이 현저히 억제되는 현저히 억제하는 것이 밝혀졌다.

즉, 가고메 푸코이단을 경구 투여함으로써 예방적으로나, 치료적으로도 알러지 반응을 억제시킬 가능성이 있다.

#### (3) 위궤양균(Helicobacter pylori) 감염억제 작용

위궤양균 감염모델 쥐에 위궤양균 현탁액을 투여한 후 8시간마다 가고메 U-푸코이단 획분을 경구 투여(마우스 한 마리당 10mg)한 경우, 1일 경과 후 동일한 세균의 감염율은 대조군 감염율의 약 30% 억제하였다. 2일 경과 후에는 푸코이단 투여군의 감은 세균 감염율은 0이었다. 이와 관련해서 동시에 같은 용량으로 시험을 한 *Fucus vesiculosus* 유래의 푸코이단의 경우 1일 후나 2일 후에도 감염율이 대조군과 같았다.

#### (4) 푸코이단 올리고당에 의한 혈전 형성 억제작용

효소적으로 저분자화하여 얻어진 가고메 푸코이단 올리고당을 0~0.25% 수용액으로 하여 1개월간 쥐(rat)에 섭취시킨 후 포르말린과 메탄올 혼합액을 경정맥 외벽에 떨어뜨려 경정맥(jugular vein) 혈전의 형성을 유발시키면 물만을 섭취시킨 군에서는 혈전 형성율이 100%인 것에 비해 같은 올리고당을 0.05~0.25% 함유한 물을 마시게 한 군에서는 혈전 발생율이 30~80% 저하하는 것이 밝혀졌다.

또 형성된 혈전의 상태에 관해서는 같은 올리고당 비투여군에서는 단단한 혈전이 약 8할을 차지했지만 투여군에 있어서는 그 비율이 0~50%였다. 한편 상기한 모델쥐에 저분자화한 헤파린을 경구 투여하여도 마찬가지로 혈전형성이 억제되었지만 여러 가지 푸코이단 중에서 헤파린과 동등의 음성하전을 갖고 있는 것은 푸코이단 뿐이다. 예를 들면 가고메, *Fucus vesiculosus*, 오끼나와 모즈쿠 (큰실말) 유래의 푸코이단의 10당 당 황산기수는 각각 17, 15, 4잔기였으며 주사슬구조나 측쇄구조도 다르다. 이들 푸코이단이 같은 수준의 혈전형성 억제작용을 갖고 있다고 생각하기는 어렵다.

#### (5) 간세포생장인자(HGF)의 생산증강 작용

가고메 유래의 F-푸코이단을 F-푸코이단 분해효소로 처리한 것을 부분 간 절제술을 실시한 쥐(rat)에 하루에 kg당 1g을 경구투여하면 24시간 후 간세포 증식인자(HGF)의 혈장 중 농도는 푸코이단을 투여하지 않은 군의 값에 비해 약 3배였다. HGF에는 항암작용이 있는 것으로 알려졌기 때문에 푸코이단의 경구투여에 의한 암 억제와 관련이 있을 가능성도 있다.

한편 HGF에는 발모촉진작용도 있어 민간에 전승되고 있는 다시마의 양모작용도 증명되고 있다.

## 6.9 맺음말

해조류는 미래의 식량, 기능성 물질 생산 및 에너지의 원천, 종이의 원료 등 인류를 위해 다양한 방법으로 활용될 수 있는 미래자원으로 부상하고 있다.

대표적인 해조류인 녹조류, 갈조류, 홍조류의 성분 중에는 탄수화물이 절반 이상을 차지하고 있다. 이들 탄수화물 중 다당류인 알긴산, 카라기난, 푸코이단, 한천 등은 이미 식품 관련 분야, 의료 관련 분야, 공업 관련 분야에서 상품으로 광범위하게 활용되고 있다. 현재 이런 다당류의 부분 가수분해물의 새로운 기능성이 계속 밝혀지고 있어 앞으로 이들의 활용이 더욱 확대될 것으로 기대된다.

해조류는 서식환경에 따라 생리 기능성 물질의 구조나 특성이 달라, 일관성 있는 원료를 확보하는 데 어려움이 많다. 바로 이런 부분이 해조류의 산업적 대규모 이용에 가장 큰 걸림돌이 되고 있다.

공장에서 해조류로부터 다당류를 생산하기 위해서는 특정 기능성 성분의 함량이나 구조가 균일한 원료 확보가 무엇보다도 중요하다. 이를 위해서는 일정지역 내에서의 양식에 의한 대량 생산이 이루어져야 한다.

아울러 해조 중에서 목적 성분의 함량이 높은 원조도 개발되어야 한다. 예를 들면 해조류로부터 바이오 에너지를 생산하려면 원료 해조류에 에너지로 변환될 수 있는 성분(예, 전분) 함량이 높아야 경제성을 높일 수 있다.

양식은 1차 산업이라 개발투자가 이루어지지 않고 있지만 양식기술 없이는 해조류의 고부가가치 제품이 개발되어 활용되는 것은 불가능하므로 앞으로 세포 융합, 유전자 조작과 같은 바이오테크놀로지 기술을 통해 해조류의 육종 개발이 이루어져 목적에 맞는 새로운 품종의 개발이 이루어지길 기대해 본다.

Chapter 07

# 미래의 생물자원 미세조류

## 7.1 미세조류(microalgae)란?

### 7.1.1 미세조류의 정의

흔히들 '푸른 바다'라는 말을 자주 사용하고 있지만, 원래 바다의 푸른색은 물의 깊이와 여러 가지 물리적 요인에 의해 나타난다고 한다. 아름다운 바다는 짙은 남빛을 하고 있지만, 모든 바다가 남빛을 하고 있지는 않다. 녹색에서 갈색에 이르기까지 색의 차이를 볼 수 있는데, 그것은 바닷속에 존재하는 식물성 플랑크톤(plankton) 때문이다. 플랑크톤은 물의 흐름에 따라 떠돌아다니는 부유생물을 말하며, 식물플랑크톤(phytoplankton)과 동물플랑크톤(zooplankton) 두 종류가 있다. 식물플랑크톤은 육지의 녹색식물과 같이 광합성을 통하여 세포와 에너지를 생산하는 1차 생산자에 속하는 단세포 조류로써 부유생물 또는 미세조류(microalgae)라고 부른다.

보통 뿌리, 줄기, 잎이 체계적으로 분화되지 않은 하등식물 중에서 엽록소로 광합성을 하는 식물을 조류(algae)라고 하는데 일반인들에게 잘 알려진 미역, 다시마, 김 등의 해조류 뿐만 아니라 클로렐라와 같은 단일 세포로 구성된 미세조류를 포함하여 포괄적으로 조류라 한다. 미세조류는 광합성 식물을 대상으로 하는 생물 중에 해조류를 제외하고 현미경적 크기의 생물만을 의미한다.

미세조류는 50마이크로미터 이하 크기의 단세포 조류이다. 여기에는 간혹 군체(colonies)성으로 세포가 모인 형태도 존재한다. 또한 특히 2마이크로미터 이하의 작은 것을 피코플랑크톤이라 한다. 간혹 해파리도 플랑크톤이란 말의 정의에 포함되기도 하지만 보통의 동물 플랑크톤은 100마이크로미터에서 1밀리미터의 크기를 말한다. 따라서 작은 미세조류는 큰 동물 플랑크톤의 먹이가 되며 작은 물고기는 큰 물고기의 먹이가 되기도 한다.

이처럼 자연계는 생물 간에 서로 먹고 먹히는 먹이사슬의 관계로 이어져 있다. 바다에는 미세조류, 동물 플랑크톤, 물고기 이외에도 더 많은 여러 종류의 생물이 존재하고 있으며, 큰 물고기가 미세조류를 직접 먹는 경우도 있기 때문에 먹이사슬의 관계는 단순하지 않고 매우 복잡하다. 그렇지만 먹이사슬의 관계가 존재함으로써 자연계에서는 탄소가 순환되고 있는 것이다.

먹이사슬의 출발점인 미세조류는 식물이기 때문에 광합성을 하여 스스로 살아갈 수 있다. 즉 광에너지와 이산화탄소($CO_2$)로부터 자기 자신에 필요한 유기물을 만들어 낼 수 있는 크기는 작지만 상당히 독립된 생활방식을 할 수 있는 생물이다.

예전부터 전체 바다에서 미세조류가 어느 정도의 유기물을 만들어 낼 수 있을까 하는 생태학적 연구가 이루어져 왔는데, 1975년에 보고된 바에 따르면 지구상의 순1차 유기물 생산량은 건조중량(dry weight) 기준으로 년간 육지는 $115 \times 10^9$톤이며, 해양은

$55 \times 10^9$톤으로 육지 생산량의 약 1/3이 바다에서 생산되고 있다. 여기에서 순1차 생산량이라는 것은 외관상 생산량에서 호흡으로 소비된 양을 뺀 값이다.

그렇지만 바다의 생산량에 대하여 보고된 수치는 연구자에 따라 상당한 차이가 있다. 이러한 연구들이 우리 생각보다 훨씬 이전부터 행하여졌음에도 불구하고 아직까지 해양 전체의 1차 생산량의 실제값을 정확하게 측정할 수 없는 데는 몇 가지 이유가 있는데, 그 중 가장 큰 이유는 바다의 생산자인 미세조류가 모든 해수에 균일하게 함유되어 있지 않기 때문이다.

해양에서 생산되는 전체 양의 25%는 해양 총면적의 10% 이하의 부분에서 나오며, 또한 생산량의 50%는 총면적의 30% 부분에서 만들어진다. 결국 생산성이 높은 바다와 그렇지 않은 바다가 존재한다는 것이다. 그렇다면 될 수 있는 대로 많은 지점에서 측정을 해야만 실제 양을 알 수가 있으나 배를 외양으로 계속 보내어 그곳에서 생산량을 조사하는 데는 한계가 있다. 이 문제를 해결하기 위해 인공위성을 띄워 수시로 관찰하는 기술이 계속 개발되고 있다. 실제로 1970년대 미국에서 인공위성을 발사하여 바다표면에 있는 엽록소 양을 측정하였다. 엽록소는 광합성에 필요한 광에너지를 흡수하는 녹색의 색소이며 해양 중 미세조류의 농도를 반영하고 있는 것이다. 충분한 조도(illuminance) 하에서 미세조류의 생산속도와 엽록소 양 사이에는 상관관계가 나타나며, 이때 조도와 광합성 속도 사이에도 상관관계가 나타난다.

따라서 엽록소 양과 조도를 측정하면 광합성 양을 계산해 낼 수 있다. 당시에는 엽록소 양을 연속적으로 측정하는 기술이 확립되어 있지 않아 정확한 양을 계산하는 것이 어려웠지만, 그 후 이 방식으로 해양표층의 엽록소 양을 측정하는 것이 상당히 유의성이 있는 것으로 확인되었기 때문에 1995년 이후 미국을 비롯해 일본, 유럽에서 인공위성이 발사되어 바다표층의 엽록소 양을 시간적, 공간적, 그리고 연속적으로 측정할 수 있게 되었다.

### 7.1.2 미세조류의 세계

해양 생태계의 수많은 생물군들은 복잡한 먹이사슬을 형성하고 있으며 이들의 상호관계에 따라 에너지가 전달되어 생태계의 순환 및 기능을 유지할 수 있게 된다. 이러한 해양 생태계에서 미세조류는 일차생산자로서 매우 중요한 위치를 차지하며 물리, 화학 및 생물학적인 환경 요인들의 변화와 각 해역의 지리, 해양학적 특성에 따라 그 군집 구성이 변화할 수 있다. 또한 미세조류는 광합성 색소를 가지고 있기 때문에 빛이 존재하는 환경에서는 무기물로부터 높은 에너지의 유기화합물을 합성할 수 있다. 특히 클로로필 a(chlorophyll-a)는 미세조류 중 가장 높은 비율로 함유되어 있는 색소로써 해양 생태계의 기초 영양단계가 되고, 미세조류의 일차 생산력을 측정해 볼 수 있는 중요한 자료가 된다.

이렇게 합성된 일차생산물은 해양 및 담수계의 에너지 흐름에 근간을 구성하며 광합성에 의해 생산된 산소는 수중생물의 호흡에 필요한 산소의 대부분을 공급해 줄 수 있다. 그러나 이러한 미세조류는 광합성에 의해 이산화탄소를 고정하여 산소를 발생시키고 유기물을 만들어 내는 데 있어서는 공통점을 갖고 있지만 종류에 따라서 많은 차이를 보이고 있다.

미세조류는 편모를 갖지 않고 부유하여 살아가는 것, 몇 가닥의 편모를 가지고 활발히 유영(swimming)하는 것, 세포주위에 생선 비늘 같은 것을 몇 개 갖고 있는 것, 석회의 껍질로 피복되어 있는 것, 투구 같은 껍질로 피복되어 있는 것, 광합성을 하는 데도 불구하고 털이 돋아난 빗자루 같은 손으로 박테리아나 유기물을 먹는 조류 등 광합성 색소의 종류, 엽록체의 모양, 저장 다당류, 생식주기, 형태, 생태, 분자생물학적 계통과 세포벽과 피레노이드(pyrenoid)의 유무에 따른 세포체제의 특성에 따라 다양한 종으로 구분된다. 또한 형태뿐만 아니라 세포 외견상으로도 남색, 녹색, 황색, 갈색, 적색 등 매우 다양한 색으로 존재한다(**사진 7.1**).

따라서 해양의 미세조류는 육상식물보다 광합성 색소, 세포의 형태, 운동성 등 여러 가지 면에서 다양화되어 있다. 그렇다면 이렇게 다종다양하고 방대한 양이 생산되고 있는 미세조류를 우리가 어떻게 활용할 수 있을까?

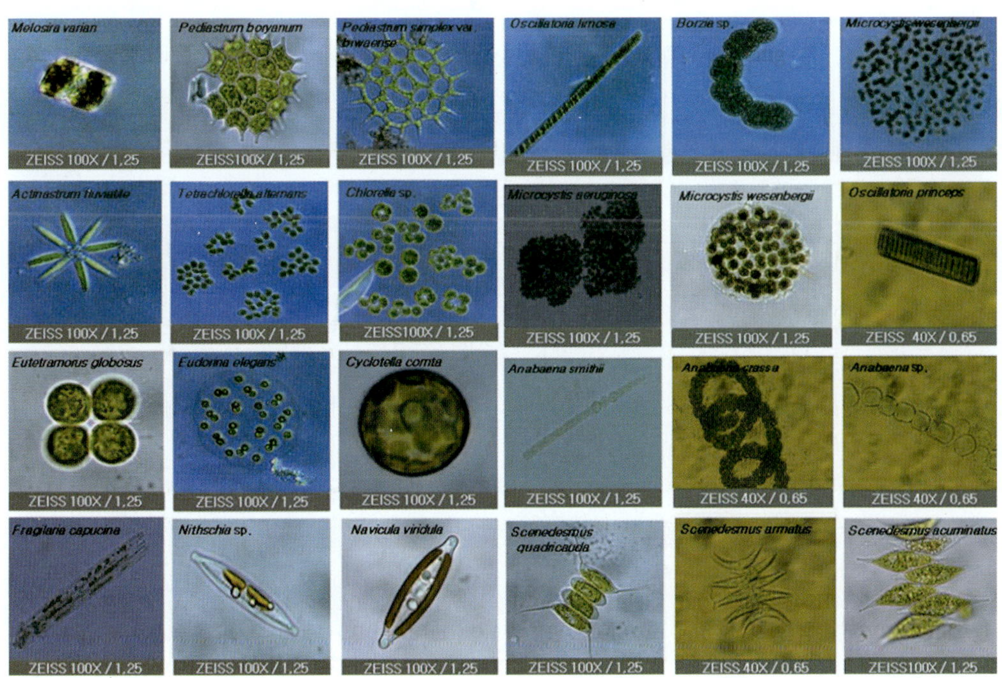


**사진 7.1** 다양한 미세조류의 광학현미경 사진.

### 7.1.3 미세조류의 이용

미세조류는 1차대사 산물로 단백질, 지방질, 당질, 엑스분(extractives) 등 유용한 물질을 만들어내는 것으로 알려져 있으며, 현재 미세조류에 대한 연구는 대다수가 산업적으로 식품, 화장품, 에너지 생산, 생물비료, 생리활성 물질 및 폐수처리 분야에 응용하기 위하여 이루어지고 있다(그림 7.1).

이는 미세조류가 다른 식물들에 비해 증식속도가 매우 빠르고, 또 1개의 세포 안에 단백질과 탄수화물이 다량 함유되어 있으며, 이외에도 비타민, 무기질, 식이섬유 등의 영양소가 고루 포함되어 있어 영양균형이 뛰어난 식품으로 100% 이용하는 것이 가능하기 때문이다(표 7.1). 그중에서도 클로렐라는 1960년대부터 일본과 대만에서 이미 건강보조식품으로 사용되기 시작했으며, 체내에서 카드뮴 및 다이옥신과 같은 유해물질의 체외 배설을 촉진하고, 장내 유산균의 생장을 촉진시키고, 동맥경화를 예방하는 효과가 뛰어나다고 한다. 또한 흰쥐를 이용하여 복강 내 대식세포의 탐식기능을 시험해 본 결과, 클로렐라 투여군에서 대식세포의 미생물 탐식기능이 약 220%나 증가되었다는 보고도 있다.

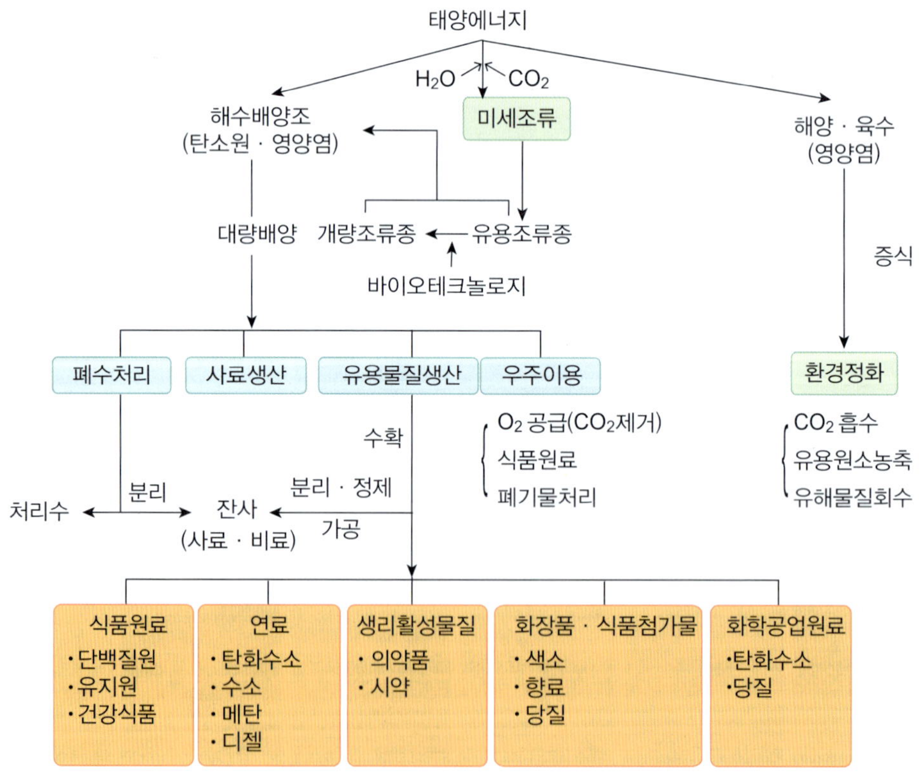


그림 7.1 미세조류의 배양 및 이용방안.

**표 7.1** 미세조류와 일반식품의 성분비교 (%, 건조중량)

| 식품과 미세조류 | 단백질 | 탄수화물 | 지방 | 회분 |
|---|---|---|---|---|
| 쌀 | 8 | 77 | 2 | 1 |
| 계란 | 47 | 4 | 41 | 1 |
| 우유 | 26 | 38 | 28 | 0.7 |
| 클로렐라(*Chlorell* sp.) | 48.4 | 19.8 | 11.8 | 15.6 |
| 두날리엘라(*Dunaliella salina*) | 57.0 | 31.6 | 6.4 | 7.6 |
| 스피룰리나(*Spirulina platensis*) | 58.5 | 13.5 | 6.5 | 9.0 |

최근에 각광을 받기 시작한 스피룰리나, *Spirulina*는 오래전부터 아프리카 원주민들이 식량으로 이용해 왔으며, 멕시코 원주민들도 식품으로 배양하였다는 기록이 있다. 스피룰리나는 클로렐라에 비해 크기가 약 100배 정도 크고 배양이 용이하며 생산원가도 저렴할 뿐만 아니라 소화율도 약 80%로 높다고 한다. 그리하여 멕시코에서는 1973년부터 식품으로 이용을 허용하였다. 이미 표 7.2에 나타낸 바와 같이 여러 나라에서

**표 7.2** 대규모로 배양되고 있는 미세조류 종

| | 주요조류종 | 증식속도 (건조조체g/m$^2$ · 일) | 생산지 | 주요용도 (유용성분) |
|---|---|---|---|---|
| 클로렐라 (녹조류) | 클로렐라 피레노이도사 (*Chlorella pyrenoidosa*)<br>클로렐라 불가리스(*C. vulgaris*)<br>해수산클로렐라(*C. ellipsoidea*) | 2~20 | 일본, 대만 | 건강식품 (단백질, 지질, 비타민, 미네랄) |
| 스피룰리나 (남조류) | 스피룰리나류(*Spirulina platensis*)<br>스피룰리나 막시마(*S. maxima*) | 8~14 | 멕시코, 북미, 태국, 대만 | 건강식품 [(단백질, 비타민, 미네랄, 피코빌린 (phycobilin), 카로티노이드)] |
| 두날리엘라 (녹조류) | 두날리엘라바다윌 (*Dunaliella bardawil*)<br>두날리엘라 살리나 테오도레스코 (*D. salina Teodoresco*) | 5~25 | 이스라엘, 북미, 오스트레일리아 | 건강식품 (β-카로틴, 글리세롤) |
| 포피리디움 (홍조류) | 포피리디움 크루엔툼 (*Porphyridium cruentum*)<br>포피리디움류(*P. aerugineum*) | 10~20 | 프랑스 | 피코에리트린 (phycoerythrin), 홍조소(색소), 다당, 아라키돈산 |

미세조류를 이용한 건강식품이 시판되고 있다.

이외에 두날리엘라(*Dunaliella*)는 세포벽이 없는 녹조류로 비타민 A의 전구체인 베타 카로텐(β-carotene)이 전체 중량의 10~15%를 차지하고 있어 앞으로 새로운 기능성 소재로서의 개발이 기대되며, 포피리디움(*Porphyridium*)으로부터 세포외 다당류의 생산은 거의 실용화 단계에 있다. 또한 고도 불포화지방산인 EPA, DHA, 감마 리놀레산(γ-linoleic acid) 등을 다량 포함한 해양 미세조류에 대한 개발도 진행 중에 있다.

## 7.2 해양 미세조류의 스크리닝과 배양

해양의 생태환경은 크게 해안지역, 연안지역, 외양지역으로 분류되며, 그들 각 환경은 각각 특징적인 생태계를 구성하고 있다. 또한 각 해역의 환경은 지리학적인 위치나 입지조건에 따라 크게 다르다. 예를 들어, 해안지역의 경우, 육수(inland water)가 유입되는 하구나 내만의 사호(瀉湖)에서는 담수와 해수의 혼합으로 기수역(brackish water zone)이 형성된다. 특히, 외해와의 관계(만의 내측이나 외측, 난류나 한류 등의 해류), 해저의 종류(암초, 작은 돌, 모래, 뻘)나 구조, 유입되는 생활배수나 공업배수 등의 양과 질 등으로 인하여 환경은 서로 크게 다르다. 미세조류의 분포는 이들 환경조건의 영향을 받게 됨과 동시에 일주적, 계절적으로 변동하는 환경요인 등의 영향에 따라 현존량(standing crop)이나 구성하는 종류는 시간적 및 공간적으로 변화한다.

해수나 기수역에서 보이는 플랑크톤(부유)성 미세조류로서 와편모조(dinoflagellate), 규조(diatom), 착편모조(haptophyte), 라피드조(raphidophyte), 황금색조(chrysophyta), 황록조(xanthophyta), 진안점조(eustigmatophyta), 크립트조(cryptophyta), 유글레나조(euglenophyta), 녹조(chlorophyata), 남조(cyanobacteria) 등의 분류군에 속하는 조류가 알려져 있다. 또한, 유기질이나 무기질의 고형물에 부착하고 있는 부착성의 것이나, 다른 생물과 공생하고 있는 것도 존재한다. 그 분포는 유광층(euphotic zone)에 한정되리라 생각되지만, 해안지역에서 외양영역까지를 포함한 여러 가지 해수환경에는 수많은 미세조류가 분포하고 있다. 이들 미세조류를 연구재료로 할 경우 이미 분리, 보존되어 있는 조류은행에서 구할 수 있다. 그러나, 자연계에 존재하는 균주의 스크리닝은 연구 목적에 맞는 균주를 얻어서 배양하면 중요하고 유효한 수단이 될 수 있다.

여기에서는 주로 해양조류의 스크리닝(screening, 채집과 분리)과 배양에 관해서 설명하고, 다른 해양 미세조류로의 적용에 관해서도 검토하기로 한다.

그림 7.2에는 이들 조작 전체의 단계와 이에 관한 검토사항을 나타내었다. 미세조류의 취급방법은 기본적으로 다른 미생물(세균류 등)의 그것과 같으며, 무균조작이 필요하다.

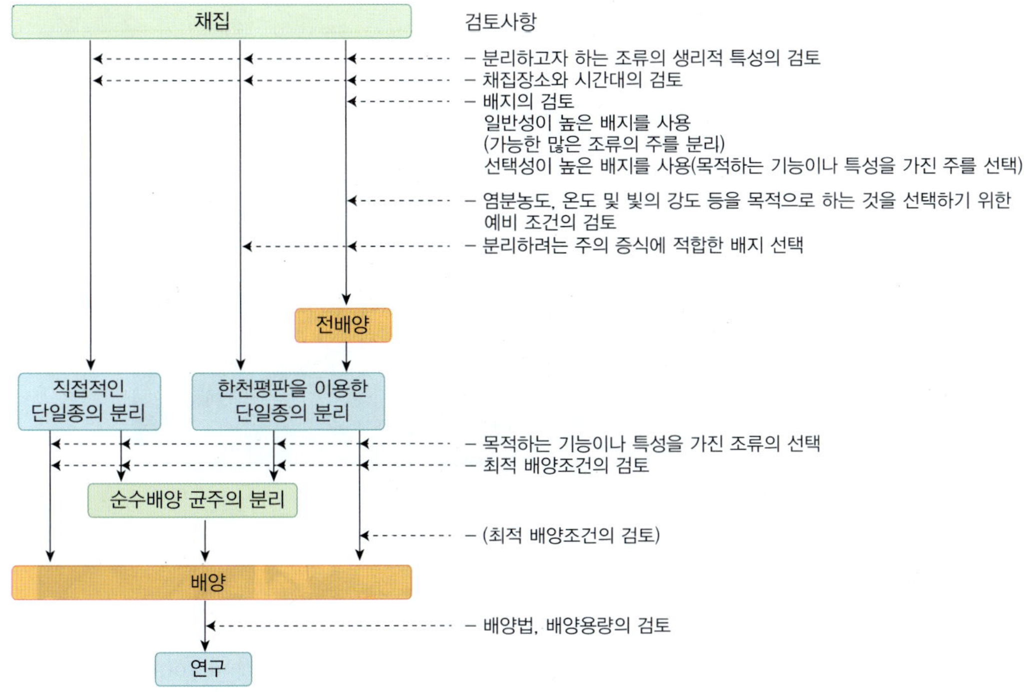


**그림 7.2** 해양미세조류의 스크리닝과 배양에 관한 흐름도.

## 7.2.1 해양남조의 채집

채집장소의 선택은 채집하고자 하는 남조류(또는 다른 미세조류)의 생리학적 특징과 채집하는 장소의 특징을 비교, 검토하여 행한다. 그러나 채집지점의 환경조건이 그 장소에서 분리한 남조(또는 다른 미세조류)의 배양 최적조건과 반드시 일치하지 않는다는 사실을 염두에 둘 필요가 있다.

외양지역에서의 시료채집은 장비가 갖춰진 연구조사용 배가 필요하다. 미세조류의 채집에는 플랑크톤 채집그물이나 채수기(난센채수기, 반돈채수기 등) 등이 이용된다. 형태구조가 미묘한 조류나 나노플랑크톤(2~20μm), 피코플랑크톤(2μm 미만) 등의 크기가 작은 조류는 채수로 채집한다.

## 7.2.2 해양남조의 분리

채집한 시료에서 남조를 분리하는 데에는, 기본적으로 ① 채집한 시료를 실체 현미경이나 생물현미경으로 직접 검사하여 대상조류의 밀도가 높은 부분을 시료로 취한 후, ② 한천평판 상에서 배양하여 단일종을 분리하는 방법과 ③ 전배양(enrichment culture)을 하여 대상이 되는 조류의 밀도가 상승한 후, 한천평판 상에서 배양하여 단

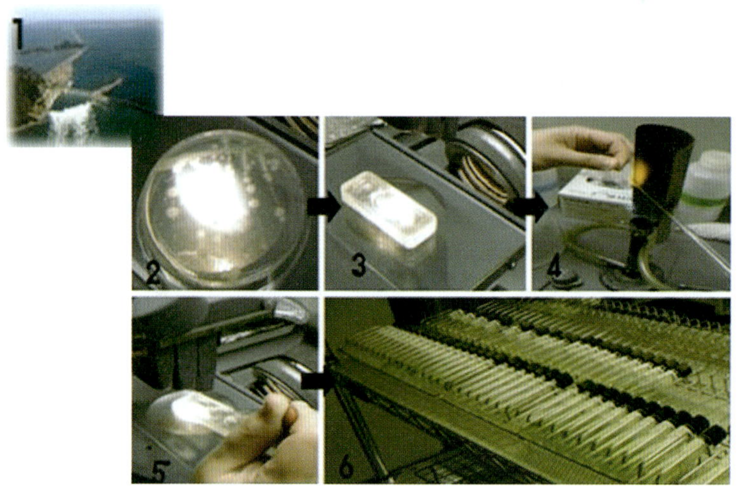


사진 7.2 미세조류 분리 및 배양.

일종을 분리하는 방법이 있다. 또한, ④ 한천평판 상에서는 생육하지 않는 조류, 크기가 큰 미세조류 등은 모세관 피펫(capillary pipet)법, ⑤ 현미조작(micromanipulator)법 등을 이용하여 현미경으로 직접 단일한 조류를 분리하여 ⑥ 액체배지에서 배양하는 방법이 있다(사진 7.2).

전배양으로 되도록 많은 종류의 조류를 얻기 위해서는 범용성이 높은 배지를, 특정 그룹을 얻기 위해서는 선택성이 높은 배지를 사용한다. 전배양의 조건설정에는 시료를 채취한 장소의 환경조건을 고려함과 동시에 목적으로 하는 조류의 특성(온도나 빛의 강도, 염분농도 등)도 동시에 검토해야 한다.

분리조작으로 순수균주(pure strain, axenic strain)가 얻어지는 경우도 있으나, 세균 등이 공존하는(단일종, unialgal strain) 경우도 많다.

### 7.2.3 배양조건의 검토

안정한 연구재료(남조나 다른 미세조류)를 충분히 확보하기 위해서는 빛, 온도, pH, 염분농도, 배양액의 종류나 조성 등에 관한 배양조건을 검토할 필요가 있다. 배양조건은 일정 배양액 당 세포수, 중량(습중량 또는 건중량), 세포용적(packed cell volume), 단백질이나 엽록소 등의 생체성분 혹은 배양액의 흡광도 등의 경시적인 증가를 지표로 비교할 수 있다. 대수증식기의 세대시간(generation time, 1회의 분열에 소모되는 시간), 비증식 속도(specific growth rate)를 구하는 방법은 나중에 설명하기로 한다. 또한, 세포가 나타내는 특정기능의 활성이나 특정성분의 함량은 증식시기에 따라 달라지는 경우가 많기 때문에 연구대상이 되는 활성이나 생체성분함량이 높은 세포를 얻기 위한 검토도 필요하다.

### 7.2.4 배양법

배양법에는 일정량의 배지 중에서 배양한 것을 연구목적에 적합한 시기에 수확하는 회분식 배양(batch culture)법과 세포가 연속적으로 공급되는 연속식 배양(continuous culture)법이 있다. 후자의 경우, 배양액 일부를 정기적으로 새로운 배지에 갈아 넣은 반연속배양(semi-continuous culture)법과 세포밀도를 일정하게 유지하도록 하는 탁도일정(turbidostat)법, 특정 영양염의 첨가를 조절하여 증식속도를 일정하게 유지시키는 항성분배양(Chemostat)법 등이 있다.

보통의 회분식 배양법에서는 배양 중의 어느 시기에서 배양액을 보아도 세포주기에 관하여(매우 불규칙한 상태라고 말할 수는 없으나) 여러 가지 각기 다른 시기의 세포를 함유하고 있다. 이에 반하여 배양액 전체의 세포증식을 세포주기에 동일하게 한 동조배양(synchronous culture)법이 있다. 이 방법은 생리학 및 생화학적으로 균일한 세포가 얻어지는 사실로부터 세포주기 내에서 변화하는 생리기능연구에 응용되고 있다.

## 7.3 미세조류의 대량생산

단세포 녹조류인 클로렐라는 광합성능과 단백질 함량이 높기 때문에 식량자원으로 주목받고 있어 제2차 세계대전 후 세계 각국에서 대량 배양 연구가 실행되었다. 일본에서는 1957년에 일본 클로렐라 연구소가 설립되어 대량 배양 연구를 실행한 결과, 현재 미세조류의 대량배양법 원형이 되는 개방순환법(open circulation method)이나 폐쇄순환법(closed circulation method)을 개발하였다.

단백질원으로 클로렐라 생산연구는 일본과 같은 온대지방에서는 비용면에서 문제가 있는 것이 밝혀졌기 때문에 종료되었지만, 그 당시에는 클로렐라 조체를 사용한 응용시험에서 사람이나 동물에 대한 생리효과가 밝혀졌고, 단백질원 이외의 이용면이 주목되기 시작했다. 1964년부터는 상업적인 클로렐라 생산이 개시되었고 영양면이나 약리면에서 기대되는 식품으로 개발이 진행되었다.

현재 클로렐라의 상업적 생산은 일본, 대만, 불가리아 등에서 실행되고 있고 생산된 조체 대부분이 건강식품으로 소비되고 있다. 그 응용분야는 식품 이외에도 농업, 수산, 바이오 에너지 분야 등으로 다양하다. 미세조류의 종류가 워낙 다양하므로 우선적으로 클로렐라 생산에 사용되는 대량 배양방법과 그 특징 및 클로렐라 이용에 대하여 기술한다.

## 7.3.1 클로렐라 생산

### 가. 대량 배양

#### (1) 배양형식

클로렐라의 대량 배양형식은 탄소원과 에너지원을 공급하는 방법을 기준으로 무기탄소를 이용해서 광합성으로 증식하는 광독립 영양배양, 광합성을 하고 유기탄소도 이용해서 증식하는 혼합 영양, 유기탄소를 이용해서 증식하는 종속 영양배양의 3종류로 나눌 수 있다.

광독립 영양적 배양은 보통 야외지를 사용해서 행해지고 그 수득량(yield)은 2.0~23.3g 건조조체/$m^2$ · 일 정도이다. 에너지원으로 태양광을 이용하기 때문에 원리적으로는 가장 저렴한 조체 생산이 가능하다. 그러나 생산량의 상한(upper limit)이 일사량에 따라 정해지고, 광대한 배양면적과 대량 배양액이 필요하기 때문에 겨울철에 배양온도를 조절할 수 없어 우리나라와 같은 온대지방에서는 광독립 영양적 배양만으로는 생산성이 낮다. 또 탄산가스 공급도 필요하다.

공기 중 탄산가스 농도는 옅기 때문에 광합성 최대 활성을 얻을 수 없는 데다가 배양액 속으로 녹아드는 속도도 느리다. 보통 교반 조건에서는 공기 중에서 탄산가스가 녹아드는 속도를 2.4~9.6g/$m^2$ · 일 밖에 기대할 수 없다. 보통 조체를 24g 건조중량/$m^2$ · 일 생산하기 위해서는 약 48g/$m^2$ · 일 탄산가스 공급이 필요하다. 따라서 인위적으로 탄산가스를 통기 시킬 경우 이용률을 늘이기 위해 배양지를 밀폐계로 할 필요가 있다.

혼합 영양적 배양은 초산과 같은 유기탄소에 의한 증식과 광합성에 의한 증식을 동시에 시도하는 배양형식이며, 일반적으로 야외지를 사용해서 행해진다. 혼합영양에서 클로렐라 증식은 유기탄소에 의한 증식과 광합성에 의한 증식을 합친 것이다. 광독립 영양적 배양에 비해 단위면적 당 그리고 단위액량 당 생산성이 증가하기 때문에 배양온도의 제어도 어느 정도 가능하다. 빛이 제한인자가 되지 않기 때문에 조체 농도가 높아지고 수확도 쉬워진다. 또 클로렐라 세포는 1몰 초산을 소비할 때 대량의 탄산가스를 배양액 속으로 방출하여 이것이 광합성에 이용되는 것도 큰 이점이다.

종속 영양적 배양은 포도당이나 초산과 같은 유기탄소를 사용해서 탱크 내의 빛이 없는 조건에서 클로렐라를 증식시키는 방법이다. 탱크 내에서 배양하기 위한 배양조건을 완전히 제어할 수 있다. 세포건조중량 50g/ℓ 이상의 고밀도까지 배양이 가능하고 단위면적당 생산성이 아주 높다(그림 7.3).

클로렐라 세포는 빛이 없는 조건의 배양에서도 광합성에 필요한 색소나 단백질을 합성하지만 이들 함량은 광합성을 하고 있는 클로렐라 세포에 비하며 약간 낮다.

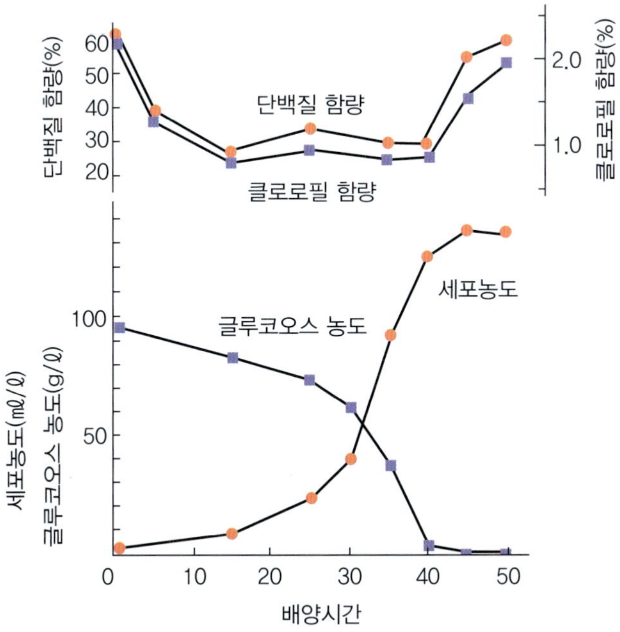


**그림 7.3** **종속영양적 배양의 예.** 자 발효기(jar fermenter)를 사용, 배양액량 200ℓ, 30℃, 어두운 조건에서 *C. vulgaris* K-155를 배양, 탄소원으로 글루코오스를 사용.

클로렐라 생산은 이들 배양형식 중 어느 하나를 사용해 행해진다. 또 원종배양은 종속 영양적 배양 또는 광독립 영양적 배양, 생산배양은 혼합 영양적 배양을 사용하는 등 2종 형식을 병행하는 경우도 많다.

### (2) 주(strain)

증식에 관한 특성은 주마다 크게 다르기 때문에(표 7.3) 대량 배양의 생산성은 사용하는 주에 따라 좌우된다. 따라서 자연계에서 많은 주를 분리하고 목적에 맞는 배양방법으로 증식이 우수한 주를 사용한다. 일반적으로 *Chlorella vulgaris*, *C. ellipsoidea*, *C. pyrenoidosa*, *C. regularis* 등의 종이 사용된다.

태양광을 이용한 광독립 영양적인 배양에서는 태양광 이용효율(에너지 변화효율)이 높은 주가 유리하다. 태양광은 약 150klx로 클로렐라 속(genus)의 광합성의 포화값(2.7~28klx)에 비해서 아주 강하다. 포화 값보다 강한 빛은 광합성에 이용될 수 없어 소용없으므로 에너지 변화효율을 높이기 위해서는 광합성 포화 값이 높은 주를 선택하여 사용하는 것이 유리하다.

유기탄소를 이용하는 배양에서는 유기탄소를 이용해서 증식할 때 증식속도가 빠른 주가 유리하다. 미생물의 증식은 세포농도 X(g/ℓ), 시간 t, 비증식 속도(specific growth rate) μC/h에 의해 dx/dt = μx식으로 표시되고 증식속도는 비증식속도와 비교한다.

다른 배양 형식의 비증식 속도는 주에 따라 크게 다르고 광합성에 의한 증식이 종속영양적인 증식보다 더 우수한 주나 양자(both sides)에서 차이가 없는 주 등 다양하다.

또 비증식속도는 배양온도의 영향을 크게 받고 증식 최적온도가 35~40°C의 고온주에는 비증식속도가 높은 것이 존재한다(표 7.3, 그림 7.4). 증식이 빠른 주의 비증식속도는 0.2μC/h 이상이며, 두 배가 되는 시간은 2.5~3시간이다.

표 7.3 클로렐라 중의 증식 특성

| 주 | 비증식속도 (μC/h) | 배양온도 (℃) | 광조사 | 광포화값 (k1x) | 유기탄소 |
|---|---|---|---|---|---|
| 클로렐라 피레노이도사 (*Chlorella pyrenoidosa*) | 0.080 | 25 | + | 5.4 | |
| 클로렐라 불가리스 | 0.041 | 25 | − | | 글루코오스 |
| (Emerson strain) | 0.026 | 25 | − | | 초산나트륨 |
| 클로렐라 피레노이도사 (*C. pyrenoidosa*) 7-11-05 | 0.086 | 25 | + | 5.4 | |
| | 0.264 | 39 | + | 15 | |
| 해수산 클로렐라(*C. ellipsoidea*) | 0.128 | 25 | + | | |
| 타미야 스트래인(Tamiya strain) | 0.045 | 25 | − | | 글루코오스 |
| | 0.033 | 25 | − | | 초산나트륨 |
| 클로렐라 레귤라리스 (*C. regularis*) S-50 | 0.28 | 36 | + | 28 | |
| | 0.28 | 36 | − | | 초산나트륨 |
| 클로렐라 불가리스 (*C. vulgaris*) 211/8k | 0.110 | 30 | + | | |
| | 0.098 | 30 | − | | 글루코오스 |
| 클로렐라 불가리스 (*C. vulgaris*) 211/8b | 0.075 | 25 | + | 2.5 | |
| 클로렐라 불가리스 (*C. vulgaris*) K-73107 | 0.25 | 38 | + | | |
| | 0.26 | 38 | − | | 글루코오스 |
| | 0.22 | 38 | − | | 초산 |
| | 0.11 | 28 | + | 15 | |

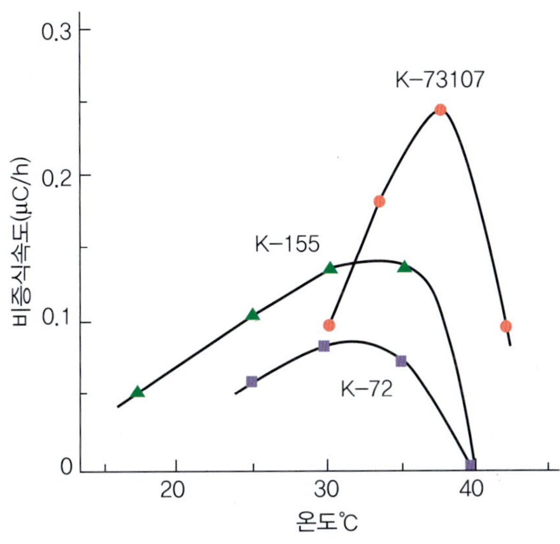


**그림 7.4** 수종의 주의 배양속도와 비증식 속도와의 관계.

### (3) 배지

대량 배양용 배지는 클로렐라 조체의 제조원료이며 질소원으로서 질산칼륨($KNO_3$)이나 요소가, 기타 주요성분으로는 제2인산칼륨($KH_2PO_4$), 황산마그네슘($MgSO_4 \cdot 7H_2O$), 황산철($FeSO_4 \cdot 7H_2O$) 등, 미량 성분으로서 $A_5$ 용액 등이 사용된다(표 7.4). 질소는 조체 성분의 7~10%를 차지하기 때문에 1g 질산칼륨($KNO_3$)과 요소에서 각각 약 1.5g과 5.2g의 건조조체생산이 가능하다. 탄소원은 광합성에 의한 배양에서는 보통 탄산가스로서 공급되기 때문에 배지에는 첨가하지 않는다.

혼합영양 및 종속 영양적인 배양을 목적으로 하는 경우는 글루코오스나 초산 등과 같은 탄소원을 배지에 첨가한다. 초산의 경우는 배양 개시시에 소량의 초산 또는 초산나트륨을 첨가하고 배양 중 pH 상승을 지표로 해서 소량씩 첨가한다. 탄소는 조체 성분의 51.4~72.6%를 차지하는 주요성분이고 탄소원에 대한 증식수율(생산된 조체 건조중량 g/소비된 탄소원의 중량 g)은 조체 생산할 때의 중요한 지표가 된다.

종속 영양적 배양의 글루코오스 및 초산의 증식 수율은 0.4와 0.35이며, 100g 탄소원에서 각각 40g과 35g의 조체 생산이 가능하다. 탄산가스 증식 수율은 0.5이며 원리적으로는 1ℓ 탄산가스에서 약 1kg 건조중량 생산이 가능하다. 그러나 개방형 배양조를 사용하는 배양에서는 탄산가스 이용율이 낮기 때문에 겉보기 수율은 낮아진다.

표 7.4 대량배양에 사용되는 배지

| 배지성분(g/ℓ) | A | B | C | D |
|---|---|---|---|---|
| 질산칼륨($KNO_3$) | 5.0 | 1.25 | | |
| 요소 | | | 6.0 | 1.5 |
| 인산이수소칼륨($KH_2PO_4$) | 1.25 | 1.25 | 1.0 | 1.2 |
| 황산마그네슘($MgSO_4 \cdot 7H_2O$) | 2.5 | 1.25 | 1.0 | 0.6 |
| 염화칼슘($CaCl_2$) | | | 0.03 | |
| 황산철($FeSO_4 \cdot 7H_2O$) | 0.003 | 0.02 | 0.015 | |
| 이디티에이 나트륨-철(EDTA-Na-Fe) | | | | 0.015 |
| 이디티에이 나트륨($EDTA\text{-}Na_2$) | | | | |
| $A_5$용액(mℓ)*1 | | 1.0 | 3.0 | 2.0 |
| 미량원소 | A4 · B7*2 | | | |
| 구연산 | | | 0.25 | |
| 글루코오스 | | | | 20 |
| 초산(mℓ)*3 | | | 100 | |

*1 $H_3BO_3$ 2.86g, $MgCl_2 \cdot 4H_2O$ 1.81g, $ZnSO_4 \cdot 7H_2O$ 0.22g, $CuSO_4 \cdot 5H_2O$ 0.08g, $Na_2MoO_4$ 0.021g을 순수 1ℓ에 용해하여, $H_2SO_4$을 한 방울 가한다.
*2 Fe 0.6ppm, B, Mn 0.5ppm, Zn 0.05ppm, Cu 0.02ppm, Mo, Co, Ni, Cr, V, W, Ti 0.01ppm을 함유한 용액을 1mℓ 첨가
*3 소비량에 따라 소량씩 첨가

### (4) 수확 및 건조

배양을 종료한 클로렐라 세포는 배양액으로부터 분리되고 가공, 건조공정을 거쳐서 건조조체가 된다.

클로렐라 세포의 분리와 농축에는 원심분리기가 사용된다. 세포 현탁액을 한번 통과시킴으로써 약 5배 농축이 가능하다. 처음 농축에 의해 클로렐라 세포를 배양액으로부터 분리하고 다음으로 물을 가해서 농축함으로써 잔존하는 배양액을 제거한다. 최종적으로 조체농도가 100g 건조중량/ℓ 이상의 세포 현탁액을 만든다. 수산 종묘생산을 위한 윤형동물(Trochelminthes) 생산용 상품은 이 세포 현탁액 상태로 제품화된다.

다음으로 이 세포 현탁액을 플레이트 히터로 100°C, 3분 가열 처리한다(사진 7.3). 가열처리는 세포 내 효소를 효소의 활성을 잃게함으로써 건조조체가 되었을 때의 보존성을 높이고 사람이나 동물에 대한 소화 흡수율을 높이는 목적으로 행해진다.

건조에는 분수건조기가 사용된다. 클로렐라 농축액은 분무기(atomizer)를 통해서 분수건조기 탑 내에 안개처럼 분무되고 180°C 정도 열풍에서 순발적으로 수분을 빼앗는

표 7.5 클로렐라 건조조체의 성분

| 에너지(kcal/100g) | 408 | 비타민(mg/100g) | |
|---|---|---|---|
| 일반성분(g/100g) | | 비타민 $B_1$ | 1.85 |
| 단백질 | 63.5 | 비타민 $B_2$ | 5.70 |
| 지질 | 11.5 | 비타민 $B_6$ | 0.92 |
| 당질 | 12.5 | 비타민 $B_{12}$ | 0.077 |
| 조섬유 | 2.3 | 비타민 C | 58 |
| 회분 | 6.2 | 에르고스테롤(ergosterol) | 86 |
| 수분 | 4.0 | 비타민 E | 12 |
| 식물섬유(g/100g) | 20 | 리놀레산(linoleic acid) | 1800 |
| 색소(g/100g) | | 리놀렌산(linolenic acid) | 2000 |
| 클로로필 | 2.0 | 니아신(niacin) | 22.3 |
| 카로틴 | 0.041 | 판토텐산(pantothenic acid) | 2.85 |
| 무기원소(mg/100g) | | 엽산 | 0.049 |
| 칼슘 | 98.5 | 비오틴(Biotin) | 0.21 |
| 철 | 160 | 콜린(choline) | 380 |
| 마그네슘 | 221 | 이노시톨(inositol) | 221 |
| 칼륨 | 962 | 비타민 $K_1$ | 1.0 |

사진 7.3 플레이트 히터를 이용한 가열 처리.

다. 가열시간이 짧기 때문에 건조공정에서 변질은 적다. 얻어진 건조조체는 클로렐라를 사용한 여러 상품의 원료가 된다.

## 7.4 미세조류의 바이오테크놀로지

미세조류는 오래전부터 생화학 연구용 재료나 어패류의 자치어용 사료로서 배양기술이 많은 종류에서 확립되어 있다. 또한 비교적 생육이 빠르고 게다가 유전자 조작 기술도 적용하기 쉬워 유용물질 생산이나 지구환경 문제에의 응용이 기대되고 있다. 그러나 지금까지 실행된 연구는 일부 미세조류의 변이주 생산, 유전자조작, 고정화 등에 한정되어 있다.

### 7.4.1 변이주의 생산

특정한 유용물질을 가진 주를 얻는 목적으로 돌연변이를 이용할 때가 있다. 변이원 물질과 접촉, 자외선·$\chi$선·$\gamma$선 조사 등으로 인해 돌연변이를 일으키고 선택처리를 해서 변이주를 만들어 내는 방법이다. 지금까지 내성 변이주, 영양요구 변이주, 온도·자외선 감수성 변이주, 광합성, 질소고정, 탄소 대사 결함 변이주, 형태 변이주 등이 얻어지고 있다.

남조류에서는 단세포성인 *Anacystis nidulans*(*Synechococcus*)와 다세포성인 *Anabaena variabilis*가 가장 많이 사용되고 *Agmenellum quadruplicatum*, *Synecocystis*, *Synechococcus cedrorum*, *Aphanocapsa*, *Gloeocapsa alpicola*, *Aphanothece halophytica*, *Nostoc muscorum*, *Spirulina platensis* 등에서도 변이주의 생산이 시도되었다.

녹조류에서는 *Chlamydomonas* spp., 특히 *C. reinhardtii*가 많이 이용되고, *Chlorella*, *Scenedesmus*, *Euglena*에 대해서도 산발적인 연구가 있다.

### 7.4.2 유전자 조작

남조류 등의 원핵생물과 녹조류와 같은 진핵생물 간에는 유전자 조작에 영향을 주는 여러 근본적인 상이점이 있다. 원핵생물은 반수체지만 진핵생물에는 반수체와 이배체의 양세대가 있다는 점, 원핵생물은 개별 세포 내 기관 게놈(organella genome) 간에 상호작용이 없지만 진핵생물은 미토콘드리아나 엽록체 게놈이 핵 게놈과 작용한다는 점, 원핵생물 유전자는 비정보부분(intron)을 가지지 않지만 대부분의 진핵생물 유전자에는 비정보부분이 존재한다는 점 등이다. 그렇기 때문에 지금까지는 조작이 쉬운 남조류가 주로 사용되고 있다.

남조류에는 플라스미드(plasmid, 자가복제가 가능한 염색체외 유전자)를 가지는 것이 많지만 생리기능이 확실하지 않기 때문에 벡터(vector, 숙주에 이종 DNA를 운반하는 DNA)로서 사용하기 위해서는 어떤 표지자를 도입할 필요가 있다.

예를 들면, 내재 플라스미드로서 pUH24(7.8kbp)를 가지는 *Anacystis nidulans* R2주를 암필리신(ampicillin) 내성($Ap^r$)이 암호화된 트랜스포손(transposon, 염색체 유전자나 플라스미드를 이동시키는 이전인자)인 Tn901를 함유하는 대장균 플라스미드 pRI 46으로 형질전환시켰다. 아주 낮은 빈도였지만 얻어진 5개의 $Ap^r$ 형질 전환주를 해석한 결과, pUH 24::Tn 901(Tn 901이 pUH24로 전이한 것을 나타낸다)의 조작 플라스미드가 생기는 것이 밝혀졌다. 이 재조합 플라스미드를 벡터로써 사용하는 것은 Tn 901전이가 문제가 되기 때문에 제한효소 BamHI로 자르고, 트랜스포손을 고정했다. 얻어진 플라스미드(pUC1이라고 명명)는 BamHI, XhoI 각 1, BglII2의 절단부위를 가지고 $Ap^r$를 암호화하고 있었다. 이런 방법으로 여러 남조벡터가 클로닝되어, 약제내성 형질 변이주를 만드는 것이 가능해 졌다.

예를 들면 *A. nidulans* R2의 pUH24와 대장균 벡터 pACYC 184로 셔틀 벡터(shuttle vector, 2종류 생물의 어느 쪽 세포에서도 자율적 증식할 수 있는 벡터), pUC 303(Cmr, Smr, 클로람 페니콜(chloramphenicol)과 스트렙토마이신(streptomycin에 내성)을 제작하여 *A. nidulans* R2·pUH24 결실주에 조합한 결과, 고효율로 형질전환이 일어나고 약제내성이 장기간 안정하게 유지되었다.

또 셔틀 벡터에 파지(phage) DNA의 cos 영역을 도입한 코스미드 벡터(comid vector) pPUC29를 사용해서 *A. nidulans* R2의 초산 환원효소의 클로닝도 실행되었다.

코스미드는 파지 벡터와 플라스미드 벡터의 중간적 성질을 가지고 있어 50kbp 정도까지 여러 DNA 단편을 도입할 수 있고 유전자 라이브러리(gene library, 염색체 DNA 전단편을 벡터에 결합시킨 재조합체이며 염색체쌍 모든 영역을 포함하도록 된 것)의 제작이 가능하다.

이상은 형질전환에 의한 유전자조작의 사례지만 전기펄스로 세포막에 작은 구멍을 내고 유전자를 물리적으로 도입시키는 전기천공법(electroporation)이나 *Anabaena* sp., *Nostoc* sp. 등의 사상성(filamentous) 남조류에서는 대장균을 통한 접합전달(conjugative transfer)에 의한 유전자 조작도 시도되고 있다.

형질전환에 있어서 도입하는 DNA는 완전하게 시험관 방법(*in vitro*)의 조건에서 사용할 수 있어서 숙주에 제한효소계가 존재하는 경우는 DNA를 미리 해당하는 메틸기 전달효소(mcthylase)로 변형해서 형질전환을 할 수 있다. 그러나 접합 전달법에서 도입하는 DNA는 일단 대장균 내로 형질전환되어 대장균 내에서 복제되고 나서 접합 전달되기 때문에 이러한 시험관에서 변형하는 계는 사용할 수 없다.

이점을 해결하기 위해 접합 도움 플라스미드(helper plasmid) 등에 해당하는 메틸기전달효소 유전자를 클로닝해서 생체방법(*in vivo*)에서 변형하면서 남조류에 접합시키는 것이 실행되고 있다. 이 방법을 사용해서 보색적응(complementary chromatic adaptation) 능력을 가지는 남조류인 *Fremiella diplosiphon*에의 전합전달이 행해지고 *Fremiella diplosiphon*의 보색적응능을 전사 수준에서 제어하고 있는 인자의 클로닝이 진행되고 있다.

지금까지는 사상성 남조류와 그 남조류 유래 플라스미드를 사용한 셔틀벡터를 이용한 접합 전달계가 주류였지만 최근 단세포성 남조류 시네코시스티스(*Synechocystis*) PCC6803에 있어서 광범위 숙주벡터 플라스미드의 접합전달이 보고되었다. 이 계에서는 접합전달용 플라스미드로서 RSF1010 유래인 복제단위를 가지는 Inc Q군의 광범위 벡터 플라스미드 pKT210가 사용되었다. 앞으로도 이렇게 여러 벡터를 사용해서 접합에 의한 유전자 도입도 번성하게 행해질 것으로 생각된다.

### 7.4.3 해양 남조류의 유전자조작

해양 남조류에 있어서 유전자조작계는 후술하는 접합 전달법도 포함하여 아직 시작단계일 뿐이다. 지금까지 보고된 예로서는 자연형질 전환능력을 가지는 해양 남조류는 *Agmenellum quadruplicatum* PR6와 시네코코커스(*Synechococcus*) sp. PCC 7002 두 종 뿐이다. 이 계에서는 담수 남조류와 마찬가지로 도입하고 싶은 유전자와 세포를 혼합하기만 하면 세포가 DNA를 흡수하고 게놈에의 조합 또는 플라스미드의 복제가 행해진다. *A. quadruplicatum* PR6에 있어서도 내존성 플라스미드가 발견되어 이것을 사용한 대장균과의 셔틀 벡터계를 사용해서 외래성 단백질의 발현이 시도되고 있다.

예를 들면 *Bacillus thuringiensis*가 생산하는 살충단백질을 *A. quadruplicatum*에 발현시키는 것이 시도되고 있다. 그러나 지금까지 해양 남조류에 있어서는 유전자조작을 할 수 있는 종이 본 주에 한정되어 있기 때문에 이후 해양 생명공학 기술이 더욱더 발전시켜, 계속해서 스크리닝 되는 유용물질 생산능이나 특수능력을 가지는 해양남조류에 대처할 수 있는 유전자 조작 기술을 하루빨리 개발해야 한다.

일본의 마츠나가 등은 해양 남조류인 *Synechococcus* sp. NKBG042902에 대해서 유전자 조작된 종의 개발을 시도했다. 우선 이주에 있어서 형질전환계를 사용하기 위한 셔틀벡터에 이용할 수 있는 플라스미드의 존재에 대해서 검토한 결과, 4종류 플라스미드 pSY08(>10kb), pSY09(~10kb), pSY10(2.7kb) 및 pSY11(2.3kb)이 발견되었다. 이 중에서 비교적 복제수가 높고 분자량이 적은 pSY11를 사용해서 대장균과의 셔틀벡터를 구축했다. pSY11은 그림 7.5에 나타낸 바와 같은 제한효소 사이트(site)를 가지며 복제수는 1게놈당 30~50의 고복제 플라스미드였다. 이 pSY11의 *Hind*III 1.4kb단편을

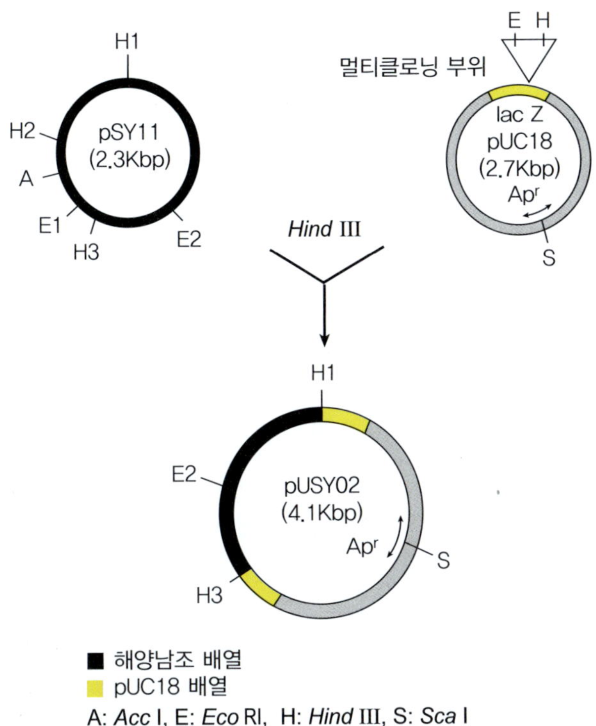


**그림 7.5** pSY11의 제한효소 지도 및 같은 플라스미드를 이용한 대장균과의 셔틀벡터(pUSY02) 구축.

pUC18 멀티클로닝 사이트(multi cloning site)에 도입하고 하이브리드(hybrid) 플라스미드 pUSY02를 만들었다.

한편 숙주로서는 *Synechococcus* sp. NKBG042902 자신이 pSY11를 가지는 것으로 불화합성에 의한 셔틀벡터 배제가 염려되기 때문에 동일한 주의 큐어링 주(curing strain), 042902-YG1116를 만들었다. 이 주는 042902주를 오렌지색 아크리딘(acridine orange)으로 처리하고 임의로 선택한 콜로니에서 얻어진 큐어링주이며 pSY10 및 pSY11은 결손되어 있다.

본 주는 *A. nidulans* 등과 같은 현저한 DNA 흡수능력을 가지지 않기 때문에 대장균의 형질전환시와 같이 세포에 형질전환 수용성을 갖게 할 필요가 있다. 이 결과 구축한 셔틀벡터 pUSY02를 사용해서 해양 남조류인 *Synechococcus* sp. NKBG042902를 형질 전환할 수 있는 것이 밝혀졌다. 또 이 셔틀벡터는 담수 남조류인 *A. nidulans*를 마찬가지로 형질 전환할 수 있다.

그러나 지금까지 *A. nidulans* R2에서 사용해온 셔틀벡터 플라스미드 pECAN8를 사용해서 해양 남조류를 형질 전환할 수는 없었다. 이것은 본 셔틀벡터가 담수 및 해양 남조류의 서식 환경이 서로 다른 남조류에서 널리 사용할 수 있는 가능성을 나타내면서도 해양 남조류를 위한 독자적인 유전자 조작계의 개발이 필요하다는 것을 의미한다.

한편, 최근 주목되고 있는 형질전환기술의 하나로 입자총법(microprojectile)이 있다. 이 방법은 도입하고 싶은 유전자나 플라스미드로 코팅된 금속 미립자(DNA 캐리어)를 고압 압축공기나 화약을 사용해서 고속으로 쏘고 이것을 직접 목적으로 하는 세포에 박아서 형질전환시키는 방법이다. 이 방법으로 인해 식물세포를 원형질체화 하지 않고 형질전환할 수 있게 되었고 게다가 세포 중 세포소기관에 DNA를 도입하는 것도 가능해졌다.

마츠나가(Matsunaga) 등은 해양남조의 형질전환 효율, 조작성의 향상을 목표로 해서 입자총법의 응용을 시도했다. 지금까지 입자총법에서 사용된 DNA 캐리어는 텅스텐이나 금 미립자였지만 그 직경은 0.1~0.5μm 정도로 크기 때문에 원핵생물의 형질전환용으로서는 적당하지 않았다. 지금까지 자성세균(magnetic bacteria)이 세포 내에서 합성하는 자기미립자(자성 세균입자)의 응용연구를 진행해왔고 이 자성 세균입자는 아주 작고(~50nm) 균일하며 또 표면이 균일한 유기 박막으로 덮어져 있어서 화학변형이 쉽다. 그래서 자성 세균입자를 DNA 캐리어로서 응용하는 것이 시도되고 있다.

자성 세균입자를 글루타르알데히드(glutaraldehyde) 및 트리아민(triamine)으로 변형시킴으로써 DNA고정화량이 2μg/mg 입자로 종래 사용되어 온 DNA 캐리어의 배 이상의 DNA를 흡착 고정할 수 있다. 이 자성 세균입자 DNA 캐리어를 사용해서 고압 압축공기식 입자총법에 의한 해양 남조류인 *Synechococcus* sp. 및 담수 남조류 *Anabaena* sp. PCC 7120의 형질전환을 시도한 결과, 압력 100kgf/cm$^2$로 분사하였을 때, 해양 남조류에서는 최대 1.5%, 담수 남조류에서는 최대 7.5% 세포가 자기 응답성을 나타내어 DNA 캐리어가 세포 내에 아주 높은 효율로 도입된 것이 밝혀졌다. 해양 남조류에서는 셔틀벡터 pUSY02가, 담수남조에서는 셔틀벡터 pRL5가 DNA 캐리어에 고정되어 있는 데도 불구하고 이 실험의 조건에서는 형질전환체를 얻을 수 있다. 이들 자기응답성을 나타내는 세포를 투과형 전자현미경으로 관찰한 결과, 모두 막 근방에 DNA 캐리어가 존재하고 있는 것이 확인되었다.

따라서 앞으로 DNA 캐리어 분사속도를 상승시킴으로써 형질전환을 할 수 있을 것으로 기대된다. 해양 남조류 대부분은 표면이 다당으로 피복되고 있거나 또는 이들을 세정하면 응집 또는 증식하지 않게 되어 버리는 세포도 많기 때문에 단순히 형질전환을 할 수 없는 해양 남조류에 있어서 입자총법은 유력한 수단이 될 것이다.

최근, 해양 남조류인 *Synechococcus* sp. 중의 플라스미드의 하나인 pSY10의 흥미로운 성질이 보고되었다. 지금까지 기술해온 셔틀벡터, pUSY02는 동일주의 고복제 플라스미드 pSY11을 기초로 제작했다. pSY11 복제수는 배양조건에 상관없이 일정한 복제수가 확인되고 있지만 pSY10은 통상의 배양조건에서는 pSY11와 같은 복제수를 나타내며 배양조건에 따라 비약적으로 그 복제수가 증가한다. 이 주를 미리 염농도가 낮은

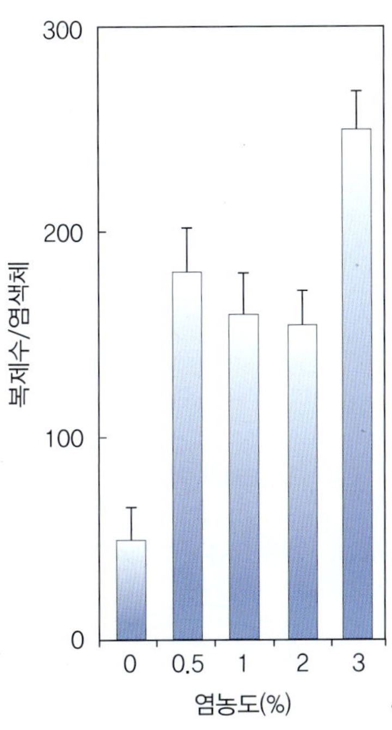


**그림 7.6** 염농도에 의한 pSY10의 복제수의 변화.

배지에서 배양한 경우 pSY10 복제수는 게놈당 pSY11과 마찬가지로 30~50 정도지만 이것을 염농도가 높은 배지에 옮기면 염농도 0.5~2%에서는 복제수는 150, 3%에서는 250 정도까지 20시간 이내에 급증한다(그림 7.6).

이러한 현상은 pSY11를 포함해서 같은 주의 다른 3개 플라스미드에서는 전혀 관찰되지 않는다. 또 이러한 pSY10의 복제수 증가는 염으로서 염화나트륨(NaCl) 이외의 삼투압이나 이온강도 스트레스를 주는 염화칼륨(KCl)이나 솔비톨을 첨가한 상태에서는 보이지 않았다. 이상으로 pSY10은 염화나트륨(NaCl) 농도변화에 대해서 선택적으로 응답하고 복제수가 급증하는 것이 밝혀졌다. 따라서 이것을 이용함으로써 염농도로 복제수를 조절 할 수 있는 셔틀벡터를 구축할 수 있을 것으로 기대된다. 이것은 외래 유전자 발현 시스템을 개발할 때, 제어가 가능한 촉진유전자와 함께 유력한 수단이 될 것이다.

더 많은 종류의 해양 남조류에 효율적으로 유전자를 도입하는 기술을 개발하기 위해서 해양 남조류에 대해 접합전달법에 의한 유전자 조작계 개발을 했다.

공여균으로서 게놈 속으로 플라스미드 RP4(R-plasmids: 항생제 내성 유전자)가 도입된 *E. coli* S17-1주를 사용하였다. 이 주에 RP4가 접합전달시에 특이적으로 인식하는 mob사이트를 가지는 플라스미드 또는 mob, bom를 가지는 플라스미드가 형질전환 되면 다른 도움 플라스미드나 운반체(cargo) 플라스미드를 사용하지 않고 고효율로

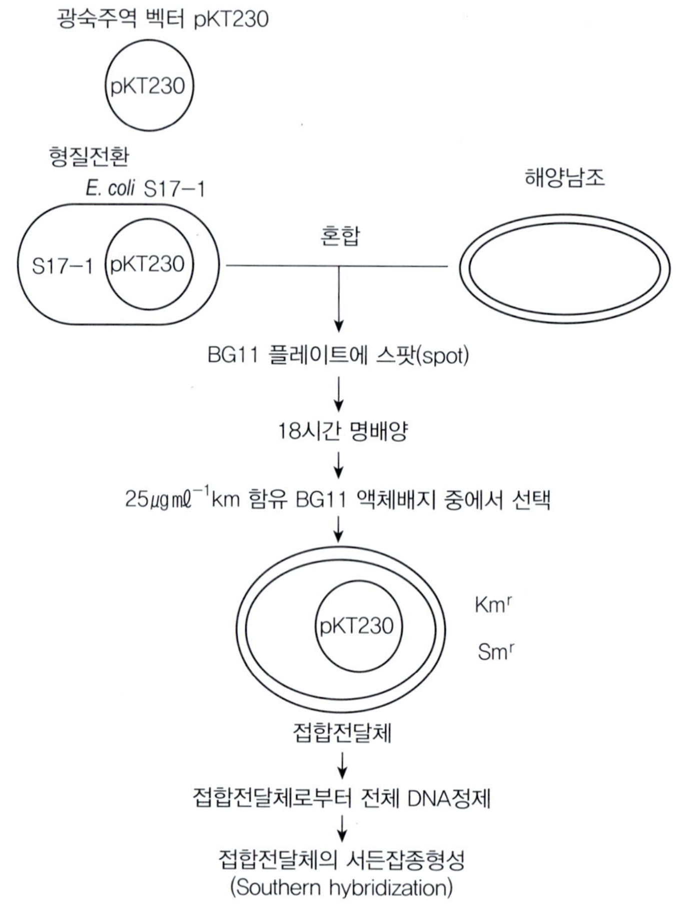


**그림 7.7** 대장균 S17-1을 이용한 접합전달에 의한 해조 남조류에 유전자 도입.

접합전달을 할 수 있다. 이 과정을 그림 7.7에 나타냈다. 우선 Tn5(대장균 전이인자)가 조합되고 있는 자살 벡터(suicide vector) 플라스미드 pSUP1021를 해양 남조류에 접합전달로 도입하는 것이 시도되었다. pSUP1021복제단위는 pACYC184에서 유래된 것이고 대장균 이외에서는 거의 복제되지 않는다.

따라서 접합전달체는 Tn5가 용균의 게놈 속으로 들어가고 동일한 전이유전자(transposon)를 암호화하는 카나마이신 내성 발현에 의해 확인되었다. 즉 이 계에서는 접합 시 복제가 일어나고 수용균(recipient cell)에 이 플라스미드가 도입된다. 일단 게놈속으로 들어간 후는 플라스미드의 불안정함이나 종간 상이에 의한 복제단위의 차이를 고려하지 않고 접합전달법의 유효성을 평가할 수 있다.

이 실험에서는 해양남조로서 7주를 사용했다. 단세포성 해양 남조류인 *Synechococcus* sp. 5주, *Synechocystis* 1주, 사상성 해양 남조류인 *Pseudanabaena* 1주를 수용균으로서, *E. coli* S17-1를 공여균(donor cell)으로 사용하고 플라스미드 pSUP1021의 접합전달을 시도한 결과, 접합을 한 7주 모두 세포에서 카나마이신 내성을 가지는 주가 높은 빈도로 얻어졌다. 해양 남조류에 있어서 접합전달로 유전자 도입이 처음으로 행해졌고 또 이 방법으로 여러 Tn5삽입 실활 변이주를 만들 수 있어 앞으로 해양 남조류의 유전자 해석에 크게 응용할 수 있을 것으로 기대된다.

그리고 이 연구에 사용한 해양 남조류 중에서 가장 증식이 빨랐던 *Synechococcus* sp.를 사용해서 광범위 숙주 벡터 pKT230의 접합전달에 의한 도입이 시도되었다. pKT230은 RSF1010의 복제단위를 가지는 IncQ군의 광범위 숙주벡터이며, 카나마이신, 스트렙토마이신 내성이 암호화되고 있다.

마찬가지로 *E. coli* S17-1를 사용해서 접합을 한 결과, 카나마이신과 스트렙토마이신 모두 내성의 표현형을 가지는 주가 $10^{-5}$~$10^{-4}$(접합체/수용체) 빈도로 얻어졌다. 이 광범위 숙주 벡터는 안정하게 회수되고 또 *E. coli*로 돌릴 수 있는 것으로 해양 남조류와 *E. coli* 셔틀벡터로 충분히 이용할 수 있다. 마찬가지로 해양 남조류인 *Synechococcus* sp., *Synechocystis* sp., 보색 적응능력을 가지는 해양 남조류인 *Synechococcus* ATCC29403(PCC7335)에 있어서도 접합에 의한 pKT230의 도입에 성공하였다. 이상 결과는 접합전달법을 널리 해양 남조류에 적용할 수 있는 가능성을 나타내었다.

지금까지 담수 남조류를 포함해 접합능력을 가지는 남조, 또 전달성의 플라스미드는 발견되지 않았다. 이때까지 남조류에 있어서의 유전자 교환은 DNA의 자연흡수와 시아노파지의 감염으로 인해 일어났지만 이러한 다른 그램 음성균으로부터 접합에 의한 유전자 공여도 일어나고 있었던 것으로 생각된다. 앞으로 해양 남조류에 있어서도 접합기능을 가지는 주의 분리가 기대된다.

## 7.5 미세조류에 의한 $CO_2$고정 및 유용물질생산

### 7.5.1 해양 남조류를 사용하는 바이오솔라 반응기에 의한 $CO_2$고정

종래, 남조류를 배양할 경우는 인공 못이 사용되어 왔다. 태양광이 강한 지역에서 스피룰리나 등이 이 방법으로 현재도 배양되고 있다. 그러나 남조류가 고농도가 되면 태양광은 수면아래 10cm 정도까지 밖에 도달하지 않기 때문에 필연적으로 제한을 받는다. 따라서 인공 못을 사용하는 방법은 땅값이나 인건비가 싼 장소에서 생산할 때만 적절하다.

미세조류의 배양에 있어서 더욱 효율을 올리기 위해서는 체적당 빛을 받는 면적을 배, 클로로필량을 3.9배로 촉진하는 것으로 나타났다.

당근 부정배를 가진 인공종자를 만들어 남조 추출물에 의한 인공 종자 발아 촉진효과를 검토한 결과, 고분자 획분(100mg$\ell^{-1}$)을 함유한 인공종자는 90% 이상 발아율을 나타내어 인공 종자의 발아불량을 개선하는 것으로 나타났다.

또 해양 남조류는 모두 단백질 함량이 아주 높아 거의 50%에 이른다. 그 중에는 단백질 함량이 78.4%로 아주 높은 것도 있고 증식 시 배가시간도 9시간으로 생육이 빠르기 때문에 새로운 단세포 단백질(SCP)원으로 이용이 기대된다. 그리고 해양 남조 중에 함유되어 있는 지방산 중에는 탄소수가 16과 18인 불포화지방산이 함유되어 있어 이 조성은 배양 시에 강한 빛, 저온도 처리로 인해 불포화가 진행됨으로써 그 약리작용과 함께 새로운 유지원으로서 응용이 기대된다.

이 이외에 해양 남조류는 자외선 흡수물질이나 티로시나제 저해제(tyrosinase inhibiter), 초산화물 불균등화효소(superoxide dismutase) 활성화 물질 등 화장품 원료가 되는 물질을 만드는 것이 밝혀졌다. 또 남조가 만드는 황산다당이 혈액응고 활성이나 항바이러스 활성을 나타내기도 한다. 피코시아닌(phicocyanine), 알로피코시아닌(allophycocyanin), 피코에리트린(phycoerythrin), 적색 색소 등 색소 생산에도 남조류가 이용되어 실용화되고 있다.

## 7.6 미세조류의 산업적 응용

### 7.6.1 미세조류의 산업적 이용

국내 미세조류는 1915년 바다의 수산조사 사업의 일환으로 식물플랑크톤이 연구되기 시작했고, 1945년 해방 전까지는 주로 일본인이 주축을 이루어 연구를 하였고, 1950년 중반에 우리나라 학자에 의한 식물플랑크톤의 연구가 최초로 발표되었으며, 1960년대 후반부부터 미세조류의 연구가 활발해지기 시작하여 수많은 연구업적이 두드러지기 시작했다. 이 시기의 연구분야는 미세조류의 분류학과 생태학적 지표생물로서 주로 연구되어 왔으나, 1980년대 후반부터 생리생태학, 생화학, 유전공학 및 생물공학적인 연구로 확산되었으며, 최근들어 미세조류를 환경 및 생명산업 등의 응용분야에 중요한 생물자원으로 활용하기 위한 연구개발에 초점이 맞추어지고 있다. 현재는 지구온난화의 원인이 되고 있는 이산화탄소를 흡수하는 광합성 기작을 촉진시켜 바이오매스를 증가시키고 이를 바이오에너지화하는 연구가 집중되고 있다.

오늘날 생명공학기술의 급속한 발전으로 미세조류의 산업적 이용가치가 매우 높아지고 있다. 미세조류는 각자 고유한 유전적 형질을 지니고 있어, 인간에게 유용한 식량지원으로써 뿐만 아니라 다양한 기능성 생리활성물질(항산화제, 항암제, 면역조절제, 항피부노화제 등), 기능성 식품 및 향장 소재, 친환경 소재, 바이오에너지 원료 등으로 제공되고 있다.

미세조류의 생명공학적 연구는 대체에너지원, 건강기능성식품, 건강보조식품, 피부화장료, 피부 외용제, 보습제, 방향성 식물 활성제, 수산양식용 사료, 의약품 개발을 위한 천연화합물 분석, 그외 고부가가치를 지니는 특정 색소, 탄수화물, 아미노산, 불포화지방 생산과 오폐수처리, 비료, 에너지를 생산하기 위한 미세조류의 대량생산을 위한 광생물반응기와 발효조 배양법에 의한 연구개발을 위한 생물공학적 연구가 광범위하게 진행되고 있다. 특히 미세조류의 세포밀도가 다른 미생물에 비해 상대적으로 낮아 배양 공정의 경제적 효율성 확보를 위해 환경산업과 연계되어 폐자원(축산폐수, 산업폐기물 등)을 이용하여 대량배양에 소요되는 경비 절감을 유도하여 생산성을 높이는 연구개발도 이루어지고 있다.

### 7.6.2 미세조류로부터 기능성 생리활성물질 탐색

이러한 미세조류는 ① 산업화가 용이하고, ② 기능성 생리활성물질이 체내에 상대적으로 풍부하게 존재하며, ③ 부가가치가 높은 광합성 미생물이다. 또한 유전자 재조합 기술이 없이도 배양조건에 따라 부가가치 산물을 최적화하여 대량생산을 유도할 수 있는 특징을 가지고 있다.

특히, 클로렐라(*Chlorella*)를 비롯한 스피루리나(*Spirulina*), 두나리엘라(*Dunaliella*), 헤마토코크스(*Haematococcus*)와 같은 미세조류를 이용한 건강식품과 미세조류에서 유래되는 항산화제인 루테인(lutein), 아스타크산틴(astaxanthin), 칸타크산틴(cantaxanthin) 등은 이미 선진 외국에서 개발 연구되어 항산화 효과가 기존의 비타민 E(tocopherol)나 베타-카로틴보다 월등하다는 임상보고가 발표되었다. 아스타크산틴의 경우는 kg당 2500달러의 고부가가치 상품으로 미국에서만도 매출규모가 수십억 달러($) 이상을 기록하고 있다(**사진 7.4**).

**사진 7.4** 산업적으로 활용중인 미세조류.

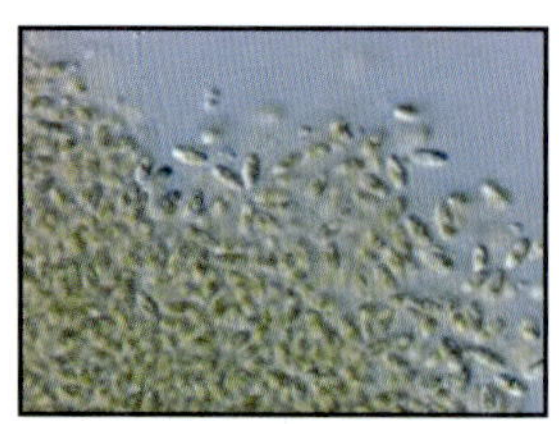

NIPP-1 (Pro–Gly–Trp–Asn–Gln–Trp–Phe–Leu) – 1,171 Da.

미세조류 *Navicula incerta*로부터 분리된 펩타이드

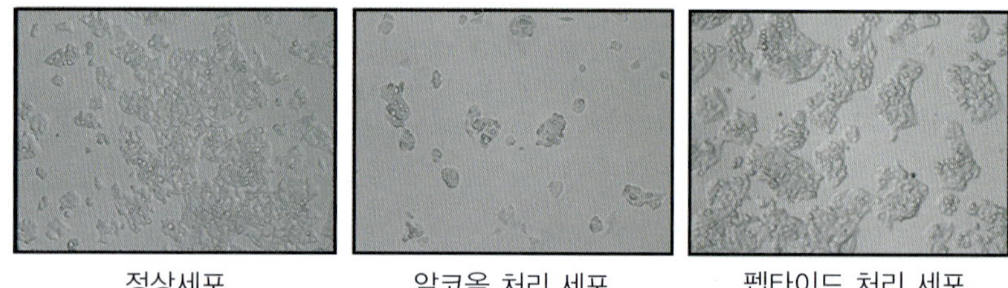

정상세포 알코올 처리 세포 펩타이드 처리 세포

**그림 7.9** 미세조류에서 분리된 펩타이드의 간세포 보호 효과.

최근에는 미세조류에 다양한 생리활성 물질들이 존재하고 있다는 연구보고들이 발표되면서 주목을 받기 시작하였으며, 여기에는 항균물질, 효소저해제, 세포독성물질, 항염증 물질, 초산화물 불균등화 효소(superoxide dismutase) 활성화 물질, 항암, 항 HIV 활성 등 다양한 생리 활성 물질들이 알려져 있다.

그 중 규조류 *Navicula incerta*의 효소가수분해물로부터 분리된 펩타이드의 간세포 보호 및 간섬유화 억제 효능이 저자의 연구실에서 밝혀졌다. 알코올에 의해 손상된 간세포에 미세조류에서 분리된 펩타이드를 처리한 결과, 그림 7.9에서 나타난 바와 같이 알코올을 처리한 간세포는 세포표면이 파괴되어 염증 유도 인자들이 발현됨으로써 정상적인 세포형성을 방해하였으나 미세조류에서 분리된 펩타이드를 처리한 세포에서는 알코올에 의한 간세포 손상을 억제시킴으로써 간세포 보호 효과를 확인 하였다.

또한, 미세조류 *Navicula incerta*의 효소가수분해물로부터 분리된 펩타이드는 간섬유화 작용을 억제시키는 효과도 있는 것으로 확인되었으며, 실제로 간독성물질인 사염화탄소로 간손상을 유발시킨 동물모델에 미세조류 유래 펩타이드가 함유된 시료를 섭취시킨 후 간세포 조직을 확인 해 본 결과, 그림 7.10에 나타난 바와같이 간세포 내에 간독성물질로 인하여 형성된 다량의 액포들이 현저하게 감소하여 간질환 치료제로 사용되고 있는 실리마린(silymarin)과도 비교 될 만큼의 효과를 보였다.

이 외에도 단세포에 편모를 가지고 있는 식물성 편모충류의 대표 종의 하나인 *Chlamydomonas*를 미생물(*Candida utilis, Bacillus subtilis*)을 이용하여 발효 시킨 후 미세조류의 발효액에서 생리활성 펩타이드를 분리하였다(그림 7.11).

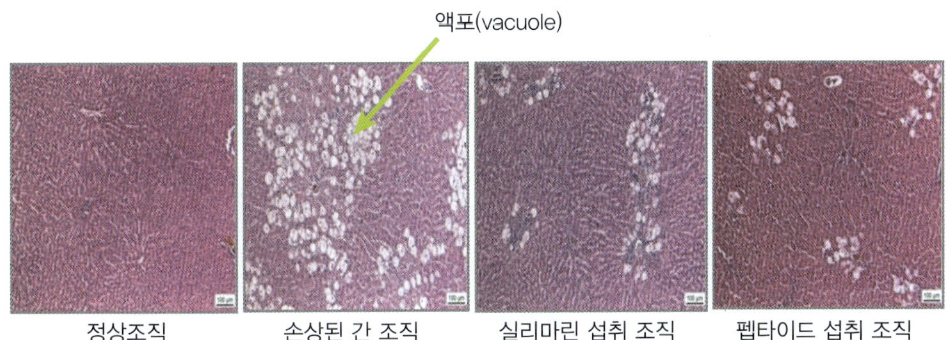


**그림 7.10** 사염화탄소에 의해 간손상 유발시킨 쥐의 간에서 미세조류 유래 펩타이드의 간 섬유질 조직 완화 효과.

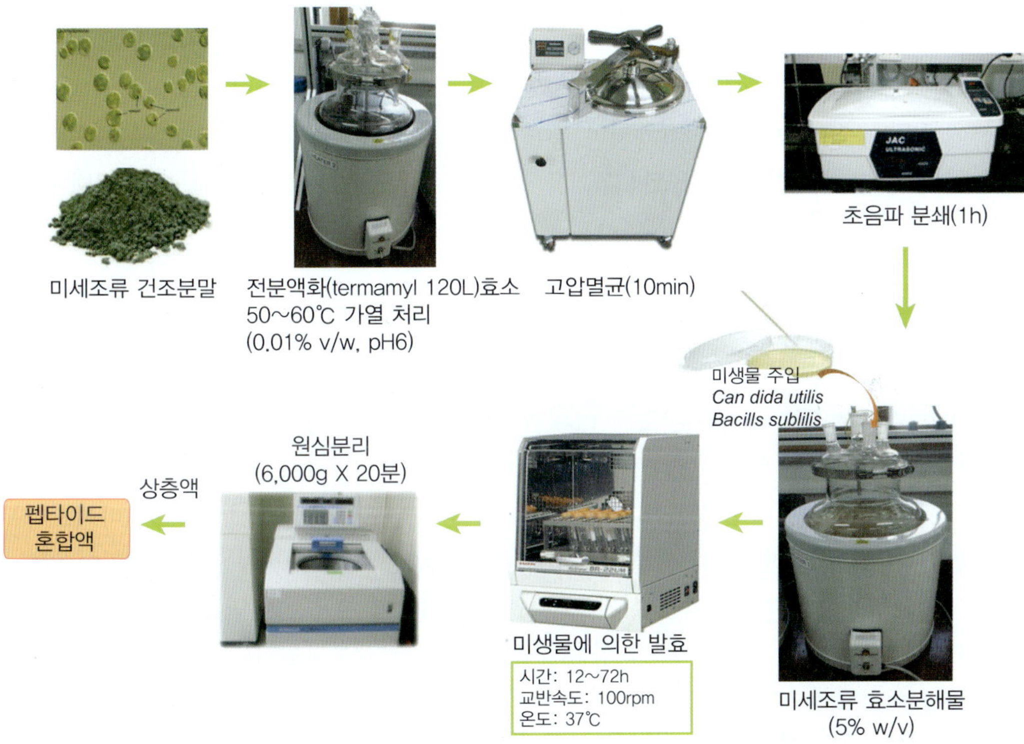


**그림 7.11** 미세조류 *Chlamydomonas*의 미생물 배양액에서 생리활성 펩타이드의 분리 공정.

헬리코박터 파이로리균으로 위장벽 신경세포를 손상시킨 다음 미세조류 발효액에서 분리된 펩티이드의 위장벽 장신경세포에 미치는 효과를 면역염색법(Immuno-staining)을 이용하여 확인해 본 결과, **그림 7.12**에서와 같이 헬리코박터 파이로리균에 의해 손상된 위장벽 신경세포는 세포막 경계가 허물어져 세포손상을 보인 반면, 펩타이드를

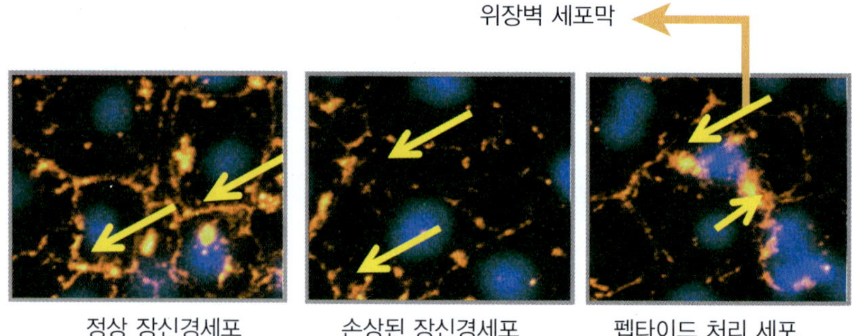


**그림 7.12** 면역염색법을 통한 장신경세포 보호.

처리한 위장벽 신경세포는 정상세포와 유사한 세포막 형성을 보여 점차 회복되는 것을 확인 할 수 있었다.

그 밖에도 많은 기능성 식품이나 의약품들이 해양자원으로부터 얻어지고 있는 시점에서 해양 미세조류는 부가가치가 높은 기능성 식품이나 한약재 소재의 생산과도 직결되어 새로운 미래자원으로써 우리들에게 지속적으로 기여하게 될 것으로 기대된다.

## 7.7 맺음말

1980년대 중반만 하더라도 국내 미세조류에 대한 연구는 분류학적 기초연구에만 국한되어 일반인들에게 전혀 알려지지 않은 미지의 생물이었으나, 현재는 해양바이오산업의 중심에 있고, 미래에는 세계 청정에너지의 트렌드를 주도해 미래 해양바이오라는 판도라의 상자를 열 꿈의 생물이며, 무궁한 잠재력을 지닌 생물자원임에 틀림이 없다.

미세조류는 수계의 1차 생산자로서 수만종 이상이 분포하며 연간 약 200억톤 이상의 유기물을 생산할 정도로 그 종류와 양이 광대한 생물자원이다. 일반적으로 미세조류는 육상식물보다 생장속도가 매우 빠르며 담수나 해수는 물론이고 빛에너지가 있는 환경에서 쉽게 배양된다. 이뿐만 아니라 단백질, 지질, 당질, 색소와 같은 산업적으로 유용한 고분자 물질은 물론이고 특정 생리 기능을 가지는 물질을 저비용으로 생산할 수 있다는 점에서 생물산업소재로써 그 가능성이 매우 높다.

이러한 유용한 미세조류를 활용하기 위해서는 인위적인 순수분리를 통한 대량배양이 선행되어야 한다. 미세조류의 배양은 조류학 연구에는 물론 수서 생태계의 이해와 기초과학 연구를 위한 필수적인 수단이다. 또한, 대량배양된 미세조류는 수산양식의 먹이생물, 축산동물의 사료, 농업비료, 기능성 건강보조식품, 식품첨가제, 의약품 및 공업원료, 하수처리, 대기정화, 생물비이오연료 등 다양한 산업분야에서 활발하게 이용·개발되고 있다.

지금 세계각국에서는 보이지 않는 생물자원 전쟁이 시작되었다. 앞으로 미세조류에 대한 생물공학적 연구가 활발하게 이루어진다면 미세조류는 학술적인 측면에서 뿐만 아니라 고기능성 항산화제, 의약품, 건강식품, 기능성 화장품, 바이오에너지로도 개발되어 우리나라의 고부가가치 생물산업 소재가 될 수 있을 것으로 기대된다.

Chapter 08

# 해양생물로부터의 기능성 소재개발

Marine Biotechnology

## 8.1 머리말

천연자원으로부터 의약품 등의 생리활성물질을 탐색하여 개발하고자 하는 노력은 삼백 년 이상의 역사를 가지고 있으며 지난 수십 년간 특히 활발히 이루어져 왔다. 그동안의 탐색대상은 주로 육상자원, 특히 육상식물자원에 치중되어 수행되어 왔는데 이는 인류가 오래전부터 육상식물자원을 약용으로 사용해 왔고 따라서 그 기록이 풍부하게 축적되어 있으며, 또한 손쉽게 원료자원의 대량생산이 가능하기 때문이었다. 그 동안 육상자원에 대해서는 광범위하게 연구가 수행되어 이제는 연구대상이 되지 않는 생물종이 거의 없을 정도이다.

이에 선진국에서는 그 동안 미개척 분야였던 해양 생태계에 눈을 돌려 연구투자를 해오기 시작했다. 최근에는 채집기술, 양식기술 및 분석기술의 발달과 함께 관련 분야 학문의 진보에 힘입어 이 분야 연구가 더욱 활발히 진행되고 있다. 지구 상에 존재하는 전체 생물 중에서 80%(약 500,000종) 이상이 해양환경에 서식하고 있는 것으로 알려져 있어 그 생물종의 다양성에서 해양은 무궁무진한 자원의 보고이다. 해양 천연물은 동양권에서 예로부터 한방이나 민간요법에서도 종종 사용되어온 바가 있어 그 기원이 절대 짧지는 않다.

해양은 육상과는 다른 특이한 생태계를 이루는 환경 때문에 적자생존의 경쟁 속에서 살아남기 위하여, 특히 물리적 방어 능력이 부족한 해양생물의 2차 대사산물은 육상생물의 그것과는 상이한 화학적 특성을 가지게 되는 경우가 많다. 이러한 다양한 2차 대사산물은 화학적 방어 수단의 일환으로 생성되는 것으로 알려져 있는데 이들 물질이 인체나 다른 포유동물에 투여되면 강력한 생리활성을 발현하는 경우가 많다. 이러한 이유들 때문에 해양생물로부터 새로운 생리활성 선도물질을 개발하여 인류의 건강보건에 이용하고자 하는 연구가 최근 각광 받고 있는 것이다.

초기의 해양 천연물 연구는 주로 학문적인 호기심에 의한 단순한 성분연구(phytochemical study)가 전부였으나 궁극적인 목표가 '해양으로부터 의약품 개발'로 형성되어 가면서 약물학, 생태학, 생화학, 의학 등 관련 분야와의 협동연구(multidisciplinary)에 의한 생리활성 성분연구로 추세가 옮겨가고 있다. 자연히 해양 천연물의 약리학적 연구도 초기의 테트로도톡신(tetrodotoxin), 삭시톡신(saxitoxin) 등의 독성연구에서 항암(세포독성), 항바이러스, 항염증 등을 비롯한 다양한 종류의 약리 활성에 대해 연구로 확산되었다.

아직까지는 해양 천연물의 생리활성 연구에 관련된 약리 연구팀이 다양하지 않아 항암, 항바이러스, 항염증, 항균효과 등의 몇 가지 생리활성에 주로 치중되어 검색이 이루어진 관계로 단정적으로 이야기하기는 어렵지만 현재까지의 연구보고에 의하면 해양 천연물로부터 항암(세포독성), 항바이러스 효과 등의 생리활성이 빈도 높게 발견되고 있다.

천연물에서 발견되었거나 혹은 화학적으로 합성된 생리활성 선도물질이 제품으로 개발되기까지는 수많은 관문을 통과해야 하는데 확률적으로 수만 개의 후보 물질 중에서 오직 몇 개만이 최종 개발 단계까지 진입할 수 있게 된다. 육상 천연물과는 달리 해양 천연물의 경우는 원료자원 확보의 어려움이라는 장애물이 하나 더 추가된다. 어떤 제약생산을 위해 제품개발을 검토할 때 전임상 및 임상단계에 필요한 물량뿐만 아니라, 그것이 의약품으로 개발되었을 경우 제품 생산을 위한 원료자원이 100% 확보될 수 있는지도 검토해야 한다.

이러한 원료자원의 확보 측면에서 볼 때 해양에서 유래하는 생리활성 선도물질은 크게 2가지로 분류할 수 있다. 즉, 기원생물을 배양 또는 재배할 수 있는 것과 그렇지 못한 것이다. 실제적으로는 여러 난관이 있을 수 있지만 이론적으로는 대량배양에 의해 원료물질을 다량 얻을 수 있기 때문이다.

해양 미생물의 배양에는 많은 어려움이 따르는데 예를 들면, 균주가 낮은 세포밀도(cell density)에서만 성장을 한다든지, 고염도 상태에서 배양을 해야 하므로 생산시설이 쉽게 부식된다든지, 또는 저온에서만 적정 성장을 유지하기 때문에 배양기간이 길어지고 따라서 생산기간이 길어지며 다른 미생물에 의한 오염 위험도가 높아진다든지 하는 문제들이다. 그러나 무엇보다도 근본적인 문제는 아직도 해양 미생물의 배양조건에 대한 지식이 충분히 축적되어 있지 않다는 것이다. 현재 많은 제약기업들이 해양미생물 발효의 문제점을 해결하기 위해 계속 연구를 하고 있으므로 조만간에 해결방법이 나오리라 기대된다. 실제로 미국의 마테크 바이오사이언스(Martek Bioscience)에서는 미세조류, *Crypthecodinium cohnii*를 대량배양하여 DHA(docosahexaenoic acid)를 생산하고 있다.

종래부터 주목을 받고 있던 해양생물로부터의 항균, 항염증 물질, 항암제 등 의약 소재 뿐만 아니라 이런 의약 소재의 탐색으로부터 파생된 연구시약, 화장품, 기능성 식품, 새로운 바이오 소재 등에 대한 활발한 연구가 수행되고 있어 이에 대해 살펴보고자 한다.

## 8.2 의약소재

### 8.2.1 항암물질

해양생물로부터 생리활성 물질 개발에 있어서 가장 활발한 분야 중의 하나가 항암제 개발 분야이다. 해양생물로부터 항암제 개발연구는 미국 국립 암 연구소(National Cancer Institute, NCI)에서 주도하여 산학연 협동연구에 의하여 진행되고 있다. NCI에서 다양한 해면동물에 대해 항암효과를 검색한 결과를 보면 해면류(Porifera), 멍게류(Tunicates), 경골어류(Osteichthyes), 빗해파리류(Ctenophora) 등에서 빈도 높게 항암활성이 나타나고 있다.

현재 사용되고 있는 항암효과 검색법은 동물 및 인체 암세포를 사용하여 검색하는 시험관(*in vitro*) 및 생체이용(*in vivo*) 방법이 주종이며, 그 외 좀 더 간단한 방법으로는 작용기전에 의한 검색법으로써 DNA 난할 분석법(DNA cleavage assay), 토포아이소머라아제 분석법(topoisomerase assay), 단백질 인산화효소 C 분석법(protein kinase C assay), 콜라겐 가수분해효소 분석법(collagenase assay), 혈관형성 저해제(angiopoiesis inhibitor) 검색법 등의 다양한 시험관 검색방법이 이용되고 있다.

암세포를 이용한 시험관 항암효과 검색법 중에 손쉽고 빠르며 감도가 높은 것이 KB 세포(human nasopharyngeal carcinoma)를 이용하는 방법이다. 이 방법에서는 검색 시료의 암세포에 대한 독성이 관찰되는데 통상적으로 조추출물의 경우 $ED_{50}$(50% 유효량) 값이 20μg/ml 이하, 순수물질의 경우 10μg/ml 이하이면 항암효과로서 유의성이 있는 것으로 간주한다.

동물을 사용하는 생체이용 검색방법으로는 쥐류 백혈병(P388 murine leukemia)을 이용하는 방법이 있다. P388의 검색에서는 쥐의 수명연장률(ILS, increase of life span)이 20% 이상(T/G 120%)되면 항암물질로서 유의성이 없는 것으로 간주한다. 이외에 좀 더 정밀한 항암효과 측정을 위하여 L1210(림피구성 백혈병; lymphoid leukemia), B16(흑색종; melanoma), M5076(육종; Sarcoma), MX-1(유방암; human mammary tumor) 등을 채택하기도 한다. 이러한 검색에서 T/G가 150% 이상이면 임상실험에 진입할 가치가 있는 것으로 간주한다.

미국 NCI에서는 백혈병, 폐암, 결장암, 중추 신경계암, 흑색종, 난소암, 신장암, 전립선암, 유방암 등의 60여 가지의 인체 암세포를 이용한 시험관 검색방법을 구축해 놓고 있다. 1차적으로 특정시효에 대해 60여 가지의 인체 암세포에 대한 검색을 실시하여 특정 암세포에 대한 선택적인 활성이 발견되면 이 인체 암세포를 쥐(athymic mouse)에 이식하여 동물실험을 실시하게 된다. 이 시스템을 이용하면 논리적이고 효율적으로 항암효과 검색을 실시할 수 있다. 그러나 이러한 시스템이 이상적이긴 하지만 유지비용이 엄청나기 때문에 일반연구소에서는 채택하기 힘든 방법이다.

그래서 개발된 것이 좀 더 간단한 검색방법들인데 성게알 분석법(sea urchin egg assay)이 그 중 하나이다. 갓 수정한 성게알은 신속하게 세포분열 과정을 거치게 되는데 이 세포분열 과정에서 검색 시료가 미치는 영향을 관찰함으로써 항암효과의 지표로 삼는다. 이 방법은 세포분열 억제 물질을 추적하는 데 유용할 뿐 아니라 항암 후보 물질의 작용기전을 연구하는 데에도 유용하게 사용할 수 있다. 또한 결과를 신속하게 볼 수 있고 특별한 장비나 기술이 필요 없다는 장점이 있다. 이 방법을 이용한 예비 검색에서 일차적으로 선별한 물질에 대하여 추후 생체 이용 검색을 실시하면 많은 시간과 노력을 절약할 수 있을 것이다.

성게알 분석법(sea urchin egg assay) 외에 식물혹 감자 디스크 분석법(crown-gall potato disc assay)과 아르테미아 살리나 생물검정법(brine shrimp bioassay)을 항암효과 검색에 사용하고 있다. 식물혹(Crown-gall)은 식물 박테리아, *Agrobacterium tumefaciens*에 의해 식물에 발생하는 일종의 종양이다. 감자의 절편에 식물 박테리아(*A. tumefaciens*)와 검색시료를 같이 접종하여 식물혹의 발생 유무 및 정도를 관찰하여 항암효과의 지표로 삼을 수 있다. *A. tumefaciens*에 대한 항균효과와 종양유도 억제 효과를 구별할 수 없는 문제점이 있지만 실험 결과 생체 이용 P388검색과의 상관성이 상당히 높은 것으로 확인되어 역시 실험실에서 손쉽게 이용할 수 있는 방법이다.

아르테미아 살리나 분석법(Brine shrimp assay)은 간단한 독성실험이다. 아르테미아 살리나(Brine shrimp, *Artemia salina*)의 알을 부화시켜 그 유충에 대한 검색시료의 독성을 관찰함으로써 세포독성의 지표로 삼는다. 이 방법이 항암효과 검색에 특이(specific)하다고 보기는 힘들지만 활성 물질 추적 시에 신속 간편한 방법으로 이용할 수 있다.

### 8.2.2 항바이러스 · 항균물질

바이러스성 질환은 일반적으로 백신에 의해 예방할 수 있는 경우가 많은데 후천성 면역 결핍증(AIDS)을 비롯한 몇몇 바이러스성 질환은 백신에 의한 퇴치가 쉽지 않다고 한다. 현재 바이러스성 질환 치료제의 필요성은 점점 증대되고 있으나 항바이러스제로 개발된 것은 그리 많지 않으며 그나마도 주로 뉴클레오시드(nucleoside)류에 한정되고 있다.

지중해의 해면동물인 *Dysidea* sp.로부터 분리된 세스퀴이터르펜 히드로퀴논(sesquiterpene hydro quinone)은 상당한 항바이러스 효과가 있으며 아바론(avarone)과 아바롤(avarol)은 사람의 면역 결핍바이러스-1 역전사효소(HIV-1 reverse transcriptase)를 저해하는 기능이 있어 AIDS 치료에 응용될 가능성이 있다(그림 8.1).

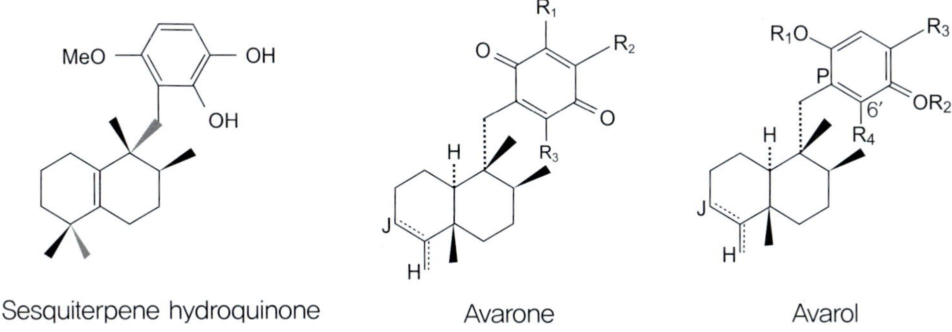


**그림 8.1** 지중해의 해면동물인 *Dysidea* sp.로부터 분리된 물질.

한편 지중해산 해양 동물류인 *Eunicella cavolini*로부터 분리된 뉴클레오시드 9-β-D-아라미노실 아데닌(Ara A)은 DNA를 가지고 있는 바이러스에 대해 강한 항균활성을 나타내어 항바이러스 약으로써 이용되고 있다. 또한 군체 멍게류인 *Eudistoma olivaceum*에서 분리된 오이디스토민(eudistomin)은 단순성 포진 바이러스(HSV-1)에 대한 항바이러스 효과뿐만 아니라 항균효과도 나타내는 것으로 밝혀졌다(**그림 8.2**).

카리브 해의 해면동물인 *Ptilocaulis spiculifer*와 홍해의 해면동물인 *Hemimycale* sp.로부터 분리한 프틸로미카린(ptilomycalin) A는 단순포진 바이러스(Hepres Simplex Virus, HSV)에 대해 생육저지 효과뿐만 아니라 항암, 항진균 효과도 있다(**그림 8.3**).

멍게류인 *Lissoclinum patella*에서 분리된 파텔라졸라 B(patellazole B) (**그림 8.4**)는

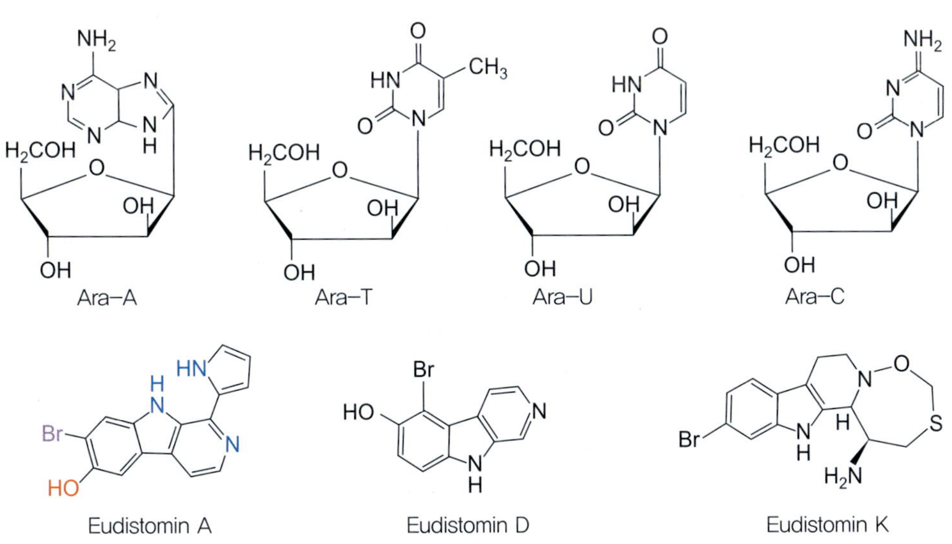


**그림 8.2** 해양동물로부터 분리된 물질.

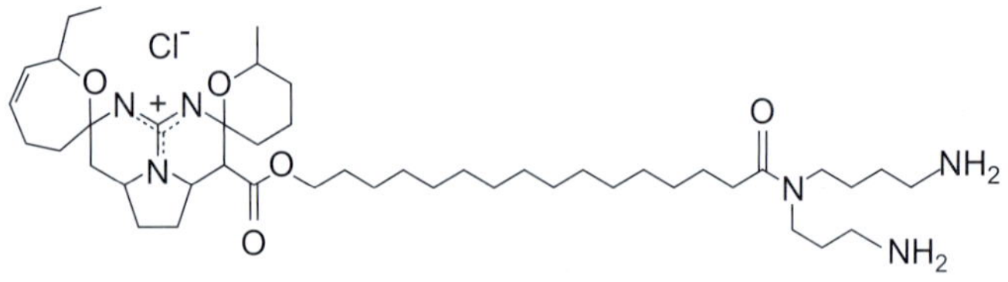

Ptilomycalin A

**그림 8.3** 해면동물 *Ptilocaulis spiculifer, Hemimycale* sp.로부터 분리된 물질.

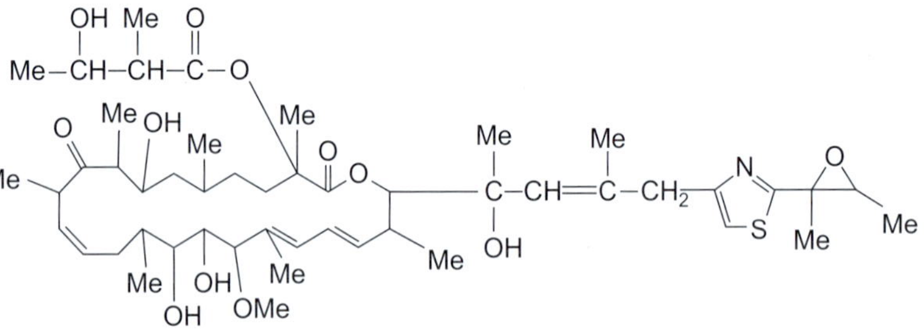

Patellazole B

**그림 8.4** 멍게류인 *Lissoclinum patella*로부터 분리된 물질.

HSV에 대해 강력한 항바이러스 효과를 나타내었으며, 남조류인 *Lyngbya lagerheimii* 와 *Phornidium tenue*에서 분리된 당지질은 HIV-1에 대해 생육저지 효과가 보고되었다.

갈조류인 다시마(*Laminaria japonica*)의 대사산물인 푸코이딘(fucoidin)을 비롯한 해조류의 황산다당류(sulfated polysaccharide)는 단순 포진 바이러스(herpes simplex virus, HSV), 사람 면역결핍 바이러스(human immunodeficiency virus, HIV)를 비롯한 여러 바이러스를 저해하는 것으로 알려졌다.

특히, HIV에 감염된 세포는 세포막의 융합이 일어나면서 합포체(syncytium)를 형성하여 다핵성의 거대세포가 형성되는데, 최근에 저자의 연구실에서 갈조류 감태(*Ecklonia cava*)로부터 분리된 6,6-비에콜(6,6′-bieckol)이 HIV 감염 세포 내의 합포체 형성을 현저히 억제시키는 것을 밝혀냄에 따라 후천성 면역결핍 질환의 치료에 응용될 것으로 보인다(**그림 8.5**).

지중해 살지나아 섬 하수 처리장의 배출구 부근에서 발견된 해양 미생물로부터 수종의 항생물질이 분리되었다. 그 중 강력한 항균력을 나타내며 페니실린 내성균에 유효한 세팔로스포린 C(cephalosporin C)의 발견을 계기로 여러 종류의 합성 세팔로스포린류가 개발되어 오늘날 세균 감염 질환의 치료제로써 널리 사용되고 있다(**그림 8.6**).

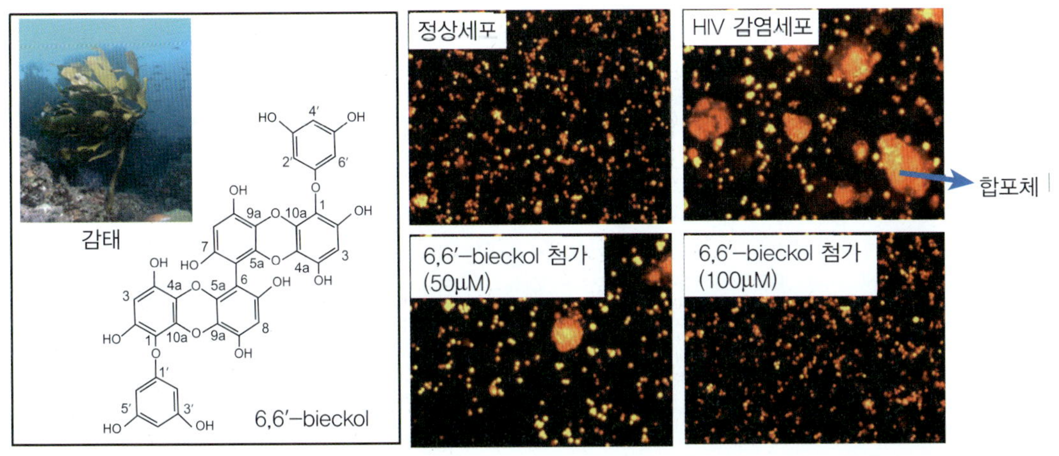


**그림 8.5** 감태로부터 분리된 6,6′-비에콜의 HIV감염 세포 내 합포체 형성 저해효과.

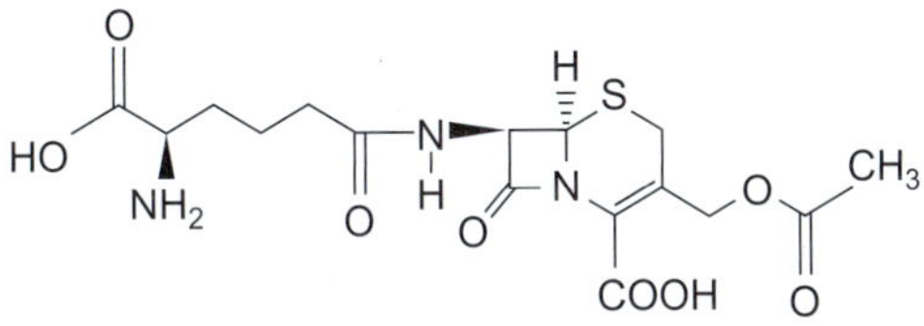

Cephalosporin C

**그림 8.6** 해양 미생물로부터 분리된 cephalosporin C.

또한 식용 해삼인 *Stichopus japonicus*의 사포닌 혼합물이 무좀균에 대해 현저한 발육저지작용을 나타내는 것으로 알려져 그 주성분인 홀로톡신 A(holotoxin A)는 무좀약으로 사용되고 있다(**그림 8.7**).

최근 해양 미생물(*Alteromonas* sp.)로부터 분리된 유사 몬산(pseudomonic acid) 유도체가 미생물(*Staphylococcus aureus*)에 대해 강한 항균작용을 나타내며, 심해 퇴적물에서 얻은 미지의 그램 양성균인 해양 미생물로부터 새로운 카프로락탐(caprolactam)이 분리되었는데 이것은 100μg/m*l* 농도에서 단순성 포진 타입II(HSV-II)에 대한 항바이러스 활성을 나타내었다(**그림 8.8**). 또한 해면(*Hymeniacidon* sp.)으로부터 새로운 환상 헵타펩타이드(heptapeptide)가 분리되었으며, 이것은 진균인 *Cryptococcus neoformans*에 대해 강한 항균작용을 나타내는 것으로 밝혀졌다.

### 8.2.3 약리활성물질

해인초로 잘 알려진 홍조류인 *Digenea simplex*는 구충약으로 전승되어 왔다. 그 유효

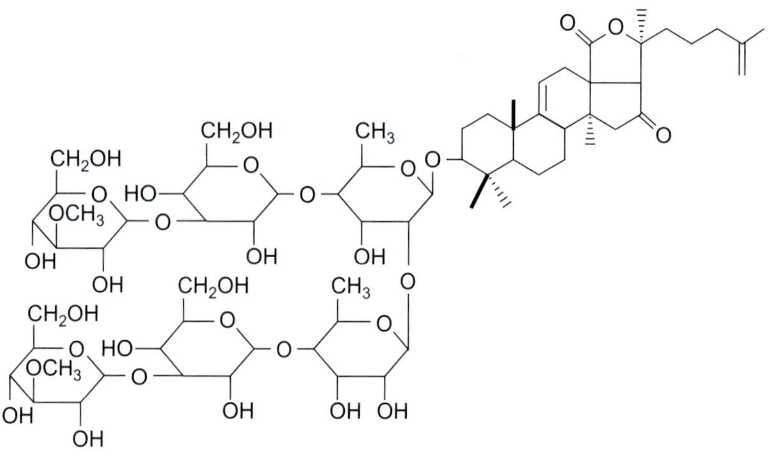

Holotxin A

그림 8.7 해삼 *Stichopus japonicus*로부터 분리된 holotoxin A.

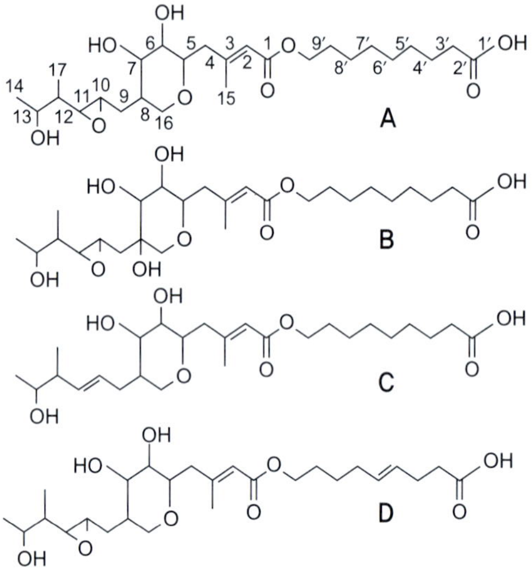

Pseudomonic acid A–D

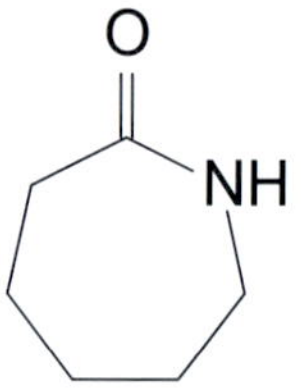

Caprolactam

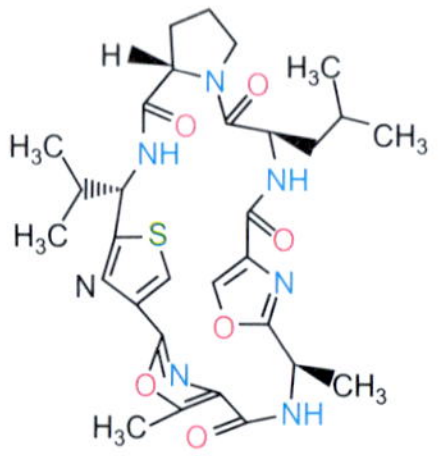

Leucamide A : heptapeptide

그림 8.8 해양 미생물로부터 분리된 물질.

성분은 아미노산의 일종인 카인산(L-α-kainic acid)이며, 체내 기생충(회충, 편충, 조충)의 탈수소효소(dehydrogenase) 활성 억제에 의한 조직의 호흡을 차단함으로써 기생충을 마비시키는 구충제로서 산토닌과 병용하여 사용되었다(그림 8.9).

육식을 선호하는 서구인에 비해 어패류를 많이 섭취하는 에스키모인은 고혈압이나 심장병 등의 성인병 이환율(morbidity rate)이 매우 낮은 것으로 알려져 있다. 이러한 사실은 어유(fish oil)에 함유되어 있는 불포화 지방산의 일종인 EPA(eicosapentaenoic acid) 및 DHA(docosahexaenoic acid)의 작용에 의한 것으로 밝혀졌다. EPA는 혈소판 응집 억제작용, 중성지방이나 콜레스테롤을 감소시키는 효과 등이 있는 것으로 밝혀져 1990년 일본에서는 "폐쇄성 동맥경화증"의 치료제로 시판되고 있다.

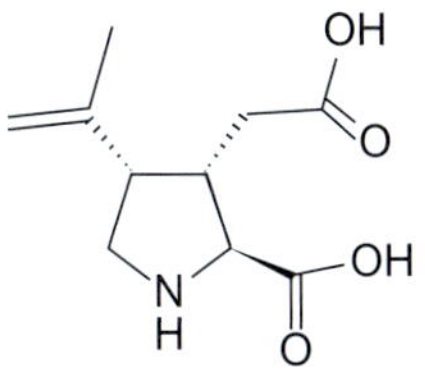

L-α-kainic acid

**그림 8.9** 홍조류 *Digenea simplex*로부터 분리된 L-α-kainic acid

DHA 역시 상당히 다양한 약리작용이 기대되는 식품영양소의 하나이다. 지금까지 DHA의 약리 작용에 관한 연구성과로 노인성 치매증의 개선효과, 칼슘 기능의 향상, 항암작용, 항알레르기 작용, 지질저하 작용 등이 밝혀졌다. 이와 같이 EPA와 DHA는 어류에 많이 들어 있는 식품 영양소이기 때문에 경우에 따라서는 의약품에 버금가는 약리활성을 기대할 수 있다(**그림 8.10**).

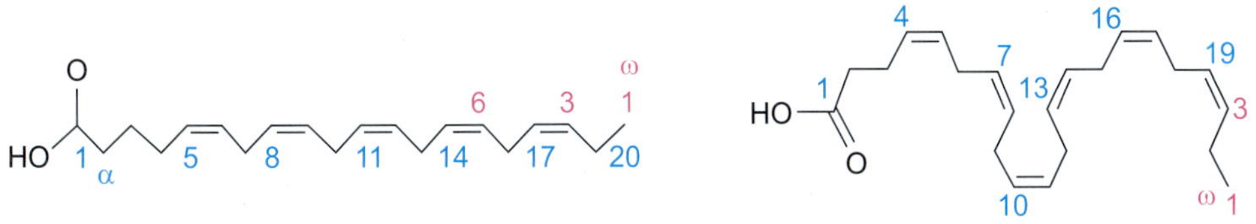

EPA

DHA

**그림 8.10** EPA(eicosapentaenoic acid) 및 DHA(docosahexaenoic acid)의 구조.

바다낚시의 먹이로 이용되는 환형동물인 갯지렁이의 사체(carcass)에 파리들이 앉으면 죽는 사실에 근거하여 독의 본체인 네라이스톡신(nereistoxin)이 분리되었다(**그림 8.11**). 이것은 파리 이외에 다수의 유해충류에 살충작용을 나타내었을 뿐만 아니라 포유동물에 대한 급속독성이 비교적 낮아 많은 종류의 관련 화합물이 합성되었으며 그중에서 온혈동물에 무독하며 생체 내에서나 자연상태에서 분해되고 특히 유기인제(organophosphorus pesticides)나 염소제(chlorinated pesticides)에 저항성을 가진 곤충에 유효한 카르탭(cartap, 상품명 Padan)이 개발되어 농업용 살충제로 널리 이용되고 있다.

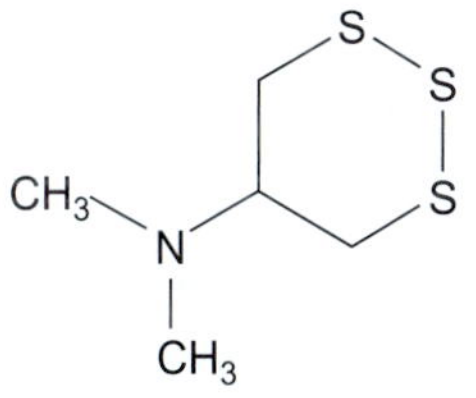

Nereistoxin

**그림 8.11** 환형동물인 갯지렁이로부터 분리된 네라이스톡신.

## 8.2.4 항염증물질

해양 천연물 중에서 강력한 항염증이나 진통작용을 나타내는 물질들이 염증반응에서의 아라키 돈산(arachidonic acid) 대사 및 칼슘이온($Ca^{2+}$) 이동에 대한 연구에 많은 공헌을 한 바 있다. 염증반응은 궁극적으로 세포 내외 칼슘이온의 방출과 이동에 의해 일어나게 된다. 칼슘이온의 이동기작은 작용물질(agonist)이 수용체에 결합하면서 시작된다. 수용체는 구아닌-뉴클레오티드-결합 단백질(G-protein)을 매개로 하여 신호를 전달하여 인산지방질 가수분해효소(예, $PLA_2$, PLC)를 활성화시킨다. 지방질 가수분해효소는 세포막의 인지질을 가수분해하여 2차 신호전달물질[예, 이노시톨 삼인산(inositol triphosphate, $IP_3$) 및 아라키돈산(arachidonic acid)]을 생성한다(그림 8.12). 이노시톨 삼인산이 조면소포체(rough endoplasmic reticulum)에 있는 수용체와 결합하게 되면 세포 내 칼슘이온이 유리된다. 세포 외의 칼슘이온방출은 아라키돈산의 유리에 의해 좌우되는 것으로 밝혀졌다.

아라키돈산은 사이클로옥시지네이스 경로(cyclooxygenase pathway)를 거쳐 프로스타글란딘(prostaglandins), 프로스타사이클린(prostacyclin) 또는 트롬복세인(thromboxane)으로 대사된다. 또 다른 경로로는 지방질산화효소 경로(lipoxygenase pathway)를 통하여 테트라에노인산(tetraenoic acid), 류코트리엔(leukotriene), 리폭신(lipoxin) 등으로 대사된다. 이들 아라키돈산 대사물질들이 칼슘 채널에 있는 수용체에 결합하게 되면 세포 외 칼슘이온의 이동이 일어난다. 현재까지 염증반응에 작용하는 것으로 알려진 많은 약물들이 인지질 대사나 칼슘이온 이동을 조절함으로써 항염증 효과를 나타낸다. 그러므로 인산지방질 가수분해효소나 칼슘이온 이동을 저해하는 물질을 탐색하여 찾아내면 소염진통제 개발에 이용할 수 있다.

해양천연물 중에서 강력한 항염증과 진통작용을 나타내는 물질이 발견되고 있다. 해면동물인 *Luffariella variabilis*로부터 분리된 세스터테르페노이드 마노알리드(sesterterpenoid manoalide)는 강력한 항염증 효과를 가진 것으로 밝혀져 임상검사도 이루어지고 있다. 카리브해의 *gorgonian Ps eudopterogorgia bipinata*와 *P. elisabethae*로부터 분리된 디테르펜 리비시드(diterpene ribiside)인 슈도테로신(pseudoterosine)류는 강력한 항염증, 진통 효과를 나타내며 가역적으로 지방질산화효소(lipoxygenase)와 인산지방질가수분해효소 $A_2$(phospholipase $A_2$)를 저해함으로써 에이코사노이드

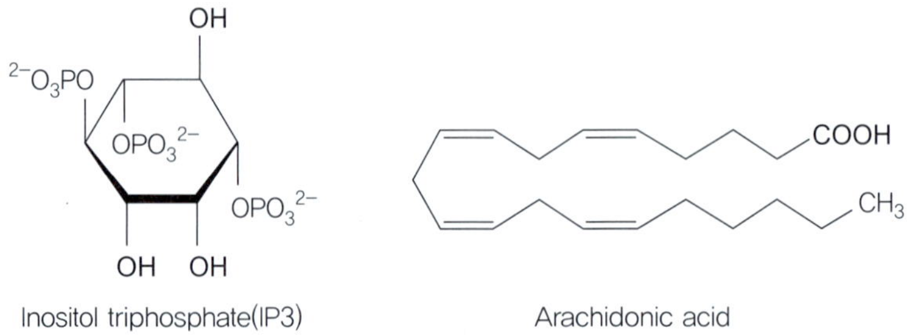

그림 8.12 이노시톨 삼인산(Inositol triphosphate, $IP_3$) 및 아라키돈산(Arachidonic acid) 구조.

(eicosanoid)의 생합성을 저해한다(그림 8.13).

이외에 해양생물로부터 발견된 항염증 물질로서는 그라실린 A(gracilin A), 노르리솔리드(norrisolide), 텐드릴롤리드 A(dendrillolide A) 및 아플리로세올스(aplyroseols) 등이 있다(그림 8.14).

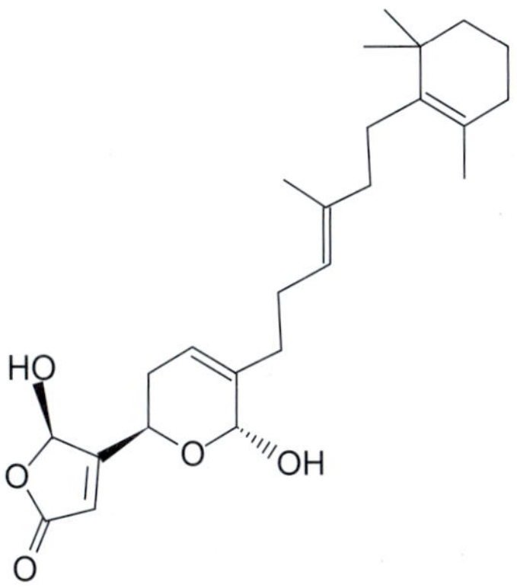

Sesterterpenoid manoalide

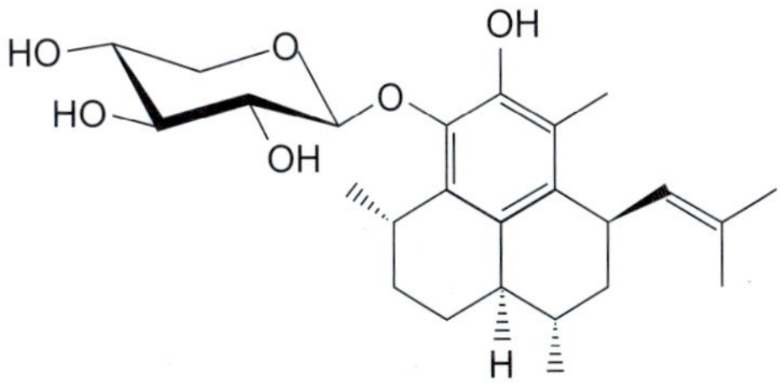

Pseudopterosin A

**그림 8.13** 해면동물로부터 분리된 물질.

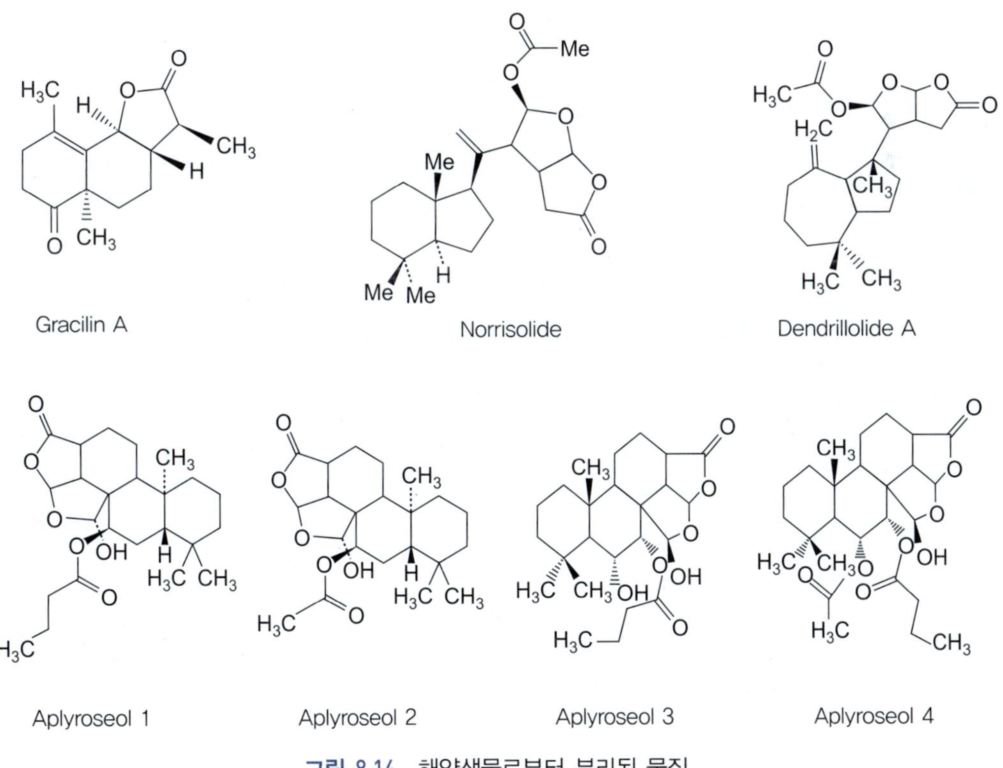


**그림 8.14** 해양생물로부터 분리된 물질.

### 8.2.5 연구용 시약

예부터 동·식물의 독은 신경생리학 분야에서 연구용 시약으로써 광범위하게 사용되어 왔다. 1960년대 중반 복어 독이 세포막에 존재하는 나트륨 이온을 선택적으로 통과시키는 단백질로 된 막을 특이하게 저해시켜 나트륨 이온의 세포 내 유입을 억제한다는 것이 밝혀지면서 신경 전달기능 등 여러 가지 연구에 사용되어왔다. 그 결과 신경 생리학 분야의 지식에 많은 발전을 가져왔다.

이러한 특이적인 시약의 발견은 학문의 발전에 크게 기여했고, 특히 근래 생명과학 분야의 연구가 분자수준까지 진행됨에 따라 연구용 시약으로서의 중요성은 한층 높아졌다. 특히 특정 수용체가 관여하는 생명현상에 관한 지식이 많이 축적되어, 자연히 이러한 특이적인 시약의 수요도 급증하게 되었다.

대표적인 예로, 단백질 탈인산화효소 1 및 2A형의 특이적인 저해제인 오가다산(okadaic acid)과 칼리큘린 A(calyculin A)의 발견을 들 수 있다. 이 화합물은 해면으로부터 세포 독으로 처음 분리되었고 그 작용기작이 효소 저해에 의한 것으로 밝혀져, 단백질의 인산화와 탈인산화에 관여하는 생화학 현상의 해석에 널리 이용되고 있다. 그 결과 세포 내 정보전달, 근수축, 암화 등에 관한 지식이 대단히 발전되었다. 또한 수년 전에 연구용 시약인 카이닌산(Kainic acid)이 세계적으로 부족하여 캐나다의 영국 기업체들이 그 생산증가에 집중한 사실이 화제가 되어 연구용 시약의 산업적 중요성이 대두되었다.

## 8.3 바이오 소재

### 8.3.1 수중접착제(치과와 외과수술에서 활용기대)

최근에는 자동차의 부품도 볼트 대신 접착제로 조립하기도 하고 섬유제품에서도 봉제 대신 접착제가 사용되기도 한다. 특히 신발산업에서 접착제는 매우 중요한 위치를 차지하고 있다. 최근 접착제의 용도가 날로 증가함에 따라 다종다양한 접착제가 개발되어 시판되고 있다. 그러나 다양하게 발달하고 있는 접착제가 아직 충분히 사용되지 않고 있는 환경이 있다. 그것이 바로 수중(水中)이다.

물은 접착제와 접착되는 물질 사이에 끼어들어 접착제 자체를 약하게 하거나 분해시키는 등 여러 가지 방법으로 접착을 방해하기 때문에 '물과 접착제는 대립한다'라는 말이 있을 정도이다. 한번 굳어버리면 물속에서도 충분한 강도를 유지할 수 있는 접착제는 개발되어 있지만 처음부터 물속이나 습윤환경 하에서 충분한 강도로 접착할 수 있는 접착제는 아직 없다. 그러나 물속이나 습윤환경 하에서 접착이 요구되는 경우는 적지 않다. 예로서 수중건조물의 건설은 물론이고 치아의 치료나 외과수술 등에도 습윤환경에서 사용할 수 있는 접착제의 개발이 시급하다.

### 가. 부착생물의 수중접착

바다에는 패류나 멍게류 같은 여러 가지 부착생물이 있다. 이들은 물속의 바위, 선박 밑, 어망, 발전소 등의 인공 구조물에 강력하게 부착하여 배의 속도를 떨어뜨린다든지 그물코나 취수관을 막아 경제적인 손실을 초래하여 '오손(fouling)생물'이라는 오명을 갖고 있다. 부착생물의 접착력은 상당히 강하여 한 번 붙은 부착생물을 제거하기는 쉽지 않다. 만약 접착력이 약하다면 밀어닥치는 파도에 쉽게 밀려 나가 생명을 유지할 수 없게 되는 자연의 오묘한 이치다.

부착생물은 인간이 만들어 낼 수 없는 '강력한 수중접착'을 실현하고 있는 것이다. 이들 접착물질은 단백질로 밝혀졌으며, 이 단백질의 유전자를 찾아내어 유전공학적으로 수중접착제를 대량 생산하려는 연구가 활발히 이루어지고 있다.

부착생물 중 가장 대표적인 것으로 진주담치를 들 수 있다. 진주담치는 굴과 같이 껍데기를 바위와 같은 표면에 부착시킬 뿐만 아니라 '족사(byssus)'라는 실을 수 가닥에서 때로는 100가닥 이상이나 분비시켜 몸을 고정시키고 있다. 족사는 실 부분과 빨판과 같은 형태의 '면반(Velum)'으로 이루어져 있으며, 이 면반에 바위, 금속, 콘크리트, 플라스틱 등에 접착하는 역할을 하고 있다(그림 8.15).

그 접착 강도는 너무 강력하여 그것을 떼어내려면 실 부분을 잘라내어야지 면반을 그대로 떼어 낼 수는 없다. 족사는 '족(foot)'이라는 기관에서 합성된다. 족의 뒷측에 족사의 조형이 되는 틈이 있어 여기서 필요한 성분을 분비시켜 족사를 만든다. 진주담치를 떼어내어 해수를 채운 수조 속에 넣어두면 족을 신축시키면서 족사가 한 가닥 한 가닥 뻗어 나오는 모습을 쉽게 관찰할 수 있다.

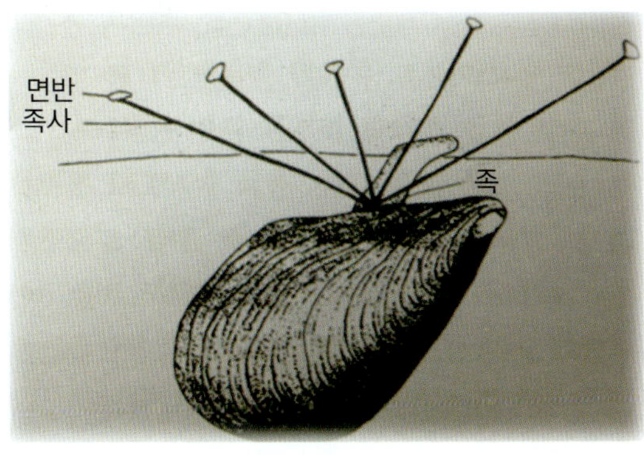


**그림 8.15** 진주담치가 접착한 것을 나타낸 그림(이해하기 쉽도록 족사를 크게 그렸다).

## 나. 족사가 만드는 3개의 단백질

족사의 주요 구성성분은 단백질이다. 이것은 비교적 일찍부터 알려져 왔지만 그에 대한 상세한 연구를 하는 데는 쉽지 않았다. 왜냐하면 성분을 연구하기 위해서는 족사를 용해시켜 그 성분을 여러 가지 방법으로 정제할 필요가 있지만, 일단 완성된 족사는 물은 물론, 효소나 용제 등으로 처리해도 거의 녹지 않기 때문에 간단한 방법으로 정제하기가 어렵다. 1980년경 미국에서는 족사의 분비조직에서 족사의 주요 성분 하나를 추출하는 데 성공하였다.

족에서 분비되는 족사 성분만은 아직 굳어지지 않았기 때문에 용출해 낼 수 있었다. 이 성분은 분자량 약 13만 달톤인 단백질이였으며 그 대부분이 데카펩티드(decapeptide)라는 10개의 아미노산으로 된 단위(그림 8.16)와 그 중앙의 4개 아미노산이 제거된 헥사펩티드(hexapeptide)라 부르는 단위가 몇 십 회나 반복된 구조인 것으로 밝혀졌다. 데카펩티드에는 하이드록시프롤린(hydroxyproline), 디하이드록시프롤린, 3,4-디하이드록시페닐 알라닌(3,4-dihydroxyphenylalanine, DOPA) 등 일반적으로 단백질에는 거의 함유되어 있지 않은 희귀한 아미노산이 함유된 흥미있는 구조이다. 하이드록시프롤린과 디하이드록시프롤린은 프롤린에 수산기(-OH)가 한 개 또는 2개씩 각각 첨가되어 있는 아미노산이며, 하이드록시프롤린은 주로 콜라겐에 함유된 것으로 알려져 있지만 디하이드록시프롤린은 단백질 성분으로서는 처음으로 발견된 것이다.

DOPA는 티로신에 수산기가 한 개 더 첨가된 것이며, 거미줄이나 곤충 알의 껍질에 있는 단백질에 존재하고 있는 것으로 알려져 있다. 또한 세린(serine)과 트레오닌(threonine)도 측쇄에 수산기를 갖고 있기 때문에 이들 단백질은 상당히 많은 수산기를 갖고 있다. 이 단백질은 나중에 제2, 제3의 족사 성분의 발견으로 이어진다. 처음으로 발견된 단백질은 '족사 제1단백질'이라 불려지고 있다. 제1단백질은 족사의 실부분이나 면반부분에도 존재하여 족사 전체의 외측을 싸고 있다고 생각된다.

이와 같이 제1단백질에 대하여 그 아미노산 배열이 밝혀졌지만 그 불용화 기작은

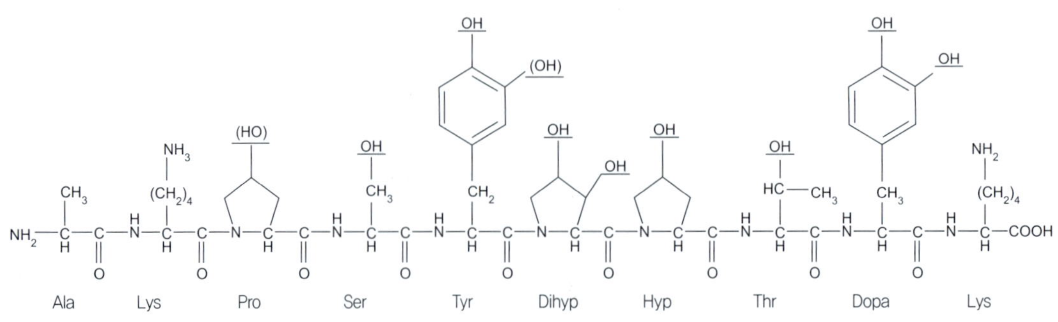


그림 8.16 족사 단백질의 구성펩티드인 데카펩티드의 구조.

아직 완전히 밝혀져 있지 않다. 지금까지 그 불용화의 원인은 DOPA에 의한 가교반응이 어느 정도 관여하고 있는 것으로 추측되고 있다. 즉 족의 세포에서 합성된 제1단백질 전구체는 티로신이 먼저 카테콜 산화효소(catechol oxidase, tyrosinase)의 작용으로 수산화되어 DOPA로 되고, DOPA는 다시 도파퀴논으로 되어 리진(lysine)과의 사이에 퀴논가교라 불려지는 다리를 만들어 분자 내 또는 분자 간에 결합함으로써 불용화하기 때문이 아닌가 추측된다.

한편 1990년대에 들어와서 면반 부분에서 분자량 약 7만 달톤의 '제2단백질'이 발견되었다. 이 제2단백질에는 제1단백질과 마찬가지로 DOPA는 함유되어 있지만 하이드록시프롤린과 디하이드록시프롤린은 함유되어 있지 않은 점이 제1단백질과는 다르다. 또 제1단백질에는 함유되어 있지 않은 시스테인이 풍부하게 함유되어 있는 점도 특징이라 할 수 있다. 일본의 이노우에 등은 제2단백질이 상피성 세포성장인자(epidermal growth factor, EGF)라 부르는 세포증식 인자와 아주 유사한 배열이 11회 반복된 구조로 되어 있다는 사실을 밝혔다.

EGF 같은 구조는 세포 간의 전달(communication)을 통합하는 세포외 세포 간질(matrix) 단백질 등에도 함유되어 있는 것으로 알려져 있지만 족사와 같은 생체 외의 조직성분에서 발견된 것은 이 족사 제2단백질이 최초였다. 이 제2단백질은 면반의 기본구조를 만들고 있는 단백질이라고 생각되지만 분자의 끝에 제1단백질과 공통의 배열을 갖고 있어 유사한 기작으로 불용화하고 있을 가능성이 높다. 또 제1단백질과도 결합하여 합쳐질지도 모른다.

더구나 최근 분자량이 약 6,000달톤 정도의 제3단백질도 발견되었다. 이 단백질도 역시 아미노산 배열 중에 도파를 함유하고 있지만, 이외에 하이드록시아르기닌(아르기닌에 수산기가 첨가된 아미노산)이라는 희귀한 아미노산이 배열 중에 풍부하게 함유되어 있다. 또 이 제3의 단백질에는 다수의 아주 유사한 단백질이 존재하여 단백질과(protein family)를 형성하고 있는 것이 시사되고 있다. 이 단백질은 역시 면반에 존재하여 접착에 중요한 역할을 하고 있다고 생각되지만 상세한 것에 대해서는 아직 밝혀져 있지 않다.

### 다. 유전자 공학으로 만드는 접착단백질

단백질의 성질과 입체구조를 밝히는 데는 무엇보다도 단백질 그 자체를 정제하여 조사할 필요가 있지만 굳어서 녹지 않게 된 접착 단백질의 경우는 정제와 분석에 상당히 많은 시간이 걸리는 일이다. 그렇지만 최근에는 유전자 해석 기술이 발달하였기 때문에 단백질의 배열을 일부라도 알면 유전자 클로닝을 하여 신속히 전체배열을 해명할 수 있게 되었다. 실제로 진주담치의 제1단백질의 전체 배열을 해명하는 데 요하는 시간은 약 반년이며, 제2, 제3단백질에 대해서는 각각 2~3개월에 걸쳐서 유전자를 분리하여 배열을 결정할 수 있다. 유전자클로닝은 이미 단백질을 연구하기 위한 필수 기술이 되고 있다. 유전자 클로닝의 이점은 단지 배열결정이 효율적으로 될 수 있는 것만은 아니다. 클로닝한 유전자는 미생물과 배양세포에 넣어져 단백질을 만들 수 있기 때문이다.

미국의 제네틱 회사 연구그룹은 효모에 제1단백질 유전자의 일부를 도입하여 발현시켰다. 만들어진 재조합 단백질은 그대로는 접착단백질을 얻을 수 없지만(앞에서 기술하였듯이 티로신으로부터 수산기의 첨가반응에 의한 도파형성을 일으킬 수 없기 때문), 이들은 양송이와 세균(박테리아)에서 분리 · 정제한 카테콜 산화효소를 재조합 단백질에 작용시킴으로써 접착활성이 얻어졌다고 보고한 바 있다. 얻어진 접착제가 천연의 제1단백질과 같은 형태로 되어 있는지는 밝혀지지 않았지만 적어도 접착력이 있는 단백질을 재조합으로 생산할 수 있어 접착단백질 대량 생산의 가능성이 나타났기 때문이다.

앞으로 족에 있어서 족사가 합성될 때에 일어나는 모든 반응과 그들 반응을 촉매하는 효소를 밝힐 수 있으면 천연형과 똑같은 접착단백질을 생산할 수 있게 될 것이다. 더구나 접착단백질 유전자의 배열을 재조합 DNA의 수법으로 개량하여 보다 강력한 접착 단백질을 만드는 것도 꿈만은 아닐 것이다.

포항공대 차용준 교수 연구팀은 진주담치 유래 생체접착소재의 실용화를 위해 분자생명공학적 생산 기술을 활용하여 진주담치에서 유래하는 접착단백질의 유전자를 분리하고 이를 이용한 새로운 형태의 하이브리드 생체접착소재 개발을 시도하여 수중접착제로써 활용할 수 있는 결과를 얻은 바 있다.

그림 8.17에서 보듯이 진주담치 접착단백질의 유전공학적인 생산을 위해서는 먼저 유전자 클로닝(cloning)을 통하여 진주담치 접착단백질을 발현(expression)할 수 있는 재조합 미생물을 제작하여야 한다. 이를 위하여 먼저 진주담치의 발(foot)로부터 진주담치 접착단백질을 코딩(coding)하는 유전자(gene)를 찾아내어 PCR(polymerase chain reaction)을 통하여 유전자를 증폭한 후 이를 DNA의 특정부위를 인식하여 절단할 수 있는 제한효소(restriction endonuclease)로 절단하여 유전자 운반체인 플라스미드(plasmid)에 넣어 재조합 플라스미드를 만든다. 만들어진 재조합 플라스미드는 생산균주인 대장균에 형질전환(transformation)하여 재조합 미생물을 제작한다. 제작된 재조합 미생물로부터 진주담치 접착단백질을 생산하기 위하여 산소, 양분 등이 공급되는 발효기(fermentor)에서 배양하면서 단백질의 발현을 유도(induction)한다. 진주담치 접착단백질이 세포질(cytoplasm)에 발현된 재조합 미생물을 파쇄(disruption)하여 단백질을 분리정제하고 최종적으로 동결건조(freeze drying)함으로써 진주담치 접착단백질 파우더를 얻는다. 실제적인 생산을 위해서는 규모가 큰 발효기를 순차적으로 사용하여 대규모 배양을 수행함으로써 재조합 진주담치 접착단백질을 대량 생산할 수 있다.

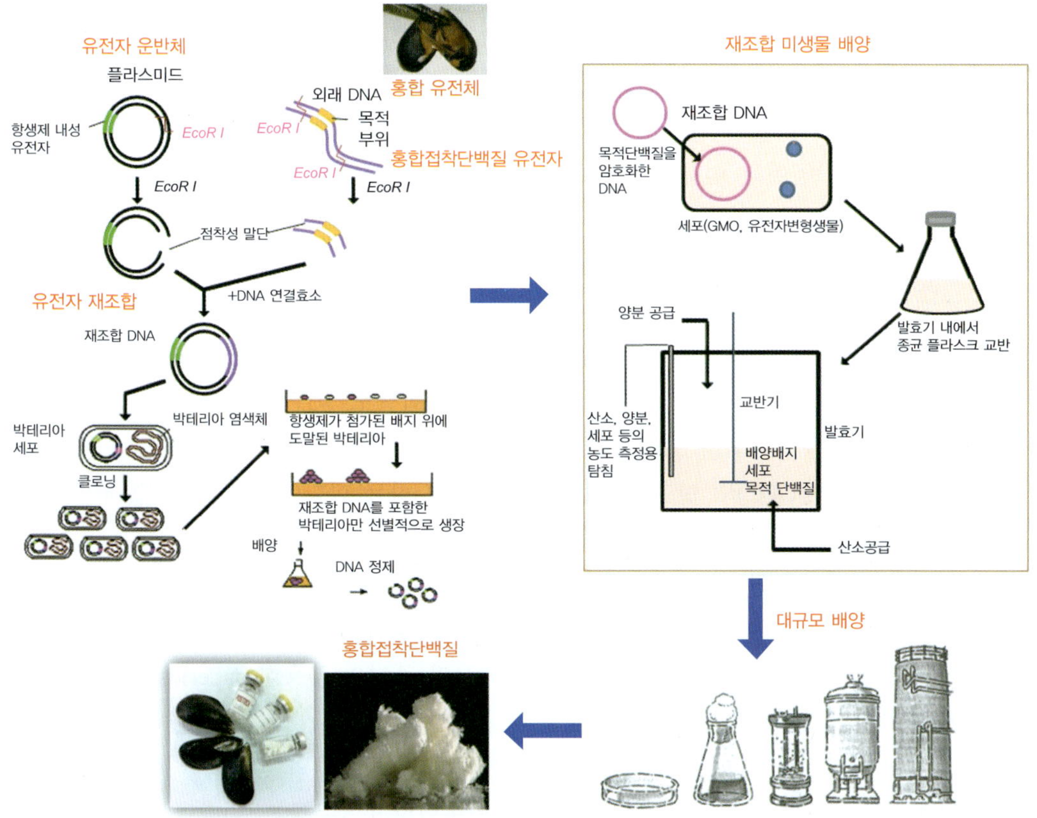


**그림 8.17** 진주담치(홍합) 접착단백질 생산공정.

한편, 미생물에 의한 재조합 기술로 생산하는 방법 외에 배양세포를 사용한 단백질 생산이 고려되고 있다. 미생물을 사용한 재조합 생산과 마찬가지로 족사단백질 유전자를 세포에 도입하여 발현시키는 것도 가능하다. 원래 족사단백질을 생산하고 있는 진주담치의 족 세포를 배양하여 천연형의 족사단백질을 만들어 낼 수도 있다.

앞으로 수중에서 접착할 수 있는 접착제가 만들어져 실용화된다면 수중에서의 건축뿐만 아니라 치과 및 외과 의료현장에서의 활용도 기대해 볼수 있을 것이다.

### 8.3.2 해조류를 이용한 기능성 종이의 제조

종이와 판지의 주된 기능은 문자나 정보의 기록과 보존, 물건의 포장과 보호 그리고 액체를 씻거나 닦은 다음 버리는 기능을 갖고 있었으나 최근 이 세 가지 목적 이외에도 특수기능이 부가된 종이의 수요가 급증하고 있다. 이와 같은 수요의 다양화, 기능화에 대응하기 위하여 지금까지 주원료로 사용하였던 천연 섬유뿐만 아니라 합성섬유,

금속섬유, 무기섬유 등으로 원료가 확대되고 있다. 특히 가공에 의하여 특수기능을 갖는 종이가 전기전자산업, 생물공학산업 등 첨단기술분야에서도 신소재로서 주목을 받고 있다.

지금까지 대부분의 종이나 펄프재료는 육상식물(나무)로부터 기계적 혹은 화학적으로 처리하여 얻어진 섬유였다. 이렇게 육상식물은 인류의 환경을 지탱시켜 우리 생활에 많은 도움을 주었으나, 현재는 우리가 쓰는 각종 용지 및 연료로 말미암아 지구환경이 심각한 위기에 처해있는 실정이다. 21세기에 있어서 우리가 해결해야 할 가장 큰 과제 중의 하나는 바로 인류의 생존과 직결된 지구환경 문제일 것이다.

그 동안 인류의 활동은 지구 물질순환 과정의 부하(load)가 질적·양적으로 초월할 정도로 팽창하였다. 이로 인해 대기권에서 이산화탄소, 메탄, 일산화탄소 등이 증가하여 지구의 '온실효과'를 초래하였고 성층권의 오존층을 파괴하는 염화불화탄소(chloro fluoro carbon, CFC)의 방출, 산성비를 가져오게 하는 화학연료의 연소, 열대림의 감소로 발생하는 지구의 사막화를 가중시켜 왔다.

그러므로 인류의 지속적인 발전을 위해서는 무엇보다도 지구환경의 보존이 시급한 문제이며 그 대책의 하나로서 지구의 70%를 차지하는 해양의 정화작용에 대한 활용이 대두하고 있다. 더구나 최근 정보분야에서의 종이의 무용화(paperless)로 종이 수요가 준다고는 하지만 이와는 반대로 쉽게 인쇄할 수 있는 편리함 때문에 정보용지, 인쇄용지를 비롯해 가정지, 판지에 이르기까지 다양한 종류의 종이에 대한 수요가 폭발적으로 늘어나고 있어 산림자원의 황폐가 가속화하고 있는 실정이다.

따라서 1992년 6월 브라질에서 개최된 '환경과 개발에 관한 국제회의'에서는 지구 전체에 대한 환경으로의 부하가 지구의 환경 허용량 이내에서 지속적인 발전을 계속 추구하기로 선언하였던 것이다. 문명은 산림(수풀)을 먹으면서 발달했다고 하지만 인류는 종이를 양식으로 하여 발전을 이루었다. 그런 의미에서 개발도상국을 중심으로 종이 수요는 계속 늘고 있어 목재의 수요도 필연적인 증가일로에 있다. 이와 같은 왕성한 목재수요의 신장에 대한 대책이 해양생물의 적극적인 정화 작용의 산물로 만들어진 해양 다당류를 종이 원료로 이용한다는 것이다.

### 가. 해조류로 만드는 종이

해양 셀룰로오스를 재료로 한 종이를 만들려면 우선 셀룰로오스를 세포벽에 함유하고 있는 해조류를 그 대상으로 생각할 수 있다. 해조류 중에서 셀룰로오스를 함유하고 있는 것은 녹조류이다. 갈조류의 세포벽은 주로 알긴산, 홍조류의 세포벽은 카라기닌(carrageenin)과 아밀로오스(amylose), 아밀로펙틴(amylopectin)류이다.

이 중에서 섬유상으로 분리할 수 있는 다당류로 된 세포벽 구조를 갖고 있는 것은 거의 없기 때문에, 먼저 세포벽에서 다당류를 추출하여 그것을 섬유상으로 재구축하는

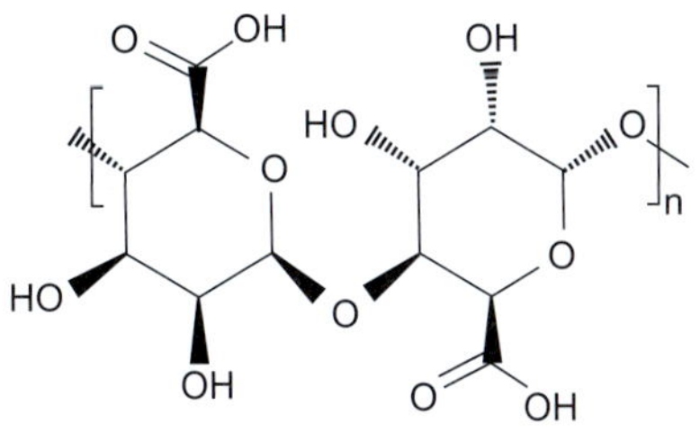

그림 8.18 알긴산 구조.

인조견사지의 수법을 고려할 수 있다. 섬유상으로 재구축할 수 있는 당류는 분자구조적으로 선상구조(lineament)에 분기(branch)가 적어야 한다. 이런 의미에서 보면 전형적인 것은 알긴산이다.

알긴산은 갈조류의 대표적인 다당류이며(그림 8.18), 특징으로는 나트륨염에서는 수용성 졸(sol)로 되고 이때 마그네슘, 수은 등 특수 양 이온성 금속 이온을 제거하며 그 염은 물에 불용인 겔(gel)이 된다. 이러한 성질을 노즐을 사용하는 방사(spinning) 방법에 적용하면 습식방사가 가능하다. 알긴산이 방사될 수 있다는 성질을 발견해 낸 것은 상당히 오래전의 일이며, 제1차 세계대전 중에 영국에서는 알긴산 섬유로 군사용 텐트를 만들어 사용했다.

알긴산 섬유종이는 외관은 재래식 종이와 같은 인조견사종이와 유사한 형태를 갖고 있으며, 음향진동관, 즉 스피커 콘(speaker cone)지로 사용되기도 한다. 원래 스피커에는 셀룰로오스 섬유종이가 사용되었지만 섬유끼리 마찰음이 발생하는 결점이 있었는데, 이를 해결해 준 것이 알긴산 섬유종이이다. 또 알긴산 섬유종이는 먹을 수도 있으므로 식품의 내부포장지로도 사용이 가능하며, 더욱 흥미 있는 것은 알긴산 섬유에 초산바륨이나 초산 등과 같은 시약을 첨가함으로써 박막(thin film)의 초전도 종이도 만들 수 있다는 것이다.

우리나라는 1900년경에 지폐용지를 생산하기 위하여 양지제조기술이 도입된 이래로 급격한 성장을 하여 현재 종이생산은 세계 8위, 소비는 21위를 차지하는 국가로 부상되었으나 종이의 원료뿐만 아니라 특수지의 경우도 거의 수입에 의존하고 있는 실정이다. 그러므로 풍부한 천혜의 해조자원을 이용하여 새로운 기능성 종이의 개발이 이루어진다면 앞으로 국산원료로 만든 종이를 애용할 날도 기대해 볼 수 있지 않을까?

### 8.3.3 첨단 해양 신소재 천연 액정(liquid crystal)

#### 가. 액정은 액체도 아닌 제4의 물질 상태

액정은 전자계산기나 디지털시계 등에서 손쉽게 접할 수 있는 물질로 매우 독특한 성질을 가진 물질이다. 일반적으로 모든 물질은 기체, 액체, 고체의 세 가지 상태로 존재하며 이러한 상태는 온도에 의존하게 된다. 그런데 어떤 물질들 중에는 세 가지 중 어느 상태에도 속하지 않는 특이한 성질을 가지는 것들이 있다. 액정은 액체 결정(liquid crystal)을 줄인 말로 액체와 고체의 성질을 모두 갖는 제4의 물질상태이다. 한 예로, 우리가 잘 아는 콜레스테롤의 유도체인 콜레스테롤 미리스테이트(cholesterol myristate)는 상온(20°C)에서는 결정형의 고체상태로 존재하지만, 이것을 가열하여 71 °C가 되면 고체상태가 녹아서 액체가 생성되는데 이 액체는 물이나 알코올과는 달리 매우 혼탁한 액체이다. 그리고 여기서 계속 가열하여 86°C가 되면 이 혼탁한 액체가 맑은 액체상태가 되며 더 이상 가열해도 변화가 생기지 않는다. 이러한 혼탁한 액체는 고체상태도 아니고 액체 상태도 아닌 다른 상태로, 이를 바로 우리는 액정이라고 한다.

보통 액정을 형성하는 물질은 대개가 유연성이 없는 뻣뻣하고 긴 막대모양의 분자로 되어있다. 또한 액정 상에서 분자배열은 견고하지 않기 때문에 외부(열, 자기장)의 영향을 받아 배향질서와 위치 질서가 변하여 상전이(phase transition)를 일으키게 되며, 이와 같이 액정의 분자 배열이 상전이를 함으로써 얻어지는 액정의 전기-광학적 효과를 이용한 것이 액정 디스플레이다.

액정과 관련된 물질의 최초 발견은 1854년 버츄(Virchow)에 의한 미엘린(myelin, 넓은 의미의 라이오트로픽 액정)이며, 액정현상을 처음으로 발견한 사람은 오스트리아의 라이니처(Reinitzer)라는 생물학자이다.

1888년에 그는 식물에서의 콜레스테롤과 연관된 유기물질의 녹는 거동을 연구하던 중, 벤조산 콜레스테릭(cholesteric benzoate)이 두 개의 녹는점을 가진다는 사실을 발견하였다. 그는 벤조산 콜렐스테릭 결정을 가열하면 145.5°C에서 융해되어 백색의 탁한 액체가 되었지만, 178.5°C에서는 투명한 액체로 변화하는 것을 관찰하고, 그 사실을 독일의 물리학자인 레만(Lehmann)에게 전달하였다. 다음해인 1889년 레만은 자신이 고안한 최신식 가열장치가 부착된 편광 현미경을 이용하여, 벤조산 콜레스테릭이 갖고 있는 2개의 융점을 보여 주었으며, 이 물질은 액체상이면서 복굴절성(birefrigence)을 나타내고, 냉각시키면 결정이 되기 전에 진주처럼 여러 가지의 아름다운 색깔을 나타내는 것을 발견하였다. 이렇게 액체와 같은 흐르는 성질과 고체와 같은 광학적 특징을 보유하였기 때문에 레만은 이를 유동적인 결정이란 뜻의 'Flieβende Krystalle(독일어로 '액정'을 의미)'라 하였다.

1922년에 프랑스의 프리델(Friedel)은 액정을 중간상이라고 제안하고 'mesophase'라 하였으며, 액정을 광학적으로 관찰하여 네마틱(nematic) 구조, 스멕틱(smectic) 구조, 콜레스테릭(cholesteric) 구조의 3개의 상으로 분류하였다(그림 8.19).

네마틱 액정은 막대모양의 분자가 서로 평행으로 배열하고 있지만 각각의 분자는 장축방향으로 비교적 자유로이 이동할 수 있으며, 층상 구조는 존재하지 않는다. 이 때

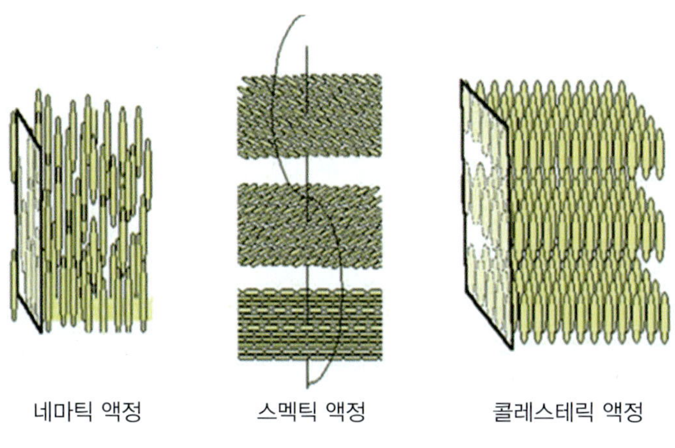


**그림 8.19** 액정상의 분자배열 구조.

문에 유동성이 풍부하고 점도는 작다.

스멕틱 액정은 막대 모양의 분자가 층 모양의 구조를 형성하며 구성분자는 서로 평행으로 배열하여 각층의 면 위에 거의 수직으로 있는 구조이다. 분자층 사이의 결합은 비교적 약하여 서로 미끄러지기 쉬운 특성을 가진다. 이 때문에 스멕틱 액정은 2차원적 유체의 성질을 나타낸다. 그러나 보통의 액체에 비교하면 점도는 매우 크다.

콜레스테릭 액정은 스멕틱 액정과 같이 층상구조를 형성하지만 장축의 분자는 각층의 면내에서 네마틱 액정과 유사한 평행배열을 하고 있다. 그리고 인접한 층사이에서 분자축의 배열 방위가 약간씩 벗어나 있는 형태이며, 액정 전체는 나선구조를 하고 있다. 선광성, 선택광산란, 원편광, 2색성 등의 콜레스테릭 액정의 광학적 성질은 이러한 나선구조에 의해 나타나게 된다.

### 나. 액정을 이용하여 만드는 액정 디스플레이

액정 디스플레이에서 영상을 표시하게 하는 가장 작은 입자를 액정셀(cell)이라 부르는데, 각각의 셀들이 빛을 반사(편광)하거나 차단하여 영상이 표시된다. 액정을 이용하여 액정 디스플레이를 제조하는 기본 공정은 기판 제작공정, 셀 제작공정, 모듈(module) 제작공정으로 크게 나뉜다.

기판 제작공정은 간단하게 말하면 유리 재질의 투명한 전극기판에서 불순물을 제거하여 표시전극으로 사용될 수 있는 주형(cast)의 기판을 만드는 것이다. 다음 셀 제작공정에서는 앞의 공정에서 만든 두 장의 주형 기판에 유기 고분자 수지를 도포하여 배향막과 절연막의 기능을 갖게 한다. 또 밀봉(seal) 접착제와 지지체(spacer)를 배치하여 두께를 조절할 수 있는 그릇 모양의 셀을 제조하여, 여기에 액정물질을 주입하고 편광판을 붙여 액정 디스플레이 형태를 만든다. 마지막으로 모듈 제작 공정은 셀과 셀을 구동하기 위한 구동(drive) 직접회로나 전원회로를 배치한 기판, 셀의 전극과 구동회로와의 전기적인 접속을 지지하는 틀을 조립하는 공정이다. 이렇게 제조된 액정 디스플레이는 어떠한 전기적 신호가 들어오게 되면 각각의 셀에 들어있는 액정 물질들이 그에 반응하여 빛을 반사 또는 차단함으로써 우리가 원하는 영상을 표시하게 된다.

### 다. 해양생물로부터 얻어지는 액정

콜레스테릭 액정의 출발물질인 콜레스테롤은 시클로펜타페난트렌(cyclopentaphenanthrene) 탄소 골격을 가지고 있는 스테롤로 총칭되는 화합물의 하나로 그 기본구조인 스테롤은 동물, 식물 및 미생물에 걸쳐 널리 분포하고 있으며, 그중에서도 콜레스테롤은 동물세포 중에 특히 많이 존재하고 있다. 또한 이것은 적혈구나 수초(myelin sheath) 등과 같은 고등동물 세포의 세포막에는 많지만, 미토콘드리아의 내막이나 세균의 세포막에는 적은 양이 분포하고 있다.

최근 이와 같이 동물 세포 중에 다량 존재하는 콜레스테롤류의 화합물을 이용하여 차세대 표시장치로 각광받고 있는 액정을 제조하려는 연구가 시도되고 있는데, 여기서는 바다에 풍부하게 존재하는 해양생물 중에 존재하는 물질로 제조할 수 있는 액정에 대해 살펴보고자 한다.

몇 년 전부터 오징어나 정어리 등의 해양생물에서 추출된 콜레스테롤로부터 콜레스테릭 액정이 만들어지고 있는데, 그 이유는 이러한 수산물의 내장이나 껍질에는 많은 양의 콜레스테롤이 함유되어 있기 때문이다(표 8.1).

예를 들면 아메리카 창오징어, *Loligo paelei*의 경우, 100g 당 약 170~460mg의 콜레스테롤이 함유되어 있으며, 창오징어 신경세포에 있는 막지질의 30% 이상이 콜레스테롤이어서 콜레스테롤 공급원으로 유리하다. 동물이 아닌 식물 세포의 경우에는 콜레

표 8.1 여러 가지 동물 중의 콜레스테롤 함량

| 종류 | 콜레스테롤(mg/100g) | 종류 | 콜레스테롤(mg/100g) |
|---|---|---|---|
| 대 구 | 37 | 은어(육) | 53 |
| 고등어 | 80 | 은어(껍질) | 397 |
| 도 미 | 104 | 은어(내장) | 827 |
| 바다빙어 | 178 | 뱀장어(육) | 132 |
| 청 어 | 70~80 | 뱀장어(껍질) | 306 |
| 참 치 | 112 | 뱀장어(간) | 290 |
| 청어알(말린것) | 242 | 달 걀 | 630 |
| 가자미알 | 275 | 소고기 | 80~125 |
| 연어알(절인것) | 370 | 소 간 | 260~320 |

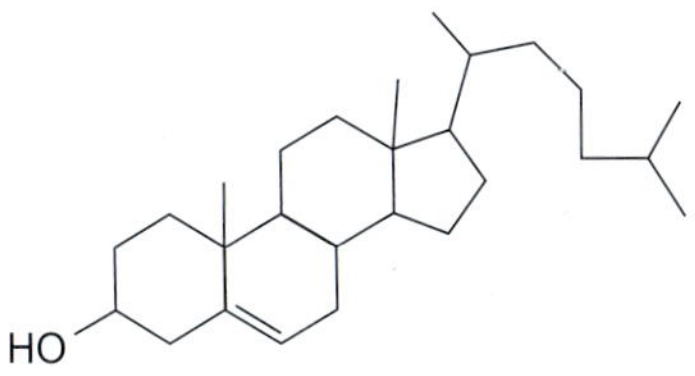

HO

Cholesterol

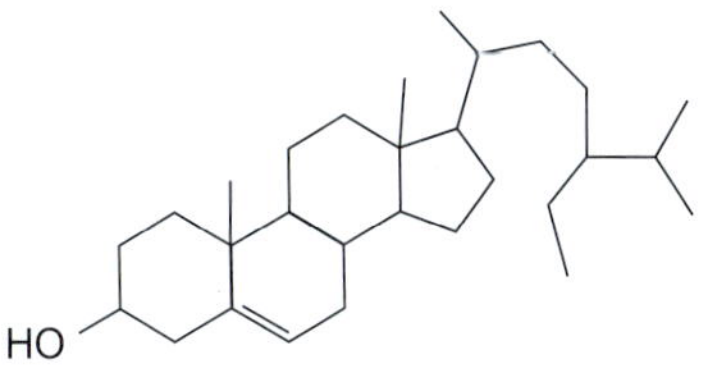

HO

β−sitosterol

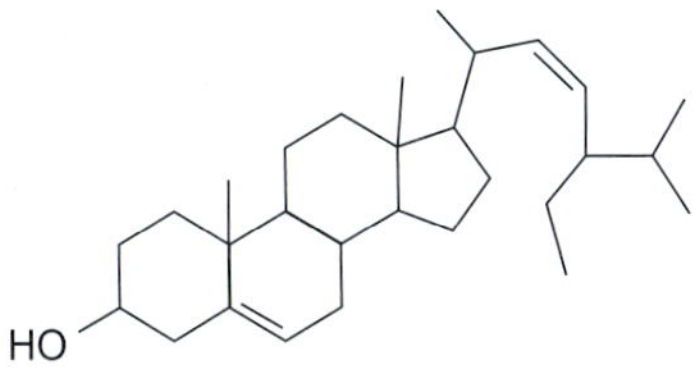

HO

Stigmasterin

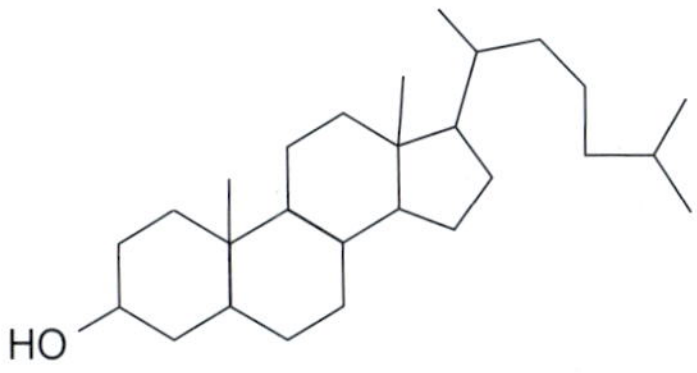

HO

Cholesterol
scheme 1

**그림 8.20** 스테롤류 화합물.

스테롤 대신에 시토스테롤(sitosterol)과 스티그마스테롤(stigmasterol)이라는 스테롤류 화합물이 많이 함유되어 있다.

또한 시토스테롤은 홍조류나 성게, 불가사리 등의 해양생물에도 많이 분포하며, 콜레스테롤의 이중결합이 환원된 형태인 콜레스타놀(cholestanol)도 해면과 같은 해양생물에서 많이 발견되고 있다. 게다가 시토스테롤과 산성 에스테르나 콜레스타놀의 안식향산 에스테르 등에서는 콜레스테릭 액정을 형성한다는 사실도 알려져 있다.

### 라. 지질 이중막의 지방산 사슬의 액정

일반적으로 세포는 세포막에 의해 둘러싸여 외계로부터 격리되어 있다. 또한 세포 내에 있는 소기관들도 생체막으로 둘러싸여 있는데, 이처럼 세포를 외계로부터 격리시키는 막은 기본적으로 지질 이중막으로 되어 있다. 지질 이중막은 레시틴과 같은 지질 분자가 물속에서 소수성 상호작용에 의해 회합하여 생성된 이차원의 필름 형태로, 약 5 nm 두께의 2분자 층으로 되어 있다고 해서 이중막이라고 부른다.

생체막의 경우, 지질 이중막 중에는 단백질이나 당단백질 혹은 콜레스테롤 등의 다양한 분자가 포함되어 있으며, 표 8.2에 밝혀진 것과 같이 지질 분자의 조성도 다양하다. 이중막의 분자구조는 물속에서 규칙적인 회합구조를 형성한다는 점에서 농도 전이형 액정이지만, 온도에 의해서도 상변화가 일어난다는 점에서 온도 전이형 액정이기도 하다.

디팔미토일레시틴(dipalmitoyllecithin)처럼 하나의 순수한 지질성분으로 된 이중막

표 8.2 오징어 신경세포막 중의 지질조성

| 조직과 지질 | 뇌 | 지느러미 신경 |
|---|---|---|
| 조직의 중량(mg) | 39.2 | 41.8 |
| 전체 지질량(mg) | 7.48 | 5.35 |
| 콜레스테롤(%) | 33 | 39 |
| 카르디오리핀(%) | 2 | 0 |
| 유리 지방산(%) | 3 | 0 |
| 포스파티딜에탄올아민(%) | 32 | 20 |
| 포스파티딜콜린(%) | 19 | 29 |
| 포스파딜세린과 | | |
| 포스파티딜이노시톨(%) | 8 | 5 |
| 스핑고미엘린(%) | 1 | 5 |

을 제조하여 시차열분석(differential thermal analysis)을 실시하면 41°C에서 흡열피크가 관측된다. 흡열온도는 지방산 분자의 사슬길이에 따라 다르며, 디스테아로일 레시틴(disteroyl lecithin)은 58°C, 디미리스토일 레시틴(dimyristoyl lecithin)은 23°C이다. 이러한 흡열은 지방산 사슬의 분자 형태 변화에 기인하며, 트랜스 형태의 지그재그로 된 고체 상태에서 고슈형(gauch conformation, 회전 이성질체의 엇갈린 형태)을 함유한 유동성이 풍부한 액정상태로 전이된다(그림 8.21).

불포화 지방산을 함유하고 있으며 상전이 온도는 저하하게 되는데, 디올레일 레시틴의 경우 약 −22°C로 된다. 생명활동을 유지하기 위해서 생체막은 항상 활동이 가능한 상태로 되어야 하므로 생체막 지질의 대부분이 불포화 지방산을 가지고 있는 것은 지

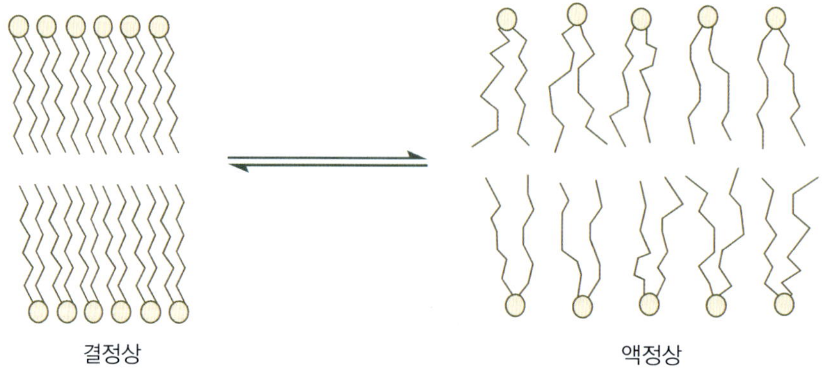


그림 8.21 지질 이중막의 고체-액정 전이 현상.

표 8.3 대구육 지질의 지방산 조성

| 지방산 | 트리글리세리드(%) | 포스파티딜콜린(%) | 포스파티딜에탄올아민(%) |
|---|---|---|---|
| 스테아린산(18:0) | 3.3 | 0.7 | 3.8 |
| 올레인산(18:1) | 19.5 | 9.7 | 11.3 |
| 리놀산(18:2) | 3.5 | 0.7 | 0.8 |
| 리놀레인산(18:3) | 0.4 | 0.5 | 0.5 |
| EPA(20:5) | 6.8 | 21.5 | 20.6 |
| DHA(22:6) | 9.8 | 30.0 | 46.6 |

극히 타당하다. 표 8.3에 대구 근육지질의 지방산 조성을 나타내었는데, 인지질 중에는 불포화 지방산이 트리글리세리드(triglyceride)보다 많이 함유되어 있으며, 혈전증에 효과가 있다고 알려진 EPA(eicosapentaenoic acid)와 기억력향상에 효과가 있다고 알려진 DHA(docosahexaenoic acid)의 함량이 높은 것으로 보아 해양생물이 다양한 지방산의 자원임을 알 수 있다.

### 마. 해양 고세균 유래의 액정 관련 물질

해양생물의 생존환경은 온도, 압력, 수소이온의 농도 및 염농도 등에서 육상생물의 생존환경보다 더 다양하다. 해양생물의 환경에 대한 적응력은 아주 뛰어나고, 심지어는 열수가 분출하는 수심 2,600m의 해저에서 살아가는 생물도 있다. 이처럼 고온, 고압 및 높은 염농도의 환경에서 적응한 세균을 호열균, 호염성균이라 부르는데, RNA의 염기배열의 상동성으로 비교해 볼 때, 계통학적으로 메탄생성 세균과 동일한 고세균(archaebacteria)에 속한다. 고세균의 세포막을 구성하는 지질은 진핵생물이나 진정세균(Eubacteriales)의 지질과는 다른 화학구조를 가지고 있다.

지질의 골격이 되는 부분이 보통의 지질에서는 직쇄상 지방산과 글리세린의 에스테르인데 비해, 고세균에서는 포화 이소프레노이드(isoprenoid)와의 에테르 결합이다. 또한 호열균이나 메탄균의 세포막에는 환상(고리형)의 테트라에테르 구조와 디에테르의 꼬리부분이 밀폐된 환상형태가 존재한다. 테트라에테르형 지질의 경우에는 이중막 구조가 아닌 단일막 구조이다. 고세균의 세포막 지질이 특이한 화학적 구조로 되어 있는 것은 극한 상황(고온, 고압, 높은 염농도 등)에 대응하기 위하여 진화된 고유한 막구조로 생각된다. 그러나 액정의 거동과 단백질 사이의 상호작용을 해명하기 위한 연구가 미흡하므로 이에 대한 물리화학적 접근이 기대된다.

1977년 일본의 쿠니다케(國武) 등은 인지질의 화학구조를 단순화한 디알킬 암모늄염(dialkyl ammonium chloride)이 생체막과 유사한 이중막 구조를 형성하는 것을 발견하였다. 이러한 지질은 생체에는 존재하지 않는 순수하게 합성된 화합물로 이것의 합성으로부터 합성 이중막을 이용한 생체막 공학의 연구가 전세계적으로 널리 확대되기 시작하였다. 여러 가지 합성 이중막 중에서 화학자들이 모델로 선택한 것은 동물이나 식물의 세포막에서 일반적으로 보여지는 2중 사슬형의 지질인 콜레스테롤류의 화합물이었다.

최근 퓨홉(Fuhrhop) 등은 고세균의 세포막 지질과 유사한 환상의 지질을 합성한 후, 물속에서 단분자 막의 베시클(vesicle)을 형성시키는 데 성공하였다. 게다가 다시 한번 모델화를 진행시켜 2개의 친수기를 갖는 단일 사슬형 화합물을 합성하여 단분자 막이 형성되는 것을 확인하였다. 그렇지만 고세균 유래의 테르펜류(terpenoid) 지질로 제작된 검은 막에서는 40°C에서 상전이가 존재한다고 생각하는 반면에, 퓨홉 등이 제조한 단분자 막에서는 명확한 상전이 온도가 관측되지 않았다. 보통 한 개의 사슬형 화합물의 경우에는 상전이가 나타나며, 상전이 온도는 화학구조, 그 중에서도 방향족 부분의 구조에 의존한다. 합성 분자 막의 연구분야를 단백질 공학이나 유전자 공학에 상당하는 생체막 공학의 위치에 결부시키는 것은 아직까지는 다소 무리라고 본다.

그러나 극한적 상황에서 생명활동을 지속하고 있는 일련의 고세균으로부터 힌트를 얻어 새로운 기능막 재료 및 액정 소재를 개발하려는 것은 전혀 무리한 아이디어가 아니라고 생각된다. 현재 합성 분자막 분야의 연구자와 해양 생물공학 분야 관련 연구자들이 힘을 합쳐 연구를 진행시키고 있으므로 해양생물 유래의 액정이 만들어져 활용될 날도 머지 않은 것 같다.

### 8.3.4 신소재 고온 초전도체: 해조류의 알긴산을 이용하여 제조

아주 먼 옛날부터 인류는 바다건너 미지의 세계에는 무엇이 있을까에 대해 많은 꿈과 환상을 품어왔다. 중세 항해 시대는 바다건너에 있는 미지의 세계와 구대륙을 연결시켜 주는 하나의 새로운 시작이었으며, 이후 세계는 하나로 엮어지게 되었다. 배는 이러한 꿈을 이루기 위한 하나의 동반자로 원시시대의 통나무배부터 중세시대의 범선, 근세시대의 증기선, 현대의 쾌속 여객선까지 시대의 변천에 따라 배의 모습 또는 기능은 장기간의 항해에 맞도록 많이 개선되어 왔다. 초창기의 배는 사람의 힘으로만 움직였으며, 그러다 바람의 힘을 이용한 배가 만들어졌고, 현재는 모터로 프로펠러를 돌려서 추진시키는 배가 주류를 이루고 있다. 그런데 최근 프로펠러가 없는 전자 추진장치를 장착한 획기적인 배의 개발이 진행되고 있다.

프로펠러가 없는 선박의 전자추진장치는 전자기학의 기본법칙인 '플레밍의 왼손 법칙'에 기초를 둔 것으로, 1960년대 미국의 라이스가 제창한 이후 미국에서 많은 연구가 진행되었으나 기술상 어려운 점이 많아 만족할만한 결과를 얻지 못하였다. 그러나

1976년 일본 고베상선 대학의 사치 교수팀이 선박의 전자 추진장치에 초전도체를 사용하는 모델을 고안함으로써 플로펠러 없는 배의 개발은 가시화되기 시작하였으며, 1991년 일본의 조선진흥재단과 미쓰비시 중공업은 '야마토-1'이라는 세계 최초의 초전도 전자 추진 장치 선박을 개발하고 진수식을 가졌다. 이 선박은 전장 30m, 총무게 280톤, 계획속도 8노트(약 15km)의 10인승으로 시험선에 지나지 않았지만, 초전도 코일과 초전도 자기 차폐기술의 개발 및 초전도 재료의 냉매 대체물질 등과 관련된 사항들이 해결된다면 미래에는 약 100노트(약 180km) 이상의 속도를 내는 프로펠러 없는 초전도선이 만들어 질 수 있을 것이다.

### 가. 초전도체란?

그렇다면 초전도체가 무엇이길래 이러한 것들을 가능하게 할까? 일반적으로 전류가 잘 통하는 물질을 도체, 반대로 전기가 통하지 않는 물질을 부도체라고 한다. 구리와 같은 보통 금속선에서는 온도가 올라가면 재료내의 원자들이 격자진동을 하여 저항이 상승하게 되어, 전류를 흘리면 이러한 격자진동에 의해 저항이 생기면서 전기가 소실된다(즉, 100의 전기를 흘려도 100을 다 받지는 못한다). 이와는 달리 금속의 온도를 낮추면 금속의 전기저항은 감소하지만, 어느 온도에 이르게 되면 절대 온도 0K(−273°C)에 가깝게 냉각을 하여도 금속 고유의 전기저항은 남게 된다. 그런데 어떤 재료는 일정한 온도에서 갑자기 전기저항이 0으로 되는데 이러한 현상을 초전도(superconductivity)라고 한다.

초전도 현상은 1911년 네덜란드의 물리학자 오네스(Onnes)에 의해 처음으로 발견되었는데, 그는 1908년 기체헬륨을 압축하여 절대온도 4K(−269°C)의 액체헬륨을 만들어 내는 데 성공하고, 이를 이용하여 물질의 온도를 절대온도 0K(−273°C)에 가깝게 냉각시켰다. 그리고는 온도와 저항과의 관계에 대한 연구를 진행하던 중 수은을 저온으로 냉각시키면서 액체헬륨의 기화온도인 4.2K 근처에서 수은의 저항이 급격히 사라지는 것을 알았는데 이것이 초전도체의 최초 발견이다.

초전도 현상의 또 다른 발견은 1933년 독일의 마이스너(Meissner)와 오센펠트(Oschenfeld)에 의해 이루어 졌는데, 이들은 초전도체가 저항을 가지지 않을 뿐만 아니라 초전도체 내부에 있는 자기장을 밖으로 내보내는 효과(자기 반발 효과)도 가지고 있다는 사실을 발견하였다. 이러한 효과는 마이스너 효과(Meissner effect)라 불리며, 저항이 없어지는 특성과 더불어 초전도의 가장 근본적 특성으로 인식되어 있다.

초전도 현상의 원인규명에 최초로 성공한 사람은 미국의 바딘(Bardeen), 쿠퍼(Cooper), 슈리퍼(Schrieffer) 세 사람이었다. 1957년에 발표된 그들의 이론은 세 사람 이름의 첫 자를 따서 'B.C.S 이론'이라고 명명되었다. B.C.S 이론은 격자의 진동이 서로 역스핀을 갖는 전자를 연결하여 쿠퍼쌍(Cooper pair)이라 하는 쌍을 형성하여 전자가 비교적 거시적인 범위 속에서 항상 같은 에너지를 가지며 반대의 속도로 움직이면서 전체로 보아 무저항으로 격자의 진동과 함께 격자 속을 흐른다는 다소 복잡한 이론으로 이들은 1972년 노벨 물리학상을 수상하였다. 일반적으로 어떤 물질 격자의 진동은 전류에 대해 저항성을 나타내지만, 초전도상태에서는 그 진동이 쿠퍼쌍을 만들어내고 이러한 상태의 전자는 파도타기 하는 것처럼 원자의 격자 속을 빠져 나간다고 한다.

## 나. 초전도체의 종류

초전도체는 크게 I형과 II형의 두 가지로 나누어진다. I형은 오네스가 처음 발견한 초전도 물질로 대표적인 예가 수은이다. 이들은 임계값(threshold)들이 상당히 낮기 때문에 응용하기에는 많은 어려움이 있다. II형은 저온 초전도체와 고온 초전도체로 나누어지는데, II형 물질은 I형보다 비교적 높은 임계값을 갖기 때문에 II형 초전도 물질의 발견으로 비로소 초전도체의 응용에 길이 열리게 되었다.

I형과 II형을 구분하는 가장 큰 점은 초전도 상태에서 상전이 할 때 그 중간단계의 차이점에 있다. I형 초전도체는 중간상태라는 것이 존재한다. 이는 순간적으로 존재하는 상태로 초전도체의 일부분이라도 상전이 하게 되면 곧바로 전체가 상전도 상태가 된다. 그에 비해 II형 초전도체는 혼합상태가 존재하는데 이는 초전도체와 상전도체가 공존하는 상태이다. 혼합상태는 물리적으로 안정하여 임계값을 넘지 않는 범위에서 계속적으로 존재가 가능하다.

저온 초전도체는 임계온도가 낮아 붙여진 이름으로 I형과 마찬가지로 액화헬륨에서 초전도체가 된다. 저온 초전도체는 임계전류밀도는 높지만, 임계자장이나 임계온도는 상당히 낮은 편이다. 고온 초전도체는 액화질소를 냉매로 이용하기 때문에 저온 초전도체에 비해 매우 경제적이다.

## 다. 고온 초전도체

초전도체의 응용에 있어서 가장 중요한 문제는 역시 온도이다. 초전도 물질은 금속, 유기물질, 세라믹 등에서 1천 종 이상 발견되었으며 나이오븀-티타늄(Nb-Ti) 합금과 나이오븀-주석(Nb-Sn) 합금과 같은 5~6종 만이 실용화 되었다. 그 이유는 초전도 현상이 매우 낮은 온도에서만 일어나므로 값비싼 액체헬륨(4K, −276°C)을 써서 냉각시켜야 하기 때문이며, 또한 액체헬륨 제조시 필요한 기체헬륨은 가벼워서 대기중에는 별로 남아 있지 않기 때문에 냉각 비용이 엄청나서 고도의 정밀기계 이외에는 이용되지 못한다는 기술적인 단점이 있었다.

초전도 현상이 처음 발견된 이후 사람들은 값이 매우 싼 액체 질소로 냉각이 가능한 온도인 77K(−200°C)에서 초전도 현상을 보이는 물질이 존재하리라는 것을 믿지 않았다. 그러나 1986년 베드노르쯔(Bednorz)와 뮐러(Muller)에 의하여 개발된 란타늄계의 LaBaCuOr가 30K의 고온에서 초전도체로 될 가능성이 있다는 사실이 발표되었고, 또 1987년 미국 휴스턴 대학의 폴 츄 박사가 개발한 산화물계 초전도체들이 77K에서 초전도 현상을 가진다는 것이 밝혀짐으로써 고온 초전도체에 관심을 갖게 되었다. 현재 고온 초전도체로 주목받고 있는 것으로는 회토류 산화물인 티타늄계(임계온도 30K)와 이트륨계(임계온도 90K), 비스무스 산화물계, 수은계(임계온도 134K) 등이 있다.

## 라. 고온 초전도체의 실용화 방법

고온 초전도체를 산업적으로 이용하기 위해서는 얇은 막 형태의 전선으로 만들어 전기가 잘 통할 수 있게 해야 하는데, 박막을 만드는 기술은 최근에 급성장하여 현재 우수한 형태의 막이 만들어지고 있다.

고온 초전도 세라믹 전선은 간단히 만들어지지 않을 뿐만 아니라 쉽게 부서진다는 단점이 있어 이를 해결하기 위한 새로운 형태의 전선 제조방법이 진행되고 있다. 고온 초전도 세라믹을 전선으로 만드는 가장 일반적인 방법은 분말 소결법으로 이는 고온 초전도 세라믹 분말을 구리와 은 등의 금속파이프에 연결하여 가늘게 당겨 신장시키는 방법이다. 또한, 고온 초전도 세라믹 분말에 유기물 결합제를 섞어 전선의 형태로 하여 이것을 태워 전선으로 만드는 방법도 연구되고 있다.

이들 방법으로 만들어진 전선은 덩어리 초전도 세라믹과 같은 정도의 임계온도를 나타낸다. 그러나 임계 전류밀도(초전도체에 흐르는 최대의 전류값)는 $10^7$A/cm$^2$ 이하이고 실용수준은 2배 이상의 차이가 있다 이러한 원인은 소결된 전선 재료 중에는 원료로 사용된 세라믹 분말 입자의 모양이 남아 있어 입자와 입자 사이의 빈틈이 많아 전류의 흐름이 용이하지 않기 때문이다. 이들 재료의 결정입자 배열방향이 무질서하면 전류의 흐름에 대한 결정입자의 방향에 의해 임계전류밀도가 제한되어 초전도 세라믹이 최대의 성능을 발휘할 수 없다. 이러한 문제는 단순히 분말을 전선형태로 만들어 소결하는 것으로 해결될 수 있는 사항이 아니다.

한편, 일반적으로 세라믹 전선을 만드는 방법으로 졸-겔 법이 알려지고 있다. 이것은 금속이온을 함유한 유기물의 졸을 겔화시켜 전선형태로 만들고, 이것을 가열하여 세라믹형으로 만드는 방법이다. 이 방법은 분말 과정을 거치지 않고 세라믹의 구성원소를 원자 수준으로 혼합하기 때문에 분말소결법에 비해 균일하지 못하고, 치밀한 전선형태를 만들 가능성이 불확실하다. 이 때문에 몇 개의 유기 금속염 겔을 출발원료로 하여 졸-겔법에 의해 초전도 세라믹 전선을 만드는 연구가 진행되고 있다. 이러한 방법으로 만들어진 전선은 일반적으로 관처럼 중앙이 비어있고 기포가 많아 현재의 것보다 치밀하고 긴 전선형태를 만들지는 못하고 있다.

**사진** 8.1 알긴산법으로 만들어진 $YBa_2Cu_3O_x$전선.

### 마. 알긴산에 의한 고온 초전도체 전선의 제조방법

알긴산[$(C_5H_7O_4COOH)X \cdot YH_2O)$]은 알긴산나트륨으로 물에 용해하여 점성이 있는 액체가 된다. 이 수용액은 나트륨이온이 수소이온 또는 다가의 금속이온과 치환하면 겔화하는 성질이 있다. 그리하여 졸-겔법에 의한 고온 초전도 재료를 전선으로 만들기 위해 미역이나 다시마와 같은 해조에 함유된 다당류인 알긴산을 이용하는 연구가 진행되고 있다. 제조의 원리는 알긴산의 겔화하는 성질을 이용하여 고온 초전도 세라믹에 필요한 금속이온을 전선형태의 알긴산 겔에 결합시켜 표면을 태워서 고온 초전도 세라믹 전선을 제조하는 것이다.

알긴산법에 의한 고온 초전도 세라믹 전선은 고온 초전도 세라믹으로 $YBa_2Cu_3Ox$를 이용하여 알긴산 전구체를 만든 후, 소성시켜 제조된다. 먼저 알긴산 전구체는 5% 알긴산나트륨 수용액을 조심스럽게 노즐로부터 1N염산쪽으로 흘러 나오게 하여 만든다. 알긴산나트륨 수용액 중의 나트륨이온은 염산 중의 수소이온과 치환하기 때문에 노즐에서 나온 모양대로 겔화된다. 겔화된 알긴산 전구체는 증류수로 세정한 후, 초산나트륨 + 초산바륨 + 초산 제구리 수용액 중에 넣어 알긴산 전구체의 수소이온을 Y · Ba · Cu 이온과 치환시키면 알긴산 전선으로 된다. 알긴산 전선의 수소이온과 결합하는 Y · Ba · Cu의 화학양론 조성 비는 1:2:3으로 초산염 수용액을 사용해도 Y · Ba에 비해 Cu의 양이 많아 진다. 이것은 알긴산의 이온교환능에 선택성이 있기 때문이다.

이 알긴산 전선을 다시 증류수로 세정하고 실온에서 하중을 걸어 건조시키면 알긴산 전선이 만들어진다. 이것을 주사전자현미경으로 확대해 보면 표면이 매끄럽고 기포가 없는 균일한 전선으로 금속염의 석출도 보이지 않는다(**사진 8.1**).

이 알긴산 전선의 인장강도 및 신장은 각각 146MPa 및 5.7%이다. 알긴산 전선의 소성온도는 900°C에서는 소성이 불충분하고(**사진 8.2**), 950°C 이상으로 올리면 소성이 진행되어 빈 공간이 제거되므로 단면이 연속적이고, 원주에 가까운 매끄러운 표면을 가지게 된다(**사진 8.3**).

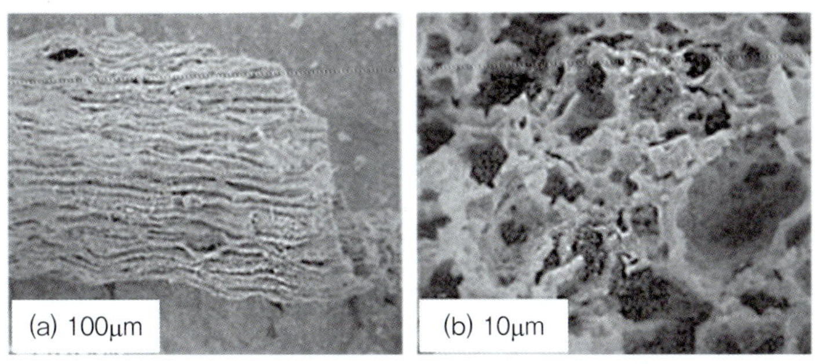


**사진 8.2** 알긴산법에 의해 만들어진 $YBa_2Cu_3O_x$ 섬유 (소성온도 900°C).

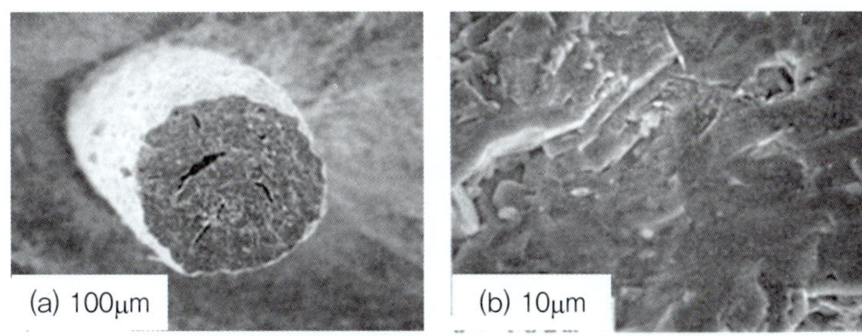


**사진 8.3** 알긴산법에 의해 만들어진 $YBa_2Cu_3O_x$ 섬유 (소성온도 950°C).

알긴산 전선의 길이는 소성시키는 회화로의 크기에 제약을 받지만 일반적으로 150 mm 정도이며, 이론적으로 길이에 한계가 없기 때문에 이보다 더 긴 전선도 만들 수 있다. 950°C에서 소성시킨 전선의 직경은 소성시키기 전의 약 1/3로 수축된다. 현재 만들어지고 있는 알긴산 전선의 최소 직경은 약 70μm로 더 작은 직경의 전선도 만들 수 있다(**사진 8.4**).

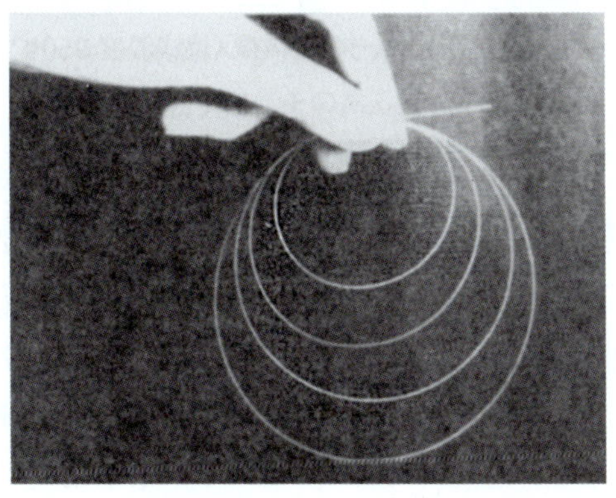

**사진 8.4** 알긴산 [Y · Ba · Cu]전구체 전선의 외관.

### 바. 알긴산법에 의해 만들어진 전선의 특징

알긴산법으로 만들어진 $YBa_2Cu_3O_x$ 전선의 인장강도는 최고 192MPa로 $YBa_2Cu_3O_x$ 분말 소결법으로 만들어진 전선보다 5배 이상 강하며, 또한 알긴산법에 의해 만들어진 $YBa_2Cu_3O_x$ 전선이 더 치밀하게 이루어져 있다. 분말소결법으로 $YBa_2Cu_3O_x$ 분말을 굳혀 950°C에서 태운 전선의 단면은 원료분말의 입자모양이 남아 있기 때문에 입자와 입자 사이에 틈이 많아 알신간법에 의해 만들어진 전선과는 상당한 차이가 있다.

알긴산법에 의해 제작된 $YBa_2Cu_3O_x$ 전선의 온도에 따른 전기저항은 온도를 내리면 서서히 감소하다가 90K부근에서 전기저항이 급격하게 감소하기 시작하여 85K에서 완전히 0으로 된다. 85K라는 값은 졸-겔법으로 만든 $YBa_2Cu_3O_x$ 전선의 최고 임계온도이다. 현재의 경우, 임계온도 77K에서 임계전류밀도는 $10^5A/m^2$이며, 전선의 임계온도를 90K 이상으로 올리면 더 낮게 된다.

또한 전선 내 결정입자의 방향이 무질서하고 특정방향으로 정렬되어 있지 않으면 임계전류밀도가 잘 낮아지지 않는다. 이점은 알긴산법 이외의 방법으로 만들어진 전선에도 나타나므로 고온 초전도 세라믹의 제조에서도 공통적으로 부딪치는 근본적인 문제이다. 이러한 문제점을 해결하기 위하여 분말소결법에 의해 만들어진 전선 결정입자의 배향도를 높여 임계전류밀도를 올리려는 노력이 진행되고 있고, 알긴산법에 의한 고온 초전도 세라믹 전선에서도 결정입자의 배향도를 높이는 연구가 필요하다.

### 사. 알긴산 전선을 소성할 때 알긴산은 어떻게 되는가?

알긴산을 사용하여 만든 고온 초전도 세라믹 전선을 소성시키면 알긴산은 최종적으로 물과 탄산가스로 되어 공기 중으로 증발된다. 알긴산 전선의 소성과정의 열중량분석(TGA) 및 시차열 분석(DTA) 결과로부터 이 사실을 알 수 있다. 즉, 실온에서 180°C까지 온도가 상승함에 따라 중량이 서서히 감소하며, DTA 곡선도 서서히 흡열하여 이 온도까지는 알긴산에 함유되어 있는 수분이 증발한다. 이것을 계속 가열하여 180°C에서 340°C로 올리면 알긴산 전선 중의 수분 및 유기물의 대부분이 분해되어 초기 중량의 약 1/2까지 감소한다. 이러한 점을 확인하기 위하여 열처리 온도 차이에 따른 시료의 적외선 흡수스펙트럼의 변화를 조사해 보면, 열처리 온도 210°C까지 흡수스펙트럼에 큰 변화가 없으나 340°C가 되면 $3,450cm^{-1}$, $1,600cm^{-1}$, $1,420cm^{-1}$ 파장의 흡수를 제외한 다른 흡수는 거의 소멸된다. 특히 알긴산의 골격에 함유된 C-O-C와 C-O-H를 나타내는 $1,200cm^{-1}$~$800cm^{-1}$의 흡수가 없어지는 것으로 알긴산의 주요 구조는 이 단계에서 거의 분해되고 있는 것을 알 수 있다(그림 8.22).

알긴산을 구성하고 있는 피라노오스(pyranose) 고리에는 입체구조가 다른 만론산(malonic acid; M), 글루쿠론산(glucuronic acid; G) 2종류의 단당(monosugar)이 있다. 알긴산에 의해 금속이온과 결합하여 겔화에 기여하는 것은 G와 G가 사용되므로 G-G

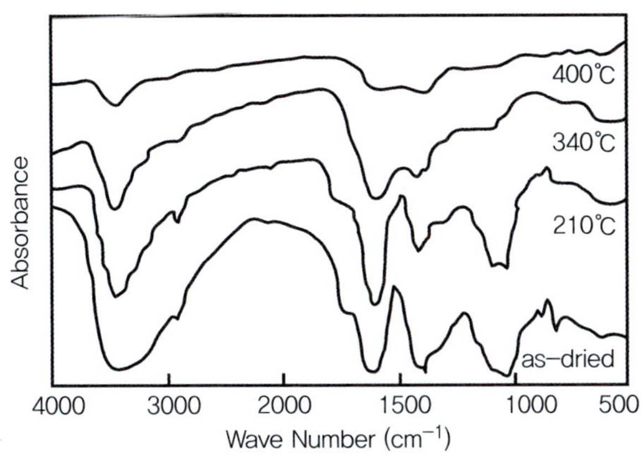


**그림 8.22** 알긴산 [Y · Ba · Cu]전구체의 적외선 흡수 스펙트럼.

블록이라고 한다. 따라서 금속이온을 될 수 있는 한 고밀도로 만들어 배열시키기 위해서는 G-G블록의 수가 많을 수록 좋다. 알긴산 중 G-G블록의 비율을 측정하는 것은 쉽지 않지만 일반적으로 M과 G 개수의 비(M/G비)로 평가하고 있다. 시판 알긴 산의 M/G비는 0.9~1.3 정도이다. 지금까지 서술한 것은 시판 알긴산을 이용하여 얻은 것으로서 이것보다 G의 함량이 많은 알긴산을 사용하면 초전도 세라믹 전선의 치밀도를 높일 수 있다.

국내에서 생산되는 다시마에서 추출된 알긴산의 M/G비는 1.0 이상이 보통이므로 고온 초전도 세라믹 전선을 제작하기 위한 알긴산의 재료로 좋지 않아 앞으로 다시마로부터 G 함량이 많은 것을 추출하여 분리할 필요가 있다. 이상과 같이 다가 금속이온과 결합하여 겔화하는 성질이 있는 알긴산나트륨에 의해 $YBa_2Cu_3O_x$ 고온 초전도 세라믹 전선을 제조할 수 있으며, 이것은 기존의 분말소결법에 의한 것보다 단면이 치밀하다. 그리고 알긴산 전선의 조성과 소성방법의 최적화에 대한 연구가 진행되면 더욱 높은 임계온도와 임계 전류밀도가 얻어질 것이다. 알긴산법은 수용성의 모든 다가 금속이온에 적용할 수 있기 때문에 다른 금속과의 복합화에 의해 $YBa_2Cu_3O_x$ 이외의 고온 초전도 세라믹으로 응용도 가능할 것이다.

### 아. 고온 초전도체의 응용과 미래

21세기에서 고온 초전도체는 응용분야가 매우 광범위하기 때문에 새로운 산업혁명의 시작이라 할 수 있으며, 그 모습들이 서서히 현실로 드러날 것으로 기대된다. 전기전력 분야에서 고온 초전도 전선이 개발되면 현재 구리로 만들어지는 전선들의 낮은 효율을 상당히 높여, 열로 발생되어 아무 소용없이 소모되는 전력을 실제로 쓸 수 있는 전력으로 돌릴 수 있어 상당한 양의 전력을 축적할 수 있게 된다. 전자분야에서는 전자장치에 적용하여, 반도체를 대신하여 초전도로 제작된 칩을 쓰게 되면 지금의 컴퓨터

보다 월등히 빠른 컴퓨터의 제작이 가능하다.

의료기기에서의 응용도 전망이 밝아 초전도 핵자기공명장치(MRI)가 만들어진다면 인체의 질병을 진단하는 것이 보다 정확해 지고 오진의 방지 및 발병의 초기진단 가능으로 인간의 수명을 보다 길게 연장 시킬 수 있을 것이다. 또한 무엇보다도 수송분야로 선진국에서 현재 개발하고 있는 고온 초전도 자기부상열차는 현재 고속철도 차량에 비해 매우 빠른 속도를 얻을 수 있어 대중 교통 수단으로 현실화되면 서울과 부산을 40분만에 주파할 수 있다.

또한 선박에서도 고온 초전도체를 이용해 매우 빠른 속도로 운항할 수 있게 된다. 고온 초전도체의 제조는 그 응용분야로 볼 때 새로운 산업 혁명이라 해도 지나치지 않으며, 우리가 일상으로 먹고 있는 미역과 다시마의 주요 구성성분인 알긴산을 이용하여 기존의 고온 초전도체보다 우수한 것을 만들 수 있다는 사실에서 볼 때, 해양 생물자원에 관한 연구가 일부 관련 응용분야에 국한되지 않고, 다양한 분야에서 이루어져야 할 것으로 보인다.

### 8.3.5 인공 피부로 활용되는 키틴

#### 가. 피부의 성분과 기능

사람의 피부 표면에는 주름살 외에 털구멍이나 땀구멍이 있으며, 털구멍에는 여러 가지 털이 무성하다. 특히 솜털과 같은 털은 그 형태가 거의 둥글고 편평하게 융기되어 각질층을 형성하는데 이것은 피부 촉각과 관계가 있는 것으로 알려져 있다. 피부색은 피부 속에 있는 색소와 혈액량뿐만 아니라 피부 표면에서의 반사광이나 투명도에 따라 다르다. 또한 인종, 성, 연령, 신체 부위 외의 영양상태, 내분비의 이상, 내장의 질병, 피부병 등에 따라 피부색이 달라지는 경우도 있다. 피부는 최외층의 표피(epidermis), 내층의 진피(dermis) 및 피하 조직(subcutaneous tissue)으로 이루어져 있다(그림 8.23).

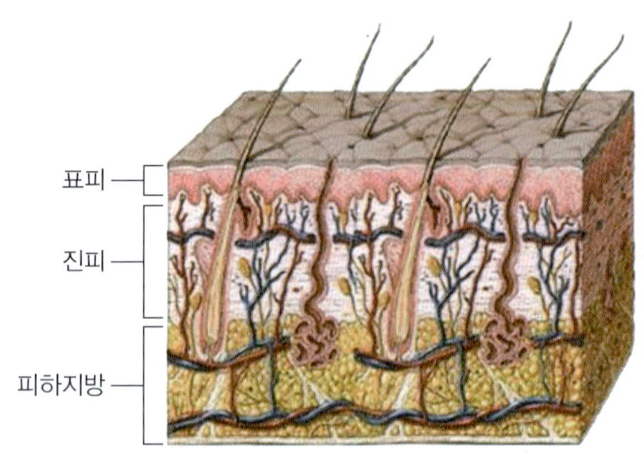


그림 8.23 피부의 구조.

어느 것이나 많은 세포가 모여 하나의 조직을 형성한다. 피부의 두께는 신체 부위에 따라 다르지만 표피는 0.03~1.00mm, 진피는 표피의 10배 정도이다. 피하조직은 대부분 지방질이므로 신체부위에 의한 차이는 물론이고, 개인차가 심하다. 피부에는 표피를 제외한 진피와 피하조직에 많은 혈관이 그물눈처럼 분포되어 있으며, 혈액이 순환되고 영양도 공급될 뿐만 아니라 지각신경과 자율신경이 분포되어 있어 피부의 지각, 피부와 혈관의 평활근 운동, 지방선이나 땀선의 분비 등에도 관여한다.

피부는 각 사람의 특징을 나타낼 뿐만 아니라 희로애락의 표정을 나타낸다. 예를 들어 부끄러울 때와 화났을 때엔 얼굴이 빨개지며, 놀랐을 때는 새파래 지는 것을 볼 수 있다. 또한, 피부는 외부의 자극에 따라 촉각, 냉각, 온각, 통각 등의 지각을 느낀다. 이러한 느낌은 제각기 지각신경의 말단에서부터 전달된 후, 그 즉시 다음 행동으로 옮겨지는 것이다.

피부는 강하고 탄력성이 풍부하며, 최하층에는 두터운 지방 조직을, 그리고 최상층에는 단단한 각질을 갖고 있으므로 타박, 압박, 마찰과 같은 기계적 자극에 대한 저항력을 가지고 몸을 보호한다. 또한 피부표면에는 지방으로 된 막이 있어 물의 침투를 막을 뿐만 아니라 산도가 높으므로 세균의 발생도 방지한다. 피부는 햇빛에 노출되면 붉어지고 색소가 증가한다. 이것은 태양광선 속에 포함된 자외선 때문인데, 이것이 지나치게 많이 체내에 들어가면 유해하므로 피부가 자외선을 흡수하게 될 때 멜라닌 색소의 생성에 의해 체내를 보호해 준다. 또한 피부는 면역체를 만드는 장소이다. 수두나 천연두일 경우 발진이 피부에 생기면 평생 면역이 얻어지고, 종두를 놓으면 천연두에 걸리지 않는 것 등은 그 때문이다.

피부에는 땀을 만드는 땀선(sweat gland)과 기름을 만드는 피지선(sebaceous gland)이 있고 그것들은 항상 피부면에 분비되어 피부를 윤택하게 한다. 일반적으로 수용성은 피부에 흡수되기 어렵지만 지방이나 알코올에 녹인 것은 잘 흡수된다. 특히 유화제를 첨가하여 유제로 만든 것은 쉽게 침투된다. 또한 피부는 온열의 불량도체로 외부의 고온을 막고 그 외에 체외로의 온열 발산도 조절한다. 몸에서 체외로 발산하는 온열의 80%는 피부로부터 생성된 것이고 이 작용은 열의 전도와 방산(dissipation), 수분증발에 의해 이루어진다. 이와 같이 피부는 몸 전체를 덮고 내부의 중요한 기관을 보호하며 수분과 염분의 배출로 체온을 일정하게 유지하게끔 조절하는 등 여러 가지 중요한 역할을 하고 있다.

### 나. 상처 치유 효과

그런데 그 표피가 파괴될 때 이를 테면 심한 열상을 받았을 때 진피까지도 파괴되어 피부는 완전히 재생능력을 잃게 된다. 정도에 따라서는 사망에 이르는 경우도 있다. 범위가 적은 경우에도 그대로 방치하면 환부는 켈로이드(keloid, 화상으로 피부가 이상하게 증식하는 양성 종양)상으로 되어 버린다. 무엇보다도 화상에 의한 흉측한 흉터는 영원히 없어지지 않고 남아 있게 된다. 이때 정상적으로 치유를 할 수 있는 가장 좋은 방법은 자기피부를 다른 곳에서 떼어 이식하는 자가이식이다. 피부는 자기피부가 아니면 생착(生着)되지 않는다. 일란성 쌍둥이의 예를 제외하고 생착된 예는 과거에도 없었다. 따라서 이식 가능한 피부는 한정되어 있기 때문에 인공피부로 피부 재생을 할 수 있다는 점, 즉 실질적인 의미의 인공피부를 만드는 것은 의료의 현장에서 큰 꿈이라 하지 않을 수 없다.

그런데 이러한 꿈이 게 껍질에서 추출된 키틴으로 인하여 실현되게 되었다. 일반적으로 인공피부에 근접한 상처표면 피복재는 적어도 다음과 같은 효과가 요구된다. ① 고통의 경감, ② 건조방지, ③ 세균의 발육 증식 방지, ④ 단백질과 적혈구의 손실저지, ⑤ 노출된 힘줄, 혈관, 신경 등의 보호, ⑥ 상처의 치유촉진 등이다. 또 다른 조건으로 상처표면의 관리가 간단하거나 가격이 싸고 대량생산이 가능해야 한다. 이 상처표면 피복재로 합성피복재와 생체피복재가 있다. 합성피복재는 이물반응이 강하고 생체친화성에서 문제가 있으며, 용도도 한정되어 있다. 생체피복재는 예부터 돼지, 양, 개 등의 피부가 있다.

돼지의 살아 있는 피부는 극히 일부 사용되고 있었지만 실용성이 부족하다. 또 닭의 난막, 사람의 양막(amnion, 자궁 내에서 태아를 싸는 얇은 막)을 이용할 수는 없다. 가공품으로 동결건조된 돼지껍질이나 콜라겐이 있지만 이들은 현재에도 일부 이용되고 있다. 이에 반해 게 껍질로부터 추출된 키틴으로 만든 인공피부는 이들 결점이 충분히 보완된 상처표면 보호제라 할 수 있다.

### 다. 인공피부를 만드는 방법

키틴의 의료용 재료로의 가능성을 시사하기 시작한 연구는 1970년에 발표된 프루덴(Pruden) 등의 연구라 할 수 있다. 상어의 연골을 갈아 만든 연고가 상처의 조기 회복에 관여하고 있다는 것을 연구한 이들은 연골의 어느 성분이 그 효과에 기여하고 있는가를 검토하고 있던 중에 N-아세틸글루코사민이라는 성분이 관여하고 있다는 것을 알게 되었다. 그 결과 N-아세틸글루코사민이 구성 단위인 키틴에 착안하여 이 분말을 사용한 동물실험에서 창상치유와의 관계를 검토하였으며 키틴 분말을 살포한 상처의 경우, 살포하지 않는 대조군에 비해 상처의 조기유착을 확인하였다.

그 후 이들은 실과 필름 등으로 성형하여 그 효과를 검토한 결과를 보고했지만 성형법이 빈약하였기 때문에 실용화에 이르지 못하고 연구는 중단된 채로 있었다. 그 후 일본의 ㈜유니티카 중앙 연구소가 키틴 성형체 제조방법의 연구에 뛰어들어 의료용 재료로 사용 가능한 양질의 제품을 제조할 수 있었다.

한편 이 재료에 강한 흥미를 나타낸 전국 의료연구기관의 연구자에 의해 동물실험

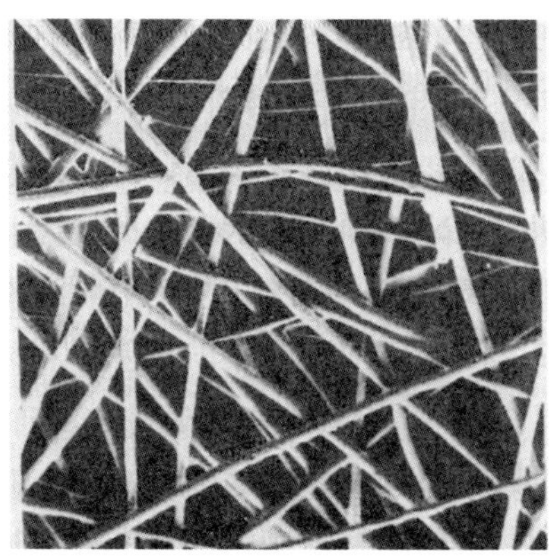

**사진** 8.5  베스키틴 W의 전자현미경 사진 (100배).

및 임상연구가 여러 분야에서 실시되어 흥미 있는 결과를 제공하였다. 그 중에서 특히 상처면 보호, 즉 넓은 의미에서 인공피부로써 이용이 클로즈업되어 베스키틴 W라는 제품이 개발되게 된 것이다(**사진 8.5**). 그 제조방법을 간단히 소개하면 다음과 같다. 키틴은 N-아세틸-D-글루코사민이 β-1,4 결합에 의해 이루어진 뮤코 다당류의 일종으로 섬유소의 글루코오스 잔기의 수산기만이 아미노아세틸기로 치환된 형이다. 제조법으로서는 게, 새우와 같은 갑각류의 외골격을 사용하여 칼슘과 단백질을 제거한 후 회분 0.2% 이하의 정제도가 높은 키틴 분말을 얻는다. 또한, 용매성을 높이는 처리를 한 후 아미드 용매에 녹여 10% 정도의 농도를 갖는 키틴 용액을 만든다.

이 액을 계량(account)하면서 미세공의 노즐(nozzle)로부터 수용액 중으로 압출한 후 정속(comstant speed)의 룰러에 말아 외경(outer diameter)이 수 마이크로인 다섬유(multifilament)를 얻는다. 잔류용매를 물로 충분히 제거한 후, 약 5mm 정도의 길이로 절단하여 단백질 흡착을 높이기 위한 처리를 한 후 폴리비닐알콜을 결합제(binder)로 하여 종이를 뜬다. 즉 부직포(non-woven fabric)로 하는 작업이다. 두께는 100~120μm 정도이다. 또한 에틸렌 산화물 기체로 멸균하여 포장상태로 하여 베스키틴 W를 만든다.

### 라. 놀라운 효과를 보이는 키틴 인공피부

키틴의 투명필름을 만들어 필름 상에서 마우스 유래의 섬유아세포를 증식시킨 경우 정확한 증식을 나타내어 셀룰로오스 필름상에 비해 접착상태가 양호하며, 베스키틴 W는 상처면 정상세포의 증식에 악영향을 미치지 않고 표피 조직형성에 좋은 영향을 미치는 것으로 밝혀졌다.

키틴으로 만든 인공피부는 대다수의 상처보호제로 사용이 가능하다. 즉 열상(thermal burn), 피부 괴양 등의 상처에 사용되어 진통효과, 밀착성 용해에 대한 내성, 건조, 표피형성 등의 관점에서 우수한 결과를 보였다. 또 다른 유사한 상처의 피복보

표 8.4 어패류 섭취 빈도별 사망비율(상대위험도)

| 사망원인 | 어패류 섭취 빈도 | | | | 상대위험도 |
|---|---|---|---|---|---|
| | 매일먹음 | 자주먹음 | 가끔먹음 | 먹지않음 | |
| 총사망 | 1.00 | 1.07 | 1.12 | 1.32 | 9.134 |
| 뇌혈관질환 | 1.00 | 1.08 | 1.10 | 1.10 | 4.541 |
| 심장병 | 1.00 | 1.09 | 1.13 | 1.24 | 3.919 |
| 고혈압증 | 1.00 | 1.55 | 1.89 | 1.79 | 4.143 |
| 간경련 | 1.00 | 1.21 | 1.30 | 1.74 | 3.768 |
| 위암 | 1.00 | 1.04 | 1.04 | 1.44 | 2.144 |
| 간암 | 1.00 | 1.03 | 1.16 | 2.62 | 2.109 |
| 자궁암 | 1.00 | 1.28 | 1.71 | 2.37 | 4.142 |
| 조사대상(명) | 1,412,710 | 2,186,368 | 203,945 | 28,943 | |

EPA에 대한 연구는 30년 이전으로 거슬러 올라가는데, 정어리유에서 90%까지 순화된 EPA가 혈소판 응집 억제 작용이 있는 것으로 인정되어 1990년에 일본에서는 세계 최초로 '폐쇄성 동맥경화증'의 치료제로 시판되고 있으며, 임상검사에서도 부작용이 적고 사용하기 쉬운 의약품이라는 평가를 받았다. 1994년에는 중성지방과 콜레스테롤을 저하하는 효과도 인정되어 일본 후생성에서 항고지혈증제 적응증(adaptation)의 추가 승인을 받아 의약품으로의 시장이 더욱 커질 것으로 예측되고 있다. 그렇지만 DHA는 EPA와 더불어 생선 지방 주성분의 하나이지만 지금까지는 연구재료로 순도가 매우 높은 것을 입수하기 어렵기 때문에 연구개발이 늦어져 왔으며, 그 소재가 참치, 가다랭이와 같은 생선에서 발견됨으로써 현재 상품화가 이루어졌다.

### 가. 해양미생물의 의한 EPA 생산과 유전자 공학

EPA를 생산하는 미생물을 발견함으로써 EPA를 대량생산할 수 있게 되었다. EPA는 생선지방의 주성분이기는 하지만 어류 스스로 EPA를 합성할 수는 없고 해조 또는 식물 플랑크톤을 제1차 생산자로 하는 먹이 사슬의 결과로 생선육 또는 생선지방에 함유되어 있는데, 지금까지는 미생물이 만드는 것은 거의 알려지지 않았다.

1986년 전갱이와 정어리 또는 고등어와 같은 등푸른 생선, 즉 그 지방에 EPA를 많이 함유하고 있는 어류의 장내에 공생하는 미생물 중에서 EPA 생산균을 찾아내는 데 성공하였다(그림 8.24). 이 균의 대량 배양에 의해 의약품으로서 유용한 EPA 생산을 시도했지만 아깝게도 정어리유에 비해 생산 가격면에서 불리하였다. 그러나 EPA 생산균이 세균이므로 이 균에서 EPA를 만드는 생합성계의 유전자는 분리해 낼 수 있어,

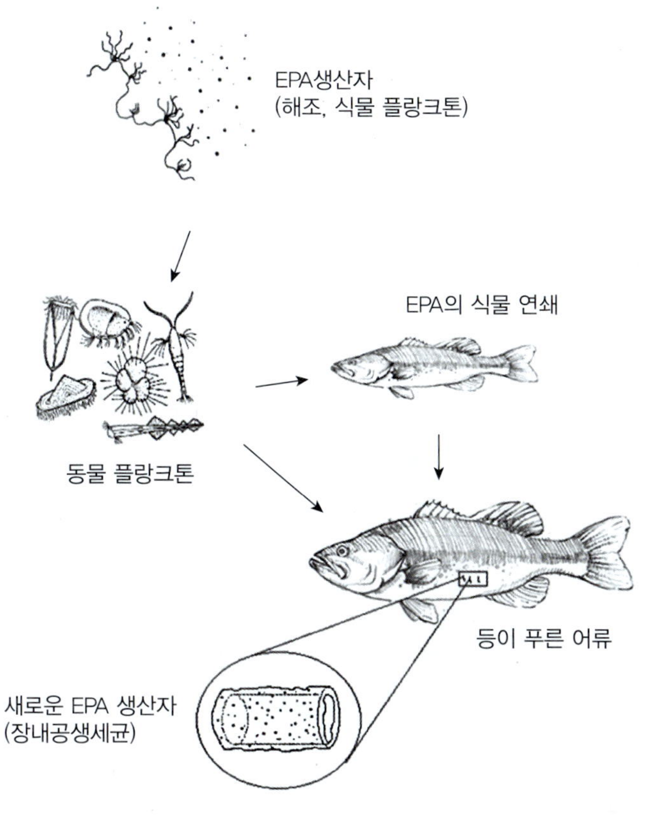


**그림 8.24** 어류로부터 EPA 생산.

유전자 공학적 수법에 의한 EPA 생산이 시도되고 있다. 즉, 본래 EPA를 생산하는 능력이 없는 미생물과 조류, 또는 고등식물에 위에서 분리해낸 EPA 생합성계 유전자를 조작하여 EPA를 생산하는 것이다.

미생물에서 EPA를 대량으로 값싸게 만드는 데는 생산성에 한계가 있을 수 있지만 효모, 곰팡이, 조류와 같이 유지를 많이 만들 수 있는 생물 또는 대두, 채종(colza)과 같은 식용 유지를 채취할 수 있는 고등식물이 EPA를 생산할 수 있게 된다면, 이것은 바로 새로운 기능성 식품을 개발하는 것이 될 것이다.

현시점에서는 아직 꿈 같은 이야기지만, 이미 EPA 생합성계 유전자를 분리하여 이것을 전혀 EPA를 만들 능력을 갖지 않은 대장균에 유전자 조작하여 EPA를 생산하는 데 성공한 예도 있다(그림 8.25).

또 남조류에 EPA 유전자를 도입하여 EPA 생산능을 부여한 예도 있다. 앞으로 야채, 곡물 또는 과일에 EPA를 만들게 하여 이를 섭취함으로써 어패류 외에는 섭취할 수 없었던 EPA를 쉽게 섭취할 수 있는 시대가 머지 않아 올 것으로 기대된다.

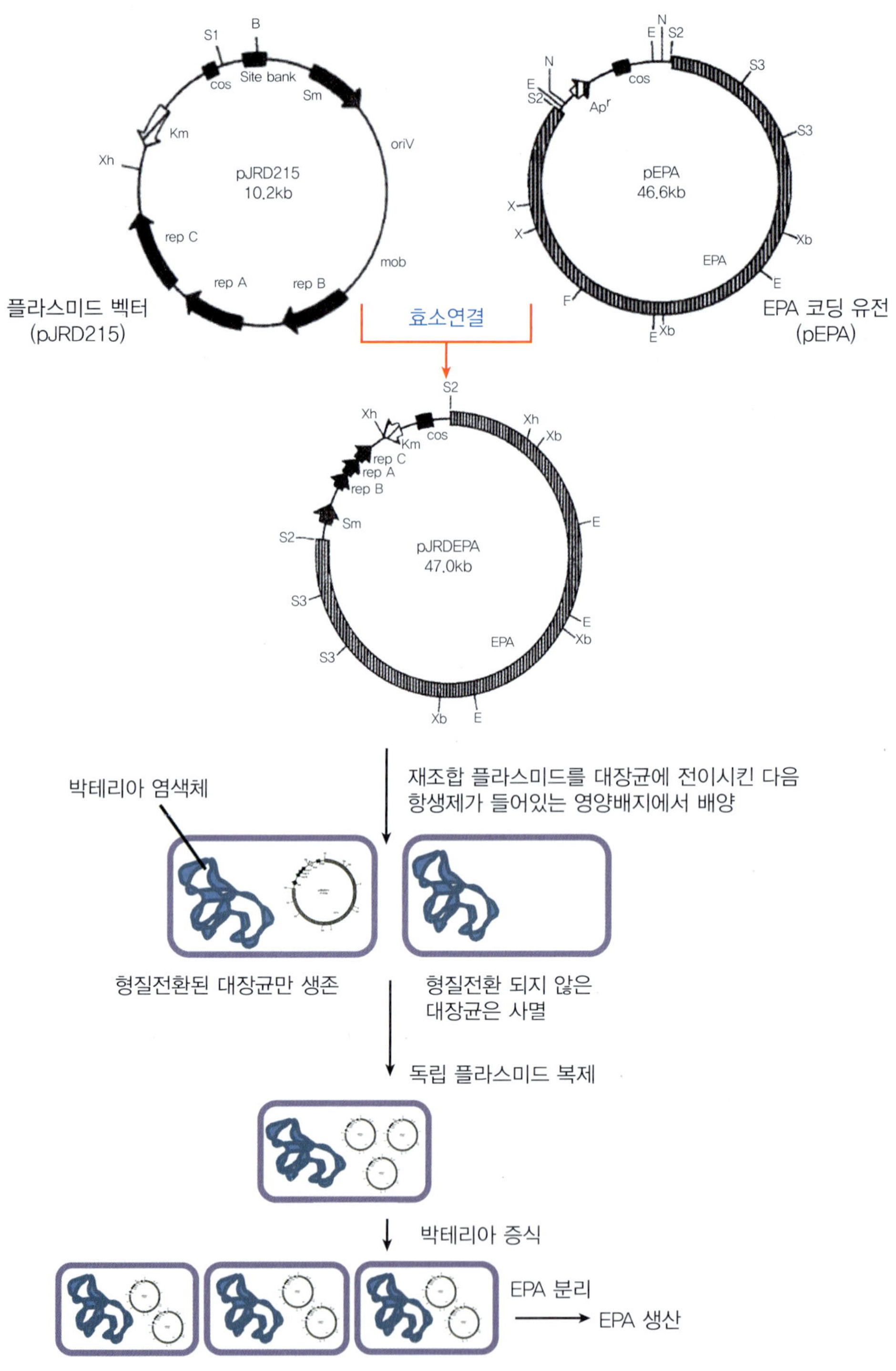


**그림 8.25** 대장균으로부터 유전자 조작으로 EPA 생산.

표 8.5 해산어 안와 지방 중의 DHA 및 EPA의 함유량

| 해산어(안와 지방) | DHA(%) | EPA(%) |
|---|---|---|
| 눈참치 | 30.6 | 7.8 |
| 흑참치 | 28.5 | 6.1 |
| 노랑참치 | 28.9 | 4.5 |
| 가당랭이 | 42.5 | 9.5 |
| 청새치 | 28.4 | 3.9 |
| 황새치 | 9.6 | 3.4 |
| 부시리 | 10.8 | 3.3 |
| 잿방어 | 20.5 | 6.5 |
| 전갱이 | 15.3 | 15.3 |
| 정어리 | 12.1 | 22.6 |
| 괭이상어 | 29.0 | 3.0 |
| 두톱상어 | 12.5 | 13.4 |

### 나. 수산가공부산물에 숨겨진 보물

참치의 안와(orbit) 지방에는 DHA가 30%나 함유되어 있다(표 8.5). 반면에 이 안와 지방에는 EPA가 6~7%밖에 함유되어 있지 않다. 지금까지 알려져 있는 생선지방의 지방산 조성은 EPA가 많았고 DHA는 수%에 불과했지만 여기서는 완전히 그 반대였다. 더구나 참치의 머리는 항시 수산 폐기물로 처리되고 있고 극히 일부가 사료나 비료로 이용될 뿐이다. 그리고 지방유는 중유(heavy oil) 대신에 보일러 연료로 이용되고 있다. 이 같은 이유 때문에 참치와 가다랑어의 안와 지방은 DHA의 공급원으로서 상당히 좋은 소재가 아닌가 생각된다.

시약으로 사용되는 99% 이상의 고순도 DHA는 100mg에 8만원 정도로 매우 고가이므로 이를 이용한 동물실험 등이 어렵기 때문에 안와 지방에서 DHA를 추출해야 했고, 또 그것을 정제함으로써 값이 싼 대량의 고순도 DHA를 입수할 수 있게 되어 DHA 연구가 급속히 진전하게 되었다. 또한 이 안와 지방은 신선하고 위생상 문제가 없기 때문에 식품으로 충분히 사용할 수 있다. 이 안와 지방에 DHA가 고농도로 함유되어 있다는 사실이 발견됨으로 급속히 식품, 특히 건강보조 식품을 개발할 수 있는 동기가 되었던 것이다.

### 다. DHA의 약리활성과 건강기능성 식품으로의 개발

DHA는 신경계의 발달, 학습기능의 향상, 망막 반사능의 향상, 항암작용, 항알레르기

작용 및 지질저하 작용과 같은 상당히 다양한 약리작용이 기대되는 식품 영양소의 하나이다. 그리고 그 약리작용에 관한 연구 결과는 많이 보고되어 있고 각종 성인병 예방에 대하여 유효한 영양소, 소위 제3차 기능을 갖고 있는 예방 의학적 기능성 건강식품이라 할 수 있다. 특히 이 DHA가 EPA와 근본적으로 차이가 나는 것은 혈액 외관문(blood brain barrier)을 통과 할 수 있다는 사실이다. 따라서 신경기능과 기억·학습기능에 관여하는 것은 DHA이며 EPA에서는 기대할 수 없다.

넓은 의미에서 '머리가 좋아진다'라는 DHA의 약리작용에 대해서는 최근까지 시험관 실험(*in vitro*)과 실험동물을 사용한 생체실험(*in vivo*)에서 많은 데이터가 모아졌지만, 그 작용기작 연구와 사람을 대상으로 실시한 예는 아직도 부족하다. 현재에는 DHA의 작용기작도 상당히 밝혀져 있고 사람에 대한 임상실험에서도 노인성 치매증의 개선이 입증되었다. 기타 중요한 약리작용으로는 아토피성 피부염의 개선이 입증된 것 외에 암의 발생과 전이의 예방, 혈중 콜레스테롤의 저하와 혈압상승억제 등이 있다. 또한 DHA가 많이 함유된 유지를 첨가한 건강식품의 개발이 최근에 급속히 진전되어 매우 큰 시장으로 성장하였다.

앞으로도 DHA의 항산화성, 안정성, 또는 분말화, 유화 기술 등 여러 가지 기술의 진전에 따라 시장은 더욱 확대될 전망이다.

우리나라에서 참치의 생산량은 연간 25만 4천 톤(2011년)으로 그 중 5만 4천 톤이 통조림 가공 원료로 사용되는데, 이것은 어패류를 이용한 전체 통조림 생산량 8만 2천 톤의 약 65%를 차지한다. 참치 가공 시 머리부, 내장, 뼈 등 수 만 톤이 폐기되고 있으므로 이를 활용한 성인병을 예방할 수 있는 기능성 소재 개발이 하루 빨리 이루어지기를 기대해 본다.

### 라. 노인성 치매증의 개선효과

우리가 흔히 '노망'이라 부르는 치매(dementia)는 어원적으로 'be out of mind', 즉 '정신이 나간 상태'를 뜻하며, 노화에 따른 자연스러운 생리 현상으로 여겨 왔지만 치매는 분명한 뇌의 퇴행성 병변에 의한 신경계 질환이다. 흔히 65세 이상의 노인에게 발생하기 쉽고, 기억력과 판단력 및 사고력 등의 기능 장애로 직업적 일이나 통상의 사회활동 또는 대인관계에 지장을 초래하는 임상 증후군으로 65세 이전에도 외상에 의한 두부 손상이나 뇌혈관 장애, 각종 대사장애에 의해서 유발될 수 있다. 미국의 레이건 전 대통령은 치매로 인해 자신이 대통령을 지냈다는 사실조차 모른다고 하여 세상 사람을 놀라게 하였으며, 국내에서도 치매로 인한 가족 간의 불화가 심각한 사회문제로 대두하고 있다.

그런데 생선에 많이 함유되어 있는 불포화 지방산인 DHA를 건강식품으로 투여하면 노인성 치매증이 개선되는 것으로 밝혀졌다. 이전부터 동물을 이용한 실험에서

DHA의 투여는 뇌의 기능을 향상시키는 것으로 알려졌으며, 최근에는 인간의 뇌기능을 향상시키는 데도 뛰어난 것으로 보고되고 있다. 한 예로 일본에서는 입원 중인 57세에서 94세 사이의 치매환자 13명과 알츠 하이머병 환자 5명을 대상으로 DHA가 뇌기능 향상에 미치는 영향에 대하여 임상실험을 실시하였는데 일본의 제약업체에서 만든 DHA 캡슐제(1정 70mg)를 1일 10~20정을 반년간 경구 투여한 경우 뇌혈관성 치매환자 13명 중 10명이 생활 의욕이 높아졌고 망상(fancy)이 감소하였으며, 알츠하이머증 환자 5명은 의욕과 대인관계, 침착성이 약간 개선되었다고 일본 언론에서 보도된 적이 있다.

지적(intellectual) 기능에 대한 간접 검사 결과에서 DHA를 주지 않은 환자는 뇌기능이 서서히 저하하는 데 비해, DHA를 투여한 환자는 반년 사이에 계산능력과 판단력이 개선되는 효과가 있었으며, 한 환자만이 지방의 과잉 섭취로 인해 복통을 일으킨 것 이외에 다른 부작용은 없었다고 한다.

뇌의 신경세포 일부가 죽어서 나타나는 치매증 환자의 뇌에 DHA가 들어감으로써 살아있는 신경세포의 작용을 활발하게 한다고 관련 연구팀은 주장하고 있다. 이 때문에 DHA는 치매의 근본적인 치료약은 아니지만 개선과 예방에 유효하다고 볼 수 있다. 일본에서 노인성 치매가 늘어나고 있는 것은 식습관이 생선식에서 육식 중심으로 변하는 것과 관련 있는 것으로 보고 있으며 우리나라도 식생활이 육식 중심으로 변하고 있어 앞으로 치매 관련 증상들이 증가할 것으로 보인다. 치매의 개선효과 외에도 아토피성 피부염 소아환자 등에서도 50%의 개선율을 나타낸 임상결과가 얻어졌고 기타 많은 임상실험에서 검토가 이루어지고 있다. 이 같은 보다 신뢰성이 높은 연구결과는 앞으로 더욱더 건강식품으로서의 DHA의 유용성과 유효성을 증명하게 될 것으로 생각된다.

### 마. 예방의학의 중요성

이와 같이 DHA는 식품 영양소이기 때문에 경우에 따라서는 의약품 또는 그 이상의 약리활성을 기대할 수 있다. 즉 여러 가지 질환의 예방에 대하여 유효한 다른 영양소와 비슷한 효과라 볼수도 있겠지만, 이 예방에 대하여 좀 더 깊이 생각해 볼 필요가 있다고 생각된다.

예방에는 크게 나누어 두 가지를 생각할 수 있다. 하나는 '병으로 죽지 않는 예방', 다시 말하면 어떤 병에 걸린 경우에 DHA와 같은 기능성 물질을 섭취함으로써 그 병이 호전되어 죽지 않게 된다면 이것은 '죽지 않는 예방'이 될 것이다. 또 하나는 '병으로 되지 않도록 하는 예방'이다. 병으로 되기 전에 걸리지 않게 예방하는 것인데 바꾸어 말하면 수명보다도 발증을 지연시킬 수 있다면 결과적으로 같은 의미가 된다.

앞서 기술한 역학조사에 의해 생선을 많이 먹고 있는 사람이 보다 수명이 길고 또

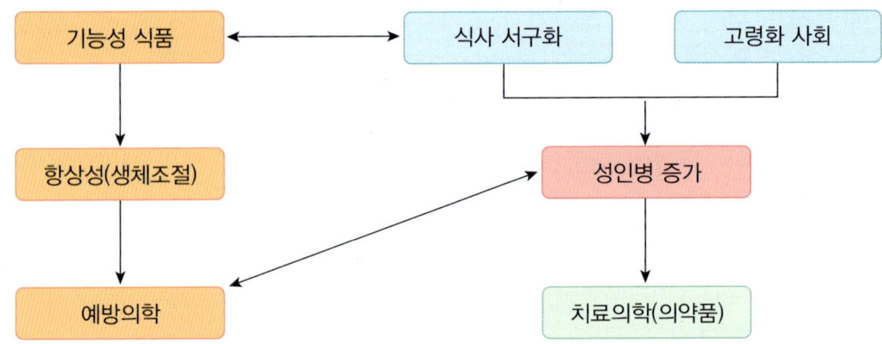


그림 8.26 기능성 식품과 성인병 예방.

는 병의 이환율(morbidity rate)이 낮은 것으로 예측되고 있다. 만일 동물 실험에서 DHA의 섭취에 의해 암의 발병이 죽기 전까지 나타나지 않는다면, 그 동물은 암에 걸린다고는 할 수 없을 것이다. 결국 이것이 '병으로 되지 않는 예방'이다. 이것은 암뿐만 아니라 동맥경화, 알레르기, 그리고 노인성 치매증 등 모든 성인병의 예방에 고려되어야 할 방법이다(그림 8.26).

그림 8.27에 나타난 바와같이 노화가 진행됨에 따라 건강도가 감소하여 반건강 상태에 이르는데 이를 방치하면 질환이 발병되어 결국 사망(건강도 0)하게 될 것이다. 그러나 반건강 상태일 때 생리기능성물질을 섭취하게 되면 질환의 발병을 막아 건강을 회복시킬 수 있는 것이다. 이러한 이유로 인하여 노화를 억제 시킬수 있는 생리기능성 물질의 섭취가 필요할 것이다.

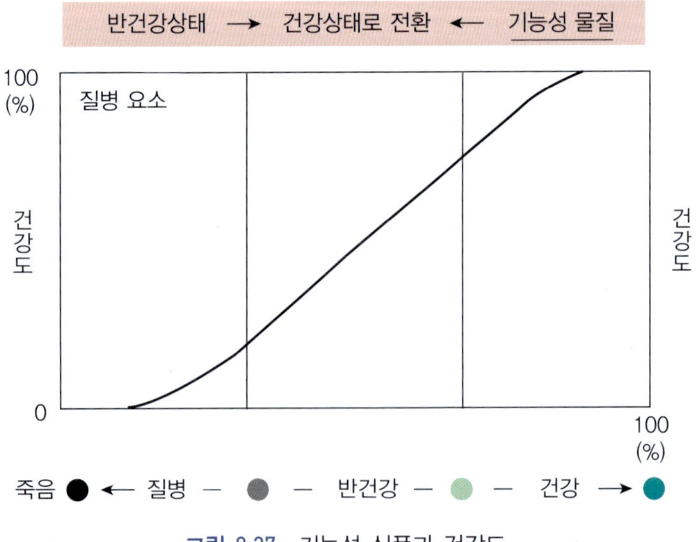


그림 8.27 기능성 식품과 건강도.

## 8.4.2 해조류로부터 기능성 식이섬유

생물이 생명을 유지하고 활동하고 번식하는 데 필요한 물질을 체외에서 받아들이는 작용이 영양이며, 인간에 있어서는 탄수화물, 지질, 단백질, 비타민, 무기질의 5대 영양소가 필수인 것으로 지금까지 알려져 왔다. 그렇지만 식품 공급이 충분한 선진국에서는 비만과 성인병 등이 중대한 사회문제로 대두하여 건강하게 장수하기 위해서 영양소가 풍부한 식품을 선택하는 것이 주된 관심의 대상이 되어왔다.

식품 중에서 소화가 잘 되지 않는 식이섬유(dietary fiber)는 에너지원이나 체조직의 구성성분이 되지 않는 비영양소의 하나로 생각되어 왔지만, 최근에는 인간 건강에 유용한 식품성분으로 인식되고 있다. 식이섬유는 '인간의 소화효소로 소화되지 않는 난소화성 성분의 총체'로 주로 식물성 식품에 함유되어 있다.

식이섬유의 중요성을 인식하게 된 것은 서구인의 식사에서 탄수화물 비율이 꾸준히 증가하는 것이 서구인들의 문화병과 병인학(etiology)적인 관련이 있다는 가능성이 제안되면서 비롯되었다. 아프리카 원주민들에게는 서구인들에게 흔한 변비, 게실증(diverticulum), 치질, 대장암 등의 소화계 질환들과 심장병, 당뇨병 등의 발병이 극히 적고 비만도 매우 드물다는 점이다. 서구인과 원주민 사이의 질병양상 차이가 큰 이유는 섬유질 섭취량의 차이 때문인데, 원주민들의 대변량은 서구인들보다 수배가 더 많다는 점이다.

### 가. 해조류의 성분

해조류는 육상식물에 비해 생육하는 환경에 현저한 차이가 있어 구성성분이 다르다. 식이섬유에는 육상식물의 세포벽을 구성하고 있는 탄수화물의 셀룰로오스, 헤미셀룰로오스인 크실란(xylan), 만난(mannan), 갈락탄(galactan) 등과, 펙틴, 방향족 탄화수소 중합체인 리그닌(lignin) 및 왁스의 폴리페놀로 이루어진 구틴(cutin)이 있고, 또 비구조물질인 탄수화물은 펙틴과 꼬냑 만난(konjak mannan)이 알려져 있다. 또 수액(sap)의 아라비아검(Arabia gum), 카라야 검(karayagum), 트라가칸트 검(tragacanth gum) 등의 검류, 또는 종자에서 얻어지는 로카스토빈 검(locastobin gum), 구아 검(guar gum), 다마린드 검(tamarind gum) 등의 검류도 탄수화물로 식품, 화장품, 의약품의 유화제와 안정제로써 사용되고 있다.

해조류는 일반적으로 세포벽이 두껍고, 대부분의 종류에서 셀룰로오스가 발견되고 있지만 그 양은 많지 않으며, 홍조류나 녹조류에는 만난이나 크실란이 존재한다. 해조류에 함유되어 있는 식이섬유의 주요 성분은 세포 간에 존재하는 점질 다당류이며, 홍조류에는 한천, 카라기난(carrageenan), 푸노란(funoran), 포르피란(porphyran) 등이, 갈조류에는 알긴산, 푸코이단(fucoidan) 등이, 녹조류에는 수용성 우론산(uronic acid) 황산다당류와 수용성 황산화 중성 다당이 알려져 있고, 또 갈조류의 저장 다당류인 라미나란(laminaran)도 인간의 소화효소로 분해되지 않는 식이섬유이다. 이 같은 해조류의 식이섬유의 특징을 정리하면 육상식물에서는 볼 수 없는 한천, 카라기난, 알긴산 등의 성분이 해조류에 존재하며, 카르복실기와 에스테르 결합의 황산기를 많이 갖고 있지만 이것은 염농도가 높은 환경에서 생육하기 위해 이온의 출입을 조절할 수 있는 특별한 구조로 분화하였기 때문이라 생각된다.

이상은 식물에 유래하는 것이었지만 새우나 게 껍질의 주요 성분인 키틴, 포유동물의 결합조직에 존재하는 히알루론산(hyaluronic acid) 등은 동물성 식이섬유이다. 한편 다당류의 화학적 변형에 의한 유도체인 메틸셀룰로오스(methyl cellulose), 폴리덱스트로오스(polydextrose) 등도 식이섬유로 취급되고 있다.

### 나. 해조 섭취량

우리나라 사람들의 식이섬유 섭취량에 대해서 국민영양 조사에 의한 식품 섭취량으로 산출한 값은 1인 1일당 20g으로 추정되고 있으며, 일본의 16g, 미국의 13g보다 훨씬 높다.

식이섬유 섭취 식품군의 기여율은 채소류, 버섯류, 해조류가 38%, 쌀, 곡류, 감자, 고구마류, 종실류가 29%, 두류 9%, 과실류 14%이며, 해조류의 기여는 7% 정도로 계산된다. 일본에서 식이섬유의 섭취량은 30년 전에는 21g이었으나 지금은 16g으로 감소되었으며, 더욱이 최근에는 감소경향이 더욱 두드러지고 있다고 한다. 그리고 특히 지역간 섭취량의 차이가 많다. 한편, 미국의 조사보고에 의하면 미국인의 1일 식이섬유 섭취량은 13g이며, 각 식품군의 기여율은 야채류 28%, 빵류 19%, 과실류 17%, 콩류 14%로 되어 있는데, 식생활 차이인지는 몰라도 식이섬유의 섭취량이 우리나라와 상당히 다른 것을 알 수 있다.

### 다. 생체 내에서 해조류의 역할

식이섬유는 그 구성하는 성분에 따라 물리화학적 성질을 나타내지만 주된 생리적인 역할은 물의 흡착작용, 이온교환작용, 겔 형성능이며 소화관의 각 부위에서 식이섬유의 역할을 표 8.6에 정리해 놓았다 식이섬유가 많이 함유되어 있는 음식물을 섭취하면 입에서 씹는 횟수가 자연히 증가하게 되므로, 입에서 분비되는 타액이 많이 흡수되어 팽윤상태로 된다. 이처럼 팽윤된 음식물은 포만감을 느끼게 하고 음식물의 과잉섭취를 억제하여 비만을 예방하는 효과가 될 것으로 생각된다.

또한 위에는 유문(pylorus)이라는 영양소의 유입속도를 조절하는 관문이 있는데, 타액을 흡수하여 팽윤된 음식물이 위로 들어가면 위에서 머무는 시간이 길어진다. 이때 유문이 작용을 하여 십이지장으로 음식물이 급속하게 유입되는 것을 막아줌과 동시에

표 8.6 소화관과 식이섬유와이 상호작용

| 소화관내 부위 | 식이섬유의 영향 |
|---|---|
| 입 | 씹는 횟수 증가, 포만감 증가 |
| 위 | 흡수, 팽윤, 포만감의 지속, 과잉섭취 억제 |
| 소장 - 십이지장 | 위내 체류시간의 연장, 내당성 개선, 인슐린 분비의 절약 |
| - 공장 | 콜레스테롤 미셀화 저해, 콜레스테롤 흡수량 저하, 체내 콜레스테롤 농도의 정상화 |
| - 회장 | 담즙산 재흡수량의 저하 |
| - 공장, 회장 | 음식물의 이동속도 변화, 소화관 호르몬의 분비변동, 소화기능의 정상화, 독성물질에 의한 영양소 이용장애의 저지 |
| 대장 - 결장 | 장내세균총, 담즙산 대사, 콜레스테롤 대사의 변동, 발암물질의 생산저하, 발암물질의 결합 또는 희석 |
| - 직장 | 콜레스테롤, 담즙산 및 대사산물의 배설량 증가, 배변횟수 증가, 매끄러운 배설 |

확산을 억제시키게 하므로 소장에서의 흡수가 완만하게 되어 내당성이 개선된다. 이와 같은 혈당 상승 억제에는 불용성의 것보다 수용성의 식이섬유쪽이 유효한 것으로 밝혀졌다.

한편 콜레스테롤은 공장(jejunum, 소장내부)에서, 또 담즙산은 회장(소장 하부)에서 흡수되어 장간 순환(enterohepatic circulation)을 반복하지만 혈청 콜레스테롤량은 수용성으로 겔 형성능이 강한 식이섬유에 의해 특히 억제되는 것이 증명되었다. 이것도 식이섬유가 콜레스테롤과 담즙산에 대해 장관 내 이동의 저해, 결합에 의한 흡수의 저하, 겔 형성에 의한 소수성에 기인하는 지용성 성분의 미셀(micelle, 많은 작은 분자가 회합하여 생긴 콜로이드 입사, 예를 들어 전분액) 형성저해 등의 작용을 하기 때문이다.

식이섬유가 적을 경우 소장에서 영양성분이 소화, 흡수되면 내용물의 부피가 급속히 감소한다. 반면에 식이섬유가 많은 경우 내용물의 부피는 그다지 변하지 않지만 소장 내 이동시간이 길어지므로, 독성물질에 의한 영양소의 흡수장애가 회복된다. 또한 대장으로 들어간 식이섬유의 일부는 장내 세균에 의해 분해되어 세균의 영양소로 균체량은 늘어나지만 변 부피의 50% 전후가 균체이므로, 결국 변은 식이섬유의 다른 형태인 것이다.

식이섬유가 적으면 대장에서 수분 보유능이 떨어져 대장에서 수분이 흡수되어 단단하게 되면 직장 내에서의 체적이 감소하여 변이 마려움을 느끼지 못하게 되어 그 결과 대장 내의 이동시간이 연장되어 배변시간이 감소하게 되고 결국 이로 인해 변비가 된다. 이 같은 변비상태에서는 담즙산이나 발암성 물질의 생성이 증가하여 대장점막과 발암성 물질과의 접촉시간이 길어지므로 발암율이 상승하게 된다.

최근 우리나라도 식생활의 서구화로 인하여 비만아가 증가하고 있다. 비만은 이상적인 지방의 축적으로 삶의 질(quality of life, QOL)을 제한하고 생명의 예후에도 나쁜 위험성을 가져올 수 있으며, 특히 내장 지방형 비만은 의학적으로 볼 때 동맥경화 등의 병태와 밀접한 관계를 갖는다는 인식 하에서 치료가 요구되고 있다. 비만에 대한 치료는 에너지의 섭취와 소비의 균형을 역전시켜서 열량의 소비를 높여야 한다. 즉, 식이요법을 중심으로 한 운동요법 등의 보조요법을 주로 실시해야 하고 이와 같은 치료를 할 수 없거나 그 효과가 불충분할 경우에 한하여 약물요법을 하도록 하는 것이 바람직하다. 그러나 어느 치료법이든 장기간에 걸친 감량상태의 유지 지속은 매우 어려운 것으로 행동요법과 함께 식생활 습관의 개선요법으로 전향적인 치료를 하는 것이 필요하다고 하겠다.

우리나라에서는 예부터 아기를 낳으면 반드시 미역국을 먹었다. 우리조상들은 미역과 같은 해조류가 산모에게 왜 좋은지에 대한 과학적인 규명이 없이도 그저 생활의 지혜로부터 피를 맑게 해준다는 이유로 미역국을 먹은 것으로 전해져 오고 있다. 그러나 최근에 와서 그 의문의 수수께끼가 풀리고 있다.

해조류에는 미네랄과 비타민이 매우 풍부할 뿐만 아니라 어떤 해조류는 항균, 항바이러스를 비롯해 혈압, 혈중 콜레스테롤의 조정, 항종양 활성 또는 적혈구, 임파구의 응집효과를 나타내는 성분을 가지고 있음이 밝혀지고 있다.

### 라. 해조 다당류의 생체 내 중금속의 체외 배출 작용

방사성 금속오염물질의 생체 내 흡수를 배제하기 위해 알긴산을 시작으로 헤조다당의 이용이 검토되고 있다. 그 근거는 해조류가 금속농축률이 높기 때문이다. 예를 들면 해조류에서는 아스코필룸 노도숨[(*Ascophyllum nodosum*), (K=5,700)]과 푸쿠스 베지쿨로수스[(*Fucus vesiculosus*), (K=1,200)]와 같이 철의 농축율이 높다. 다른 녹조류에서 세슘(Cs), 갈조류에서 스트론튬(Sr), 홍조류에서는 플루토늄(Pu)이 일반적으로 농축되어 있다.

생체에 오염된 금속을 효과적으로 배제하기 위해서는 ① 독성이 없어야 하며, ② 체내로 흡수되지 않아야 하며, ③ 이들 금속과 상당히 특이적으로 반응을 해야 하며, ④ 위의 산성, 위장영역에 존재하는 효소에 안정해야 하며, ⑤ 가격이 저렴해야 하는 등이 요구된다.

그 최적인 화합물로 갈조류의 중요한 다당류인 알긴산을 검토한 결과, 그림 8.28에 나타낸 기구로 방사성 스트론튬(Sr)을 제거하는 것으로 밝혀졌다.

이와 같이 알긴산나트륨은 카드뮴(Cd)이나 스트론튬(Sr)과 같은 중금속을 체외로 배출시키는 작용도 한다.

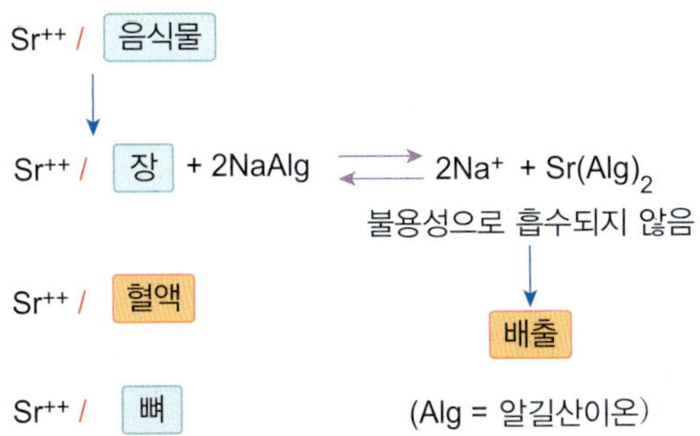


그림 8.28 인체에 고착한 스트론튬의 알긴산나트륨에 의해 배출.

### 8.4.3 키틴 · 키토산의 생리기능성

최근 게, 새우껍질에 들어있는 키틴 · 키토산의 생리기능성이 알려지기 시작하면서 이에 대한 지식을 습득하고자 하는 사람이 많은 것 같다. 그 기능성은 신비스러울 만큼 다양하면서도 효과가 큰 데 비해 그 화합물이 가지고 있는 분자구조는 매우 단순하다.

키틴은 N-아세틸-D-글루코사민이라는 다당류가 연속하여 결합한 다당류로 새우, 게 등의 갑각류 껍데기, 곤충류의 표피, 버섯 · 균류 세포벽의 구성성분으로 함유되어 있고, 식물계의 셀룰로오스와 같이 생물의 지지체와 보호역할을 하는 천연 고분자 물질이다. 키토산은 키틴만큼 많은 양이 있다고는 볼 수 없지만 일부 곰팡이의 세포벽에 존재하고 있다. 키틴의 다당류 구조에서 아세틸 부분을 제거한 화합물(탈아세틸화물)의 형태를 키토산이라고 한다(그림 8.29). 전세계적으로 볼 때, 게 · 새우와 같은 갑각류의 폐기물은 약 1억 4,400만 톤 이상이며, 수산식품 제조과정에서 폐기 되는 키틴의 양은 매년 12만 톤씩 증가되고 있다.

현재 키틴 · 키토산은 흡수성 봉합사, 인공피부 등의 의료용 재료, 상처 치유제와 같은 의약품, 보습효과가 우수한 화장품, 폐수응집제 및 중금속 흡착제 등의 폐수 처리, 면역증강 및 항암 작용을 이용한 건강식품, 제지공업, 섬유공업, 농업분야 등 산업 여러 분야에서 활용되고 있다.

키틴 · 키토산의 공업적 생산은 1970년 일본에서 시작되었으며, 우리 나라에서도 연간 400톤이 생산되고 있는 것으로 추정되고 있다. 키틴은 그 자체로의 용도는 적고, 대부분 키토산의 제조원료로 사용되고 있다. 키틴 · 키토산 관련 물질은 그림 8.29에서와 같이 여러 가지 키틴 · 키토산 분해물들이 만들어 질 수 있으며 이들은 각각 서로 다른 생리 기능을 나타내게 된다. 따라서 최근에는 키틴 · 키토산을 가수분해하여 얻어진 저분자 단당류와 키틴 올리고당 및 키토산 올리고당의 새로운 기능들이 밝혀짐으

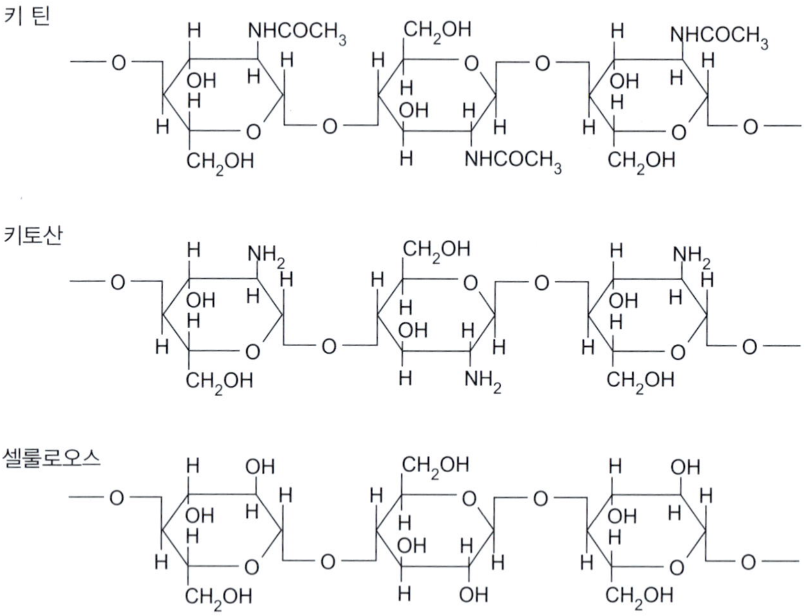

키 틴

키토산

셀룰로오스

**그림 8.29** 키틴, 키토산 및 셀룰로오스의 구조.

로써, 이들의 활용이 미이용 자원인 키틴·키토산의 이용을 극대화 하는 데 중요한 역할을 하고 있다.

이러한 관점에서 키틴을 분해하는 키틴분해효소(chitinase), 키토산분해효소(chitosanase) 등과 같은 효소를 이용한 저분자화의 연구가 활발히 이루어지고 있다. 여기에서는 게나 새우와 같은 갑각류의 껍질로부터 키틴·키토산 및 그 올리고당의 제법 및 이용에 대하여 살펴보고자 한다.

### 가. 키틴·키토산은 어떻게 만들어 지는가?

키틴·키토산은 게나 새우 껍질로부터 추출하여 사용되고 있지만 이러한 껍질은 단백질, 지질(색소), 탄수화물(키틴) 및 무기질(탄산칼슘)로 구성되어 있는데, 이중 탄수화물만을 추출하는 것이 키틴이 되고 키토산도 될 수 있는 것이다. 키틴·키토산은 탄소(C), 수소(H), 산소(O) 및 질소(N) 만으로 구성되어 있으며 이러한 원소들이 수천 내지 수만 개씩 일정한 규칙에 의해서 서로 결합 되어 있다.

게 껍데기에서 키틴이라는 물질만을 제조하고자 할 때는 먼저 무기질 성분인 탄산칼슘($CaCO_3$)을 제거해야만 한다. 이때 염산(HCl)을 사용하여 제거시키는데 그 원리는 다음과 같다.

탄산칼슘은 석회석이라고도 하는데 이것은 염산과 같은 산이 가해지면 염화칼슘($CaCl_2$)과 탄산($H_2CO_3$)을 생성시키는데, 이때 염화칼슘은 물에 녹게 되고 탄산은 강한

**사진 8.7** 키토산 생산 공정도.

염산과 물에 의해 물과 이산화탄소로 분해되어 쉽게 제거시킬 수 있다. 탄산칼슘이 제거된 것을 묽은 수산화나트륨(NaOH) 용액에 담그면 단백질이나 색소 등이 분해되는데 이를 제거시킨 것이 키틴이다(**사진 8.7**).

키틴이 자연계에 존재하는 것 중 양적으로 섬유소 다음으로 풍부하게 존재하고 있으면서도 제대로 이용되지 못한 가장 근본적인 이유는 쉽게 녹일 수 있는 용제가 없었다는 사실과 반응성이 약하다는 것이다. 그러나 키틴으로부터 키토산이 제조되면서 약산인 유기산에 녹고 또한 반응성도 풍부해 지면서 여러 가지 기능성이 나타나는 것으로 밝혀져 그 활용도가 넓혀지기 시작하였다. 키토산은 키틴에 들어있는 구조 중 N-아세틸기($CH_3CO$-)를 40% 수산화나트륨 용액으로 가열 처리하여 제거시킨 것이다. 그러나 100% 순수한 키토산을 만드는 것은 쉬운 일이 아니다. 왜냐하면 모든 화학 반응은 부반응을 수반하기 때문이며, 일반적으로 키토산이라 함은 키틴으로부터 아세틸기가 약 70% 이상 제거된 것을 말한다.

최대한 순수하게 키토산을 제조하고자 할 경우에는 수산화나트륨 용액의 농도를 높여주고 온도를 100°C 가까운 고온으로 가열해 주면서 반응시간을 좀 더 길게 해주면 가능해 진다. 그러나 이렇게 하면 키토산의 점도가 떨어져 결국 분자 크기가 감소하는 결과를 초래할 수 있다. 따라서 키토산을 사용하고자 하는 목적에 따라서 제조공정이 약간 달라질 수 있다. 키틴의 제조 시 유의할 점은 키틴의 원료인 새우나 게의 껍데기는 부패하기 쉽기 때문에 껍데기가 나오는 즉시 처리해야 할 필요가 있다. 하루 정도 쌓아 두어도 부패하기 때문에 즉시 처리하지 않을 경우 건조시켜 두어야 한다. 부패된 것을 원료로 사용하면 키틴·키토산의 품질이 떨어진다.

건조하게 되면 생산비가 증가할 뿐 아니라 약간의 분자량 저하가 일어나므로 신선한 생껍데기를 즉시 연속적으로 처리하는 것이 품질이나 생산 면에서 바람직하다. 키틴은 알칼리에 대해 안정하기 때문에 신선한 게 껍데기는 가능한 신속하게 알칼리 용액에 처리하여 부패를 방지하는 것이 좋다.

### 나. 생리기능성이 있는 올리고당의 제조

앞에서도 언급했듯이 키토산 자체보다도 키토산이 적당한 크기로 분해된 분해물들이 생리활성을 나타내는 경우가 많다. 그 중의 하나가 바로 키틴·키토산이 분해되어 단당류가 10개 내외로 이루어진 올리고당이다. 올리고당은 항암효과가 높은 것으로 밝혀져 있고 약간 달콤한 맛을 내어 키틴·키토산에 비해 먹기에도 좋을 뿐만 아니라 체내 흡수율도 좋다(사진 8.8). 올리고당 제조에는 센 염산으로 분해시키는 방법인 화학적 방법과 효소를 사용하는 생물학적인 방법이 있다.

국내에서 염산으로 키토산을 분해시켜 올리고당을 제조 후 시판되어 문제가 제기되기도 하였다. 염산으로 키틴·키토산을 분해시킬 경우 인체에 유해한 부반응 물질이 생성될 뿐만 아니라 염산을 완전히 제거하지 않은 제품을 사용하면, 이것이 체내로 유입되어 당 대사에 큰 영향을 미치게 된다. 이로 인해 인슐린 작용에 이상이 생겨 당뇨병이 걸릴 수도 있다고 한다.

따라서 우리나라 보건복지부 식품공전에는 효소로 분해해 만든 키틴·키토산 올리고당을 사용하게 되어 있다. 그러나 키틴·키토산을 분해할 수 있는 효소의 가격이 엄청나게 비싸고 효소 활성이 낮아 화분식으로 효소를 이용하여 키틴·키토산 올리고당을 산업적으로 생산하는 데는 너무나 많은 문제점이 있다. 따라서 필자는 세계 최초로

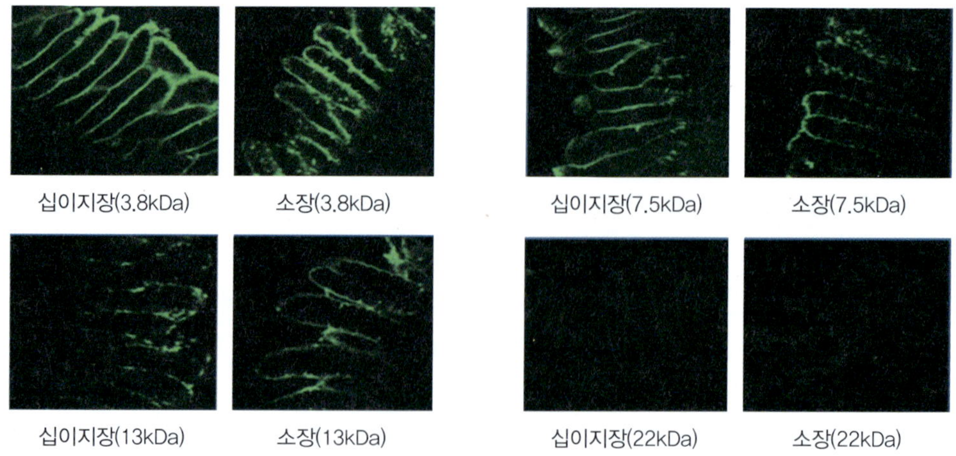


**사진 8.8** 키토산 올리고당의 동물 생체내 흡수도.

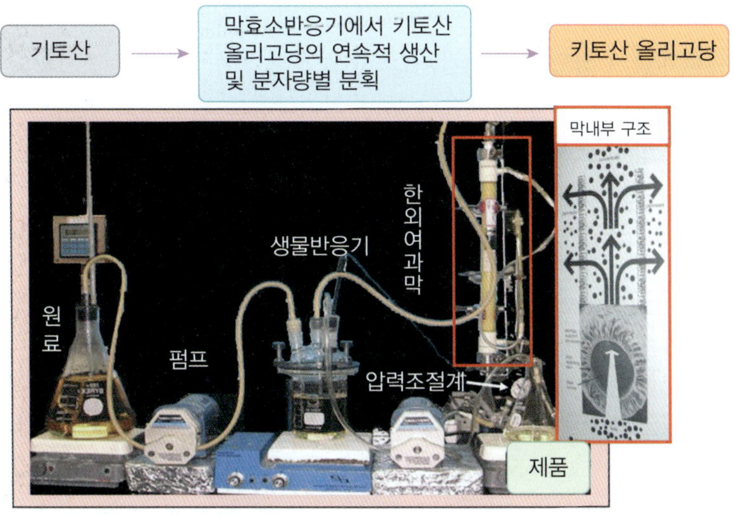


**그림 8.30** 키토산 분해효소를 이용하여 키토산 올리고당의 연속적 생산을 위한 자동화 막효소 반응기 장치 (저자의 연구실에서 개발한 실험용 한외여과막 효소반응기).

키토산 가수분해효소를 이용한 막 효소 반응기 장치를 활용하여 연속적으로 키토산 올리고당을 생산할 수 있는 기술을 개발하여 국내에서 생산하고 있다(그림 8.30).

### 다. 키틴 · 키토산 및 올리고당의 이용

예로부터 게, 새우 진미나 과자 재료로 이용해 온 것에서 알 수 있듯이, 키틴에는 독성이 없고, 또 키틴에서 탈아세틸화 처리에 의해 생성되는 키토산에도 독성이 없는 것으로 추정된다. 물론 키토산에는 혈중 콜레스테롤 수치를 저하시키는 생리 기능이 있는 것으로 알려져 있다.

키토산은 항균 및 항곰팡이 작용이 있기 때문에 식품보존 재료로, 또한 식물 병원성균에 대해 정균 작용이 있기 때문에 토양 개량제 혹은 천연계 농약으로의 용도를 생각할 수 있다. 산성용액에 녹이면 다중의 양이온(polycation)을 형성하기 때문에 폐수로 처리할 때 응집제로 뛰어나며, 보습성이 좋아 화장품 소재로도 이용되고 있다. 또, 생체에 의한 흡수성이나 세포 수준에서 친화성이 우수하기 때문에 수술용 봉합사나 인공 피부 등의 의료용 재료로의 용도도 주목되고 있다.

#### (1) 식이섬유

최근 식이섬유의 중요성이 인식되어 활발한 연구가 이루어지고 있다. 키틴 · 키토산은 사람의 소화효소에 의해 가수분해되지 않기 때문에 식이섬유로 이용될 수 있다. 0.5% 콜레스테롤을 함유한 고(高)콜레스테롤 사료에 키토산 분말을 5% 첨가하여 20

일간 쥐에 먹인 결과 쥐의 발육에는 어떠한 영향을 끼치지 않았지만 혈청 콜레스테롤 및 간장 콜레스테롤의 양이 현저하게 감소한 것으로 밝혀졌다.

한편 키토산에는 식이성 유해물질의 독성 처리작용도 발견되고 있다. 키토산은 식이섬유에서는 독성 방지 효과를 볼 수 없었던 식용 적색 2호, 105호에 대해 독성방지 효과를 볼 수 있었는데 이것은 색소가 키토산과 강하게 결합하여 흡수량이 저하되기 때문이다.

### (2) 항균 · 항곰팡이제

키토산 및 그 분해물이 식물병원성의 곰팡이에 대해 생육저지 효과를 나타내는 것으로 이미 밝혀졌으며, 대장균, *B. subius*, *S. aureus* 등의 세균류에 대해서도 현저한 증식억제작용이 있다. 그러나 세균이나 곰팡이의 증식억제 효과는 키토산의 분자량 크기에 따라 차이가 있는 것으로 밝혀졌다(**표 8.7** 및 **사진 8.9**). 특히 충치원인균으로

**표 8.7** 키토산 및 키토산 올리고당의 곰팡이 및 세균 활성 저해 효과

| 그램 양성(+)균 | 항균 활성 (%) | | | |
|---|---|---|---|---|
| | 키토산 | COS I (고분자) | COS II (중분자) | COS III (저분자) |
| *Streptococcus mutans* | 100 | 100 | 99 | 99 |
| *Microporus luteus* | >99 | 70 | 67 | 63 |
| *Staphylococcus aureus* | 100 | 97 | 95 | 93 |
| *Staphylococcus epidermidis* | >99 | 82 | 57 | 23 |
| *Bacillus subtilis* | 98 | 63 | 60 | 63 |

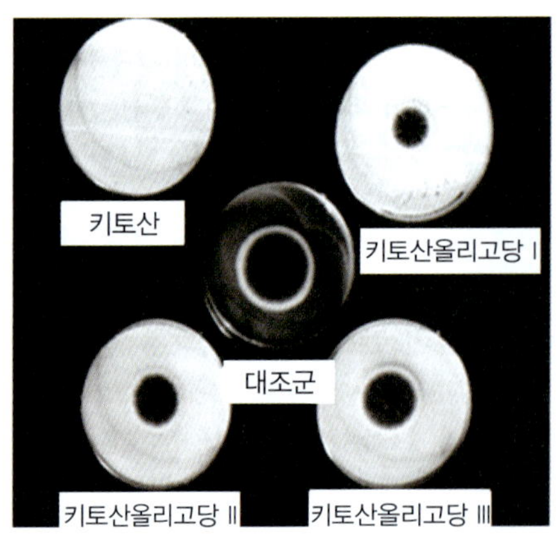


(a) *Aspergillus niger*에 대한 효과



(b) *Alteraria mali*에 대한 효과

**사진 8.9** 키토산 및 키토산 올리고당의 곰팡이 및 세균 증식 억제.

알려진 *Streptococcus mutans*의 경우, 지분자 키토산올리고당 III에서도 세균 증식을 99%까지 억제시킬 수 있어 이를 활용한 충치예방제품의 개발도 가능할 것이다. 또한 물김치, 김치, 두부 등에 키토산을 첨가하면 제품의 저장기간을 연장시킬 수 있으며 제품 탄력 등의 물성도 개량되는 효과가 나타나 이상적인 천연 식품 보존제로 이용이 가능하다.

#### (3) 의약품

고분자인 키틴이 항감염증효과, 항암효과가 있으며, 최근에는 키틴 올리고당에도 같은 효과가 있는 것으로 밝혀졌는데, 특히 6탄당인 N-아세틸 키토헥소오스에 가장 강한 활성이 있는 것으로 밝혀졌다. 현재 키틴을 이용한 흡수성 봉합사, 상처치료 촉진제, 인공피부 등이 실용화되고 있어 장래 의약품으로서 더욱 활용될 가능성이 클 것으로 기대된다.

#### (4) 진단약

이전부터 키틴 올리고당은 라이소자임(lysozyme)에 의해 분해되는 것으로 알려져 왔다. 라이소자임에 의한 분해물인 5탄당에 ρ-니트로페놀을 결합시킨 유도체(ρ-nitrophenyl penta-N-acetyl-β-chitopentaoxide)를 만들어 라이소자임 기질로 응용이 시도되고 있다. 라이소자임은 소염제로 의약품에 널리 이용되며 식품의 방부제로 사용되기도 한다. 또 혈중 및 뇨 중에도 존재하는데 어떤 종의 질환에 걸리면 이것이 정상값보다 높은 값을 나타내는 것으로 알려져 있다. 이러한 점에서 볼 때 키틴 올리고당의 유도체는 라이소자임 활성의 임상진단과 의약품, 식품의 품질 관리 분야에 응용할 수 있다.

#### (5) 콜레스테롤 개선작용

일반적으로 콜레스테롤과 같은 지방질을 섭취하게 되면 지방은 그대로 흡수되는 것이 아니라 췌장에서 분비되는 지방산 가수분해효소인 리파아제(lipase)에 의해 분해된 후에 그 분해산물이 장에서 흡수하게 된다. 그러나 지방은 물과 같은 수용액에서는 용해되지 않기 때문에 대부분의 지방질은 자기들끼리 서로 응집된 채로 체내에 존재(식용유 등의 기름류와 물이 섞이지 않는 현상과 유사)하기 때문에, 지방산 가수분해효소에 의한 분해가 어려우므로 체내에서는 흡수가 쉽게 되지 않는다. 이때 십이지장에서 분비되는 담즙산이 지방질이 서로 응집해 있는 것을 풀어 지방산 가수분해효소의 분해를 잘 받도록 도와주는 역할을 한다(**그림 8.31**).

그런데, 이 담즙산의 화학구조를 보면 음이온의 형태를 취하고 있으므로 양이온을 가지고 있는 키토산이 음이온의 담즙산과 결합하여 제거함으로써 지방산가수분해효소

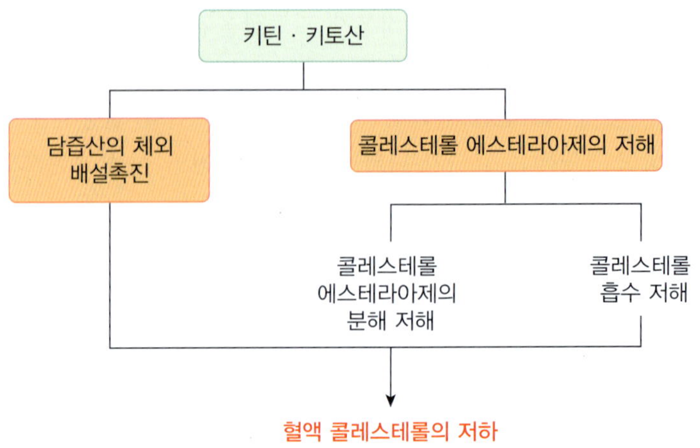


**그림 8.31** 키틴 · 키토산의 항콜레스테롤 작용.

의 작용을 억제하여 콜레스테롤이 흡수되는 것을 방지할 수 있어 성인병의 예방을 가능케 해준다.

### (6) 화장품

키토산은 모발에 흡착된 후에 보습성, 대전방지성, 피막형성능 등의 기능성을 나타낸다. 또한 제제(pharmaceutical preparation)의 기능으로 증점성, 보호콜로이드 형성능, 금속 봉쇄성이 발견되고 있다.

키토산은 분자내에 아미노기($NH_2$)와 수산기($OH^-$)를 갖고 있기 때문에 상당히 친수성이 높다. 키토산의 수분 보유능이 높아 일반적으로 모발의 수분함량을 일정하게 유지하는 것이 모발의 건강유지를 위해 중요한 것으로 알려져 있어 키토산의 높은 보습성을 활용할 수 있다. 한편 모발은 저습도 환경 하에서 솔질(brushing)하면 바람에 의하여 정전기가 발생하여 축적된다.

이것은 머리카락이 날리거나 먼지부착의 원인이 되고 또 빗질하기가 어렵기 때문에 모발을 상하게 하는 원인이 된다. 키토산은 모발에 흡착하여 피막을 형성하지만 이로 말미암아 모발 표면이 평활화(planing)되어 마찰저항이 떨어진다. 또 키토산은 높은 보습성을 갖고 있기 때문에 모발표면의 전도성(conductivity)이 높아 정전기가 축적되기 어렵다. 키틴 유도체의 카르복실키틴은 키토산과 달리 물에 잘 용해된다. 이것은 보습성이 매우 높아 화장품의 보습작용을 위해 사용되고 있다. 저분자 키토산 및 인산화 키틴은 타액처리한 하이드록시아파타이트(hydroxyapatite)에 대해 충치 원인균인 *S. mutans*의 흡착을 저해한다. 특히 인산화 키틴은 다른 구강 내 세균(연쇄구균)에 대해서도 강한 흡착 억제 작용을 나타내어 충치 예방제로서의 이용이 검토되고 있다.

### (7) 키토산 올리고당의 항암작용

아직까지도 현대 의학에서는 암을 정복하는 것이 요원한 것으로 남겨져 있다. 지금까지 항암제들이 많이 개발되고 있지만 그 부작용이 문제가 되어 보다 효과적인 항암제의 개발이 요구되고 있는 실정이다. 암은 초기에 발견되면 그 암의 발생지를 제거함으로써 암의 전이를 방지할 수 있으나 그렇지 못할 경우에는 항암제를 투여하여 단지 생명을 다소 연장시킬 수 밖에 없다. 현재 개발된 항암제는 대부분 화학물질로써 부작용이 심하다. 그 이유는 암세포만을 선택적으로 손상시키지 않고 정상세포까지 파괴함으로써 부작용이 발생하기 때문이다. 그렇기 때문에 가능한 화학물질에 의한 치료보다는 면역요법에 의한 치료가 바람직하다.

면역이라 함은 체내에 이물질(항원)이 침입하였을 때 백혈구, 대식세포, T세포, B세포 등이 이물질을 먹어치워 제거하는 것을 말한다. 백혈구는 혈액에 존재하는 것으로서 비교적 적은 세균 등의 이물질을 포착하여 먹어 치우는 역할을 한다. 대식세포는 백혈구에 비하여 비교적 큰 이물질을 한꺼번에 먹어 치움으로써 얻어진 이름이다. 대식세포가 먹어 치우면서 생성된 파편(찌꺼기)은 대식세포 몸 밖으로 배출하게 되는데, 이 때 이 파편으로 인하여 T세포가 반응하여 이물질인지를 판단하고 공격이 필요할 때 B세포에 명령을 하게 되고 명령을 하달 받은 B세포는 그 물질에만 특이적으로 반응하는 항체를 대량으로 증식시켜 제거하게 된다.

키틴·키토산이나 그 올리고당은 이러한 면역력을 증강시켜 암의 억제 내지 전이를 방지시키는 것으로 알려져 있다. 즉 대식세포를 활성화시킨다든지 혹은 T세포를 강화시켜 B세포로 하여금 항체를 많이 생산하도록 함으로써 암을 극복할 수 있는 것으로 보고되어 있다.

키틴·키토산의 항암효과를 마우스를 이용하여 검토하였을 때 경구 투여한 것이 아니라 모두 복강이나 피하에 주사하여 실험을 행하였다. 키틴·키토산은 현재 의약품이 아니라 건강보조식품인 관계로 먹는 방법으로 섭취할 수밖에 없다. 이렇게 될 경우 키틴·키토산은 불용성의 고분자이므로 이들을 수용성인 키틴·키토산 올리고당의 형태로 만들어 섭취해야만 그 효과가 보다 명확하게 발현될 것이다.

분자량이 서로 다른 키토산 올리고당 시료를 마우스에 1개월 간 투여하여 복수 및 자궁경부암 억제 효과를 확인해 본 결과 표 8.8에 나타난 바와같이 분자량 5~10kDa의 키토산올리고당 시료를 투여한 마우스에서 암억제율이 가장 높게 나타났으며, 이 보다 낮은 분자량 또는 높은 분자량에서는 암 억제율이 매우 낮아 항암 효과에는 올리고당의 크기가 매우 중요하다는 사실이 밝혀졌다.

표 8.8 분자량별 키토산올리고당의 암 억제효과

| 시료 | 투여량 (mg/kg/day) | Mouse (마리) | 복수암 | | 자궁경부암 | |
|---|---|---|---|---|---|---|
| | | | 종양 무게 (mg) | 암 억제율 (%) | 종양 무게 (mg) | 암 억제율 (%) |
| 대조구 | | 12 | 1032.5±839.5 | | 912.2±612.1 | |
| 키토산올리고당 I (분자량 5~10kDa) | 50 | 12 | 1147.0±933.9 | - | 965.2±839.7 | - |
| | 20 | 12 | 901.0±741.7 | 12.7 | 803.3±641.8 | 11.9 |
| | 10 | 12 | 795.5±384.8* | 22.9 | 772.7±592.2 | 15.3 |
| 키토산올리고당 II (분자량 3~5kDa) | 50 | 12 | 345.2±218.6* | 66.6 | 240.5±202.5* | 73.6 |
| | 20 | 12 | 665.6±304.1 | 35.5 | 352.3±331.1 | 61.4 |
| | 10 | 12 | 739.5±351.8 | 28.4 | 669.5±562.3 | 26.6 |
| 키토산올리고당 II (분자량 3~5kDa) | 50 | 12 | 904.0±510.3 | 12.4 | 665.0±477.9 | 27.1 |
| | 20 | 12 | 874.8±516.6 | 15.3 | 841.1±602.1 | 7.8 |
| | 10 | 12 | 973.5±417.1 | 5.7 | 879.9±650.3 | 3.5 |

### (8) 고혈압 조절 작용

고혈압은 유전적 요인에 의한 것과 식염의 과다 섭취에 의해 발생하기도 한다. 그런데 고혈압을 일으키는 여러 가지 요인 중 하나는 생체 내에 존재하는 안지오텐신 I전환효소(angiotensin I converting enzyme, ACE)인 것으로 밝혀졌다. 이 효소에 의해 안지오텐신 I이 혈압상승물질인 안지오텐신 II로 선환됨으로써 혈압을 상승시키게 된다. 따라서 이 효소를 저해해서 혈압을 정상적으로 유지시킬 수 있다. 그리고 식염을 적게 먹는 것도 고혈압을 낮추는 방법이 될 수 있다.

여기서 중요한 사실은 식염(NaCl)이 체내로 유입되었을 때 지금까지는 나트륨이온($Na^+$)이 혈압 상승의 원인으로 알려져 왔으나 최근에 키토산으로 연구한 실험에서 염소이온($Cl^-$)이 혈압상승 물질로서 밝혀졌다.

키토산은 큰 분자이므로 섭취 되었을 때 일부는 장에서 흡수되지 않고 체외로 배출되는 식이 섬유이다. 그리고 키토산은 그 구조 중에서 아미노기(양전하)를 갖고 있어 소금 중의 염소이온(음전하)이나 담즙산과 결합하여 체외로 배설시킨다. 담즙산은 콜레스테롤로 합성이 되어 지방섭취 시 소화관 내로 분비하며 지방흡수를 도와주는 역할을 하는데 키토산은 지방의 장내 재흡수를 막아 결국 생체 내 콜레스테롤 감소를 가져오고 염소이온의 체외 배출도 도와준다.

실제 키토산과 알긴산을 쥐에 섭취시켜 혈압강하효과를 검토한 결과, 그림 8.32에서 나타난 바와 같이 키토산 섭취에 의해 혈압이 감소하는 것을 볼 수 있다.

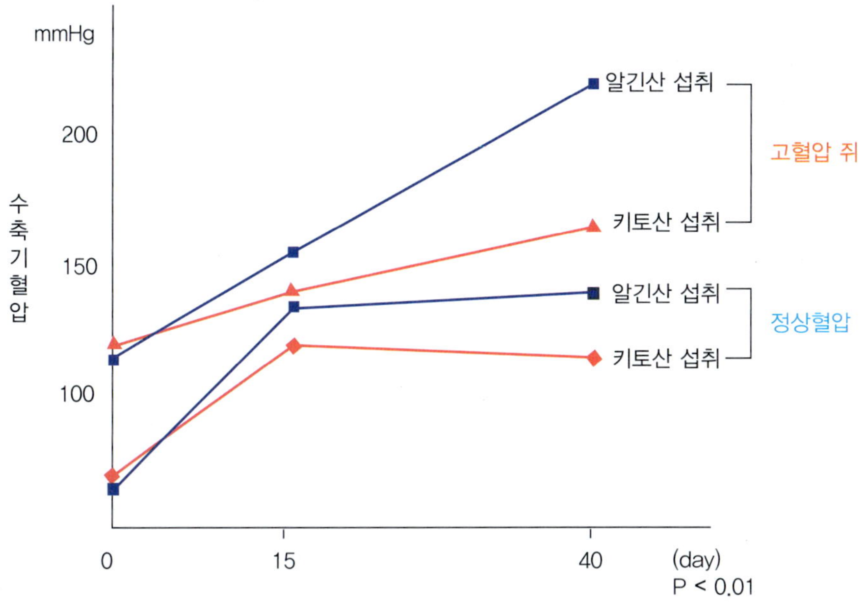


**그림 8.32** 식염 농도가 높은 사료와 키토산을 먹인 쥐의 수축기 혈압변화.

## 8.5 천연화장품 소재

우리나라에는 한방을 중심으로 여러 가지 전승요법·민간요법이 존재하였지만, 그 대부분은 육상식물성분을 주로 이용하였으며 해양유래 성분의 이용은 매우 적었다.

전승요법으로 이용되고 있는 소재를 많이 취급하는 화장품 원료에 있어서도 마찬가지이다. 한편, 유럽에서는 해조, 해수, 바다진흙 등의 해양유래성분을 이용한 전통적 해양요법이 있으며, 이는 타라쏘테라피(Thalassotherapy)라 일컬어지고 있다. 최근에는 타라쏘테라피가 우리나라에도 소개 되어, 여성을 중심으로 해양 성분에 대한 관심이 높아지고 있다. 게다가, 광우병(bovine spongiform encephalopathy, BSE) 문제를 계기로 포유류 유래의 원료를 기피하는 경향이 있으므로 그 대체원료로 해양성분에 대한 관심이 높아지고 있다.

화장품이란 사람의 신체를 청결하게 하고, 아름답게 하며, 매력을 높이고, 용안을 변화시키기 위해 또는 피부와 모발을 부드럽게 유지하기 위해, 신체에 도포, 산포, 그 외에 이것들에 유사한 방법으로 사용되는 것을 목적으로 하는 물질로서, 인체에 대한 작용이 완화된 것을 말한다. 즉, 화장품은 온화한 작용이 있어 장기적으로 계속 사용하여 피부나 모발의 상태를 개선하는 것이 목적이며, 의약품과 같이 강한 효과가 있는 것은 아니다.

이와 같은 온화한 효과 외에 소재가 화장품에 잘 어울려야 하며, 이미지가 좋아야 하는 점 등이 화장품 원료로 매력적인 요소이고, 중요한 포인트가 된다. 게다가 화장품은 직접 피부에 도포시키는 것이므로, 피부에 대한 안정성이 양호해야 한다.

해조를 중심으로 한 해양성분은 화장품의 효과와 연관성의 측면에서 상기 조건을 만족시키므로 화장품용 소재로 우수하다고 생각 된다.

과거에 어떠한 소재가 화장품 원료로 사용되었는지는 약사승인전례에 있는 소재를 모은 공정서, 예를 들면 『화장품 원료기준』 『화장품 종류별 배합 성분 규격』 등을 참고할 수 있다. 현재 화장품에 대한 규제는 완화되고 있기 때문에, 반드시 상기 공정에 수록되어 있을 필요는 없지만, 거기에 수록되어 있는 규격은 품질을 판단하는 하나의 기준으로서 유용하다.

공정서류로부터 해양 유래 성분을 찾아내어 정리한 것을 표 8.9에 나타내었다. 이 표에는 약사승인전례의 성분을 살펴본 것으로 고래기름과 같이 현재 사용하지 않는 성분도 포함되어 있지만, 스쿠와란, 스쿠알렌 등의 유분, 보습제나 증점제로서 이용되고 있는 알긴산 나트륨, 펄(pearl)제로 사용되는 생선비늘은 화장품의 기본성분으로 이용되고 있음을 알 수 있다.

표 8.9 약사승인전례에 있는 해양 유래 화장품 원료

| 명칭 | 원료 | 명칭 | 원료 |
|---|---|---|---|
| 알긴산칼륨 | 갈조류 | 한천분말 | 우뭇가사리 |
| 알긴산나트륨 | 갈조류 | 탈황규소산 알루미늄 | 바다진흙 |
| 알긴산칼슘 | 갈조류 | 키틴 | 대게 및 붉은 대게(홍게) |
| 알긴산프로필렌글리콜 | 갈조류 | 키토산 | 갑각류 |
| 알긴산황산나트륨 | 갈조류 | 생선비늘막 | 갈치 |
| 오징어먹물 | 오징어 | 클로렐라엑기스 | 클로렐라 |
| 엷무늬 바다뱀 지질 | 엷무늬 바다뱀 | 숙시닐키토산 | 갑각류 |
| 해수건조물 | 해수 | 스쿠알렌 | 상어 |
| 해조 추출물(엑기스) | 갈조류, 홍조류, 녹조류 | 스쿠와란 | 심해상어류 |
| 가수분해 엑기스 | 오징어 | 수용성 콜라겐액 | 어류 |
| 굴엑기스 | 굴 | 칸카이얼린 파우더 | 진주조개 |
| 카르기난 | 홍조류 | 진주분말 | 조개 |
| 카르복실메틸키틴액 | 게류 | 히드록시에틸키토산액 | 갑각류 |
| 건조클로렐라 | 클로렐라 | 히드록시플로필 키토산액 | 갑각류 |

천연추출물 또는 바이오 공정을 통해 얻은 피부친화적 생체분자를 함유하여 피부노화방지, 미백 등의 기능성을 강조시킨 화장품을 기능성 바이오 화장품이라고 할 수 있으며, 미용 위주의 화학 화장품과 달리 기능성이 추가되어 화장품(cosmetics)과 의약품(pharmaceuticals)의 합성어로 약용 화장품(cosmeceuticals)으로도 불린다.

화장품의 7대 기능으로 피부보습, 항산화, 자외선 보호, 주름개선, 미백, 여드름 방지, 발모 및 방향 효과를 들 수 있으며 최근에는 먹는 화장품(nutricosmetics)이 등장하면서 식품과의 경계를 무너뜨리고 있는 실정이다. 이는 생명과학의 유전자 조작 및 바이오 공정기술의 발전, 천연 유용생물자원 탐색기술의 진보 등으로 바이오 화장품이 제약 및 식품 영역까지 확장세에 있다는 의미이다.

일본에서의 과거 10년 간 화장품 특허 건수를 통해 해조, 해수건조물 등 '바다'라고 하는 단어를 가진 화장품 성분이 청구항목에 포함되는 수를 조사한 결과를 그림 8.33에 나타냈다. 2000년에 들어, (바다) 관련으로 공개된 화장료 특허가 증가하고 있는 것을 알 수 있다. 출원된 것은 공개 1~2년 전이므로, 90년대 후반기부터 해양성분을 화장품으로 활용하려는 시도가 증가하고 있음을 알 수 있다. 이때부터 포유류와 조류(birds)에서 유래하는 원료를 기피하는 경향이 높아지기 시작하여, 새로운 소재원으로의 해양성분이 주목 받기 시작했다. 그림에서 볼 수 있듯이 화장품 소재로 사용되는 종류는 해조류가 가장 많고, 해수건조물(해염)과 바다 진흙(mud)도 사용되고 있음을 알 수 있다(그림 8.33).

그리고 해양생물 원료별 효과와 작용에 대한 것을 표 8.10에 나타냈다. 해조 유래 다당류는 지속적으로 밝혀지고 있는 기능성으로 인해 그 응용분야가 넓으며, 한천, 알긴산, 카라기난, 키틴, 키토산 등이 그러하다.

그 중 알긴산(alginic acid)은 다시마, 미역, 모자반, 톳 등의 갈조류에서 점성을 나타내는 성분으로 D-만뉴론산(D-mannuronic acid)과 L-글루론산(L-guluronic acid)의 중합체이다. 이 물질들은 현재 화장품에서 천연 증점제로 사용되고 있으며, 갈라토오

표 8.10 공개특허로 본 해양성분의 효과

| | |
|---|---|
| 해조 | 스킨케어(Skin care) 화장품[보습, 피부틈방지, 히아루돈산 생산 촉진, 콜라겐 생산촉진, 섬유아세포 촉진효과, 엘라스틴 가수분해효소(elastase) 저해, 항산화 등] |
| 해수, 해염 | 입욕제(피부보습, 피부틈방지 개선 등)<br>스킨케어 화장품(미백효과, 피부보습, 피부틈 방지) |
| 바다진흙 | 세정제<br>팩제(보습효과, 피부 노폐물 제거효과 등)<br>스킨케어 화장품(보습효과, 미백효과 등)<br>헤어케어 화장품(매끈매끈한 사용감, 보습성) |

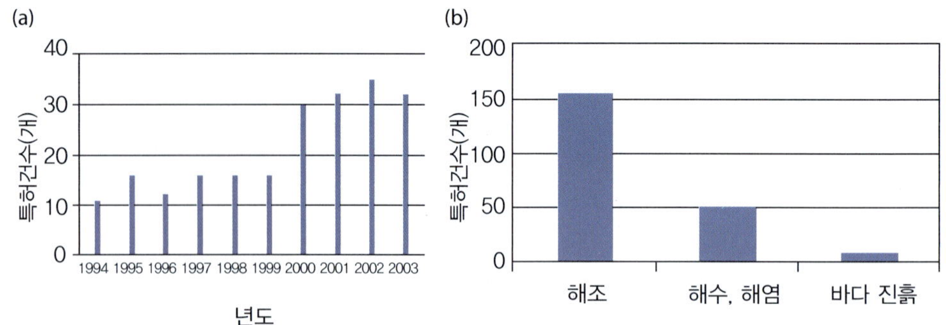


**그림 8.33** 일본의 해양유래 화장품 소재관련 특허 등록수(a), 해양 유래 소재 특허내용별 등록수(b).

스(galactose)와 무수갈락토오스(Anhydrogalactose)로 구성된 산성 다당류 카라기난(carrageenan)은 화장품의 안정제 및 분산제 등으로 사용되고 있다.

또한, 갈조류의 일종인 괭생이 모자반(*Sargasum horneri*)에서 분리된 사가크로메놀(Sargachromenol), 사가크로메놀E 그리고 사가크로메놀D 화합물들이 자외선 손상을 막아주는 효과를 보였다(**그림 8.34**).

**사진 8.10**에서 보듯이 자외선에 의해 손상되어 분해된 엘라스틴이 사가크로메놀 화합물들에 의해 분해가 억제되는 것을 확인 할 수 있었다.

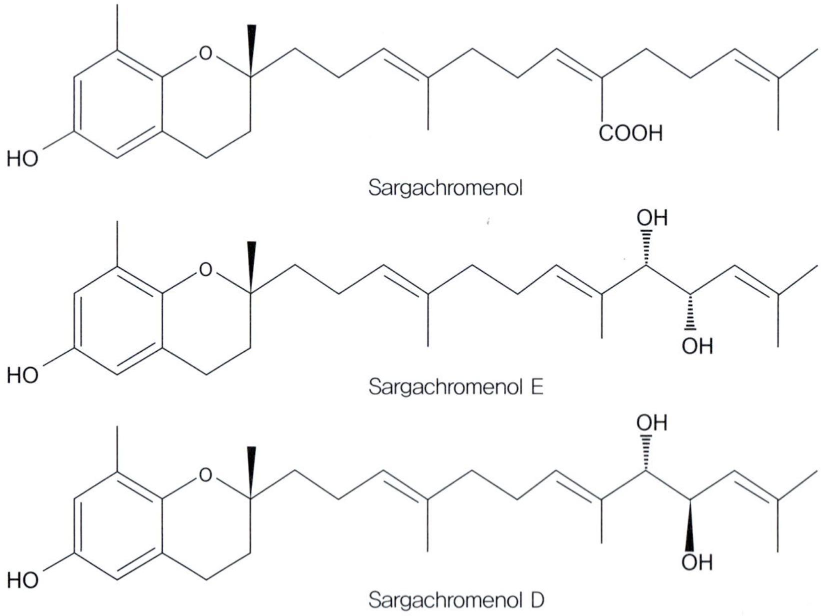

HO
COOH
Sargachromenol

OH
HO
OH
Sargachromenol E

OH
HO
OH
Sargachromenol D

**그림 8.34** 괭생이 모자반에서 분리된 사가크로메놀 화합물.

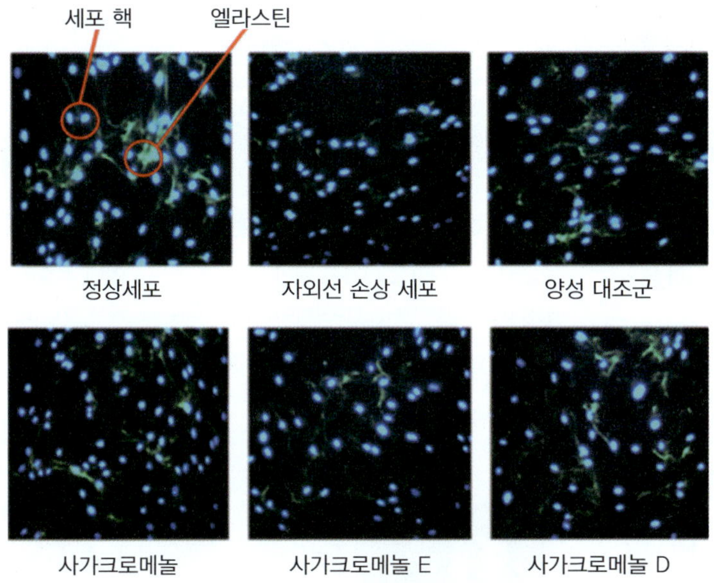


**사진 8.10** 괭생이 모자반에서 분리된 사가크로메놀 화합물의 엘라스틴 분해 억제효과.

저자는 이 외에도 감태(*Ecklonia cava*)에서 분리된 플로로탄닌(Phlorotannin) 계 화합물 중 7-플로로에콜(7-phloroeckol)의 타이로시나제(tyrosinase) 및 멜라닌(melanin)의 합성에 대한 강력한 저해 효과를 밝혀 이를 이용한 미백 기능성 화장품 소재를 개발했을 뿐만 아니라, 다이에콜(dieckol)의 경우는 자외선에 의한 DNA의 손상을 막아 주름 억제 효능을 나타내는 것을 밝혔다(**사진 8.11**).

이러한 다이에콜은 염증성 피부질환인 아토피에도 효과가 있는 것으로 확인되었으며, 실제로 아토피를 유발 시킨 동물 모델에서 다이에콜이 함유된 감태 추출물로 처리한 결과, **사진 8.12**에 나타난 바와 같이 아토피 완화에 탁월한 효과를 보였다.

붉은 홍소류 추출물의 성분들에는 피부 보습효과, 항산화, 자외선보호 및 육모 촉진 등의 효과가 있는 것으로 알려져 있는데 특히, 인도네시아 산 홍조류인 이유키우마 코

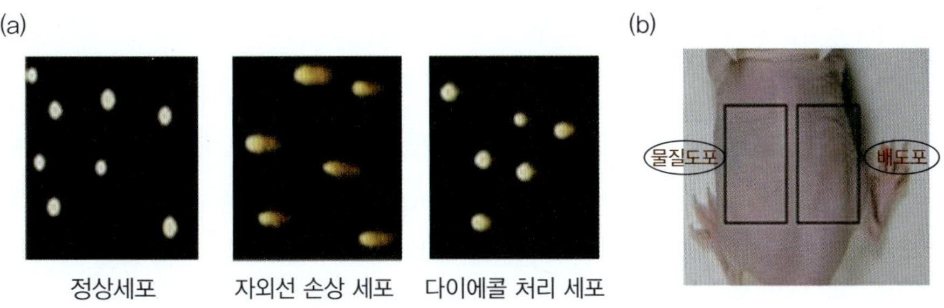


**사진 8.11** 주름 유발 동물모델에서 다이에콜의 DNA 손상 방지 (a) 및 주름 개선 (b) 효과.

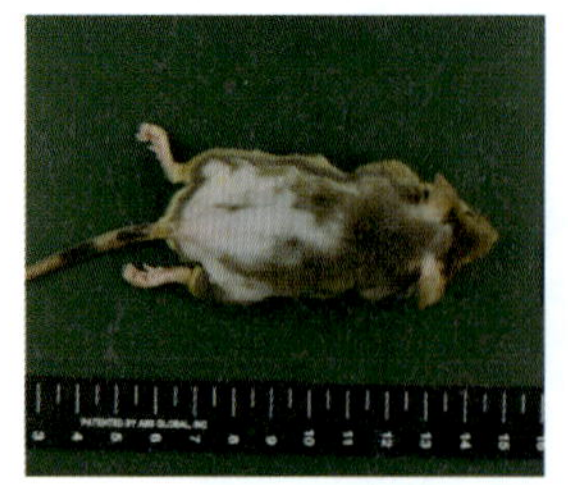

처리 안함

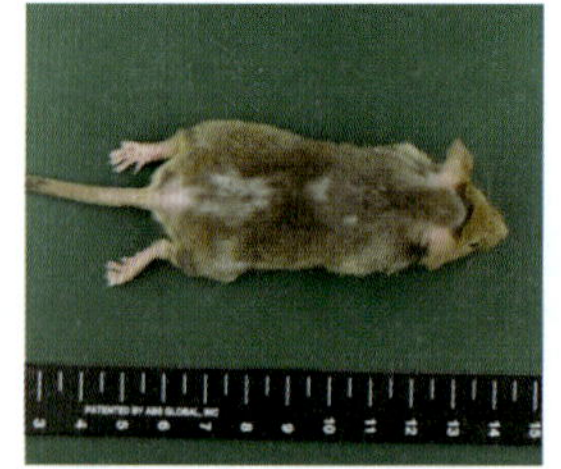

양성 대조군 처리

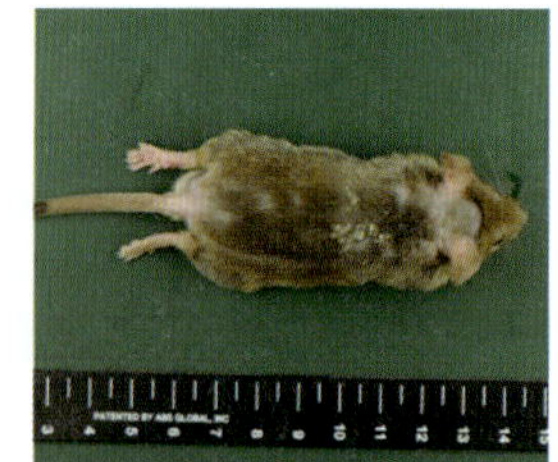

감태 추출물 처리

양성 대조군: 베카메타손 디프로피오네이트(Retamethasone 17.21.-dipropiana)

**사진 8.12** 아토피를 유발시킨 동물 모델에서 감태 추출물의 아토피 억제 효과.

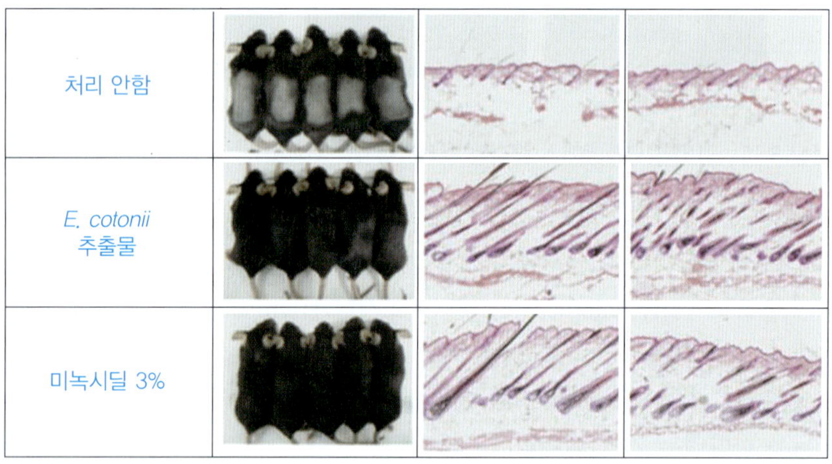


**사진 8.13** 홍조류 추출물의 육모 효과.

토니(*Eucheuma cottonii*) 추출물은 **사진 8.13**에서 볼 수 있는 바와 같이 발모치료제 중 하나인 마이노시딜(Minoxidil)과 비교 될 만큼 육모효과가 뛰어난 것으로 밝혀졌다.

## 8.6 맺음말

해양생물로부터 기능성 물질에 관한 연구는 선진국을 중심으로 지난 30년간 눈부시게 발전하여 왔다. 이미 10,000종 이상에 달하는 신물질이 분리되어 구조와 특성이 밝혀지면서 종래 육상생물의 천연물화학에서 인식되어 왔던 유기물질에 대한 개념 자체를 변화시켰으며, 해양생물에서 분리된 다수의 기능성 물질이 나타내는 강력한 생리활성 효과와 독특한 반응기작은 의·약학뿐만 아니라 생물·생태학, 생화학에 속하는 여러 분야의 기초 및 응용연구에 많은 기여를 하고 있다. 최근에는 산업적인 면에서도 해양생물 유래의 생리활성 물질 및 기능성 소재에 대한 많은 특허가 등록되어 의약품, 건강보조제, 기능성 화장품, 공업제품 등으로 개발되어 활용되고 있다.

이렇게 해양생물로부터 신물질이나 유용물질을 개발하는 연구는 학문적으로 또는 산업적으로 매우 중요한 분야이나 국내에서는 아직 이에 대한 인식이 부족하여 오랜 기간동안 관련 연구가 활성화되지 못하였다. 그러나 최근 들어 이 분야의 정부지원이 증가함에 따라 우리나라 해양에서 생산되고 있는 미이용 해양생물자원으로부터 고부가가치의 상품 개발도 활발히 이루어질 것으로 기대된다.

Chapter 09

# 해양 바이오 에너지 생산

## 9.1 해양 바이오매스

바이오매스(biomass)란 정해진 공간 내에 존재하는 동물, 식물, 미생물 등의 유기체 모두를 물량으로 환산한 양을 말하며, 우리나라의 생태학 분야에서는 '생물 현존량' 또는 '생물량'이라 한다. 화학연료나 핵에너지와 병행하면서 태양에너지를 이용할 수 밖에 없는 오늘날의 응용과학 분야에서 바이오매스라는 말은 본래의 생태학적 용어를 넘어서 사용되고 있다. 즉 생물이 태양 에너지를 축적하는 기능을 이용하여 유용물질이나 연료를 얻으려는 개념의 구체적 대상으로 바이오매스는 위치하고 있다.

최근에는 미래의 에너지원으로 원자력, 태양에너지, 바이오매스 등이 고려되고 있다. 특히 무궁무진한 태양에너지 그리고 그 태양에너지의 축적물인 바이오매스를 새로운 에너지 자원 물질로 이용하는 것에 큰 기대를 하고 있다.

지구전체 바이오매스의 총량은 $1.0 \times 10^{12}$톤(탄소로 환산) 이상으로 추정되며, 이는 연간 에너지 소비량의 100배, 석유매장량의 5배에 해당된다. 또한 바이오매스 총량의 1/10은 태양에너지를 이용한 광합성에 의해 매년 재생산되고 있다. 이 무한한 부존자원인 바이오매스는 아직까지 거의 이용되지 않고 있어 앞으로 높은 효율로 에너지를 생산하는 것이 가능해진다면 21세기의 주요한 에너지 생산 시스템이 될 수 있을 것이다. 특히 해조류, 미세조류, 해양미생물 등의 해양 바이오매스를 이용한 에너지 생산은 미래의 에너지 자원으로 사용하기에 충분하다.

우리나라에서 예로부터 해조류가 식용으로서 중요시 되어왔고 미역, 다시마, 김을 비롯해 많은 해조류가 우리나라의 식문화에 정착되어 왔다. 해조류의 용도는 식용 외에 가축의 사료, 작물의 비료, 의약품, 화장품, 식품첨가물, 공업원료 등 매우 다양하다. 최근에는 석유, 석탄과 같은 화학에너지 자원이 고갈되고 급격한 인구 증가로 인해 예상되는 에너지 위기에 대비하여 지구표면의 2/3를 차지하는 해양에 내리쬐는 태양에너지를 효율적으로 이용하려는 방안이 대두되고 있는데, 해조류는 이를 위한 해양 바이오매스 자원으로 크게 주목을 받고 있다.

우리나라는 삼면이 바다로 둘러싸여 있고 비교적 해조자원이 풍부하지만, 국토가 작고 자원이 적어 1970년대 오일쇼크 이래로 대체에너지 개발에 노력을 기울여 왔지만 기대할만한 성과를 거두지 못하고 있는 실정이다.

우리나라에서 식용으로 이용하는 해조류는 크게 대략 15종이 있으나 세계적으로는 200종이 넘는다고 한다. 식용 해조류는 김, 미역, 다시마, 파래, 바닷말 등을 들 수 있는데, 2010년 수산연감에 따르면 천연 및 양식 산 모두 합친 전체 해조의 생산량은 약 10,000톤이다. 또 식용이나 해양 바이오매스 자원으로 사용이 가능한 유용 해조류로는 남조류 2종, 녹조류 35종, 갈조류 106종, 홍조류 254종 모두 397종인데, 이들을 해양

바이오매스 자원으로 활용하기 위해 생산량을 향상시키는 방법으로는 증·양식 기술의 개량과 육종기술 개발에 의한 우량품종의 확보 등이 있으며, 이러한 배경 속에서 비교적 불충분했던 응용 해조류학 분야의 진흥을 꾀하기 위해 해조류 바이오테크놀로지에 관한 연구가 미국, 유럽과 일본을 중심으로 급격히 발전해왔다.

미세조류는 수중에 서식하는 단세포생물이기 때문에 밭이나 토양이 필요하지 않고 기본적으로 물과 빛만 있으면 광합성을 하여 대기중의 이산화탄소로부터 연료(탄화수소)를 생산하여 축적할 수 있다. 면역적으로 안정한 상태에서의 생산에너지 효율은 지상식물의 약 10배 정도로 알려져 있고 또 지상식물과 달리 365일 수확할 수 있어 재배나 수확이 간편하여 자동화에 적합한 이점도 있다. 미세조류는 차세대 바이오 연료의 최후의 수단(방법)으로써 세계적으로 주목을 받고 있다.

본 장에서는 해조류, 미세조류, 해양미생물을 이용하여 바이오 에너지를 생산하는 것에 대하여 살펴본다.

## 9.2 해조에 의한 에탄올 생산

화학연료인 석유는 매장량이 한정적이고 연소시켰을 때 발생하는 이산화탄소가 지구온난화의 주범으로 알려지면서 석유로부터 벗어나 대체에너지를 개발하고자 하는 관심이 고조되고 있다.

대체에너지의 주역으로 간주 되었던 원자력 발전이 일본에서 발생한 대지진과 해일에 의한 후쿠시마 원자력 발전소의 폭발사고로 아주 심각한 사태가 초래됨에 따라 앞으로 원자력 발전소 건설은 물론 기존 원자력 발전소 운전에도 변화나 재검토가 요구되고 있는 실정이다(사진 9.1).

**사진 9.1** 일본 후쿠시마 원전사고(2011년).

**사진 9.2** 강원도 대관령의 풍력발전소.

국민들에게는 전력 부족에 대비해서 더욱 에너지를 아끼는 생활습관이 요구되는 한편, 전세계적 차원에서는 태양광, 수력, 풍력 등의 자연 에너지를 더욱더 활용하고 바이오매스로부터 생산되는 바이오 에탄올과 같은 재생 가능한 에너지 이용을 높이기 위한 효율적인 생산기술 개발이 요구되고 있다(**사진 9.2**).

지금까지 에탄올 생산자원은 대두, 옥수수, 사탕수수, 사탕무 등의 재배작물이나 식량자원 이외에 목재, 건축, 낙엽, 보리짚, 볏짚 등이 활용 대상이었다.

현재 브라질, 미국, 유럽 등에서 옥수수, 대두, 사탕수수 등 재배작물이 바이오 연료용으로 이용되자 관련 곡물 가격이 급등하면서 세계 식량 부족사태를 초래하는 문제를 야기시켰다.

따라서 최근에는 비식용 바이오매스는 잡초, 볏짚, 폐재목 등의 리그노셀룰로오스(ligno cellulose)계 바이오매스와 해조류가 있다. 이 중 리그노셀룰로오스계 바이오매스는 셀룰로오스를 리그닌이 둘러싸고 있어 추출이 어렵기 때문에 먼저 리그닌을 제거해야 하며, 난분해성 셀룰로오스의 당화(saccharification)가 어렵고, 사용하는 약품처리 등이 장애가 되어 생산기술의 발전이 이뤄지지 않고 있다.

반면, 해조류는 일부가 식품으로 이용되고 있지만 바다에서 대량 생산되고 있어 에탄올 원료로 무궁무진한 바이오매스의 원료라고 할 수 있다.

여기서 말하는 해조류는 녹조류, 갈조류, 홍조류에 속하는 대형 해조이며, 연안지역에 분포하고 있지만, 전세계적으로 바다에서 생산되고 있어 그 생산량은 열대우림지대 생산량을 능가한다. 에탄올 생산을 위해 육상 바이오매스를 재배하는 것과 비교하면 해조류 바이오매스는 자연 발생적으로 생육하며 생육장소가 광대한 바다이기 때문에 식용 농작물의 경지나 물과 경쟁이 되지 않고 농약 투여에 의한 환경부하가 없는 것도 큰 장점이 되고 있다.

에탄올 원료로 해조의 성분에는 셀룰로오스계 다당류, 전분계 다당이나 고분자 황산화다당, 우론산 중합물인 알긴산, 만니톨과 같은 당알콜 등 여러 당질이 대량 함유되어 있다. 그러나 해조는 육상 바이오매스에서 볼 수 있는 셀룰로오스계 다당의 추출을 방해하는 리그닌을 함유하지 않거나 함유한다 해도 아주 소량이기 때문에 에탄올 발효의 원료로 이용하기 쉬운 바이오매스라고 할 수 있다.

녹조, 갈조, 홍조의 자원량에 있어서는 녹조류는 담수의 영향이 있는 바닷물과 민물이 합쳐지는 곳이나 그의 하구에 한정되기 때문에 자원량은 3종 중에서 가장 적다. 홍조류는 종류는 많지만 소형종이 대부분을 차지하고 있고 한천이나 카라기난(carrageenan) 등의 점질 다당은 식품이나 일용품의 증점제(thickening agent)로의 수요가 많지만 에탄올 생산원료로의 이용은 기대되지 않는다. 그런 점에서 갈조류는 참다시마, 미역, 모자반, 자이언트 켈프 등 대형종이 많고 3종의 해조류 중에서 가장 생산량도 많아 에탄올 원료로 기대된다. 다만 푸코이단(fucoidan), 알긴산, 라미나란(laminaran), 셀룰로오스계 다당류 외 만니톨과 같은 당알콜도 다량 함유되어 당질조성이 복잡하기 때문에 통채로 이용하는 데 큰 장애가 되고 있다.

그리고 해조류는 육상 바이오매스보다 조직이 부드럽고, 수분함량이 높기 때문에 바다에서 건지면 부패가 진행되어 악취를 내기 쉬워 이에 대한 대책도 필요하다.

### 9.2.1 해조로부터 에탄올 생산공정

해양 바이오매스로부터 에탄올 생산공정은 해조류의 건조, 분쇄, 분말화, 액화, 당화 등의 전처리를 거쳐서 에탄올 발효 및 정제(농축, 분리) 순서로 진행된다.

#### 가. 액화

해조성분을 취한 후 효소처리나 미생물 발효를 쉽게 하기 위해서는 액화가 필요하다. 해조 액화의 방법에는 ① 건조분말로부터 당질성분을 추출하는 방법과 ② 생해조에 효소를 작용시켜 세포벽이나 세포 간 충전 다당류를 분해시키는 방법 ③ 생해조를 고온 고압 조건하에서 액화하는 방법 등이 있다.

①은 육상 바이오매스에서 사용되는 방법이지만 건조분말화에 많은 에너지를 필요로 하기 때문에 에너지 수지를 악화시킨다.

②의 효소처리법은 해조의 구조 다당류를 섬유소분해효소(cellulase)나 해조류를 먹는 연체동물의 소화효소로 처리해서 분해하여 액화하는 방법이다. 구조 다당의 결합을 분해할 수 있는 효소를 얻을 수 있다면 온화한 조건에서 액화할 수 있지만 적절한 효소의 구입과 가격이 문제가 된다.

참다시마와 같은 갈조류의 건조분말에 세포벽 성분인 섬유소를 분해시키는 효소와 세포간 점질 다당인 알긴산을 저분자화시켜 점도를 낮출 수 있는 알긴산 분해효소를 작용시킴으로써 액화와 풀(paste)과 같이 만든다. 홍조류인 우뭇가사리의 경우 아염소산나트륨으로 처리하여 리그닌을 제거한 다음 β-칼락토오스 가수분해효소(β-galactosidase)와 크실란가수분해효소(xylanase)를 이용해서 액화와 당화를 할 수 있다.

③의 고온고압처리는 단백질과 같은 고분자 화합물의 액화나 저분자화에 사용할 수 있는 방법이다. 해조의 경우는 다당의 당화까지 진행할 수 있는 것으로 밝혀졌다. 그러나 이 방법은 내압의 용기 용량 관계로 다량으로 해조를 처리하는 데는 문제가 있다.

## 나. 당화

당화에는 산가수분해, 고온고압분해, 효소분해 등이 있다. 예로서 산가수분해는 3% 황산으로 120°C에서 60분 간 처리로 가능하다. 대부분의 다당은 산분해로 단당까지 분해되지만 단당의 과분해가 일어나 단당의 수율이 떨어질 수도 있다. 너무 지나친 분해는 얻어지는 단당의 회수율을 저하시켜서 결과적으로 에탄올 회수율의 저하로 이어진다. 또 가수분해한 후 사용한 황산을 제거해야 한다. 황산을 제거할 수 있는 쉬운 방법은 알칼리로 중화시킬 수 있지만 염이 생성되어 그 후 에탄올 발효 때 발효에 관여하는 효모와 같은 미생물의 생육이나 발효에 영향을 미칠 수 있다.

다른 방법으로 분해액을 이온교환수지로 처리하여 단당과 황산을 분리하는 방법이다. 황산은 회수하여 재이용할 수 있지만 장치에 황산에 의한 부식을 방지할 수 있는 시설을 갖추어야 하므로 설비에 대한 투자가 커진다.

해조를 여러 압력과 온도로 처리하면 해조조직이나 성분이 변화하여 다당의 추출이 쉬워지거나 분해를 하게 된다. 목재와 같은 육상 바이오매스를 초임계 조건(374°C 이상, 22MPa 이상)이나 아임계 조건(초임계 부근)에 두면 구성성분이 용출되어 분해된다(그림 9.1). 해조를 초임계나 아임계 조건에 맞추어 놓고 고압처리(예: 500~1000MPa, 60~80°C, 30분)하면 해조는 액화와 당화가 동시에 진행된다. 이 방법에서는 초고압에 견딜 수 있는 압력용기가 필요하기 때문에 다량의 해조를 처리하는 것은 어렵다.

효소에 의한 당화는 해조성분인 당의 구성성분과 결합양식에 따라 사용하는 효소의 종류가 다르다. 해조 다당에는 여러 가지 구성 당이 함유되어 있어 여러 가지 구성 단당과 결합양식으로 되어있다(표 9.1).

D-글루코오스로 구성되어 있는 다당, 예를 들어 섬유소와 같은 D-글루코오스의 β-1,4-결합으로 되어 있는 다당은 섬유소분해효소가, 라미나란과 같은 D-글루코오스의 β-1,3결합 다당은 β-1,3 글루카나아제(glucanase)가 당화에 사용될 수 있다.

섬유소분해효소 XP-425는 글루코오스의 β-1,4 결합, β-1,3 결합, 크실로오스(xylose) 간 결합 등 여러 결합을 분해할 수 있는 효소로 개발되어 액화나 당화에 폭넓게 활용할 수 있다.

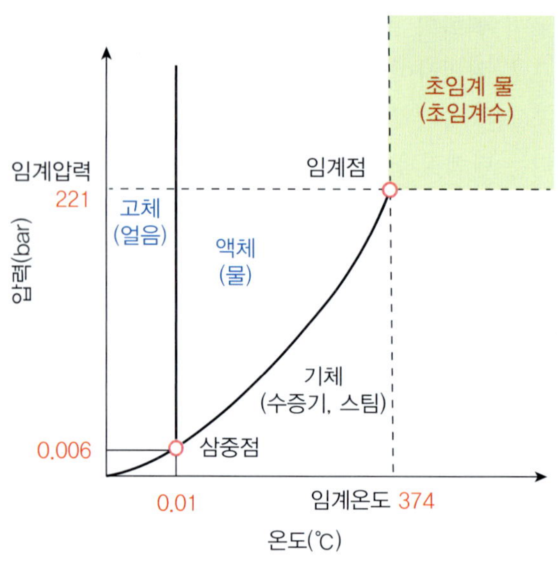


**그림 9.1** 물질의 상평형(phase equilibrium) 변화도. 대부분의 물질은 어는점(녹는점)과 기화점(응축점)이 존재하듯이 삼중점도 존재하고 임계점도 존재한다. 임계점은 그 물질의 특성이며, 물질마다 다른 임계점을 가지고 있다. 임계점은 임계온도와 임계압력을 동시에 만족하는 조건을 말하며, 물의 임계점은 임계온도 = 374°C, 임계압력 = 221bar(218.3atm)이다. 임계온도는 물질의 온도가 너무 높아서 아무리 압력을 가해도 액화되지 않는 온도를 말하며, 임계압력은 물질의 압력이 너무 높아 아무리 온도를 올려도 기체가 되지 않는 압력을 말한다.

**표 9.1** 해조 당질의 종류와 구성성분

| 당질 | 종류 | 주요 구성성분 | 주요 결합양식 |
|---|---|---|---|
| 갈조 다당류 | 섬유소계 다당류 | 글루코오스 | β-1,4-결합 |
| | 라미나란 | 글루코오스 | β-1,3-결합 |
| | 푸코이단 | 푸코오스(Fucose), 갈락토오스, 황산기 | α-1,2-결합, α-1,3-결합 |
| | 알긴산 | 만누론산(Mannuronic acid), 굴론산(Gulonic acid) | α-1,4-결합, β-1,4-결합 |
| 당알콜 | 만니톨 | | |
| 녹조 다당류 | 섬유소계 다당류 | 글루코오스 | β-1,4-결합 |
| | 녹조 전분 | 글루코오스 | α-1,4-결합 |
| 홍조 다당류 | 섬유소계 다당류 | 글루코오스 | β-1,4-결합 |
| | 한천 | 갈락토오스(Galactose), 글루쿠론산(Glucuronic acid)<br>무수갈락토오스, 황산기 | α-1,3-결합, β-1,4-결합 |
| | 카리기난 | 갈락토오스(Galactose), 무수갈락토오스(Anhydrogalactose)<br>황산기 | α-1,3-결합, β-1,4-결합 |

### 다. 에탄올 발효

복잡한 구성성분을 저분자화한 다음 생성된 단당으로부터 에탄올로의 변환을 발효라 한다. 에탄올 발효의 주원료인 당질은 갈조류에서는 글루코오스와 만니톨이며, 녹조류와 홍조류에서는 글루코오스, 갈락토오스 및 크실로오스 등이다. 에탄올 발효는 효모나 세균 등의 미생물이 그 역할을 한다. 이때 가장 좋은 방법은 단일 미생물이 모든 구성성분을 이용해서 에탄올로 변환시키는 것이다. 그러나 발효에 관여하는 미생물에 갖추어진 효소의 특성상 그것을 기대하는 것은 곤란하다. 그러나 유전자 개량에 의해 더 광범위한 기질 특이성을 갖는 효모를 만들어 낼 수 있는 연구보고가 있어 앞으로 기대된다.

글루코오스는 여러 미생물에 의해 에탄올로 전환된다. 예를 들면 효모로서는 사카로마이세스 세레비시에(*Saccharomyces cerevisiae*), 파키놀렌 탄노필러스(*Pacchysolen tannophilus*), 피치아 안고포래(*Pichia angophorae*) 등, 세균으로는 지모모나스 모빌리스(*Zymomonas mobilis*)가 글루코오스로부터 에탄올을 생성해 낼 수 있다. 홍조류에 많이 함유되어 있는 갈락토오스도 글루코오스-6-인산으로 변환된 후 에탄올이 생성된다. 당알콜인 만니톨도 효모인 피치아 안고포래(*Pichia angophorae*), 세균인 지모박터 팔매(*Zymobacter palmae*) 등의 작용으로 에탄올로 변환된다. 기타 우리나라 전통주에 사용되는 '누룩'이라는 누룩곰팡이에 함유된 여러 미생물이 참다시마에 함유되어 있는 알긴산을 분해하는 동시에 에탄올을 생성하는 것이 확인되었는데, 이 에탄올 생성원료는 만니톨인 것으로 판명되었다.

다케다 등은 유전자 조작을 한 스핑고모나스(*Sphingomonas*) 속 세균을 사용해서 갈조류에 다량 함유되어 있는 알긴산으로부터 에탄올을 생산하는 것을 처음으로 성공시켰다. 이로 말미암아 갈조류에 함유된 주요한 당질이 모두 에탄올 발효로 전환되므로 자원량이 가장 많은 해조 바이오매스로부터 에탄올 제조가 크게 진전되었다.

## 9.2.2 앞으로의 과제

바이오 에탄올 생산에 있어서 글루코오스 1분자로부터 생산되는 에탄올은 2분자로 한정되어 있기 때문에 제조공정은 전체를 통해 에너지 소비가 적은 효율적인 에탄올의 발효가 이루어져야 한다. 구체적으로 보면 에탄올 발효에 적합한 당질이 많이 함유된 해조류를 탐색 및 개발하여 이들 유용 해조류의 양식과 수확방법이 확립되어야 한다. 또한 당질 회수율이 우수한 액화·당화법의 개발, 효율적인 발효 미생물의 탐색과 배양방법, 에너지 투입이 적은 에탄올의 정제방법 등이 확립되어야 한다.

무엇보다도 원료인 해조를 확보하는 것이 중요하므로 유망한 해조류의 대규모 양식이 필요하다. 원래 식품으로 이용되는 해조류 양식방법으로는 비용이 많이 들기 때문에 비용을 절감할 수 있는 새로운 양식법 개발이 이루어져야 한다. 아울러 해조를 수확할 수 있는 방법도 해역의 특성이나 양식시설 구조 등을 근거로 한 수확 전용선의 개발도 필요하다.

해조를 사용하는 에탄올 발효에서 생성되는 에탄올의 농도는 비교적 저농도이므로 저농도의 알콜용액을 분리·농축해야 한다. 종래의 증류법에 막분리법을 가하여 저농도 알코올을 분리농축할 수 있는 새로운 분리법이 개발되어야 한다.

이러한 여러 문제점이 해결된다면 해조로부터 에탄올이 생산되어 재생이 가능한 에너지로 활용될 것으로 기대된다.

## 9.3 해조로부터 메탄 생산

### 9.3.1 해조로부터 메탄 생산

현재, 바이오매스를 에너지로서 이용하기 위해 여러 가지 방법이 실행되고 있다. 바이오 연료로 변환하는 방법으로서는 주로 '열화학적 변환'과 '생물화학적 변환'이 있다. '열화학적 변환'에는 열분해 가스화, 급속 열분해, 탄화(carbonization) 등의 방법이 이용된다. '생물화학적 변환'에는 미생물의 반응(발효)을 이용해서 바이오매스를 메탄가스나 알코올 등의 연료로 변환하는 방법이 사용된다.

이들 변환방법으로 얻어진 연료를 연소함으로써 열에너지, 전기에너지, 동력에너지로 변환할 수 있다. 열에너지 변환에는 보일러 등이 사용된다. 전기에너지로의 변환에는 발전기가 설치된 엔진이나 터빈이 사용된다. 엔진이나 터빈에서는 고온의 배기가스가 발생하기 때문에 배기 가스 등과 열교환을 하고 전기와 열에너지를 동시에 발생시키는 열병급발전 체계(cogeneration system)가 사용되는 경우가 많다. 얻어진 연료를 차량용 연료로서 사용하면 동력에너지로 이용할 수도 있다.

연료로의 변환기술에 관해서는 일반적으로 함수율(moisture content)이 낮은 경우에는 '열화학적 변환'이, 함수율이 높은 경우에는 '생물화학적 변환'이 사용된다. '열화학적 변환'에서는 고온의 반응이 동반되기 때문에 바이오매스에 함유되어 있는 수분 증발로 인해 온도가 저하된다. 그렇기 때문에 다량의 수분이 함유된 경우에는 변환에 필요한 반응온도에 도달하지 않는다. 한편, '생물화학적 변환'에서는 미생물 반응을 이용하기 때문에 수분이 증발하지 않는 온도영역에서 변환한다. '열화학적 변환'에서는 미반응물(잔사)의 양이 적다는 이점이 있지만 함수율이 높은 원료에서는 '생물화학적 변환'을 사용하는 것이 더 효율적으로 연료로 변환시킬 수 있다.

해조는 바다에서 서식하므로 함수율이 높아(약 90%) 연료로의 변환에는 '생물화학적 변환'을 사용하는 것이 좋다. '생물화학적 변환'에서는 생물분해성이 문제가 되지만 해조는 난분해인 리그노셀룰로오스(lignocellulose)를 함유하지 않기 때문에 미생물에 의한 분해가 비교적 쉽고 발효처리에 알맞는 원료 중 하나이다.

'생물화학적 변환'에서 현재 널리 사용되고 있는 방법으로 메탄 발효가 있다. 메탄 발효에서는 바이오매스에 함유되어 있는 유기성분을 여러 미생물 작용으로 분해시키고 최종적으로 메탄과 이산화탄소로 이루어진 바이오가스로 변환된다. 바이오가스(메탄가스) 생성은 여러 반응을 거쳐서 행하여 진다. 바이오매스 중 유기성분인 탄수화물(당질), 단백질, 지질이 가수분해균의 작용으로 저분자인 단당, 아미노산, 지방산으로 분해된다. 다음으로 산발효균의 작용으로 초산과 같은 저분자 유기산이 생성된다. 생성된 초산으로부터 메탄 생성균으로 인해 메탄과 이산화탄소를 함유하는 바이오가스가 생성된다. 또 산생성 등의 과정에서 발생한 이산화탄소와 수소에서도 메탄가스가 생성된다.

메탄 발효로 발생하는 바이오가스는 메탄이 약 60%, 이산화탄소 약 40%의 조성으로 되어 있어 보일러, 가스엔진 등 가스기기의 연료로 사용할 수 있다. 바이오가스 중에는 황화수소가 미량 함유되어 있기 때문에 탈황제(desulfurizing agent)로 산화철이나 활성탄 등을 사용하여 가스정제를 실행하고 있다.

메탄 발효에서는 바이오매스의 유기성분을 모두 바이오가스로 변환시킬 수 없기 때문에 일부가 잔사로 배출된다. 잔사에는 분해되지 않은 유기성분이나 메탄 발효의 미생물이 함유되어 있다. 보통, 메탄 발효조에서 배출된 폐액은 그대로 액체비료로 이용하거나 탈수한 다음 액분을 배수 처리하여 고형분으로 만들어 비료로 이용할 수 있다.

'생물화학적 변환'에는 메탄 발효 이외에 알코올 발효, 수소 발효 등이 있다. 수소 발효나 알코올 발효에서는 유기성분의 탄수화물(당질)만을 변환하는 데에 비해서 메탄 발효에서는 지질이나 단백질도 이용할 수 있어서 연료로의 변환효율이 높아진다. 메탄 발효나 수소발효에서 얻어진 연료가 기체이며 발효액과의 분리조작이 필요 없기 때문에 증류에 의한 에너지 손실이 없다는 이점이 있다. 한편, 메탄 발효에서는 체류시간을 길게 할 필요가 있기 때문에 다른 것에 비해 발효조가 커지고 설비 설치 면적이 커진다. 메탄이나 수소는 기체이고 에너지 밀도가 낮기 때문에 액체인 알코올과 비교해서 저장이나 수송면에서는 불리하다. 각각의 방법에서는 유리한 점 또는 불리한 점이 있기 때문에 변환효율뿐만 아니라 설치 장소나 에너지의 이용형태를 고려하여 변환법을 선택할 필요가 있다.

해조의 메탄 발효에 대해서는 오래 전부터 미국에서 자이언트 켈프를 대상으로 그 재배부터 메탄 발효에 의한 연료화의 검토가 실행되었다.

### 9.3.2 해조의 다단계(Cascade)이용 시스템 중에서의 메탄 발효 역할

해양 바이오매스를 에너지로 사용한다는 아이디어는 1968년에 미국 Howard Wilcox에 의해 처음으로 고안되었다. 그 후 1990년까지 정부기관, 대학, 그리고 민간기업이 협동해서 해양 바이오매스 에너지 프로그램을 시행했다. 프로그램에서는 재배종으로 자이언트 켈프(*Macrocystis pyrifera*) 이용이 제안되었다. 자이언트 켈프는 갈조류의 한 종이며 성장이 빠르고 길이는 43m에 이른다고 한다(**사진 9.3**).

이 프로그램에서 제안된 해조 바이오매스 변환 공정을 **그림 9.2**에 나타냈다. 켈프는 전 처리 후 압착된 탈수 케이크(cake)와 착즙액으로 분리된다. 탈수 케이크가 혐기소화(메탄 발효)에 의해 에너지로 회수되지만 일부는 고부가가치 소재로 알긴산이 추출된다. 혐기적 분해에서는 탈수 케이크에 가해 미생물 증식에 필요한 무기영양원의 보충과 바이오 가스량을 증가시키기 위해 가축분뇨 등 유기폐기물의 동시분해(codigestion)도 고려되었다. 혐기분해 후에 발효잔사는 사료 첨가물로 이용하거나 배합토(compost)로 처리해서 비료로 이용, 일부는 가수분해해서 다시 메탄 발효를 한다.

한편, 착즙액은 수용성 당류와 염류를 분리시킨다. 당류로서는 만니톨이 많이 함유되어 있어 메탄 발효해서 에너지로 회수하는 것도 가능하지만 효소변환시켜서 더 부가가치가 높은 당시럽 등으로 이용하는 것도 검토되었다. 그 이외에 푸코이단, 클로로필, 폴리페놀, 비타민류, 카로틴류 등도 유용산물로서 기대된다. 나머지 염수(brine)는 조체에 농축된 무기염료를 함유하고 있다. 예를 들면 건조 다시마 100g에는 5.3g, 건조 미역에도 5.2g 함유되어 있으며 염수로부터의 칼륨회수가 공정에서는 상정(estimation)되어 있다. 또 해조는 세포벽의 고분자 다당 중에 카르보닐기나 황산기 등의 이온성기를 다량 함유하고 있어 이들은 중금속을 흡착하기 때문에 희소금속(rare metals) 등의 중금속 회수도 가능하다. 이렇게 해조의 이용 공정은 조체로부터 고부가가치 물질의 추

**사진 9.3** 자이언트 켈프.

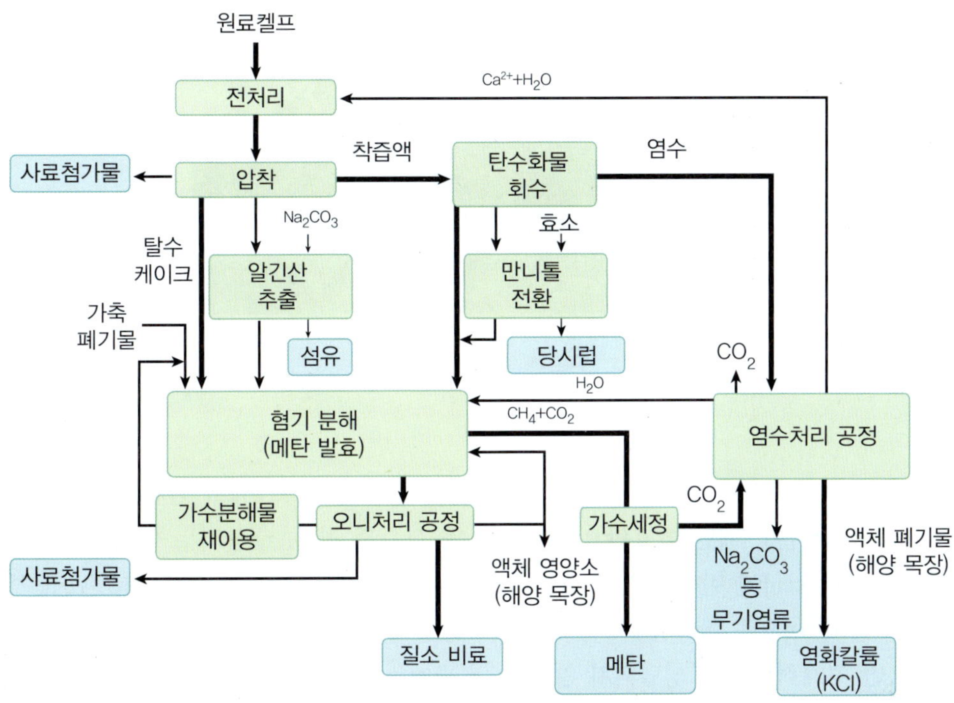


**그림** 9.2 해조에서 에너지 및 화학제품 생산 공정의 개요(미국).

출·이용법과 추출잔사로부터의 메탄 발효에 의한 에너지 회수로 크게 나누어져 있다.

한편, 일본에서 해조 바이오매스로부터의 에너지 생산에 관한 상세한 검토가 실행된 개요를 **그림 9.3**에 나타냈다. 재배종으로서는 일본 연안 주변의 가장 큰 해조류 중 하나인 참다시마(*Laminaria japonica*)가 제안되었다. 우선 육상 수조에서 다시마 모종을 대량 배양하고 이것을 바다에서 재배할 수 있는 시스템으로 운반해서 다시마를 재배한다(조체 양식). 성장한 다시마를 수확해서 고부가가치 유용물질을 회수한 후 메탄 발효에 의해 연료가스를 제조하는 것이고 메탄 발효법을 에너지 회수의 중심기술로서 사용한다는 점은 미국에서 시도한 과제와 똑같다.

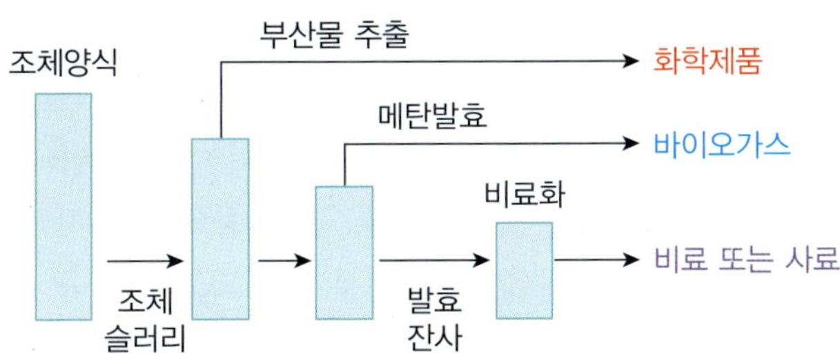


**그림** 9.3 해조로부터 에너지 및 화학제품 생산공정 개요(일본).

사진 9.4 참다시마 양식.

이 계획에서는 바다 수심 60m 해역에 설치한 양식장($1km^2$)에서 연간 100만 톤의 다시마를 생산하여, 메탄 발효만으로 에너지를 회수할 경우, 생산되는 메탄가스 에너지가 $2.3 \times 10^{11}$kcal에 비해서 사용 에너지량은 다시마 재배, 수확에 $0.85 \times 10^{11}$kcal, 발효에 $0.6 \times 10^{11}$kcal로 에너지수지는 플러스지만 고부가가치를 가지는 부산물을 추출할 수 없으면 경제적으로는 성립되지 않는다. 최근에는 당시와 비교해서 원유 등의 에너지 가격이 급등하고 있지만 경제성을 비약적으로 개선하지는 못하고 있는 실정이다(사진 9.4).

한편, 추출한 부산물을 판매할 수 있으면 경제성은 개선되지만 고부가가치화하기 위한 회수와 정제공정에 $3.7 \times 10^{11}$kcal인 대량의 에너지를 소비하기 때문에 알짜의 에너지 생산은 마이너스가 되어 에너지 생산 시스템으로서는 활용하기는 어렵다. 그러나 에너지 문제가 더 심각하게 될 장래를 생각했을 때 에너지 회수율이 플러스가 되는 메탄 발효법을 중심으로 한 해조의 이용·활용 시스템을 구축하는 것은 매우 중요하다. 그러기 위해서는 메탄 발효법을 해조 바이오매스에 최적화하는 것이 중요하다.

### 9.3.3 해조의 메탄 발효 과정

메탄 발효 과정은 오래 전부터 계속 연구되었기 때문에 해조도 역시 여러 가지 미생물군의 공동작업으로 유기물을 최종적으로 메탄과 탄산가스로 변환시키는 것으로 알려져 있다. 메탄 생성 과정은 보통 가수분해, 유기산 생성 과정과 메탄 생성 과정으로 나눌 수 있다. 가수분해, 유기산 생성과정은 3단계로 더 나눌 수 있다(그림 9.4).

폐수 중의 유기물, 특히 섬유, 단백질, 지질, 전분 등의 고분자 물질은 우선 이들을 가수분해해서 발효시키는 미생물에 의해 저분자화 되고 에탄올 등의 알코올류, 저급 지방산[VFA; 프로피온산, 부티르산(butyric acid) 등] 등이 생성된다. 생태계에는 가수분해·산생성균으로 기능하는 세균의 종류는 다르지만 클로스트리디움(*Clostridium*),

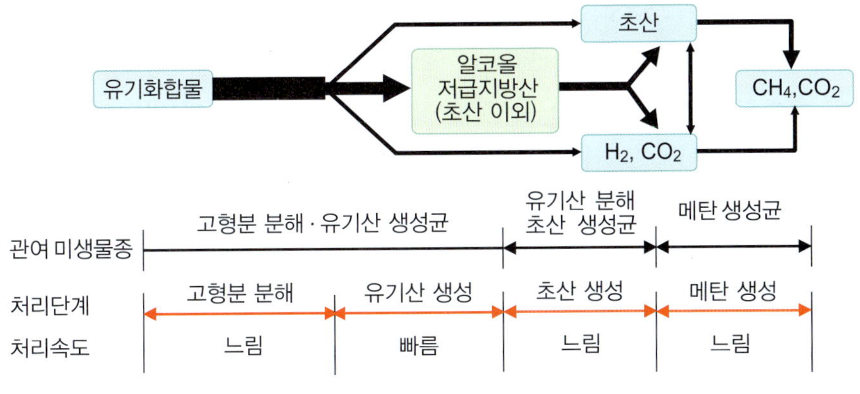

그림 9.4 메탄 발효과정의 개요.

박테로이드(*Bacteroides*), 부티리비브리오(*Butyrivibrio*) 속 등의 절대 혐기성 세균, 바실러스(*Bacillus*), 락토바실러스(*Lactobbacillus*), 미크로코커스(*Micro-coccus*) 속과 같은 통성 혐기성 세균 등 다양한 미생물군이 관여 하는 것으로 알려져 있다.

대사산물의 종류와 비율은 미생물종 및 발효기질에 따라 크게 다르다. 예를 들면 조섬유에 함유되어 있는 섬유소의 가수분해산물인 글루코오스는 혐기조건 하에서 저급지방산과 함께 에탄올이 생산된다.

한편, 갈조류의 주요성분인 알긴산으로부터 혐기조건 하에서의 에탄올 생산은 기대할 수 없다. 이것은 알긴산 단량체인 β-D-만누론산(mannuronic acid)과 그 C-5 에피머(epimer)인 α-L-글루론산이 산성당이라서 에탄올 생성에 필요한 환원력이 부족하기 때문이다. 알긴산으로부터 혐기조건 하에서 생산되는 주요 생산물은 아래 반응식에 따르면 초산이다.

$$C_6H_8O_6 \rightarrow 2CH_3COOH + 2CO_2$$

한편, 갈조류의 또 하나의 주요성분인 만니톨($C_6H_{14}O_6$)은 에탄올 생산의 좋은 기질이 될 수 있다. 다만 에탄올 생산에 보통 사용되는 효모는 만니톨을 분해시키지 않기 때문에 유전자 조작기술을 사용하지 않으면 에탄올 생산에는 효모가 아닌 다른 만니톨을 분해시킬 수 있는 균을 사용할 필요가 있다. 당류 이외에 갈조류에 많이 함유된 조단백질도 에탄올을 만드는 데 환원도가 부족하기 때문에 보통, 혐기성 미생물에 의해 주로 저급지방산으로 변환된다. 이렇게 혐기성 미생물에 의한 갈조류의 가수분해, 유기산 생성과정에서 알코올은 많이 생산되지 않고 저급 지방산이 주요 대사물이 된다.

유기산 생성과정에서는 생성된 프로피온산이나 부티르산과 같은 저급 지방산은 수소를 생성시키는 초산균에 의해 초산 및 수소와 탄산가스로 분해된다. 메탄 생성균이 이용할 수 있는 유기물은 아주 한정되어 있고, 인공적인 메탄 발효에 있어서 메탄 생성의 직접 기질은 초산과 수소이다. 이때 메탄 생성균에 따라 알코올이나 저급지방산으로부터 수소와 탄산가스를 만드는 것과, 메탄과 탄산가스를 만드는 것으로 나뉜다. 메탄 생성균의 증식기질은 다른 미생물군에 의해서도 공급된다.

한편, 수소와 초산 생성균의 경우 일반적으로 수소 분해성 메탄 생성균이 수소를 분해시켜 수소가 제거됨으로써 증식이 유지된다. 이렇게 메탄 발효 과정에서는 수많은 미생물이 관여하지만 속도제한이 되는 것은 주로 메탄 생성 과정 및 가수분해 과정이다.

### 9.3.4 해조의 메탄 발효 수율

해조는 쉽게 가수분해할 수 있는 당류를 함유하고 있고 지상식물과 비교해서 리그닌 함량이 낮다. 예를 들면 옥수수의 리그닌 함량은 건조중량에 대해서 15.1%w/w인 데에 비해 갈파래의 리그닌 함량은 2.7%w/w에 불과하다. 그렇기 때문에 해조는 간단한 분쇄처리로 발효시킬 수 있다.

여러 해조류와 초목류 및 식품잔사에서의 메탄 수율을 표 9.2에 나타냈다. 켈프류(*Macrocystis*)와 꼬시래기류(*Gracilaria*)의 경우는 양식조건에 의존하지만 휘발성 고형분(volatile solid, VS)의 80% 이상이 분해되어 0.40$m^3$/kg-VS까지 메탄 수율이 나오는 것으로 밝혀졌다. 식품잔사와 비교하면 메탄 수율은 약간 낮다.

예를 들면 꼬시래기류(*Gracilaria*)와 같은 경우 성분조성에서 계산할 수 있는 이론적 메탄 생성 수율이 0.46$m^3$/kg-VS이며 얻어진 결과는 이론적 수율에 가깝고 거의 이상적인 메탄 생성발효가 이루어졌다. 기타 해조에서 메탄 수율은 켈프류와 꼬새래기

표 9.2 해조류부터 메탄 생성 수율

| 조류 | 휘발성 고형분 분해후 (%) | 메탄 수율 ($m^3$/kg-VS 첨가$^{-1}$) |
|---|---|---|
| 다시마류(*Laminaria*) | 46-60 | 0.23-0.30 |
| 꼬시래기류(*Gracilaria*) | 50-85<br>18-39 | 0.28-0.40<br>0.05-0.19 |
| 자이언트 켈프류(*Macrocystis*) | 34-80 | 0.14-0.40 |
| 갈파래류(*Ulva*) | 62<br>41-56 | 0.31<br>0.14-0.23 |
| 모자반류(*Sargassum*) | -<br>20-40 | 0.12-0.20<br>0.08-0.14 |
| 포플라(Poplar) | - | 0.08-0.14 |
| 식품 폐기물(Food wates) | - | 0.54 |

류 보다 낮은 것으로 보고되어 있지만 이것은 휘발성 고형분의 분해율이 낮기 때문에 앞으로 분쇄 방법이나 가수분해처리와 같은 전처리법이 확립되면 메탄 수율이 향상될 것이다.

### 9.3.5 해조의 메탄 발효 조건

혐기적 분해공정에 의한 바이오가스 생산은 주로 수리학적 체류시간, (조체 바이오매스를 포함) 오니 체류시간, 유기물 부하, pH, 그리고 온도에 의해 영향을 받는다. 이 중에서 해조 바이오매스의 경우, 오니체류시간이 메탄 생성에 가장 큰 영향을 주며 오니체류시간이 길수록 메탄 수율은 높아진다.

하비그(Habig) 등은 2∼3cm 정도로 분쇄한 모자반류, 꼬시래기류, 그리고 갈파래류에 대해 기질 투입시에만 교반을 하는 반연속식으로 중온에서 오니체류시간이 메탄 발효에 미치는 영향을 검토했다. 갈파래류의 경우, 30일 체류시간에서는 메탄 수율 0.14 $m^3$/kg-VS첨가$^{-1}$, 휘발성 고형분 분해율 41%에 비해, 50일 체류시간에서는 각각 0.23 $m^3$/kg-VS첨가$^{-1}$, 56%까지 개선되었다는 결과를 발표하였다. 이것은 조체 고형물의 가수분해가 메탄 발효의 속도결정단계가 되는 것을 말한다. 즉 투입기질 농도는 같고 혼합교반형의 배양장치라면 고형물 체류시간의 감소는 유기물 부하의 증가와 동일한 의미를 가진다.

치노웨스(Chynoweth)는 유기물 부하의 증가가 메탄 수율을 저하시키면서도 초산, 프로피온산, 부티르산 등의 저급지방산 농도를 증가시킨다고 보고하였다. 이것은 해조 바이오매스의 메탄 발효에 있어서는 조체 바이오매스의 가수분해과정과 함께 메탄 생성과정도 쉽게 제한 속도 단계(rate limiting step)가 되는 것을 의미한다.

해조의 메탄 발효에 있어서는 바이오매스에 고농도의 염이 존재한다. 염에 의한 메탄 발효저해는 해조 이외의 바이오매스에서도 문제가 되고 있다. 여기서는 초산을 분해하는 메탄 생성균의 내염성이 낮은 것이 발효저해의 큰 원인이다. 따라서 유기물 부하를 올리기 위해서는 탈염처리에 의해 메탄 생성균의 활성을 올리는 것도 중요하다.

일반적으로 혐기적 분해법은 중온(35°C)과 고온(55°C)의 두 가지 온도영역에서 행하여 진다. 각각의 온도에서 작용하는 미생물의 종류는 크게 다르지만 해조 바이오매스를 처리하는 데도 둘 다 사용할 수 있다.

오졸크(Otsulc) 등은 갈파래의 중온 혐기분해에 의해 180ml/g-휘발성 고형분의 메탄 수율을 얻었다. 한편, 세네데스무스(*Scenedesmus* spp.)와 클로렐라(*Chlorella* spp.) 혼합물의 혐기 분해에 있어서 중온과 고온조건의 휘발성 고형분 기준에서 메탄 수율을 비교한 결과 고온발효가 중온발효보다도 유기물 분해를 촉진시키고 메탄 수율이 향상되었다.

한편, 한손(Hansson)은 발트해 연안에서 채취한 갈파래류, 클라도포라(*Cladophora*), 그리고 염주말속류(*Chaetomorpha*)의 혼합물을 사용해서 중온 및 고온에서 메탄 발효에 의한 발효특성을 비교 검토한 결과, 중온발효에 있어서 메탄 수율, 휘발성 고형분 분해율이 각각 250~350ml/g-VS첨가$^{-1}$, 50~55%이며 고온발효보다 높은 성능을 나타낸다는 보고가 있다.

### 9.3.6 해조의 메탄 발효 장치

메탄 발효 공정의 핵심인 바이오가스 플랜트의 설계는 유기폐기물 및 미생물군(flora)의 점도나 침강성 등 물리적 특성에 따라 어느 정도는 결정된다. 메탄 발효법에서는 종래, 연속적으로 공급되는 배수와 메탄 생성균군을 충분히 혼합하기 위해 교반기를 사용하여 기계혼합(Continuous Stirred Tank Reactor, CSTR)이나 가스 또는 배양액 내부순환에 의한 완전한 혼합형 반응조가 사용되었다(그림 9.5b).

이들 방식은 구조의 보수관리 및 유지가 간단하고 고형물도 동시에 처리할 수 있기

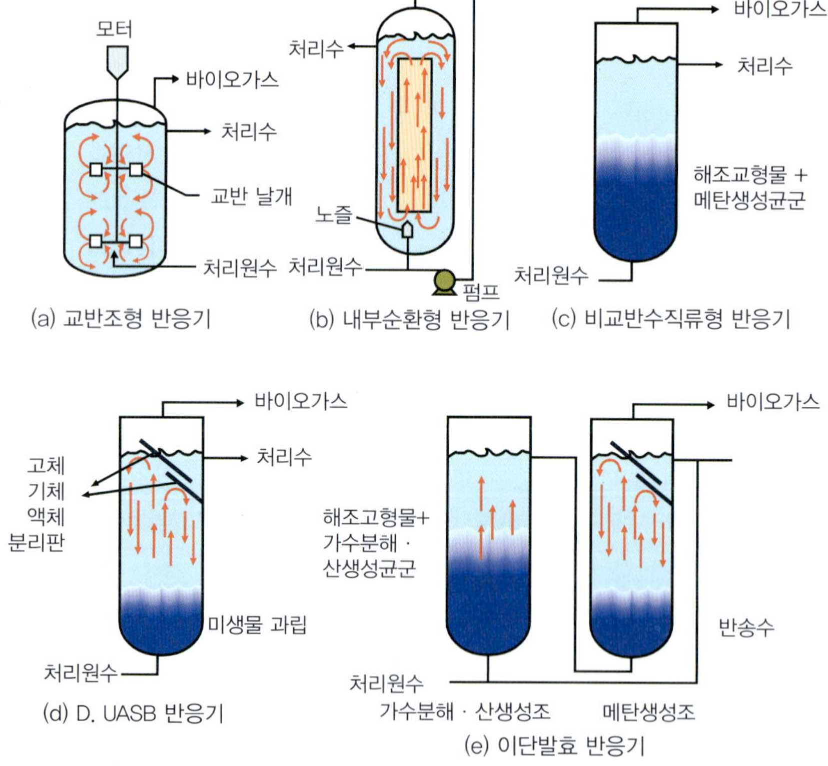


그림 9.5 여러 가지 해조의 혐기적 분해 반응조.

때문에 하수잉여 오니나 가축 분뇨처리에 현재도 많이 사용되고 있고, 해조 바이오매스의 혐기적 분해조로도 당연히 사용할 수 있다. 앞에서도 말했듯이 해조로부터 높은 수율로 메탄을 얻기 위해서는 오니 체류시간을 길게 할 필요가 있다. 완전 혼합형 발효조에서 오니 체류시간을 길게 하기 위해서는 수리학적 체류시간도 같은 체류시간이기 때문에 대형 발효조가 필요하게 되므로, 해양에서 에너지를 회수할 경우에는 적용이 어렵다. 그래서 오니 체류시간만을 길게 할 수 있는 반응조로 판닌(Fannin) 등은 교반하지 않은 수직으로 흐르는 반응조(Non-Mixed Vertical Flow Reactor, NMVFR)를 고안했다(그림 9.5c).

이 반응조는 고형물이 함유된 해조분쇄물을 반응조 아래 부분으로 보낸다. 침강성이 높은 고형물은 반응조 내에서 농축되어 삼출수(seeping water)만이 반응조 상부에서 제거됨으로 수리학적 체류시간보다 긴 오니체류시간을 실현하였다. 이 반응조를 사용함으로 완전 혼합형 반응조와 비교해서 같은 오니부하에 있어서 더 높은 메탄 수율과 배양의 안정성이 얻어졌다.

해조 메탄 발효과정의 설명에서 기술한 바와 같이 메탄 발효는 가수분해, 유기산 생성과정과 메탄 생성 과정으로 크게 나눌 수 있고, 각각 전혀 다른 미생물군이 반응에 관여한다.

해조의 혐기분해에 있어서 부하속도를 올리면 완전혼합형과 교반하지 않은 수직으로 흐르는 형, 두쪽 모두에서 저급지방산의 현저한 축적을 보였다. 이것은 고부하조건에서는 가수분해, 유기산 생성속도가 메탄 생성 속도보다도 높기 때문이고 그대로 조작을 계속하면 pH가 산성화되어 최종적으로는 메탄 발효는 정지된다. 그러나 유기산 생성과정과 메탄 생성 과정이 전혀 다른 미생물에 의해 행하여지기 때문에 산 생성만을 고속으로 하는 발효조를 산생성조로서 활용하여 고농도 저급지방산을 함유하는 수용액에서 메탄 발효하는 발효조를 연결한 이단계 시스템이 개발되었다. 고형물 농도가 낮은 (5% 이하) 배수에 관해서는 1~2일 정도의 체류시간으로 처리가 가능한 상향류 혐기성 오니블랭킷(Upflow Anaerobic Sludge Blanket, UASB)(그림 9.5d)이나 팽장입상 오니상(Expanded Granular Sludge Bed, EGSB)법, 그리고 고정화 담체를 사용한 고정상형(Upflow Anaerobic Filter Process, UAFP)법 등의 고속 메탄 발효공정이 개발되어 실용화되었으며, 1990년대 이후 국내외 식품가공산업을 중심으로 널리 사용되고 있다.

UASB법은 메탄 발효에 관여하는 미생물이 저절로 모여서 미생물 과립을 형성하는 것을 이용해서 반응조 내에 균체를 고밀도로 유지함으로써 종래의 메탄 발효법과 비교해 비약적으로 높은 처리속도를 달성하고 있다. 그래서 메탄 생성조로 고속메탄 발효조를 연결하면 유기물 부하를 올려도 생성된 유기산이 고농도로 집적되어 메탄 발효균에 의해 신속하게 메탄화되기 때문에 고속처리가 기대된다.

판닌(Fannin) 등은 자이언트 켈프류(*Macrocystis*)를 11.2kg-VS/$m^3$/d라는 고부하조건에서 NMVFR를 운전함으로써 가수분해 및 유기산 생성조로 하여 그 상층액을 메탄 생성조에 투입하여 메탄을 생성시켰더니 0.29$m^3$/kg-첨가VS의 메탄 수율을 얻었다. 이 메탄 수율은 표 9.2에 나타낸 자이언트 켈프의 최대 메탄 수율보다도 낮았지만 이는 가수분해 및 유기산 생성에 있어서의 고형물의 가수분해율이 낮았기 때문이며 더 높은 메탄 수율을 얻기 위해서는 분쇄처리 이외의 다른 전처리가 더 필요하다.

### 9.3.7 조류 메탄 발효의 문제점

해조의 혐기적 분해에는 번거로운 문제가 남아있다. 그것은 조체 중에 고농도의 황산이온, 염(NaCl) 그리고 중금속을 함유하고 있다는 것이다. 이 중에서 특히 문제가 되는 것은 중금속이다.

해조는 세포벽의 고분자다당 중에 카르보닐기나 황산기 같은 이온성기를 다량 함유하고 있어서 이들이 중금속을 흡착한다. 그렇기 때문에 해수의 이동이 적은 내만에서 자란 해조에서는 카드뮴 등의 중금속이 고농도로 축적되어 있어, 스웨덴에서는 해조를 유독폐기물로 분류하고 있다. 그렇기 때문에 혐기적으로 분해한 후 잔사를 생물비료로서 사용한다는 것은 제한적이다.

그러나 혐기적 분해법은 중금속 제거에도 도움이 될 수 있다. 앞에서 기술했듯이 해조의 혐기적 분해에는 2단계 공정을 적용하는 것이 좋다. 이단계 공정에서는 제1반응조에서 고형 유기물이 가용화/가수분해된 후 미생물의 혐기적 발효로 인해 주로 유기산이 생성된다. 이어서 생성된 유기산은 UASB법 등으로 고속 메탄 발효를 한다. 해조 추출물에 함유되어 있는 중금속 이온은 가수분해 시 pH가 낮은 조건에서 유리되기 때문에 이때 흡착제를 사용해서 제거하는 것이 가능하다. 해조가 아니지만 버드나무, 사탕무, 목초 등 에너지 작물은 이단계 공정에 있어서 pH 4에서 금속 가용화량이 개선되었다는 보고가 있고, 중금속을 제거한 유기산 배수는 두 번째 발효조에서 메탄 발효가 가능하다.

켐카(Nkemka)와 무르토(Murto)는 해조를 유기산 발효한 후, 이미노이아세트산을 리간드(ligand)로 도입한 폴리아크릴아마이드 베이스의 다공성 크라이젤(cryogel)을 사용해서 중금속을 제거한 결과, 카드뮴, 동, 니켈, 아연을 각각 79, 59, 70, 41%을 제거할 수 있었고 메탄 발효도 문제없이 할 수 있었다고 보고하였다.

## 9.4 바이오 수소 생산

화석연료의 사용은 대기오염을 진행시킬 뿐만 아니라 배출된 이산화탄소의 축적으로 지구의 온난화를 일으키기 때문에 대기오염을 일으키지 않는 새로운 에너지 물질의 개발이 시급히 요구되고 있는 실정이다.

수소는 단위 중량당 발열에너지가 석유의 3배나 높아 우수한 연료원이 될 수 있는 동시에 연소에 의한 대기오염의 염려가 없어 전력으로 변환이나 액체 및 고체 연료로서 이용이 가능하므로 미래의 중심 연료로 주목을 받고 있다. 그러나 수소는 지구상에서 단일물질로는 생산되지 않기 때문에 다른 에너지원을 사용하여 인공적으로 만들어야 한다.

수소의 생산방법으로는 물의 전기분해, 열분해 등 물리·화학적 방법이 검토되고 있지만 어느 방법이나 수소제조에 많은 에너지를 필요로 한다. 따라서 수소제조의 에너지원으로는 태양에너지를 이용하는 것이 유리하며, 태양에너지를 효율적으로 이용할 수 있는 광합성 세균에 의한 바이오 공정에 의한 수소 생산이 가장 유력한 제조방법으로 부각되고 있다.

또한 광합성 세균의 수소 생산은 생산시스템이 아주 간단하며, 생성된 기체를 수소와 탄산가스로 분리하는 것이 쉽고, 또 재생 가능한 바이오매스나 폐기물을 원료로 하여 이용할 수 있는 등 많은 장점을 가지고 있다. 광합성 세균에 의한 효율적인 수소 생산 시스템이 확립되면 미래의 주요 에너지 생산시스템이 될 것으로 기대된다.

광합성 세균은 일반적으로 혐기적 조건에서 광조사에 의해 살아가는 원핵생물로, 토양이나 수권(hydrosphere)에 널리 존재하며 태양에너지와 적당한 전자공여체(electron donor)를 이용하여 광합성과 질소고정을 하고 있다. 광합성을 하기 위해 색소체(chlorophore)와 세균 엽록소를 갖고 있고, 보조색소로 카로티노이드를 갖는 것이 많다. 광합성 세균에 의한 광합성은 광화학 반응중심이 하나 밖에 없어 식물과 크게 다르며 광합성에 의한 물분해는 이루어지지 않는 특징이 있다. 전자공여체로는 물 대신에 유기물(주로 유기산) 또는 황화합물을 이용한다.

광합성 세균이 광조사를 받으면 수소를 생성하는 능력이 있다는 사실은 1949년에 발견되었다. 그 이후, 수소 생성 메카니즘, 관련효소 및 수소 생산 등에 관한 많은 연구가 이루어 졌다.

광합성 세균이 수소를 생산하는 조건은 혐기적, 광조사, 질소원을 가지고 있어야 한다. 광조사시의 광도는 5,000~20,000룩스(용기표면)의 강한 빛을 사용한다. 이때 발생되는 기체는 90% 이상이 수소이고, 나머지는 탄산가스이다.

미이용 해양자원과 해양 바이오매스를 이용한 광합성 세균으로 가장 높은 효율의 수소를 생성시키기 위해서는 해양에서 생육된 바이오매스를 그대로 해수 중에서 광합성 세균에 의해 수소로 변환시키는 것이 바람직하다. 담수성 광합성 세균의 경우 해수 중에서 생육하거나 수소 생성을 할 수 없다. 해양성 광합성 세균에는 종래의 담수성 세균에 비해 수소 생성능이 상당히 높은 것으로 알려져 있고 앞으로 보다 광범위한 탐색이 이루어진다면 보다 수소 생성능이 우수한 해양세균의 발견이 가능할 것이다.

또한 균체를 고분자 겔 지지체로 고정화시키는 기술에 의해 산소에 대한 안정성을 향상시키며, 분리가 용이하고, 균체의 재이용과 연속이용도 가능하게 되어 장시간에 걸쳐 효율적으로 수소를 생산할 수 있다. 응용연구로서는 바이오솔라 반응기(biosolar reactor)에서 생육시킨 해양성 남조류를 산이나 알칼리로 분해시킨 분해물로부터 수소가 생산된다고 보고되고 있어 이는 해양 바이오매스로부터 광합성 세균에 의한 수소 생산 시스템 확립의 가능성을 나타낸 연구로써 주목 받고 있다.

광합성 세균(photosynthetic bacteria)에 의한 해양 바이오매스로부터의 수소 생산은 아직 실용화에 이르지 못하고 있으나 장래 에너지 수급이나 환경문제를 고려할 때 이러한 시스템에 대한 기대는 매우 높으므로 머지않아 실용화 기술개발이 이루어 질 것이다. 무엇보다도 광합성 세균에 의한 수소 생산 실용화를 위한 최대 관점은 수소 생산 광합성 세균의 수소 생성능을 높이는 데 있다.

앞으로 새로운 고성능 광합성 세균의 탐색과 대사제어 등이 이루어지고 분자육종 기술과 세포공학적 기술과 같은 해양 바이오테크놀로지 분야의 연구진척에 따라 보다 높은 수소 생성능을 갖는 광합성 세균이 개발된다면 해양 바이오매스로부터 수소 생산시스템의 실용화가 이루어질 것으로 기대된다.

### 9.4.1 발효수소 발생 경로와 대사산물

생물은 글루코오스와 같은 당류를 산화분해함으로써 에너지원인 ATP(adenosine triphosphate)를 생산한다. 미생물의 대표적인 당의 대사경로는 EM(Embden-Meyerhof) 경로, ED(Entner-Doudoroff) 경로, PP(Pentose Phosphate) 경로의 3개 경로가 알려져 있고 각각의 미생물이 획득한 대사경로로 ATP를 생산하고 있다.

예를 들면 엔테로박터(*Enterobacter*) 과의 박테리아는 주로 EM 경로에서 글루코오스를 산화분해하여 환원산물인 NADH(nicotinamide adenine dinucleotide, 환원형)와 피루브산(pyruvic acid) 그리고 ATP를 다음과 같이 2몰씩 생성한다.

$$C_6H_{12}O_6 + 2NAD+ + 2ADP + 2Pi \rightarrow 2CH_3COCOOH + 2NADH + 2H+ + 2ATP \quad (1)$$

이것만으로는 ATP 양이 부족하기 때문에 더욱 새로운 글루코오스를 분해하기 위해 환원된 NADH와 피루브산 간의 반응으로 대사산물을 생성하고 NADH를 $NAD^+$로 산

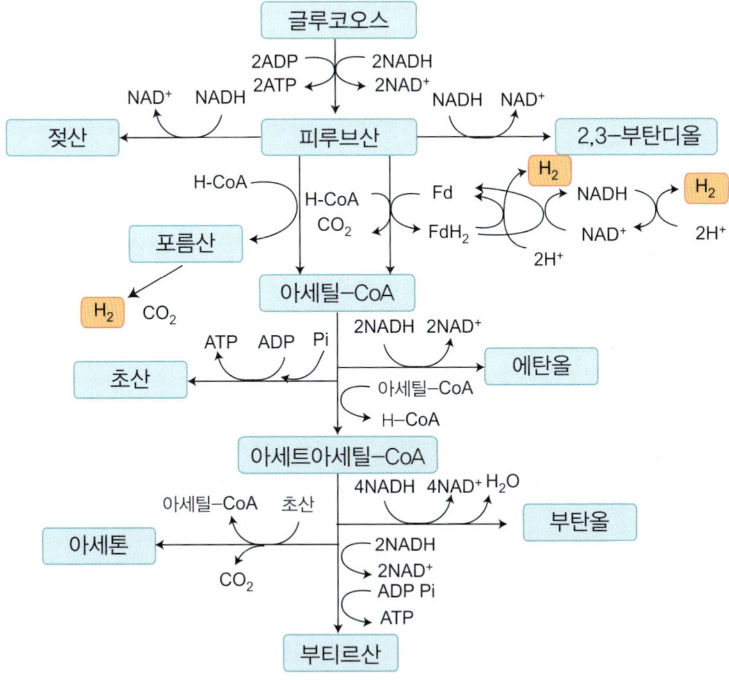


**그림 9.6** 혐기상태에서 박테리아의 중요한 대사경로.

화해서 재사용한다. 수소는 이때 발생되는데 모든 대사산물의 생산과정에서 발생하는 게 아니라 그림 9.6에 나타난 바와 같이 주로 아세틸-CoA를 생성해서 대사산물을 생성하는 경로를 택했을 때 발생한다.

예를 들면, 젖산(lactic acid)을 생산하는 반응에서는 아세텔-CoA 생성경로를 통과하지 않을 뿐더러 식(2)와 같이 피루브산과 NADH가 1:1로 반응해서 젖산이 생성되기 때문에 수소 발생에는 기여하지 않는다. 그러나 초산이나 부티르산, 아세톤, 부탄올 등을 생성할 때에는 아세틸-CoA 생성경로를 통과하기 때문에 수소를 발생한다.

젖산 생성반응

$$CH_3COCOOH + NADH + H^+ \rightarrow CH_3CHOHCOOH + NAD^+ \quad (2)$$

초산 생성반응

$$CH_3COCOOH + H_2O + Ferredoxine(Fd) \rightarrow CH_3COOH + CO_2 + FdH_2 \quad (3)$$

$$FdH_2 \rightarrow Fd + H_2 \quad (4)$$

$$NADH + H^+ \rightarrow NAD^+ + H_2 \quad (5)$$

대표적인 수소발효 박테리아의 수소 수율과 주요한 대사산물을 표 9.3에 나타내었다.

표 9.3 대표적인 박테리아의 수소 수율과 대사산물

| 박테리아 | 수율 [몰-$H_2$/몰] | 기질 | 주요 대사산물 |
|---|---|---|---|
| 클로스트리디움(*Clostridium*) | | | |
| 부티리쿰(*C. butyricum*) | 2.35 | 글루코오스 | 부티르산, 초산 |
| 아세토필리우스(*C. acetophilius*) | 1.82 | 글루코오스 | 부티르산, 초산 |
| 퍼프린젠스(*C. perfringens*) | 2.14 | 글루코오스 | 부티르산, 초산, 젖산, 에탄올 |
| 아세토부티리쿰(*C. acetobutylicum*) | 1.35 | 글루코오스 | 초산, 부탄올, 아세톤 |
| 부티리쿰(*C. butylicum*) | 0.78 | 글루코오스 | 부티르산, 초산, 부탄놀, 이소프로파놀 |
| 대장균(*Escherichia coli*) | 0.75 | 글루코오스 | 초산, 포름산, 숙신산, 젖산, 에탄올 |
| 세라티아 키렌시스 (*Serratia kielensis*) | 0.91 | 글루코오스 | 초산, 젖산, 에탄올 |
| 애로바실리우스 폴리믹싸 (*Aerobacillus polymyxa*) | 0.82 | D-크실로오스 | 에탄올, 부탄올 |
| | 1.70 | 만니톨 | 초산, 젖산, 에탄올, 부탄올 |
| 엔테로박터에어로게네스 (*Enterobacteraerogenes*) st. E.82005 | 1.0 | 글루코오스 | 부티르산, 초산, 젖산, 에탄올, 부탄디올 |
| | 1.6 | 만니톨 | |
| | 2.5 | 수크로오스 | |

많은 박테리아가 부티르산, 초산, 젖산을 대사적으로 생성하고 있고 발효 폐액에 이들 유기산이 함유되어 있기 때문에 폐액의 처리 또는 이용이 수소발효의 큰 문제점이다.

## 9.4.2 박테리아의 수소 발생 속도와 수소 생성 수율

지금까지 많은 수소 발생 박테리아가 보고되어 있지만 발생 속도가 빠르거나 또는 기질에서 높은 수율로 수소를 발생하는 대표적인 박테리아에 대해서 표 9.4에 나타냈다. 회분식 배양과 연속식 배양에서 수율과 발생 속도에 차이가 있기 때문에 두 개로 나누어 표시하였다. 같은 박테리아라면 연속배양 하는 것이 발효조 박테리아 밀도가 더 높아지기 때문에 수소 발생 속도를 높일 수 있다.

혐기성 박테리아는 통성 혐기성 박테리아보다 일반적으로 발생 속도가 빠르고 수율도 높지만 산소가 존재하면 증식이나 성장이 저해되고 발생 속도도 수율도 크게 영향을 받는다. 한편, 통성 혐기성 박테리아는 속도, 수율 모두 낮지만 산소가 있을 때는

표 9.4 대표적인 박테리아의 수소 발생 속도와 수소 생성 수율

| 회분배양 | 온도 [℃] | 기질 | 수율 [몰-$H_2$/몰] | 발생 속도 [NL/L · h] | [NL/g · h] |
|---|---|---|---|---|---|
| 절대 혐기성 세균 | | | | | |
| *Clostridium* sp. No 2 | 36 | 글루코오스 | 2 | 0.54 | - |
| *C. paraputrificum* M-21 | 37 | N-아세틸글루코사민 | 2.5 | 0.69 | - |
| *Mesophilic bacterium* HN001 | 47 | 글루코오스 | 2.4 | 3.58 | 0.99 |
| 통성 혐기성 세균 | | | | | |
| *Enterobacter aerogenes* E. 82005 | 38 | 글루코오스 | 1 | 0.47 | 0.38 |
| *E. cloacae* IIT-BT 08 | 36 | 수크로오스 | 3 | 0.78 | 0.65 |
| 고온 세균 | | | | | |
| *Thermotoga maritime* | 80 | 글루코오스 | 4 | 0.22 | - |
| *Thermotoga elfii* | 65 | 글루코오스 | 3.3 | 0.07 | 0.11 |
| Caldicellulosiruptor *saccharolyticus* | 70 | 수크로오스 | 3.3 | 0.18 | 0.27 |
| Clostridium *thermocellum* | 60 | 셀로바이오스 | 1 | 0.16 | 0.31 |

| 연속배양 | 온도 [℃] | 기질 | 수율 [몰-$H_2$/몰] | 발생 속도 [NL/L · h] | [NL/g · h] |
|---|---|---|---|---|---|
| 절대적 혐기성 세균 | | | | | |
| *C. butyricum* LMG1213tl | 36 | 글루코오스 | 1.5 | 0.49 | - |
| *Clostridium* sp. No 2 | 36 | 글루코오스 | 2.4 | 0.47 | - |
| *C. pasteurianim* | 40 | 수크로오스 | 1.6 | 13.71 | 0.38 |
| 통성 혐기성 세균 | | | | | |
| *E. aerogenes* E. 82005 | 38 | 당밀 | 1.3 | 0.81 | 0.38 |
| *E. aerogenes* E. 82005 | 38 | 글루코오스 | 1 | 2.73 | 0.38 |
| *E. aerogenes* HU-101 m AY-2 | 37 | 글루코오스 | 1.1 | 1.3 | - |
| 고온 세균 | | | | | |
| *Thermococcus kodakaraensis* KOD1 | 85 | 피부르산 | 2.2 | 0.2 | 1.32 |

산소를 이용해서 증식하고 산소가 없을 때는 발효로 수소를 발생하면서 증식하기 때문에 공업적 수소 생산에 박테리아를 이용할 때 취급이 쉽다는 이점을 가진다.

또 60°C 이상의 고온도에서도 생육할 수 있는 박테리아 중에서 발생 속도는 상당히 느리지만, 이론적으로 최대 수율로 수소를 발생하는 것이 있다.

표 9.4에서 *Mesophilic bacterium* HN001주는 현재 수소 발생 속도가 가장 빠른 박테리아이다. *E. aerogenes*는 다시마의 주성분 중에 하나인 만니톨에서 수율 1.6몰-$H_2$/

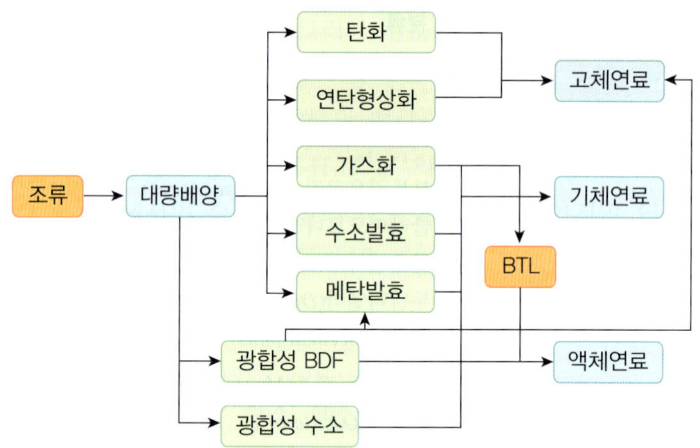


그림 9.7 광합성 미생물에 의한 연료생산 체계(BDF : bio diesel fuel, BTL : biomass to liquid).

매하는 수소화효소이다.

$$2H^+ + 2ED_{red} \rightarrow H_2 + 2ED_{ox}$$

수소화효소는 미생물에 따라 구조(중심금속에 따라 Fe, NiFe, FeS 없음)나 대사 중의 역할이 다르기 때문에 전자 공여체에 대해서도 여러 물질이 알려져 있다(Fd, $CytC_3$, $CytC_6$ 등).

광합성 미생물에 의한 수소 생산을 하는 경우, 발생시킨 수소를 이용하는 것 이외에 수소 생산에 따라 대량으로 생기는 조체 바이오매스를 다단계(cascade)를 이용하여 기체 연료생산, 고체 연료생산, 액체 연료생산하는 것도 가능하다(그림 9.7).

## 다. 기체, 고체 및 액체 연료

### (1) 기체 연료

광합성 미생물은 광조사하에서 직접적인 수소 생산을 하는 것이 가능하다. 수소 생산의 경우 압력흡착 방식(PSA: pressure swing absorption) 등에 의해 수소와 이산화탄소를 분리하고 정제하는 공정이 필요하다(그림 9.8).

또 수소 생산에 따라 대량으로 생기는 조체 바이오매스를 광합성 세균의 수소 생산 공정에 제공할 때 수소가 메탄 발효공정에 제공되면 메탄이, 기체화 공정에 제공되면 수소/일산화탄소가 기체연료로 얻어진다.

광합성 미생물에 의해 직접적으로 수소를 발생시키는 경우는 발생한 수소의 포집을 위해 밀폐형 광바이오 반응조를 사용하고 조체 바이오매스를 기체연료의 생산원료로 할 경우는 개방형 광바이오 반응조를 사용한다.

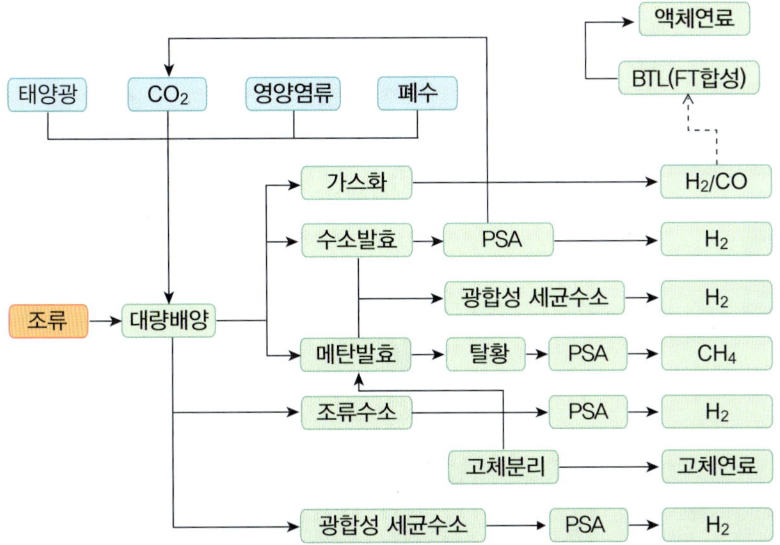


**그림 9.8** 광합성 미생물에 의한 수소 생산 체계(PSA : pressure swing adsorption, BTL : biomass to liquid).

### (2) 고체 연료

광합성 미생물에 의한 수소 생산에서는 수소 생산에 따라 대량의 조체 바이오매스가 생긴다. 저렴하게 탈수, 건조 및 연탄형상(briquette)화하는 것이 가능하면 석탄 화력발전소의 석탄 대체 연료로도 사용 가능하다. 또 저렴한 고온열원이 대량으로 있는 경우는 조체 바이오매스를 탄화시켜서 고체연료로 하는 것도 가능하다.

### (3) 액체 연료

광합성 미생물에 의한 수소 생산에 따라 대량 발생하는 조체 바이오매스는 지질류를 비교적 고농도로 함유하고 있다. 조체 바이오매스를 고액분리(탈수)·지질의 추출·메틸에스테르화·정제 공정에 제공하면 바이오디젤 연료(biodiesel fuel)를 생산하는 것도 가능하다. 또 조류는 어두운 조건하에서 균체 내에 당분(글리코겐)을 축적하기 때문에 에탄올 발효·증류·탈수정제 공정에 제공하면 바이오 에탄올의 생산도 가능하다.

### (4) 광바이오 반응조

광합성 미생물에 의한 수소 생산을 하는 경우의 시스템이 광바이오 반응조(Photo bio reactor, PBR)이다. 광합성 미생물에 의한 수소 생산을 하는 경우 태양광 에너지를 사용하는 것이 불가결하기 때문에 태양광의 조사 특성에 맞으면서도 태양광을 효율적

평판형(해상부체) 평판형(가로설치) 평판형(광분산형) 평판형(자루bag사용)

관현(옥내, 육상, 해상설치)

외부조사방법의 검토

PBR 기본형상
(평판형)

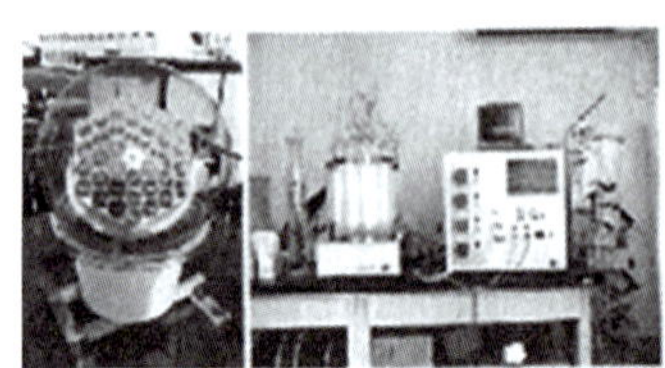
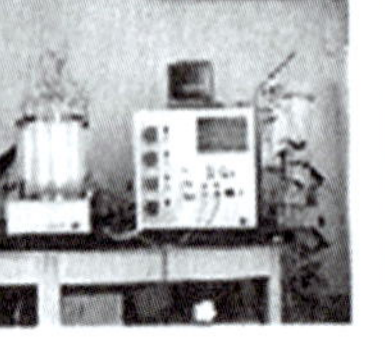

내부조사형

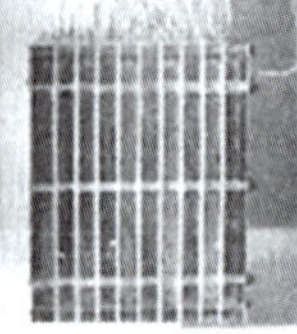

광도입, 확산형

내부조사방법의 검토

**사진 9.5** RITE/NEDO-PT에서 개발된 밀폐형 PBR.

으로 수광·투과·분산시키는 여러 형상의 광바이오 반응조가 개발되어 있다(**사진 9.5**).

광합성 미생물에 의한 수소 생산을 하는 경우 최대의 문제점은 빛의 효율적인 공급이다. 빛은 광합성 미생물에 의해 흡수·산란되기 때문에 배양액 중에서는 빛강도가 수광면에서 급속히 감소하여 광바이오 반응조 내의 빛강도 분포는 상당히 불균일해진다. 한편, 광합성 미생물에 의한 수소 생산은 빛강도에 의존하여 높은 빛강도에서는 반응이 포화·저해되기 때문에 빛에서 수소의 변환효율은 현저하게 저하된다. 빛강도 분포가 광바이오 반응조 내에서 불균일하다는 것과 광포화점이 존재한다는 2가지 사실은 광바이오 반응조에 의한 효율적인 수소 생산에 있어서 해결되어야 할 과제이다.

### (5) 밀폐형 광바이오 반응조

광합성 미생물에 의한 수소 생산이나 광합성 미생물의 대량 배양으로 고농도 $CO_2$를 함유하는 공장이나 발전소의 폐가스를 사용하는 경우, 태양광을 효율적으로 이용하고자 하는 경우에는 밀폐형 광바이오 반응조를 사용하는 것이 필요하다.

밀폐형 광바이오 반응기는 입체적인 시스템 구축이 가능하여 태양광을 효율적으로 이용할 수 있는 것이 최대 이점이다. 반면, 설비투자비용(CAPEX)과 운영비용(OPEX)이 개방형 광바이오 반응조에 비해 많이 들어 광바이오 반응조 내부의 세정에 대해서

**사진 9.6** 여러 가지 밀폐형 PBR.

검토를 할 필요가 있다. 목적에 따라 튜브형, 평판종형, 자루형(bag type) 등이 이용되고 있다(**사진 9.6**).

(6) 개방형 광바이오 반응조

광합성 미생물을 대량 배양할 때 오염의 우려가 없는 경우나 대량 배양한 조체 바이오매스를 사용해서 수소 생산을 하는 경우에는 개방형 광바이오 반응조를 사용하는 것이 가능하다. 개방형 광바이오 반응조는 저렴한 설비투자비용이 최대 이점이다. 그러나 배양체적이 설치면적에 단순히 비례하기 때문에 광대한 면적을 필요로 한다. 광합성 미생물의 증식속도가 빠른 경우(*Chlorella*), 배지가 강알칼리성인 경우(*Spirulina platensis*), 배지가 강산성인 경우(*Euglena gracilis*), 배지가 고염분농도인 경우(*Donaliela salina*) 등은 수로형 연못(raceway), 개방 연못(pond), 원형 연못 등의 개방형 광바이오 반응조에 의해 광합성 미생물을 대량 배양하는 것이 가능하다(**사진 9.7**).

미국 하와이에서 두날리엘라(*Donaliela*)를 대량으로 배양하고 있는 시아노테크(Cyanotech)사는 용암대지에 도랑을 만들고 비닐시트를 부설한 저렴한 광바이오 반응조를 사용하고 있다.

Cyanotech사(수로형)

Cognis사(개방연못)

(주)클로렐라공업(원형연못)

**사진 9.7** 여러 가지 개방형 PBR.

### 9.4.4 해조 바이오매스로부터 수소 생산

다시마 수확시기의 성분 분율은 수분 79%, 회분 4%, 단백질 1%, 셀룰로오스 1%, 알긴산 7%, 만니톨 8%이며, 이 유기성분 17% 중 박테리아가 수소 발생에 이용하는 성분은 주성분인 만니톨이며 그 구조식은 다음과 같이 글루코오스 유사체이다.

| 글루코오스 | 만노오스 | 만니톨 |
|---|---|---|
| CHO | CHO | $CH_2OH$ |
| HCOH | HOCH | HOCH |
| HOCH | HOCH | HOCH |
| HCOH | HCOH | HCOH |
| HCOH | HCOH | HCOH |
| $CH_2OH$ | $CH_2OH$ | $CH_2OH$ |

만니톨은 글루코오스보다 수소가 2원자 많고 화학량론적으로는 글루코오스 보다 1몰의 수소를 더 발생할 수 있어서 수소발효의 기질로 적당하다. 만약 만니톨에서 초산만을 대사적으로 생성할 수 있는 박테리아가 발견되면 수소 수율은 아래와 같이 5몰/몰로 되어 글루코오스보다 우수한 기질이 될 것이다.

- 글루코오스 1몰에서 발생하는 이론적 최대 수소량

$$C_6H_{12}O_6 + H_2O \rightarrow 2CH_3COOH + 2CO_2 + 4H_2 \qquad (6)$$

- 만니톨에서 1몰에서 발생하는 이론적 최대 수소량

$$C_6H_{14}O_6 + H_2O \rightarrow 2CH_3COOH + 2CO_2 + 5H_2 \qquad (7)$$

이렇게 해조에 함유되어 있는 당질은 사탕수수에 함유되어 있는 당질(Sucrose)보다 이론적으로 최대 수소 수율이 클 뿐만 아니라 생산성도 크다. 사탕수수는 육생 바이오

표 9.6 다시마와 사탕수수의 재배에 의한 당기질에서 생산가능한 수소량과 연료전지 발전에 의한 전력량(연료전지의 효율은 1.7kWh/Nm$^3$로 계산)

| | 다시마 | | 사탕수수 | | 단위 |
|---|---|---|---|---|---|
| | 일모작 | 이모작 | 일본 | 브라질 | |
| 수확량 | 14,500 | 25,000 | 7,000 | 10,000 | [ton/y km$^2$] |
| 당질량 | 1,160 | 2,000 | 980 | 1,400 | [ton/y km$^2$] |
| $H_2$ 생산량 | 356,923 | 615,385 | 320,936 | 458,480 | [Nm$^3$/y km$^2$] |
| 연간 발전량 | 606,769 | 1,046,154 | 545,591 | 779,415 | [kWh/y km$^2$] |
| 1일 발전량 | 1,662 | 2,866 | 1,495 | 2,135 | [kWh/d km$^2$] |

매스 중에서 가장 생산성이 높은 식물의 하나이며, 헥타르당 생산성(수확량)은 브라질에서 약 70~100톤이다.

한편, 라우스다시마 생산성은 145톤이 된다. 수분함량이 사탕수수와 다시마에서 각각 약 30%와 20%라서 고형분 중량으로 비교하면 30톤과 29톤이 되어 거의 같고 다시마는 사탕수수와 마찬가지로 생산성이 아주 높은 해조다. 그리고 사탕수수는 밭에서 1년간의 재배가 필요하지만 재배 다시마나 미역은 종묘에서 해면배양으로 옮길 때까지 육상 시설에서 지내기 때문에 해면에서의 재배기간은 6~7개월로 짧다.

또 사탕수수는 1년에 한번 밖에 수확을 못하지만 해조는 1년에 2번 수확이 가능해져 해조에서 얻어지는 발효기질의 연간 수확량은 사탕수수보다 훨씬 많아진다. 이렇게 다시마(해조)는 아주 생산성이 높은 해양 바이오매스이다.

표 9.6는 다시마와 사탕수수의 비교를 아래와 같이 여러 가정을 근거로 계산한 것이다.

❶ 다시마의 수확량은 다시마만을 재배했을 때와 수확시기가 다른 2종류의 해조를 재배했을 때의 수확 가능량을 사용

❷ 사탕수수의 데이터는 일본과 브라질의 평균적인 수확량을 사용

❸ 당질량은 다시마의 만니톨 함유율을 8%, 사탕수수의 설당 함유율을 14%로 해서 계산

❹ 수소 생산량은 다시마에 대해서는 박테리아의 수소수율 2.5몰/몰-만니톨을 사용해서 계산

❺ 사탕수수에 대해서는 자당의 수율 5몰/몰-수크로오스를 사용해서 계산

❻ 발전량은 연료전지의 발전효율을 48%, 즉 1m$^3$(표준상태)의 수소에서 1.7kWh 발전이 가능하다고 가정

상기한 가정에 의거하면 1km$^2$ 해역에서 해조를 재배하면 하루에 2.866kWh의 전력을 얻을 수 있고 약 280세대 전력을 마련할 수 있게 된다. 가솔린 가격이 내륙보다 높은 섬 또는 해변지역에서는 몇 배 면적의 재배로 전체 전력을 마련할 수 있고 우리나라는 국토의 4배나 되는 배타적 경제수역을 가지기 때문에, 경제성을 가지게만 할 수 있다면 해조 바이오매스의 재배에 의한 수소에너지 생산으로 에너지 자급을 시도할 필요도 있다.

### 9.4.5 해조 주성분에서 발효수소의 발생량

다시마는 수확기에는 만니톨과 알긴산을 각각 습중량의 약 8%와 7%로 축적하여 이는 고형분의 71%를 차지한다. 지금까지 엔테로박터 애로진스(*Enterobacter aerogenes*)가 주성분인 만니톨에서 수소를 발생하는 박테리아로 알려져 있고 그 수율은 1.6몰-$H_2$/몰-만니톨로 반드시 큰 것은 아니다. 그래서 해조 바이오매스를 원료로 한 수소 생산을 목표로 하기 위해 수소 수율이 더 높은 박테리아를 탐색한 결과 수율이 2.5몰-$H_2$/몰-만니톨, 1.1L-$H_2$L-배양$^{-1}$h$^{-1}$로 수소를 발생하는 신규 박테리아가 발견되었다.

수율과 수소 발생 속도 모두 *E. aerogenes*보다 훨씬 우수하고 특히 수소 발생 속도는 HN001주에 따라가는 속도다. 또 해조의 다른 주성분의 하나인 알긴산에서 수소를 발생하는 박테리아의 탐색도 동시에 이루어져 0.7몰-$H_2$/몰-알긴산의 수율로 수소를 발생하는 다른 신규 박테리아도 발견되었다. 이들 박테리아를 사용하면 아래 계산과 같이 1톤의 습다시마로부터 약 31Nm$^3$의 수소가 생산된다.

만니톨에서 수소 생산량

= (습다시마 중 만니톨의 몰수) × (수소 수율)
= (1,000kg/톤-켈프(wet kelp) × 8.0% ÷ 0.182kg/몰) × (2.5몰-$H_2$/몰)
= 1,099몰-$H_2$/톤-켈프
= 24.6Nm$^3$-$H_2$/톤-켈프

알긴산에서 수소 생산량

= (1,000kg/톤-켈프 × 7.0% ÷ 0.176kg/몰) × (0.7몰-$H_2$/몰)
= 278몰-$H_2$/톤-켈프
= 6.2Nm$^3$-$H_2$/톤-켈프

다시마에서 수소 생산량

= (만니톨에서 수소 생산량) + (알긴산에서 수소 생산량)
= 24.6Nm$^3$-$H_2$/톤-켈프 + 6.2Nm$^3$-$H_2$/톤-켈프

$= 30.8Nm^3\text{-}H_2$/톤-켈프

다시마에서 전력 생산량

$= 30.8Nm^3\text{-}H_2$/톤-켈프 $\times 1.7kWh/m^3\text{-}H_2$

$= 52.4kWh$/톤-켈프

이것은 전력으로서는 52kWh(연료전지 발전효율을 48%, $1.7kWh/m^3\text{-}H_2$로 한다), 자동차 원료인 가솔린이면 31L에 해당하는 에너지량이다.

이 능력은 다시마나 미역의 폐기부분, 갈파래와 같은 표착해조 등 원료가 무료인 해조를 사용하면 전력가격이 약 273원/kWh 정도의 경제성을 가지게 할 수 있다. 그러나 재배 해조에 의한 대규모 에너지 생산에서는 원료 비용을 조합해야 하기 때문에 더 높은 수율을 가지는 신규 박테리아를 탐색할 필요가 있다.

### 9.4.6 각종 발효에너지 변환법과 에너지 변환효율의 비교

잘 알려져 있는 발효에너지 생산에 에탄올 발효와 메탄 발효가 있다. 각각 글루코오스에서 생성 반응식과 이론 에너지 변환효율은 아래와 같이 표시된다.

❶ 에탄올 발효

$C_6H_{12}O_6 \rightarrow 2CH_3CH_2OH + 2CO_2$

변환효율 $= (2 \times 1371.3)\ /\ 281 \times 100 = 97.4\%$

❷ 메탄 발효

$C_6H_{12}O_6 \rightarrow 3CH_4 + 3CO_2$

변환효율 $= (3 \times 882.4) / 2817 \times 100 = 94.0\%$

❸ 수소 발효

$C_6H_{12}O_6 \rightarrow 2CH_3COOH + 2CO_2 + 4H_2$

변환효율 $= (4 \times 285.9) / 2817 \times 100 = 40.6\%$

이와 같이 에탄올 발효와 메탄 발효의 이론적 에너지 변화 효율은 수소발효에 비해 아주 큰 수치를 가진다. 그러나 에탄올 발효는 불과 8~10% 정도의 농도로 얻을 수 있기 때문에 에너지로서 이용하기 위해서는 99% 이상의 농도까지 농축되는 처리공정이 필요하다. 그 공정은 발효공정보다 복잡하고 비율도 높아진다. 따라서 에너지 변환효율의 비교는 이론값이 아니고 최종 이용형태를 동일하게 해서 비교하지 않으면 실제적인 의미를 가지지 못한다. 그래서 최종 이용형태를 전력으로 이용한 경우를 비교해 본다.

바이오매스를 원료로 한 에너지생산의 개략 공정을 아래와 같은 단계에 따라 한다.

❶ 에탄올
원료 → 발효 → 농축분리 → 화력발전 → 종합효율

❷ 메탄
원료 → 발효 → 탈황 → 디젤발전 → 종합효율

❸ 수소
원료 → 발효 → 탈황 → 연료전지 발전 → 종합효율

그리고 종합효율은 다음 식으로 평가한다.

$$\text{종합효율} = \text{이론 발효효율} \times (1 - \text{처리 에너지}) \times \text{실효 발전효율}$$

그 결과는 표 9.7에 나타난 바와 같이 3가지 방법에서 큰 차이는 없다. 그러나 에탄올 발효와 수소 발효에서는 발효 후 처리공정에 큰 차이가 있고 에탄올 발효에서는 농축탑과 증류탑 또는 막분리기가 필요한 데에 비해 수소 발효에서는 소형의 탈황탑만으로 해결되기 때문에 플랜트로서는 수소 발효가 더 단순하게 될 수 있다.

또 메탄 발효와 수소 발효에서는 원료의 발효조 내 체류시간이 메탄 발효에서는 수일~수십 일이 걸리는 데에 비해 수소 발효에서는 수시간으로 아주 짧아서 장치의 크기가 수소 발효는 메탄 발효의 수 십분의 일에서 수 백분의 일로 아주 작은 것을 사용할수 있다. 따라서 수소 발효는 에탄올 발효나 메탄 발효에 비해 건설비용이 아주 낮아진다.

이상의 검토로 수소발효는 이론 에너지 변환효율은 작지만 최종 이용 형태에서의 종합에너지 변환효율은 두 개의 다른 것과 거의 동일하고 장치가 단순하여 소형으로도 가능한 장점을 가지고 있다.

표 9.7 바이오매스 에너지의 종합변환 효율의 비교

| | 이론변환 효율 [%] | 처리 에너지 [%] | 발전 효율 [%] | 종합 효율 [%] | 발전 방법 |
|---|---|---|---|---|---|
| 에탄올 발효 | 97.4 | 25 | 30 | 21.9 | 화력 발전 |
| 메탄 발효 | 94.0 | 10 | 30 | 25.4 | 디젤 발전 |
| 수소 발효 | 40.6 | 10 | 60 | 21.9 | 연료전지 발전 |

### 9.4.7 해양 초고온 고세균 이용 바이오수소 생산 기술개발

국내 제철소 등에서 배출되는 부생가스의 주성분인 일산화탄소(CO)를 수소($H_2$)로 전환하는 기술이 개발되어 미래 녹색에너지 자원 확보에 녹색등이 켜졌다.

최근 한국해양과학기술원의 강성균 연구팀에서는 국내 최초로 심해에서 확보한 초고온 고세균 써모코커스 온누리누스 NA1(*Thermococcus onnurimeus* NA1)의 균주개량 및 배양기술을 확립하여 개미산, 전분, 일산화탄소 등 재생자원으로부터 고효율의 바이오수소 대량생산 기술을 확립하였으며, NA1을 활용하여 바이오수소를 생산하기 위해 10, 30, 300리터 초고온성 고세균을 이용한 바이오수소 생성 발효조 시스템을 개발하였다(사진 9.8).

고온혐기 생물반응기는 70~90°C의 고온에서 자라면서 산소를 싫어하는 고온 혐기 미생물(고세균)인 NA1을 발효조에 채운 후 일산화탄소(CO) 등의 원료 물질을 공급함으로써 NA1이 일산화탄소 등을 먹이로 수소를 생산하도록 하는 발효 공정이다.

현재 제철소 전로가스(LDG)는 60% 정도의 CO를 포함하고 있는데, 지금까지는 대부분 제철소 자체발전을 위한 열원 등으로 일부 사용되고 있다. 이러한 부생가스를 이용하여 수소를 생산하는 방법으로, 해양 초고온 고세균인 'Thermococcus onnurimeus NA1'이 부생가스 유래 개미산 또는 일산화탄소를 먹고 수소를 생성함과 동시에 생체에너지 ATP를 생성해 지속적인 증식이 가능하다.

NA1이 섭취한 일산화 탄소와 개미산에서 PSA(pressure swing adsorption) 즉, 압력흡착 방식으로 가스를 분리하여 고순도(CO free) 수소를 효율적으로 분리 생산하여 이를 연료전지나 전기, 탈황 및 산업소재 등으로 이용할 계획이다(그림 9.9).

10L 30L 300L

**사진 9.8** 고온혐기 생물반응기 시스템.

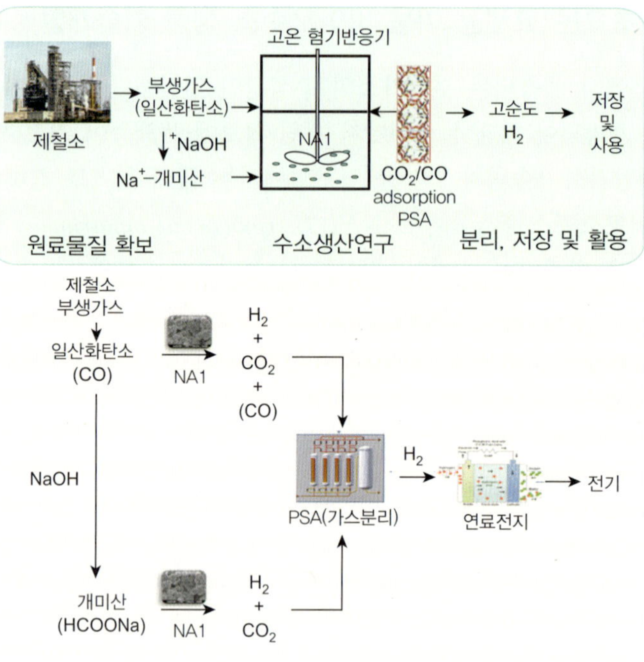


그림 9.9 NA1에 의한 바이오수소 생산, 분리 및 이용 모식도.

## 9.5 미세조류로부터 바이오디젤 생산

미세조류로부터의 연료화에 관한 연구는 1970년대 2차례의 석유파동을 겪으면서 활발해졌다. 미국의 국립재생에너지연구소(NREL)는 미세조류로부터 바이오디젤을 생산하려는 해양생물종 프로그램(ASP)을 1978년부터 1996년까지 18년간 수행한 바 있다. 그러나 석유가격이 안정되고 미세조류를 연못에서 대량배양할 시에 우수한 종의 유지와 관리의 어려움, 분자적 미세조류 개량의 기술적 난관 등으로 연구개발이 지속되지 못하였다. 그러나 최근 수년 간 식량문제, 환경문제, 에너지 문제가 전 지구적인 규모로 발생하면서 원유가격이 급등함으로써 바이오디젤, 에탄올 등 바이오연료가 또 다시 주목을 받고 있다.

지금까지 바이오연료는 주로 옥수수, 사탕수수, 콩, 유채, 팜 등으로부터 에탄올과 바이오디젤을 생산하였으나, 이들 자원의 유한성, 곡물을 에너지 전환함에 따른 윤리적 문제 등 어려운 점들이 있었다. 그러나 미세조류는 곡물과 경쟁하지 않고, 유휴 경작지를 이용하여 바이오디젤을 생산할 수 있으며, 분자생물학적 개량이 식물에 비해 비교적 쉽고, 경작지의 단위 면적당 바이오디젤 생산이 대두의 10배 이상에 달하는 장점이 있다.

미세조류는 식물과 마찬가지로 광합성에 의해 이산화탄소, 물, 태양에너지를 이용하여 유기물을 합성하지만, 식물에 비해 증식속도가 빠르고 유전자조작에 의한 기능향상이 쉬워, 다양한 종류의 유용물질을 생산할 수 있고, 기존의 식용작물이 아니라는 점에서 재생에너지원으로도 장점을 갖고 있다. 실제로 미세조류의 경작지에서 단위면적당 바이오디젤 생산(오일 함량이 30%인 경우)은 약 58,700L/ha로 대두의 446L/ha에 비해 130배에 달한다. 이와 같은 이유로 과학학술지 네이처(Nature)는 "원유의 검은 금"에 비유하여 미세조류로부터 만든 바이오디젤을 녹색 금(Green Gold)으로 소개했다. 즉, 미세조류의 대량배양에 의해 이산화탄소를 소비하여 다량의 바이오매스를 생산하고, 이것을 바이오연료로 전환할 수 있는 것이다.

따라서 미세조류의 대량배양은 대기 중 이산화탄소의 흡수에 의한 지구온난화 방지 효과와 동시에 생산된 조류의 바이오매스로부터 바이오디젤을 생산할 수 있는 녹색기술이다. 또한, 이산화탄소의 생물학적 전환 및 처리는 자연계 물질순환의 기본원리인 광합성을 이용하는 것으로써 환경친화적인 방법이며, 상온·상압에서 이루어지기 때문에 공정이 단순하고, 생산된 바이오매스를 유용물질로 활용한다는 장점이 있다.

## 9.5.1 미세조류로부터 바이오디젤 생산

### 가. 환경 스트레스 응답과 지질 축적

대부분 미세조류는 무기영양소(질소, 인, 칼륨 등을 함유하는 화합물)가 있으면 빛을 받아서 광합성을 함으로써 이산화탄소를 탄소원으로 하여 생육하는 독립영양 생물이다. 그리고 이들 중 일부는 유기영양소를 이용하는 혼합영양이나 종속영양 하에 있어서도 생육이 가능한 것으로 보고되고 있지만 그 성질에 대해 아직 밝혀지지 않았다.

생육환경이 최적조건에서 크게 변화하면 세포가 스트레스를 받아서 지질을 유적으로 축적하는 미세조류가 존재하는 것이 알려져 있다. 특히 질소가 결핍된 조건 하에 있어서는 재빨리 기름(oil)을 축적하기 때문에 지질을 축적하는 주의 선별방법으로서 유용하다. 한편, 일반적인 배양환경 하에서도 항상 지질을 다량으로 축적하는 미세조류가 존재하지만 이러한 종은 상대적으로 증식속도가 느린 경향이 있다.

질소 결핍 이외에도 빛량, 온도, 이산화탄소 농도와 같은 물리적 요인, pH, 영양소, 독소 등의 변화에 의한 화학적 요인, 증식, 공생, 박테리아 등에 의한 생물적 요인 등이 환경 스트레스가 될 수 있다.

자연계에서 서식하는 미세조류는 이러한 환경 스트레스에 응답하기 위해서 지질을 축적하는 것으로 알려져 있지만 환경 스트레스에 대한 분자응답 메커니즘과 지질축적의 생리적 관계는 밝혀지지 않고 있다.

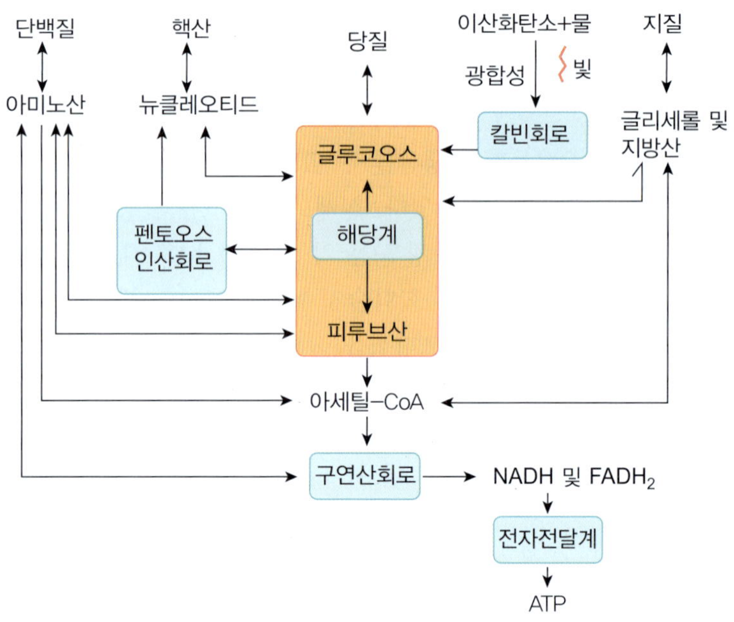


그림 9.10 대사의 간략도.

지금까지 알려져 있는 미세조류가 축적하는 지질은 식용이나 바이오디젤의 원료로서 이용되고 있는 고등식물 종자에 함유되어 있는 지질과 마찬가지로 주성분이 트리아실글리세롤(triacylglycerol)이다. 트리아실글리세롤은 1분자의 글리세롤에 3분자의 지방산이 에스테르로 결합된 중성지질이지만 그림 9.10에서 보면 세포 내에서 합성되는 지방산 탄소사슬 길이나 불포화도는 생물종이나 생육환경에 따라 변화한다. 트리아실글리세롤의 생산효율을 높이는 것이 바이오연료의 생산비를 줄일 수 있기 때문에 지방산 탄소수를 제어하는 것이 연료로의 품질관리나 고부가가치화로 이어질 수 있다.

### 나. 미세조류의 특성

미세조류가 서식하는 지역은 넓다. 극한지역, 빙설, 온천, 담수, 해수, 토양, 식물표면, 건축물 표면, 황사 등 태양광을 이용할 수 있는 장소라면 미세조류가 서식하고 있다고 생각해야 한다. 산호나 해파리 같은 동물의 세포 내와 생체 내에서도 공생생물로의 조류가 존재하여 아주 약한 빛이지만 그 환경에 적응한 동굴조류도 발견된다. 그러나 이들 모두에서 조류기반 바이오연료(algae-based biofuel) 생산에 적합한 주가 발견되는 것은 아니다. 그러면 조류기반 바이오연료 생산에 맞는 주의 특성이란 무엇일까? 적어도 아래의 3점을 고려할 필요가 있다.

❶ **오일의 함량이 높아야 한다** : 오일의 함량이 높으면 높을 수록 오일 생산성이 향상된다.

❷ 옥외의 조방적(extensive)인 환경에서도 오염에 강해야 한다 : 연료라는 저가격품을 목표로 하기 때문에 조방적인 배양은 필수지만 유사한 생물이나 포식자에 의한 오염의 우려가 높아진다. 오염에 견디기 위해서는 증식이 빠르고, 극한 환경에서도 증식할 수 있는 특성을 가져야 한다.

❸ 수확이 쉬워야 한다 : 대규모로 생산이 되면 고작 1g/L 정도의 농도에서 세포를 회수해야 한다. 필수적으로 취급(handling)해야 하는 액량이 막대해 진다. 자기 응집성이 있으면 세포회수에는 대단히 유리하다. 또는 형태가 사상성이면 수확하기가 쉽다(예를 들면 *Spirulina*).

미국판매가격(American Selling Price)의 교훈에서도 알 수 있듯이 이들을 모두 동시에 만족시키는 주를 얻는 것은 어렵다. 예를 들면 세포 외에 직쇄상 탄화수소를 분비하는 *B. braunii*는 오일의 함량이 50% 전후이기 때문에 ①, 또한 수십~수백세포로 되어 있는 세포덩어리를 만드는 성질이 있기 때문에 ③은 유리하지만 증식이 느리기 때문에 ②의 점에서는 떨어진다. 또 야외에서의 배양실적이 풍부한 시아노박테리아(cyanobacteria) *Spirulina platensis*(*Arthrospira platensis*)는 증식이 빠르고 알칼리성을 좋아하기 때문에 ②와 ③은 만족시키고 있지만 그렇게 많은 오일을 축적하는 일은 없다.

원래 미세조류는 수 만종 존재하는 것으로 알려져 있지만 지금까지 옥외 배양으로 산업화에 성공한 것은 수종에 불과하며 그 대부분은 ② 특성을 만족시킨 고부가가치의 물질을 생산할 수 있는 주다. 이들을 바탕으로 조류기반 바이오연료의 생산을 목표로 할 때에는 우선 ②가 중요하고 거기에다가 ①이 필수조건이며, ③에 대해서는 별도의 기술개발[예를 들면 자동응집 침전법(auto-flocculation)을 유발하는 박테리아 이용 등]을 실시할 필요가 있다.

### 다. 미세조류의 채취

전항의 ②를 만족시키는 주를 수집하기 위해서는 극한환경이 적당하다. 불행하게도 국내에는 산성 온천, 알칼리성 온천이 거의 없어 그 대부분에 서식하는 미세조류를 외국에서 얻어야 한다. 산성 또는 알칼리성으로 대량 배양할 수 있으면 오염에 의한 배양장해의 가능성이 낮아진다. 고온으로 생육 가능한 미세조류는 세포분해속도 즉, 증식속도가 빠른 경우가 많고 옥외 배양하기 쉬운 주를 바로 얻을 수 있을 것으로 기대된다. 다만, 동절기에는 옥외 배양을 하기가 어렵다. 시료채취 장소는 물이 원천에서 자연계로 흘러나오고 미생물 군집을 형성하고 있는 곳이 이상적이다.

준비해야 하는 기구는 다음과 같다. 플랑크톤 네트, 우레탄 스폰지, 약스푼, 스포이트, 페트병, 지퍼가 붙어 있는 폴리에틸렌으로 만든 얇은 봉지(대, 중, 소), 일회용 튜브, 핀셋, 매직 등이고 채취기록에 기록해야 하는 기재사항은 일시, 장소, 날씨, 기온, 수온, pH, 채취자 등이다. 국립공원, 사유지, 관리자가 있는 토지 등에서는 채취허락이 필요하게 된다. 또 해외에서 채취를 실시한다면 분쟁을 피하기 위해 미리 각국 정부의 채취 허락을 얻어 놓는다. 극한환경에서의 채취에서는 안전성을 확보하기 위해 꼭 2인 이상으로 해야 할 필요가 있다.

간단하면서도 실용적인 조언 2가지를 소개한다. 시료를 채취해서 그것을 처리하는 장소, 예를 들면 실험실까지 가져가는 사이에 온도조건이 변화해 버리면 기대했었던 성질을 가지는 주를 분리할 수 없게 되는 경우가 있다. 휴대용 배양기와 그 안에 넣는 전지식 LED램프가 있으면 적어도 빛을 공급하고 보온하면서 시료를 운반할 수 있기 때문에 편리하다. 휴대용 배양기가 없다면 짧은 시간에 효과가 있는 발포 스티롤(styrol) 용기와 일회용 카이로도 괜찮다. 짧은 시간이면 효과가 있다.

미생물 매트, 각종 표면, 수권의 시료이면 멜라민 스폰지로 문지르거나 흡수시키거나 하는 것이 조체에의 손상이 적어 생존성이 높다. 목적에 따라서는 멜라민 스폰지에 미리 배지를 흡수시켜 놓는 것도 좋은 성적을 남길 수 있다. 또 채취 즉시 압력을 걸고 싶은 경우는 일회용 튜브에 전용 배지를 준비해서 지참해도 좋다.

### 라. 미세조류 분리방법

보통은 채취해 온 시료를 여러 배지에 넣고 예비배양(enrichment culture)을 한다. 예비배양의 목적은 채취해 온 시료를 다양한 특성으로 서식하는 여러 종류의 미세조류를 분리할 수 있게 하는 것이다. 자연환경 속에서 조류세포는 충분한 영양을 흡수하고 있는 것이 아니라 스트레스를 받는 상태에서 서식하고 있다. 따라서 바로 분리조작을 하면 희석이나 피펫팅 조작으로 손상을 받아서 종의 다양성을 잃어 버리게 된다.

이 점을 염려해서 예비 배양을 하지만 조류기반 바이오연료 생산을 염두에 둔다면 고작 피펫팅이나 희석으로 파괴되어 버리는 연약한 세포는 이용할 필요가 없다. 예비배양 없이 바로 분리조작을 해도 증식하는 튼튼한 주가 바람직하다.

분리조작의 방법으로서는 주로 다음 3가지가 있다.

#### ❶ 마이크로피펫으로 단일세포 분리(Single cell isolation by micropipette)

우선 파스퇴르 피펫을 알코올 램프에다 대고 잡아 늘여서 모세관형 피펫(micropipette)으로 만든다. 다음에 그것을 벨브 고무에다가 연결해서 페트리 접시에 넣은 시료를 현미경에서 관찰하면서 단세포 미세조류를 낚아 올린다는 고등 기술이다. 낚아 올린 세포는 목적 배지에 옮기고 배양한다. 배양에는 96웰 플레이트(96-well plate)를 사용하면 증식을 쉽게 관찰할 수 있다. 몇 번의 배양과 단일세포 분리를 반복하면 무균화도 쉽다.

### ❷ 한천평판배지로부터 조류 분리(Isolating algae by agar plate)

한천배지를 샬레에 깔고 적당하게 희석한 시료(또는 예비 배양액)를 평판배양(plating)해서 콜로니를 형성시킨다. 세균의 분리에서 빈번하게 사용되는 기술이지만 미세조류 중에는 한천 상에서 콜로니를 형성할 수 없는 것도 많다. 그러나 한천에서 증식하지 않는 주(한천 상에서 받는 여러 스트레스에 감수성인 주)가 조류기반 바이오연료 생산에는 사용되지 않기 때문에 이 방법은 유효하다. 한천 대신 젤란 검(gellan gum)을 사용해도 된다.

### ❸ 흡광 희석법(Extinction dilution method)

예를 들면 96 웰 플레이트 상에서 10배 희석이나 5배 희석 등의 희석계열을 만들고 시료 중 세포농도를 내려서 최종적으로 1웰 당 1개 이상의 세포가 존재할 때까지 희석한다. 이때 1웰 중 세포 출현빈도는 푸아송 분포[poisson's distribution: 어떤 사상 E가 1회의 시행으로 일어나는 확률을 p로 하면 n회의 시행으로 E가 r회 일어나는 확률은 이항분포로 나타내며, p의 값이 대단히 작고 시행의 회수 n이 대단히 큰 경우, E가 x회 일어날 확률 p(x)은 $p(x) = \frac{mX \cdot e^{-n}}{x!}$ (e는 자연대수의 밑수)로 되고, 푸아송분포라 부르고 있다. m은 n회의 시행으로 E가 일어나는 평균값이고 표준편차는 $\sqrt{m}$ 이 된다]에 따르기 때문에 1웰에 평균 0.2~0.3개 세포가 들어가도록 희석하면 증식이 확인된 웰에서는 1개 세포에서 분열될 가능성도 높다. 희석법도 몇 번 반복하면 분리는 확실해진다.

분리 조작을 원활하게 진행하기 위한 조언도 여러 개 소개한다. 채취한 시료 중에서는 대상 생물이 덩어리를 만들고 있는 경우도 많다. 분명히 덩어리가 눈에 띄는 경우에는 계면활성제나 초음파를 이용한 분쇄조작도 유효하다. 다만 초음파 세정장치에서 1초 정도 처리만 해도 사멸해버리는 미세조류도 있기 때문에 다양성을 잃어버리는 것을 각오하고 실시해야 한다.

편모를 가지고 사는 주를 목적으로 하는 경우에는 주광성(phototaxis)을 이용하는 것도 효율적이다. 배양의 일부에만 빛을 조사해서 거기에 모이는 세포를 취하면 비교적 쉽게 분리할 수 있는 경우가 있다.

규조(단세포 조류)가 필요하지 않는 경우에는 배지에 5~10mg/L 정도의 산화저마늄($GeO_2$)을 가하면 좋다. $GeO_2$는 이산화규소($SiO_2$)와의 경합으로 규소(Si)의 흡수를 억제하기 때문에 규조(diatom)가 증식 못하는 환경이 된다.

미세조류가 단세포에서 분열을 반복해서 눈으로 볼 수 있는 크기의 콜로니를 형성하기 위해서는 적어도 1주일은 필요하다. 이 사이의 배지의 증발에 의한 악영향을 피하기 위해서는 평판(plate)을 지퍼가 붙어 있는 폴리에틸렌으로 만든 얇은 봉지에 수납하면 된다. 그리고 봉지에 $CO_2$를 조금 가하면 미세조류 증식이 촉진되기 때문에 분리 조작의 진행이 빨라진다.

해산 녹조류인 연안 클로로코쿰(*Chlorococcum littorale*)을 재료로 해서 액체 배양에 불어 넣은 $CO_2$가스의 분압을 변화시켰을 때의 증식을 조사한 결과, 공기만($CO_2$ 분압 0.00036)에 비해 공기에 $CO_2$를 2% 혼합시킨 경우($CO_2$ 분압 0.02)에는 비증식 속도가 10배 이상 되었다. 다른 미세조류에서도 동일한 경향이 확인되기 때문에 $CO_2$ 첨가는 미세조류의 증식 촉진에 효과적이다.

### 마. 오일 함유의 미세조류의 선발

나일레드(Nile Red, 7-diethylamino-3,4-benzophenoxazine-2-one, $C_{20}H_{18}N_2O_2$, 318.369 $gmol^{-1}$)는 지질염이고 널리 동식물이나 세균의 염색에 사용되고 있다. 이 색소를 사용한 간단한 고농도의 오일을 함유한 미세조류의 스크리닝법을 아래에 나타냈다. 세포자동해석 분리장치(FACS, fluorescence activated cell sorter)와 같은 비싼 기기가 없어도 형광분광 광도계가 있으면 실시할 수 있다. 보론 다이피린 형광체(BODIPY)를 사용하는 경우도 파장이 다를 뿐 방법은 동일하다.

❶ 적당한 탁도의 배양액을 준비한다.

한천 평판이라면 백금이(platinum loop)로 긁어내고 10mM 인산 완충액(pH 7.0)에 현탁시켜 잘 분산시킨다. 배양액이면 그대로 사용해도 된다. 세포농도는 720nm 광학탁도에서 0.2 정도로 맞춘다.

❷ 사면이 투명한 쿠베트(cuvette)에 세포 현탁액을 3ml 넣는다.

❸ 그리고 나일레드의 에탄올 용액(0.5mg/mL) 10μl을 넣고 파라필름으로 입구를 누르면서 교반한다.

❹ 바로 488nm의 들뜬상태(excitation)로 550~650nm의 방출패턴(emission pattern)을 측정한다.

❺ 피크가 있으면 양성(positive, +). 양성 주만 만약을 위해 같은 파장범위에 자가형광이 있는지를 체크한다(나일레드 무첨가 배양액을 측정한다).

*Botryococcus braunii*의 NR염색 방출패턴을 그림 9.11에 나타냈다. 물론 모든 오일에 함유된 미세조류가 이 패턴에 유사한 것은 아니다. 그러나 570~580nm에 피크가 있으면 오일이 함유된 미세조류로 여길 수 있다. 나일레드는 에탄올 용액으로 했지만 세포벽이 두껍고 나일레드가 세포내로 삼투하기 어려운 경우도 있기 때문에 다이메틸설폭사이드(dimethylsulfoxide)를 용매로 사용하면 염색효율의 향상이 기대된다. 또 나일레드 형광의 경시변화에 있어서 염색조작 뒤에는 항상 일정 시간을 두고 나서 측정하면 데이터가 안정될 것이다.

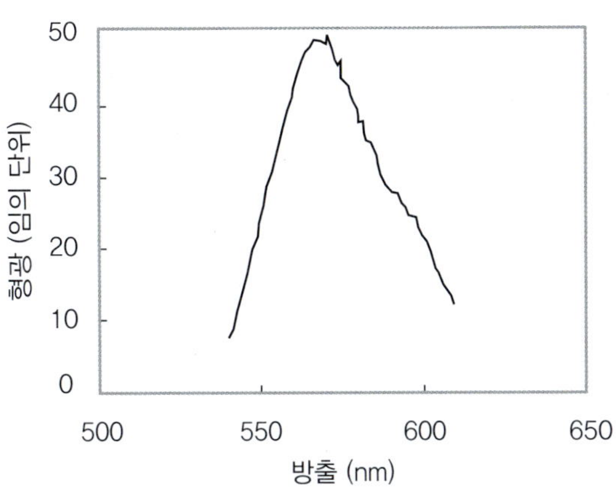


**그림 9.11** 보트리오코커스 브라우니(*Botryococcus braunii*)의 나일레드 염색의 방출패턴(570nm 부근이 최대이다. 방출 488nm).

나일레드는 488nm으로 여기되기 때문에 레이저를 사용한 기기하고도 잘 맞는다. 그래서 유세포분석기(FACS; fluorescense activated cell sorter)를 사용하자는 발상이 나오는데 이때는 다이메틸설폭사이드와 같은 세포독성이 강한 용매는 분리 후의 세포 증식에 좋지 않다. 반대로 세포독성이 낮은 용매를 사용하면 염색이 불충분해지고 빠짐이 많아진다. FACS를 사용했다고 해도 고속 대량 스크리닝(high throughput screening)을 달성할 수 있는 게 아니라는 좋은 예다.

### 바. 어떤 배지를 사용해야 하는가

미세조류 배양에는 아주 다양한 종류의 배지조성이 있으며 이는 미세조류의 종에 따라 다르다. 어떤 배지를 사용해서 목적한 주를 분리하면 좋은 것일까? 미세조류용의 배지조성이 다양하다는 것은 거꾸로 어떤 종류의 미세조류를 증식시키는 만능 배지는 없다는 것이다. 일본에서 개발된 배지는 아주 많은 종류의 해양 미세조류의 증식을 할 수 있는 것이 확인되어 '다이고 INK배지'라는 명칭으로 시판되고 있다. 그러나 이 배지라도 모든 해양 미세조류를 증식시킬 수는 없다.

증식이 빠르고 오일 축적량이 많은 주를 취하고 싶다면 적어도 3종류의 배지 조성을 선택하고 질소원으로는 초산이나 암모니아를 설정하고 초기 pH를 변화시킨 배지를 준비해야 한다. 이러한 다양한 조건을 갖추어서 되도록이면 다양한 주를 만드는 것을 제1목표로 해야 한다.

해수에는 여러 종류의 무기염이 용해되어 있기 때문에 담수에 비해서 pH를 좋아하는 미세조류가 지배적인 것으로 예측된다. 그런데 배지의 초기 pH를, 예를 들면 6과 10으로 설정하고 해수를 적하해서 예비 배양하면 1주일 후에는 전혀 다른 미생물

표 9.8 CHU13 X 4배지조성

| | | | |
|---|---|---|---|
| 질산칼륨($KNO_3$) | 0.2g/L | 붕소(boron) | 0.5ppm |
| 인산수소이칼륨($K_2HPO_4$) | 0.04g/L | 망간(manganese) | 0.5ppm |
| 황산마그네슘($MgSO_4 \cdot 7H_2O$) | 0.1g/L | 구리(copper) | 0.02ppm |
| 염화칼슘($CaCl_2 \cdot 6H_2O$) | 0.08g/L | 코발트(cobalt) | 0.02ppm |
| 구연산 철(ferric citrate) | 0.01g/L | 몰리브덴(molybdenum) | 0.02ppm |
| 시트르산(citric acid) | 0.1g/L | | |

표 9.9 평균적인 미세조류 세포의 원소조성과 CHU13X4배지의 원소조성의 비교(몰 비)

| | Cell | CHU13X4 |
|---|---|---|
| 질소(N) | 1 | 1 |
| 인(P) | 0.1 | 0.1 |
| 마그네슘(Mg) | 0.06 | 0.2 |
| 칼슘(Ca) | 0.05 | 0.2 |
| 황(S) | 0.05 | 0.2 |
| 철(Fe) | 0.03 | 0.2 |

(세포의 원소조성은 단위건조중량당 각 원소의 비율을 질소 1로 하여 질소에 대한 몰비로 나타냄)

상(microflora)이 관찰된다. 아무리 서식환경이 pH 8.2이라도 거기에는 산성을 좋아하는 종류나 알칼리성을 좋아하는 종류가 공존하고 있다는 것을 나타내는 좋은 증거이다. 이와 동시에 중성에만 신경을 쓰면 다양한 종류의 미생물을 버린다는 것이다. 또한 $CO_2$를 부가한 경우의 pH 저하에도 신경을 써야 한다. 앞에서 말했듯이 기체 상태로 $CO_2$를 부가하면 증식이 촉진된다. 이때 용해된 $CO_2$에 의해 배지 pH는 저하된다. 따라서 초기 pH를 조정할 때에는 이런 점도 고려해야 한다.

## 9.6 미세조류의 고농도의 오일을 축적한 미세조류의 개발

야자유, 대두유, 채종유와 같은 식물유에서 생산할 수 있는 바이오디젤 연료성분은 식물유의 주성분인 중성지질(triglyceride)을 메탄올과 알칼리 존재 하에서 반응시켜 얻어지는 지방산메틸 에스테르(fatty acid methylester)이다.

미세조류가 만드는 오일은 식물에서 얻어진 오일과 같다. 이점에서 미세조류에서 얻어진 중성지질에서도 기본적으로 바이오디젤연료가 제조될 수 있다. 또 많은 종의 미

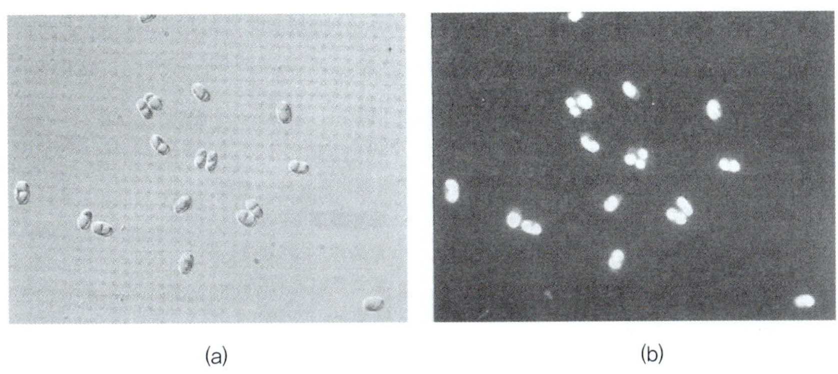


**사진 9.9** 대량으로 오일 방울을 생산하는 새로운 *Navicula* sp. JPCC DA 0580주. (a) 광학관찰 (b) 형광관찰(백색부위가 유적).

세조류가 중성지질을 축적할 수 있고 여러 미세조류에서 건조조체당 50% 이상 축적하는 것으로 알려져 있다. 또한 바이오디젤 연료는 탄화수소를 원료로 해서도 생산할 수 있다.

담수영역에서 서식하는 미세조류인 *Botryococcus braumii*는 대량으로 탄화수소를 생산할 수 있어 매우 유망한 조류종이다. 대량의 탄화수소를 생산할 수 있는 반면에 생육속도가 느리기 때문에 배양(생육)을 조절하기 어려운 점이 있다. 또한 건조 중량당 수십 %을 얻는 대량의 탄화수소를 생산하는 미세조류의 종은 *Botryococcus braumii* 이외에는 발견되지 않고 있어 현 상태에서는 미세조류를 이용한 탄화수소의 생산에 대해서 다른 미세조류를 활용할 수 없고 *Botryococcus braumii*의 성패에 의존할 수밖에 없다.

이 때문에 미세조류를 이용한 바이오디젤 연료생산에 관해서는 여러 종의 미세조류가 보편적으로 축적하는 중성지질이 앞으로의 목표 연료물질이라 할 수 있다. 따라서 해양 미세조류 중에서 가장 효율적으로 중성지질을 축적할 수 있는 특징을 가진 해양 미세조류를 획득해야 한다.

만여 종이 넘는 해양 생물에서 중성지질을 함유한 오일을 생산하는 미세조류가 검색되었는데 해양 규조인 *Navicula* sp. JPCC DA0580종이 오일을 대량으로 생산하는 것이 발견되었다(사진 9.9). 이미 대량의 오일을 생산하는 해양 녹조류인 *Senedesums rubesense* JPCCGA0024주를 얻었지만 PA0580주는 GA0024주에 비해 생육속도나 오일 함유량이 높다.

DA0580주는 1주일만에 생육이 정상에 도달하여 오일 축적량은 1주 간 배양의 건조된 조체당 40~60wt%에 도달했다. 또한 오일 축적량에 대해서는 배양 중기부터 후기에 걸쳐서 일어났다(그림 9.12).

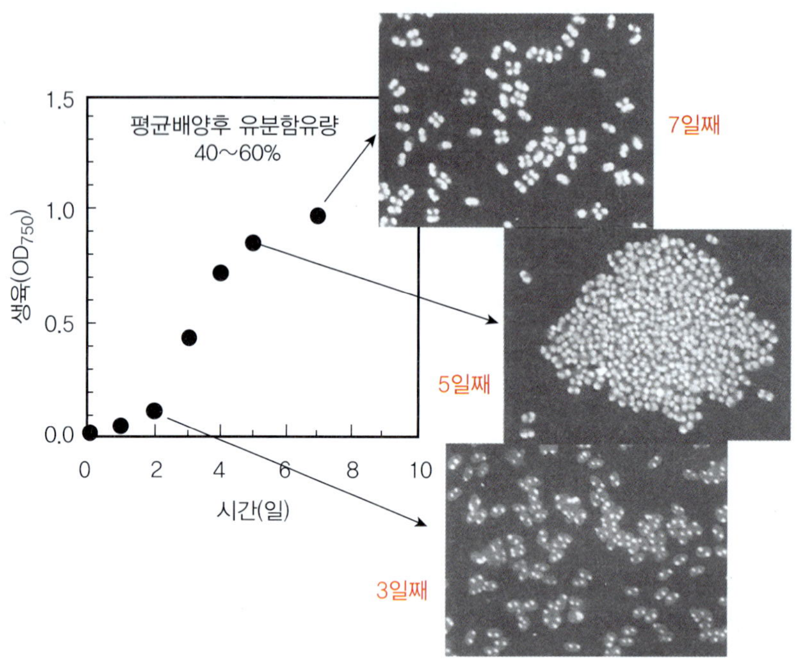


**그림 9.12** *Navicula* sp. JPCC DA 0580주의 생육과 오일축적(나일레드 염색)-백색부위가 유적.

보통 미세조류에 오일을 축적시키는 데는 일단 생육시킨 다음 영양염인 질소 성분을 제거한 배지에서 배양을 하는 2단계 배양이 필요했지만 DA0580주는 "생육시키면서" 오일을 축적시킬 수 있다. 이것은 다른 미세조류가 필요로 하는 기아상태가 필요하지 않기 때문에 배양기간이 단축되고 또한 동등한 양 이상으로 오일생산을 할 수 있어 종래의 미세조류에 비해 배양비용을 절감할 수 있는 우수한 특징을 갖고 있다.

DA0580주가 생산하는 오일이 바이오디젤 연료로 적합하지 않다면 의미가 없다. 표 9.10에서와 같이 대상주인 클로렐라와 비교해도 DA0580주가 생산하는 오일성분은 특이한 것을 알 수 있다. 클로렐라는 넓은 범위의 지방산 조성을 갖는 정도이고 DA0580주의 오일성분은 규조류에서 일반적으로 존재하는 EPA($C_{18}$지방산)가 함유되진 않았지만 $C_{16}$지방산($C_{16:0}$: 팔미트산, $C_{16:1}$: 팔미톨레산)이 전체 90%를 차지하였다.

이번에 사용한 1주 간 배양한 건조조체에서 47wt%의 오일이 얻어져 이 오일이 함유된 중성지질 총량은 32.9wt%에 달해 추출 오일 중 80%를 차지하였다.

지방산 조성은 배양조건에 따라 크게 변화하는 것으로 알려져 있지만 PA0580주의 오일 성분은 배양조건을 변화시키면(예를 들면, 온도) 각 지방산 비율은 변화하고 $C_{16}$-$C_{26}$의 지방산 탄화수소와 스쿠알렌이 각각 0.8%, 0.3% 정도 함유된다. 바이오디젤 연료로 전용할 경우 열화(degradation) 원인이 되는 긴 사슬의 불포화 지방산이 적

표 9.10 *Navicula* sp. JPCC DA 0580주의 추출유중의 지방산 조성

| | 바이오디젤 연료에 적합 | | | | | EU 규격 : 12 % 미만 | | | 합계 |
|---|---|---|---|---|---|---|---|---|---|
| | C14 : 0 | C16 : 0 | C16 : 1 | C18 : 0 | C18 : 1 | C18 : 2 | C18 : 3 | C20 : 5 | |
| *Navicula* sp. JPCC DA 0580* | 3.1 | 38.6 | 51.6 | 0.0 | 2.4 | 0.0 | n.d. | 4.3 | 100 |
| *Chlorella* sp. | 0.0 | 26 | 2.0 | 6.0 | 32 | 18 | 16 | 0.0 | 100 |

* 사용한 조류의 조건
배양기간 : 7일
광조건 : 6000룩스
통기량 : 1.0vvm
배지량 : 500ml
오일함유량 : 47wt%
중성지질함유량 : 32.9wt%

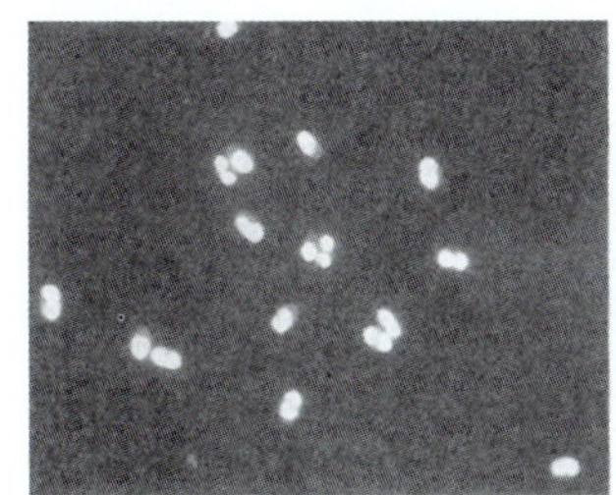
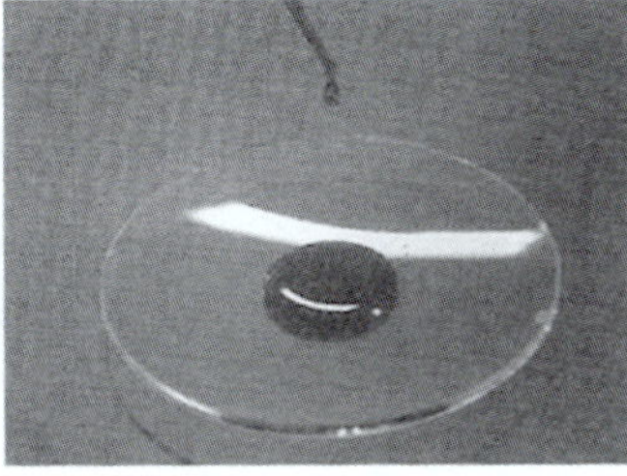
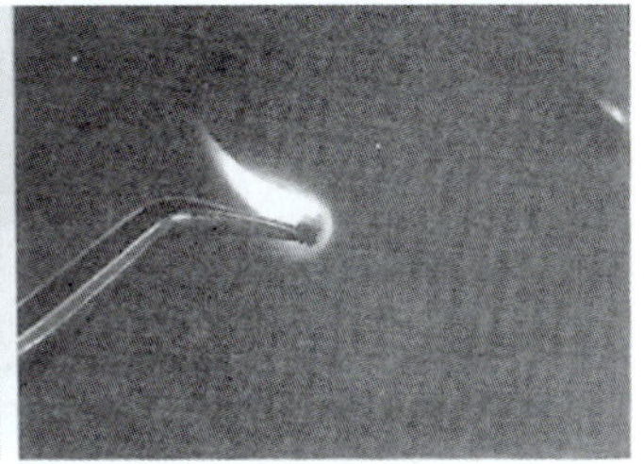

사진 9.10 *Navicula* sp. JPCC DA 0580주로부터 추출오일과 그 연소상황. 좌: 조류 추출유, 우: 연소상황.

고 게다가 팔미톨레산 메틸 에스테르는 저융점(0.5°C)이어서 낮은 온도에서는 고체화가 일어나기 어렵다. 따라서 DA0580주의 오일은 연료특성이 우수하여 바이오 디젤 연료로 이용될 가능성이 높다. 또 추출오일은 약 37MJ/kg의 높은 발열량을 가지고 있어 추출오일을 직접연소 시키는 것도 가능하다(사진 9.10).

## 9.7 맺음말

최근 고유가 지속과 기후변화 협약 발효 등으로 에너지 문제가 커다란 사회적 이슈로 부각되어 있어 이에 대응하기 위한 해결책으로 바이오매스를 활용한 청정에너지, 신·재생에너지를 생산하는 바이오에너지 관련 기술개발 및 상용화에 대한 연구가 전세계적으로 활발히 진행되고 있다.

브라질은 자동차 연료의 20~25% 이상 바이오연료를 의무적으로 사용하도록 하여 온실가스의 배출억제를 위한 모델로 주목받고 있으나 옥수수, 대두, 사탕수수 등 재배작물이 바이오에너지 원료로 이용됨으로써 관련 곡물 가격이 급등하면서 세계 식량 부족사태를 초래하는 문제를 야기시키고 있다.

최근들어 미국, 유럽 및 일본에서는 해양 바이오매스를 이용한 바이오에너지 개발을 목적으로 한 수많은 대형프로젝트들이 추진되고 있다.

우리나라는 삼면이 바다로 둘러싸여 있고 방대한 해양공간을 가지고 있으므로 이를 이용하여 태양에너지와 해수 중의 영양분을 흡수하여 생육하는 대형 해조류를 대량으로 재배할 수 있어 이를 에너지 자원으로 활용할 수 있을 뿐만 아니라 비료, 사료, 화학약품 등 유용물질도 회수할 수 있다. 특히 조류는 생물학적으로 해수 중의 탄산가스를 고정하여 성장하기 때문에 현재 문제가 되고 있는 탄산가스 오염이나 화석연료, 원자핵 등이 갖고 있는 여러 가지 문제를 방지할 수 있다.

현재의 기술로 해조나 미세조류 같은 해양 바이오매스로부터 에너지를 생산하는 비용은 석유와 같은 화석에너지의 생산비용과는 경쟁이 되지 않을 정도로 높다. 에너지 생산 시스템을 개량하고 가격을 어느 정도 합리화 한다고 해도 원유가격에 비해 생산가격이 현저히 높은 것은 사실이다.

하지만 중동, 중남미, 유럽, 미국의 원유국과는 달리 에너지 자급율이 낮은 우리나라에서는 언젠가 화석연료의 고갈로 인한 에너지 부족 등의 문제가 대두될 가능성이 매우 크기 때문에 안정 보장의 측면에서 볼 때 해양 바이오매스로부터의 에너지 생산기술 개발은 반드시 이루어져야 할 것이다.

Chapter

10

# 해양천연물

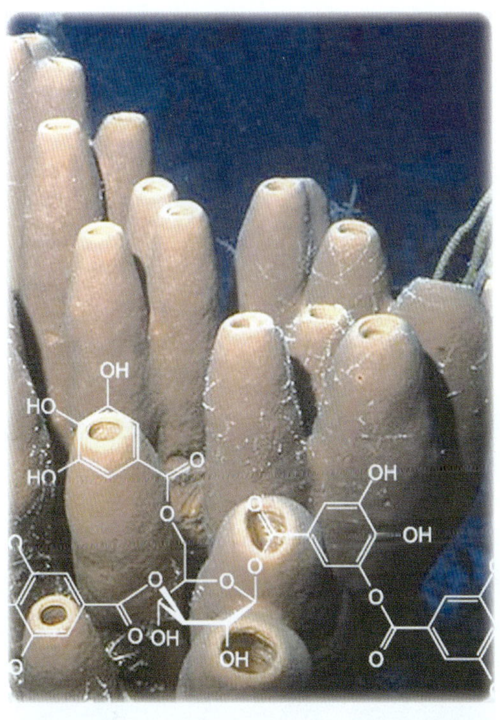

Marine Biotechnology

## 10.1 머리말

일반적으로 천연물(Natural products)이라고 하는 것은 인공적으로 만든 것이 아닌 자연 상태의 동식물을 포함한 모든 생명체에 의하여 만들어지거나 체내에 존재하는 유기물을 의미한다. 천연물은 단백질, 탄수화물, 지질 등과 같이 생물에 비교적 다량 함유되어 생체 내에 구성성분을 이루고 있는 물질을 비롯하여 비타민, 호르몬과 같이 생체 중에 극히 미량 존재하여 생물의 기능을 제어하는 물질에 이르기까지 그 종류가 매우 다양하다.

천연물에서 당, 지방산 및 아미노산과 같이 모든 생물에 존재하며 생체내 대사에 직접 관여하는 물질을 1차 대사산물이라 하고, 알칼로이드(alkaloid), 테르펜(terpene), 플라보노이드(flavonoid), 항생물질(antibiotics) 등과 같이 특정 생물에만 존재하며 대사에 직접 관여하지 않는 물질이나 1차 대사산물(metabolite)을 전구체로 하여 만들어진 화합물을 2차 대사산물이라 한다.

바다는 지구 표면적의 70% 이상을 차지하고 있으며 지구 전체 동물의 80%에 달하는 수십만 종이 서식하는 것으로 알려져 있어 생물 원료의 보고라 할 수 있으나 현재까지 1% 미만 만이 연구되고 있다. 현재까지는 육상생물들의 천연물에 대한 연구가 이루어져 왔으나 육상생물로부터 연구자원이 고갈됨에 따라 점차 해양천연물의 중요성이 부각되어 새로운 자원으로 해양생물이 주목 받기 시작하였다. 그러나 해양천연물은 바다라는 특수한 환경으로 인해 시료 채집의 어려움 등 여러 가지 제약으로 연구가 활발하게 진행되지 못했다. 그러나 최근에는 다양한 채집기술로 시료를 비교적 쉽게 확보할 수 있게 되면서 해양천연물에 대한 관심이 더욱 증가하게 되었다.

## 10.2 해양천연물 연구방법

### 10.2.1 문헌 정보 조사

실험에 임하기에 앞서 제일 먼저 해야 할일은 어떠한 해양생물로부터 어떠한 물질들이 얻어졌는가를 문헌이나 자료를 검색하여 수집하는 것이다. 요즘에는 이러한 정보를 인터넷을 통해 쉽게 검색이 가능하다. 해양천연물과 관련된 내용이 많이 수록되어 있는 대표 저널로는 미국 화학회(American Chemical Society)가 발행하는 천연물학술지(Journal of Natural Products), 영국 왕립학회(Royal Society)에서 발행하는 천연물 보고서(Natural Products Reports) 등이 있다.

## 10.2.2 해양생물 시료 채집

### 가. 해양생물 시료의 종류와 특징

해양생물은 3% 정도의 염분을 가진 해수에서 서식하기 때문에 다량의 염분과 각종 무기물이 많아 생리활성 물질의 분리나 활성검정에 많은 어려움이 있다. 그러나 종의 다양성이나 풍부한 바이오매스에 의해 다양한 천연물의 생산이 가능하다.

#### (1) 해양동물

인위적인 분류 외에 생활습성이나 서식장소에 따라 구조적인 공통점이나 생리, 생태, 유전, 발생 등을 기초로 하여 구분하는 것을 자연 분류법이라고 한다. 이 방법은 학명을 이용하여 기본 단위를 종(species)으로 하는 과학적인 분류이다. 해양생물들을 자연 분류법으로 나눌 경우 다음과 같이 크게 나눌 수 있다.

##### ❶ 원생동물문(Protozoa)

원생동물은 단일세포로 구성되어 있으며 하나 또는 그 이상의 핵을 가진 형질 덩어리로 되어있다. 그러므로 원형질에 국부적인 분화가 일어나 기관지 또는 세포기관을 가지기도 하며, 원생동물의 몸은 그대로 노출되거나 얇은 피막, 외각을 가지기도 한다. 원형질은 내질과 외질로 분화되어 있고 운동기관으로는 종에 따라 위족(pseudopod), 편모(flagella), 섬모(cilia) 등을 가진다. 원생동물(protozoa)은 편모충강(flagellate), 섬모충강(ciliate), 위족충강(rhizopoda), 포자충강(sporozoans), 흡관충강(suctoria)으로 나눈다(**사진 10.1**).

##### ❷ 해면동물문(Porifera)

해면(Sponge)은 해양천연물에서 가장 많이 이용되고 있는 생물자원 중 하나로 지구 상에서 가장 오래된 생물의 하나로 알려져 있다. 종류는 1만여 종에 이르고, 담수나 조간대 뿐만 아니라 심해에 이르기까지 다양하게 분포하고 있다. 색이나 모양은 얕은 바다에 서식하는 것은 일정하지 않으며, 체내에 여러 소동물들이 공생하

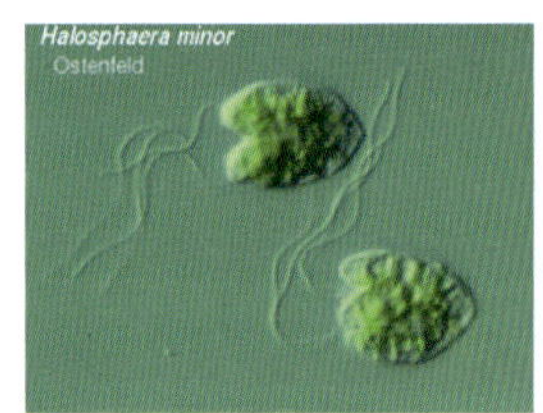


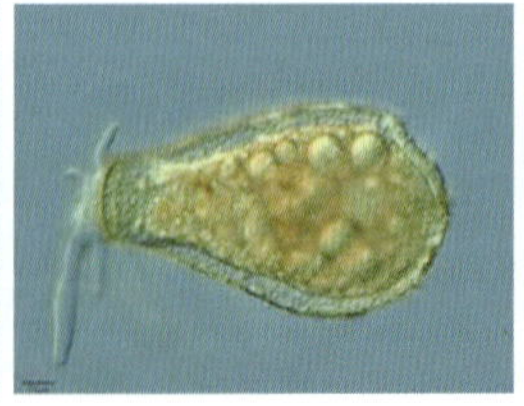

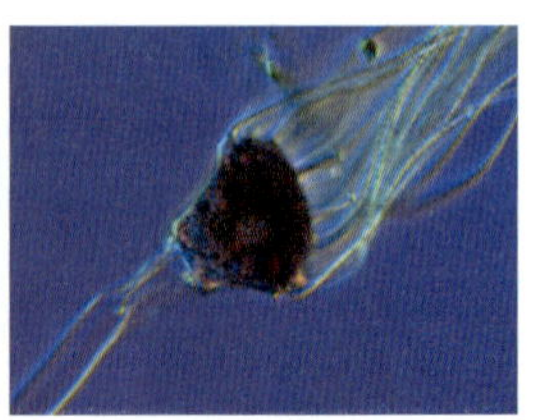

편모충 섬모충 위족충 흡관충

**사진 10.1** 다양한 원생동물류.

**사진 10.2** 다양한 해면동물류.

기도 한다. 해면동물은 뼈인 침골의 성분이나 모양에 따라 보통 해면강, 석회 해면강, 초자 해면강으로 나눈다(**사진 10.2**).

### ❸ 강장동물문(Coelentarata)

해파리, 말미잘, 히드라, 산호, 빗해파리 등으로 대표되는 강장동물의 몸은 3층의 세포벽으로 된 주머니 모양으로 중앙에 속이 빈 위강(gastral cavity)이 있고, 위강의 입구(입) 주위에 촉수가 있다(**사진 10.3**). 위강은 소화 이외에 영양분이나 산소 공급을 하는 혈관의 역할을 한다. 불소화물이나 노폐물, 알과 정자는 입을 통

해파리 말미잘 히드라 산호

**사진 10.3** 다양한 강장동물류.

촌충류

흡충류

납작벌레류

**사진 10.4** 다양한 편형동물류.

해 배출된다. 이들은 육식성 동물로서 체벽세포(integument cell) 군데군데에 자사(mettling thread: 강장동물에 있는 실 모양의 독이 들어있는 기관)세포가 있으며, 그 안에 자포(cnida)라는 침이 있어 먹이 포획 시 자사를 발사하기 때문에 자포동물(cnidarians)이라고 한다.

근육, 신경, 감각기는 있으나 혈관계, 호흡기, 배출기는 없다. 구조적 특징으로 볼 때 강장동물은 한쪽이 고착되어 있고, 원통형으로 된 산호나 말미잘과 같은 히드라형과 디스크 모양의 자유유영을 하는 해파리형이 있다. 이들은 유성생식(embryogenesis) 이외에 출아, 분열로도 증식하며 세계적으로 9,000여 종이 존재한다.

#### ④ 편형동물문(Platyhelminthes)

몸통은 배쪽으로 편평하고 좌우가 동일한 대칭이며, 전단에는 머리, 후단에는 꼬리가 있고, 입은 복면의 중앙에 있다. 편형동물은 기생성의 촌충류(cestode), 흡충류(Fluke trematoda) 그리고 납작벌레류가 있다(**사진 10.4**).

#### ⑤ 환형동물문(Annelida)

몸은 많은 체절(metamere)로 되어 있고, 좌우 동형이며, 진정체강(deuterocoel)을 가지고 있다. 환형동물은 원시환충강(Archiannelida), 다모강(Polychaeta), 빈모강(Oligochaeta), 거머리강(Hirudinea), 개불강(Clitellata), 흡구충강(Acanthobdellida)의 6개 강으로 나눌 수 있다. 이 중 다모강과 개불강이 대표 종이다(**사진 10.5**).

#### ⑥ 내항동물문(Entoprocta)

해조나 암석 등의 표면에 고착하여 단독생활을 하거나 군체 생활을 하는 몇 안되는 생물이다. 이 동물의 몸체는 술잔모양으로 기다란 자루 끝에 붙어 있고, 윗면의 오목한 주변에 여러 가닥의 촉수가 있다(**사진 10.6**).

원시환충강　　　　개불강

거머리강

다모강

**사진 10.5** 다양한 환형동물류.

**사진 10.6** 내항동물.

### ❼ 연체동물문(Mollusca)

연체동물은 무척추동물 중에서 절족동물 다음으로 많은 수를 차지한다. 원래 좌우 상칭형이나 변해서 불규칙적인 것이 많다. 체적은 볼 수 없고, 몸통은 머리, 발, 내장낭의 3부분으로 되어 있으며, 대부분 체벽에 외투막을 가진다. 대표적인 연체동물은 다음과 같다(**사진 10.7**).

**사진 10.7** 다양한 연체동물류(시계방향으로 고둥, 전복, 다슬기, 문어, 군소, 삿갓조개).

- **쌍경강** : 군부류
- **복족강** : 고둥, 소라, 전복, 다슬기, 수랑, 삿갓조개, 달팽이, 군소
- **부족강** : 굴, 홍합, 키조개, 백합, 가리비, 피조개, 바지락, 맛조개
- **굴족강** : 뿔조개
- **두족강** : 오징어, 문어, 낙지, 꼴뚜기, 앵무조개

### ❽ 절족동물문(Arthropoda)

몸은 많은 체절로 되어 있으나 환형동물과 달리 규칙적은 아니다. 표피 외측은 견고한 키틴(chitin)질로 되어 있어 개체의 성장은 연속적이 아니고 탈피할 때마다 단계적으로 성장한다. 절족동물은 현존 동물의 75% 이상을 차지하며 80만 종에 이른다. 해산종으로 대표적인 것은 갑각강에 속하는 게, 새우류가 있으며, 몇몇 종은 자기 몸의 일부가 손실되었을 때 재생하는 힘을 가진다. 그 외 요각류, 만각류, 등각류 등이 있다(**사진 10.8**).

요각류 만각류 등각류

**사진 10.8** 다양한 절족동물류.

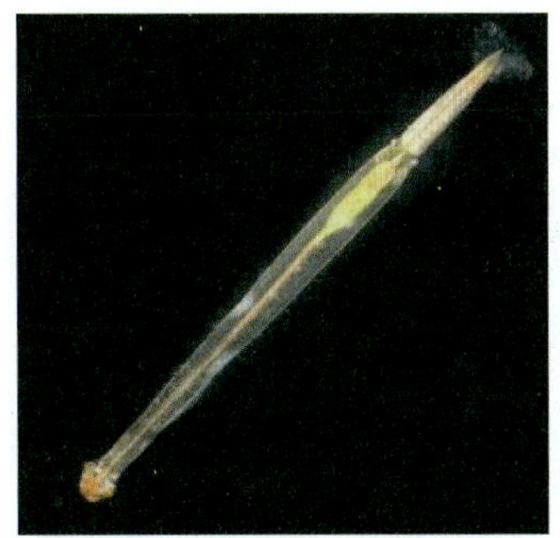

**사진 10.9** 화살벌레.

### ⑨ 모악동물문(Chaetognatha)

바다에 사는 작고 투명한 뜬살이 동물로, 화살벌레가 대표적이며 약 50종류가 알려져 있다(**사진 10.9**). 몸은 머리, 몸통, 꼬리의 세부분으로 되어 있으며, 머리에는 한 쌍의 눈과 빳빳한 털이 있고 몸통과 꼬리에 지느러미가 있어 그 모양이 화살과 비슷한데 크기는 보통 1~2cm 정도이다. 암수 한몸이다.

### ⑩ 극피동물문(Echinodermata)

극피동물은 성게, 불가사리, 해삼 등이 포함된 동물군으로 유영하는 자유형과 고착생활을 하는 형이 있다. 몸은 방사상칭(actinomorphic)이고, 석회질의 내골격과 관족계라고 하는 특별한 운동기관을 가진 체강동물이다. 극피동물은 식물처럼 보이는 바다나리류를 포함하여 불가사리류, 거미불가사리류, 해삼류, 성게류 등 5개의 강으로 나뉘며 약 4,000종이 알려져 있다(**사진 10.10**).

### ⑪ 원색동물문(Protochordata)

몸 전체가 두꺼운 외투막으로 둘러싸여 있어 피낭류라고도 한다. 이 각피는 껍질에서 분비하여 형성된 것으로 결체조직과 유사하고 섬유질이 함유되어 있으나, 각

성게

불가사리

해삼

**사진 10.10** 다양한 극피동물류.

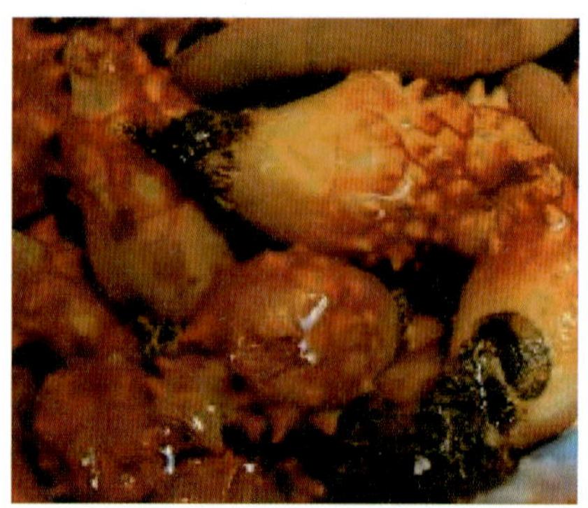

**사진 10.11** 우렁쉥이.

피를 갖지 않는 어떤 종은 피막이 한천질과 같은 투명한 막으로 되어 있다. 이들은 개체가 독립적으로 생활하거나 군체생활을 한다. 개체생활을 하는 것은 몸이 크고 계란모양이며, 하단은 뿌리 모양의 부속물로서 다른 물체에 고착한다. 가장 대표적인 원색동물로는 우렁쉥이를 들 수 있다(**사진 10.11**).

#### ⑫ 척추동물문(Vertebrata)

척추동물은 등뼈가 있는 동물을 말하며, 해양생물에서는 어류가 대표적인 척추동물문에 속한다.

어류는 주로 물속에서 살고 알을 낳아 번식하며, 아가미로 호흡하고 체온이 주위 환경에 따라 변하며 몸의 겉은 비늘로 덮여 있다. 몸은 유선형을 이루고 있어 물의 저항을 적게 받고 헤엄칠 수 있다. 현재 약 2,500여 종이 넘는 어류들이 분포하고 있다(**사진 10.12**).

### (2) 해양식물

광합성을 하며 바다에 서식하는 식물을 통틀어 해조(seaweeds, marine algae)라고 하는데, 여기에는 부유생물의 미세조류 즉 식물성 플랑크톤, 해초(sea grass)와 남조류도 포함된다. 일반적으로 해조는 고착성의 은화식물(crytogam)을 의미한다. 해조류는 광합성을 하는 것은 육상식물과 유사하나 염분을 함유한 해수에서 서식하기 때문에 몸 전체에서 영양분을 흡수하며, 대사산물도 육상생물과는 달라 천연물에서 중요한 재료가 된다. 특히, 식물성 플랑크톤(plankton)은 여러 가지 생리활성 물질의 1차 생산자이기도 하며, 실험실 내에서도 배양이 가능하기 때문에 다루기가 쉽다.

전세계적으로 해조류는 약 25,000종이 있으며, 우리나라 연안에 서식하는 해조류는 600종 이상으로 녹조류 80종, 갈조류 135종, 홍조류 355종, 남조류 48종이 알려져 있다.

사진 10.12 다양한 어류 1. 상어, 2. 숭어, 3. 넙치, 4. 가오리, 5. 열대어, 6. 갈치, 7. 볼락, 8. 복어, 9. 고등어.

### (3) 해양미생물

해양미생물은 육상미생물과 전혀 다른 특성을 가지는데 염분 요구성, 내염성, 저온성, 내수압성, 호압성이 있다. 이러한 것들은 해양미생물을 탐색, 배양 시에 특별히 주의해야 할 사항이다. 미생물 유래 생리활성물질 분리 시에 미생물을 우선 순수 분리하여 어느 정도 대량 배양을 한 다음, 활성 물질을 분리 정제하여야 하기 때문에 별도의 미생물 분리나 배양기술이 필요하다.

미생물의 가장 큰 장점은 균체 내 불순물이 적어 물질 분리 정제가 비교적 간단하다는 것이다. 그러나 배양이 안 되는 경우 실험이 곤란하게 될 수 있으므로 배양 시 유의해야 한다. 해양미생물은 일반적으로 세균, 효모, 곰팡이와 방선균류(Actinomycetes)로 나눌 수 있다.

#### ❶ 세균

해양 세균 중에서 양적으로 많은 것은 호기성(aerobic), 통성 혐기성 균(facultative anaerobic bacteria)군으로, 일반적으로 영양 요구면에서는 저영양성이며, 종속영양 세균에 속한다. 세균은 해수 뿐만 아니라 해저 퇴적물, 해양생물의 체표 내외, 해양생물의 사체나 배설물 등에 분포한다.

종속영양 세균의 동정은 그람양성균의 경우 당 발효성, 산화효소(oxydase) 활성, 균체색소 유무, 운동성, 편모 유무, 염분 요구도 등에 따라 에로모나스속(*Aeromonas*), 비브리오속(*Vibrio*), 시토파가속(*Cytophaga*), 플라보박테리움(*Flavobaterium*), 슈도모나스속(*Pseudomonas*), 앨터로모나스(*Alteromonas*), 크로모박테륨(*Chromobacterium*), 카울로박터(*Caulobator*), 아시네토박터(*Acinetobactor*), 모락셀라속(*Moraxella*) 등으로 나누며, 그람음성균은 간균과 구균의 구분, 운동성 유무, 카탈라아제(catalase) 활성, 당 발효성, 균사체 형성 등에 따라 클로스트디움(*Clostridium*), 바실러스(*Bacillus*), 락토바실러스(*Lactobacillus*), 스트렙토미세스균(*Streptomyces*), 노카르디아속(*Nocardia*), 아쓰로박터(*Athrobactor*), 코리네박테륨(*Corynebacterium*), 포도상구균(*Staphylococcus*), 마이크로코카스속(*Micrococcus*), 효모(yeast) 등으로 구분이 가능하다.

**❷ 방선균**

해양방선균은 아직 미개척 분야이다. 연안영역에 존재하는 방선균은 육상에서 흘러 들어온 것이 많을 것으로 추정되나 이들 중에는 바다라는 환경에 적응하여 새로운 2차 대사산물을 생산하는 균주도 있을 것이라 생각된다.

**❷ 효모**

효모는 육상 뿐만 아니라 해수, 해저의 토양이나 침적물, 플랑크톤, 해조, 고등동식물 등에 존재한다. 현재까지 알려진 총 180종 효모의 대부분은 육상과 해상 모두에서 분리되었으며, 해양에서만 존재하는 것은 약 20종 정도이다. 해양효모의 생리적 특성은 내염성이 높고, 저온성으로 25°C를 넘으면 생육하지 못하며, 최적 pH는 중성 부근이라는 것이다. 영양 요구면에서는 외양의 빈영양 상태에서도 생육 가능하다.

### 10.2.3 해양생물 시료 채취

해양에서 서식하는 생물들은 미세한 플랑크톤에서부터 대형의 동식물, 극지에서부터 열대지방, 간석지에서부터 심해저에 이르기까지 채집장소, 종류와 모양이 매우 다양할 뿐만 아니라 크기와 양, 시료의 성질 등도 매우 다양하다.

해양천연물의 2차 대사산물은 생물 중에 미량 존재하므로 분리 과정 중의 회수율, 활성 측정에 사용하는 양, 손실 등을 감안해서 수십 kg 이상의 시료가 필요하다. 예비실험을 통해 필요한 시료량을 예측하여 시료를 충분히 확보할 필요가 있다.

시료 채집시 가능한 다른 시료와 섞이지 않도록 세심한 주의를 기울여야 하며, 정확한 분류를 통해 동정해야 한다. 실험에 사용하는 시료는 채집과정이나 운반 중에 성분의 분해 등과 같은 화학성분의 변화가 일어날 수 있으므로 채취 즉시 드라이아이스나 얼음으로 냉동 또는 냉장하여 신속히 실험실로 운반하여 동결고에 보관하여야 한다. 식물 시료는 가능한 빨리 건조해야 장기간 보존이 가능하다.

또한 시료에 대해서는 반드시 정확한 채집 장소, 시간, 시료의 외관(색택, 냄새, 촉감, 형태 등), 시료의 촬영 등을 행해야 한다. 일지에 반드시 적어두어야 하며 채취한 시료 표본을 만들어 보관해 두고, 정확한 감정을 하여야 한다.

### 가. 해조류

해조류는 해조가 가장 번성하는 시기인 3~6월 전후에 채집하는 것이 효과적이며, 채집시 뿌리(부착기)까지 완전히 채집해야 하고, 같은 종류라도 모양과 색에 차이가 많이 나므로 동일종이라고 생각되는 종을 가능한 한 많이 채집하여야 한다.

### 나. 어류 및 무척추 동물

어류의 경우 대상 어종에 따라 저인망, 트롤, 기선권현망, 채낚기, 안강망 등의 어획방법이 있고, 오징어, 문어, 낙지 등과 같은 두족류는 자망, 주낙, 채낚기 등의 방법을 사용한다. 갑각류 중 게는 통발을, 새우류는 조망법을 이용한다. 패류는 형망(dredge)이나 채취기를 이용하여 채집한다.

### 다. 플랑크톤

플랑크톤 시료는 망목 크기가 다른 여러 종류의 플랑크톤 그물을 이용하여 선상이나 현장에서 해수를 여과하여 채집한다. 동물 플랑크톤은 보통 100메쉬 이상을, 식물 플랑크톤은 20메쉬 정도를 이용한다. 다량의 시료를 채집하기 위해서는 망목이 큰 것부터 작은 것에 이르기까지 순차적으로 연결하여 해수를 통과시키면 크기별로 시료를 모을 수 있다.

### 라. 미생물

해수나 바다 바닥을 이루고 있는 물질로부터 채취 시 여러 가지 채수기나 채니기로 멸균된 통에 담아 실험실로 운반한 후, 그대로 희석하여 멸균 해수가 함유된 평판에서 분리하거나, 3일 정도 증균하여 평판배지에서 분리한다. 분리한 미생물들은 각각의 생육 조건에 맞는 배지에서 대량 배양하여 시료를 얻는다.

미생물 배양 시 한꺼번에 대용량을 배양하는 것보다 여러 개로 나누어 하는 것이 오염의 위험 부담이 적고 배양이 용이하다. 그리고 대량으로 배양하여 원심분리 등으로 수확을 할 경우 균체나 조체만 사용하는 경우도 있으나 의외로 배양액 중에 활성물질이 배출될 수 있으므로 배양액도 반드시 활성을 조사해야 한다.

### 10.2.4 물질 추출

채취한 시료로부터 물질을 분리하는 최초의 단계는 추출이다. 추출방법에 따라 물질의 종류, 수율 등이 달라지므로, 적절한 용매의 선택이 중요하다. 시료에서 특정 성분을 추출할 때 시료는 잘게 자르거나 동결건조하여 분쇄하는 것이 좋다. 이는 추출에 소요되는 용매량을 줄일 수 있을 뿐만 아니라 추출 수율도 향상될 수 있으며, 농축시 시간이 단축될 수 있다.

#### 가. 시료에 따른 추출법

- **냉동시료** : 해동 후, 습시료의 3배 정도 용매를 넣어 마쇄하여 추출한다.
- **건조시료** : 수분함량이 적고 세포가 수축하여 5배 이상의 용매를 넣고 수 시간 이상 방치하여 추출하며, 3회 반복 추출한다.

#### 나. 추출 용매

추출에 사용되는 용매는 극성이 다른 여러 가지 용매들이 있다. 추출 순서는 비극성 용매부터 극성 용매로 순차 추출에 의해서 추출한다. 이것은 비극성 용매로 우선 추출하면 시료 중에 있는 불필요한 지방, 납, 수지, 정유 등과 같은 지용성 성분을 분리 제거하거나 이용할 수 있으며, 극성 용매는 세포막을 파괴할 수 있으므로 세포막 내 물질이 추출 가능하기 때문이다. 추출 용매를 통해 어떤 특정 성분이 어떤 용매 획분에 들어 있는가를 확인함으로써 그 성분의 화학적 특성 추정이 가능하고, 물질의 정제와 구조 분석에 많은 정보를 제공할 수 있다.

**극성이 낮은 순서부터 높은 순으로**

석유에테르 < 헥산 < 벤젠 < 클로로포름 < 메틸렌클로라이드 < 에테르 < 에틸아세테이트 < 아세톤 < 부탄올 < 이소프로판올 < 에탄올 < 메탄올 < 물

#### 다. 농축

추출액의 농축은 진공 회전 농축기를 이용하는데, 농축시 40°C 이하의 가능한 낮은 온도에서 용매를 제거해야 시료 중의 성분 변화가 적게 일어난다.

### 10.2.5 분획

해양생물 시료에서 용매로 추출한 용액을 농축하여 얻은 조추출액은 심하게 착색되어

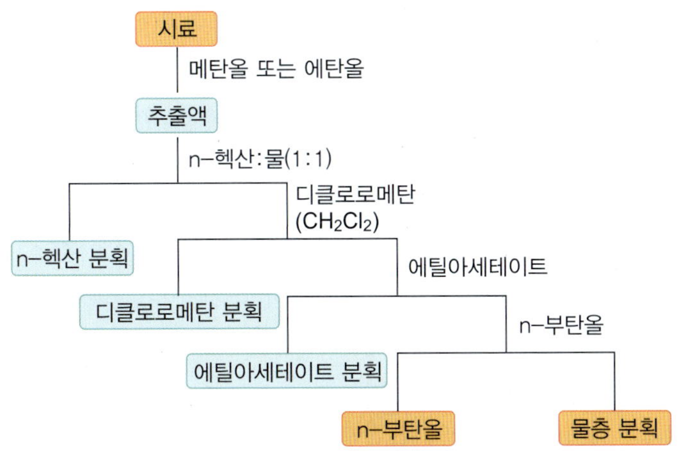


**그림 10.1** 분획에 사용되는 용매와 순서의 예.

있을 뿐만 아니라 용매에 녹지 않는 일부 성분들이 여과에서 제거되었다 하더라도 수용성인 각종 염류와 비극성의 지질, 탄화수소 등의 생체 성분을 구성하는 성분들이 존재한다. 이러한 조추출물에 함유된 활성성분을 분리하기에 앞서 불순물을 제거하기 위하여 분획을 해야 한다.

분획은 비중 차이가 큰 두 용매를 섞어 두면 용매는 비중 차이에 따라 두 층으로 나눠진다. 이 두 가지의 용매에 추출물을 녹이면 이들은 각각 용매에 대한 친화성에 따라 녹는다. 분획에 사용되는 용매의 순서는 비극성 용매에서 극성 용매로 순차 분획한다. 분획물은 무수황산나트륨을 이용하여 수분을 제거한 후 여과하여 농축한다(**그림 10.1**).

### 10.2.6 물질의 분리와 정제

물질의 분리 정제 과정에서는 용매 조건 등에 대한 세밀한 계획이 필요하다. 위에서 언급한 추출과 분획 과정을 거치면서 물질의 불순물이 상당 부분 제거되고 성질이 유사한 물질들이 혼합된 상태로 있게 된다. 분리 정제는 추출과 분획과정 보다 어려우므로 고도의 분리기술이 요구된다.

해양천연물의 분리정제에 사용되는 방법으로 침전법(precipitation, 용해도 차이를 이용), 분별증류(fractional distillation, 비점의 차이를 이용), 승화(sublimation, 승화성을 이용), 분배(분배계수의 차를 이용), 크로마토그래피법(chromatography) 등이 있는데 주로 사용하는 것은 크로마토그래피법이다.

크로마토그래피는 분리되는 원리에 따라 물질의 고정상과 이동상 간의 흡착과 탈착의 차이를 이용한 것을 흡착 칼럼 크로마토그래피(adsorption column chromatography), 분배를 이용하는 것을 분배 칼럼 크로마토그래피(partition column chromatography)라고 한다. 이온 교환기를 이용하는 것을 이온교환 칼럼 크로마토그래피(ion-exchange column chromatography), 박층 크로마토그래피(thin layer chromatography, TLC), 겔 칼럼 크로마토그래피(gel column chromatography), 고성능 액체 크로마토그래피(high performance liquid chromatography, HPLC) 등으로 여러 종류가 있다.

흡착 크로마토그래피에서는 극성이 작은 것부터 용출되는데 이것을 순상 크로마토그래피(normal phase chromatography, NP)라고 하고, 역순의 관계에 있는 분배 크로마토그래피에서는 극성이 큰 물질부터 용출되는데 이것을 역상 크로마토그래피(reverse phase chromatography, RP)라고 한다.

칼럼 크로마토그래피를 이용하여 천연물을 분리 정제하는 일반적인 방법에 대해서 한 가지 예를 들면, 실리카 겔을 이용한 오픈 칼럼(open column) 크로마토그래피에서 용매로 추출한 획분을 1차로 용매 획분별로 분획한 다음 얻어진 획분을 TLC로 확인 검정을 거친 다음 HPLC를 사용하여 분리 정제한다.

### 가. 흡착 칼럼 크로마토그래피

흡착은 기체나 액체상 용매에 녹아 있는 물질이 고정상에 물리적 또는 화학적으로 결합하는 현상으로 흡착이 일어나는 고정상은 흡착제, 흡착된 용질은 피흡착물이라 한다. 흡착은 흡착제 표면의 분자와 용액을 구성하는 분자 간 힘의 상호작용에 의해서 생기는 것으로, 물리적인 상호작용에 의해서 생기는 물리 흡착과 화학적 힘에 의해서 생기는 화학 흡착으로 구별할 수 있다. 일반적으로 물리적 흡착의 특징은 흡착제가 가역적이고 비교적 빠르게 이루어지는 반면, 화학적 흡착은 물리적 흡착보다 더 강하고 경우에 따라서는 비가역적이다.

천연물의 분리정제에는 용매에 의하여 분리되기 어려운 강력한 화학 흡착보다는 단순한 물리적 흡착을 이용하는 경우가 많다. 칼럼상에서 일어나는 흡착과 탈착은 물질의 흡착강도, 흡착제의 흡착강도, 흡착제에 흡착된 물질을 분리하는 용매의 성질이 서로 작용을 하므로 이들의 특성을 잘 알고 있어야 한다.

보통 천연물의 분리에 이용되는 흡착제로는 실리카 겔, 활성탄, 알루미나 등이 있다. 이들 중 실리카 겔은 천연물의 분리에서 가장 널리 이용되고 있는 흡착제이고, 특히 극성이 낮은 지용성 물질이나 비이온성의 유기화합물 분리에 사용된다.

용매의 극성을 조절하기 위해서는 극성이 다른 용매를 적당한 비율로 혼합하여 조절하기도 한다. 일반적으로 많이 쓰이는 용매들의 용출력은 위에서 서술한 용매의 극성 순서와 같다.

(1) 분리정제 과정

적당한 크기의 유리로 빈 관(칼럼)에 흡착제를 균일하게 충진하고 칼럼의 상층부에 시료를 흡착시켜 적당한 용매로 전개하여 순차적으로 다른 흡착대를 형성시키며 분리한다. 처음에는 극성이 낮은 용매를 사용하고 점차적으로 극성을 높여서 물질을 분리한다.

저자의 연구실에서 사용하는 용출 방법을 예로 들면, 실리카 오픈 칼럼(open column)의 경우 헥산(hexane)과 에틸아세테이트(ethyl acetate)를 용매로 사용하여 혼합 용매의 순으로 극성을 변화시켜 용출하고 (헥산과 에틸 아세테이트의 혼합비는 헥산:에틸아세테이트 = 100:1, 90:10, 70:30, 50:50, 30:70, 10:90, 1:100), 다음에 클로로포름과 메탄올(50:50)의 혼합 용매로 용출한다.

## 나. 분배 칼럼 크로마토그래피

분배 크로마토그래피는 흡착제에 흡착된 고정상과 이동상에 대한 용해도 차이에 의해 분리되므로 고정상과 이동상을 선택할 때는 시료의 극성보다는 용해도를 고려해야 한다. 보통 극성이 큰 친수성 물질을 분리할 때 주로 사용된다.

고정상으로는 소수성기(octadecyl, ODS, $C_{18}$; Octyl, $C_8$)와 친수성기(aminopropyl; cyanopropyl; nitrophenyl) 같은 결합기들이 결합한 화학 결합형 충진제를 사용하고, 이동상으로는 물과 메탄올 같이 극성이 큰 이동상 용매를 많이 사용하고 두 가지 이상의 혼합 용매가 흔히 사용된다.

저자의 연구실에서 사용하는 용출 방법을 예로 들면, 역상 ODS 오픈 칼럼의 경우 물(3차 증류수)과 메탄올을 용매로 사용하여 혼합 용매의 순으로 극성을 변화시켜 용출한다(물과 에탄올의 혼합비는 물:에탄올 = 100:1, 90:10, 70:30, 50:50, 30:70, 10:90, 1:100)

## 다. 박층 크로마토그래피

박층 크로마토그래피(TLC)는 고정상(흡착제 표면)과 이동상(용매) 사이의 서로 다른 분배(partition)에 의하여 TLC판의 이동거리가 달라진다. 각 물질마다 특정한 용매조성에서 얼마나 멀리 이동했는가를 나타내는 것으로 이 이동거리가 근접했거나 같으면 이 물질이 동일한 물질임을 알 수 있는 지표가 된다.

보통 실리카 겔, 알루미나 등의 흡착제와 석고로 만든 얇은 막의 표면에 용매를 이동층으로 이용하여 시료를 전개하는 크로마토그래피 방법이다. TLC는 흡착제의 종류가 아주 다양하면서도 여러 가지 화합물을 분석이나 분리하기 위한 중요한 수단으로 사용되고 있다. 크로마토그래피 방법은 먼저 얇은 막 크로마토그래피 판을 만든 후 시료를 편에 떨어뜨린다. 그리고 나서 판을 챔버에 넣고 상승 크로마토그래피로 전개한 후 챔버에서 판을 꺼내 말리며 색깔이나 형광 또는 적당한 화학 반응을 통해 시료를 검출한다(그림 10.2). Rf는 성분이 이동한 거리를 용매가 이동한 거리로 나눈 값으로 정의한다(그림 10.3).

발광성 물질(fluorescent)이 섞인 실리카 겔을 TLC판으로 사용하여 전개한 물질을 254nm와 365nm UV 광선 하에서 관찰한다. TLC판에 묻은 용매를 완전히 증발시킨 후 요오드(iodine) 결정이 들어 있는 용기에 일정 기간 넣은 후 감지하는 방법이다. 요오드 증기가 이중 결합이나 방향성을 가지고 있는 유기 물질에 흡수되어 갈색을 나타낸다. 진한 황산을 TLC에 뿌리고 약 200°C에서 가열하여 색깔을 나타내는 방법이

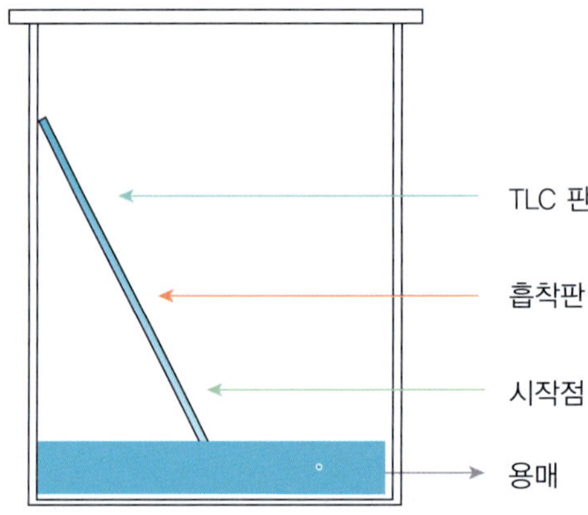


그림 10.2 막층 크로마토그래피(TLC)판의 상승 전개를 위한 실험준비.

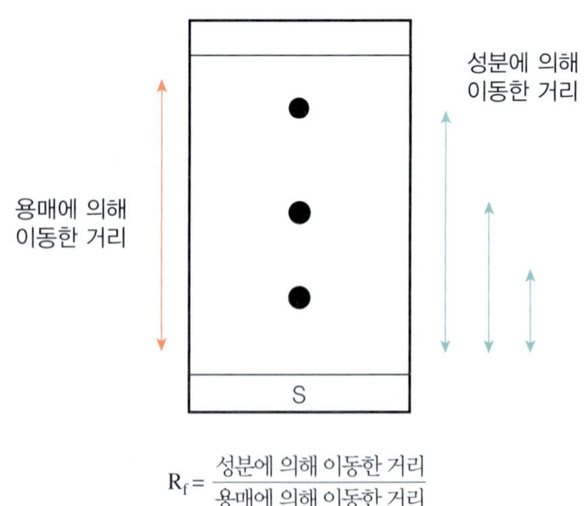


$$R_f = \frac{\text{성분에 의해 이동한 거리}}{\text{용매에 의해 이동한 거리}}$$

그림 10.3 TLC의 Rf(Retention factor) 값.

다. 다양한 발색 시약이 이용되며, 대표적으로 아니살데히드(anisaldehyde), 닌히드린(ninhydrin), 아세트산페닐수은(PMA) 등이 있다.

### 라. 이온교환 칼럼 크로마토그래피

천연물 중에는 산성, 염기성 또는 양성의 해리성 관능기를 가진 것이 많다. 해리성 관능기를 가진 화합물의 수용액 중에서 해리한 상태를 이용한 것이 이온교환법이다. 이온교환법은 여러 가지 양이온이나 음이온을 결합시킨 고분자를 사용하여 물질의 이온 친화력 차이를 이용하는 분리법으로 주로 단백질, 핵산, 아미노산이나 펩타이드의 분리에 많이 사용되며, 교환체는 폴리머의 종류에 따라서 이온교환수지, 이온교환 셀룰로오스(cellulose) 및 덱스트란(dextran)으로 크게 나눌 수 있다.

이온교환 크로마토그래피에서 고정상은 전하를 가진 이온교환수지로 매우 다양한 종류가 있다. 이온교환수지의 용량은 이온교환수지에 결합하는 이온의 최대값에 의해 결정된다. 음이온 교환수지에는 양으로 대전된 반응기가 지지체에 공유결합으로 붙어 있으며 용질의 음이온들이 이 대전된 자리로 끌려간다. 양이온 교환수지는 용질의 양이온과 결합하는 음으로 대전된 자리를 갖는다. 카르복시메틸(CM)과 디에틸아미노에틸(DEAE) 등 다양한 종류의 기능기가 각종 지지체에 부착되어 크로마토그래피에 적합한 이온교환수지가 된다.

지지체로 사용되는 물질로서는 폴리스티렌(Polystylene), 폴리아크릴레이트(Polyacrylate), 셀룰로오스, 세파셀(Sephacel), 덱스트란, 아가로오스, 토요펄(Toyoperl) 등이 있다. 이동상에서 용리액은 주로 수용액 상태로 pH, 염의 농도와 성질, 용매의 점도 및 유전상수(dielectric constant) 등이 중요한 고려사항이 된다. 그리고 분리될 물질은 전하를 가지고 있거나 아니면 적어도 이온화 되어야 한다

단백질 정제를 위한 이온교환 크로마토그래피의 과정은 다음과 같다(**그림 10.4**). 단백질 용액은 이온교환수지를 포함한 고정상 칼럼을 통과한다. 양이온 교환수지는 음전기를 띤 카르복시메틸기들을 셀룰로오스 지지체에 결합시켜 얻어지는 카르복시메틸-셀룰로오스이다. 양이온 단백질들은 칼럼에 유입되는 pH에서의 순수한 양전하에 의한 부착력인 정전기력에 의하여 교환수지에 결합한다. 이와 같이 단백질이 결합된 후에, pH 또는 이온력을 증가시키는 완충액으로 세척한다. 용출액에서의 이러한 변화들은 결합을 약하게 하여 단백질들이 교환수지로부터 먼저 분리되며, 그 다음에는 결합단계에서의 조건들이 많이 달라지게 됨에 따라 단단히 결합된 분자들이 분리된다.

이온교환 크로마토그래피의 중요한 응용으로 단백질이나 아미노산의 분리가 대표적인 예이다. 이 크로마토그래피는 양이온 및 음이온의 분리에도 효율적으로 이용된다. 할로겐화물 이온은 도웩스(Dowex)-2 칼럼으로 pH 10.4의 1M 실산나트륨($NaNO_3$)(NaOH로 조절)을 용리액으로 사용하면 $F^-$, $Cl^-$, $Br^-$, $I^-$ 순으로 분리된다. 알칼리 금

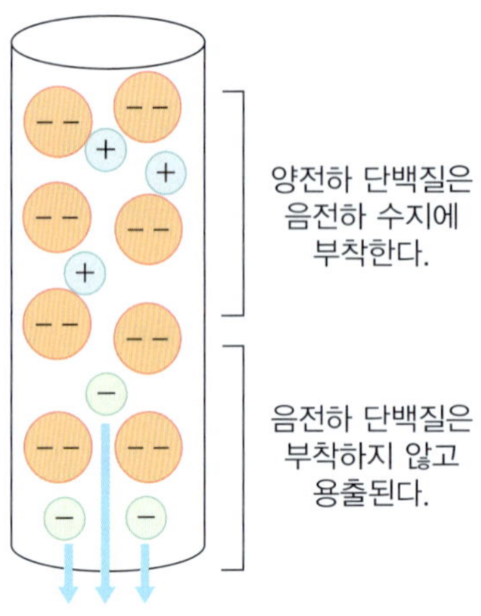


**그림 10.4** 단백질의 양이온교환 크로마토그래피.

속이온은 도웩스(Dowex)-50이나 암베라이트(Amberlite) IR 120 칼럼으로 0.7M 염산(HCl)에 의해서 $Li^+$, $Na^+$, $K^+$ 순으로 분리된다. 알칼리 토금속 이온은 도웩스(Dowex)-50 칼럼에서 1.2M 젖산암모늄에 의해서 $Ca^{2+}$, $Sr^{2+}$, $Ba^{2+}$ 순으로 용리시킬 수 있다.

### 마. 겔 칼럼 크로마토그래피

겔 크로마토그래피는 고정상에 분자체(molecular sieve)를 사용하는데 이들에는 세파덱스(sephadex), 폴리아크릴아마이드(polyacrylamide) 또는 아가로오스(agarose) 겔이 있으며, 이들은 친수성이므로 물을 흡수하여 팽윤될 수 있다. 시료 분자의 크기가 팽윤된 겔의 최대 구멍(pore)보다 클 때, 그 분자는 겔 입자를 통과하지 못하므로 고정상 입자의 공간을 통해서 칼럼 밖으로 쉽게 나온다. 보다 작은 분자는 겔 입자의 열린 구멍 속에 들어가 통과하는데 그 크기와 모양에 따라서 통과하는 속도가 다르다. 그러므로 분자의 크기가 작을수록 통과 시간이 길어져 더 늦게 용출된다(그림 10.5).

해양천연물의 분리정제에 사용되는 겔의 종류는 덱스트란 및 그 유도체로써 만들어지고 가장 많이 사용하는 겔로 세파덱스 G 또는 세파덱스 LH가 있고, 폴리아크릴아미드 및 그 유도체 중 대표적인 겔인 바이오젤 P가 있으며, 아가로오스 및 가교 아가로오스계, 폴리비닐계, 셀룰로오스계, 폴리스티렌(polystyrene) 등이 있다. 천연물의 분리와 정제에는 세파덱스 G 및 세파덱스 LH-20과 바이오젤 P가 주로 사용된다. 이들 중 세파덱스는 주로 단백질 분리에 사용되며, 다당류나 큰 고분자 사슬에 있는 수산기 때문에 극성이 매우 크므로 물을 많이 흡수한다. 겔은 물을 재흡수하여 팽윤하는 능력에 따라 그 특성을 나타낸다.

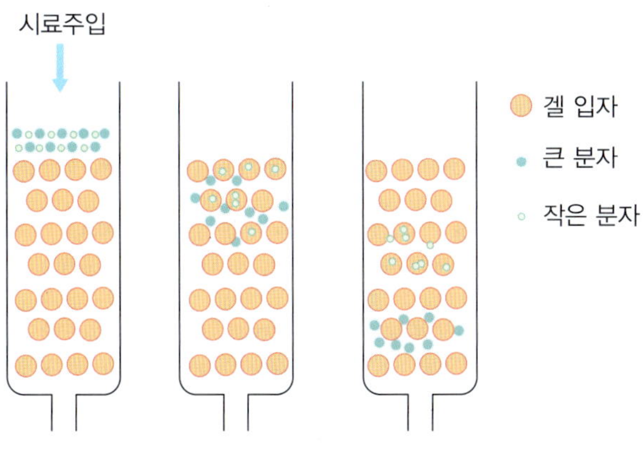


그림 10.5 겔 크로마토그래피.

### 바. 고성능 액체 크로마토그래피(HPLC)

액체 크로마토그래피에서 칼럼에 압력을 가하여 고속으로 용리시킬 뿐만 아니라 관 충전제의 입자크기가 수 μm되고 분리성능이 우수한 분리관을 개발하여 사용함으로써 관효율을 크게 향상시킨 액체 크로마토그래피를 고성능 액체 크로마토그래피(High Performance Liquid Chromatography, HPLC)라고 한다. HPLC는 높은 감도를 가지며 쉽고 정확하게 분석할 수 있고, 비휘발성 성분이나 열에 불안정한 물질을 빠르게 분석할 수 있기 때문에 모든 분리, 분석법 중에서 가장 널리 사용된다. HPLC는 용매(solvent), 펌프(pump), 주입기(injector), 칼럼(column), 검출기(detector), 기록기(recorder)로 구성되어 있다(그림 10.6).

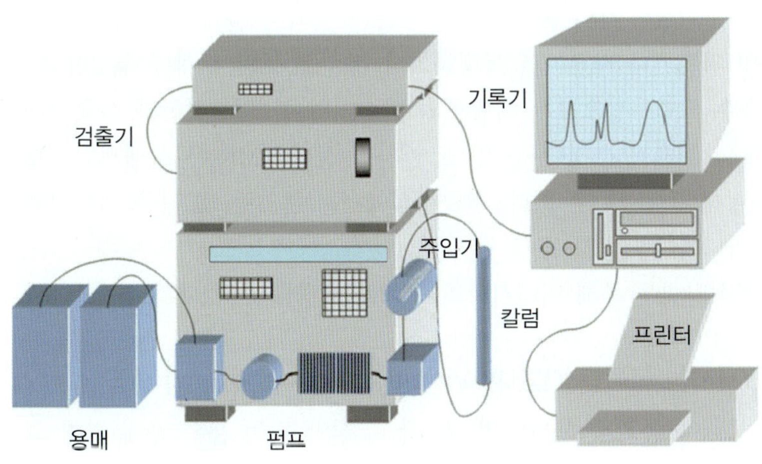


그림 10.6 고성능 액체 크로마토그래피 구성.

분석하고자 하는 대상물질의 특성(분자량, 이온성, 용해도 등)에 따라 칼럼을 선택한 다음, 적합한 이동상을 사용하여 시료를 분리한다. 분리된 시료는 시료에 대한 높은 감도, 선택성을 가지며, 적당한 밴드폭, 낮은 검출한계 등을 가지는 검출기를 선택하여 분석한다. 여러 가지 검출기 중 자외선/가시광선 (UV/VIS) 검출기는 광원에서 특정 파장의 빛이 광이나 장치를 거쳐 시료용기라고 불리는 셀(Cell) 내의 시료에 투사되면 일부는 흡수되고 일부는 시료를 통과하게 되는데, 특정한 시료는 특정파장의 빛에 대한 흡광도가 높아서 시료를 투과하는 빛의 강도는 상대적으로 작아지게 된다. 이때 흡수되는 빛의 양은 용액 내 흡광시료의 농도, 빛의 파장과 빛이 시료를 통과하는 거리 등과 관계가 있다.

즉, 적당한 용매에 녹일 수 있는 물질이라면 그것의 휘발성, 열에 대한 안정성, 무기화합물 또는 유기화합물 및 분자량에 관계없이 액체 크로마토그래피에 의해 분리분석이 가능하다.

### 10.2.7 해양 천연물의 구조 분석

천연물의 화학 구조를 결정하기 위해서는 우선 실험에 사용되는 물질은 적어도 순도가 95% 이상으로 정제해야 한다. 완전하게 정제되지 못한 시료를 분석하면 구조에 대한 정보를 완벽하게 얻을 수 없고, 우리가 얻고자 하는 물질에 대한 구조해석은 불가능하게 된다. 그러므로 시료는 최대한 순수하게 정제한 후 분석해야 한다.

일반적으로 정제된 천연물은 다음과 같은 방법을 이용하면 구조해석이 가능하다. 먼저 구조 분석에는 크게 빛과 같은 전자기파를 파장별로 분광하여 분자의 흡수나 발광에 의하여 분석하는 방법(자외선/가시선 흡수, 적외선 흡수, 핵자기 공명 등)과 그 외의 방법(원소 분석, 질량분석, X-선 회절 분석 등)으로 나눌 수 있다.

자외선/가시선(UV/VIS) 흡수 스펙트럼은 예상되는 물질의 스펙트럼과 비교함으로써 화합물의 관능기나 작용기를 동정하거나 불순물 등의 존재를 추정할 수 있으며, 적외선(IR) 흡수 스펙트럼으로는 화합물의 관능기와 불포화 결합과 같은 화합물의 측쇄(side chain)의 존재를 추정할 수 있고, 핵자기 공명(NMR)은 상대적인 수소와 탄소의 수와 결합 형태 등을 알 수 있다. 질량분석에서는 분자량 및 각종 관능기와 같은 구조단위 뿐만 아니라 분자식도 구할 수 있다.

이러한 분석방법을 통해 미지시료의 구조를 추정할 수 있다.

#### 가. 자외선/가시선 분광분석법(UV-Visible Spectrophotometer)

빛이 어떤 물질을 통과하게 되면 반사, 굴절, 산란 또는 흡수 등에 의해 그 세기가 변하게 되며, 흡수된 빛의 양은 시료에 가해준 빛의 세기와 시료를 통과하여 나온 빛의

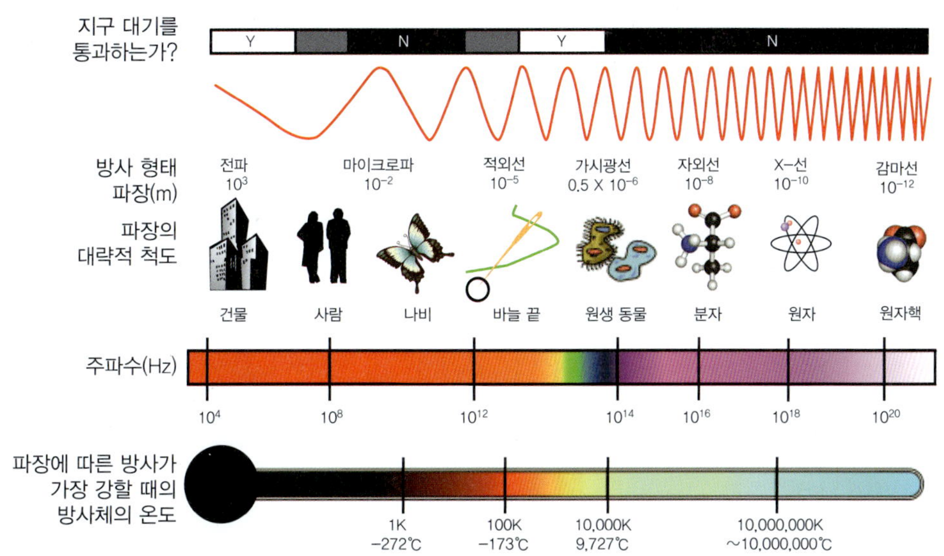


**그림 10.7** 전자기 스펙트럼의 자외선/가시선 영역.

세기의 비율로 표시한다. 흡수되는 빛의 양은 시료 중 흡광 화합물의 농도와 광 경로(light pass length)에 비례한다.

비어(Beer)는 시료에 가해준 빛에너지의 감소율은 흡광물질의 농도에 비례함을 증명하였고, 램버트(Lambert)는 농도가 일정할 때의 흡광도는 광경로의 길이에 비례한다고 발표하였다. 이 두 가지 원리를 합하여 비어-램버트 공식이 제시되었으며, 이 공식은 분광광도계를 이용한 측정에서 정량계산의 기초가 되었다. 이를 이용하여 분석하는 것을 자외선/가시선 흡수 스펙트럼 분석법(UV/Vis spectroscopy)이라 한다(그림 10.7).

분광광도계는 복사에너지를 흡수하는 화학물질의 상대적인 능력과 관계가 있다. 화학물질에 의한 빛의 흡수는 분자차원의 현상으로 특정한 작용기의 존재 유무에 기인하므로 많은 종류의 화합물이 자외선/가시선 영역에서 빛을 흡수하지 못한다. 일반적으로 이중결합이나 삼중결합 등의 불포화 결합을 포함하고 있는 화합물은 자외선/가시선 영역에서 빛을 흡수하며, 불포화 결합을 포함하고 있는 작용기(functional group)를 발색단(chromophore)이라 한다.

이러한 빛의 흡수는 매우 선택적이어서 서로 다른 발색단은 서로 다른 파장에서 최대 흡광 피크를 나타내며 흡수되는 빛의 양에도 차이가 있다. 포화 유기분자는 근자외선 및 가시광선(200~800nm)에서 전혀 흡수가 나타나지 않지만 다중결합과 같은 발색단이 존재하면 일반적으로 200~800nm에서 흡수가 일어난다. 따라서 특정한 발색단은 시료 중에서 특정성분을 확인할 수 있는 열쇠가 되기도 한다.

흡수되는 모든 에너지는 양자화되어 있고, 전자전이는 분자 내의 다른 전이(진동전

표 10.1 발색단과 흡수파장

| 발색단 | 화합물 | $\lambda_{max}$ = nm |
|---|---|---|
| >C=C< | $H_2C = H_2C$ | 193 |
| —C≡C— | HC ≡ CH | 173 |
| >C=N— | $(CH_3)_2 = NOH$ | 190,300 |
| —C≡N | $CH_3C \equiv N$ | 167 |
| —COOH | $CH_3COOH$ | 204 |
| >C=S | $CH_3CSCH_3$ | 400 |
| —N=N— | $CH_3N = NCH_3$ | 338 |
| —N=C | $CH_3(CH_2)_3$—NO | 300,665 |
| C=C—C=C | $H_2C = C(H) - C(H) = CH_2$ | 217 |

이, 회전전이)에 의해 영향을 받으므로 자외선/가시선 영역에서의 흡광밴드는 넓게 나타나게 되는데 이러한 현상은 작용기를 확인하는데 제한이 된다. 하지만 정량분석의 경우에는 이러한 전자전이가 분자구조와 밀접한 관계를 가지므로 중요한 역할을 한다. 즉, 자외선/가시선 분광광도계는 미지물질을 정성 분석하는데 좋은 방법이 될 수 없으나, 이미 알고 있는 물질의 농도를 정확하게 분석하는 정량 분석에는 좋은 방법이다.

## 나. 적외선 분광법과 천연물의 구조

적외선 영역은 전자파 스펙트럼 중에서 가시영역과 마이크로파 영역의 중간에 위치한다. 이 영역에서 모든 분자는 각각 고유의 진동을 한다. 따라서 분자에 적외선 영역의 파장(650~4,000$cm^{-1}$)을 연속적으로 변화시키면서 조사하면 분자의 고유 진동과 같은 주파수의 적외선이 흡수되어 특유의 스펙트럼을 나타낸다. 이러한 스펙트럼으로 분자의 구조를 해석하는 것을 적외선 흡수 스펙트럼법(infrared absorption spectroscopy, IR)이라 한다(그림 10.8).

IR 스펙트럼을 이용하면 이미 알고 있는 물질의 스펙트럼과 비교하여 물질의 동정이 가능하며, 다중 결합이나 특징적인 관능기가 가지는 흡수 위치를 통하여 부분 구조를 확인할 수 있다. 더 나아가서는 시스(*cis*), 트렌스(*trans*) 이성체, 환의 위치, 수소 결합이나 결합, 분해 반응의 확인도 가능하다(그림 10.9).

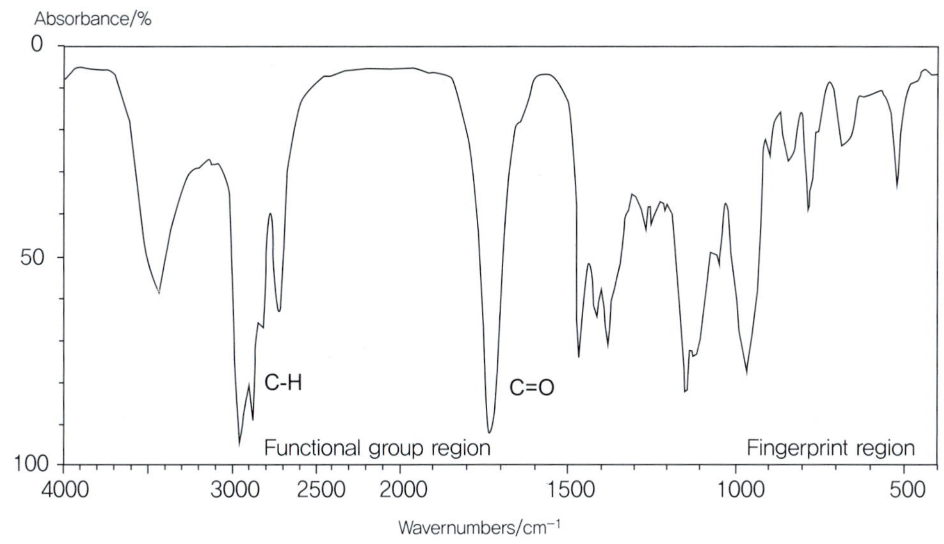


그림 10.8 IR 스펙트럼.

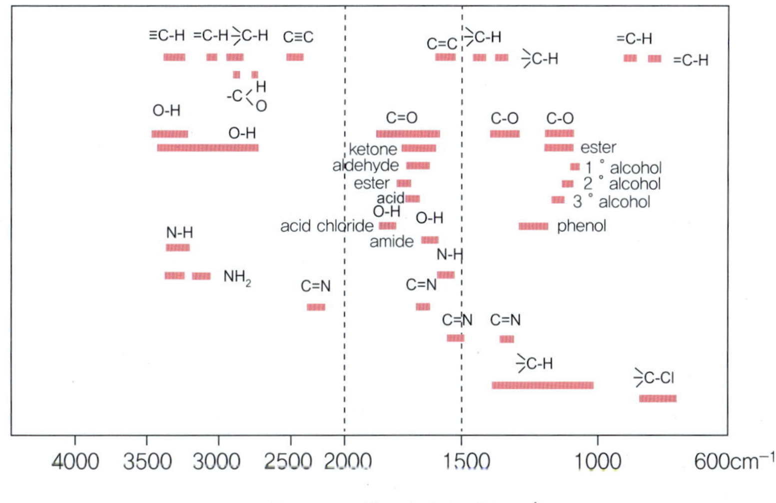


그림 10.9 관능기 흡수대(cm$^{-1}$).

### 다. 핵자기 공명(NMR) 분석

천연물을 이루고 있는 주된 원소는 C, H, O, N로, 이 중 질량수가 홀수이거나 원자번호가 홀수 혹은 둘 다 홀수인 원자의 핵은 회전을 한다. 이 중 NMR에서 주로 다루는 원소는 수소와 탄소로 수소의 경우는 원자번호 및 질량수가 각각 1로 회전할 수 있으나 탄소의 경우 원자번호가 12번이고 질량도 12로 일반적으로 회전할 수 없다. 그러나 탄소 중 동위원소로 질량수가 13인 것이 질량수 12인 탄소의 1.08%가 존재하므로 이

사진 10.13 900MHz NMR 장치.

것을 분석에 이용한다.

이러한 원소에 일정한 자장을 걸면 핵에 공명을 일으키는데 예를 들면, 수소의 경우 자장의 강도가 23,500가우스(gauss)에서 100MHz의 빛을 흡수하며, 탄소는 10,000가우스에서 10.7MHz의 에너지를 흡수하는 것으로 나타난다. 이때 분자 중 수소핵과 탄소핵 만이 각각 공명을 일으킬 뿐 다른 핵은 공명이 일어나지 않는다. 이러한 공명(resonance)현상을 설명하기 위해서 흔히 팽이를 비유하는데, 핵은 지구중력장으로 축에 대해 세차운동(precession)을 한다. 이때 외부에서 자장을 가해주면 핵은 각 진동수로 자체의 핵 스핀(spin) 주위를 세차하게 되며, 점차로 자장의 강도를 세게하면 할수록 세차속도는 빨라지게 된다. 2005년 우리나라에도 900 메가헬즈 거대자기공명장치(900MHz NMR)가 설치되어 천연물 구조 분석에 널리 활용되고 있다(사진 10.13).

수소의 경우 자기장강도(magnetic field strength)가 14,000 가우스일 때 세차 진동수는 약 60MHz 정도인데, 세차 운동시 진동수와 수소의 전하가 같은 진동수가 되어 두 전장은 결합(couple)이 되고, 이때 에너지는 조사된 빛에서 핵으로 전이되며, 이로 인해 핵이 스핀의 변화를 일으키는 것을 공명이라 한다. 마치 쓰러져가는 팽이에 외부에서 채찍을 가하면 점차로 팽이는 힘차게 일어나기 시작하고, 외부강도가 최대로 되면 똑바로 회전하는 것으로 비유할 수 있다.

NMR을 통하여 얻을 수 있는 정보는 다음과 같다.

- 물질의 분자구조를 추정할 수 있다. 천연물에서, 특히 수소나 탄소의 분자 내 개수, 존재 형태, 가지 및 고리골격, 다중결합, 이성체 등의 해석에 효율적이다.
- 이미 알고 있는 물질의 스펙트럼을 비교 분석함으로써 물질의 동정이 가능하다.
- 혼합물의 정량도 가능하다.

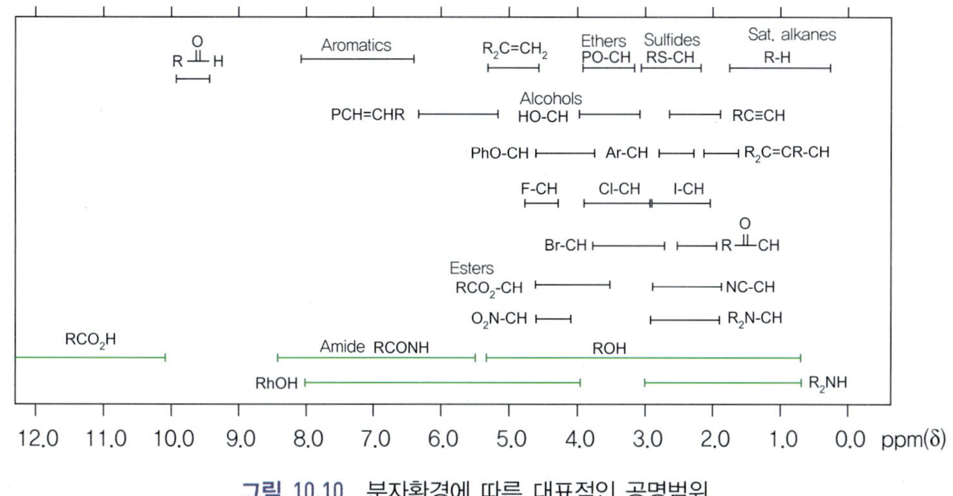


**그림 10.10** 분자환경에 따른 대표적인 공명범위.

(1) $^1$H NMR

NMR에서는 화학적으로 서로 다른 양성자는 서로 다른 흡수 피크를 나타낸다. $^1$H NMR에서는 서로 다른 종류의 양성자가 존재하는지 알 수 있으며, 이것은 0~10ppm 영역에서 흡수 피크를 나타낸다. 분자 내에서 동일한 위치 관계에 있는 경우 화학적 등가라 하며 이들은 동일한 공명 주파수를 가지고 보통 한 개의 신호로 나타난다. 그러나 인접하고 있는 다른 핵과 서로간에 영향을 주게 되면 이들은 커플링하고 있다고 하며, 이 경우 각 신호들은 일중(singlet), 이중(doublet), 삼중(triplet), 사중(quartet) 및 다중(multiplet) 피크 등으로 분열된 형태로 나타난다. 이때 각 신호(signal) 사이의 간격을 결합상수(coupling constant, $J$)라고 하고 Hz로 표시한다. 일반적으로 H 바로 옆에 붙어 있고 탄소원자에 붙어 있는 등가의 수소수에 따라 수소 분열 피크의 수는 n+1개가 된다. 각 신호의 면적은 그 신호를 나타내는 수소수에 비례하는데 이는 수소에 대한 상대적인 수이다(**그림 10.10**).

(1) $^{13}$C NMR 스펙트럼과 구조

❶ $^{13}$C NMR

$^{13}$C NMR의 흡수영역은 대략 0~220ppm으로 화학적 이동은 폭넓은 범위에서 나타나기 때문에 중첩하는 경우가 적고, 복잡한 화합물의 탄소수 만큼의 피크가 나타나므로 탄소수를 바로 알 수 있으며, 메틴, 메틸렌, 메틸 및 4급탄소의 구별이 가능하지만 이러한 탄소가 어디에 귀속하는지는 해석하기 어려운 점이 있다(**그림 10.11**).

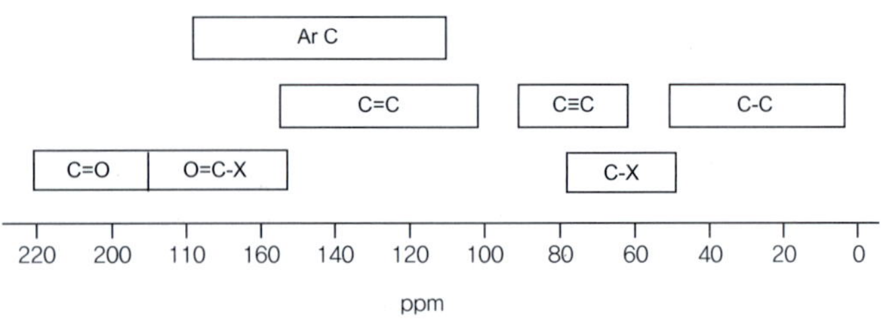


그림 10.11 $^{13}C$ 공명범위.

❷ $^{13}C$ DEPT(Distortionless enhancement by polarization transter)법

이것은 문자 내에 붙어 있는 양성자에 제3의 펄스(pulse)를 가하여 그 펄스의 폭을 45°, 90°, 135°로 변화시켜 $CH_3$, $CH_2$, CH를 분류하는 것으로, 스펙트럼에 양성(positive), 음성(negative)으로 나타나며, 4급 탄소는 나타나지 않는다. 피크의 모양과 정량성이 좋아 각각의 스펙트럼을 더하거나 빼주어 $CH_3$ 만의 스펙트럼 또는 $CH_2$, CH 만의 스펙트럼을 그릴 수도 있다. 예를 들면 DEPT 90°로부터 CH 정보가 얻어진다. DEPT 135°로부터 $CH_2$의 정보를 얻을 수 있으며, DEPT 90°과 비교하면 $CH_3$도 얻을 수 있다(그림 10.12).

### (3) 2D NMR

❶ COSY(Correlation spectroscopy)법

COSY는 양성자와 양성자 또는 양성자와 탄소간의 분석이 가능한 것으로 열평형 상태에 있는 양자(proton)를 90펄스에 의해 y축에 옮겨놓고 시간 경과 후 다시 한 번 90펄스를 가하여 생성된 정보를 포함한 자화(magnetization)의 z축 성분을 생성하고 이렇게 하여 스핀결합한 스펙트럼이 얻어진다. 이것은 상관 피크로 수소 상호간 및 수소와 탄소 상호간의 스핀-스핀 결합상태를 판별할 수 있다(그림 10.13).

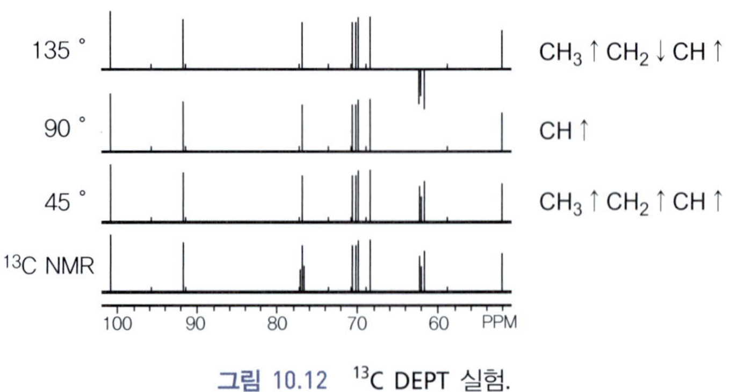


그림 10.12 $^{13}C$ DEPT 실험.

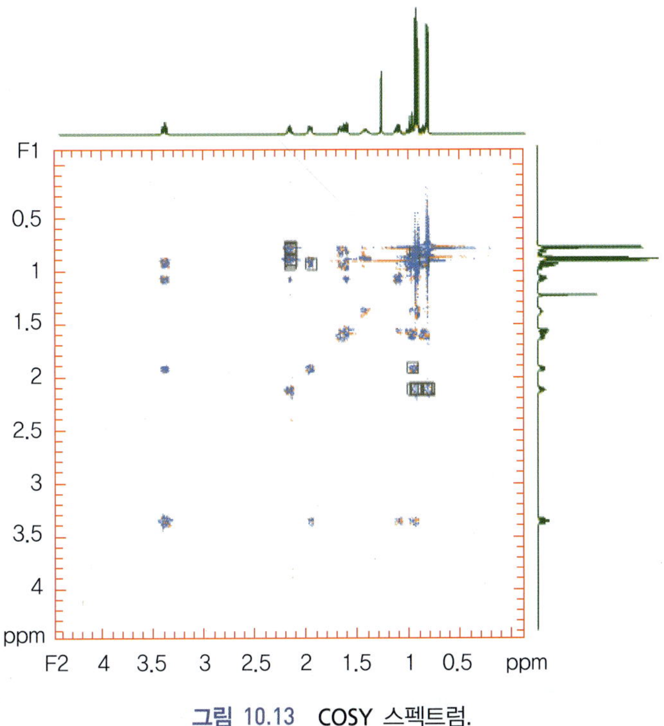


그림 10.13 COSY 스펙트럼.

❷ HMQC(Heteronuclear multiple quantum correlation, 이핵 다중 양자 상관관계)

탄소피크와 그 탄소에 직접 결합 되어 있는 수소에 대한 정보를 얻을 수 있는 기법이다(그림 10.14).

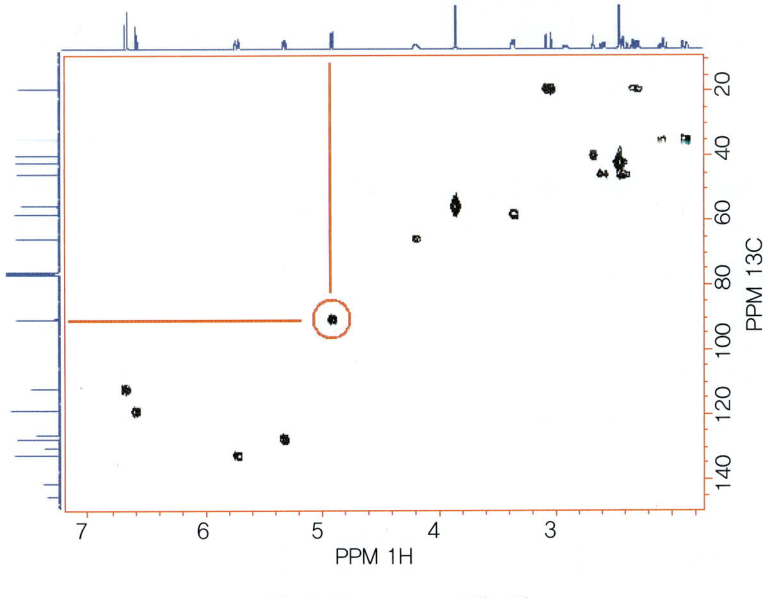


그림 10.14 HMQC 스펙트럼.

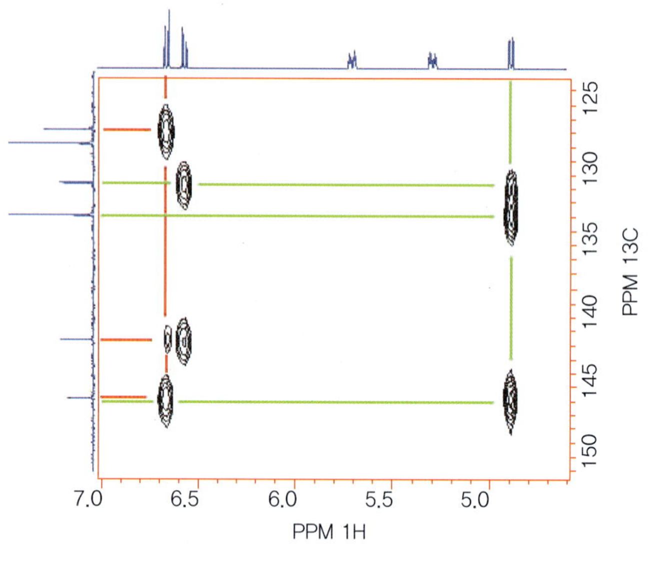


그림 10.15 HMBC 스펙트럼.

❸ HMBC(Heteronuclear multiple bond correlation)

C-H 스핀결합이 두 개 이상의 결합을 통한 경우 원거리 스핀결합이라고 한다. 원거리 스핀결합을 이용하면 수소 수가 적고 불포화도가 높은 방향족 화합물뿐만 아니라 CO기와 같은 4급 탄소를 갖는 화합물에 대해서도 구조해석에 중요한 정보를 얻을 수 있다(그림 10.15).

## 라. 질량분석(Mass spectrometry, MS)법

질량분석법의 원리를 간단히 설명하자면, 분자를 이온화시켜 질량대 전하의 비(m/z)로 분리, 측정하여 분자량을 알아내는 것이다. 질량 분석을 통하여 분자의 정확한 질량과 조성식을 알 수 있으며, 이온화 시에 부수적으로 생겨나는 분자의 조각 이온(fragmentation)들에 의해 결합되어 있는 관능기나 부분구조를 추정할 수 있다.

질량 스펙트럼에서는 가로축이 질량과 이온 전하의 비(m/z)를 나타내며 세로축은 이온의 상대 강도를 퍼센트로 나타낸다. 나타나는 피크 중에서 가장 중요한 것은 분자이온(molecular ion 또는 mother ion, $M^+$)으로 스펙트럼에서 가장 질량이 큰 곳에 있는 것이 분자이온 피크인 경우가 많으나, 이온화법의 종류 또는 분자이온에 따라 분자이온 피크가 작거나 나타나지 않는 경우도 있다. 또는 분자이온이 $M^+$-Na나 $M^+$-H, $M^+$-$NH_4$로 관측되기도 한다. 분자가 개열하여 나타나는 분자량보다 낮은 질량의 피크들은 모두 획분 이온(fragment ion 또는 daughter ion)이라 하며, 이중 가장 강한 피크를 기준 피크(base peak)라고 한다. 따라서 보통 기준 피크를 100%로 한 상대적인 크기로 피크를 나타낸다(그림 10.16).

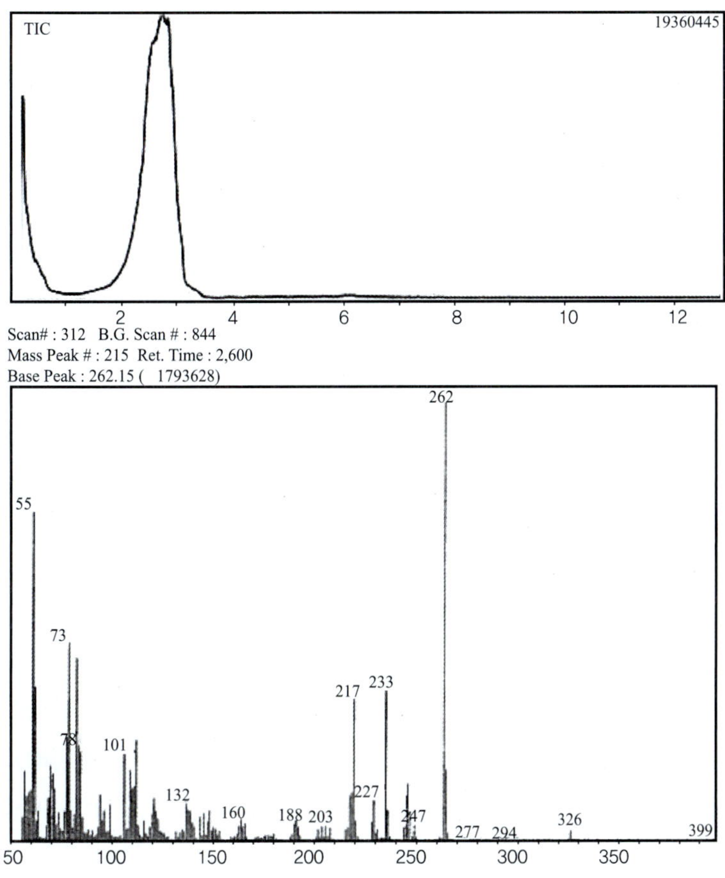


그림 10.16 질량 스펙트럼.

## 10.3 해양생물 유래 생리활성물질

생리활성물질은 생물이 생명을 영위하면서 생체의 기능을 증진시키거나 혹은 억제시키는 물질을 말하며, 생체 내에서 기능 조절에 관여하는 물질의 결핍이나 과도한 분비에 의해 비정상적인 병태(pathological)를 보일 때 이를 바로잡아주는 역할을 하는 물질이라 정의 할 수 있으며, 생체가 더욱 나은 건강한 삶을 영위하기 위하여 대단히 중요하다. 새로운 생리활성 물질은 동식물과 같은 천연물로부터 얻거나 미생물 및 동식물 세포주의 대사산물로부터 추출, 정제할 수 있고 화학합성에 의해서도 얻을 수 있다.

천연물에 대한 생리활성은 항산화(antioxidation), 항염증(anti-inflammation), 항암(anti-cancer), 항종양(anti-tumor), 세포독성(cytotoxic), 항균(anti-bacterial, anti-fungal) 등 항암계열의 생리활성과 항바이러스(anti-virus; HSV, HIV, cytomeglovirus) 활성이

여전히 주류를 이루고 있으나 특정한 효소나 활성물질의 작용에 대한 저해, 이온 채널 조절, 신호전달 등 구체적인 기작 중심의 생리활성과 항진균 활성이 관심을 모으고 있으며, 대부분의 선도 그룹에서는 점차로 일반활성을 탈피하고 기작 중심의 활성으로 이동하는 경향을 보이고 있다.

해양천연물은 생물군에 따라 뚜렷한 특징을 나타낸다. 산호로 대표되는 강장동물의 천연물은 90% 이상이 테르페노이드(terpenoids)나 이들을 주된 골격으로 하는 혼합 생합성물(biomaterial)이고 나머지는 옥시리핀(oxylipin)이 차지한다. 그러나 알칼로이드(alkaloid) 성분은 거의 발견되지 않는다. 이와 달리 멍게 유래 천연물의 주성분은 알칼로이드이며 테르페노이드 성분은 미량 존재한다.

연체동물의 천연물은 대부분 폴리프로피온산염(polypropionates)이 차지하고 있으며, 이러한 천연물은 다른 해양동식물에서는 거의 발견되지 않는다. 불가사리, 해삼 등 극피동물에서는 사포닌(saponin) 성분이 잘 알려져 있다. 이 성분은 육상생물인 인삼 등에 다량 함유되어 있는 것으로 알려져 있으나, 해양동식물에서는 상대적으로 매우 드물게 발견된다.

한편 해양신물질 연구의 중추적 위치를 차지하는 해면동물은 거의 모든 생합성적 기원을 가진 물질들이 고루 분포하고 있다. 의약품 개발의 원동력이 되는 천연물의 생리활성은 주로 항암과 항미생물 관련이다. 실제로 신물질의 40% 이상에서 세포독성, 혈관신생억제 등 항암관련 활성이 보고되고 있다. 항균 활성은 그람양성균와 그람음성균에 대한 억제활성이 대다수를 차지하고 그 외에 세균, 진균, 결핵, 말라리아 등 난치성 감염질환에 대한 것이 있다.

특히 최근 30년 동안 연구대상 생물로, 해면, 대형 해조류, 산호, 플랑크톤, 방선균과 진균(fungus)을 포함하는 해양미생물 등 여러 종의 해양생물에서 분리, 정제하여 새로운 생리활성 물질과 뛰어난 생리활성을 나타내는 물질이 발견되었다. 이들은 심혈관계통의 질병과 항암, 항염증 작용 등에 강한 활성을 나타내기도 한다. 뿐만 아니라 이들 성분의 약리, 약효, 독성연구에 있어서도 많은 성과들이 나오고 있다.

지금까지 인가된 해양생물 유래 의약과 현재 임상시험중인 것을 표 10.2에 나타냈다. 새로운 진통약으로 지오노타이드(zionotide), 항암제로 트라벡테딘[trabectedin(ecteinocidein 743)], ω-3 불포화지방산(EPA와 DHA 혼합물) 및 에리불린 메실레이트[eribulin mesylate(halichondrin 유도체)]가 이미 의약품으로 인가되었다. 또 일본에서 EPA는 동맥경화증 약으로 이미 사용되고 있고, 이 표에는 기재되지 않았지만 해조유래의 다당류 카라겔로스(carragelose)가 감기약으로 오스트리아에서 인가되었다고 한다.

한편 임상 3단계가 진행되고 있는 것으로는 원뿔 군소 유래의 브렌튜심 베도틴[Brentuximb vedotin(SGN-35)], *Dolabella auricularia*에서 분리된 뎁시펩타이드[depsipeptide(aurilide와 항체의 복합체)] 및 카리브해산 군체 우렁쉥이 유래의 뎁시펩타이드

표 10.2 승인 및 임상시험 중인 해양생물 유래의 의약품

| 임상단계 | 물질명 | 상품명 | 유래성분 | 물질군 | 표적분자 | 국명 | 대상질병 |
|---|---|---|---|---|---|---|---|
| 승인 | Cytarabine(Ara-C) | Cytoasr-U | 해면 | nucleoside | DNA polymerase | 미국 | 암 |
| | Vidarabine(Ara-A) | Vira-A | 해면 | nucleoside | DNA polymerase | 미국 | 바이러스 질환 |
| | Ziconotide | Prialt | 청자고둥 | peptide | N형, 칼슘 채널 | 미국 | 통증 |
| | Trabectedin | Yondelis | 군체 우렁쉥이 | alkaloid | DNA | 스페인 | 암 |
| | ω-3지방산 에틸에스테르 | Lovaza | 어류 | 지방산 | 트리글리세리드 합성효소 | 미국 | 고중성 지방혈증 |
| | Eribulin mesylate | Halaven | 해면 | macrolide | 미소관 | 미국 | 암 |
| 3상 | Brentuximab vedotin (SGN-35) | | 연체동물류 | 항체 펩타이드 복합체 | CD30, 미소관 | 미국 | 암 |
| | plitidepsin | Aplidine | 군체 우렁쉥이 | depsipeptide | Rac1, JNK | 스페인 | 암 |
| 2상 | DMXBA (GTS-21) | | 끈벌레 | alkaloid | 니코틴성 아세틸코린 수용체 | 미국 | 인지증 |
| | Plinabulin(NPI-2358) | | 진균 | diketopiperazine | 미소관, JNK 스트레스 단백질 | 미국 | 암 |
| | Elisidepsin | Irvalec | 연체동물류 | depsipeptide | 세포막 유동성 | 스페인 | 암 |
| | PM00104 | Zalypsis | 연체동물류 | alkaloid | DNA | 스페인 | 암 |
| | CDX-011 | | 연체동물류 | 항체 펩타이드 복합체 | NMB, 미소관 | 미국 | 암 |
| | Zen2174 | | 청자고둥 | peptide | norepinephrine | 호주 | 통증 |
| 1상 | Marizomib (salinosporamide A) | | 방선균 | β-lactone-γ-lactone | 20S proteasome | 미국 | 암 |
| | PM01183 (trabectidin analog) | | 군체 우렁쉥이 | alkaloid | DNA | 스페인 | 암 |
| | SGN-75 | | 연체동물류 | 항체 펩타이드 복합체 | CD70, 미소관 | 미국 | 암 |
| | ASG-5ME | | 연체동물류 | 항체 펩타이드 복합체 | ASG-5, 미소관 | 미국 | 암 |
| | Hemiasterlin(E7974) | | 해면 | peptide | 미소관 | 미국 | 암 |
| | Bryostatin 1 | | 이끼벌레 | macrolide | PKC | 미국 | 암 |
| | Pseudopterosin | | 부채산호 | diterpene | eicosanoid 합성제 | 미국 | 창상 |

(depsipeptide)인 플리티뎁신[plitidepsin(aplidine)]이 있다.

임상 2단계에 들어간 것 중 엘리시뎁신(elisidepsin)은 하와이산 군소에서 분리정제된 펩타이드이다. 플리나불린(Plinabulin)은 디케토피페라신(diketopiperazine) 유도체로 사상균에서 분리된 2차 대사산물의 리드화합물로서 개발되었다. 임상 1단계가 진행중인 PM1183은 엑테이노시딘(ecteinocidin) 743의 유도체이며, 헤미아스테린(hemiasterin)은 해면에서 얻어진 펩타이드이다. 이와 같이 해양생물로부터 유망한 천연화합물들이 발견되고 있으나 아주 적은 양의 시료를 얻는 경우는 의약품 개발을 포기하는 경우가 많다.

### 10.3.1 항산화 생리활성 물질

지구상 대부분 생명체는 공기 중의 산소를 호흡하여 산화시켜 얻어지는 에너지를 이용하여 생명을 유지하는데, 이런 산소가 필요한 대사과정에서 불가피하게 세포를 손상시키는 독성물질들이 부산물로 만들어 진다. 이것을 활성산소(active oxygen)라고 한다. 활성산소는 생체 조직을 공격하여 세포를 산화, 손상시키는 주범이며 유해산소라고도 한다. 한편 병원체나 이물질을 제거하기 위한 생체방어 과정에서도 초산화물($O_2^-$), 과산화수소($H_2O_2$)와 같은 활성산소가 대량 발생하며 이들의 강한 살균 작용을 통해서 병원체로부터 인체를 보호하는 작용을 하기도 한다.

활성산소는 세포나 세포소기관에 손상을 초래하기도 하며 생체 내 여러 단백질의 아미노산을 산화시켜 단백질의 기능 저하를 초래하기도 한다. 핵산에도 손상을 주는데 핵산 염기의 변형, 핵산 염기의 유리, 결합의 절단, 당의 산화 분해 등을 초래하여 돌연변이나 암의 원인이 되기도 한다.

일단 활성산소의 생성을 최소화시켜야 한다. 활성산소를 많이 만드는 흡연은 반드시 피해야하며 공해, 자외선, 식품첨가물 등 각종 유해환경에 노출되는 것을 최소화해야 한다. 스트레스가 쌓이지 않도록 적절히 해소시켜야 하며 지나치지 않은 적당한 운동도 필요하다. 음식을 많이 섭취할수록 그만큼 많은 양의 활성산소가 만들어지므로 소식을 하는 것이 좋다. 항산화제를 섭취하는 것도 생체내 활성산소의 생산을 막는 방법이다. 비타민과 미네랄이 풍부하게 들어 있는 신선한 야채와 과일을 많이 먹는 것이 좋으며 커피대신 녹차나 홍차를 마시는 것도 좋은 방법이다.

그러나 나이가 들어서 활성산소가 더 많이 만들어지고 체내의 항산화능력은 점점 떨어지게 되면 야채나 과일 섭취만으로 충분히 활성산소를 제거하기 어렵게 된다. 이런 경우에는 항산화성분이 풍부한 비타민 E(tocopherol), 비타민 C, 베타 카로틴(β-carotene), 셀레늄(selenium), 멜라토닌(melatonin), 프로폴리스(propolis) 등을 정제로 복용하는 것도 한 방법이다.

항산화는 산화의 억제를 뜻한다. 세포의 노화과정과 그에 대한 예방을 설명할 때 주로 등장하는 개념이다. 세포의 노화는 곧 세포의 산화를 의미한다. 호흡하여 몸에 들어온 산소는 몸에 이로운 작용을 하지만 이 과정에서 활성산소가 만들어진다. 활성산소는 산소가 불안정한 상태에 있을 때를 뜻하는데 이는 동물의 몸에 나쁜 영향을 준다. 즉, 활성산소를 제거하는 것이 세포의 산화, 세포의 노화를 막는 핵심이다. 일반적으로 공액이중결합(conjugated double bond), 페닐(phenyl)구조, -SH기를 갖는 화합물, 알칼로이드류(alkaloids) 등은 항산화 활성을 갖는 것으로 알려져 있다.

저자가 제주도에서 채집한 식용 해조류인 감태(Ecklonic cava)로부터 분리 정제한 디에콜(dieckol)(A), 6,6′-비에콜(6,6′-bieckol)(B), 푸코다이플로르에톨 G(fucodiphlorethol G)(C) 등은 강한 항산화 생리활성을 나타내었으며, 홍조류인 혹서실(*Laurencia undulate*)로부터 분리된 플로리도시드(Floridoside)(D) 및 어류인 대구(*Gadus macrocephalus*) 껍질로부터 분리 정제된 펩타이드 Leu-Leu-Met-Leu-Asp-Asn-Asp-Leu-Pro-Pro 그리고 해양 진균 *Microsporum* sp.로부터 분리 정제한 neoechinulin A(E) 및 neoechinulin B(F)에서도 항산화 생리활성이 나타났다(그림 10.17).

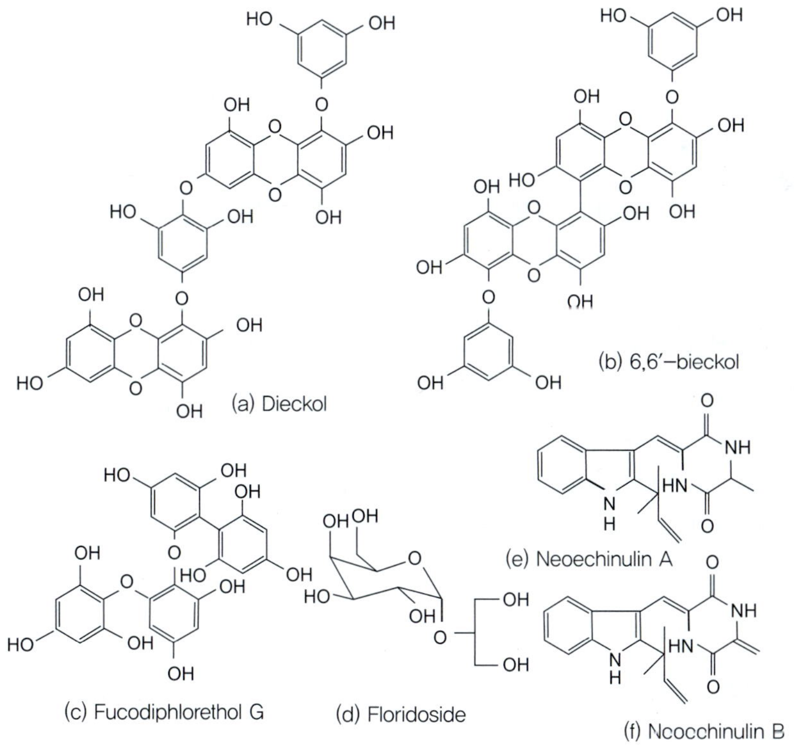

(a) Dieckol

(b) 6,6′-bieckol

(c) Fucodiphlorethol G

(d) Floridoside

(e) Neoechinulin A

(f) Neoechinulin B

**그림 10.17** 해양생물로부터 노화억제(anti-aging) 효과를 나타내는 해양천연물.

### 10.3.2 항염증 생리활성 물질

염증 반응은 병리학적 상태에서 중요한 역할을 한다. 염증이 일어나는 순서와 증상을 살펴보면, 발열(heat), 발적(redness), 동통(pain), 부종(swelling)과 기능장애(loss of function)가 발생하게 된다. 염증 반응 중에서 대식세포(macrophage)는 외부 침입 물질에 대한 방어 기전을 신속하게 보내는 역할을 한다. 대식세포가 활성화 되면, 대식세포는 많은 염증성 인자들을 생산하는데, 그 인자들에는 종양괴사인자-a[tumor necrosis factor-a(TNF-a)], 인터루킨[interleukin(IL)], 류코트리엔(leukotrienes), 일산화질소[nitrioxide(NO)] 등이 있다. 따라서 염증이 일어나는 이유는 조직이 상해를 입게 되는 경우 그 감염부위에 병원균의 증식이 더 이상 일어나지 않게 하기 위해 백혈구가 증식하게 되고 죽은 백혈구와 병원균이 감염부위에 쌓여 염증을 일으키는 주 원인이 되는 것이다.

항염증제 또는 소염제는 염증을 없애는 성질을 가지고 있는 물질이나 치료를 의미한다. 소염제의 반 이상은 진통제이기도 하다. 아편과 같은 마약성 진통제를 제외한 비마약성 진통제들이 염증을 없애 통증을 줄이므로 상당수의 진통제가 소염역할을 하는 것이다.

문헌조사 결과 해양에 서식하는 산호(*Lobophytum crassum*)로부터 분리된 크라스수몰리드스(crassumolide)(A)와 두루몰리드(durumolide)(B)는 항염증생리활성을 나타냈다. 2003년부터 2010년까지 해양 산호 *Junceella*로부터 새로운 화화물 프라길리드(Fragilide)(C) 등이 분리되었으며, 이들 중 대부분이 독특한 구조와 항염증 생리활성을 가지고 있다.

해양 방선균(*Salinispora pacifica*)으로부터 분리된 린그비아스타틴(lyngbyastatin) 유도체인 린그비아스타틴(lyngbyastatin)(D)과 불가사리(*Linckia laevigata*)로부터 분리된 스테로이드 배당체인 린크코시드(linckoside)(E)도 항염증 생리활성을 가지고 있어 이는 염증성 질환을 예방하거나 치료할 가능성을 시사하고 있다.

이외에도 해양동물인 해마(*Hippocampus kuda Bleeler*)로부터 분리된 1-(2-히드록시-4-메톡시페닐)-에타논[(1-(2-hydroxy-4-methoxyphenyl)ethanone)](F)과 1-(5-브로모-2-히드록시-4-메톡시페닐)-에타논[1-(5-bromo-2-hydroxy-4-methoxyphenyl) ethanone](G) 등도 항염증 생리활성이 밝혀졌다(그림 10.18).

### 10.3.3 항암 생리활성 물질

한국에서 암은 유병률 1위를 차지하는 질병으로 향후 환경문제, 수명의 연장, 서구식 식습관 등으로 암환자의 발생은 더욱 증가할 것으로 예상되고 있다. 또한, 세계적으로도 암 발생인구가 매년 약 3천만 명씩 증가되는 추세이며, 이 중 2천만 명이 암으로

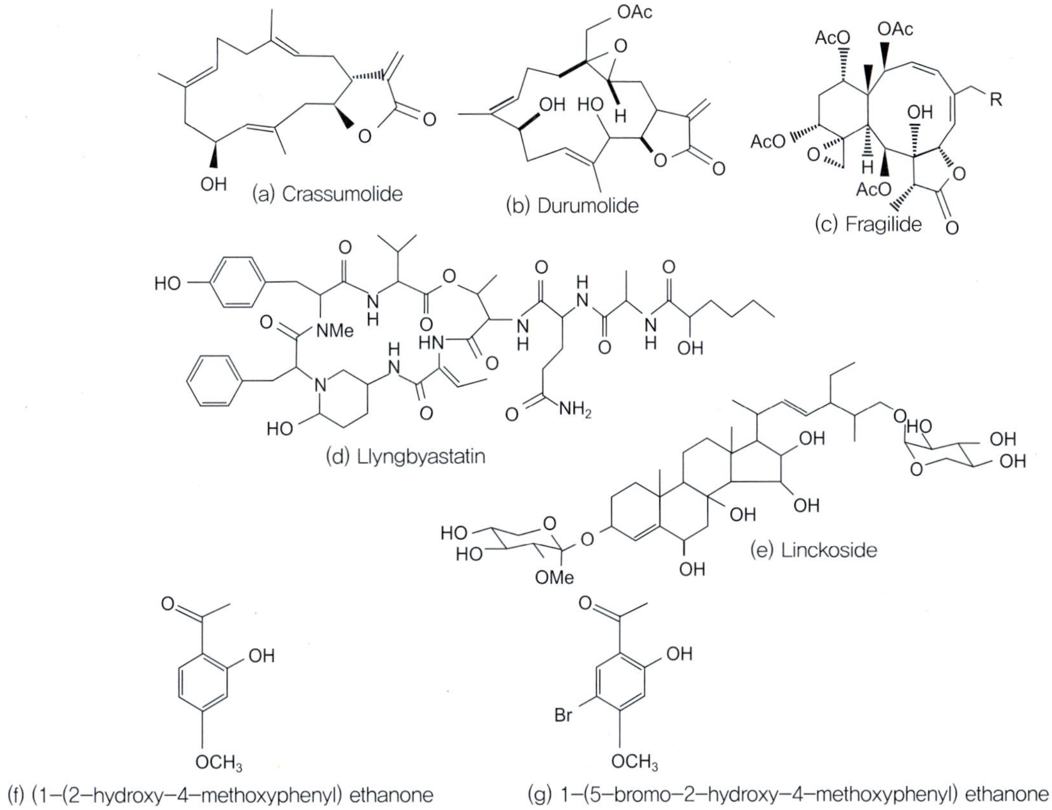

(a) Crassumolide (b) Durumolide (c) Fragilide

(d) Llyngbyastatin

(e) Linckoside

(f) (1–(2–hydroxy–4–methoxyphenyl) ethanone (g) 1–(5–bromo–2–hydroxy–4–methoxyphenyl) ethanone

**그림 10.18** 항염증 효과를 나타내는 해양천연물.

사망할 것으로 예상되고 있다. 지금까지 암 연구가 계속되고 있음에도 불구하고, 암 전이 및 발병 기전의 다양화로 인해 부작용이 적고 내성을 극복할 수 있는 새로운 항암제의 개발은 여전히 필요로 하며 새로운 항암제들이 계속해서 출시되고 있다.

암은 아직도 필요 약물의 개발이 미진한 시장성이 큰 분야로서, 효과적인 치료제의 개발이 요구되고 있으며, 국제적인 메이저 제약회사들과 국내의 규모가 큰 제약회사들도 모두 항암제 개발 및 판매에 몰두하고 있다.

화학요법제는 암세포의 각종 대사경로에 개입하여 주로 DNA와 직접 작용하여 DNA의 복제, 전사, 번역과정을 차단하거나, 핵산 전구체의 합성을 방해하고 세포분열을 저해함으로써 항암활성, 즉 암세포에 대한 세포독성을 나타내는 약제를 총칭한다. 화학요법제로는 핵산 알킬화제(alkylating agent), 대사길항제(metabolic antagonist), 항생제, 식물유래의 알칼로이드 같은 천연물 및 호르몬제 등이 있다. 또한 문헌조사 결과에 따르면 해양생물로부터 분리된 항암 천연물로는 디뎀닌 B(didemnin B)(A), 돌라스타틴(dolastatin)(B), 시아노사프라신 B(cyanosafracin B)(C) 등이 보고되어 있다.

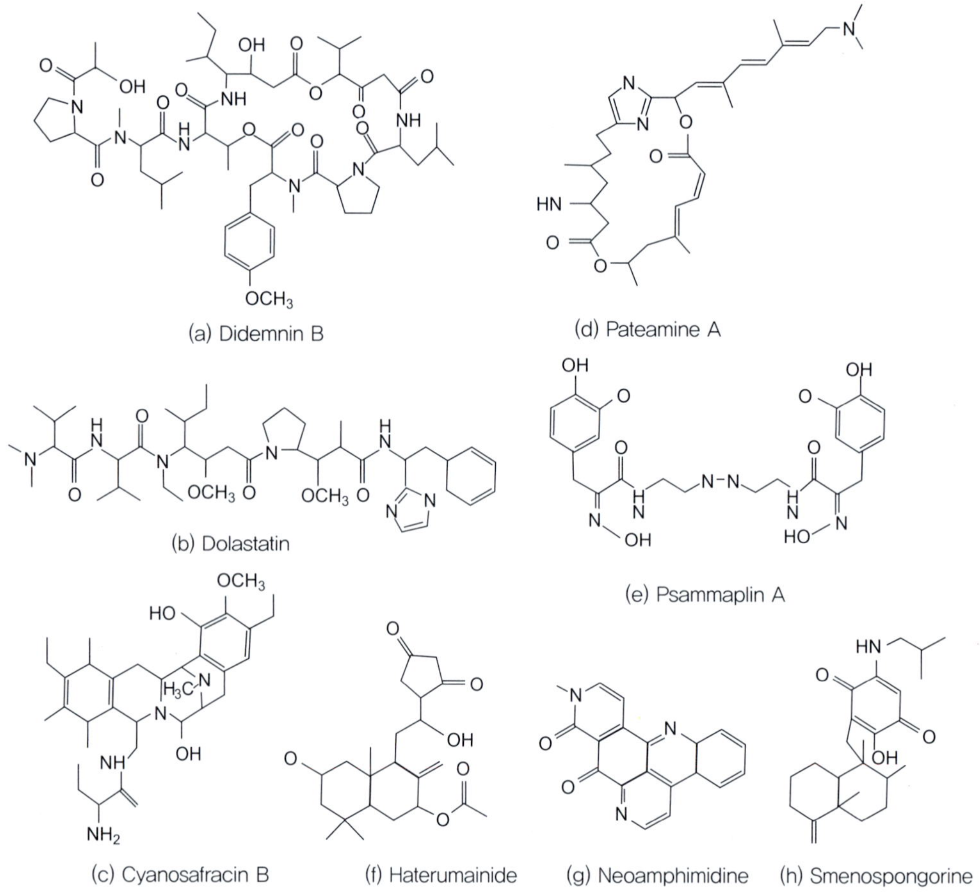

(a) Didemnin B

(d) Pateamine A

(b) Dolastatin

(e) Psammaplin A

(c) Cyanosafracin B

(f) Haterumainide

(g) Neoamphimidine

(h) Smenospongorine

**그림 10.19** 항암 생리활성 해양천연물질.

해양생물유래 생리활성물질의 여러 약리효과 중 대표적인 것으로 항종양효과를 들 수 있으며, 특히 해양동물로부터 분리정제된 생리활성물질로는 파테아민 A(pateamine A)(D), 삼마플린 A(psammaplin A)(E), 하테루마이니디 N(haterumainide)(F), 네오암피미딘(neoamphimidine)(G)과 스메노스포고린(smenospongorine)(H) 등이 있다(그림 10.19).

## 10.3.4 항균 생리활성 물질

항균물질은 원칙적으로 세균감염의 치료 및 예방을 위하여 사용되는 물질로 항세균제 및 항진균제 등을 포함하며 이러한 물질들은 일반적으로 항생물질(antibiotics)이라고 부르며 항균력의 작용기전 및 범위, 구조의 유사성 등에 의해 분류된다. 천연 항생제는 세균이나 곰팡이와 같은 미생물에 의해 생성되는 화학물질로 세균의 성장을 억제 시키거나 사멸시킬 수 있다.

현재 100여 종이 감염증 치료에 사용되고 있는데, 최초로 알려진 천연 항생제는 벤질페니실린(benzylpenicillin)이며, 그외 스트렙토마이신(streptomycin), 클로람페니콜(chloramphenicol), 테트라사이클린 (tetracycline)계, 마크로라이드(Macrolide)계 등이 있다. 강력한 항세균 작용이 있는 해양생리활성물질로는 플렉시빌리드(flexibilide)(A), 시눌라리올리드(sinulariolide)(B), 인돌레퀴논(indolequinone)(C), 아스코키타틴(ascochytatin)(D), 이소아프타민(isoaaptamine)(E), 바젤라딘 L(batzelladine L)(F) 등이 밝혀졌다(그림 10.20). 또한, 해조류로부터 분리된 프로로탄닌(phlorotannin) 화합물 중에서 엑콜(Eckol)(G), 8,8′-비에콜(8,8′-Bieckol)(H)이 항균 활성을 가지고 있다. 해조류로부터 분리된 브로모페놀(bromophenol)(A), 칼리펠틴 J(callipeltin J)(B), 홀로투린 B(holothurin B)(C) 등은 강력한 항진균작용이 있는 것으로 밝혀졌다(그림 10.21).

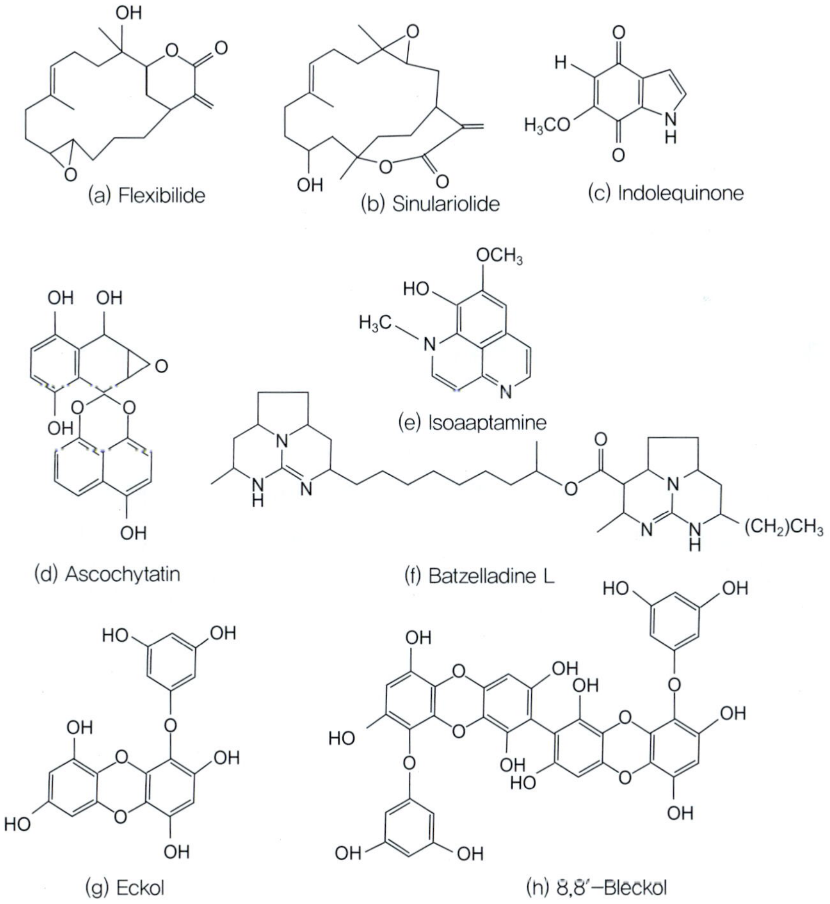

(a) Flexibilide (b) Sinulariolide (c) Indolequinone

(d) Ascochytatin (e) Isoaaptamine (f) Batzelladine L

(g) Eckol (h) 8,8′–Bieckol

그림 10.20 항균 생리활성 해양천연물.

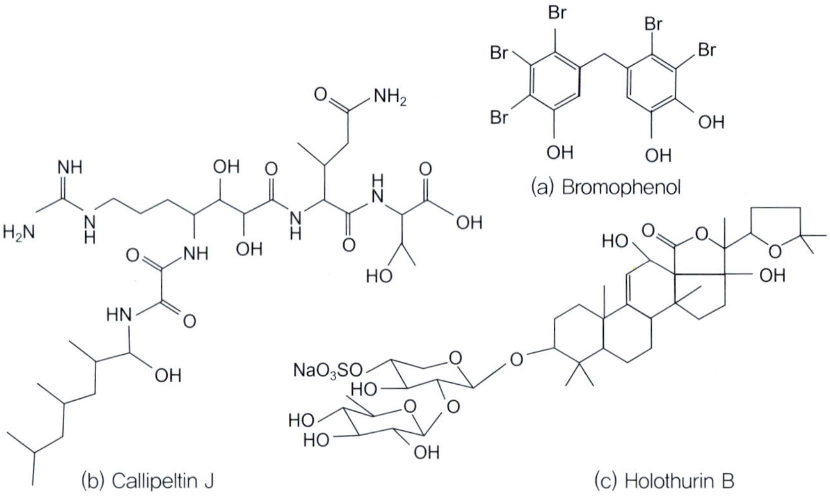

(a) Bromophenol

(b) Callipeltin J

(c) Holothurin B

**그림 10.21** 항진균 생리활성 해양천연물.

## 10.4 맺음말

현재까지는 육상생물의 천연물에 대한 연구가 활발히 이루어져 활용되어 왔으나 점차 육상생물자원이 고갈됨에 따라 새로운 천연물 자원으로 해양천연물이 주목을 받기 시작하였다. 해양천연물 연구는 바다라는 특수한 환경으로 인해 시료 채집의 어려움 등 여러 가지 제약이 많아 활발하게 진행되지 못했으나 최근에는 다양한 시료 채취기술로 비교적 쉽게 확보할 수 있게 되었고 또한 관련 분석기기들이 개발됨에 따라 해양천연물에 대한 관심이 더욱 증가하게 되었다.

매년 해양생물로부터 발견되는 천연화합물은 1,000여 종 이상으로 보고되고 있지만 현재 해양천연물을 의약품으로 활용하고 있는 것은 몇 종에 불과하다. 그 이유는 해양생물에 존재하는 천연물 자체는 아주 극미량이며 대부분이 독성이 강하고, 구조가 매우 복잡하여 화학적으로 합성이 어렵기 때문이다.

그러나 해마다 수많은 새로운 천연물이 해양생물에서 분리되고 있어 이들 중에는 강력하고 독특한 생리활성을 나타내어 앞으로 획기적인 의약품으로도 개발될 것이 있을 것이라 기대된다.

Chapter

# 11

# 해양미생물 자원과 바이오테크놀로지

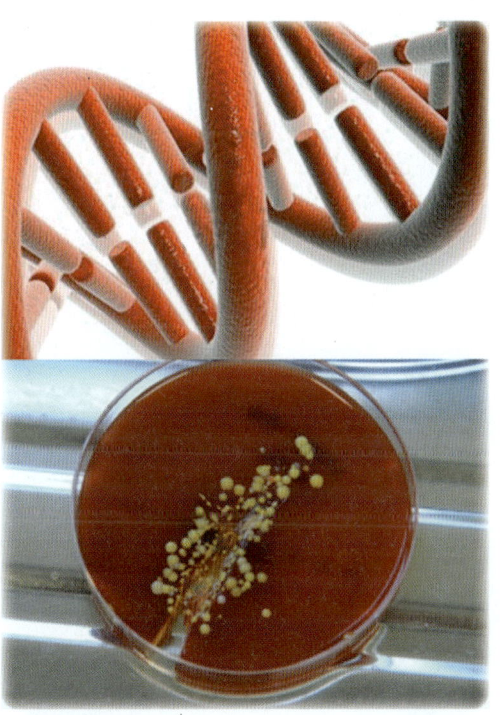

## 11.1 머리말

해양은 육상과 다른 특수한 환경, 즉 고압, 저온, 염류 등이 존재하는 부영양(eutrophic) 환경이고, 외양으로 갈수록 연안 해역과는 대조적으로 유기물이나 무기물이 낮은 농도인 빈영양(oligotrophic) 환경임에도 불구하고 미생물이 살고 있다. 유기물이 풍부한 연안이나 해저 퇴적물에는 $10^7$~$10^8$cell/ml의 세균이 분포하고 있으며, 빈영양 환경인 외양의 해양에도 $10^4$~$10^6$cell/ml의 세균이 살고 있다.

해양미생물은 해양 표층에서 심해까지 수직으로 많을 뿐만 아니라 수평으로도, 또한 해저 퇴적물(mud) 속에도 서식하고 있어 전 해양에 분포하는 다양성을 보여 주고 있다.

예로서 강산성이나 고온, 고압, 초고온의 환경이나 심해저에서 발견된 열수분출공 주변에서도 미생물이 발견되어 연구자들을 놀라게 하였고, 동시에 풍부한 생물군집의 생존을 유지시켜주는 신기한 생물들이 발견되어 이들에 대한 해양미생물의 역할에 대한 관심이 높아지고 있다. 해양미생물은 해양의 물질순환 담당자로써 해양에서 많은 종류의 유기물 분해에 직접 또는 간접으로 관여하여 해양 환경을 유지하는 역할을 하고 있다.

최근에는 육상에서 유입된 오탁물질(pollutant)의 정화, 석유분해 등에서 주목을 받고 있고, 이산화탄소의 고정, 황화수소, 메탄의 산화에도 해양미생물이 직접 관여하여 우리생활 환경과 직접적인 관련이 있음이 밝혀졌다.

해양미생물은 해양에 서식하는 동식물체 주위에 부착하기도 하고 동물의 장내나 식물의 조직 속에서 서로의 이익이나 편리에 의해 공생관계를 가지며 기생이나 포식작용을 일으키기도 한다. 이와 같이 해양미생물과 동식물이 긴밀히 연관되어 상호작용을 유지하고 있다는 것은 생물간에 생리활성 물질과 같은 다양한 물질이 생산되어 서로 공생하고 있다는 것을 의미한다. 이런 생리활성 물질에는 항생물질, 항바이러스 물질, 독성물질, 효소와 그 저해제, 호르몬, 정보전달물질 등이 있다. 국제적으로 문제시되고 있는 해양환경 오염의 환경 제어, 즉 오염, 오탁에 의한 연안어장 환경의 피해방지, 적조 발생 방제, 석유나 농약의 분해, 어패류 양식장의 오염물질 제어 등의 문제에도 해양미생물은 필연적으로 관여하고 있다.

해양미생물에 관한 연구로는 연안으로 오염되어 분포하고 있는 대장균, 효모와 방선균에 관한 연구가 많고 특수한 환경에 서식하고 있는 해양세균에 관한 연구는 시작단계라 할 수 있다. 외양의 경우는 미생물이 저농도로 존재하므로 보통 한천 배지에 배양한 세균수는 현미경에서 보면 1/100~1/1000 정도이다. 특수한 환경의 미생물에 대한 연구를 위해서는 분자생물학 방법을 이용하거나, 현장에서 미생물 군집의 구조해석을 위한 첨단분석 장비를 이용할 필요가 있다.

현재 세계 여러 연구팀에 의해 심해저 열수분출공 주변에 분포하고 있는 초고온세균(200~350°C)의 생리 생태적 특징이 밝혀졌으며 이 균들이 함유된 특수한 물질이 개발 중에 있다.

이미 알려진 물질로서 복어 독인 테트로독신(tetrodotoxin)이 비브리오(Vibrio)속이나 알터모나스(Altermonas)속의 해양미생물에 의해 생산된다는 사실을 보면 특수한 환경의 미생물에서도 아직까지 발견되지 않은 새로운 기능성 물질이 개발될 것으로 기대된다.

해양 미세조류에 의한 불포화 지방산인 r-리놀렌산(r-linolenic acid)이나 EPA, 푸코티아민(fucothiamine), β-카로틴(carotene) 등도 해양미생물에서 발견되어 해양에서의 유기물 합성이나 분해 생성 등의 물질 순환에도 해양미생물이 중요한 역할을 담당하고 있다는 것을 알 수 있다.

해양 광합성 세균은 유기물질을 분해하여 환경정화 작용에 도움을 주고 있고, 종묘생산에서 기초사료로 이용되는 균이 개발되어 이를 토대로 새로운 균종도 개발되고 있다. 향후에는 이렇게 해양미생물에서 생산되는 물질을 이용하여 난치병과 같은 문제해결에 도움을 줄 수 있는 물질 개발도 기대해 볼 수 있다.

## 11.2 해양미생물의 특징

해양미생물의 서식환경은 육상과 비교해서 고염, 고압, 저온과 저영양 등의 특징을 가지고 있다. 그렇기 때문에 해양미생물은 이러한 복잡한 서식환경에 적응하기 위하여 호염성(halophilic), 호냉성(psychrophilic), 호압성(barophilic), 포티즘(photism), 다형태성(polymorphism) 등의 특성을 지니고 있다.

❶ 호염성 : 해양미생물의 가장 일반적인 특징으로 해양미생물이 최적의 성장을 하기 위해서는 기본적인 성장환경으로 해수를 필요로 한다. 보통 30%의 염분농도에서 최적의 성장을 보인다. 그 외에도 해양미생물의 성장 및 대사에 필요한 칼륨, 마그네슘, 칼슘 등 무기염류과 미량원소를 해수에서 제공받을 수 있다.

❷ 호냉성 : 해양용적의 90% 이상을 차지하는 해양환경의 수온은 보통 5°C 이하이기 때문에 해양미생물은 낮은 온도에서도 성장할 수 있어야 한다. 일반적으로 37°C 이상이면 해양미생물은 성장할 수 없다.

❸ 호압성 : 높은 압력이 있는 환경에서 서식할 수 있는 해양미생물의 특성을 말하며, 일반적으로 380기압 이상의 압력이 있는 바다 바닥에서 서식하는 해양미생물들에게서 찾을 수 있다. 일부 몇몇 세균은 태평양 해저 최대 압력인 약 1,155기압에서

발견되기도 한다. 호압성 세균들은 이러한 고압력에 내성이 있기 때문에 심해에서도 적응하여 살고 있다.

❹ **저영양성** : 해수 중에는 영양 물질이 많이 없기 때문에 일부분 해양세균들은 저영양의 배양액에서 배양해야 한다. 영양이 풍부한 배양액에서 배양했을 경우 해양세균들은 처음부터 균락(colony)을 형성하면서 빠르게 죽어 나갔다.

❺ **포티즘** : 발광세균은 해양에 서식하는 흥미 있는 세균군 중의 하나로 화학에너지를 빛에너지로 전환시켜 녹색이나 푸른색의 빛을 낼 수 있다. 이러한 발광 현상을 이용하여 발광세균을 해수 오염의 점검 지시균으로 이용하기 위한 시도가 진행되고 있다.

❻ **다형태성** : 해양미생물은 복잡한 해양환경에서 적응하여 성장하기 때문에 다양한 형태를 갖게 된다. 이것은 현미경으로 관찰할 수 있으며 특히 그람음성 구균에서 보편적으로 다형태성을 관찰 할 수 있다.

### 11.2.1 저온 미생물

해양 환경에는 그 특성을 반영한 미생물이 많이 서식하고 있다. 즉 열대 및 아열대 표층을 제외하고 일반적으로 2~3°C의 저온이기 때문에 저온세균이 많이 서식하고 있다.

저온세균은 1887년 포스터(Forster)가 0°C의 얼음조각을 시험관에 넣고 실험해 본 결과, 실온에서 증식하는 세균과 같이 성장하는 것을 발견한 것이 최초다. 1902년에는 쉬미트-닐셈(Schmidt-Nillsem)이 0°C에서 살아 있어야 하고 증식도 가능한 세균을 호냉세균(Psychrophile)이라 불렀다. 그러나 이러한 균에 관한 실험결과 0°C에서도 증식하고 20°C 이상에서도 최적증식온도를 가지는 균이 있어 호냉세균이라는 명칭이 부적당하다고 지적되어 이후 내냉균(cold tolerant bacteria)이라 불렀다. 에디(Eddy, 1960)는 5°C나 그 이상의 온도에서 증식 가능한 세균을 저온세균이라고 정의하였다.

저온세균의 특성은 저온환경의 세균생체 내 효소합성, 세포막 내 지방의 종류와 조성, 기타 생리활성 물질이 중요하다는 점이다. 왜냐하면 특수한 환경 즉 저온과 고압의 환경이기 때문에 육상에서 발현되지 않는 특징 있는 생리활성물질에 대해 관심이 높아지고 있어 최근에는 생물공학기법을 이용한 생리활성물질의 연구가 활기를 띠고 있기 때문이다.

그림 11.1은 남극해역에서 분리된 저온세균의 증식온도를 조사한 결과 4°C에서 최대의 증식을 나타냈지만 9°C 이상에서는 전혀 증식되지 않았다. 이러한 저온세균을 취급하기 위해서는 시료채취에서 분리, 배양, 보존까지 전 조작을 5°C 정도의 저온환경에서 실험해야 한다. 사용기기, 배지 등도 미리 냉각시킬 필요가 있다.

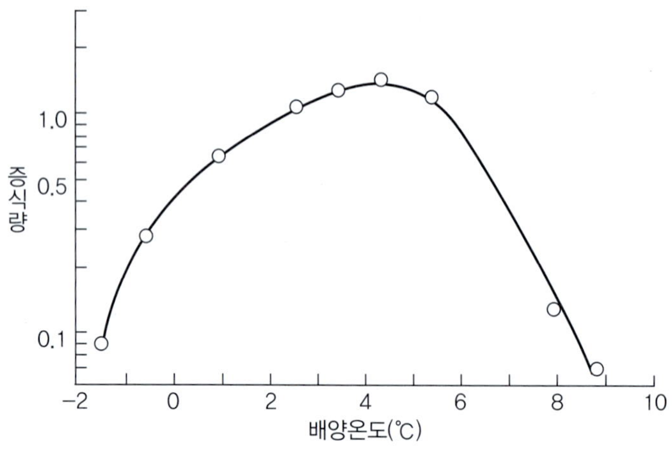


**그림 11.1** 남극해역에서 분리한 저온세균의 증식에 미치는 온도의 영향.

한편, 육상세균은 이같은 저온에서는 증식하지 않는 것이 대부분이며 인간의 체온에 가까운 37°C 정도가 최적증식 온도이다. 저온세균의 효소는 중온세균에 비하여 일반적으로 열에 불안정하다. 예로 저온세균 비브리오 마리너스(*Vibrio marinus*) MP-1 균주는 세포 내에 말산 탈수소효소(malic dehydrogenase)를 가지며, 이 효소의 활성은 0°C~15°C 사이에서는 안정하지만 그 이상의 온도가 되면 활성이 현저하게 저하된다.

표 11.1에서는 수심 1,200m 해수 중에서 분리한 해양세균의 각종 온도에서 생존율

**표 11.1** 수심 1,200m의 해수 중에서 분리한 해양세균 비브리오 마리너스의 각종 온도 하에서 시간에 따른 생존율의 변화

| 온도 (℃) | 시간 | | | |
|---|---|---|---|---|
| | 1.25 | 3.0 | 6.25 | 9.0 |
| 19.0 | +* | + | + | + |
| 21.0 | + | + | + | + |
| 23.0 | + | + | + | + |
| 25.0 | + | + | + | + |
| 27.0 | + | + | + | + |
| 28.8 | + | + | − | − |
| 30.8 | + | + | − | − |
| 32.7 | − | − | − | − |
| 34.8 | − | − | − | − |
| 36.9 | − | − | − | − |

* +: 생존, −: 사멸

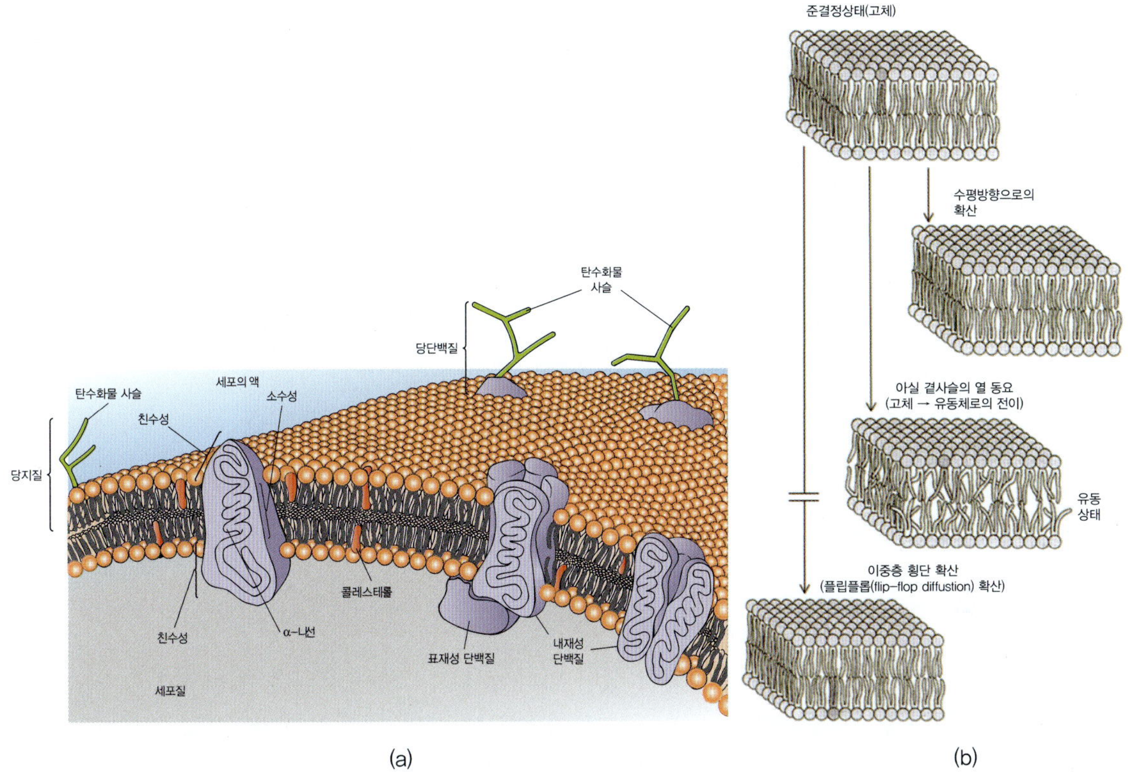


**그림 11.2** **세포막 평면구조 (a) 및 이중층 지방질의 움직임 (b).** 이중층 중에서의 지방질의 움직임에는, 지방질 이중층의 한쪽을 측방확산(lateral diffusion)하려는 움직임과, 지방산 곁사슬의 이중층내부에서의 열 동요(thermal motion)가 있다. 이 열 동요 덕분으로 일정 온도 이상에서 이중층은 유동상태가 된다. 그런데 온도가 내려가면 지방질은 준결상태(paracrystalline)가 된다.

의 경시변화를 조사한 것이다. 이 세균은 28.8°C에 놓으면 약 6시간에서 사멸한다. 또 33°C 이상에서는 1시간 정도에서 완전히 사멸되는 것을 알 수 있다.

저온에서 영향을 받는 것은 주로 세포 내의 효소와 세포막이다. 세포막은 영양물질을 투과하여 세포 내 물질을 외부로 분비, 배설하기도 하고 또는 외부 환경의 변동에 대응하여 세포 내의 항상성을 일정하게 유지시키는 기능을 한다. 이 세포막의 중요한 구성성분은 단백질과 지질이고 이 중에서 지질은 막기능을 유지하기 때문에 중요한 역할을 하고 있다. 세포막의 지질은 온도에 대응하여 상이 변한다(그림 11.2). 일반적으로 저온세균의 세포막에 불포화 지방산이나 유리 지방산 함량이 높은 것으로 보고되고 있는 것도 저온환경과 관계가 있다.

**사진 11.1** 중동지역에 있는 대염호의 모습. 호수 주위에 큰 소금기둥이 형성되어 있다.

### 11.2.2 호염미생물

해수는 약 3.5%의 염분이 함유되어 있어 바다에서 서식하는 세균은 염농도가 높아도 증식할 수 있는 성질을 가지고 있다. 그렇기 때문에 해양 세균은 일반적으로 염화나트륨 농도 0.3~0.8몰 사이에서 잘 생육한다. 그러나 지구상에는 해수보다 염농도가 높은 중동의 사해(**사진 11.1**)와 북미대륙의 대염호(grate salt lake)에 사는 세균처럼 염농도가 높아야만 살아갈 수 있는 세균도 있다.

해양세균과 육상세균은 염농도와 증식의 관계를 조사하여 분별하지만, 단순히 해양세균을 증류수에 넣는 것만으로도 판별이 가능하다. 이는 해양세균의 경우는 염을 전혀 함유하지 않은 순수한 물에서는 삼투압 조절이 되지 않아 세균의 세포벽이 파열되기 때문이다.

일반적으로 세포 속의 염농도가 외측보다 높으면 세포 내외의 염농도가 같지 않게 되어 외측의 물이 세포 속으로 점점 들어가게 된다. 세포의 외측에 있는 세포막은 본래 세포 속에 필요한 것만을 받아들이고 불필요한 것들은 들어가지 못하도록 하는 기구(mechanism)가 갖추어져 있지만, 물과 같이 저분자 물질은 이 기구로 조절되지 않아 물리적인 확산에 의해 세포 내로 물이 침투하게 된다. 그 결과 세포의 내측에서 외측으로 작용하던 압력이 높아져 세포는 파열하게 된다.

해양세균의 생육에 염화나트륨을 필요로 하는 것은 삼투압 조절을 위한 것은 아니다. 예를 들면 비호염세균은 세포막 내외의 양성자($H^+$) 이동에 의해 에너지를 얻고 있지만 해양세균의 경우는 양성자 뿐만아니라 염화나트륨 구성성분인 나트륨 이온의 이동을 이용하여 에너지를 얻는 기구가 발달되어 있다.

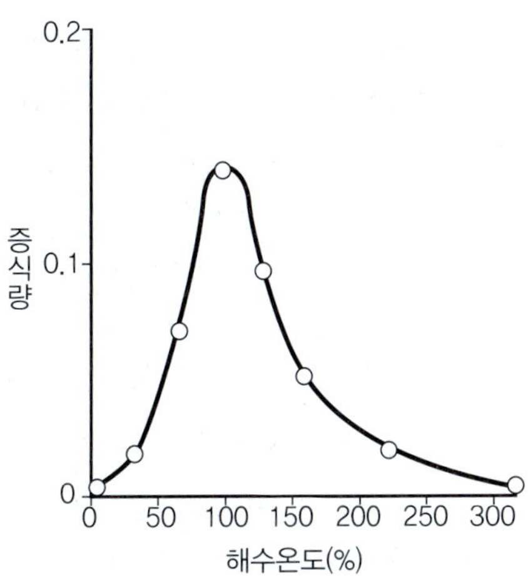


**그림 11.3** 여러 해수 농도에서 해양세균의 증식효과.

해수 중에는 약 3.5%의 염분이 함유되어 있기 때문에 **그림 11.3**에 나타난 바와 같이 해양세균은 농도 0%에서는 증식할 수 없고 해수와 같은 농도의 염분에서 최대의 증식을 볼 수 있는 것이 대부분이다. 한편 육상세균의 경우는 해수 0%에서 최대의 증식을 나타내며 해수농도가 증가될수록 증식이 저하되는 것이 일반적이다.

발효식품의 하나인 생선간장은 호염성 세균을 산업적으로 이용한 대표적인 예이다. 생선간장은 소금을 넣어 생선육을 생선내장에 있는 단백질 분해효소로 가수분해시켜 만드는 발효조미료로 많은 영양분이 함유되어 있다. 우리나라를 비롯하여 일본과 동남아시아에서 전통적인 방법으로 만들어 판매되고 있지만, 이러한 생선간장을 만드는 데는 6~18개월이라는 오랜 시간이 소요되므로 산업성이 떨어진다. 그렇지만 해수 중에서 분리된 호염성 세균을 대량 배양하여 얻어진 배양액에서 추출한 단백질분해효소를 정어리와 같은 원료에 첨가하면 생선육이 쉽게 분해되어 빠른 시간에 생선간장을 만들 수 있어 산업적 활용이 가능해진다.

### 11.2.3 내압 · 호압 미생물

해수는 수심이 10m 깊어짐에 따라 1기압씩 기압이 높아진다. 즉 1,000m의 심해에서는 100기압의 수압이 작용하고 있다. 발포 스티롤(styrol)로 만든 컵을 수심 1,000m까지 가라앉히면 수압의 영향으로 작게 변형되는 것을 알 수 있다(**사진 11.2**).

빈 콜라병에 뚜껑을 닫고 심해로 내리면 약 4,000m 수심에서 수압에 의해 깨어진다. 미생물의 경우는 콜라병과 같이 속에 공기가 찬 것이 아니기 때문에 곧 파열되는

**사진 11.2** 가압에서 발포스티롤로 만든 컵의 형태변화. 좌: 미처리, 우: 가압처리.

일은 없으나 압력이 높아짐에 따라 일반적으로 세균 증식이 중단되고, 따라서 높은 수압에 의해 사멸된다. 압력을 가하면 미생물은 왜 죽을까? 세균의 효소는 압력에 약한 것이 대부분이다. 천해 해양세균의 효소를 추출하여 압력을 가하면 100기압 정도에서 효소 활성을 잃는다. 그러나 효소 중에는 1,000기압에서도 견딜 수 있는 것이 있다. 이와 같이 압력에 대한 저항성의 차이는 효소단백질 분자의 크기와 구조차이에 의한 것으로 설명하고 있다. 일반적으로 큰 효소 또는 몇 가지의 단백질 분자가 모여서 된 효소가 압력에 약한 경향을 보인다. 압력에 의한 세포막의 변화로 영양섭취가 불가능하게 되면 사멸하게 된다. 따라서 세균이 심해에 적응하고 고압에 생존하는 것은 특수한 효소에 의한 것으로 추정된다.

심해는 저온과 높은 수압이라는 극한 환경의 하나로 이러한 환경에 서식하는 미생물은 일반적으로 호압성 미생물이 주종을 이루고 있지만 내압성도 있다. 일반적으로 1기압보다 400기압에서 대사의 활성이 높고 성장이 빠른 미생물을 호압성 미생물(barophilic bacteria)이라 한다.

사진 11.3은 수심 1,400m에서 분리된 해양세균 No.6(주)와 수심 300m에서 분리된 No.16(주)를 가압 배양했을 때의 모양을 광학 현미경(1,000배)으로 관찰한 것이다.

No.6(주)는 그램양성 세균이기 때문에 보라색으로 또 No.16(주)는 음성 세균이므로 분홍색으로 염색되었다. 가압하에서 No.6(주)는 간균에서 구균으로 또 No.16(주)는 단간균에서 장간균으로 형태가 변화된 것을 알 수 있다. 그러나 가압에서 배양한 것을 1기압으로 감압하면 원래의 형태로 되돌아갔다.

효소는 단백질로 구성되어 있고 압력을 가하면 단백질의 입체 구조가 변화하기 때문에 활성이 상실되거나 저하된다. 그러나 수심 1,000m를 넘는 심해에 서식하는 미생물이 생산하는 효소 중에는 압력이 높은 쪽이 활성이 높아지는 특징이 있다. 이 효소의 압력에 대한 내성작용기작에 대해서는 확실히 밝혀지지 않았지만 보통 효소와 아미노산의 배열이나 입체구조가 다르기 때문이라 생각된다.

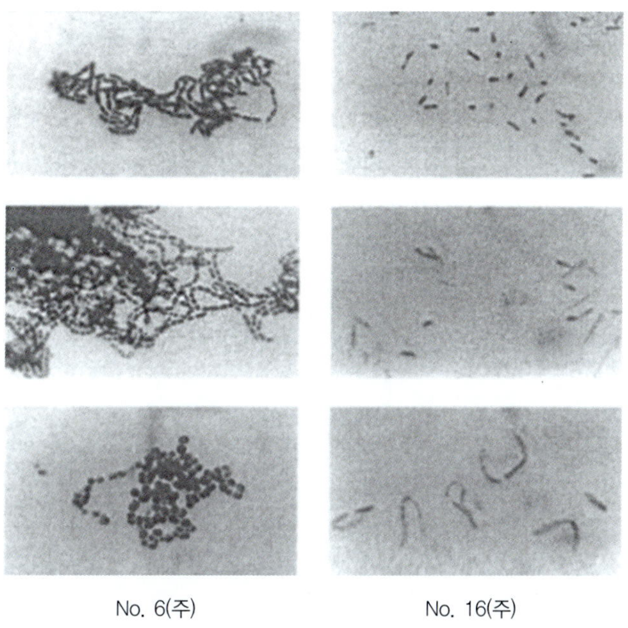


**사진 11.3** 가압에서의 해양세균의 형태변화. 상: 1기압, 중: 300기압, 하: 600기압.

**그림 11.4**는 심해에서 분리한 호압성 해양세균이 생산하는 알칼리성 인산가수분해효소(alkaline phosphatase)라는 DNA에서 인산기를 떼어낸 효소의 활성을 1기압과 1,000기압에서 조사한 것이지만 1,000기압에서는 1기압에서 보다 약 3배의 높은 활성을 볼 수 있다.

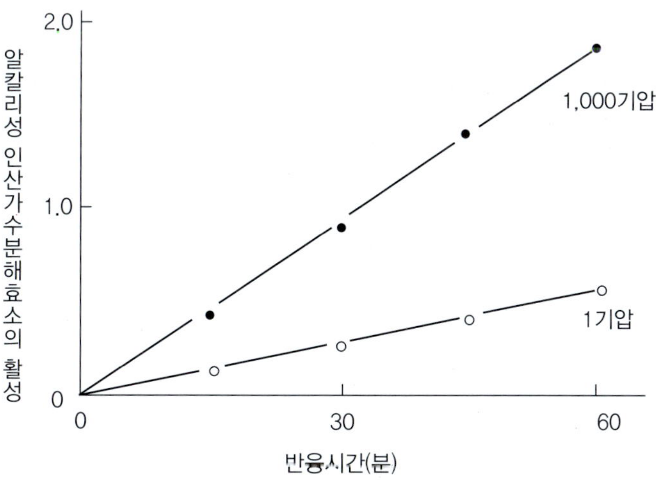


**그림 11.4** 수심 1,000m의 해수 중에서 분리한 해양세균이 생산하는 알칼리성 인산가수분해효소의 활성.

표 11.2 수심 5m와 1,000m에서 분리한 방성균의 증식에 미치는 압력의 영향

| 압력(기압) | 증식량(μg/mℓ) | |
|---|---|---|
| | 5m | 1,000m |
| 1 | 3.5 ± 0.2(100)* | 3.0 ± 1.7(100) |
| 100 | 1.0 ± 0.7(29) | 2.2 ± 0.6(73) |
| 200 | 0.8 ± 0.5(23) | 1.7 ± 0.7(57) |
| 300 | 0.7 ± 0.7(20) | 1.0 ± 1.2(33) |

* 상대증식량

수심 5m와 1,000m의 해저퇴적물에서 분리한 방선균 증식에 미치는 압력의 영향을 조사한 결과는 표 11.2와 같다. 5m에서 분리한 방성균보다 1,000m에서 분리한 것이 가압에도 그다지 증식이 저해되지 않는 것을 알 수 있다.

### 11.2.4 초호열 미생물

초호열 미생물은 생태계 연구자들이 1977년도 적도 부근의 태평양에서 2,600m의 해저를 잠수하여 탐사하던 중 뜨거운 액체를 분출하는 새로운 열원이 있는 곳을 발견하고 주변을 조사한 결과, 여러 가지 기묘한 생물들이 사는 것을 확인함으로써 발견되었다. 해저 열수분출공에서는 온도가 200~380°C, 유속이 1~2m/초인 열수를 분출하며 이 열수 중에는 다량의 황화수소($H_2S$)와 수소($H_2$), 메탄($CH_4$), 암모니아($NH_3$), 황산이온($SO_4^{2-}$), 이산환질소($NO_2$), 철이온($Fe^{2+}$), 망간이온($Mn^{2+}$) 등이 함유되어 있다(그림 11.5).

열수분출공 근처에서 채취된 시료를 조사한 결과 티오바실루스(*Thiobacillus* sp.), 티오마이크로스피라(*Thiomicrospira* sp.), 티오쓰리트(*Thiothrit* sp.)와 같은 유황을 산화시키는 세균들이 분리되었고, 이 세균들은 $CO_2$를 에너지원으로 고정하여 황화수소($H_2S$), 티오황산이온($S_2O_3^{2-}$)을 산화했다(사진 11.4). 이 외에도 진단세균, 수소 산화세균, 철 및 망간 산화세균, 메탄 이용 세균 등도 분리되었다. 앞으로 이들 특수세균의 활용이 기대된다. 또한 열수분출공 주변에도 관벌레, 조개, 새우, 말미잘 등의 해양생물이 서식하고 있는 것이 밝혀졌다(사진 11.5).

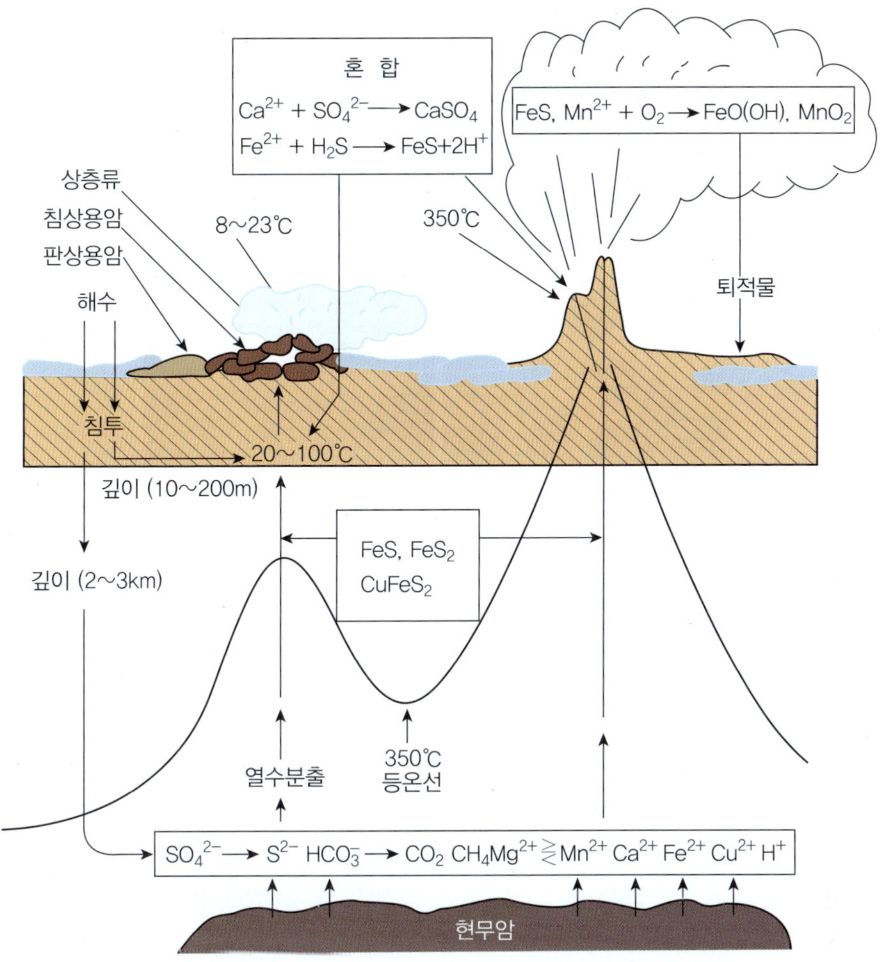


**그림 11.5** 해저 열수분출공 부근에서의 지구화학적 반응과정. 2종의 대표적인 열수공을 나타낸다.

**사진 11.4** 실제 열수분출공 사진.

**사진 11.5** 해저 열수공 주변의 해양생물(관벌레, 조개, 새우, 말미잘).

## 11.3 해양미생물의 생리활성물질

해양미생물 중 세균과 진균은 의약, 농약, 또는 이들의 선도화합물의 탐색자원으로 대단히 중요하다. 표 11.3에 해양세균과 해양진균에서 분리한 신규화합물의 수와 그 보고수를 나타냈다. 해양미생물의 생리활성물질에 대해서도 중요한 사항은 미생물과 다른 생물과의 공생이나 공존에서 제2차 대사산물이 생산된다는 점이다.

해양에서 분리된 방선균과 사상균에서는 육상 유래의 것과 유사한 구조를 갖는 화합물이 발견되는 경우가 많지만 특이한 구조의 새로운 화합물이 발견되는 확률은 육상 유래의 균보다도 높다. 이것은 염농도, 수압, 온도 등 육상과는 다른 생활 환경에 적응하기 위해 제2차 대사계에 변화를 일으킨 결과라 생각된다.

**표 11.3** 해양세균 및 해양진균으로부터 분리된 신규화합물과 그 보고수의 연차변화

| | 년 | ~86 | 87 | 88 | 89 | 90 | 91 | 92 | 93 | 94 | 95 |
|---|---|---|---|---|---|---|---|---|---|---|---|
| 세균 | 보고수 | 7 | 1 | 0 | 4 | 0 | 4 | 5 | 6 | 11 | 10 |
| | 화합물수 | 15 | 1 | 0 | 11 | 0 | 5 | 10 | 10 | 15 | 22 |
| 진균 | 보고수 | 1 | 1 | 1 | 4 | 1 | 4 | 2 | 2 | 6 | 7 |
| | 화합물수 | 1 | 1 | 1 | 12 | 4 | 6 | 5 | 3 | 19 | 18 |

| | 년 | 96 | 97 | 98 | 99 | 00 | 01 | 02 | 03 | 합계 |
|---|---|---|---|---|---|---|---|---|---|---|
| 세균 | 보고수 | 7 | 14 | 10 | 10 | 10 | 12 | 6 | 16 | 133 |
| | 화합물수 | 12 | 31 | 16 | 25 | 22 | 26 | 15 | 38 | 274 |
| 진균 | 보고수 | 12 | 7 | 20 | 14 | 17 | 18 | 29 | 23 | 169 |
| | 화합물수 | 24 | 20 | 44 | 31 | 48 | 34 | 79 | 54 | 404 |

따라서 해양환경에 고도로 적응된 균이나 특수한 해양환경에 존재하는 균을 자원화하여 이용가치를 높이려는 연구가 시도되고 있다. 항균활성시험은 비교적 쉽게 할 수 있기 때문에 해양세균과 진균에서 항미생물활성 물질에 대한 탐색은 활발히 이루어지고 있다. 표 11.4와 표 11.5에 각각 해양세균과 해양진균에서 분리한 새로운 항균물질, 항곰팡이 물질 및 항바이러스 물질을 나타냈다.

표 11.4 해양세균에서 분리된 신규 항균, 항곰팡이 및 항바이러스 물질

| 화합물 | 생산균 | 분리원 |
|---|---|---|
| 1) 항균물질 | | |
| Albyssomicin B~D | *Verrucosispora* sp. | 바다진흙 |
| Andrimid, Noiramide A~C | *Pseudomonas fluorescens* | 멍게 |
| Aplasmomycin A~C | Streptomyces griseus | 바다진흙 |
| B-1015 | *Alcaligenes faecalis* | 연체동물 |
| Bioxalomycin 류 | *Streptomuces* sp. | 바다진흙 |
| Bogorol A | *Bacillus laterosporus* | 환형동물 |
| Bonactin | *Streptomyces* sp. | 바다진흙 |
| Chalcomycin B | *Seteptomyces* sp. | 바다진흙 |
| Diazepinomicin | *Micromonospora* sp. | 멍게 |
| 2,4-Dibromo-6-chlorophenol | *Pseudoalteromonas luteociolacea* | 해조 |
| Himalomycin A · B | *Streptomyces* sp. | 바다진흙 |
| Istamycin A · B | *Streptomyces tenjimariensis* | 바다진흙 |
| Kahakamide A · B | *Nocardiopsis dassonicillei* | 바다진흙 |
| Korormicin 류 | *Pseudoalteromonas* sp. | 해조 |
| Loloatin A~D | *Vacillus* sp. | 환형동물 |
| Lorncmidc A D | *Actinomycete* | 바다조개 |
| Macrolactin G~M | *Bacillus* sp. | 해조 |
| Maduralide | *Maduromycete* | 바나진흙 |
| Magnesidin 류 | *Vibrio gazogenes* | 바다진흙 |
| Marinone 류 | *Actinomycete* | 바다진흙 |
| Massetolide A~H | *Pseudomonas* sp. | 해조 |
| Pentabromopseudilin | *Pseudomonas bromoutilis* | 해초 |
| Quinolinol | *Pseudomonas* sp. | 해수 |
| Thiomarinol A~G | *Alteromonas rava* | 해수 |
| Trisindoline | *Vibrio* sp. | 해면 |
| Urachimycin A · B | *Streptomyces* sp. | 해면 |
| Wailupemycin 류 | *Streptomyces* sp. | 바다진흙 |
| YM-266183, YM-266184 | *Bacillus cereus* | 해면 |
| α-Furan | *Pseudomonas* sp. | 해면 |
| Propylore | *Chromovacterium* sp. | 해수 |
| Diketopiperazine | *Pseudomonas aeruginosa* | 해면 |
| Phenazine | *Streptomyces* sp. | 바다진흙 |

(다음 페이지에 계속)

**표 11.4** 해양세균에서 분리된 신규 항균, 항곰팡이 및 항바이러스 물질

| 화합물 | 생산균 | 분리원 |
|---|---|---|
| 2) 항곰팡이 물질 | | |
| Basiliskamide A · B | *Bacillus laterosporus* | 환형동물 |
| Haliangicin 류 | *Haliangium ochraceum* | 해조 |
| Halolitoralin A~C | *Halobacillus litoralis* | 바다진흙 |
| | *Streptomyces* sp. | 바다진흙 |
| 3) 항바이러스 물질 | | |
| Caprolactin A · B | 그람양성균 | 바다진흙 |
| Macrolactin A~F | 그람양성균 | 바다진흙 |

**표 11.5** 해양진균에서 분리된 신규 항균, 항곰팡이 및 항바이러스 물질

| 화합물 | 생산균 | 분리원 |
|---|---|---|
| 1) 항균물질 | | |
| Acetyl Sumiki's acid | *Cladosporium herbarum* | 해면 |
| Ascochital | *Kirschsteithelia maritime* | 나무조각 |
| Aspergillitine | Aspergillus versicolor | 해면 |
| Auranticin A · B | *Preussia aurantiaca* | 바다진흙 |
| Exophilin A | *Exophiala pisciphila* | 해면 |
| Guisinol | *Emericella Unguisu* | 해파리 |
| Isocyclocitrinol 류 | Penicillium *citrinum* | 해면 |
| Lunatin | Curvularia *lunata* | 해면 |
| Modiolide A · B | Paraphaeosphaeria sp. | 조개 |
| Pestalone | *Pestalotia* sp. | 해조 |
| Unguisin A · B | *Emericella unguis* | 해파리, 연체동물 |
| Varixanthone | *Emericella variecolor* | 해면 |
| Chloroasperlactone 류 | *Aspergillus ostianus* | 해면 |
| 2) 항곰팡이 물질 | | |
| 15G256 류 | *Hypoxylon oceanicum* | 게 |
| Cladospolide D | *Cladosporium* sp. | 해면 |
| Dihydrocolletodiol 류 | *Varicosporina ramulosa* | 해조 |
| Fumiquinazoline H · I | *Acremonium* sp. | 멍게 |
| Keisslone | *Keissleriella* sp. | 바다진흙 |
| Mactanamide | *Aspergillus* sp. | 해조 |
| Microsphaeropsisin | *Microsphaeropsis* sp. | 해면 |
| Phomopsidin | *Phomopsis* sp. | 게 |
| Stachybotrin A · B | *Stachybotrys* sp. | 나무조각 |
| Xestodecalactone B | *Penicillium* cf. *montanense* | 해면 |
| Yanuthone 류 | *Aspergillus niger* | 멍게 |
| YM-202204 | *Phoma* sp. | 해면 |
| Zopfiellamide A · B | *Zopfiella latipes* | 바다진흙 |

(다음 페이지에 계속)

표 11.5 해양진균에서 분리된 신규 항균, 항곰팡이 및 항바이러스 물질

| 화합물 | 생산균 | 분리원 |
| --- | --- | --- |
| 3) 항바이러스 물질 | | |
| Halovir A~E | *Scytalidium* sp. | 해초 |
| Sansalvamide A | *Fusarium* sp. | 해초 |
| 4) 항말라리아 물질 | | |
| Aigialomycin D | *Aigialus parvus* | 게 |
| Ascosalipyrrolidinone A | *Ascoochyta salicormiae* | 해조 |
| Drechslerine E~G | *Drechslera dematioidea* | 해조 |
| 5) 항미세조류물질 | | |
| Bipolal | *Bipolaris* sp. | 잎 |
| Exunolide A·B | *Scytalidium* sp. | 식물 |
| Halymecin A | *Fusarium* sp. | 해조 |

해양세균과 해양진균에서 항종양 물질의 탐색 또한 활발히 진행되고 있다. 배양종양세포를 사용한 증식억제 활성시험은 비교적 간단하게 할 수 있어 해양미생물 대사산물의 스크리닝도 활발히 이루어지고 있다. 지금까지 해양세균과 진균에서 발견된 신규 항종양물질의 수는 항미생물활성 물질보다도 많다. 표 11.6과 표 11.7에 각각 해양세균과 진균에서 분리한 신규 항종양 물질을 나타냈다.

표 11.6 해양세균에서 분리한 신규 항종양 물질

| 화합물 | 생산균 | 분리원 |
| --- | --- | --- |
| Abratubolactam C | *Spreptomyces* sp. | 연체동물 |
| Agrochelin | *Agrobacterum* sp. | 멍게 |
| Altemicidin | *Streptomyces sioyaensis* | 바다진흙 |
| Alterramide A | *Alteromonas* sp. | 해면 |
| Aureverticillactam | *Streptomyces aureoverticillatus* | 바다진흙 |
| Bisucaberin | *Alteromonas haloplanktis* | 바다진흙 |
| Chandrananimycin A~C | *Actinomadura* sp. | 바다진흙 |
| Cyclomarin A~C | *Spreptomyces* sp. | 바다진흙 |
| δ-Indomycinone | *Spreptomyces* sp. | 바다진흙 |
| γ-Indomycinone | *Spreptomyces* sp. | 바다진흙 |
| Halichoblelide | *Spreptomyces hygroscopicus* | 어류 |

(다음 페이지에 계속)

표 11.6 해양세균에서 분리한 신규 항종양 물질

| 화합물 | 생산균 | 분리원 |
|---|---|---|
| Halichomycin | *Spreptomyces hygroscopicus* | 어류 |
| Halobacillin | *Bacillus* sp. | 바다진흙 |
| Homocereulide | *Bacillus cereus* | 연체동물 |
| Lagunapyrone A~C | *Actinomtcete* | 바다진흙 |
| Lomaiviticin A · B | *Micromonospora lamaivitiensis* | 멍게 |
| Neomarinone, Marinone 류 | *Actinomycete* | 바다진흙 |
| Octalctin A · B | *Streptomyces* sp. | 산호 |
| Pelagiomicin A~C | *Pelagiobacter* sp. | 해조 |
| Salinosporamide A | *Salinospora* sp. | 바다진흙 |
| Thiocoraline | *Micromonospora marina* | 산호 |
| Caprolactone 류 | *Streptomyces* sp. | 바다진흙 |
| Staurosporin 류 | *Micromonospora* sp. | 해면 |
| Indole류 | *Streptomyces* sp. | 무척추동물 |

표 11.7 해양진균에서 분리한 신규 항종양 물질

| 화합물 | 생산균 | 분리원 |
|---|---|---|
| Acrtophthalidin | *Penicillium* sp. | 바다진흙 |
| Asperazine | *Aspergillus niger* | 해면 |
| Aspergillamide A · B | *Aspergillus* sp. | 바다진흙 |
| Aspergillicin A~E | *Aspergillus carneus* | 바다진흙 |
| Brocaenol A · B | *Penicillium brocae* | 해면 |
| Communesin A · B | *Penicillium* sp. | 해조 |
| Communesin C~D | *Penicillium* sp. | 해면 |
| Cyclotryprostatin A~D | *Aspergillus fumigates* | 바다진흙 |
| Dankasterone | *Gymnascella dankaliensis* | 해면 |
| 6-Epi-ophiobolin G · N | *Emericella variecolor* | 바다진흙 |
| Evariquinone | *Emericella variecolor* | 해면 |
| Fellutamide A · B | *Penicillium fellutanum* | 어류 |
| Fumiquinazoline A~G | *Aspergillus fumigates* | 어류 |
| Fusaperazine A | *Fusarium chlamydosporum* | 해면 |

(다음 페이지에 계속)

표 11.7 해양진균에서 분리한 신규 항종양 물질

| 화합물 | 생산균 | 분리원 |
|---|---|---|
| Gymnastatin A~E | *Gymnascella dankaliensis* | 해면 |
| Gymnasterone A · B | *Gymnascella dankaliensis* | 해면 |
| Harzialactone B | *Trichoderma harzianum* | 해면 |
| Herbarin A · B | *Cladosporium herbarum* | 해면 |
| Insulicolide A | *Aspergillus insulicola* | 해조 |
| Kasarin | *Hyphomycetes sp.* | 산호 |
| Leptosin A~S | *Leptosphaeria* sp. | 해조 |
| Macrosphelide | *Periconia byssoides* | 성게류 |
| N-Methylsansalvamide | *Fusarium* sp. | 해조 |
| Penochalasin A~H | *Penicillium* sp. | 해조 |
| Penostatin A~I | *Penicillium* sp. | 해조 |
| Pericosine A · B | *Periconia byssoides* | 성게류 |
| Pyrenocine E | *Penicillium waksmanii* | 해조 |
| Sansalvamide A | *Fusarium* sp. | 해초 |
| Scytalidamide A · B | *Scytalidium* sp. | 해조 |
| Spirotryprostatin A · B | *Aspergillus fumigates* | 바다진흙 |
| Trichodenone A~C | *Trichoderma harzianum* | 해면 |
| Trichodermamide B | *Trichoderma virens* | 해조 |
| Tryprostatin A · B | *Aspergillus fumigates* | 바다진흙 |
| Varitriol | *Emericella variecolor* | 해면 |
| Virescenoside M~U | *Acremonium Striatisporum* | 해삼 |
| Anserinone 류 | *Penicillium corylophilum* | 바다진흙 |
| Phosphorohydrorazide thioate | *Lignincola laevis* | 해초 |
| Thichothecene 류 | *Myrothecium verrucaria* | 해면 |
| Verticillin 류 | *Penicillium* sp. | 해조 |

표 11.8과 표 11.9에 각각 해양세균과 진균에서 분리한 항염증물질 및 기타 생물활성물질을 나타냈다. 항염증 물질 외에 효소 저해제 및 항산화물질의 탐색도 보고되어 있다.

해양미생물의 유전자 재조합은 대장균, 고초균 및 효모 등에서 연구한 방법을 이용할 수 있다. 예를 들어, 해양광합성 세균에서 분리된 플라스미드를 운반체(vector)로 이

표 11.8 해양세균에서 분리한 신규 항염증물질 및 기타 활성물질

| 화합물 | 생산균 | 분리원 |
|---|---|---|
| 1) 항염증 물질 | | |
| Cyclomarin A~C | *Streptomyces* sp. | 바다진흙 |
| Lobophorin A · B | *Actinomycete* | 갈조류 |
| Salinamide A~E | *Streptomuces* sp. | 게 |
| 2) 효소 저해물질 | | |
| B-5354 A~C | *Ruegeria* sp. | 해수 |
| B-90063 | *Blastobacter* sp. | 해수 |
| Flavocristamide A · B | *Flavobacterium* sp. | 조개 |
| Pyrostatin A · B | Streptomyces sp. | 바다진흙 |
| 3) 기타 | | |
| Aburatubolactam A | *Streptomyces* sp. | 연체동물 |
| Anthranilamid | *Streptomyces* sp. | 바다진흙 |
| Komodoquinone A · B | *Streptomyces* sp. | 바다진흙 |

표 11.9 해양진균에서 분리한 신규 항염증물질 및 기타 활성물질

| 화합물 | 생산균 | 분리원 |
|---|---|---|
| 1) 항염증 물질 | | |
| Oxepinamide A | *Acremonium* sp. | 멍게 |
| Phomactin A~G | *Phoma* sp. | 게 |
| 2) 효소저해물질 | | |
| Cathestatin C | *Microascus longirostris* | 해면 |
| Chlorogentisylquinone | *Phoma* sp. | 바다모래 |
| Epolactaene | *Penicillium* sp. | 바다진흙 |
| Nafuredin | *Aspergillus niger* | 해면 |
| Phenochalasin A · B | *Phomopsis* sp. | 해면 |
| Roselipin 류 | *Gliocladium roseum* | 해조 |
| Sculezonone A · B | *Penicillium* sp. | 조개류 |
| Ulocladol | *Ulocladium botrytis* | 해면 |
| Xyloketal A | *Xylaria* sp. | 게 |
| Betaenone | *Microsphaeropsis sp.* | 해면 |
| 3) 항산화물질 | | |
| Anomalin A | *Wardomyces anomalus* | 해조 |
| Dihydroxyisoechinulin A | *Aspergillus* sp. | 해조 |
| Epicoccone | *Epicoccum* sp. | 해조 |
| Golmaenone | *Aspergillus* sp. | 해조 |
| Parasitenone | *Aspergillus parasiticus* | 해조 |
| Hydroquinone | *Acremonium* cf. *roseogriseum* | 해면 |

(다음 페이지에 계속)

**표 11.9** 해양진균에서 분리한 신규 항염증물질 및 기타 활성물질

| 화합물 | 생산균 | 분리원 |
|---|---|---|
| 4) 기타 | | |
| Aspermytin A | *Aspergillus* sp. | 조개류 |
| Obionin A | *Leptosphaeria obiones* | 해초 |
| Paecilospirone | *Paecilomyces* sp. | 해수 |
| Terreusinone | *Aspergillus terreus* | 해조 |

용하여 어류 성장호르몬 유전자를 클로닝하여 이것을 대량으로 생산할 수 있게 되었다.

식물 호르몬을 만드는 해양세균을 해조류의 표면에 부착하여 이들의 증식과 분화에 영향을 줄 뿐만 아니라, 중금속의 회수와 자철광(magnetite) 초미립자를 생산하는 방법도 보고되어 있다. 해양 주자성 세균(magnectotatia bacteria)은 균체 내에서 유기박막(organic thin-film)으로 덮여진 자철광 초미립자를 생성한다. 메탄 생성균과 수소생성 광합성 세균과 같이 해수 중에서 에너지를 생산하는 미생물도 있는데, 이들 미생물을 고분자 겔 안에 고정시킨 뒤, 생물 반응기에 의한 메탄과 수소를 연속적으로 생산하는 방법도 보고된 바 있다.

## 11.4 미생물로부터 바이오 촉매 개발

효소는 바이오 촉매로 세포 내외의 여러 생화학 반응을 촉진하여 생명활동을 지속하게 한다. 효소는 상온, 상압, 중성 pH 영역에서 높은 활성을 나타내고 기질특이성이 높다는 특징을 갖고 있다. 이들 특성은 효소를 산업적인 바이오 공정의 촉매소자로써 이용할 때에도 큰 이점이 되고 있다. 즉 효소반응에는 특별한 가압장치나 가열장치가 필요 없고 순도가 낮은 기질을 사용할 수 있기 때문에 반응장치나 운전에너지, 반응원료 면에서 비용을 줄일 수 있다.

인류는 효소의 실체를 알게 되기 훨씬 이전부터 주조나 제빵, 치즈를 만드는데 효소(또는 효소를 생산하는 미생물)를 이용해왔지만 근년 바이오테크놀로지의 보급에 의해 그 사용량 및 용도가 현저하게 확대되고 있다. 예를 들면 1997년도에 4억원 규모였던 미국의 효소시장은 2011년도에는 100조원으로 성장하였고, 효소 이용범위도 연구, 의약, 검사시약, 식품가공, 전분가공, 제당, 세제, 섬유, 제지, 양조, 축산, 유업(dairy industry) 등으로 크게 확대되고 있다.

효소가 촉매하는 반응은 국제 생화학 · 분자생물학연합(International Union of Biochemistry and Molecular Biology, UBMB)에 의해 ① 산화환원반응(oxidoreductase), ② 전이반응(transferase), ③ 가수분해반응(hydrolases), ④ 탈리반응(lyases), ⑤ 이성화반응(isomerases) 및 ⑥ 축합 반응(ligases)으로 분류되고 있다. 표 11.10에서와 같이 각 분류군에 포함되는 각각 효소에는 그 반응양식에 따라 EC와 그에 이어지는 4개 숫자(효소번호, Enzyme Commission Numbers)가 붙여져 있다.

예를 들면 전부 가수분해를 촉매하는 α-아밀라아제에는 EC 3.2.1.1가 붙여져 있고 그 4개의 숫자 중 첫 번째인 3은 이 효소가 가수분해반응을 촉매한다는 것을 나타내고, 2는 글리코실화합물에 작용한다는 것, 1은 O-글리코실 결합에 작용한다는 것, 마지막 숫자 1은 1.4-α-D-글루칸(전분)의 글리코시드 결합을 내부분해 방식으로 절단하는 것을 의미한다. 현재까지 5,000종이 넘는 반응양식의 효소가 효소번호와 함께 데이터베이스에 등록되고 있고 그 수는 매년 증가하고 있다(The Comprehensive Enzyme Information System : http://www.brenda-enzymes.org/).

한편, 지구 상에는 다양한 환경이 있고, 환경이 다른 곳에서 서식하는 생물에는 환경적응에 따른 여러 특성을 가지는 효소가 존재한다. 그렇기 때문에 오랜 세월에 걸쳐서 다양한 환경에 서식하는 생물을 대상으로 새로운 특성을 가지는 효소의 탐색이 행해져 왔다. 해양에서도 열대해역, 극해역, 천해역, 심해역, 심해저의 열수분출공 주변 등 환경이 다양하고 거기에 서식하는 미생물이나 조류, 무척추동물, 척추동물 등을 대상으로 신기한 효소의 탐색이 진행되고 있다. 이들로부터 얻어지는 효소에는 산업적으로 이용가치가 높은 것도 적지 않다.

표 11.10 효소의 국제 분류법*

| 번호 | 분류 | 촉매하는 반응 형태 |
|---|---|---|
| 1 | 산화환원효소류 (Oxidoreductases) | 전자의 전이 (수소이온 또는 수소원자) |
| 2 | 전달효소류 (Transferases) | 작용기 전달반응 |
| 3 | 가수분해효소류 (Hydrolases) | 가수분해 반응 (작용기를 물로 전이) |
| 4 | 분해효소류 (Lyases) | 이중결합으로의 작용기의 부가 또는 그의 역반응 |
| 5 | 이성질화효소류 (Isomerases) | 분자 내 작용기의 전이에 의한 이성질체의 생성 |
| 6 | 연결효소 (Ligases) | ATP 분해와 짝지어진 축합반응에 의해서 C-C, C-S, C-O, C-N 결합의 생성 |

* 대부분의 효소는 전자, 원자 또는 작용기의 전달을 촉매한다. 따라서 효소는 전달반응의 형태, 작용기의 공여체, 작용기의 수용체에 따라서 분류하고, 분류번호를 붙여서 명명된다.

이제부터는 해양생물로부터 얻어진 효소 중에서 심해 미생물의 효소, 해저 토양 및 해면의 메타게놈(metagenome) 유래의 효소를 소개한다. 그리고 여기서 다루는 효소 대부분은 다당분해효소이다. 이것은 최근, 해조다당으로부터의 기능성 올리고당 생산이나 해조 바이오매스의 당화에 관심이 모이고 있어 이에 관련 있는 효소의 연구가 활발히 진행되고 있기 때문이다.

### 11.4.1 심해미생물의 효소

지구표면의 약 70%를 차지하는 해양의 평균 깊이는 약 3,800m이고, 해양환경의 대부분은 심해라고 할 수 있다. 수심 3,800m의 심해는 2~4°C의 저온이며 38Mpa의 고압환경이다. 또 열수분출공 주변과 같이 300°C 이상의 고온에서 메탄이나 황화수소를 함유하는 국소환경도 있다.

이러한 해양환경은 생물한테는 엄격한 서식조건인 것으로 생각되지만 실제로는 많은 절족동물, 극피동물, 환형동물, 미생물 등이 서식하고 있기 때문에 심해환경에 서식하는 생물로부터는 환경적응과 관련된 특이한 특성을 가지는 효소가 발견될 가능성이 높다.

### 11.4.2 내열성 아가로오스 가수분해효소(Agarase)

한천의 주성분인 아가로오스는 홍조류인 우뭇가사리목, 돌가사리목, 비단풀목 등에 함유되는 β-D-갈락토오스와 3,6-안히드로 α-L-갈락토오스가 중합한 구조를 가지는 난분해성 다당이다. 아가로오스 분자 중에서 이들 구성 다당은 아가로비오스(agarobiose) 단위 (4-O-β-D-dalactopyranosyl-3,6-anhydro-L-galactopyranose) 또는 네오아가로비오스(neoagarobiose) 단위 (3-O-α-3,6-anhydro-L-galactopyranosyl-D-galactopyranose)를 형성하고 있고 아가로오스 중합체는 이들이 연결된 구조를 가지고 있다(사진 11.6).

사진 11.6 우뭇가사리와 돌가사리 및 아가로오스 분말.

아가로오스 가수분해효소는 아가로오스의 β-1,4-결합 또는 α-1,6-결합을 가수분해해서 네오아가로비오스(neoagarobiose)나 아가로비오스(agarobiose) 등의 아가로올리고당을 생기게 하는 효소이다. 그리고 아가로오스 가수분해효소 중 β-1,4-결합을 절단해서 네오아가로올리고당을 생기게 하는 효소를 β-아가로오스 가수분해효소(EC 3.2.1.81), α-1,3-결합을 절단해서 아가로올리고당을 생기게 하는 효소를 α-아가로오스 가수분해효소(EC 3.2.1.158)라고 한다.

육상의 미생물에서 아가로오스 가수분해효소를 생산하는 것은 드물지만 해저 진흙 중의 미생물에는 비교적 많다. 아가로오스 가수분해효소를 생산하는 해저 미생물은 해저로 침강해오는 홍조류 유래의 잔사(detritus)에 함유된 한천(agar)을 아가로오스로 분해하여 이용하고 있는 것으로 추정된다.

아가로오스를 효소 분해해서 얻어지는 네오아가로올리고당이나 아가로올리고당에는 사람에 대해 항종양성, 항산화 활성, 면역부활 활성, 보습성, 미백작용 등의 생리활성이 나타나기 때문에 이들 생리활성 올리고당을 효율적으로 생산할 수 있는 아가로오스 가수분해효소의 탐색이 진행되고 있다.

아가로오스는 β-D-갈락토오스(β-D-Gal)와 (3,6) 안히드로 α-L-갈락토오스(α-L-Gal)가 β-1,4-결합한 아가로비오스 단위가 α-1,3-결합한 구조를 가진다. α-아가로오스 가수분해효소는 α-1,3-결합을 절단해서 아가로올리고당을 생기게 하고 β-아가로오스 가수분해효소는 β-1,4-결합을 절단해서 네오아가로올리고당이 생기게 한다(**그림 11.6**).

최근, 일본에서는 수심 2,460m 해저 진흙에서 얻은 마이크로불비퍼(*Microbulbifer*)속 세균 JAMB-A94주로부터 β-아가로오스 가수분해효소 유전자인 아가 A(agar A)를 클론화해서 바실러스(*Bacillus*) 발현계에 의해 재조합 아가로오스 가수분해효소 아가 A를 생산하는데 성공했다. 이 효소는 가수분해효소 과(family)16(GHF16)에 속하고 분자량은 약 46,000이며 최적 pH 및 온도는 각각 7.0 및 55°C였다. 또 아가로오스를 분해해서 주로 네오아가로테트라오스(네오아가로4당)가 생겼다. 아가 A는 60°C에서

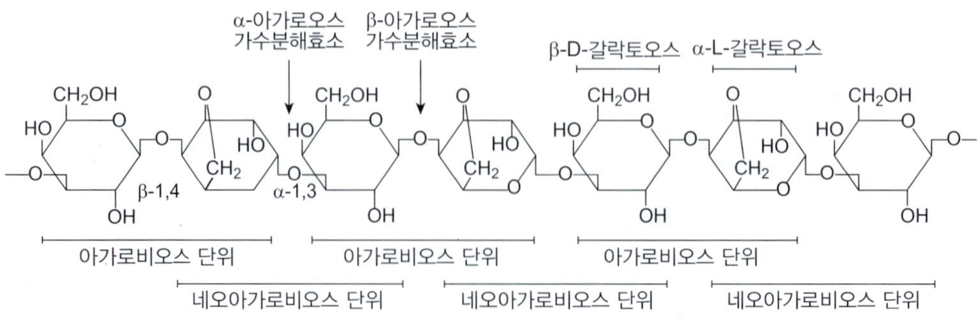


**그림 11.6** 아가로오스 구조와 아가로오스가수분해효소 작용부위.

15분간의 가열에서도 실활되지 않는 내열성 효소이고 100mM의 에틸렌디아민산테트라아세트산(EDTA, ethylene diamine tetraacetic acid) 및 30mM 도데실황산나트륨(SDS, sodium dodecylsulfate)에 의해서도 실활되지 않았다.

이 효소는 아가로오스가 고체화하지 않는 40°C 이상의 고온에서 높은 아가로오스 분해활성을 나타내기 때문에 DNA의 아가로오스 전기이동 후에 겔을 가열 용해해서 DNA를 추출하는 용도에 사용할 수 있다. 이 효소를 이용한 DNA 추출 키트는 이미 시판되고 있다. 그리고 아가 A(Aga A)와 유사한 내열성 β-아가로오스 가수분해효소 아가 A7의 유전자 aga A7도 같은 속의 세균 A7주로부터 얻을 수 있다. 또 아가로오스를 분해해서 주로 네오아가로헥사오스(6당)가 생기는 GHF86에 속하는 β-아가로오스 가수분해효소 아가 O의 유전자 aga O가 같은 속의 세균으로부터 얻어지고 있다. β-아가로오스 가수분해효소 대부분은 주로 4당류를 생성하기 때문에 6당류를 주로 생성하는 아가 O는 드문 효소이다.

한편, 일본해구의 수심 4,152m의 해저진흙에서 분리된 아가리보란스(*Agarivorans*) 속 세균으로부터도 β-아가로오스 가수분해효소의 유전자 아가 A11이 얻어졌다. 재조합 아가 A11의 주된 생성물은 네오아가로비오스였다. 네오아가로비오스에는 미백작용이 있기 때문에 이 효소는 미백효과를 나타내는 이당류를 제조하는 데에 유용하다.

한편 바다 수심 230m 해저진흙에서 분리된 타라소모나스(*Thalassomonas*)속 세균 JAMB-33주로부터 α-아가로오스 가수분해효소 유전자(아가 A33)가 얻어졌다. 바실러스를 숙주로 해서 생산한 재조합 아가 A33(agarase A33)은 아가로오스의 α-1,3-결합을 절단해서 주로 아가로테트라오스가 생겼다. 또 홍조류에 존재하는 포피란(porphyran; 항산화 아가로헤테로다당)은 항산화 활성을 가지는 것으로 알려졌지만 아가로오스 가수분해효소 A33은 이것을 분해시켜서 항산화 활성을 증대시켰다. 그리고 β-아가로오스 가수분해효소로 포피란을 분해시켜도 항산화 활성은 증대되지 않기 때문에 이 작용은 α-아가로오스 가수분해효소에 특유한 것이다.

이상에서 보듯이 여러 특성을 가지는 아가로오스 가수분해효소가 심해나 해저 토양에서 분리된 세균으로부터 얻어지고 있다. 이들 중에는 높은 내열성을 나타내는 것이나 특이한 반응 생성물이 생기게 하는 것 등, 다양하고 신기한 특성을 가지는 아가로오스 가수분해효소가 많기 때문에 앞으로 산업적 이용이 기대되고 있다.

### 11.4.3 내열성 섬유소분해효소(cellulase)

일본 근해의 열수광상으로부터 100°C 이상의 혐기성 조건에서 생육하는 절대 혐기성 초호열성 고세균(Archea), *Pyrococcus horikoshii*가 분리되었다. 이 미생물의 게놈은 제품 평가기술 기반기구에 의해 해석되었는데 이 게놈에서 GHF5에 속하는 분자량

42,000의 엔도형 섬유소분해효소 EGPh의 유전자가 클론화 되었다. EGPh는 대장균에서 생산되었지만 시차주사 열량분석(DSC분석)에 의해 변성온도가 96°C인 것이 밝혀졌다. 또 활성의 최적 온도는 100°C 부근이며 95°C까지의 가열로는 실활되지 않기 때문에 EGPh는 내열성의 섬유소분해효소이다.

한편, EGPh는 수용성 섬유소분해효소 기질인 카르복시메틸셀룰로오스(CMC)뿐만 아니라 결정성이 높아 난분해성의 불용성 기질인 아비셀(avicel)도 분해 가능했다. 그 후, EGPh의 구조와 기능에 관한 단백질 공학적 연구도 행해지고 이 효소의 기능에 중요한 아미노산 잔기나 국소구조가 추정되고 있다.

섬유소분해효소에 의한 섬유소의 당화는 물론 펄프 표백이나 섬유세정 등, 섬유소 사슬의 분해로 품질향상을 시도할 수 있는 여러 공정에서 이용할 수 있다. 내열성 섬유소분해효소인 EGPh는 실제로 70°C 부근에서 행해지는 목면섬유의 가공용 효소로써 사용되고 섬유의 유연화나 진즈(jeans)의 색깔개량에 유효하다. 또 장래 섬유소계 바이오매스의 당화나 셀로올리고당 생산에의 사용도 기대되고 있다. 또 이 효소는 브리비바실러스 브레비스(*Brevibacillus brevis*)를 숙주로 해서 발현계에 의해 대량생산이 가능하다.

### 11.4.4 호냉 효소(Cold-adapted enzyme)

심해역의 대부분은 2~4℃의 저온환경이다. 이러한 저온환경에도 미생물은 온난한 해역과 비슷한 정도의 밀도 ($10^5$~$10^6$cell/ml)로 서식하고 있는 것으로 알려져 있다. 이것은 미생물이 저온환경에서의 적응에 따라 여러 생리·생화학적 변화를 일으키고 있는 것을 나타내고 있다. 따라서 이러한 미생물에는 저온 적응에 관련된 여러 특성을 가지는 효소가 존재하는 것으로 예상된다. 사실, 저온환경에 서식하는 호냉균(psychrophilic bacteria)이나 저온세균(psychrotrophic bacteria) 중에는 저온에서도 높은 활성을 나타내는 호냉 효소(cold-adapted enzyme)를 가지는 것이 많다.

일반적으로 호냉 효소가 5~15°C에서 나타내는 비활성은 중온지역에서 서식하는 미생물이 가지는 효소에 비해 높은 것으로 알려져 있다. 예를 들면 10°C에서 호냉 서브틸리신(subtilisin)의 비활성은 보통의 서브틸리신 보다 약 5배 높고 호냉 아밀라아제의 비활성은 보통의 아밀라아제보다 약 3배 높다. 이들의 높은 비활성의 원인은 호냉 효소에 의한 반응의 활성화 에너지의 감소율이 보통 효소의 경우보다도 크기 때문이다.

한편 호냉 효소의 열안정성은 보통의 효소보다도 낮고 그 결과 최적 온도도 보통의 효소보다 낮다(많은 효소에서 10~20°C 낮다). 이러한 호냉 효소를 보통 효소 대신에 이용하는 것에는 여러 가지 이점이 있다. 가장 큰 이점은 저온에서도 높은 활성을 나타내는 것이고 이것은 열에 불안정한 기질에 작용시킬 때 유리하다. 또 사용하는 효소량도 보통의 효소보다 소량으로 가능하다. 또 호냉 효소는 열에 불안정하지만 이것은 단시간 열처리로 쉽게 반응을 정지시킬 수 있다는 이점을 가지고 있다. 즉 호냉효소는 단시간의 가열로 완전 실활될 수 있기 때문에 반응물의 열변화나 잔존활성에 의한 반응생성물의 품질열화를 저감할 수 있다.

지금까지 호냉성 단백질 가수분해효소(protease), 지방질 가수분해효소(lipase), 아밀라아제(amylase) 및 섬유소가수분해효소(cellulase)가 세정 보조제로 개발되고 있고 이들 효소를 이용하면 세탁수의 온도가 낮아도 높은 세정 보조 효과를 얻을 수 있다. 한편 식품 용도에서는 식육의 연화에 이용되는 단백질가수분해효소나 우유 중의 유당을 분해하는 β-갈락토시드 가수분해효소제(β-galactosidase), 과즙의 추출이나 투명화에 사용하는 펙틴가수분해효소(pectinase) 등에 호냉 효소가 이용되고 있다. 이들 식품의 처리는 저온에서 할 필요가 있기 때문이다. 한편, 유전자 조작 실험에 사용하는 연결효소(ligase)나 키나아제(kinase) 등 반응 후에 가열로 인해 완전 실활 시킬 필요가 있는 용도에도 호냉 효소가 적당하다.

장래 저온에서 수행되는 여러 바이오공정에서 호냉 효소가 이용될 가능성이 높아 그 공급원으로 심해나 극해 등 저온환경에 서식하는 여러 생물의 이용이 기대된다.

### 11.4.5 알칼리 조건에서 작용하는 알긴산 분해효소(alginate lyase)

최적 pH가 9 이상의 알칼리 영역에서 작용하는 효소를 알칼리 효소라고 하는데 그 대부분은 호알칼리성 미생물이 균체 외로 생산하는 효소이다. 단백질가수분해효소나 섬유소가수분해효소 등에 있어서 많은 알칼리 효소가 알려졌는데 심해의 진흙으로부터 분리된 아가리보란스(*Agarivorans*)속 세균이 알칼리 조건에서 작용하는 알긴산 분해효소 A1m을 생산하는 것이 발견되었다. A1m은 단백질 전기이동(SDS-PAGE, Sodium dodecyl sulphate polyacrylamide gel)으로 31kDa이라고 예상되고 최적 pH가 10이며, 0.2M NaCl 첨가로 인해 1.8배로 활성화되었다.

알긴산분해효소는 세균, 진균, 갈조류, 연체동물 및 바이러스에 분포하고 이들 대부분은 약알칼리 영역에서 최적 pH를 나타내는 반(semi)알칼리성 효소이다. 따라서 A1m은 가장 높은 pH영역에 최적 조건을 가지는 알긴산분해효소인 것으로 여겨진다. 고알칼리 영역에서는 기질이 되는 알긴산의 용해도가 크게 증대되기 때문에 이 조건에서 높은 활성을 나타내는 알칼리성 알긴산분해효소는 알긴산 분해에 적당한 좋은 성질을 가지고 있다고 할 수 있다.

알긴산 분해효소는 연체동물 유래의 효소도 포함해서 각종의 생리활성 알긴산 올리고당의 제조나 알긴산의 당화·바이오매스화에 유용하여 앞으로 해조 바이오매스의 유효이용에 많이 쓰여질 것으로 기대된다.

해양미생물 중에서 알긴산분해효소를 가지는 것은 알테로모나스균(*Alteromonas*)속이나 슈도알테로모나스(*Pseudoalteromonas*)속, 비브리오(*Vibrio*)속 등의 세균을 중심으로 상당히 많고 이들 세균의 갈조류 유래 잔사(detritus)에 함유되어 있는 알긴산의 최종 분해자로의 역할을 하는 것으로 생각된다.

### 11.4.6 메타게놈 유래의 에스테르 가수분해효소(esterase)

지구 환경에 존재하는 미생물의 99%는 분리 및 순수배양이 어려워 난배양성 미생물[viable but nonculturable bacteria(VBNC bacteria)]인 것으로 알려져 있다. 메타게놈이라는 것은 이들 VBNC 박테리아가 가지는 게놈 DNA를 환경으로부터 직접 추출한 혼합상태의 DNA를 의미하며 이것을 라이브러리(메타게놈 라이브러리화)한 후, 그 염기배열을 망라하여 읽는 것으로 메타게놈해석이 행해진다. 차세대형 DNA 염기서열 측정장치를 사용하여 방대한 염기배열정보를 단시간에 얻을 수 있고 바이오정보학 기술의 진보와 고속대량(high throughput) 활성검출 기술의 진보로 인해 신규 효소 유전자의 탐색이 가능해지고 있다.

지금까지 해양생물을 대상으로 한 메타게놈해석이 해수나 해저진흙 중 VBNC 박테리아나 공생미생물을 대량 함유하고 있는 해면, 산호 등에서 행해짐으로써 여러 가지 효소 유전자가 얻어지고 있다. 여기서는 해면과 해저 진흙의 메타게놈 라이브러리로부터 얻어진 에스테르 가수분해효소(EC 3.1.1.1)에 대해서 소개한다.

#### 가. 해면 메타게놈(metagenome) 유래의 에스테르 가수분해효소

해면으로부터는 많은 항균물질이나 항암제 등 생리활성물질이 발견되고 있는데 그 대부분이 해면 안에 공생하는 미생물(해면 공생 미생물)이 생산한 것이다. 해면의 공생미생물 대부분은 VBNC 박테리아이기 때문에 해면의 생리활성물질의 생합성 경로 해명에는 해면 메타게놈 해석이 유효한 것으로 생각된다. 또 해면의 메타게놈 해석으로 인해 공생 미생물 유래의 새로운 효소 유전자가 발견될 것으로 기대된다.

최근, 일본 해면 *Hytios erecta*의 메탄게놈 라이브러리에서 분자량 약 25,000의 에스테르 가수분해효소 EstHE1 유전자를 분리하여 상동성 검색을 한 결과, 이 효소는 촉매 아미노산 잔기가 세린(Ser), 글리신(Gly), 아스파라긴(Asn), 및 히스티딘(His)으로 구성되는 SGNH 가수분해효소 슈퍼과(super family)에 속하는 것으로 밝혀졌다. 대장균에서 발현된 재조합 EstHE1은 탄소수 2~6의 지방산 파라니트로페닐에스테르(ρ-nitrophenylester)를 가수분해했지만 그것보다 탄소수가 많은 지방산 에스테르는 분해하지 않았다. 이것으로 이 효소는 탄소수 10 이상의 지방산 에스테르를 가수분해하는 지방질 가수분해효소가 아니라 짧은 사슬의 지방산 에스테르를 분해하는 에스테르

가수분해효소인 것으로 밝혀졌다. 또 40°C에 최적온도를 나타내고 25~55°C에서 최대 활성의 50% 이상 활성을 나타냈지만 40°C에서 12시간 배양에 의한 활성은 58%까지 떨어졌다. 이것은 이 효소가 호열 효소가 아니라 보통의 온도영역에서 작용하는 중온 효소인 것을 나타내고 있다.

한편, 이 효소는 고농도 염에 내성이 있었다. 즉, 이 효소의 활성은 염(NaCl) 농도가 1.9M까지는 일단 55%까지 저하되지만 그 이상에서는 서서히 증가하고 3.8M에서는 62%가 되었다. 이것은 해면의 서식환경이 약 0.6M 염화나트륨(NaCl)을 함유하는 해수 중인 것과 관련이 있는 것으로 생각된다. 이러한 EstHE1 효소의 특성은 지금까지 기존 에스테르 가수분해효소의 유전자 공학적 개량으로는 얻지 않았다. 이것은 메타게놈 해석이 새로운 특성을 가지는 효소유전자를 취득하는 데에 유효한 것을 나타내고 있다.

### 나. 심해 진흙 메타게놈 유래의 에스테르 가수분해효소

최근, 남중국해 심해 진흙의 메타게놈 라이브러리에서 에스테르 가수분해효소 유전자 *estF*를 클론화하고 대장균 발현계로 재조합 EstF가 생산되었는데, 이 효소는 *p*-니트로페닐 부틸에스테르(*p*-nitrophenyl butyrate, C4)를 가장 잘 분해했지만 탄소수 10 이상의 지방산 에스테르에는 작용하지 않았다. 이 효소는 저온에서도 높은 활성을 나타내는 호냉 효소였다. 즉, 반응온도 0°C에서도 최대 활성(50°C)의 약 20%를 나타냈다. 이러한 성질은 이 효소가 심해라는 저온환경 적응의 산물인 것을 나타내고 있다.

또 EstF는 pH 9.0에서 최대 활성을 나타내고 pH 7 이하에서는 활성이 신속하게 저하되는 알칼리성 효소였다. 이 효소의 촉매영역은 331잔기로 이루어졌는데 그 일차 구조는 이미 알려진 세균 에스테르 가수분해효소와는 상당히 달라서 신기성(novelty)이 높은 효소이다(그림 11.7).

에스테르 가수분해효소는 아실에스테르 화합물의 위치 이성체의 선택적 분해 등 산업적으로 유용한 효소이다. EstHE1이나 EstF는 해양 메타 게놈 유래의 효소 탐색에 있어서 선구로 여겨지는 효소이다. 앞으로 여러 효소의 효율적인 스크리닝 기술이 개발됨으로써 더욱 더 많은 종류의 효소 유전자가 해양 유래의 메타게놈으로부터 얻어질 것으로 기대된다.

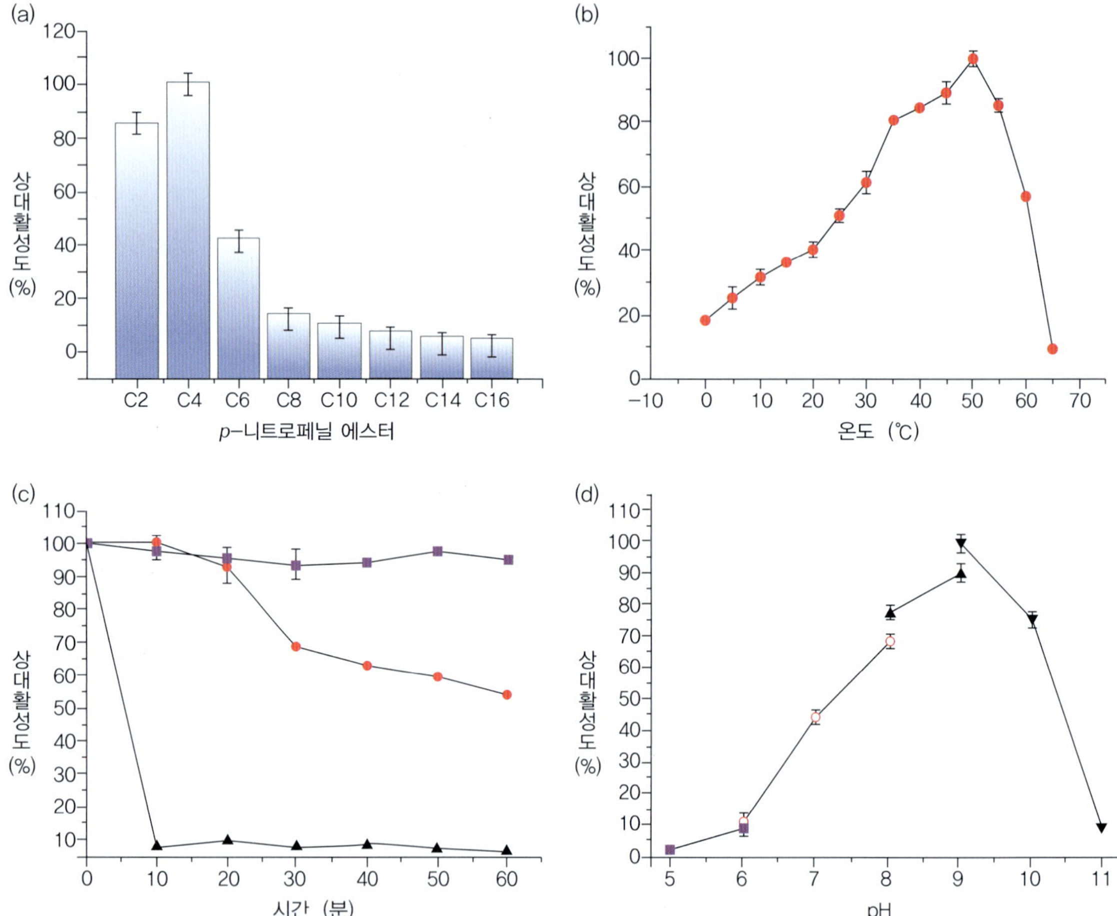


**그림 11.7** 재조합 EstF의 생화학적 특성.

(a) 정제된 재조합 EstF의 기질특이성 정량
C2: *p*-니트로페닐 아세트산, C4: *p*-니트로페닐 브티르산, C6: *p*-니트로페닐 카프로산, C8: *p*-니트로페닐 옥타노에이트, C10: *p*-니트로페닐 카프르산, C12: *p*-니트로페닐 라우르산, C14: *p*-니트로페닐 미리스트산, C16: *p*-니트로페닐 팔미트산

(b) 재조합 EstF의 최적온도[*p*-니트로페닐 브티르산(C4)을 기질로 선택]

(c) 재조합 EstF의 열안정성-서로 다른 온도[40℃(■-■), 50℃(●-●), 60℃(▲-▲)]에서 배양 후 에스테르 가수분해효소 EstF의 잔류 비활성

(d) 재조합 EstF의 최적 pH[*p*-니트로페닐 브티르산(C4)을 기질로 선택]

# 11.5 해양미생물이 생산하는 효소 저해제

## 11.5.1 단백질 가수분해효소의 저해제

생체가 생명활동을 하기 위해서는 몸 안에서 여러 효소가 그 각자의 기능을 해야 하는데 그 활성이 너무 강하거나 반대로 약해도 신체 상태를 일정하게 유지하는 항상성(homeostasis)을 유지할 수가 없다.

효소 저해제(inhibitor)는 효소와 결합하여 효소활성을 억제하는 물질이며 효소활성을 정상적인 수준으로 제어하는 중요한 역할을 하고 있다.

각종 효소의 저해제 중에서도 단백질가수분해효소 저해제(protease inhibitor)는 가장 활발하게 연구되고 있는 효소 저해제의 하나이며, 단백질가수분해효소의 이상활성에 의해 생겨나는 여러 질환의 치료 약으로 폭넓게 응용되고 있다.

이들 효소의 저해제는 효소반응기구의 해석은 물론 의학, 약학, 농수산학 분야에서 중요한 물질이기 때문에 지금까지 육상생물을 중심으로 한 탐색연구가 매우 활발히 행해져 왔다.

현재까지 분리되어 온 단백질가수분해효소 저해제는 단백질과 같은 고분자와 저분자의 유기화합물 두 가지로 크게 대별되는데 전자는 주로 동식물에서 유래된 것이고, 후자는 방선균을 비롯한 육상 미생물에서 유래되었지만 해양미생물로 분리된 것은 찾아보기가 어렵다.

최근 들어 수많은 해양미생물로부터 새로운 효소 저해제의 분리와 특성에 대한 관심이 고조되고 있어 앞으로 이들의 의약, 약학, 농수산학 분야에서의 활용이 기대되고 있다.

### 가. 단백질가수분해효소 저해제 생산균의 탐색

해양미생물의 항생물질이나 효소 저해제와 같은 대사산물의 생산능은 배양조건에 따라 크게 변하는 것으로 알려져 있다. 해수농도, 식염농도, pH, 탄소원, 질소원 및 배양시간 등의 조건을 변화시키면서 저해제의 생산을 위한 최적조건을 검토해야 한다.

단백질가수분해효소 저해제 생산균을 탐색할 경우, 해양세균을 카제인이 첨가된 해수 배지에 접종한 다음 27°C에서 며칠 간 배양하면서 배지표면에 단백질가수분해효소 용액을 뿌린 후 몇 시간 방치하면 단백질가수분해효소의 작용으로 카제인 단백질이 분해되기 때문에 배지가 투명해지지만 저해제 생산균의 콜로니 주위는 생산된 저해제로 인해 단백질가수분해효소 작용이 저해되기 때문에 분해되지 않은 카세인의 불투명한 둥근환(halo)이 형성된다. 이 때문에 저해제의 비생산균과 쉽게 구별할 수 있다

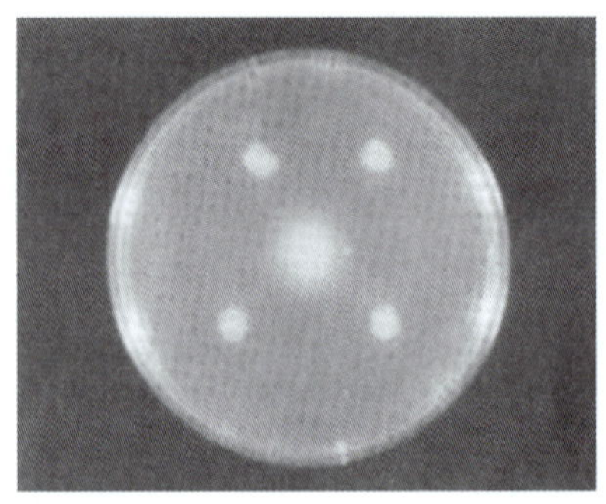

**사진 11.7** 단백질가수분해효소 저해제의 둥근환(halo).

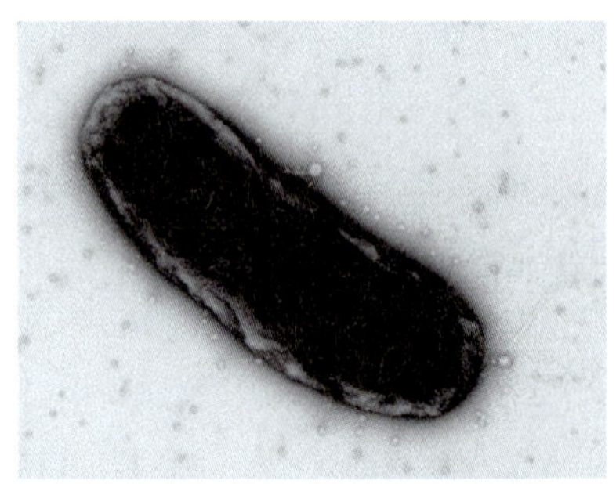

**사진 11.8** 단백질가수분해효소 저해제 생산균 슈도알테로모나스 사가미엔시스(*Pseudoalteromonas sagamiensis*). B-10-31주의 전자현미경 사진.

(**사진 11.7**에 나타난 바와 같이 중앙이 저해제 생산균이다).

이 방법을 활용하면 해양세균으로부터 단백질가수분해효소 저해제의 생산균을 쉽게 찾아낼 수 있다.

이 방법으로 얻어진 단백질가수분해효소 저해제를 생산하는 균주 중 가장 저해활성이 높고 생산에 안정성을 보인 균주를 선택하여 분류학적 성상을 밝히면서 저해물질을 분리 정제한 다음 그 화학 구조를 밝힌다.

단일극편모에 의해 운동하는 그램음성 간균인 *Pseudoalteromonas sagamiensis* B-10-31주로부터 분리한 단백질가수분해효소 저해제는 표 11.11에 나타낸 바와 같이 성질이 전혀 다른 "monastatin"이라고 명명된 당단백질과 "marinostatin 군"이라고 명명된 당을 가지지 않는 저분자 단순 펩타이드의 2종류 저해제를 생산하는 것이 밝혀졌다.

이 저해제들은 분자량 크기에서부터 pH안정성, 저해되는 단백질가수분해효소까지 큰 차이를 보였다.

이렇게 성질이 전혀 다른 2종류의 저해제를 동시에 생산하는 미생물에 대한 연구보고는 아직까지 없는 것으로 보아 해양세균이 가지는 생리기능에 대한 다양성의 일단을 엿볼 수 있다.

육상생물에서 유래된 단백질가수분해효소 저해제는 고등생물에서 미생물에 이르기까지 저해반응부위 부근의 아미노산 배열에 상동성이 나타나는 경우가 있다. 이를 보면 이들 저해제가 공통의 조상에서 진화됐다는 것과 그 저해반응 부위는 오랜 진화과정에서도 잘 보존되어 있다는 것을 알수 있다(표 11.12).

그러나 해양세균으로부터 분리된 저해제(marinostatin)는 이들 육상생물의 단백질가수분해효소 저해제 간 상동성이 나타나지 않아 해양생물은 육상생물과는 다른 진화과정을 거쳐 온 것으로 추정된다.

표 11.11 단백질가수분해효소 저해제의 성질

| 성질 | 마리노스타틴 군 (marinostatin) *C-1, *C-2 | 모노스타틴 (monastatin) |
|---|---|---|
| 구성 | 단순 펩타이드 | 당단백질 |
| 분자량 | 1,418, 1,644 | 약 20,000 |
| pH 안정성 | 4-8 | 2-12 |
| 저해시키는 단백질가수분해효소 | 세린 단백질가수분해효소 (트립신 제외) | 시스틴 단백질가수분해효소 (어병 세균 단백질가수분해효소 포함) |

* C-1: Phe-Ala-Thr-Met-Arg-Tyr-Pro-Ser-Asp-Ser-Asp-Glu

* C-2: Gln-Pro-Phe-Ala-Thr-Met-Arg-Tyr-Pro-Ser-Asp-Ser-Asp-Glu

표 11.12 여러 단백질가수분해효소 저해제의 저해반응부위 부근의 아미노산 배열 비교

| 기 원 | 단백질가수분해효소 저해제 | 저해반응부위 부근의 아미노산배열 |
|---|---|---|
| 미생물 | | p4 p3 p2 p1 p1′ p2′ p3′ p4′ |
| | 마리노스타틴(marinostatin) | -Phe-Ala-Thr-Met*-Arg-Tyr-Pro-Ser- |
| | 플라스미노스트렙틴(plasminostreptin) | -Ala-Cys-Thr-Lys*-Gln-Phe-Asp-Pro- |
| | S-SI | -Met-Cys-Pro-Met*-Val-Tyr-Asp-Pro- |
| 식물 | 대두 | -Ala-Cys-Thr-Lys*-Ser-Asn-Pro-Pro- |
| | 리마콩 | -Leu- Ser-Thr-Lys*-Ser-Ile-Pro-Pro- |
| | 잠두콩 | -Met-Cys-Thr-Arg*-Ser-Met-Pro-Gly |
| 동물 | 거머리 | -Val-Cys-Thr-Lys*-Glu-Leu-His-Arg- |
| | 달걀 흰자위 | -Leu-Cys-Thr-Lys*-Asp-Phe-Ser-Phe- |
| | 돼지 정액 | -Phe-Cys-Thr-Arg*-Gln-Met-Asn-Pro- |
| | 소 췌액 | -Gly-Cys-Pro-Arg*-Ile-Thr-Asn-Pro- |
| | 돼지 췌액 | -Gly-Cys-Pro-Lys*-Ile-Thr-Asn-Pro- |
| | 양 췌액 | -Gly-Cys-Pro-Arg*-Ile-Thr-Asn-Pro- |
| | 사람 췌액 | -Gly-Cys-Thr-Lys*-Ile-Thr-Asn-Pro- |

* 저해반응부위

### 나. 단백질가수분해효소 저해제의 산업에의 응용

단백질가수분해효소 저해제에 대하여 지금까지 알려져 있는 용도로 산업화의 활용가능성이 있는 것을 포함해서 몇 가지 소개한다.

❶ **의약에의 응용 :** 생체반응의 조절에서 저해제의 역할을 해명하고 이들을 의약에 응용할 목적으로 여러 미생물 배양액에서 저분자 저해제의 분리정제가 이루어지고 있다. 이들 중에는 화상시의 동통(pain), 수포형성 및 피부염을 억제하는 것이 있으며 또한 면역증강이나 감염 예방 효과를 나타내는 것도 있다.

❷ **농업에의 응용 :** 해양세균이 아니지만 농업분야에서의 단백질가수분해효소 저해제의 응용 예로 식용버섯재배를 소개한다.

느타리버섯(Pleurotus ostreatus)과 같은 인공버섯류는 재배 중에 산성 단백질가수분해효소를 생산하는 것으로 알려져 있다. 이 효소의 과잉생산에 의해 자가소화가 일어날 경우가 있어 버섯이 더 이상 자라지 못하게 된다. 따라서 이 효소의 저해제인 육상 방선균에서 분리한 단백질가수분해효소 저해제(S-PI)를 재배흙에 첨가해서 재배하면 **사진 11.9**에서 볼 수 있는 바와 같이 자실체(fruit body)가 풍부한 인공버섯을 생산할 수 있다.

❸ **효소 분리 정제 시 협잡효소의 제거에 응용 :** 생체 추출액이나 미생물 배양액에서 단백질 분해효소를 분리 정제할 때 효소 단백질의 자가소화에 의해 분리 정제가 어려울 때가 있다. 이때 이 효소의 저해제를 리간드(ligand)로 하는 친화성 크로마토그래피(affinity chromatography)를 실시하는 방법이 있다.

공업적 규모로 사용되는 조효소액 중에는 목적하는 효소 이외에 단백질가수분해효소가 존재하는 경우가 있다. 만약 이 단백질가수분해효소가 목적 효소에 작용할 경

(a)

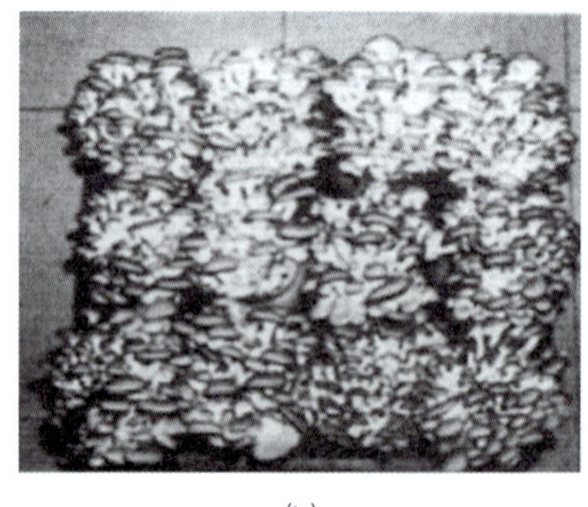
(b)

**사진 11.9** 인공버섯의 자실체 형성에 미치는 육상 방선균 유래의 산성 단백질가수분해효소 저해제(S-PI)의 효과. (a) 대조구 (b) 첨가구(2.5mg/ℓ).

우 예상치 못한 피해를 미칠 경우가 있는데 이때 저해제를 첨가함으로써 단백질가수분해효소의 작용을 정지시켜 목적을 달성할 수 있다.

### 11.5.2 해양방선균이 생산하는 당화효소 저해제

#### 가. 당화효소(amylase) 저해제의 생산균 탐색

당화효소 저해제는 비교적 드문 물질이지만 당화효소의 활성을 저해하여 전분의 소화흡수를 특이적으로 억제하기 때문에 항비만약(살 빼는 약) 등에의 응용이 고려되어 지금까지 육상식물이나 방선균으로부터 여러 저해제가 분리 정제되었다.

당화 효소 저해제는 크게 나누면 식물 유래의 고분자 단백질성 물질과 방선균 유래의 저분자 배당체(glycoside) 물질의 2종류가 존재하는 것으로 알려져 있다. 그러나 지금까지 해양 유래의 미생물이 이 물질을 생산하고 있다는 연구보고는 찾아보기 어렵다.

이마다(Imada)는 여러 해역에서 분리한 해양미생물 약 5,000 균주에 대하여 당화효소 저해제의 생산성을 조사한 결과, 해저퇴적물에서 그 저해제를 생산하는 방선균을 발견하였다. 이 방선균은 전분을 첨가한 한천배지 상에서 생육하면 **사진 11.10**에서 보이듯이 배양 후에 첨가한 당화효소의 활성을 저해해서 콜로니 주위에 저해제 생산에 의한 보라색 둥근환(halo; 요소-전분 반응)을 형성하기 때문에 비생산균과 쉽게 판별할 수 있다.

**그림 11.8**은 밀에서 분리한 당화효소 저해제(A1)를 식사와 운동제한 없이 한달간 매일 식사 시 10mg 섭취한 후의 건강한 남녀 10여 명에 대하여 평균 체중 변화를 조사한 것인데 남녀 모두 A1를 섭취하면 체중의 감소가 분명히 나타나는 것으로 보아 항비만 약으로 응용이 가능한 것이 시사되었다.

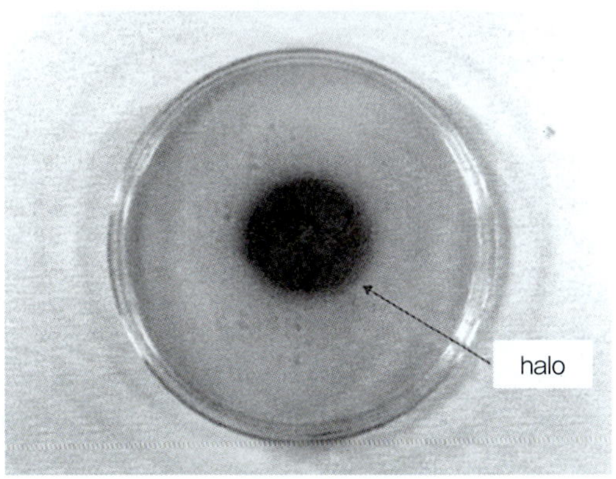


**사진 11.10** 당화효소 저해제의 둥근환(halo).

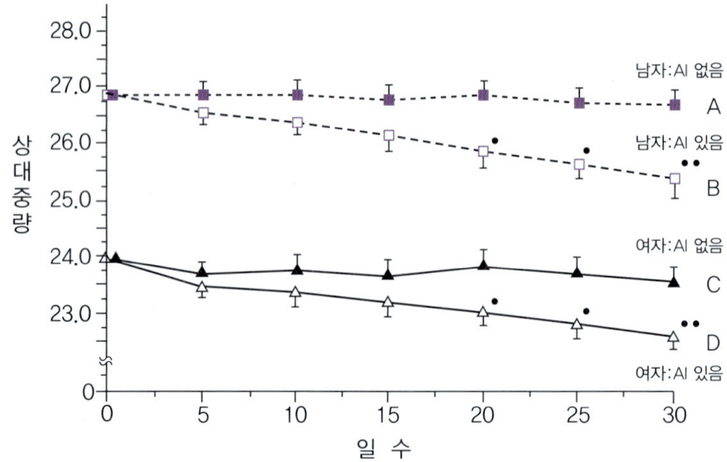


**그림 11.8** 밀 유래 당화효소 저해제(AI)의 섭취와 운동부과에 의한 건강인의 체중변화.

## 나. N-아세틸포도당분해효소(N-acetylglucoamidase) 저해제

N-아세틸포도당분해효소는 세포표면에 존재하는 당단백질이나 당지질의 당사들에서 N-아세틸글루코사민을 유리시키는 효소이지만 이 효소가 뇨 중에서 활성이 상승하면 신장의 세뇨관 장애를 나타낸다. 또 당뇨병, 백혈병, 암에 걸린 환자의 혈중에서 이 효소의 활성이 상승하는 것으로 알려져 있다.

N-아세틸포도당분해효소 저해제는 효소의 활성을 억제하기 때문에 치료제로 응용할 가능성이 있다.

최근에 해양 방선균을 분리하여 N-아세틸포도당분해효소 저해제의 생산 균주가 탐색 되었다. 이들 해양 방선균에서 N-아세틸포도당분해효소 저해제인 피로스타틴 A,B(pyrostatin A,B)가 분리되어 구조가 밝혀졌다(그림 11.9).

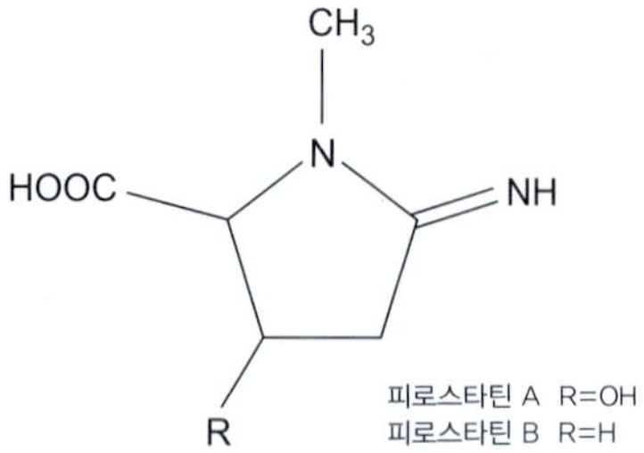

$CH_3$
N
HOOC
NH
R
피로스타틴 A R=OH
피로스타틴 B R=H

**그림 11.9** N-아세틸포도당분해효소 저해제 — 피로스타틴 A,B의 화학구조.

### 11.5.3 해양 사상균이 생산하는 티로시나제(tyrosinase) 저해제

티로시나제 저해제는 구리를 활성 중심에 가지는 금속효소이며, 동식물이나 미생물에 널리 분포하는 퀴논산화효소의 한 종이다(그림 11.10).

그 작용은 필수 아미노산인 티로신(tyrosine)에서 도파(3,4-dihydroxy phenylalanine)로, 그리고 도파퀴논(dopa quinone)으로 산화를 촉매한다. 피부과학에서 티로시나제는 멜라닌 생성의 초기단계에 관여하기 때문에 멜라닌 생성에 있어서 주요한 효소로 알려져 있다(그림 11.11).

사람의 피부는 생체를 형성하는 막(membrane)이고 표피와 진피로 구성되어 있다.

표피계의 세포로서 각질세포(Keratinocyte)와 멜라닌세포(Melanocyte)가 있다. 각질세포는 세포분열 후 기저층, 유극층, 과립층, 각층 등 4층으로 구별되는 형태로 분화한다(그림 11.12).

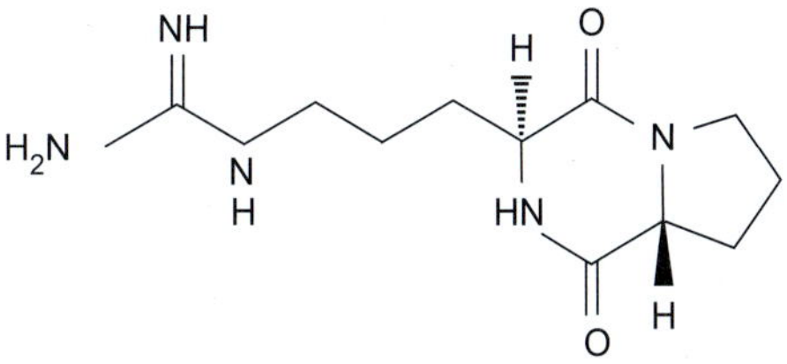

NH, H₂N, N H, H, O, N, HN, O, H

그림 11.10 티로시나제 저해제 CI-4의 화학구조.

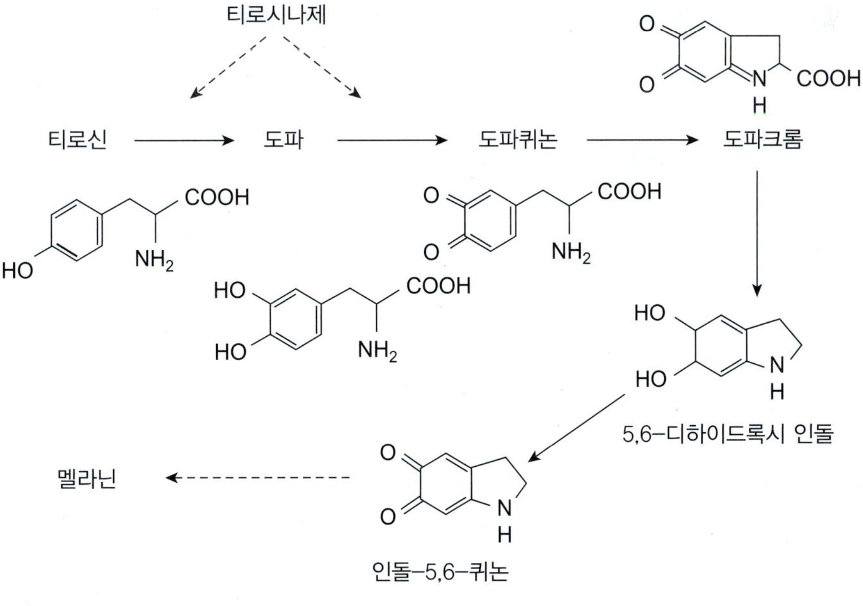

티로시나제
티로신 → 도파 → 도파퀴논 → 도파크롬
COOH, HO, $NH_2$
HO, HO, COOH, $NH_2$
O, O, COOH, $NH_2$
O, O, N H, COOH
HO, HO, N H
5,6-디하이드록시 인돌
O, O, N H
인돌-5,6-퀴논
멜라닌

그림 11.11 티로신에서 멜라닌 합성 경로.

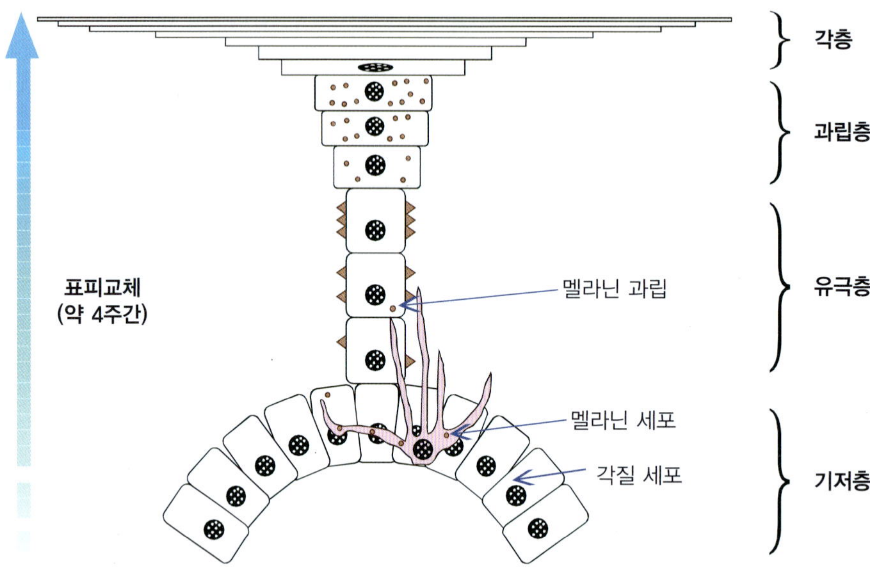


그림 11.12 사람의 표피 단면도.

표피 기저세포가 세포분열 후 그 최종형태인 각층에 이르기까지는(표피교체) 약 4주간의 시간이 필요하다.

한편, 멜라닌 세포는 기저층에서 이동하는 일이 없기 때문에 생성된 멜라닌을 주위의 각질세포로 분해하여 표피교체에 관여하여 각층까지 보내게 된다. 따라서 건강한 표피교체가 유지되고 있다면 멜라닌이 표피 내에 축적되지 않는다. 그러나 사람 피부에서는 나이를 먹음에 따라 일반적으로 '검버섯'이라고 하는 색소침착이 일어난다. 이 색소침착은 표피 기저부의 멜라닌 세포에서 과잉으로 생산된 멜라닌이 여러 원인으로 표피내에 정체함으로써 생긴다.

티로시나제 활성을 저해하는 '티로시나제 저해제'는 멜라닌 생성을 억제하기 때문에 미백 화장품 분야에 응용되고 있다. 최근에 화장품 분야에서는 미백 화장품의 사용원료를 천연물에서 분리하여 그 성분을 이용하려는 경향이 높고 미백제의 소재도 천연물이 요구되고 있다.

'알부틴'은 진달래과의 빌베리에 함유되어 있는 성분이고, '4-부틸레조시놀(4-butylresorcinol)'은 시베리아 전나무에 함유되어 있는 성분이다. '엘락산(ellagic acid)'은 장미과의 빨간 라즈베리에 많이 함유되어 있는 폴리페놀이다. 또 '아스코르브산(ascorbic acid, vitamin C)'은 과실에 함유되어 있는 항산화성분인데 화장품에 넣기 위해 배합하는 과정에서 안정성이 떨어지는 문제가 있어 요즘에는 여러 안정화 유도체(예, 아스코르브산 글리코시드)를 만들어 사용되고 있다(그림 11.13).

미생물 유래의 미백제로는 육상 유래의 누룩곰팡이(Aspergillus) 속이나 푸른곰팡이

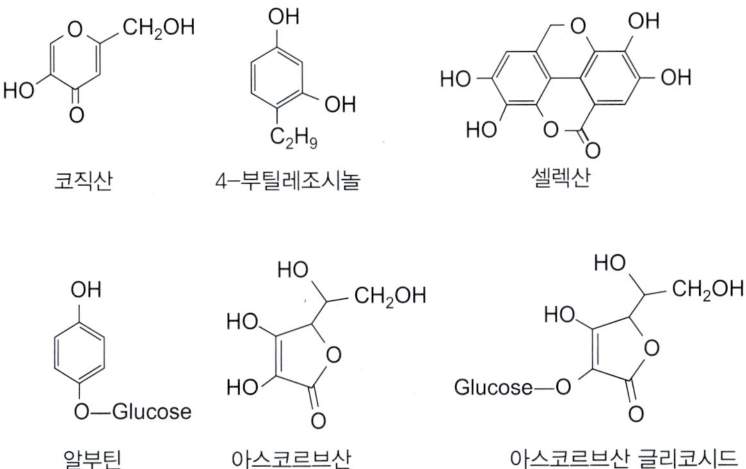


그림 11.13 미백화장품 대표적인 유효성분.

(Penicillum)속 사상균이 생산하는 코직산(Kojic acid)이 가장 유명하다. 이 코직산은 티로시나제의 활성을 저해할 뿐만 아니라 멜라닌 생성을 억제하는 작용도 있어 새로운 미백제로 개발되고 있다. 그러나 신규 미백 화장품에 배합될 수가 있었지만 안정성에 문제가 있어 한때 그 배합금지 조치가 취해 졌기 때문에 우수한 효과가 있으면서도 그 역할을 하지 못하고 있다.

이러한 배경에서 코직산을 대신할 새로운 티로시나제 저해제를 생산하는 해양미생물의 탐색이 시도되고 있다.

이마다는 바다의 수심 100m 해저 퇴적물로부터 사상균인 푸른점버섯균(*Trichoderma viride*) H1-7주를 분리 동정하였다. 이 균의 배양액에서 티로시나제 저해제인 5-히드록시-3-이소시아노-5-비닐시클로펜트-2-이논(5-hydroxy-3-isocyano-5-vinylcyclopent-2-enone)을 분리했다.

정상 사람의 멜라닌세포를 사용하여 푸른점버섯균(*Trichoderma viride*) H1-7주의 배양 상층액의 멜라닌 생성억제 효과를 대조군인 알부틴과 함께 조사한 결과, 사진 11.11에서 볼 수 있듯이 배양상층액을 최종 농도 10%가 되도록 첨가하여 배양한 멜라닌 세포는 알부틴과 동등 이상의 멜라닌 생성억제 효과가 관찰되어 새로운 미백제로 응용될 수 있을 것 같다.

**갑각류(crustacean)** 절지동물문에 속하는 동물로 바다가재, 대하, 게, 새우와 따개비 등이 여기에 속함.

**강직성 척추염(ankylosing spondylitis)** 척추, 어깨관절, 슬관절 등에 진행성 염증 증상이 나타나 관절 강직과 변형을 일으키는 원인 불명의 질환.

**개방형 해독틀(open reading frame, ORF)** 종결코돈이 출현하기까지 아미노산코돈이 길게 계속되는 것 같은 열린 해독틀이 있는 배열.

**개시코돈(initiation codon)** AUG. 이는 폴리펩티드 사슬의 최초 아미노산에 대한 암호를 코드한 것으로, 이 최초의 아미노산은 무핵세포에서는 N-포르밀메티오닌, 유핵세포에서는 메티오닌임.

**개재배열(intervening sequence)** 주로 진핵 생물의 유전자 DNA에 배열되어 있는 염기 중에서 실제로 mRNA의 유전정보로 번역되지 않는 일부분의 염기 배열.

**개체변이(fluctuation)** 환경요인의 발생, 발육과정에서 우연히 받은 영향에 의해 체세포에 변화가 일어나 유전자형이 같은 개체들 간에 생기는 변이. 방황변이라고도 함.

**갭부위(gap site)** DNA의 이중나선 중에서 일부가 한쪽 가닥이 없어져서 나머지 한가닥으로만 되어 있는 부분.

**게놈, 유전체(genome)** 배우자에 함유되는 염색체 또는 유전자 전체를 호칭하는 말. 현재도 널리 쓰이고 있음. 윙클러(H. Winkler. 1920)는 반수성의 염색체인 1조(組)에 대하여 게놈이라는 표현을 쓸 것을 제창하고, 이 1조는 그것에 속하는 원형이 되는 형질과 같이 분류학상의 단위가 될 기초를 제공하는 것이라고 하였음. 기하라히토시(木原均, 1930)은 기능적 내용을 이 개념에 부여하여 각각의 생물에서 생활기능의 조화를 유지하는 데 있어 제거할 수 없는 염색체의 1조를 게놈이라 하였음. 하나의 게놈을 A로 나타내면 2배성생물의 체세포와 생식세포의 게놈구성은 각각 AA와 A가 됨. 하나의 게놈만으로 그 생물이 생존할 수 있는 것은 반수체의 출현에 의해 증명할 수 있음. 2개의 게놈이 그것에 포함되는 모든 염색체에 대해 서로가 상동의 것을 갖고 있으면 그 양자를 상동게놈이라고 하며 반대로 모든 염색체에 대해 비상동이면 이종게놈이라고 함. 이 중간 경우는 부분상동(部分相同)게놈이다. 원핵생물의 게놈은 각각 단일 DNA의 거대분자이며 종을 규정하는 유전정보는 모두 그 속에 수용되어 있다. 예를 들면 대장균의 게놈은 약 $4.7 \times 10^6$염기쌍의 고리모양 이중가닥사슬 DNA이고 유전자연쇄군이라는 의미로 대장균염색체라고 불린다. 세포소기관(미토콘드리아 · 엽록체 등)이나 바이러스, 플라스미드 등의 게놈도 각각 1가닥의 핵산분자이고 대부분은 고리모양의 이중 가닥 DNA이지만 선상(線狀)의 경우도 있고, 또한 바이러스에서는 단일가닥 DNA나 RNA를 게놈으로 하는 것도 있다. 이들은 각각 미토콘드리아게놈, 엽록체게놈, 바이러스게놈 등이라고 불린다.

**게놈 프로젝트(genome project)** 게놈의 전염기배열을 결정하고, 그 전체 유전자정보의 해독을 목적으로 실시하는 국제적 협동프로젝트. 1970년대에 확립된 재조합 DNA 실험이나 DNA 염기배열결정의 방법을 사용하여, 특히 사람게놈에 관해서 모든 정보의 해독을 결정하고자 사람 게놈 프로젝트(human genome project)가 1980년대 후반에 계획, 입안되어 1990년에 각국의 기관에서 실제로 진행되었다. 게놈프로젝트는 우선 게놈지도를 제작하여 여러 가지 형질을 맵핑(mapping)하고 그 염기가 배열을 결정 · 해석하여, 이러한 대량정보를 데이터베이스로 처리하여 이용한다. 사람게놈은 30억 염기쌍으로 되어 있어 거대하기 때문에 중소의 게놈 사이즈가 있는 모델생물의 연구나 기술개발도 병행하여 진행하는 중이다. 21세기 초에는 사람의 전체염기배열을 결정하는 것을 목표로 하고 있다.

**결실(deletion)** 염색체의 일부가 상실되는 구조상의 변화로, 염색체 말단의 일부가 상실되는 것을 말단결실, 중앙부가 일부 상실되는 것을 중앙부결실이라 함.

**결합상수(coupling constant)** 소립자끼리의 상호작용의 세기를 나타내는 매개변수. 자연단위로 쓸 때 결합상수가 길이의 차원을 가지지 않는 상호작용을 제1종 상호작용이라고 하고, 길이의 차원을 가진 상호작용을 제2종 상호작용이라고 한다.

**경제형질(economic trait)** 가축의 유전적 형질 중에 생산적인 측면을 가진 형질.

**계면활성제(surfactant)** 묽은 용액속에서 계면에 흡착하여 그 표면장력을 감소시키는 물질. 보통 1분자 속에 친유기와 친수기가 함께 들어 있어 양쪽 친매성인 물질.

**고성능 액체 크로마토그래피(high performance liquid chromatography, HPLC)** 칼럼에 채우는 고정상의 충진제, 장치의 개선 및 개량으로 고속, 고성능 분리가 가능하며, 고압에 의해 분리속도를 100~1,000배 정도 높인 크로마토그래피.

**고초균(*Bacillus subtilis*)** 운동성이 있는 Bacillus속 세균의 대표적인 균종. 아포를 형성하는 그람양성균으로, 사람과 동물에 병원성이 없음.

**골수종(myeloma)** 항체생산세포가 되려는 플라스마세포가 종양화 된 것.

**공동우성(codominance)** 이형접합체에서 두 대립 유전자가 각각 독립적으로 우성형질을 발현하는 현상.

**공명(resonance)** 진동하는 물체의 고유진동수와 거의 같은 진동수로 그 물체에 힘을 가해 진폭이 급격히 증가되는 현상.

**공액 이중결합(conjugated double bond)** 이중결합과 단일결합이 교대로 연속해 있는 상태로 이중결합의 $\pi$전자가 단일결합에도 약하게 결합되어 있어 두 결합의 중간적 성질을 보이는 결합.

**공장(jejunum)** 포유류 소장의 십이지장에서 회장으로 이어지는 뒷부분.

**광합성 세균(photosynthetic bacteria)** 빛에너지를 이용하여 광합성작용을 하지만 산소를 발생시키거나 물을 전자공여체로 이용하지 못하는 원핵생물의 총칭.

**교잡법(hybridization)** 교배에 의한 육종법으로 가장 기본적인 육종법 중의 하나. 교배결과 생긴 자손 중에는 양친의 성질을 합한것 뿐만 아니라 양친보다 뛰어난 것이 생기는 경우도 있다. 벼, 밀, 누에, 닭 등 이 방법으로 육성된 작물이나 가축이 많고, 유용미생물의 육종에도 응용된다.

**구형 단백질(globular protein)** 구형의 입체 구조를 가지는 효소, 호르몬, 항체 등 기능단백질을 부르는 명칭.

**균총(colony)** 미생물이 고체배양기상에 만드는 집단을 말하며 고체배지에서 자유로이 운동할 수 없는 미생물이 고정되어 불어나기 때문에 수백만이 한 곳에 모여 눈으로 관찰할 수 있는 집단화된 미생물의 무리.

**극체(polar body)방출** 알의 감수 제1, 제2분열로 생긴 세포. 1차 극핵과 2차 극핵이 있다. 감수 제1분열에 의해 1차 난모세포에서 2차 난모세포와 1차 극체가 생기고, 감수 제2분열에 의해 2차 난모세포에서 난자와 2차 극체가 생긴다. 난의 감수분열은 불균등분열이므로 세포질의 대부분은 2차 난모세포, 난자로 이어져 있다. 그 결과 극체에는 세포질이 거의 없고, 세포질 내의 정보유전 즉 핵에서 전사한 mRNA는 극체에는 전달되지 않는다. 이들 대략의 유전정보는 1차 난모세포에서 2차 난모세포, 그리고 난자로 전달되어 수정을 통해 수정란(배)의 초기발생을 조절하게 되고, 극체는 그 후의 발생과정에서 퇴화한다. 어류, 양서류, 파충류, 조류에서는 난자의 극체가 방출된 쪽으로 정자가 침입하는 경우가 많아 난핵세포도 극체가 존재하는 쪽으로 편재되어 있다.

**근교도(inbreeding coefficient)** 근친교배에 의해서 개체가 효모접합체가 되는 정도를 나타내는 양. (= 근교계수)

**근교약세(inbreeding depression)** 근친교배를 오랫동안 지속함으로써 크기, 내성, 다산성 등 일반적으로 생활력이 저하되는 현상.

**근친교배(inbreeding)** 동계(同系) 교배의 일종으로 근친 간에 행하여지는 교배.

**기수(brackish water)** 해수와 담수 중간의 염분 농도를 가진 수역.

**기작(mechanism)** 공통된 기능을 분담하는 부분이나 과정 등의 조합 형식. (기구)

## ㄴ

**난문(micropyle)** 각종 동물란의 난막에 있는 가는 깔때기모양의 구멍. 수정 시에 정자의 통로가 되는 경우가 많지만 난문이 있어도 정자는 이것과 관계없이 난막을 통과하는 경우도 있다. 난의 발육단계에서는 영양의 통로가 되는 경우도 있다. 곤충에서는 난각의 한쪽 끝에 있는 1개 또는 1군의 소공으로, 척추동물에서는 경골어류의 알에도 같은 구조가 있다.

**난할(cleavage)** 정자(sperm)와 난자(oocyte)의 결합에 의해 수정란이 형성되며, 수정란은 단세포이다. 이 수정란이 다세포 생물이 되기 위해서는 수많은 세포분열을 거쳐야 하는데, 그 중에서 난할은 수정 직후부터 본격적인 조직의 분화가 일어나는 장배형성(gastrulation)의 시기까지 일어나는 세포분열을 지칭한다. 난할이 일어나는 동안 세포는 크기의 성장 없이 세포분열만 일어나므로 세포들의 크기는 난할이 진행될수록 점점 작아지게 된다. 일반적인 세포의 세포주기(cell cycle)는 G1기-S기-G2기-M기의 4단계 과정을 거치지만 난할 과정의 세포들은 세포의 성장과 관련이 있는 G1기와 G2기 과정이 생략되기 때문에 분열의 속도는 빠르지만 크기의 성장이 일어나지 않는다. 개구리 알의 경우 43시간 만에 약 37,000개의 세포로 분열하고 초파리의 경우는 12시간 만에 약 50,000개의 세포로 분열하는 것으로 알려져 있다. 대부분의 종(포유동물 제외)은 모계로부터 받은 난자(oocyte)의 세포질(cytoplasm)에 있는 단백질과 mRNA에 의해 난할 과정이 조절된다.

**날염인쇄(textile printing)** 아름다운 채색 그림의 날염법인 형지염색의 양산화의 한 형태로 천과 같은 섬유제품에 그림을 인쇄하는 방식.

**낭포성 섬유성 골염(osteitis fibrosa cystica)** 상피소체(부갑상샘)호르몬이 직접 뼈에 작용하여 골용해 작용을 함으로 상피소체의 선종, 과형성, 암 등으로 상피소체호르몬이 과량으로 분비되어 특유의 위축성 골변화를 일으키는 것.

**널 유전자(null alleles)** 대립유전자 중에 프라이머 부분의 변이에 의해 PCR 산물이 생기지 않는 유전자의 총칭.

**내병성(disease resistance)** 식물이 병원체의 침해를 받을 때 병에 잘 걸리지 않는 성질. 일반적으로 내병성은 식물체의 구조적 특성, 식물의 생화학적인 반응, 예를 들면 병원체에 대한 유독물질 또는 병원체의 발육을 억제하는 물질을 식물이 생산하는 경우 등의 요인에 의해 생긴다.

**노플리우스(Nauplius)** 갑각류(게, 새우, 따개비) 등의 알에서 태어난 최초의 어린 동물을 지칭.

**뇌하수체(pituitary gland)** 척추 동물에게 있는 내분비기관.

**뉴클레인(nuclein)** 천연의 핵단백질과 핵산사이의 핵단백 중간체의 분해산물. 그 핵산과 염기의 함량은 뉴클레인의 종류에 따라 다름.

**능동적 염기배열 꼬리표(expressed sequence tag, EST)** 세포에서 추출한 mRNA를 주형으로 하여, 역전사효소를 사용하여 합성한 cDNA를 말단에서 한 번만 염기배열한 데이터.

## ㄷ

**다당류(polysaccharide)** 다수의 단당이 글라이코사이드 결합에 의해서 탈수 축합한 고분자 당질.

**다수직렬반복부위 법(variable number tandem repeats, VNTR)** 염색체 속의 DNA 염기서열이 일정한 반복구조를 갖고 있다는 점에 착안한 유전자분석법의 일종. DNA 특정 부위의 VNTR과 STR 부위의 단위 반복 횟수 차이로 증폭된 DNA 단편의 길이 차이가 발생하는 것을 이용.

**단백질 인산화 효소 C(protein kinase C)** 여러 세포의 자극에 수반해 생성되는 세포막, 인지질 대사 산물에 의해 활성화되는 세린/트레오닌 인산화효소의 1군으로 효모에도 존재한다. 포유류에서는 3군으로 분류하는 11종의 다른 분자종이 존재하며, 각 분자종 각각의 효소적 성질, 발현의 세포특이성 등이 다르다. 역사적으로는 인지질과 칼슘에 의존성인 인산화 효소 활성으로 동정되어 세포막 인지질의 미량성분인 포스타티딜 이노지톨 4,5-비스인산이 자극의존적으로 분해하여 생기는 세포내 제2전형분자, 디 아실글리세롤에 의해 활성화한 인산화효소로서, 나아가 TPA(12-o-tetradecanoylphorbol 13-acetate)의 단백질 인산화효소C 활성화 인자에 결합하여 활성화하는 인산화효소로 주목을 받아 왔다. TPA를 사용한 해석에서 분비반응, 전사조절, 세포골격제어, 세포증식, 분화의 조절 등 매우 다채로운 세포기능에 관여하는 것으로 추측하고 있다.

**단백질체학(Proteomics)** 세포 내에 있는 모든 단백질들 간의 상호작용을 연구하는 학문.

**단상형(haplotype)** 1개의 염색체 상에 다형의 유전자 자리가 조밀하게 연쇄하여 존재하는 경우, 동일 염색체 상에 연쇄하는 각 유전자 자리의 대립유전자 조합. 이것을 통해 유전자영역을 식별할 수 있다. 단상형을 형성하는 대립유전자 간에는 연쇄불평형이 관찰되는 것이 많다 HLA단상형으로는 *HLA-A24-B52-Cw blank-DR15*(DRBI 1501)-*DQ6*이나 *HLA-A24-B54-Cwl-DR4*(DRB1 0405)-*DQ4* 등이 있다. 연쇄불평형이란 다음과 같은 현상을 뜻한다. 가령, 대립유전자(*a1*, *a2*, ..., *an*) 혹은 (*b1*, *b2*, ..., *bn*)가 있는 2개의 조밀하게 연쇄된 유전자자리 A와 B를 상정해 본다. *a1*과 *b1*이 동일염색체 상에 연쇄되어 단상형을 형성할 확률은 대상집단에서의 *a1* 및 *b1*의 유전자 빈도를 곱한 값이라 기대할 수 있다. 그러나 특정한 대립유전자의 조합에서 단상형을 형성하는 빈도가 기대값보다 훨씬 크게 관찰되는 것으로 알려져 있다. 이 경우 이들의 대립유전자 사이에는 정(正)의 연쇄불평형이 있다고 한다.

**단상화(haploidization)** 어떤 종의 균류에서 복상화에 의해 생성된 복상세포가 반상세포로 전환되는 현상. 단상화는 의사유성적 생활환의 한 과정이고 염색체의 비분리로 복상에서 이수체 중간과정을 거쳐 단상세포가 만들어진다. 단상화 사이에 염색체는 서로 독립적으로 조합, 분리되고 연쇄군 내에서 재조합하는 것이 있다. = haplosis

**단색조사(monochromatic radiation)** 일상의 광원이나 X선 발생장치로부터 나오는 가시광선, 자외선, X선은 여러파상이 혼합된 것이나. 전자방사신 에니지는 파징이 짧을수록 에너지기 증기되어 야기되는 물리화학적 반응도 변화되고, 반응에 따라서는 그 파장 의존성이 뚜렷한 것도 있기 때문에 전자방사선을 이용하여 실험할 경우에는 특정 파장만을 사용하는 것이 좋다. 특정 파장만의 전자방사선을 단색조

사라고 하며, 가시광선과 자외선은 필터, 프리즘, 회절격자 등을 이용함으로써 얻을 수 있다. X선은 필터 등에 의해 단색화하기 어렵기 때문에 처음부터 특정 파장이 되는 특수 X선이나 $\gamma$선을 사용한다.

**단생목(monogenea)** 편형동물문의 1목(目). 몸의 앞뒤 끝에 부착기관을 가지며 표피에는 섬모가 없지만 미세한 융모를 갖고 있음. 단일숙주로 이루어지는 생활환을 가지며 주로 어류를 숙주로 한 외부기생성이지만 드물게 양서류 또는 파충류의 내부기생성인 것도 있다.

**단성발생(parthenogenesis)** 자성생식세포인 난자가 정자의 공급 없이 단독으로 발생하는 현상. 자연상태에서 일어나는 자연단위발생과 실험적인 처치로 일어나는 인공단위 발생이 있다. 자연단위발생은 진딧물, 꿀벌, 물벼룩, 윤충 등에서 알려져 있고, 포유류에서는 난소 내 난자와 난관 내 난자가 자연스럽게 난할을 시작하여 발생하는 경우가 있는데, 이들 대부분은 이상난할이며, 발생초기에 사멸한다. 또 마우스 어떤 종의 계통(LT/SV계 등)에서는 난소 내의 난자가 단위발생하여 기형종이 생기는 예가 있다. 인위단위발생은 전기 · 온도 · 삼투압 등의 물리적 자극, 산소나 에탄올 등의 화학적 자극 등으로 유도된다. 포유류에서는, 현재는 인위적인 단위발생란을 단독으로 개체까지는 발생시킬 수 없는 것으로 생각하고 있으나, 마우스에서는 정상난(배)과 응집시켜 키메라 배로 하는 것으로 단위발생 난유래의 세포가 있는 키메라 개체를 얻을 수 있게 되었다. = parthenogenetic development

**단성의(monogenic)** 한 쪽의 성만 가진 자손이 생기는 것. *Drosophila affinis*에는 수컷만인 계통이 있으며 이것을 다른 계통과 교배시켜도 암컷이 생기지 않고 수컷만이 생긴다. 아마도 이 계통은 X염색체를 포함한 정자를 죽이는 유전자가 있는 것으로 생각된다. *D.bifasciata*에서는 암컷만을 낳는 암컷이 발견되었다. 이 외에도 꿀벌, 개미 등의 생활사에 있어서 단위생식에 의해 수컷만을 생산하는 현상도 단성의 일종이다 = unigenesis, unisexual

**단성잡종(monohybrid)** 1쌍의 대립유전자에 관해서만 다른(호모의) 양친간의 잡종형태. 잡종은 대립유전자간의 우열관계가 완전한가, 불완전한가에 따라서 우성형질 또는 중간형을 나타낸다. 잡종 제2대에서는 완전우성인 경우에는 3:1, 불완전우성인 경우에는 1:2:1의 분리비를 나타낸다. = monogenic hybrid

**단세포배양(single cell culture)** 효모, 세균 등의 단세포생물만이 아니라 다세포생물에서 세포 1개를 추출하여 무균적으로 실시하는 배양법. 단세포는 엽편을 배합기나 유리세포파괴장치로 마쇄하여 기계적으로 단세포화하는 방법이나 식물조직편, 캘러스 등을 세포벽분해효소로 처리해서 원형질체화하는 방법, 또는 세포 현탁물에 들어 있는 유리세포를 세포분획하거나 마이크로피펫으로 뽑아내는 방법 등으로 얻을 수 있다. 통상의 배지에서 배양세포를 분열, 증식시키기 위해서는 일반적으로 1ml 당 103개 이상의 밀도로 세포를 이식해야 한다. 따라서 세포 1개만 완전히 분리해서 배양하려면 미량배양이나 간호배양 등의 특수한 배양방법을 사용해야 한다. 미량배양을 이용하여 단세포를 배양한 예로는 H.U.Koop 등(1985)처럼 단세포를 30~100ml 배지에 현탁시키면서 필요한 세포밀도를 유지시켜 이 현탁액을 미네랄오일로 덮어 건조를 방지하는 방법이 있다. 또 보호배양 이용에 의한 단세포배양 예로는 W.H.Muir 등(1954)처럼 1장의 여과지 위에 단세포를 놓고 그것을 캘러스 위에 두면 캘러스가 생산하는 물질이 여과지를 통해 전달되면서 단세포를 증식하는 방법이 있다. 단세포 배양계는 세포분화 등의 기초연구에 이용되는 것 외에도 외래 유전자를 세포 내 미세주사 등으로 도입한 세포나 성교잡이 불가능한 이종 간에 세포 융합시킨 잡종세포를 뽑아내어 배양하는 시스템으로 사용되고 있다.

**단일염기다형성(single nucleotide polymorphism, SNP)** 사람유전체는 30억 염기쌍으로 되어 있는데 개개인을 비교하면 0.01%의 염기순서는 차이가 있어 이러한 유전체에서 인종이나 개인차와 질병 등을 가져오는 부분.

**단일클론 항체(monoclonal antibody)** 단 하나의 항원결정기에만 반응하는 항체. 실험적으로 항체생성 세포와 골수종 세포를 융합시켜 만든 하이브리도마로부터 시험관 내에서 단일클론항체를 얻음.

**대립성 검사(allelism test)** 유사한 표현형의 돌연변이체가 같은 유전자자리에 생긴 돌연변이에 의한 것인지의 여부를 조사하는 상보성 검사법의 일종. 각각의 돌연변이유전자를 갖는 염색체를 한 조로 하여 동일세포 내에 넣어 야생형 형질의 표현여부를 검사한다. 이 검사로 2개의 돌연변이가 상보성에 의해 야생형 표현형을 나타내면, 대립성이 없고 다른 유전자자리의 돌연변이인 것을 알 수 있다. 같은 검정으로 상보성이 나타나지 않고 돌연변이형이 되면, 대립성이 나타나고 같은 유전자리의 돌연변이인 것을 알 수 있다. 유전자자리의 이동(異同)을 검사하는 간편한 방법이다.

**대립성(allelism)** 어떤 표현형에 관여하는 유전자가 동일 유전자자리의 대립유전자인 것. 아주 유사한 작용을 갖는 인접한 유전자군 특히 다중유전자족에서는 동일의 유전자자리가 다른 유전자의 형, 즉 대립유전자인가 또는 다른 유전자자리의 비대립유전자인가를 유전적 교환을 이용하여 검정하는 것이 곤란한 경우가 있다. 동좌성 비율이란 이러한 대립, 비대립 유전자로부터 2개의 유전자를 임의로 선택할 때 그것들이 동좌, 즉 대립유전자인 비율이다. 또 표현형으로 치사를 나타내는 유전자군에 대해서는 치사동좌성이란 용어를 사용한다.

**대립유전자(allele)** 상동염색체에 서로 대응하는 부위, 즉 상동하는 유전자자리에 위치하는 대립형질에 대응하는 유전자. 복대립형질에 대해서는 거기에 대응한 유전자군, 즉 복대립유전자가 존재한다. 돌연변이에 의해 생긴 대립유전자와 원래의 정상(야생형) 유전자의 관계에 대해서는 다음과 같이 분류할 수 있다. (1) 돌연변이 유전자가 정상유전자가 갖고 있는 형질발현의 작용을 전혀 갖지 않는 것으로, amorph라고도 한다. (2) 돌연변이 유전자의 작용이 정상유전자의 작용과 질적으로 다르지 않지만 양적으로는 뒤지는 것으로, hypomorph라고도 한다. (3) 돌연변이 유전자가 정상유전자와 반대방향의 작용을 하는 것으로, antimorph라고도 한다. (4) 돌연변이에 의해 야생형 유전자의 기능과 전혀 관계가 없는 기능을 갖는 것으로, neomorph라고도 한다. 이상의 여러 관계에 기초하여 헤테로개체의 완전우성, 불완전우성 등이 결정되고, 또한 유전자중복 등의 형질도 결정된다.

**대립형질(allelomorph)** 대립유전자에 의해 발현되는 표현형. 야생형 형질에 대해 돌연변이형 대립유전자에 지배되는 형질을 말한다. 야생형에 대해 2종 이상의 대립형질이 인정을 받는 경우에는 이들을 복대립형이라고 총칭한다. 일반적으로 야생형 형질이 우성이고, 돌연변이형 대립형질이 열성이다 = allemorphic character

**대립효소(alleloenzyme)** 같은 반응을 촉진하지만 근연 내에서 다른 유전자에 의해 지배받고 있는 효소.

**대배우자(macrogamete)** 자성배우자, 자성생식체로 마크로가몬트로부터 형성되는 약간 큰 생식세포. 자성(雌性)이라고도 생각한다. 이것이 웅성생식체와 융합한 후 수정을 완료하여 접합자가 된다 = megagamete, oocarp ↔ 소배우자

**대사길항제(metabolic antagonist)** 생물체의 정상적 물질대사에 관여하는 물질에 대해 길항작용을 하는 물질.

**대사산물(metabolite)** 생체 내에서 대사 또는 대사과정에 의해 생산되는 물질의 총칭.

**대사체학(Metabolomics)** 생체 내 단백질 기능에 의해 나타나는 대사물질들의 생성 및 전환을 종합

적으로 분석하는 학문.

**대식세포(macrophage)** 식작용을 가진 거대한 백혈구 세포.

**대응식물(corresponding plant)** 2개 이상 지역의 식물상을 비교했을 때 각각의 지역에서 인지되는 고유하며 근연(近緣)인 1조(one set)의 식물. 각 분류단위마다 존재한다. 예를 들면 속(屬) 단계에서는 북아메리카의 *Vancouveria*, *Alethusa*에 대해 아시아의 *Epimedium*, *Eleorchis*, 종에서는 북아메리카의 튤립나무에 대해 중국의 튤립나무 또, 유사한 것은 동물에도 있다. 예를 들면 아프리카의 고릴라와 아시아의 오랑우탄이다.

**대장균 플라스미드(*Escherichia coli* plasmid)** 대장균의 염색체유전인자. 최초에 발견된 플라스미드인 F플라스미드는 약 100kbp의 크기이고, tra라고 명명한 다수의 유전자군이나 삽입인자의 기능에 따라 다른 세포(실험적으로는 대장균외에 다른 장내세균이나 출아효모 등)에 자기 자신 및 다른 플라스미드나 염색체 DNA의 절단을 한다. 이 과정은 *Agrobacterium*에 의한 T-DNA의 전달과 흡사하다. 이 밖에 R플라스미드(다제약제내성)나 콜리신인자 등이 있다.

**대장균(colon bacterium)** 학명 *Escherichia coli*. *Escherichia* 속 세균의 1종. 사람을 포함해서 포유류의 장관을 기생장소로 하고 있는 장내세균으로, 통성혐기성 그람음성의 간균이며 글루코오스를 분해하여 산을 생산한다. 보통 (2~4)×(0.4~0.7)μm의 크기지만 장축이 특히 짧아서 구균에 가까운 형태의 균도 있다. 사람이나 동물의 분변에 오염된 외계에 널리 존재하기 때문에 음료수, 수영장이나 식품의 변질에 의한 오염을 검사하는 지표가 된다. 지금까지 건강인의 장관에 상재하고 있기 때문에 장관내에 존재하는 한 병원성은 없는 것으로 여겨지며 특히 대장균 K12주(*E. coli* K-12)는 분자생물학과 생물공학의 연구재료로 널리 이용되어 왔다. 병원성을 나타내는 대장균으로서는 다음 4군의 병원균이 알려졌다. (1) 병원성 대장균(약칭 EPEC) : 유아 설사증의 원인이 되며 특정한 O항원이 있다. (2) 세포침입성 대장균 : 살모넬라속균과 같이 장관상피세포 내에 침입하여 세포를 파괴한다. (3) 독소원성 대장균(ETEC) : 소아나 성인 설사증의 원인이 되고, 특히 열대나 아열대지방에서 여행자 설사증의 원인균으로 세계적인 주목을 받고 있다. (4) 장관출혈성 대장균(EHEC) : 베로톡신(VT)을 생산하며 출혈성 대장염과 용혈성 요독증증후군 등을 일으킨다.

**대장균파지(coliphage)** 대장균에 감염하여 증식하는 바이러스의 총칭. 세균에 감염하는 바이러스는 박테리오파지 또는 단순히 파지라고 부르고 있기 때문에 대장균의 파지를 콜리파아제라고 한다. 여러 가지 파지 내에서도 가장 잘 연구되어 있고, 분리된 파지의 종류도 많다. 파지의 증식기구, 유전학적 연구의 대부분이 이 파지를 사용하고 있다. 유명한 것으로는 독성파지 T2, T4, T5 등, 약독성 파지 λ, ψ80 등이 있으며 RNA를 갖는 파지, 섬유상 파지 등이 있다.

**대장균 K-12주(*Escherichia coli* K-12)** 미국의 스탠포드대학에서 실시한 회복기의 디프테리아환자에서 분리한 균에서 유래된 대장균의 한 계통. 이 원주는 *Escherichia coli* K-12(λ) F+로 나타나며, 우연히 파지 λ의 용원균이며 F인자를 갖는 웅주(雄株)라는 것이 후에 밝혀졌다. 분자유전학, 유전생화학의 연구재료로서 가장 광범위하게 사용되는 대장균주이다. 1922년 가을에 어떤 디프테리아환자에서 분리하여 스텐포드대학에서 학생실습에 표준주로 사용하였다. 양호한 조건 하에서는 25분에 1번의 속도로 분열을 반복한다. F인자(F플러스미드)를 이용한 유전적 교잡이 가능하며 λ파지를 비롯한 여러 가지 파지류의 숙주인 것도 연구재료로의 가치를 높이고 있다. 세계적으로 동일주로 연구를 추진시킨 결과, 실험결과의 자세한 비교검토가 가능해져 그것이 가져온 이익도 대단히 크다.

**대조실험(control experiment)** 어떤 실험을 수행하는데 있어 대상 이외의 요인이 각 실험계에 미치는 영향을 알아내고, 그것을 제외하고 고찰할 목적으로 병행하여 실시하는 실험. 일반적으로 하나의 대상에 대해 일정한 인자나 조작의 효과, 영향, 의의 등을 밝힐 때, 연구해야 할 인자나 조작 외의 조건에 대해서는 이 실험과 같은 대조실험을 하여 두 실험의 결과를 비교, 검토할 필요가 있다. 마찬가지로 일정 조건 하에서 측정하는 경우, 그 조건 외를 같게 하여 시행하는 측정도 대조실험의 하나이다. 생물과 같이 복잡한 연구대상에 대해 실험을 할 때에는 연구재료의 계통, 생리적 상태, 실험에 불가결한 예비조작, 또는 예측하지 못한 인자 등이 연구결과에 미치는 영향을 주의 깊게 파악하여 제어하지 않으면 안되며 그때에는 어떠한 형태로든 대조실험을 해야 한다. 생물학, 의학, 농학, 심리학, 교육학 등의 분야에서는 '대조없는 실험은 없다'란 말도 있으며 적절한 대조실험을 할 수 있는가가 연구의 성과를 좌우한다. 실험구, 실험균에 대해 대조구, 대조균 등이라는 말도 사용한다.

**대합(synapsis)** 감수분열 초기에 웅성전핵과 자성전핵에서 상동염색체가 2개씩 짝지어 점과점으로 결합되는것. (접합)

**도열병(blast disease)** 벼에 나타나는 가장 중요한 병중의 하나. 전에는 냉해가 있는 해에 심하게 발생하여 때로는 기아의 원인이 되기도 하였다. 벼의 생육기 전반에 걸쳐 발생하며, 발병부위에 따라 묘도열병, 잎도열병, 마디도열병, 이삭도열병, 가지도열병 등으로도 불린다. 병의 증상은, 초기에는 잎에 갈색 반점이 생기고 점점 확대되어 내부는 회백색이고 주변은 갈색인 약간 능형을 띠는 1cm 가량의 병반이 생긴다. 심하게 발생할 때에는 병반이 회녹색~진한 녹색을 띠며 급속하게 확대, 유합하여 결국 잎 전체가 갈색으로 변하며 시들고, 때로는 벼의 생육이 정지되기도 한다. 이삭에 발생할 경우에 피해가 큰 편인데 이삭의 목부분이 옅은 갈색에서 진한 갈색으로 변해간다. 발병이 빠르면 이삭이 하얗게 되며 결실을 맺지 않는다. 병원은 불완전균아문 선균목 모니리아과에 속하는 Pyricularia oryzae 이다. 자연조건 하에서는 분생포자 만을 형성한다. 분생포자는 병반 위에 형성된 선상의 굽은 분생자 자루에보통 3~4개가 생성된다. 병원균은 작년의 피해 짚, 피해 벼의 병반조직에 균사의 형태로 월동하고 다음해에 새로 분생포자를 형성하여 전염한다. 또한 발생했던 해의 병반에 형성된 분생포자도 건조 상태에서는 1년 이상 생존할 수 있으므로 전염원이 되기도 한다.

**독립영양(autotrophy)** 종속영양의 대조어. 영양원으로서 유기물을 필요로 하지 않고, 이산화탄소, 물, 기타 무기염류만을 흡수하여 생활에 필요한 유기물을 자신이 합성하여 생활활동을 영위하는 영양형식을 말함. 녹색식물과 같이 광합성에 의한 탄소동화가 행해질 경우를 광독립영양(photoautotroph), 화학합성균과 같이 화학합성에 의한 탄소동화가 행해질 경우를 화학독립영양(chemoautotroph)이라 함. 또 조류에서는 영양원으로서 유기물(비타민 등)의 공급이 있으면 생육이 좋은 것이나 그의 공급이 필수인 것도 많이 알려져 있음.

**독립영양균(autotrophic microorganisms)** 미생물 중에서 그의 세포구성 성분의 모두를 $CO_2$의 환원에 의해 합성하여 생육할 수 있는 것을 말하며, 다른 생물이 만든 유기화합물을 필수로 하는 종속영양균과 대비됨. 이 분류는 탄소동화를 기준으로 하고 있고, 에너지 획득을 기준으로 한 분류에서 무기물을 전자공여체로 하는 무기영양(lithotrophy)과는 다른 정의임. 독립영양균은 에너지 획득양식에서 2종류로 크게 나뉘며, 한편은 빛을 이용하는 것으로 광독립영양균(photoautotroph)라 부르고, *Chlorella*를 비롯한 대부분의 조류, 홍색유황세균, 녹색유황세균 등이 포함된다. 다른 편은 화학적 암반응에 의해 전자공여체를 산화하여 에너지를 얻는 것으로 화학독립영양균(chemoautotroph)이라 부르며, 진자공여체의 종류에 의해 암모니아 산화균(대표균 *Nitrosomonas*), 아질산산화균(대표균 *Nitrobacter*), 유황산화균, 철산화균(대표균 *Thiobacillus*), 수소세균(대표균 *Alcaligenes*) 등이 있다. 유기물을 에너지원으로서만 이용하는 균의 존재도 부정할 수 없으므로 문제가 남지만, 대개 화학합성균과 동의어로 생각하여도 좋음. 또 수소세균이나 유황산화세균의 대부분은 종속영양적으로도 생육하는 것이 알려졌으며, 이것을 임의화학독립영양균(任意化學獨立營養菌, facultative chemoautotroph), 유기물을 이용할 수 없는 것을 절대화학독립영양균(obligate chemoautotroph)이라 한다.

**돌연변이(mutation)** 자손에게 대대로 전해지는 유전물질에 생긴 영속적인 변화. 돌연변이는 유전자돌연변이와 염색체돌연변이 또는 염색체 이상으로 대별할 수 있다. (1) 유전자돌연변이 : 유전자 본체인 DNA(바이러스에서는 RNA인 것도 있음)의 염기수나 배열순서에 어떤 원인으로 인해 생긴 변화. 통상 돌연변이라고 할 때에 유전자돌연변이를 가리킨다. ① 점돌연변이 : DNA 1염기쌍의 치환(예 : AT ⇌ GC), 결실 또는 부가에 의해 일어난다. 이 돌연변이는 자연계에서 대단히 낮은 빈도이기는 하지만 우발적으로 일어난다(자연돌연변이). 또한 물리적, 화학적 처리로 인공적으로 그 빈도를 높일 수 있다(유발돌연변이). ② 결실 : 염색체(DNA사슬) 일부분의 결손으로 인해 일어난다. (2) 염색체돌연변이 : 진핵생물에서 나타나는 돌연변이. 유전자의 전좌, 중복, 역위 또는 염색체 수의 변화에 의해 일어난다.

**돌연변이빈도(mutation frequency)** 어떤 세포집단, 또는 생물종의 집단에 포함되어 있는 특정 형질에 관한 돌연변이의 비율(돌연변이빈도 = 돌연변이수/집단의 총개체수). 세포집단의 돌연변이체빈도는 다음 3변수에 의해 좌우된다. (1) 돌연변이율 : 돌연변이가 일어나는 빈도가 높은지의 여부, (2) 돌연변이의 발생시기 : 돌연변이는 임의로 발생하기 때문에 언제, 어디서 발생하는지를 예상할 수 없다. 세포를 배양했을 때, 돌연변이가 증식 초기에 일어나면 돌연변이빈도는 커지고 반대로 증식 종기에 일어나면 그 빈도는 작아진다. (3) 돌연변이의 증식속도 : 친세포보다 돌연변이의 증식속도가 빠른지의 여부에 따라 돌연변이빈도는 변한다.

**돌연변이율(mutation rate)** 어떤 특정한 돌연변이(예: his- → his+)가 1세포당, 1분열(1세대) 당으로 생기는 평균빈도로 표시하는 것으로(돌연변이율 = 평균돌연변이수/세포/분열). 즉 1세포가 분열하여 2세포가 되는 사이에 돌연변이가 일어나는 확률.

**돌연변이지체(mutation lag)** 유전자에 돌연변이가 일어난 후 그 돌연변이가 일반적으로 몇 세대의 세포분열을 거쳐 비로소 검출되는 현상. 그 원인으로는 이중나선 DNA 1개에 생긴 돌연변이가 호모상태가 되는 복사 차이에 의한 지연, 다핵의 경우 돌연변이가 된 핵의 분리에 세포분열이 필요한 분리지연, 정상인 유전자에 의해 합성된 대사산물이 충분히 희석될 때까지 돌연변이 효과가 표현되지 않는 표현지연 등이 있다. = mutational delay

**돌연변이체(mutant)** 적어도 1개의 돌연변이가 염색체 DNA 상에 있는 개체. 돌연변이가 DNA에 일어난다고 하더라고 그 변화가 개체의 유전형질 변화로 표현되지 않는 한 돌연변이체의 발견은 불가능하므로, 일반적으로 돌연변이가 일어난다거나 표현형이 변한 개체를 의미한다. 변이형질에는 집락형태 · 항원구조 · 영양요구성 등의 생화학적 성질, 약제내성 및 병원성 등이 있다. 자연돌연변이로도 얻을 수 있지만 여러 가지 화학적, 물리적 변이원에 의한 유도변이에 의해 인위적으로 만들어낼 수 있다. 미생물의 유전학적 연구에서 유전표지로 이용되는데, 병원균에서는 약제내성 변이주나 병원성 변이주의 출현이 종종 연구상, 실용상, 큰 문제가 되고 있다. = varinat (변이주)

**돌연변이하중(mutation load)** 유전적 하중의 주요 요인 중 하나로, 집단 중에 돌연변이가 발생함으로써 그 집단의 적응도 저하를, 가장 높은 적응도와의 상대치로서 표시한 값.

**동결건조(freeze-dry[ing])** 수용액이나 물을 포함하는 시료를 동결하고 그 온도의 수증기압 이하로 감압하여 물을 승화시켜 건조하는 방법. 이것에 사용되는 동결건조기는 미리 동결한 시료를 넣는 시료건조실, 진공펌프 또는 확산펌프, 양자의 중간에 두어 승화해 온 수증기를 응결하여 없애는 냉각덧(또는 condenser) 등으로 구성된다. 동결건조는 저온에서 일어나기 때문에 열에 의한 시료의 변질이 적고 또한 건조 후 시료의 수용해성이 좋기 때문에 수용액의 농축에도 적합하다. 또한 동결건조를 하면 함수 상태 또는 수용액 내에서 불안정한 생물학적 활성이 있는 시료를 장기간 안정적으로 보존할 수 있다. 각종 혈액제제, 효소제품, 바이러스나 세균백신(홍역백신, 두창백신, BCG 등), 그 밖의 생물학적 제제에 널리 이용되며, 바이러스 주 · 세균주의 보존에도 사용된다. 또한 동결건조과정에서 생물학적 활성이 저하되는 경우가 있어, 알부민 · 젤라틴 · 아미노산 · 당 등의 안정제 첨가를 고려하고 있다. 동결건조가 어려운 예로는 생폴리오바이러스가 잘 알려져 있다. = lyophilization

**동위효소(isozyme)** 동일 개체 중 또는 동일 세포 중에 있어서 화학적 구조가 다른 단백분자이면서 같은 화학반응을 촉매하는 효소군이 존재할 경우 이 일련의 효소군을 동위효소라 부름. 이 경우 각각 효소의 유전자가 다르고, 또 아미노산 조성도 다르게 됨. 따라서 각 효소는 다른 등전점을 가지며, 전기이동에서의 이동도 차이를 이용하여 분리할 수 있음. 대표적인 예는 젖산탈수소효소로, 이것은 분자량 33,500 소단위체의 사위체로 되어있음. 그의 소단위체에는 근육형(M), 심근형(H)의 2종이 존재하기 때문에 그의 구성비에 의해 5종의 동위효소로 나뉨. 즉, 골격근에는 주로 M4, M3H, M2H2, MH3, H4의 5종이 발견되었음. M4형과 H4형은 동일반응을 촉매하지만, 양자는 피루브산에 대한 km값, 반응의 Vmax값, 저해제에 대한 감수성이 크게 다르고, 또 나머지 3종은 양자의 중간값을 나타내며, 세포 내의 조절기구로 작용한다. 대장균에서는 트레오닌데히드라타아제(트레오닌데아미나아제)가 잘 알려진 예이고, 이 경우에는 합성형과 분해형이 존재하며, 양자는 알로스테릭에펙터를 달리하고 있음. 하나의 유전자에 유래하는 효소단백이 부분적인 펩티드 이탈이나 글리코실화 등 여러 가지 이차적인 수식을 받아 구조적인 다양성을 나타내는 경우에는 동위효소라고 말하지 않음.

**동일전달제한효소(isoschizomer)** 다른 세균에서 분리정제된 제한효소 가운데 그의 인식부위가 서로 일치하여 있는 것을 말함. *Escherichia coli* RY13에서 얻은 *Eco*RI의 이소시조머로 *Rhodopseudomonas sphaeroides* 유래의 *Rsr I*이, *Bacillus amyloliquefaciens* H에서 얻은 *Bam HI*의 아이소시조머로 *Gluconobacter industricas* 유래의 *Gin I*가 알려져 있는 등 다수의 예가 있음.

**동질배수체(autopolyploid)** 동종의 게놈으로 되어 있는 배수체. 해당의 게놈수에 따라 동질이배체, 동질사배체와 같이 구별됨. 감수분열 때에 상동염색체가 쌍을 지어 다가 염색체를 만듦.

**동형접합성(homozygosity)** 한 개의 유전자좌 내에 여러 개의 대립유전자가 존재할 때, 동일한 대립유전자를 지니는 경우로 대개 유전적으로 비슷한 배우자간의 접합으로 생김.

**동형접합체(homozygote)** 어떤 유전자에 대해 몇 개의 대립유전자가 있을 경우에, 부와 모로부터 동일한 대립유전자가 전해진 자손의 유전적 상태

**뒤셴형 근 위축증(duchenne dystrophy)** 골격근의 진행성 위축과 근력저하를 특징으로 하는 근육 자체의 질환.

## ㄹ

**라미나란(laminaran)** 갈조류의 다시마과에서 얻어지는 저장성 β-글루칸.

**랑게르한스섬(langerhans islands)** 췌장의 내부에 섬모양으로 산재하는 내분비세포의 집합체.

**류큐 은어(Ryukyu sweetfish)** 류큐 제도에 있는 바다빙어목에 속하는 조기어류.

**림프구(lymphocyte)** 혈액, 림프액, 림프조직 등에 존재하는 직경 약 6μm의 혈액세포. 항원특이성을 인식하고, 세포성 또는 체액성의 면역응답을 개시하는 면역담당세포이다. 유래에 따라 흉샘유래림프구(T세포)와 골수 유래 림프구(B세포)의 아군으로 나누고, T세포는 다시 보조 T세포($T_H$), 억제 T세포($T_S$), 세포장해성 T세포($T_C$) 등으로 나누어진다. B세포의 항원레셉터는 면역글로블린이지만, T세포에서는 분자량이 다른 2분자의 단백이 결합한 이합체라 생각된다. 비감작림프구는 특이항원과의 결합에 의해 자극되고, 유약화(幼若化)하여 면역아구(immunoblast)가 되며, 분열증식하여 클론을 증폭하고, 기억세포 및 작동인자 세포로 분화한다. B세포의 작동인자세포는 일반적으로 단명림프구(short lived lymphocyte)에 속하며 수주 이하이지만, 기억세포는 장명(long lived lymphocyte)으로 수십년에 걸쳐 림프조직과 혈중을 재순환한다. → plasma cell, immunoblast, lymphoblast.

**림프구성 백혈병(lymphoid leukemia)** 혈액 및 골수 내 림프구 계통 세포에서 발생하는 혈액암.

## ㅁ

**마렉병 바이러스(Marek's disease virus)** 헤르페스바이러스과 바이러스의 일종. 닭에 림프종을 일으키는 바이러스.

**망막아세포증(retinoblastoma)** 망막 중에서 주로 망막아세포에 발생하는 악성종양.

**매정(impregnation)** 수컷의 정자가 암컷의 체내로 수송되는 것.

**멜라토닌(melatonin)** 세로토닌을 전구체로 하여 합성되는 송과체 호르몬.

**면반(velum)** 연체동물의 피면자 유생에서 입의 등 쪽에서 좌우로 길게 섬모가 빽빽이 나 있는 평형한 날개 모양의 기관.

**면역글로빈 E(lg E)** 분자량 약 19만. 다당체를 많이 함유하고 있다(11%). 혈중농도가 가장 낮으며 사람의 경우 0.0003mg/ml 1gA와 같이 주로 장이나 기관의 림프조직에서 만들어진다. 이 클라스의 면역글로불린은 레아긴이라고도 불리는 아낙필락시스를 일으키는 항체이며, 예를 들어 천식, 홍역, 고초열, 화분병은 이 클래스의 항체와 항원의 결합이 계기가 되어 일어난다.

**면역글로빈(immuneglobin)** 특별한 항원이나 항원들에 대한 항체를 포함하는 항혈청.

**무배생식(apogamy)** 고등식물에서 난세포 이외의 부분에서 수정 없이 직접 조포체를 만드는 현상으로 단위생식의 한 형식임. 무배자 생식이라고도 함.

**무포자생식(apospory)** 식물에서 볼수 있는 넓은 의미의 단위생식의 하나.

**미니사텔리트(minisatellite DNA)** 염색체에 산재하는 종렬반복배역의 일종. 소형 부수체 DNA를 의미하는데, 부수체는 대형의 반복배열로 종래부터 알려져 동원체 영역에 국재한다. 미소부수체보다 더 작은 소형인 것, 예를 들면 CA 반복배역을 미소부수체 DNA라고 한다. 미소부수체의 반복단위는 10bp부터 50bp 가량으로, 전체의 길이는 2kbp부터 30kbp 가량이다. 특징은 초가변성에 있으며, 많은 대립유전자가 존재하는 셈이 된다. 이 다형성 미소부수체를 탐침으로 한 서던흡입법은 DNA 지문법이라고 하며 개체식별, 친자감정에 이용되고 있다.

**미세주입법(microingection)** 현미경에서 현미해부기를 사용하여 극미량의 물질을 주사하는 방법.

**미소부수체(microsatellite)** 통상 2~3개의 염기쌍이 15~40회 가량 반복되어 있는 DNA배열 부분(C

와 A가 n회 반복하는 경우[(CA)n처럼 표기]). 진핵생물에 보편적이고 (CA)n의 경우에 사람, 생쥐에서는 1배체 유전자당 각각 $5\times10^4$, $10^5$ 복사 정도가 유전자의 조절영역이나 비발현부위 내에 존재한다. 최근 이 배열이 연관지도(유전자지도)를 작성하는 다형적 DNA표시로 널리 사용되고 있다. 그 이유는 이 다형이 DNA 가닥 길이의 차이에 기초하는 높은 다형성을 나타내기 때문에 PCR에 의한 다형검출을 신속하고 용이하게 할 수 있고, 이론상 유전체상에서 1cM당 수십 복사가 존재하는 것으로 생각되기 때문에 1cM마다 유전자 표시를 필요로 하는 상세한 연관지도(1cM 지도)의 작성이 가능해진 것 등이 있다. 또한 위치 클로닝에 필수적인 물리적 지도 작성을 위한 재료가 되는 YAC(yeast artificial chromosome)클론, BAC(bacterial artificial chromosome)클론의 PCR에 의한 선별 등에도 이용되고 있다.

## ㅂ

**바아부르크-디켄스(Warburg-Dickens)경로** 분자의 글루코오스-6-인산에서 시작하여 1분자의 글루코오스-6-인산, 탄산가스, 물, 인산으로 완전산화되는 대사경로, 이 경로는 NADPH형으로 환원력을 형성하여 단당의 상호변환을 행하여 광합성에서의 탄산가스 고정에 관여하고 있음.

**바이오에너지(bioenergy)** 바이오매스를 연료로 하여 얻어지는 에너지로 직접연소, 메테인발효, 알코올발효 등을 통해 얻어진다. 바이오매스 에너지라고도 한다.

**반보존적 복제(semiconservative replication)** 복제되어 새롭게 생성된 두 개의 이중가닥 DNA 각각은 합성의 모체가 되었던 기존의 한 가닥과 새로이 합성된 한 개의 가닥으로 이루어지기 때문에 이러한 복제를 일컫는다.

**반복배열(repeated sequence)** 유전체 상에서 동일하거나 혹은 매우 유사한 염기순서가 2개 이상 반복하여 존재하는 경우의 배열.

**반세포(companion cell)** 일반적으로 주로 기능하는 기관이나 조직, 세포에 부수하여 종속적인 역할을 하는 세포. (1) 겉씨식물에 있어 사관에 접착하여 생기는 유세포로 사관의 바탕이 되는 세포가 세로로 배열해 한쪽은 특수화하여 사관세포가 되고 다른 쪽은 1회 또는 여러 번 분열하지만 유세포로 머물러 세로로 나란히 늘어선 반세포가 된다. 횡단면에서는 편평하기 때문에 다른 관다발 내 유조직과 구별한다. 풍부한 원형질을 갖고 사관과는 다수의 원형질연락으로 연결되어 있다. 원생사부에는 없는 경우도 있다. 기능은 분명하지 않지만 일반적인 유조직과 같은 기능을 갖고, 저장조직이라고도 생각된다. (2) 전실성(全實性)인 난균류의 자루곰팡이 등에 있어 내용을 상실한 후의 웅성배우자낭. 배우자낭접합을 할 때 내용물은 자성배우자낭으로 이행하고, 속이 빈 작은 웅성배우자낭은 대형의 자성배우자낭에 부착된 채로 남기 때문에 수정을 완료한 접합자에 속이 빈 소형의 세포를 수반하고 있는 것처럼 보인다.

**반세포(semicell)** 먼지말류 체세포의 반쪽. 대부분 2개의 세미셀 사이가 조여져 지협이 되기 때문에 외형상 뚜렷하다. 표면에는 여러 가지의 돌기, 모양이 분화하여 속종분류 상의 표징이 된다.

**반수(체)성(haploidy)** 염색체수가 반감되어 있는 상태. 배우자의 염색체수를 나타낼 때와 배수성 중 반수체의 염색체수를 나타낼 때의 2가지로 사용되고 있다. 통례로는 기본수에 관계없이 염색체수를 나타내는 경우에 전수성과 반수성을 각각 2n과 n으로 나타내고, 기본수를 사용하며 염색체수를 나타내는 경우에는 유전체수에 따라 전수성에서는 2x, 3x, 4x, ···, 반수성에서는 x, 2x, 3x, 4x, ···로 나타낸다. 배우자 및 그 세대의 염색체수를 반수 또는 단수라고 한다.

**반수(haploid number)** 기호 n. 단상세대의 세포 1개당 염색체수. 배우자의 염색체수가 여기에 해당한다. 단수의 염색체수가 있는 세포 또는 그러한 세포로 구성되는 개체를 반수체라 하는데, 이 반수체에는 단상세대의 경우와 단위발생 등에 의해 복상세대의 염색체수가 반감하는 경우가 있다.

**반수체(haploid)** 감수분열로 생성되는 복상체 반의 염색체수(n)를 갖는 세포나 개체. 그 상태를 반수성이라고도 한다. 반수로 구성하는 기본적인 염색체 1쌍이 있어 그 핵상을 반수라 한다. 핵상교대에서 감수분열 결과 염색체수가 반감하면 반수의 세대가 된다. 반수세대 생물은 수정으로 복상으로 되돌아간다. 반수생물에서 복상은 접합자뿐이고, 세대교대는 나타나지 않는다. 균류의 의사유성적 생활환에 있어서는 복상화한 세포가 반수세포로 변하는 적이 있어 반수화라고 한다. (1배체) = haplont

**반수체식물(haploid plant)** 생활환에서 2배체의 감수분열을 통해 염색체수가 반으로 된 식물. 고등식물의 영양생장기는 복상세대에서 2배체(2n)의 염색체를 갖는다. 만일 반수의 염색체를 가진 반수체식물(n)을 쉽게 얻을 수 있다면 다음과 같은 이용 가치를 기대할 수 있다. (1) 반수체식물의 염색체를 배가함으로써 순계를 단기간에 얻을 수 있다. (2) 치사유전자가 선택되기 때문에 순계의 생활력이 강하다. (3) 반수체식물에서는 대립유전자 간의 상호작용이 없으므로 열성형질에서도 발현한다. 따라서 유전자를 쉽게 추정할 수 있다. (4) 각종 염색체공학에 이용할 수 있다. (5) 이질배수체의 반수체는 세포유전학의 실험에 이용할 수 있다. 반수체식물은 소형이고 강한 불임성을 나타낸다. 반수체식물은 포장 등에서 우연히 얻게 되는 경우도 있으나 그 빈도는 대단히 낮다. 약배양은 반수체식물의 육성을 목표로 한다. 이것은 인위적인 웅성발생이기도 하다. 자방배양 등에 의해 배낭세포에서 반수체식물을 얻을 수 있다는 보고도 있는데 이것은 인위적인 자성발생이다. 이 밖에 종간잡종에서 접합체 형성 후의 염색체 소실로 반수체를 육성시키는 경우도 있다. 예를 들어 보리(*Hordeum vulgare* X H. *bulbosum*), 감자(*Solanum tuberosun* X S. *phureja*) 등이 있다. = haplophyte

**발생공학(development engineering)** 주로 포유동물의 초기배에 대해 실시하는 실험적 조작을 유전공학이나 세포공학과 대비하여 발생공학이라고 부른다. 발생공학의 목적은 첫째로 동물의 발생, 분화에 수반하는 여러 현상의 해명과 질환모델동물을 만듦으로써 유전병이나 발육장애 등의 연구를 수행하며, 둘째로는 유용동물의 육종(가축개량)이나, 동물체를 이용한 유기물질의 생산 또는 사람의 유전병 치료 등의 실용적인 역할을 하는데 있다. 발생 공학에서 수행하는 기법으로는 핵이식, 키메라(chimera)동물의 제조, 유전자도입동물의 제조 등이 있다.

**방사대칭동물류(radiata)** 강장 동물(coelenterate) · 빗해파리(ctenophore) · 극피 동물(echinoderm) 따위.

**방사면역법(radioallergosorbent test)** RAST로 약기. 특정 알레르기항원에 대한 면역글로불린 E항체의 수치정도를 통해 알레르기유발인자를 파악하는 혈액검사법. 이 방법은 즉시형 알레르기를 유도하는 IgE항체와 고상에 흡착시킨 일레르겐을 반응시키고 IgE항체에 125I-표지 항 IgE항체를 더 반응시켜 그 계수로 환자의 IgE항체의 특이성을 알아내는 방법으로, 알레르기환자의 알레르겐을 확인하는 혈청학적 진단 검사법이다. RAST는 다종 알레르겐을 많은 부위의 피하에 주사하는 종래의 피부반응 성적과는 거의 같기 때문에 임상검사에 활용하고 있다. 또한 최근 들어 125I 대신 효소를 표지한 항 IgE 항체를 사용하는 효소항체법을 사용하기 시작하였다.

**방사상난할(radial cleavage)** 할구각 난축에 대해서 방사상 배열을 하고 있는 동물 난할형의 일종. 난할에서 세로 난할, 즉 경할면은 모두 난출을 통과하며 난할면 상호의 각도는 분열의 진행에 따라 180°, 90°, 45°로 등분되어 간다. 이에 대해 횡난할, 즉 위할면은 모두 난축과 수직의 위치가 된다. 이

양식을 나타내는 난은 해면동물, 강장동물(유자포류), 극피동물, 원삭동물, 앙서류 등에서 볼 수 있다.

**방사선(radiation)** (1) 물체로부터 방출하는 전자파. 열수지에서 가장 기본적이고 중요한 에너지 형태로 특히 식물은 태양의 복사에너지에 밀접하게 의존하여 생활하고 있다. 태양의 복사는 대부분이 일사계로 측정할 수 있는 3μm 이하의 파장범위에 있으며, 생물에 의한 방사는 10μm 정도에서 절정을 이루는 장파의 적외선영역이므로 측정이 대단히 어렵다. 활동기에 변온동물의 생활활성은 체온에 의해 지배되는 경우가 크기 때문에 그들의 행동에도 영향을 준다. 식물은 이동할 수 없기 때문에 야간에 잎에서 복사로 일어나는 지나친 냉각으로 이른 봄 새싹이 가끔 큰 피해를 입는다. (2) 넓은 뜻으로는 모든 전자파 및 입자선, γ선 및 X선(X선 발생장치에 의한)의 총칭. 방사선의 생물학적 작용에는 전리(電離)가 직접적으로 표적에 작용하는 방사선의 직접작용과 도중에서 유리기 특히 물분자에서 유래하는 생산물을 매개하여 표적에 작용하는 방사선의 간접작용이 있다. 미생물이나 세포증식의 정지나 돌연변이 유발 등 생물학적으로 중요한 작용을 유발할 때의 표적은 DNA 분자이다. 방사선의 생물학적 작용의 특징은 근소한 흡수선량에 의해 큰 생물학적 효과를 초래하는 것, 독특한 선량-효과관계를 가지는 것, 선질에 관계없이 생물학적 효과는 질적으로 동일해지는 것 등을 들 수 있다.

**방선균류(actinomycetes)** 곰팡이와 비슷한 사상을 이루고 크기와 포자 형성과정은 세균과 비슷한 토양식물균에 속하는 미생물.

**방추사(spindle fiber)** 세포분열 시 세포의 양극에서 나오는 가느다란 실 모양의 세포 소기관이다. 염색체의 동원체에 부착하여 염색체를 양극쪽으로 끌어당기는 역할을 한다.

**방향족 화합물(aromatic compounds)** 분자 속에 벤젠고리를 가진 유기화합물로 벤젠의 유도체를 말함.

**배발생(embryogenesis)** 수정란으로부터 새로운 개체의 발달, 배아 형성과정.

**배수성(polyploidy)** 어떠한 생물의 염색체 수가 통상 개체의 것의 배수로 되어 있는 현상.

**배수체(polyploid)** 2쌍 이상의 유전체가 있는 개체.

**배수화(polyploidization)** 염색제수가 배수성이 되는 것.

**배아(embryo)** 다세포생물이 발생해서 초기 모습의 수정란이 첫 번째 세포분열을 하고 나서부터 개체발생과정을 거쳐 독립생활을 하게 되기 전까지의 개체

**배우자(gamete)** 일배체 유전자를 가지고 있는 생식세포로, 정자와 난세포를 말함.

**배화 시간(mass doubling time)** 세균을 하룻밤 배양한 후 3~5회 이식을 계속하여 대수기를 유지시키면 세포의 배가(배화)는 일정시간으로 행해지게 된다. 그의 분열을 요하는 시간을 배가(배화)시간 또는 세대시간이라 한다. 물론 이는 배양조건에 따라 변한다. 1개의 세포가 분열하여 2개로 되는 시간을 G라 하면 G = tlog2/(logb-loga)의 식에 의해 구해진다(단, a: 최초의 균수, b: t분 후의 균수). 예를 들면 대장균 B/r주의 배가시간은 50분이고, 고초균 W23주에서는 평균 55분, 해양성 비브리오속균에서는 9.8분, 소 위의 젖산균에서는 10분이다. 또 효모는 60분 전후이고, 결핵균은 6시간 이다.

**백금이(platinum loop)** 미생물의 계대배양 등에서 소량의 세포를 취급하는데 사용하는 기구.

**백변종(albino)** 색소 형성이 결여된 동물 또는 유색체가 결여된 식물로 돌연변이에 의해 유전적으로 색소합성능력이 결여된 상태.

**백혈구(leukocyte)** 유핵세포이고 혈류 중에서 아메바와 같은 유주 운동을 하며 세균이나 이물질에

대해 식작용을 가지는 혈액 중 유형성분의 일종.

**번역(translation)** mRNA 분자에 존재하는 유전정보가 단백질 합성시에 아미노산 서열을 규정하는 과정.

**벡터(전달인자, Vector)** DNA 재조합 실험에서 제한효소에 의해 절단된 공여체 DNA 단편을 이어서 증폭시키기 위해 사용하는 소형의 자율적 증식 능력을 갖는 DNA 분자.

**벤처기업(venture business)** 첨단기술과 아이디어를 개발하여 사업에 도전하는 기술집약형 중소기업.

**병목현상(bottleneck effect)** 개체군의 급격한 감소로 인한 유전자 부동.

**병인학(etiology)** 질환을 일으키는 인자와 그것이 감염되는 방법에 관한 연구나 이론 또는 질병의 원인에 관한 학문.

**보조관리 유전자(housekeeping gene)** 세포의 일반적인 기능에 필요한 단백질을 코드하는 유전자로, 항상 구조적으로 발현되는 유전자. 해당계 등 보편적인 대사경로의 효소나 구성단백질을 코드하는 유전자를 포함한다. 분화를 달리한 어떠한 세포에서도 다소간에 항상 발현되고 있어, 헤모글로빈이나 면역글로불린 등과 같이 특별히 분화한 세포에서 특이적으로 발현되는 유전자(사치유전자)와 구별한다. 이에 속하는 유전자의 전사개시점 상류역의 구조는 RNA 중합효소 II에 의해 전사되는 유전자에 특이적인 -30 부근에 위치하는 TATA 상자가 결실되는 등 특수한 제어구조를 나타난다. 또 이들 유전자에서 전사산물의 5′말단은 균일하지 않고, RNA 합성의 개시점이 복수로 존재하는 것이 특징이다.

**보틀넥 효과(bottle-neck effect)** 생물집단의 개체수가 극단적으로 감소하는 경우에 나타나는 효과로 근친교배에 의한 호모 접합체의 돌연변이 증가를 들 수 있다. 집단의 개체수가 감소하면 유전적 부동(浮動)의 효과가 크게 되기 때문에 그 결과 집단이 보유하는 유전적 다형의 정도는 감소한다.

**복제 개시점(replication origin)** DNA 복제가 시작되는 염색체의 특정 영역. 진핵생물, 원핵생물을 불문하고 염색체복제는 세포주기의 특정한 시기에 한번만 일어나고, 복제개시의 시기와 빈도는 복제개시점과 거기에 작용하는 단백질복합체의 상호작용에 의해 엄밀하게 조절된다.

**복제(replication)** 유전물질이 자기복제를 하는 것을 일컫는 말로 유전물질의 생합성은 1개의 어미분자가 주형이 되어 그것과 똑같은 구조와 기능을 가진 새끼 분자 2개를 만들어 내는 일이다. 이것은 반보존적 복제에 의해 이루어진다.

**본태성 고혈압(essential hypertension)** 혈압이 높은 상태가 지속되는 원인불명의 병적상태를 이르는 말.

**부동(disparity)** 서로 비슷하게 위치하지 않은 상태. (비대응성 상태)

**부동(floating)** 세립의 입자 사이에 굵은 퇴적물 입자들이 서로 접하지 않은 상태로 들어 있는 것.

**부동화 단백질(antifreeze protein)** 극지(極地)에 서식하는 어류나 절지동물의 체액에서 분비되는 체액의 빙점을 저하시키는 단백질.

**부분할(meroblastic cleavage)** 할구의 경계가 불완전한 형태의 난할.

**부신 겉질 호르몬(adrenal cortical hormone)** 부신 겉질에서 분비되는 스테로이드 호르몬을 통틀어 이르는 말. 부신 피질 호르몬이라고도 함.

**부영양화(eutrophication)** 수역(水域)이 빈영양에서 부영양의 상태로 변화하는 현상. 원래는 육수학(협의로는 호소학)의 용어. 화산의 분화구에 물이 고여서 호수가 새로이 형성된 초기에는, 일반적으로 심도(深度)가 깊고 생물이 적으며 물이 매우 맑은 빈영양형의 호수이지만, 오랜 세월이 지나면 자연스럽게 서서히 메워져서 얕아지며 영양물을 축적하여 생산량이나 생물량이 큰 부영양의 호수로 변한다. 부영양화는 인위적 영향을 받지 않는 천연상태에서의 호소학적 특성이 천이현상 (⇒ 호소형)이지만, 최근에는 인간활동에 의한 호소나 내만(內灣)의 유기오탁(有機汚濁) 등을 의미하는 경우가 많다. 이 경우, 전자를 자연부영양화라 하여 구별한다. 후자는 인간활동의 급격한 증대와 더불어, 도시 · 공장 · 농업폐수 등에서 다량의 질소 · 인 등의 영양물질이 호소 · 하천 · 내만 등에 유입되어, 식물플랑크톤 등의 조류가 대량으로 번식하여 물을 흐리고, 다량으로 생산된 유기물의 분해와 함께 용존산소를 소비해버리는 등, 수질을 악화시키는 현상이다. 부영양화에 따라 어패류의 총량은 일반적으로 일시적인 증가를 보이지만, 유용어류(有用魚類)는 감소하고, 또 부영양화가 진행되면 산소결핍 때문에 대부분의 어패류가 죽게 된다. 과도한 부영양화의 진행을 제지하기 위해서는 호소 · 하천 · 내만으로의 유입수(流入水) 중에서 질소 · 인 등을 제거함과 동시에 다양한 생물군집으로 이루어진 연안대를 보호하는 것이 좋다.

**부정배(adventive embryo)** 수정란과 동일한 형태적 변화의 과정을 거친 식물의 체세포로부터 생기는 배.

**부정아(adventitious bud)** 잎, 뿌리 또는 줄기의 마디 사이 등 원래 눈이 나지 않는 부분에 생기는 싹의 총칭.

**부착기피물질(attaching repellent compounds)** 해양의 암초나 인공구축물, 선저, 어망 등에 해양부착생물이 부착되는 것을 기피시키는 물질.

**부착조류(attached algae)** 하천, 호수와 늪, 해양 등에서 암석, 모래, 자갈, 생물체(생체 및 사체) 등의 표면에 부착하여 생활하고 있는 조류. 미세조류가 많지만 광의로는 해조 등의 대형조를 포함하는 것도 있다. 단세포 및 사상의 미세조류에는 규조, 녹조, 남조 등에 속하는 것이 많다. 규조에는 *Melosira*, *Navicula*, *Synedra*, *Gomphonema*, *Fragilana*, *Cymbella*, 녹조에는 *Staurastrum*, *Oedogonium*, 남조에는 *Oscillatoria* 등이 잘 출현하는 속이다.

**분광광도계(spectrophotometer)** 빛의 세기를 파장별로 재는 장치. 단색광으로 분해하는 장치와 그 단색광의 세기를 정량적으로 재는 장치로 구성되며 주로 반사율과 투과율을 측정하는 데 사용함.

**분기도(cladogram)** 수상도(樹狀圖)의 일종으로 공유파생형질(synapomorphy)에 의해 추출된 분류군 간의 계도적인 관계(genealogical relationship)를 분지로써 나타낸 것. 분기분류학의 창시자인 헤닝(W. Henning)은 분기도는 계통수와 그 의미가 같고, 분류군이 묶인 가지(클레이드, clade)의 분기점은 종분화가 일어난 것을 나타내고, 거기에 공통조상이 위치하고 있다고 생각하였다. 그리고 분류는 분기도에 표현된 단계통군과 자매군 관계를 린네식 계층분류(Linnean hierarchy)로 다시 쓴 것이라고 주장하였다. 변형분기분류학파에서는 분기도와 계통수가 근본적으로 다르다는 견해를 갖고, 분기도는 특정한 진화모델에 의존할 것 없이 형질의 분포패턴으로부터 분류군의 포함관계를 도시한 것이라고 하였다.

**분자생물학(Molecular biology)** 생체구성분자의 구조와 그 상호작용에 의해 생명현상을 체계적으로 해명하는 학문.

**분화(differentiation)** 세포군이나 세포클론이 전에는 없었던 특수화된 기능적인 생화학적 특징이나 형태학적 특징을 획득하는 과정.

**비드(bead)** 작은 공모양의 구조 또는 덩어리.

**비발현부위(intron)** 유전자 또는 그 전사물의 내부에서 그 유전자로부터 만들어지는 최종 RNA 산물에 포함되지 않는 뉴클레오티드의 배열.

**비성장속도(specific growth rate)** 세포 당 혹은 단위세포량 당 세포집단의 성장율로, (I/x)(dx/dt)과 같다. T는 시간, x는 세포수 또는 세포량

**비피더스균(Bifidobacterium)** Bifidobacterium(유산균)속에 속하는 균의 총칭. bifidus(땅비균) 신생아, 특히 모유영양아의 분변에서 증명된다. 그람양성간균. 분리에는 편성혐기적 조건이 필요하다. 모유 중에는 균의 발육을 촉진시키는 비피더스인자(비피더스균의 발육을 촉진하는 유산균의 발육인자)가 있지만 우유 중에는 없기 때문에 모유영양에는 균이 정착하기 쉬워 장내의 산성도를 높이므로 병원미생물의 침입을 방지하는 역할을 하고있다.

**빈영양(oligotrophic)** 호기적 광합성 유기체의 성장에 필요한 영양물질이 부족한 상태.

## ㅅ

**사이토카인(cytokine)** 민감한 세포에서 원형질막에 결합함으로 세포 분열 또는 분화를 활성화하는 인터루킨이나 인터페론과 같은 조그만 분비 단백질 족(family)의 하나.

**산자 수(litter size)** 1회 분만으로 출산한 새끼의 수를 말함. 소, 말 따위는 일반적으로 1두 출산하기 때문에 과거에는 단태동물로 불렸고, 돼지, 개, 고양이 따위의 형태는 동시에 많은 수의 새끼를 분만하기 때문에 다태동물이라고 함.

**산자단위생식(thelyotoky)** 곤충의 생식에서 암컷만을 낳는 단위 생식.

**삼출수(penetrating shower)** 스며 들어가거나 나오는 물(삼투수).

**삼투압(osmotic pressure)** 낮은 용질농도를 가진 용액에서 높은 용질농도를 가진 용액으로 물 또는 다른 용매를 삼투에 의해 이동시키는 압력. 이 삼투압은 삼투할 물 또는 용매의 이동을 저지하기 위해서는 진한 쪽의 용액에 용매를 가해야 하는 유체정력학의 압력과 같다.

**삽목(cutting)** 가지, 잎, 눈, 뿌리 등 식물의 일부를 잘라내어 발근, 발아시키는 무성생식방법.

**상동(homology)** 발생학 또는 진화학적으로 비교한 생물의 기관 등이 공통조상형 생물에서 유래하는 것으로 인정할 수 있는 성질. 예를 들면 어류의 가슴지느러미, 양서류나 포유류의 앞다리, 조류의 날개 등을 들 수 있다. 기능적으로 반드시 유사하지는 않다. 핵산이나 단백질의 구조 비교에서 분자 진화를 논의하는 경우도 마찬가지로 사용할 수 있다. 이와 같이 2가지 이상의 물질이 기능에 관계없이 통계처리 상 유사한 구조를 나타내는 것으로 판단된 경우, 이들은 공통조상에서 유래한 것으로 생각되며 상동이라 한다.

**상동성(homologe)** 생물체의 부분 사이에 형태학적으로 등가치(等價值)인 관계가 있을 때 그 관계를 말한다. 비교형태학에서의 가장 기본적인 개념. 서로 다른 종(種)의 생물에서 체제적으로 동일한 배치를 보이는 구조에 몇 가지의 공통점을 갖는 기관은 그 기능이나 형태를 달리하고 있다고 해도 등가치이고 서로 상동이라고 본다. 이 인식은 제프리(É. Geoffroy Saint-Hilaire)에 의해 시작되었고 이 관계를 현재의 상사(相似)에 해당하는 단어로 불렀다(Théorie des analogues). 상동과 상사를 구별하고 정의한 것은 오웬(R. Owen. 1843)이다. 곧 상동은 생물의 계통적 유연을 알기 위한 가장 중요한 단서, 즉 상동기관은 공통 조상의 기관에 유래하는 것으로 간주하게 되었다. 동시에 상동의 판정에는 동일배엽(同一胚葉)에서의 생성과 같은 발생학적 기준이 첨가되게 되었으며 또한 후에는 같은 발생능력을 갖는 배역(胚域)에 같은 조형적 영향이 작용하여 생기는 기관은 서로 상동이라고 하는 실험형태

학적인 의준도 이용하기에 이르렀다. 그러나 반면에 동종(同種)의 기관이 이종(異種)의 동물에서 다른 배엽(胚葉)에 유래하는 경우가 있는것 등에서 볼 때 상동이 순수한 비교해부학적 정의로 되돌아가야한다는 제창도 나오고 있다[레아네(A. Remane, 1956)]. 그런데 상기의 순형태적 · 진화적 · 실험형태학적 3종류의 상동을 구별하기 위해서 각각 형식적 상동(협의의 homology), 역사적 상동(homogeny, homophyly), 성인적 상동(homoplasy)이라고 부르는 경우가 많다. 한편 상동이라는 단어는 종종 동일 개체의 부분비교에서도 시용된다. 이러한 상동을 일반상동(general homology)이라고 부르고 위에서 말한 상동 즉 특수상동(special homology)과 구별한다.

**상동 염색체(homologous chromosomes)** 감수분열에 있어 접합하는 염색체. 같은 수의 동일 또는 대립유전자가 같은 순서로 배열하고 있는 염색체를 완전한 상동 염색체라고 하며 일부분 상동인 것을 부분상동 염색체(partially homologous chromosomes)라고 한다. 부분상동 염색체는 상동부분만 접합하고 비상동부분은 유리되기 때문에 자주 끝부분에서 접합한 이가염색체를 형성한다. 이배체에 있어 2개의 상동염색체는 각각 양친의 배우자에서 유래된다. 배수체에서는 상동염색체가 2개보다 많다. 천연의 배수체에서는 부분상동 염색체인 것이 대부분이고 그 일부는 동조염색체라 불린다. (⇒ 동조성)

**상보 DNA(complementary DNA)** cDNA로 약기. mRNA를 주형으로 역전사효소를 이용하여 합성할 수 있는 mRNA에 상보적인 외가닥 DNA 또는 그 2중가닥 DNA. 역전사효소는 다른 DNA 중합효소와 같이 적당한 시발자(primer)가 필요하다. 보통 진핵생물의 mRNA 3′말단에는 폴리(A)배열이 존재하므로, 이 반응의 시발자로는 올리고(dT)가 사용된다. 일반적으로 고등생물의 유전자복제는 cDNA를 사용하여 진행되고 있다. = complementarity DNA

**상보성 검사(complementation test)** 하나의 표현형에 관여하는 복수의 돌연변이가 유전자의 같은 기능단위에 속하는지 여부를 조사하는 방법. 하나의 열성돌연변이 a가 있는 세포에 다른 열성돌연변이 b를 교잡하거나 형질도입으로 이입하여 동일세포에 2개의 돌연변이가 공존하는 헤테로 접합체를 형성한다(진핵세포의 경우는 2배체 세포이다). 두 돌연변이는 시스배양(ab/++) 또는 트랜스배열(a+/+b)의 어떤 쪽의 배열을 취한다. 시스배열에서는 2개의 돌연변이가 동일염색체에 있고, 트랜스배열에서는 다른 염색체 상에 있다. 2개의 돌연변이가 트랜스배열의 경우 그 세포가 야생형을 나타내면 두 돌연변이는 상보할 수 있다고 한다. 이때 각각의 돌연변이는 다른 유전자 또는 다른 시스트론에 속한다고 표현한다. 이 경우 두 돌연변이가 시스배열에 있더라도 야생형을 나타낸다. 한편 2개의 돌연변이가 트랜스배열을 하는 경우에 그 세포가 돌연변이를 나타내면 두 돌연변이는 같은 유전자 또는 같은 시스트론에 속하고 있는 셈이 된다. 이 경우도 돌연변이가 시스배열에 있으면 세포는 야생형을 나타낸다 = cis-trans test

**상염색체(autosome)** 성염색체(sex chromosome) 이외의 염색체 전체를 말함. 성염색체는 형태, 성질, 행동이 상염색체와 다르기 때문에 이형염색체(heterochromosome) 또는 이질염색체(allosome)라 불러 구별함. 상염색체 상의 유전자에 지배되는 유전현상은 상염색체 유전(autosomal inheritance)으로 성염색체에 의한 반성유전(sex-linked inheritance)과 구별되는 것임.

**생구제책(bioremediation)** 환경 중 오염물질의 생물공학적 즉, 미생물에 기반을 둔 정화.

**생리활성물질(physiological active substance)** 미량으로 생체의 기능(생리)에 큰 영향을 미치는 물질. 생물활성물질이라고도 한다. 비타민, 호르몬, 효소, 신경 전달 물질 등을 지칭한다. 이 밖에 프로스타글란딘 같은 특정한 내분비선과 신경에서 분비되지 않는 활성물질도 포함한다. 약물은 이러한 미량물질과 깊은 관계가 있다. 생리활성물질의 대부분은 펩티드이지만 프로스타글란딘과 스테로이드 같은 지질(地質)도 있다.

**생물 반응기(bioreactor)** 상온상압에서 특이성이 높은 반응을 효율적으로 조절하는 효소가 갖는 특성을 이용하여 물질을 생산하는 장치.

**생물[학적]다양성 보존조약(biodiversity convention)** 1992년 6월 정리된 생물 종의 다양성 유지를 목적으로 한 조약. 1987년에 개최한 국제연합환경계획(UNEP)의 제14회 관리이사회에서 처음 생물의 다양성보호에 대한 필요성이 거론되었으며 그 후 기존의 조약으로 대응하지 못하는 사항이 확인되어 조약 제정을 결정하였다. 그러나 미국과 일본 등이 조인했지만 조약의 세부 조문 중에 문제점이 있어 사실 상 보류상태로 있었다. 1994년 11월에 개최된 조약국가회의에서 보류해 놓았던 문제점에 대한 본격적인 토의가 이루어졌다. 문제점 중에서 특히 생명공학에 관련하여 영향을 미치는 것은 3가지다. 하나는 바이오 안정성에 관한 의정서의 제작이다. 개발도상국과 북유럽을 중심으로 바이오의 법규제화를 결정하는 의정서 제작을 요청하는 의견이 제출되었다. 미국, 일본, 캐나다, 호주, 뉴질랜드를 중심으로 반대의 움직임도 있으나 대세는 의정서 제작 쪽으로 기울었다. 이 의정서가 발의되면 선진국 등에서는 새로운 규제를 요구하는 움직임이 일어날 염려가 있는 것 외에도 향후 생산되는 바이오 제품 수출의 비관세장벽이 될 가능성도 있다. 두 번째 문제는 기술 이전에 따른 지적소유권문제이다. 조문에서는 다양성 보존에 필요한 기술은 이전한다고 하면서 한편에서는 지적소유권을 존중한다는 문장도 들어 있다. 유럽과 미국에서는 지적소유권을 무시하면서까지 기술이전을 하는 것은 아니라 해석선언을 한 뒤 조인에 참석하였지만 거부하는 국가도 있었다. 어떠한 기술이전의 기구가 만들어지는가가 초점이 되고 있다. 세 번째의 문제는 농민의 권리문제이다. 농민의 권리는 식물유전자원의 보존 및 이용에 공헌해 온 개발도상국 농민의 권리로 되고 있고, 선진국이 얻은 이익을 분배하기 위한 국제적 기금 설치를 개발도상국들이 요구하고 있다. 원래는 국제연합식량농업기관(FAO)에서 논의되어 왔으나 다양성 보호조약에서 다루게 되었다. 선진국에는 지불의무가 부가될 가능성이 높다.

**생물검정법(brine shrimp bioassay)** 생물의 생존유지 및 발육과 기타 어떤 기능에서도 불가결한 또는 저해적인 물질의 양을 그 생활현상의 지표로 측정하는 방법.

**생물정보학(Bioinformatics)** 생물학적 자료들을 컴퓨터로 분석하는 학문이며 방법으로는 통계학, 언어학, 수학, 화학, 생화학 및 물리학에서 유도된 방법을 사용한다. 자료들은 보통 핵산 및 단백질 서열이나 구조 자료들인 경우가 많으며, 자료들로부터 얻어진 실험결과도 분석한다. 자료들은 환자 통계자료 및 과학 논문에서 나온 것들이 있다. 생물정보학 연구는 자료의 보관, 검색, 분석을 위한 방법에 집중된다.

**생물학적 반감기(biological half life)** 생체 내의 조직 장기에 존재하는 원소 또는 방사선 동위원소는 대사나 배설로 감소하는데, 이와 같은 과정을 지나 최초 방사선 동위원소의 양이 반으로 될때까지 요하는 시간.

**생물학적 분석법(biological assay)** 생물의 생존유지 · 발육 그 외 어떤 기능에서도 불가결한 또는 저해적인 물질의 양을 그 생활현상의 지표로 측정하는 것. 예를 들면 비타민을 포함시킨 여러가지 발육인자나 호르몬 등과 같이 대단히 소량으로도 발육이나 기능의 발현에 유효한 물질은 화학적 수단에 의하기 보다는 직접 생물학적 효과를 지표로 하는 것이 편리할 때가 많다. 닭볏의 성장을 표지(標識)로 한 볏의 시험에 의한 웅성호르몬의 정량법, 아베나굴곡시험법에 의한 옥신정량법이 그 예. 또한 적응적으로 또는 돌연변이(⇒ 영양요구성 돌연변이체)에 의해 어떤 발육인자 또는 아미노산을 배지(培地)에 주지 않으면 발육할 수 없게 되는 세균을 주로 이용하여 그 배지에 주는 시료의 양을 여러 가지로 바꾸어 균의 발육량을 측정하여 시료 중에 있는 해당 발육인자 또는 아미노산의 양을 아는 방법이 있다. 이 목적을 위하여 고안된 배지로 스넬배지가 유명하다. 항생물질 · 항균제 · 항암제 등의 효력검정에도 생물학적 수단이 이용되고 있다(⇒ 항균력검정).

**생체 방법(*in vivo*)** 손상되지 않은 생물계에서 행해지는 실험으로 미생물에서는 세포수준에서, 동물의 경우는 몸 전체 수준에서 행해짐.

**생활주기(life cycle)** 산란한 때로부터 산란할 수 있는 성충의 성숙기까지의 기간.

**서던흡입법(southern blotting)** 방사성물질로 표지된 DNA 또는 RNA 탐침을 이용하여 DNA의 제한효소단편의 혼합물로부터 상보적 염기배열을 가진 것을 검출하는 방법.

**서모 트로픽 액정(thermotropic liquid crystal)** 일정한 온도 범위에 한해 액정으로의 성질을 나타내는 물질로, 공학적으로 통상 쓰이는 것. 단지 액정이라고만 호칭할 때가 많음.

**섬모(cilia)** 생물체에 있는 극히 미소한 털모양의 운동성 기관.

**섬모충강(ciliata)** 섬모의 작용으로 수류를 일으켜 몸을 움직이는 원생동물.

**섬유상 단백질(fibrous protein)** 보호적, 구조적 역할을 하는 불용성 단백질이며, 그 폴리펩티드 사슬은 직선적으로 뻗은 코일상이 됨.

**성염색체(sex chromosome)** 암수의 분화가 있는 생물에 있어 암수에서 동일한 상염색체에 대해 성에 의해 형태나 수에 차이를 나타내는 염색체.

**성장호르몬(growth hormone)** 뇌하수체 전엽 호산성 세포에서 생산, 분비되어 생물체의 성장을 촉진하는 폴리펩티드.

**세균(bacteria)** 원핵생물의 1군(群). 단세포생물이고 균의 폭은 0.2~10μm, 보통은 0.5~2μm이다. 일반적으로 세포의 외측에 세포벽이 있으며 조성은 그람염색법에 반영되고 그람 양성의 것은 펩티도글리칸과 테이코산 등, 그람음성의 것은 비교적 소량의 펩티도글리칸과 리포다당 및 리포단백질로 이루어져 있다. 세균은 단세포이지만 세포가 집합하여 특정한 형을 만드는 경우가 있으며 때로는 1열로 배열된 사상체가 분기하기도 하고 사상체가 1개의 껍질 속에 포함되는 경우도 있지만 세포 간의 분화는 거의 나타나지 않는다. 대부분의 세균은 간상, 구상 또는 섬유상을 나타내고 지름 0.5~1μm이다. 세포의 주위에는 세포점질이 분비되며 폴리펩티드인 경우와 다당질인 경우가 있으며 점액질이 막상으로 세포를 둘러쌀 때는 협막이라고 한다. 세균의 세포 내 구조는 원핵생물로의 특징을 나타낸다. 즉 핵물질(DNA)은 염색체 구조를 하지 않고 핵막이 없기 때문에 직접 세포질 중에 존재하며 전사와 번역이 동시에 일어난다. 또한 세포 중에는 엽록체, 미토콘드리아, 소포체 등의 소기관은 없고 리보솜은 70S형이며 원형질유동은 관찰되지 않는다. 세포막은 호흡이나 광합성에 관계한 전자전달계의 여러 가지 효소나 광합성색소를 함유하는 경우가 있다. 세포막은 종종 발달하여 세포질 중으로 함입하며, 메소솜(mesosome)이라는 구조나 층상구조를 나타내는 경우가 있다. 세포의 증식은 보통 등분열(等分裂)에 의거하지만, 드물게 부등분열, 출아를 나타내는 종류도 있다. 또한 일부의 균은 내생포자, 낭자(囊子)를 형성한다. 종에 따라서는 유전적 전달, 즉 세포 간 접합이 일어나 유전자의 이동, 재조합 등을 볼 수 있다(단지 세포질의 혼합은 일어나지 않고, 또한 유전자의 이동도 부분적인 것이 많다). 또한 접합에 의하지 않고 박테리오파지를 통하여, 또는 직접 DNA 분자에 의한 유전자의 이동을 볼 수 있는 것도 있다. 일부의 세균은 1개 또는 다수의 편모에 의해 운동한다. 편모의 구조는 단순하고, 진핵생물에서 볼 수 있는 9+2 구조를 나타내지 않는다. 또한 편모에 의거하지 않고 활주운동을 하는 세균도 있다. 영양요구에 관해서는 무기물만으로 이루어지는 배지에서 생육 가능한 것, 다종류의 유기화합물이나 발육인자를 필요로 하는것, 기생성이여서 실험실 내에서의 순수배양이 대단히 곤란한 것 등 다양하다. 또 기생성 중에서 동식물에 대한 병원성을 가진 것이 있다. = bacterium. germ

**세차운동(precession)** 회전체의 회전축이 서서히 방향을 바꾸어 나가는 운동. 예를 들면 대칭 팽이운동, 지구 자전축의 운동, 원자핵, 분자 등의 회전운동이 있다. 세차운동에 의해 생기는 현상 중 주기적인 부분을 장동(章動)이라 하고 비주기적인 부분만을 세차(歲差)라 할 때가 많다. 라모아의 세차운동 등에서는 장동만이 나타난다.

**세포 분화(cell differentitation)** 한 공통된 모세포의 자손이 구조와 기능의 특성을 획득하고 유지하는 과정.

**세포 선별(cell sorting)** 다세포 생물의 분화된 세포군을 인위적으로 산산히 분산시켜 혼합시키면 서로 다른 세포는 나뉘어져 각기 다른 집합체를 만드는데 이것을 세포 선별이라고 함.

**세포 융합(cell fusion)** 개개의 클론에 속하는 세포를 보통 2개 융합해 1개의 혼성세포를 만드는 것. 죽은 sendai 비루스를 쓰면 세포의 융합이 일어나기 쉽다.

**세포독성 T-세포(cytotoxic T cell)** 항원감작에 의해 분화증식하여 항원특이적인 세포 상해 기능을 발휘하는 T세포 집단.

**세포독성(cytotoxic)** 독성 또는 치사성을 띤 세포.

**세포학(cytology)** 생물체의 구성단위인 세포를 연구 대상으로 하는 학문. 세포의 형태적, 기능적 구성을 세포의 생리, 생장, 분화, 유전, 진화와의 관련에서 연구함.

**셔틀벡터(shuttle vector)** DNA의 복제양식이 다른데도 두 종류 세포의 어느 곳에서도 복제될 수 있게 만들어진 복합 플라스미드.

**소기관(organelle)** 인체에 여러 가지 기관이 존재하는 것처럼 진핵세포의 내부에 존재하며 세포의 여러 가지 기능을 분업으로 하고 있는 구조단위.

**소단위체(subunit)** 단백질이 몇 개 기본 단위의 비공유 결합에 의해 회합하여 생물적 기능을 발현할 때, 그 기본 구성단위를 말함.

**소유전자, 폴리진(polygene)** 개개의 작용은 대단히 약하지만 다수가 동의적으로 서로 보충하고 양적으로 계측할 수 있는 형질의 발현에 관계하는 유전자군(폴리제닉계 polygenic system)의 개개의 유전자를 말한다. W.L.Johannsen의 순계설 이래 취급된 유전적인 변이는 오로지 불연속적인 것으로 H.Nilsson-Ehle과 E.M.East 등에 의한 동의유전자의 개념도입에 의해서 F2에서 일견 연속적인 변이를 나타내는 경우의 해석도 가능해졌다. 폴리진설은 K.Mather가 제창한 것으로 그는 동의유전자의 개념을 확장하여 양적형질의 통계적 분석법을 조직적으로 발전시켰다. 그런데 참된 순계(純系)는 폴리진계에 관해서도 호모라고 기대되기 때문에 형질의 유전적인 분산은 없고 나타내는 연속적인 변이는 환경의 영향에 의한 것이다. 다른 순계의 교배에 의해서 생긴 F1에 있어서 개체는 각각 헤테로이더라도 유전자형은 공통이기 때문에 역시 유전적인 분산은 없다. F2에서 폴리진의 수에 의해 단계 상의 분포를 나타내고, 그 위에 환경영향이 가해져서 각(角)을 취할 수 있고 정규분포에 접근한다. 실제로는 폴리진 간의 관계가 상가적(相加的)일 때는 물론 상승적일 때도 있고 대립유전자간의 우위성, 비대립유전자 간의 에피스타시스(비상가적 교대작용) 또는 세포질의 문제가 가해지기 때문에 해석을 위해서는 이러한 요인들을 적당히 정리할 필요가 있다. 그렇기 때문에 이론적으로 유전자형에서 추정한 양적형질의 평균과 실제의 평균치를 비교검정하여 유전자의 효과나 유효유전자수 등을 추정하기도 한다. 이와 같이 폴리진에 관해서는 통계학적인 취급이 중요한 해석방법이다. 폴리진에 생기는 돌연변이는 그 작용도 작기 때문에 잠재적으로 변이를 전하고 적응성의 폭을 넓혀서 자연도태에 의한 진화에 큰 역할을 하고 있다고 설명된다. 동의유전자 A, B의 작용이 우열성을 포함하고 완전하게 상가적일 때, F2에 나타나는 유전적인 연속변이를 나타내었다. 실선은 유전자의 작용, 파선은 이것에 환경작용이 가해진 것.

**소형 리보핵산(smRNA)** 대략 200 이하의 염기로 구성되는 RNA. 주로 진핵세포에 해당하는 명칭.

**소형 핵 RNA(small nuclear RNA)** 진핵세포의 핵에 비교적 다량으로 안정되게 존재하는 길이 100~300 염기의 RNA군. 현재까지 20수 종류 이상의 소형 핵RNA가 알려져 있어, 전 핵RNA의 약 25%를 차지.

**속간잡종(intergeneric hybrid)** 속을 달리하는 두 개체 간의 잡종. 이 잡종이 어떤 특징적 형질을 나타낼 것인가는 종간잡종의 경우와 비교해 생각할 수 있지만, 잡종의 형성은 매우 곤란해지고 만들어진 잡종도 생육곤란이나 고도의 불임성을 보이는 경우가 많다. 보통의 교배방법으로 잡종을 만들기 어려울 때에는, 예를 들어 배와 사과의 교잡으로 β-naphthoxyacetic acid의 용액을 화주(암술대) 기부에 묻혀 주어 화분관의 신장을 촉진시키거나(R.D.Brock, 1954), 밀과 호밀의 교잡에서 배(胚)를 이식하여 밀을 호밀의 배유에서 키워 교잡친화성을 증가시키거나(O.L.Hall, 1954) 또 교잡종자의 배 배양에 의하기도 하는 것 등의 수단이 있다. 속간잡종이 복2배체화 되어 고정했을 때 잡종은 양속명(兩屬名)을 합쳐서 부르는 것이 많다. 예를 들면 *Raphanobrassica*는 *Raphanus*에 *Brassica*의 화분으로, *Triticale*은 *Triticum*에 *Secale*의 화분으로 수분하여 만든 것을 말한다. 동물에서도 염소와 양, 닭과 꿩 등간의 속간잡종이 있다.

**속도제한단계, 율속인자(rate limiting factor)** 제한인자 중, 그 계 전체의 반응속도를 제어하는 인자. 일련의 효소반응계열로써, 특정효소에 의한 반응단계의 속도만이 특히 느려 전체의 속도를 좌우할 때, 이 단계가 율속단계이며 그 효소가 율속인자이다. 생체내 반응계열에서는 조건에 따라 율속단계의 변경이 일어나서, 조절메카니즘의 일부를 이룬다.

**수권(hydrosphere)** 지구 상에서 물이 존재하는 영역.

**수소결합(hydrogen bond)** 전기음성도가 큰 원자X(불소 · 염소 · 산소 · 질소 등)에 공유결합하고 있는 수소원자에 전기음성도가 큰 원자Y(X와 같아도 됨)가 가까워질 때에 생기는, X와 Y 사이에 수소를 매개로 한 X-H···Y형 비공유결합. 수소결합의 결합에너지는 2~8kcal 정도이지만, 다수의 수소결합이 협력적으로 작용하면 안정화에 도움이 된다. α헬릭스의 경우에는 N-H···O형의 수소결합이, DNA 이중나선의 경우에는 N-H···O, N-H···N형의 수소결합이 많이 걸려 있으므로 이들 구조가 안정화되어 있다. 또한 물이 다른 용매와 이질인 것도 물분자간에 O-H···O형 수소결합을 만들고 있기 때문이며, 이것은 소수성 결합형성의 원인도 된다.

**수액(infusions)** 여러 가지 목적으로 혈관이나 피하에 투여하는 혈액이 아닌 액체의 총칭. 목적에 따라 전해질, 아미노산, 당 등의 용액을 사용하고 있지만 일반적으로 혈액과 같은 삼투압을 갖도록 조정되어 있나.

**수지(resin)** 유기화합물 및 그 유도체로 이루어진 비결정성 고체 또는 반고체로, 천연수지와 합성수지(플라스틱)로 구분되는데, 후자는 석유정제시에 생성되는 것과 순수한 단량체를 중합하여 생성되는 것으로 다시 나뉨.

**숙주역(host range)** 세균, 바이러스, 진균이나 기생충 등의 기생성 생물을 숙주로 하는 생물의 범위를 말함.

**순계(pure line)** 모든 유전자에 대해서 호모인 계통. 순계는 유전적 변이가 없고 순계 개체 간의 변이는 환경의 영향 때문이라 생각된다.

**시상하부(hypothalamus)** 척추동물에서 간뇌의 일부분인 자율신경계의 중추. 제2차 성장 발달 등의 많은 신체 기능을 항진하며, 조절하고 통합하는 간뇌의 일부.

**시스타틴(cystatin)** 세포 내 단백질 분해 효소의 작용을 저해하는 물질.

**시스테인(cysteine)** Cys, C로 약기. HS-$CH_2CH(NH_2)COOH$의 구조를 갖는 함황 α-아미노산의 일종. 시스틴에서 발견되었다. 니트로풀시드에 의해 보라색을 띤다(SH기에 의한 발색). 많은 단백질, 글루타티온 속에 존재한다. $Ag^+$, $Hg^+$, $Cu^{2+}$ 등의 금속이온과 불용성 메르캅티드, 즉 R-S-M I, R-S-M II-S-R(M I, M II는 각각 I가, II가의 금속)을 만든다. 비필수아미노산이며 동물체 내에서는 메티오닌과 세린으로부터 시스타티오닌을 거쳐 합성된다. 식물 및 미생물에서는 무기황(황산염)에서 합성된다. 세균에 있어서는 황산에서 3′-포스포아데노신-5′-포스포황산과 아황산을 경유하여 환원된 황화수소와 O-아세틸세린과의 반응을 통하여 이루어진다. 시스테인의 분해는 혐기적으로는 탈황화수소효소에 의한 피루브산, 황화수소, 암모니아의 분해 혹은 아미노기전이에 의해 생기는 β-메르캅토피루브산을 거친 피루브산과 황으로 분해된다. 한편 산화적으로는 시스테인술핀산으로의 산화 후, 아미노기전이를 거친 피루브산 및 아황산으로의 분해 및 탈카르복시에 의한 하이포타우린, 타우린으로의 분해 등이 주요한 분해경로이다. 또한 시스테인은 불안정한 화합물이며 쉽게 산화 환원을 받아 시스틴과 상호전환한다. 또한 유독한 방향족 화합물과 축합하여 메르캅틸산을 생성하여 해독작용을 한다.

**시험관 방법(*in vitro*)** 무세포계에서 행해지는 실험을 뜻한다. 현재 이 용어는 때때로 세포배양 조건에서 다세포 생물의 세포를 조직 배양하는 것도 포함하여 말하는 경우도 있다.

**식균작용(phagocytosis)** 세균이나 이물질 등을 제거하기 위해 백혈구 등과 같은 대식세포가 탐식하는 작용.

**식물혹(crown-gall)** 토양세균 아그로박테리움균(Agrobacterium tumefaciens)의 감염에 의해서, 많은 쌍자엽식물과 나자식물 및 극히 소수의 단자엽식물에 생기는 식물종양. 뿌리와 줄기의 경계부(크라운)에 생기기 때문에 이 명칭이 부여됐다. 병원균은 숙주범위가 넓어, 93과 643종의 식물을 침범하며, 인위적 접종으로 줄기나 잎 등의 기관에도 생길 수 있다. 병원세균은 식물체의 상처자리에 침입하여 세포간극에서 증식하지만 세포내에는 들어가지 않고, 또한 일단 종양이 유도되면, 그 생장에는 균의 존재를 필요로 하지 않는다. 한편 식물측에서는 상처자리에 형성되는 유상조직(癒傷組織)의 세포분열이 종양화에 필요하며, 종양의 형상은 식물의 종류와 병원균의 계통에 의해 결정된다. 단순한 혹모양인 것이 많지만 뿌리를 만들거나, 경엽(莖葉)을 분화시키는 경우도 있다. 종양조직은 적출해 합성배지상에서 무한하게 계속 배양할 수 있는데 이때 통상의 칼루스와는 달리, 옥신이나 사이토카이닌의 첨가를 필요로 하지 않는다. 병원균이 갖는 Ti플라스미드가 숙주식물의 뿌리세포에 침입하면, 그 세포핵 DNA에 Ti플라스미드의 T-DNA(transferred DNA) 영역이 들어가 형질전환이 일어난다. 즉 그 영역에 포함되는 옥신, 사이토카이닌합성효소유전자가 발현, 스스로 옥신과 사이토카이닌을 생성해 조직의 증식을 일으키는 것이다.

**신재생 에너지(new renewable energy)** 기존의 화석연료를 변화시켜 이용하거나 햇빛, 물, 지열, 생물유기체 등을 포함하는 재생가능한 에너지를 변화시켜 이용하는 에너지.

## ㅇ

**아셀렌산(selenious acid)** $H_2SeO_3$, 무색, 흡습성의 육방기둥모양 결정으로 셀렌산(selenic acid)보다 약산이고 독성이 있는 알칼로이드 시약. 산화제로 사용되는 물질.

**아스팔텐(asphaltene)** 불용성으로 아스팔트를 구성하는 펜탄 등 저분자량 파라핀.

**아포지방단백질(apolipoprotein)** 혈청지질과 결합해서 지방단백분자를 구성하는 폴리펩티드이다. 18종류 정도 발견되고 있는데 그 가운데 중요한 것은 아포 AI, AII, AIV, B · 100, B · 48, CI, CII, CIII, D, E 등이다. 지질의 흡수(아포 B · 48) 세포로부터 지질의 분비 · 흡수(아포 B · 100, E, AI), 혈중에서의 지질의 운반, 지방단백리파제의 활성화(아포 CII), 레시틴 콜레스테롤, 아실트랜스페라제의 활성화(아포 AI), LDL수용체와의 결합(아포 B · 100, E) 등의 역할을 수행하고 있다. 아포지방단백유전자에 다양성이 있으며, 거기에 따라서 혈중지질정도에 차이가 생긴다. 유전자 이상에 의해 선천성 지질대사이상증을 불러 일으킨다는 것이 알려져 있다.

**안정화제(stabilizer)** 식품을 방치 또는 저장하였을 때 화학적 · 물리적 변화를 방지할 목적으로 첨가되는 물질. 제품의 수명이나 외관, 효능 등을 지속시키기 위하여 첨가하는 물질.

**알긴산(alginic acid)** 갈조류(褐藻類)의 세포막을 구성하는 다당류이다. 우론산의 카복시기로 인해 산의 성질을 나타낸다. 그 구조는 β(1 → 4)-D-만누론산과 α(1 → 4)-L-글루론산 잔기로 구성된 선상의 우론산 중합체로 화학식은 $(C_6H_8O)n$이며 대표적 분자량은 20,000~240,000이다.

**알칼로이드(alkaloid)** 세포의 성장과 함께 축적되는 식물계에 분포하며 질소를 함유한 염기성 화합물.

**알킬화제(alkylating agent)** 다른 분자와 쉽게 결합하는 탄화수소기를 2개 이상 가지고 있는 합성화합물.

**액손, 발현부위(exon)** 진핵생물의 유전자 가운데 최종 단백질 산물을 만들어 내는 부분, 혹은 전사 이후에 일어나는 RNA 가공 후에도 RNA의 구조적 부분으로 남아 있는 것이다

**야생주(wild strain)** 일반 자연상태에서 발견되는 계통의 정상형.

**양적형질(quantitative character)** 연속적인 변이가 나타나는 생체 중 수확량 등과 같이 수량으로 표시되는 형질.

**에이코사펜타엔산(eicosapentaenoic acid, EPA)** 계통명은 5,8,11,14,17-eicosapentaenoic acid이며, 2중결합을 5개 갖는 탄소수 20의 불포화지방산임. 분자식 $C_{20}H_{30}O_2$, 분자량 302. 어류에 많이 존재하며, 특히 많이 포함된 것은 정어리나 고등어류임.

**에칭(etching)** 화학약품을 사용하여 금속, 세라믹스, 반도체 등의 표면을 부식시키는 것. 부식이라고도 함.

**에피머(epimer)** D-글루코오스와 D-만노오스의 관계와 같이 여러 개의 키랄 중심 중 그 하나의 입체배치가 다른 부분입체 이성체.

**엠던-마이어호프(Embden-Meyerhof)경로** 포도당을 포도당-6-인산, 프룩토오스-1,6-2인산, 글리세르알데히드-3인산, 포스포에놀피루브산 등을 경유하여 피루브산으로 분해하기까지의 대사경로. 10단계

의 효소반응으로 이루어지며 이 경로의 해명에 공헌한 엠덴(G. Embden), 뫼이어호프(O. Meyerhof), 파르나스(J. K. Parnas), 바르부르크(O. H. Warburg), 코리(C. F. Cori) 중 처음의 두 사람 또는 세 사람의 이름으로부터 명명하였다. 해당, 알코올발효시 대사계의 주요부분을 차지하고, 또한 당질이 호흡에 의해 분해될 경우의 주경로이기도 하다. 또한 일부 세균에서의 부티르산발효 · 호모젖산발효 등도 이 경로를 경유한다. 엠덴-마이어호프경로의 여러 효소는 세포의 세포질에 분포한다.

**여포 세포(follicle cell)** 동물조직에서 볼 수 있는 포상(胞狀)구조의 외부를 싸는 단층 또는 다층의 상피모양세포. 갑상선여포와 난소여포, 즉 난포에서 전형적인 예를 볼 수 있다. 여포세포(난포세포)는 포유류 난소에서는 다층, 곤충류 난소에서는 단층상피상을 이루며 각 난모세포를 둘러싼다. 일반적으로 멍게류에서는 알 방출후 난각막의 표면이 현저히 큰 여포세포로 덮인다. 일반 동물에서의 난포세포는 배란까지로 역할이 끝나지만 포유류에서는 배란 후의 황체형성에도 관여한다. 또 주로 척추동물에서 난포세포를 종종 과립막세포라고 한다.

**역전사효소(reverse transcriptase)** 단일가닥 RNA를 주형으로 하여 상보적인 뉴클레오티드 배열의 DNA를 합성하는 각종 레트로바이러스의 입자에 함유되어 있는 효소.

**역코돈(anticodon)** mRNA 중의 아미노산에 대한 코돈에 상보적인 tRNA 중 3종류의 뉴클레오티드의 특이적인 서열.

**연결효소(ligase)** DNA 절편들이 주형가닥과 염기쌍을 이루고 있는 동안 1개의 DNA 절편의 3′말단과 다른 DNA 절편의 5′말단 사이에 인산디에스테르 결합을 형성하는 효소.

**연골세포(chondrocyte)** 연골기질의 연골소강 내에 존재하며 연골기질을 합성 및 분비하는 세포.

**연쇄(linkage)** 두 개 이상의 각기 다른 형질을 지배하는 유전자(비대립 유전자)가 동일 염색체 위에 있으므로 이들의 유전자(형질)가 수반하여 유전하는 현상.

**연쇄상구균(streptococcus)** 연쇄상의 통성 · 편성혐기성의 그램양성구균.

**열 충격 단백질(heat shock protein)** 세포, 조직 또는 개체가 생리적 온도보다 5~10℃ 높은 온도가 될 때 합성이 유도되는 단백질.

**열화(degradation)** 재료의 성능이 저하되는 현상.

**염기쌍(base pair, bp)** 수소결합으로 연결하여 DNA를 만들고 있는 퓨린-피리미딘 염기류, 즉 구아닌-시토신과 아데닌-티민 중 1쌍.

**염색사(chromonema)** 세포분열기의 염색체 또는 염색분체로 광학현미경으로 식별할 수 있는 가장 가는 실모양 구조물

**염색체 지도(chromosome map)** 염색체 분자를 따라 특정한 유전자의 상대적 배열과 위치를 나타내어 한눈에 볼 수 있는 그림.

**염색체(chromosome)** 진핵세포의 핵 내에 있고, 한 개 또는 그 이상의 큰 2가닥 사슬 DNA 분자로 되어 있으며, DNA 사슬은 RNA 및 히스톤과 결합하고 있는 것으로 DNA 유전자를 가지며, 그 생물이 가진 유전정보를 저장하고 전달한다.

**염색체 개수 조작(chromosome set manipulation)** 진핵생물의 염색체를 조작하는 기술. 식물 육종 분야에서 배수체 육종의 의미도 있으며, 동식물의 염색체를 추출하여 다른 세포에 주입하여 그 영향 및 품종 개량에 이용됨.

**엽록체(chloroplast)** 녹색식물에 있어서는 광합성 장소인 엽록소 함유 유색체(광합성 세포소기관).

**영균(*Serratia marcescens*)** 장내 세균과 serratia 속의 일종으로 인공배지나 식품 중에서 불용성 적색 색소를 만드는 그람음성으로 중온성의 호기성 세균.

**영양번식(vegetative propagation)** 어미 엽상체의 일부가 떨어져서 새 조체로 형성하는 번식의 형태. 간혹 특별한 생식 구조를 구성하지 않고 떨어져서 번식함.

**오니(sludge)** 오탁물질이 침전되어 생긴 진흙상태의 물질.

**오토라디오그래피(autoradiography)** 방사성핵종은 표식한 표본과 X선 필름 등의 사진 감광재료를 적당한 시간 밀착시킨 후 현상처리하면 표본 중의 표지물질의 2차원적 분포를 관찰할 수 있음. 이와 같은 기술을 오토라디오그래피 또는 라디오오토그래피라 함. 생체물질의 분포, 대사를 세포화학적, 조직화학적으로 조사하기 위해 광범위하게 쓰이지만 각종 크로마토그래피나 전기이동에 있어서 미량인 물질의 검출 동정에도 응용됨. 관찰할 대상의 크기에 의해 마크로오토그래피(가시〈可視〉오토그래피), 미크로오토그래피(광학현미경 오토그래피), 초미크로오토그래피(전자현미경 오토그래피)로 대별됨. 잘 쓰이는 핵종으로는 $^{32}P$, $^{35}S$, $^{125}I$, $^{14}C$, $^{3}H$ 등이 있음. $^{3}H$, $^{14}C$ 등의 β선 핵종으로는 경우에 따라 표본을 미리 액체 신틸레이타로 처리한 후 X선 필름에 감광시키므로서 검출감도의 향상과 소요시간의 단축을 잴 수 있음. 이 개량법을 플루오로그래피(fluorography)라 부름.

**올리고당(oligosaccharide)** 2~10개의 단당류 잔기가 글리코시드 결합에 의해 직사슬 또는 가지난 사슬로 결합한 당.

**용균반(plaque)** 세포가 서로 달라 붙어서 평판상으로 되어 있는 곳에 바이러스가 감염하여 수세대 증식하고, 바로 붙어 있는 세포를 죽이거나 용균했기 때문에 발생하는 원형의 투명한 부분.

**원반세포(koilocyte)** 가끔 2 핵성이며 핵 주위에 구멍이 나타나는 편평세포.

**원생동물(protozoa)** 현미경으로만 관찰이 가능한 단세포성 진핵생물군의 총칭.

**원핵생물(prokaryote)** 세포 내 핵막을 갖지 않으며 미토콘드리아, 엽록체, 소포체, 골지체막에 둘러 싸인 세포소기관을 갖지 않는 생물. 광합성이나 산화적 인산화 반응은 세포막에서 일어남.

**원형질체(protoplast)** 세포벽을 제외한 모든 세포의 구성물. 세포막에 싸인 원형질을 지칭하며, 세포벽이 없는 동물세포는 세포 자체가 원형질체임.

**위강(gastral cavity)** 해면의 몸 중앙에 있는 내강.

**위약(placebo)** 임상의약의 효과를 검정할 때에 대조하기 위해 투여하는, 약리학적으로는 전혀 효과가 없거나 약간 유사한 약효를 갖는 물질. 약제 투여의 심리적 효과를 배제할 목적으로 이용한다. 약제 투여가 초래하는 암시효과(플라시보효과)의 영향이 큰 것으로 판명된 이후, 의약의 인체 투여검정에는 시검자와 피검자 양쪽에 약제와의 대조로 위약의 구별을 알리지 않고 투여한다. 제3의 판정자만이 그것을 알 수 있는 이중맹검법이 채택되었다.

**위족(pseudopod)** 아메바성 세포의 운동에 관여하는 세포소기관으로 일시적으로 형성되는 원형질체 돌기의 총칭.

**위치추적 클로닝(positional cloning)** 유전자의 염색체 상 좌위에 관한 정보를 이용하여 그 유전자를 클로닝하는 방법. 고등동식물의 유전자를 클로닝할 때 우선 표준유전자 표지나 DNA 다형(RFLP, VNTR, CA repeat)을 이용하고, 거대한 게놈 DNA 내에서 목적으로 하는 유전자를 염색체 상에 지도로 작성한다. 이어서 그 유전자 자리 근처의 상세한 물리지도를 작성한다. 목적유전자에 이상(異常)을 갖는 다수의 변이체(병의 원인유전자는 동일 질병의 다수의 환자)에 관해서 목적유전자 근방의 DNA 구조에 공통의 변화가 검출되는지를 조사한다. 목적유전자를 포함하는 영역 내에 결실(缺失)이나 전좌(轉座)에서 염색체 이상이 발견되면 목적유전자의 동정은 쉬워진다. DNA 구조의 변화가 검출될 때는 목적유전자를 이미 알고 있는 DNA 마커 간의 전체유전자에 대해서 하나씩 목적유전자인지를 검토해야 한다. 이 수법에 의하여 상염색체성(常染色體性)의 열성유전질환(劣性遺傳疾患)으로 외분비샘의 세포막에 전해질투과 이상을 일으키는 낭포성섬유증(cystis fibrosis), 대뇌기저핵(大腦基底核)의 세포변성에 의한 진행성 전신성 불수의 운동(全身性不隨意運動)을 일으키는 헌팅톤무도증(Huntington's chorea) 등의 유전자가 규명되었다.

**유기 주석 화합물(organotin compound)** 주석에 부틸기가 결합된 유기금속화합물로서 PVC 폴리머 안정제, 플라스틱 첨가제, 산업용 촉매, 살충제, 살균제, 목재 보존제로 이용되다가 1960년대 이후부터 생물부착방지제(antifoul-ing agent)의 효능이 확인되면서 선박이나 양식 어구 등의 방오 도료 안료로 광범위하게 사용.

**유목(nomadism)** 포유류의 집단생활형의 일종.

**유생(larva)** 생물의 어린 개체로서 어류의 경우 난황자어(yolk-sac larva), 굴곡이전기 치어(pre-flexion larva), 굴곡기 치어(flexion larva), 굴곡이후기 치어(post-flexion larva) 등으로 구분할 수 있음.

**유성생식(sexual reproduction)** 두 개의 배우자가 접합하거나 수정하여 접합자로 되는 생식 형태로서 접합자는 새 개체로 자라거나 무성생식 세포를 만듦.

**유인원육종바이러스, 원숭이에서 분리한 DNA 종양 바이러스(Simian Virus 40, SV40)** SSV, SiSV로 약기. 1971년에 양털원숭이(woolly monkey)의 자연발생 종양에서 분리한 RNA형 종바이러스. 원숭이에 감염되어 1개월 전후에서 선유육종을 형성하고, 배양계에서 선유아세포를 형질전환한다. 증식결손형 바이러스인데, 증식을 위해서는 보조바이러스를 필요로 한다. 바이러스유전체는 약 5,300염기인데, 3′말단 가까이에 약 1,000염기 길이의 발암유전자 *sis*가 있다. 발암유전자가 있는 RNA형 종양바이러스로는 영장류에서 유일한 것이다. *sis*유전자에서는 분자량이 약 28,000의 단백질 p28이 합성된다. *sis*는 척추동물에 널리 보존되는 세포유전자 *c-sis*에서 유래한다. *c-sis*와 원숭이의 레트로바이러스와의 재조합에 의해 원숭이 육종바이러스가 형성되는 것으로 생각된다.

**유전공학(genetic engineering)** 생물의 유전자에 각종 조작을 가하여 그것을 연구하고 또한 이용하려는 학문체계. 이는 분자생물학의 발전과정에서 특히 DNA 혹은 유전자를 해명하려는 노력으로 탄생한 것이며, 그 방법론의 기초는 유전자복제(단일화하여 증가하는 것)에 있다. 이것은 세포에 무상(無傷)인 DNA 추출법, 고분자 DNA를 크기에 따라 효율적으로 분리할 수 있는 전기영동법, DNA의 염기배열을 인식하여 절단하는 각종 제한효소의 발견과 정제, DNA를 운반하는 매개체(박테리오파지나 플라스미드)의 개발, 역전사효소의 발견과 정제, DNA 염기배열의 결정법 같은 기술개발에 기초한다. 이렇게 어떤 유전자 내지 그 유전자에 의해 합성되는 단백질에 관한 정보가 있으면 그에 기초한 해당 유전자의 클론화가 가능해졌다. 클론화된 DNA는 세균에서 발현시켜 유용한 단백질 생산에 사용하거나, 그대로 또는 시험관에서 인공돌연변이를 가한 후 세포에 이식하여 그 구조나 기능을 규명하는 데 사용한다. 그밖에도 유전자 진단이나 유전자 치료에 응용하고 있으며 의학을 비롯한 다른 과학이나 경제에 큰 영향을 미치고 있다. = genetic manipulation

**유전병(hereditary disease)** 이상 유전자형에 의한 질환 및 이상증. (1) 단유전자병 : 좁은 뜻의 유전병으로 단일 유전자 자리에서 이상 유전자에 지배된다. 유전자자리가 소속된 염색체에 의해 상염색체성과 반성(X연관과 Y연관)으로 구분되고, 유전양식에 의해 각각 우성, 열성, 공우성, 반우성(부분우성) 등으로 구분하였다. 상염색체성 우성 유전병에는 짧은 손가락(단지증), 선천성 백내장 등이, 열성 유전병에는 전신 색소결핍증, 페닐케톤뇨증, 선천성 농아의 대부분이, X연관 열성유전병은 적녹색맹, 혈우병 등이 알려져 있다, 유전자의 1차 산물인 단백질 분자 구조 이상에 의한 분자병이나, 유전성 선청성 대사이상도 대부분 단유전자병에 속한다. (2) 불규칙적, 다인자유전, 복잡한 유전질환 : 2개 이상의 유전자와 환경적 요인에 의한 질환으로, 당뇨병, 대부분의 기형, 분열병, 간질, 근시 등이 있다. (3) 염색체 이상 : 염색체 수의 이상(1염색체성, 3염색체성)과 구조이상(결실, 전좌, 중복 등)이 있다. = genetic disease, genetic disorder, genopathy

**유전분석(genetic analysis)** 어떤 유전형질에 관여하는 유전자의 수, 염색체 상의 위치, 표현형에 미치는 영향 등을 결정하는 것. 넓은 의미에서는 유전자 기능이나 구조를 생리 · 생화학적으로 분석하는 것이지만 집단유전학적 의미에서의 멘델집단의 유전적 구성을 분석하는 것을 말하는 경우도 있다. 유전분석의 기초는 잡종형성실험을 하는 것인데 그때에는 표현형이 명백한 표지유전자를 고르는 것이 필요하다.

**유전상수(dielectric constant)** 상대 유전율로 전기장이 주어졌을 때 물질이 전하를 상대적으로 어느 정도 저장할 수 있는가를 나타내는 척도이다. 유전체는 부도체로 간주한다. 두 전도체가 유전체로 분리되어 있을 때 시스템 외부로부터 연속적인 에너지 공급이 없다면 전기적인 스트레스 상태가 존재할 수 있다. 유전상수는 축전기가 등방성 물질로 채워져 있을 경우의 유전율(ε)과 축전기가 진공인 상태의 유전율(ε0)의 비, ε/ε0이다. 이때 유전체로써 진공이 고려되었으며 물의 유전상수는 약 80이다.

**유전자 발현(gene expression)** 유전자 산물을 생성하기 위한 전사와 단백질의 경우에는 번역이 되며, 유전자는 생물학적 생성물이 존재하고 활성일 때 발현됨.

**유전자 은행(gene bank)** 유전자원이 되는 재래종, 계통, 품종, 야생종, 유전계통 등을 조직적으로 수집 보존하는 기관.

**유전자 재조합 기술(recombination of genes)** 유전공학(genetic engineering)의 한 분야로서 종래의 교잡에 의한 유전적 재조합과는 달리 미세조작에 의해 종이나 속이 다른 생물의 유전자(또는 인공적으로 합성된 유전자)를 한 생물에 집어 넣어 활동하게 하는 기술.

**유전자 증폭산물 길이 다형성(amplified restriction fragment tength polymorphism, AFLP)** PCR을 이용하여 유전체의 선택된 부위만을 증폭시켜 증폭산물들의 길이 다형성을 분석하는 방법.

**유전자(gene)** 기능적 생산물을 암호화하는 염색체 상의 한구간(RNA 혹은 그의 번역 산물인 폴리펩티드).

**유전적 부동(genetic drift)** 소집단에서 우연히 어떤 유전자가 고정 또는 소실되는 것.

**유전적 유동(gene flow)** 유전자확산. 어떤 유전자급원에 다른 유전자급원에서 계속적으로 유전자의 이입이 이루어지는 것.

**유전적 하중(genetic load)** 치사유전자나 생활력을 저하시키는 유해유전자가 개체의 염색체, 또는 집단의 유전자급원속에 있으므로 개체 또는 집단의 유전자급원에 주는 부하.

**유전체학(Genomics)** 유전체의 구조와 그 유전체를 구성하는 유전자의 염기배열 결정에 관한 연구를 하는 분자생물학의 한 분야.

**유전형질(genetic character)** 특정 유전자(군)에 의하여 결정되는 형질.

**유주자(zoospore)** 이끼류나 하등균류에서 볼 수 있는 섬모 또는 편모를 가지고 있으며 수중을 헤엄치는 동포자로 무성생식을 하는 포자의 일종. 녹조류나 갈조류에서 볼 수 있음.

**육봉형(landlock type)** 바닷물과 강 사이를 회유하면서 생활하던 물고기가 지형이나 환경변화에 의하여 육지 속에 갇혀 대대로 거기서 생활하는 현상. 연어, 송어 따위와 같이 알을 낳기 위하여 강으로 올라오는 물고기에 육봉형이 잘 생김.

**육종(breeding)** 농작물이나 가축이 가진 유전적인 성질을 이용하여 농업에 유익한 새로운 종을 만들어 내거나, 기존의 품종을 더욱 좋게 만들어내는 일이다.

**육종(Sarcoma)** 골수림프 조직을 제외한 생체의 지지조직인 비상피조직(보통, 골수림프조직을 제외)에서 발생하는 악성종양의 총칭.

**윤형동물문(trochelminthes)** 윤충류, 복모류, 동문류를 합한 1문.

**은화식물(cryptogams)** 꽃이 피지 않고, 포자를 이용하여 번식하는 식물을 통틀어 일컫는 말.

**이물(foreign matter)** 목적하는 물질 속에 형태, 성질, 특성이 다른 물질이 혼입된 것.

**이소말토오스(isomaltose)** 말토오스의 이성체로 2분자의 글루코오스가 α-1,6 결합을 한 것.

**이수성(aneuploidy)** 세포, 개체 또는 계통에서 하나의 세포 당 염색체 수가 기본수의 정수배가 되지 않고, 정수배에 대하여 1~여러 개가 많거나 혹은 적은 상태인 것, 즉 불완전한 구성을 한 유전체를 포함한 상태.

**이수체(heteroploid)** 염색체수가 정배수보다 하나 내지 몇 개가 많거나 적은 개체. 세포분열 때 염색체가 분리되지 않거나 소실 등에 의하여 생김. 일반적으로 불임성(不稔性)임. 유전분석에 이용되거나 특수형질을 육종하는 데 이용.

**이수화(heteromerous flower)** 요소의 수가 일치하지 않는 꽃.

**이어맞추기(splicing)** 유전정보를 가지고 있지 않는 부분인 인트론으로 구분되어 있는 유전자의 제1차 전사산물인 RNA에서, 인트론 부분들을 제거하고 유전 정보를 지닌 엑손 부분만을 이어 붙여 단일 폴리펩타이드 사슬에 번역하기 위한 mRNA로 개조하는 과정.

**인슐린(insulin)** 척추동물의 췌장 랑게르한스섬의 β세포에서 분비되는 펩티드호르몬.

**인슐린유사성장인자(insulin-like growth factor)** IGF로 약기. 인슐린과 구조가 비슷한 분자량 7,500의 폴리펩티드로 이루어진 성장인자. 혈청 내에서 인슐린과 유사한 작용을 하지만 인슐린 항체로 억제되지 않는 물질로, 2가지물질의 구조가 결정되어 IGF-I, IGF-II로 명명되었다. 둘 다 A~D 4종류의 폴리펩티드사슬로 구성되며, A와 B사슬은 인슐린 구조와 공통성이 45%나 된다. 연골세포의 증식이나 단백질생합성에서 생장호르몬의 작용을 매개하는 것 외에 인슐린과 유사한 생리작용을 한다.

**인위돌연변이(induced mutation)** 인위적으로 돌연변이를 유발시키는 것. UV나 화학약품 등을 처리하는 방법이 있음.

**인터류킨(interleukin, IL)** 백혈구에 의해 생성되고 그 자신 혹은 그 밖의 백혈구의 분화 · 증식 · 기능 등에 영향을 주는 분자의 총칭. 면역응답의 발현이나 조절에는 면역계의 세포에서 유래하는 많은 액성인자가 관여하는 복잡한 네트워크를 형성하고 있음. 이러한 인자는 림포카인(림프구에서 유래)이나 모노카인(단구 · 매크로파아지에서 유래)이라고 부르며, 오로지 그 생리활성에서부터 정의되어 왔음. 그러나 이들의 분자가 순수분리정제됨에 따라 동일분자가 다른 몇 개의 면역생리활성을 보이는 것이 이들 면역계 인자의 큰 특징이라는 것을 알 수 있었음. 그래서 이들 인자 중 명확히 분자로 순수 분리정제된 것을 IL로서 순서대로 정리해 나가는 것이 연구자 간의 국제워크숍에서 합의되었음. 현재 이미 10종 이상의 IL분자가 동정되었고, 그 대부분의 물리화학적 성상뿐만 아니라 유전자와 아미노산 일차구조, 특이적수용체 등이 밝혀졌음. 더욱이 유전자재조합법에 의해 대량의 순수물질도 얻을 수 있게 되어, 각각의 IL의 생리활성영역의 전모가 드러났고 아울러 일부는 이미 임상응용도 시도되고 있음. 대표적 IL분자는 아래와 같다. (1) IL1 : 내인성발열인자, 림프구활성화인자, 카타보닌 등으로 불린다. 주로 매크로파아지에 의해 생산되며 대개가 체세포에 작용할 수 있다. 예를 들면 시상하부에 작용하여 발열을 일으키거나 간세포에 작용해서 CRP 등 급성기단백질의 합성을 촉진시킨다. 근세포에 작용하여 단백질대사작용을 유도하고, 관절조직에 작용하여 프로스타글란딘이나 콜라게나아제를 생성시키는 등 전신염증반응의 대부분에 관여한다. (2) IL2 : T세포증식인자라고 불린다. 주로 헬퍼 T세포에 의해 생성되며, 항원자극에 따르는 T세포증식반응을 유도하는 주요인자. B세포의 분화나 내추럴킬러세포의 증식과 활성화에도 관여한다. (3) IL3 : 다기능성 증식자극인자라고 불리며 활성을 유도한다. 골수다기능성 전구세포에 작용, 증식과 분화를 유도한다. (4) IL4 : B세포분화인자 Ⅰ라고 불린다. B세포분화인자로 특히 IgG1과 IgE의 생성을 강하게 유도한다. (5) IL5 : B세포증식인자로써 분리정제되었는데, 그 후 강한 호산구증식작용도 있는 것으로 밝혀졌다. (6) IL6 : B세포분화인자 2, 간세포자극인자 등으로 불린다. 백혈구 이외의 간엽계(間葉系)세포에서도 생성되며 그 작용은 IL1과 유사한데, 대부분의 염증반응 발현에 관여, B세포를 플라스마세포로 분화시켜 항체생성을 증강시키는 것 이외에, 골수종의 증식인자로써 그 발생에 관여하고 있는 것도 논의되고 있다. (7) IL7 : 스트로마세포에서 유래하는데, 프레B세포의 증식인자로 작용하며 T세포의 분화에도 관여한다. (8) IL8 : 호중구의 강력한 유주인자(遊走因子)로 염증발현에 관여한다.

**인터페론(interferon)** IFN, IF로 약기. 바이러스, 이중가닥RNA, 렉틴 등에 의해 동물세포에서 유발된 항바이러스작용을 갖는 단백질 또는 당단백질의 총칭. 항체에 의하지 않는 바이러스증식 저지효과가 알려져 있었으나, 그 후 같은 효과를 내는 물질이 알려져 인터페론이라고 명명하였다. IFN은 그 항원성의 차이로부터 분자량 15,000~21,000의 IFNα, 분자량 22,000의 IFNβ, 분자량 40,000~50,000의 IFNγ의 3분자종으로 나뉘어지고 각각 백혈구, 섬유아세포, T세포에 의해 생성된다. IFNα에는 약 20종류가 알려져 있다. 이들 IFN분자는 각각 전혀 다른구조의 유전자에서 유래한다. IFN의 항바이러스작용은 원칙적으로 종 특이적이고, 세포막 상에 존재하는 인터페론수용체(IFN 수용체로 약기)에 의해 전개된다. IFN수용체는 IFNα, IFNβ에 대한 것과 IFNγ에 대한 것 2종류가 알려져 있다. IFN의 항바이러스기능은 다음과 같이 나뉜다. 세포 상의 IFN수용체에 IFN이 결합하면 프로테인인산화효소나 2′,5′-아데닐산합성효소 등의 새로운 단백질생합성이 유도되고(항바이러스 상태의 성립), 이들은 같은 세포에 바이러스가 감염하여 그 복제과정에서 생기는 2중가닥 RNA에 의해 처음으로 활성화되고 복수의 대사경로에 의해 바이러스 mRNA의 파단이나 바이러스 단백질의 회합저해를 유도한다(항바이러스작용의 발현). IFN에는 그밖에도 항종양작용(세포증식 억제작용), 자연살생세포 활성 증강작용, 클래스 I MHC 유도활성작용 등이 있다. 그리고 면역자극에 의해 T세포에서 생성되는 IFNγ에는 강한 매크로파지 활성화 작용, 클래스 II MHC 유도활성작용과 항원 제시기능 증강 작용 등의 독특한 면역반응 조절 활성이 인정되는 것에서 림포카인의 일원으로 분류되는 경우가 많다. 유전자클로닝이 이루기능이 이루어지지 않는 등의 대사질환의 일종으로, 혈중 포도당의 농도가 높아지는 고혈당을 특징으로 하며, 고혈당으로 인하여 여러 증상 및 징후를 일으키고 소변에서 포도당을 배출하게 된다. 당뇨병은 제1형과 제2형으로 구분되는데, 제1형 당뇨병은 '소아당뇨'라고도 불리며, 인슐린을 전혀 생산하지 못하는 것이 원인이 되어 발생하는 질환.

**제제화(formulation)** 약물을 인체에 적용할 때 사용법과 적용이 쉽고 항상 일정한 유효성이 확보 되도록 적당한 형상, 형태, 형식 따위를 주는 조작.

**제한효소(restriction enzyme)** 2중나선 DNA의 3-8뉴클레오티드로 구성하는 특이적 배열을 식별하며 2중나선 DNA를 절단하는 핵산내부가수분해효소의 총칭. 효소활성에 필요한 인자의 요구성과 절단양식의 차이에 따라 I형, II형, III형으로 분류한다. 세균류에는 널리 분포하고 있어서 효소의 종류나 인식배열은 균종에 따라 다르므로 종류가 대단히 많다. I형 효소는 *S*-아데노실메티오닌, ATP를 필요로 하고, 인식염기배열과 절단점과의 위치 관계가 일정하지 않다. II형 제한효소는 단일의 소단위로 구성하여 그 활성에는 $Mg^{2+}$만을 필요로 하며 인식배열 내 또는 특이적 위치에서 DNA를 절단한다. III형 효소는 $Mg^{2+}$와 ATP를 요구하지만, *S*-아데노실메티오닌은 필요하지 않고, 인식배열에서 약 25염기쌍이 하류에서 DNA를 절단한다. II형 효소는 인식배열이 출현하는 위치인데, DNA 사슬이 정확하게 절단하기 때문에 재조합 DNA 실험이나 DNA 염기 배열의 분석에는 필수적 효소이다.

**제한효소단편길이다형성(restriction fragment length polymorphism, RFLP)** 염색체 DNA는 생물종마다 고유의 염기순서를 갖는데, 자세히 관찰하면 동일종 내 개체 간에도 근소한 차이가 있어서 이를 DNA 다형이라 하는데, 이 DNA 다형이 제한효소의 인식부위에 출현할 때에는 제한효소에 의한 절단단편의 길이 차이 때문에 서던흡입법으로 쉽게 검출할 수 있으므로 이를 제한효소단편길이다형성이라고 한다. RFLP는 염색체 DNA 전역에 무작위로 출현하며, 멘델식으로 유전하기 때문에 몇 개의 RELP의 출현패턴을 조합함으로써 개체, 가계, 계통, 집단이나 종의 식별이 가능하다. 유전적 연쇄에 근거하는 유전병의 유전자진단에서는 특히 유력한 표지가 된다. 동물 DNA 중에는 반복하여 빈도가 변하기 쉬운 직렬형 반복순서가 존재한다. 이 순서를 포함하는 제한효소단편은 반복하는 순서의 반복횟수 차이에 따라 제한효소단편길이의 다형을 나타낸다. 이러한 형을 VNTR(variable number tandem repeat)이라고 한다.

**조직 배양(tissue culture)** 다세포 생물로부터 얻은 세포를 액체 배지에서 배양하는 방법.

**종내(intraspecific)** 같은 종의 구성원 가운데서 발생하는 경쟁, 협동 등의 현상.

**종말코돈(termination codons)** 단백질 합성에 있어서 폴리펩타이드 사슬의 종결을 신호하는 3종류의 코돈으로: UAA, UAG 그리고 UGA

**주광성(phototaxis)** 빛의 자극에 대하여 광원 쪽으로 이동하는 성질을 말한다. 꽁치, 정어리, 멸치, 고등어, 오징어, 파래의 포자가 그 예이다.

**중심원리(central dogma)** DNA, RNA 및 단백질의 기본적인 기능의 상호관계를 나타내는 정설. 즉, DNA는 자신의 복제 및 RNA 주형으로 또 RNA는 단백질 번역의 주형으로 작용한다. 따라서 유전정보의 흐름은 DNA → RNA → 단백질이다.

**중합효소 연쇄반응법(polymerase chain reaction, PCR)** 인위적으로 유전자를 증폭하는 방법을 말하며 'PCR(Polymerase Chain Reaction)'을 말한다. PCR은 DNA 중합효소를 이용해 DNA 단편의 여러 복제본을 한꺼번에 만드는 방법으로, 아주 적은 양의 DNA만을 갖고서도 단시간에 특정 부위의 유전자를 기하급수적으로 증폭할 수 있다.

**증점제(thickener)** 용액의 점성을 높이기 위한 첨가물.

**증폭자(enhancer)** 단백질 상호작용에 의해 RNA 중합효소가 촉진유전자로 결합되는 것을 촉진함으로써 유전자 전사효율을 높이는 DNA의 영역.

**지식기반산업(knowledge-based industry)** 지식을 이용해 상품과 서비스의 부가가치를 크게 향상시키거나 고부가가치 지식서비스를 제공하는 산업.

**진핵생물(eucaryote)** 핵막이 있어 핵이 뚜렷이 구분되며 소포체, 골지체, 미토콘드리아, 엽록체 등 막으로 둘러싸인 세포소기관을 함유한 세포로 구성된 생물. 세포분열 시 유사분열을 하고 유전자에 인트론(intron)이 존재하며 유전자 조절과 발현 양상이 원핵생물과는 구분됨.

**질량분석계(mass spectrometer)** 시료를 이온화하여 생성한 이온을 질량/전하비에 의해서 분리검출하기 위한 질량분석 장치.

**집단 유전학(population genetics)** 생물집단 상호간에 나타내는 유전적 변화를 통계학적으로 분석하여 종의 진화, 품종개량의 수단방법과 연관시켜 연구하는 학문.

**집단간분화(differentiation)** 배아가 성장, 발육하는 동안에 세포의 구조와 기능이 특수화되는 것.

**집적(localization)** 위치의 결정. 한정된 범위의 제한. 태사기에 염색체의 한 부분이 쌍을 이루거나 키아즈마를 형성하는 제한.

## ㅊ

**참본(chambon)의 규칙** 유전자가 전사되어 만들어진 RNA 분자 중의 비발현부위가 제거되고, 거기에 인접한 발현부위의 배열이 연결되는 일련의 반응을 이어맞추기(splicing)라 하는데 이때 일반적으로 비발현부위의 5′말단은 GU, 3′말단은 AG이며, 이를 참본(Chambon)의 규칙이라고 함.

**창시자 원리(founder principle)** 소수의 개체가 원래의 집단에서 분리되어 새로운 지역에 칩입하여 그곳에서 창시자로 격리되는 것이 종분화의 요인이 되는 것.

**창시자 효과(founder effect)** 생물 개체군 내의 유전자 빈도가 우연이나 확률에 근거한 사건에 의해 변하게 되는 유전적 부동(genetic drift)의 한 예로, 원래의 개체군으로부터 아주 적은 수의 개체가 떨어져 나와 새롭게 개체군을 만드는 경우에 두 개체군에 나타나는 유전자 빈도의 변화.

**체벽, 외피(integument)** 배주를 싸고 있는 피막으로 밑씨를 구성하는 하나의 조직.

**체세포 분열(somatic cell division)** 1개의 세포가 2개의 세포로 갈라져 세포의 개수가 불어나는 생명현상.

**체절(metamere)** 동물체의 일련의 동질부분. (= 중배엽절)

**촉진유전자(promoter)** 전사는 RNA 폴리메라아제가 주형 DNA에 결합해서 행하여지나, 그 때에 DNA의 2중 나선이 풀려져서 전사가 시작된다. 이 영역을 프로모터라고 한다.

**촌충류(cestode)** 편형동물문의 1강.

**치패(juvenile shell)** 수정 후 부유 생활을 하다가 저서 생활을 시작한 어린 패류.

**친어(broodstork)** 번식을 위해 사육되거나 보유되고 있는 성숙 어류.

# 참고문헌


Aceret, T. L. et al., Comp Biochem Physiol C Pharmacol Toxicol Endocrinol. Jul ; 120(1), 121 (1998)

Alejandro M. S. Mayer et al., Comparative Biochemistry and Physiology, Part C 153, 191 (2011)

Barrera, P. et al., Annu. Reum. Dis., 60(7), 660 (2001)

Berteau, O. & B. Mulloy, Glycobiology, 13, No.6, 29R (2003)

Bilan, M. I. et al., Carbohydrate Res., 339, 511 (2004)

Chao, C. H. et al., J. Nat. Prod. 71, 1819 (2008)

Chevolot, L. et al., Carbohydrate Res., 330, 529 (2001)

Chisti, Y. Biotechnology Advances 25, 294 (2007)

Eom, S. H. et al., Food and Chemical Toxicology 50, 3251 (2012)

Fu, C. Z. et al., Appl. Microbial. Biotechnol. 90, 961~970 (2011)

Fujihara, M. and T. Nagumo. Carbohydr. Res., 243 : 211 (1993)

Fusetani, N. Trend in Marine Biotechnology pp. 1, 207. CMC (2011)

Hansson, G. Resour. Conservation 8, 185 (1983)

Hashimoto, S. and K. Nishizawa, Nippon Suisan Gakkaishi, 55, 1265 (1989)

Hentschel, H. FEMS Microbial. Ecol. 35, 305 (2001)

Himaya, S. W. A. et al., European Journal of Pharmacology 670, 608 (2011)

Horn, S. J. et al., J. Indus. Microbiol. Biotech 25, 249 (2000)

Jennifer, C. Science, 306, 384 (2004)

Jiang, T. L. et al., Cancer Chemother Pharmacol 11, 1 (1983)

Kanoh, K. et al., The Journal of Antibiotics 61, 142 (2008)

Lee, S. M. and J. H. Lee, Bioresource Technol, 102(10), 5962 (2011)

Lehtomaki, A. and L. Bjornsson, Environ. Technol 27, 209 (2006)

Li, Y. et al., Bioorganic and Medicinal Chemistry 17, 1963 (2009)

Li, Y. X. et al., J. Agric., Food Chem, 58, 578 (2010)

Liaw, C. C. et al., Mar. Drugs 9, 1477 (2011)

Maines, M. D. et al., Annu. Rev. Pharmacol, Toxicol., 37, 517 (1997)

Martinez-perez, N. et al., Biomass Bioener, 31, 95 (2007)

Marx, J. C. et al., Marine Biotechnology 9, 293 (2007)

Matsumoto, M. et al., Applied Biochemistry and Biotechnology 105, 247~254 (2003)

Matsunaga, T. et al., Biotechnology Letter 31, 1367 (2009)

Ngo, D. H. et al., International Journal of Biological Macromolecules 49, 1110 (2011)
Nkemka, V. N. and M. Murto : J. Environ. Manage 91, 1573 (2010)
Noda, H. et al., Hydrobiologia, 204/205 : 577~584 (1990)
Notaya, M. Seaweed Bio Fuel, 105. CMC (2011)
Omil, F. et al., Bioresource. Technol 54, 269 (1995)
Otsuka, K. and A. Yoshino, A fundamental study on anaerobic digestion of sea lettuce, Ocean'04-MTS/IEEE Techno-Ocean'04 : Bridges across the oceans-conference proceedings, 1770 (2004)
Otterbein, L. E. et al., Nat. Med. 6(4), 422 (2000)
Sakai, T. et al., Mar. Biotechnol., 4, 399 (2002)
Sakai, T. et al., Mar. Biotechnol., 5, 70 (2003)
Sakai, T. et al., Mar. Biotechnol., 6, 335 (2004)
Sato, R. et al., J. Agric. Food. Chem. 51, 4376 (2003)
Shibata, H. et al., Helicobacter, 8, 59 (2003)
Simmons, T. Luke et al., Mol Cancer Ther 4, 333 (2005)
Smidsrod, O. and Skjak-Brak, G. Trends Biotechnol., 8(3) : 71 (1990)
Takahashi, K. et al., J. Food. Sci. 69, 443 (2004)
Takaki, M. BIO INDUSTRY 27(6), 45 (2010)
Takeyama, H., Mitsufuni Matsumoto, BIO INDUSTRY, 27(6) 6 (2010)
Tanaka, M., BIO INDUSTRY, 13 (2010)
Toshihiko, O. The New Development of Cancer Preventing Foods, pp 151. CMC(2005)
Vergara-Fernandez, A. et al., Biomass Bioener 32, 338 (2008)
Webster, N. S. et al., Appl. Environ Microbial. 7, 434 (2001)
Wijesekara, I. et al., Process Biochemistry (2012)
Yamamoto, I. and Maruyama H., Cancer Letters, 26. 241 (1985)
Yasuhiro, K. et al., Extremophiles. 9, 37 (2005)
Yoon, J. H. et al., J. Microbiol. Biotech 21(3), 323 (2011)
Zeng, R. et al., Extremophiles. 10, 79 (2006)

山田信夫 등, 東海大学海洋研究所研報, 20 : 85 (1999)
山田信夫 등, 東海大学海洋研究所研報, 20 : 93 (1999)
志多伯良博, New Food Industry, 40(3) : 17 (1998)
玉井正弘, 食品工業, 34(6) : 47 (1991)
久田 孝, 日本食品科学工業会誌, 44(3) : 226~229 (1997)
加藤郁之進 등, 有用海藻誌, 内田老鶴圃, p.477 (2004)
加藤郁之進, 佐川裕章. Jap. J. Phycol. 48, 13 (2000)
山田信夫편, 海藻利用の科学, 成山堂, p.85. (2001)
隆島央夫편, 水産のバイテクとハイテク, 成山堂, pp.28 (1990)
隆島央夫편, 次世代の水産バイオクノロジー, 成山堂, pp.1 (2000)
若山樹 등, 光合成による水素生産 バイオヌスハンドブック, オーム社, 5 (2009)

宮本和朱, 光合成微生物の機能浩性の ためのフォトバイオリめクター, 生物工学 会誌 71(6) 434 (1993)
若山樹 : 光合成細菌による光水素發生に用ハる フォトバイオリめクターの光透 過性改善による 高效率化, 水素エネルギーシステム 26, 6-10 (2001)
樋浦望他, 日本農芸化学会誌, 75, 783 (2001)
茶木貴光他, 健康 · 栄養食品研究, 5, 41 (2002)
小川博他, 日本栄養 · 食糧学会誌, 54, 297 (2001)
西沢一俊 · 村杉幸子, [海藻の本] 研成社, 215p. (1988)
酒井武ほか, 第7回マリンバイオテクノロジー大会講演要旨集, p. 161 (2004)

김세권, 21세기 해양바이오산업 육성을 위한 제도적 지원방안, 2007 국회공동학술대회, p43 (2007)
김세권, 김철호 역, Labo-manual Marine Biotechnology. pp.35 (1994)
김세권, 미래가 보이는 해양의학과 과학, 양서각, p.315 (2000)
김세권, 생화학, 청문각, p.224 (2005)
BT 기술동향보고서, 해양생명공학 1. 생명공학정책연구센터 (2008)
BT 기술동향보고서, 해양생명공학, 생명공학정책센터, p.1 (2008)
이선복, 해양생명공학, Bioln, p.1 (2009)

# 찾아보기

ㅅ

ㅊ



ㅋ



ㅌ